Unity 3D 从入门到实战

张尧◎编著

中国水利水电出版社
www.waterpub.com.cn
·北京·

内 容 提 要

《Unity 3D 从入门到实战》是基于 Unity 3D 2021 版本系统全面地介绍使用 Unity 3D 软件进行编程开发的实战教程，是一本进行游戏开发、建筑设计、工业设计等虚拟现实开发的入门书籍。为了弥补 Unity 3D 图书在全栈式开发教学方面的不足，本书分为 Unity 3D 基础篇、Unity 3D 应用篇、Unity 3D 脚本开发篇、Unity 3D 进阶篇及 Unity 3D 项目实战篇，是真正意义上的 Unity 3D 全栈式开发的内容集合。Unity 3D 基础篇包括 Unity 3D 的引擎介绍、配置与运行、编辑器简介；Unity 3D 应用篇包括 Unity 3D 的基本场景创建、组件和预制体、常用功能系统；Unity 3D 脚本开发篇讲解了 Unity 3D 的脚本开发语言 C# 的编程知识，包括数据类型和变量、条件语句和循环语句、数组和集合、String 类、文件夹与文件、正则表达式、常用算法、常用设计模式等；Unity 3D 进阶篇讲解了 Unity 3D 数据的读取、UI 系统、Socket 编程、AssetBundle、常用插件、框架等；Unity 3D 项目实战篇配置了大量的实战案例，包括 2D 游戏——《愤怒的小鸟》、3D 游戏——《跑酷小子》、AR 案例——《增强现实技术》、VR 案例——《飞机拆装模拟》、元宇宙案例——《虚拟地球信息射线》，丰富的案例便于读者快速上手 Unity 3D 开发。

《Unity 3D 从入门到实战》结构完整、内容系统全面、讲解清晰易懂，适合 Unity 3D 开发零基础读者学习，也适合对游戏开发、建筑设计、工业设计等虚拟现实开发感兴趣的 IT 设计人员学习，此书还可以作为应用型高校及相关培训机构的 Unity 3D 教材或参考用书。

图书在版编目（CIP）数据

Unity 3D 从入门到实战 / 张尧编著 . — 北京 : 中国水利水电出版社，2022.6（2023.8 重印）

ISBN 978-7-5170-9912-3

Ⅰ . ① U… Ⅱ . ①张… Ⅲ . ①游戏程序—程序设计 Ⅳ . ① TP311.5

中国版本图书馆 CIP 数据核字 (2021) 第 182207 号

书　名	Unity 3D从入门到实战 Unity 3D CONG RUMEN DAO SHIZHAN
作　者	张　尧　编著
出版发行	中国水利水电出版社 （北京市海淀区玉渊潭南路1号D座 100038） 网址：www.waterpub.com.cn E-mail：zhiboshangshu@163.com 电话：（010）62572966-2205/2266/2201（营销中心）
经　售	北京科水图书销售有限公司 电话：（010）63202643、68545874 全国各地新华书店和相关出版物销售网点
排　版	北京智博尚书文化传媒有限公司
印　刷	河北文福旺印刷有限公司
规　格	190mm×235mm　16开本　30.5印张　739千字　1插页
版　次	2022年6月第1版　2023年 8月第3次印刷
印　数	6001—9000册
定　价	108.00元

前　言

Unity 3D 是由 Unity Technologies 开发的专业的 3D 互动内容创作和运营平台，可以轻松创建诸如三维视频游戏、建筑可视化、实时三维动画、虚拟现实等类型的互动内容。Unity 3D 在游戏开发、汽车设计与制造、建筑工程与施工、影视动画制作等行业有一整套的软件解决方案，可用于创作 2D、3D 的内容展示，支持平台包括 PC、手机、iOS、虚拟现实和增强现实设备等。

本书基于 Unity 3D 2021 版本，对 Unity 3D 编辑器的应用进行了由浅入深的介绍。

工欲善其事，必先利其器，要想学好 Unity，程序开发是必不可少的，所以本书的 Unity 3D 脚本开发篇详细地介绍了 C# 的使用，包括 Unity 编程中使用到的 C# 语言的语法知识、条件语句、循环语句、数组和集合、字符串类、文件的操作、正则表达式、常用算法和常用设计模式等。

本书意在弥补 Unity 3D 图书在全栈式开发方面的不足，所以本书分成了 Unity 3D 基础篇、Unity 3D 应用篇、Unity 3D 脚本开发篇、Unity 3D 进阶篇及 Unity 3D 项目实战篇五大篇，组成全栈式开发内容集合。

➤ 本书内容介绍

全书共五大篇，24 章。五大篇对应 Unity 开发的五个阶段。

首先是 Unity 3D 基础篇，共 3 章。

第 1 章，介绍了 Unity 3D 引擎的简介、发展史、应用领域和从业情况。

第 2 章，介绍了不同 Unity 3D 版本间的差别、Unity 版本管理中心 Unity Hub 的下载和安装，以及使用 Unity Hub 安装 Unity 的流程；安装完成，会带领读者初次运行 Unity 3D。

第 3 章，介绍了 Unity 3D 编辑器的布局。本章介绍了 Unity 3D 的菜单栏、工具栏和视图，以及 Unity 中定义的重要概念，这些元素和概念会在之后的篇幅中反复强化以加深理解。

学习完 Unity 3D 编辑器的布局和重要概念，就需要将这些知识使用起来，不断地练习才能掌握，于是便来到了 Untiy 3D 的应用篇，本篇共 3 章。

第 4 章，介绍了如何使用 Unity 创建 2D、3D 场景，如何导入模型资源，如何导入静态图片资源，以及如何使用 Unity 3D 自带的地形引擎创造地形、添加树木植被。

第 5 章，详细介绍了 Unity 的重要概念：组件。Unity 3D 最具特色的地方就是组件化开发，游戏对象是最基本的单元，游戏对象上挂载的组件就意味着这个组件能够拥有某些特点。

第 6 章，对 Unity 常用功能系统进行了介绍和使用流程演示。Unity 最常用的功能系统有灯光系统、遮挡剔除系统、导航系统、动画系统，在本章中都进行了介绍。

想要学好 Unity，程序开发是必不可少的，市面上的大部分 Unity 书籍对 C# 语言的介绍很少，

本书就面向零基础的读者编写了 Unity 3D 脚本开发篇，从零开始介绍如何使用 C# 语言进行编程，本篇共 8 章。

第 7 章，数据类型和变量，学习一门语言就要从数据类型开始学起，本章介绍了 C# 常用的数据类型、Unity 3D 中常用的数据类型、如何使用变量、变量的作用域、变量的初始化，以及程序开发中对类和变量的命名方式等。

第 8 章，对 C# 语法进行了介绍，如何使用条件语句、循环语句；之后介绍了运算符，C# 有丰富的内置运算符，学好运算符将使程序开发事半功倍。

第 9 章，对数组和集合进行了介绍，数组和集合都是储存数据的集合，本章介绍了如何初始化数组和给数组赋值，介绍了常见的集合类型，如队列和堆栈等。

第 10 章，对 String（字符串）类及其常用操作进行了介绍。

第 11 章，介绍文件系统的操作，如复制、删除、移动、读取文件及文件夹等。

第 12 章，正则表达式。它是一种匹配输入文本的模式，在有些程序中很有用。

第 13 章，常用算法。要想提升自己的代码水平，算法是必须要学的。本章就选取了几种比较常用的排序算法进行介绍，对算法进行分析与设计实现。

第 14 章，常用设计模式。设计模式是程序员进阶的必经阶段，本章选取了常用的几种设计模型进行介绍，对不同的设计模式进行实例重现。

学习完 C#，修炼完程序语言，那么就继续学习更难的 Unity 知识，接下来的是 Unity 3D 进阶篇，本篇共 6 章。

第 15 章，介绍了如何使用 Unity 3D 对数据进行读取，如何从 JSON、XML 以及数据库等不同格式的文件中读取数据。

第 16 章，本章讲解了 Unity 3D 的 UI 系统，UI 是程序设计中很重要的一个环节，之所以没有在 Unity 3D 使用篇中介绍 UI 系统，是因为 UI 系统中牵扯有很多代码，对没有学习过代码的读者来说并不友好，故放在了脚本开发篇之后。

第 17 章，Socket 网络编程技术，Socket 是网络编程中很常用的一种技术，多数网络插件都是基于 Socket 进行编写的，本章详细介绍了 Socket 的运行机制，用实例讲解 Socket。

第 18 章，AssetBundle 打包策略，介绍了打包工具与操作流程。

第 19 章，常用插件介绍，用好插件会使程序开发更加高效。

第 20 章，Unity 3D 框架，介绍了比较常见的两种 Unity 框架及其快速启动流程。

当读者经过前四篇的修炼后，已经具备开发 Unity 项目的能力，接下来进行 Unity 3D 的项目实战，本篇共 5 章。

第 21 章，介绍了 2D 游戏——《喷怒的小鸟》游戏的开发详细教程，结合前面学习的内容，制作属于自己的游戏，找到游戏开发的乐趣。

第 22 章，介绍了 3D 游戏——《跑酷小子》游戏的开发详细教程。

第 23 章，通过 AR 案例——《增强现实技术》介绍了 AR 概念，挑选 AR 经典案例进行教程实现。

第 24 章，通过 VR 案例——《飞机拆装模拟》介绍了 VR 概念，以及 VR 虚拟仿真技术的案例的开发。

第25章，通过元宇宙案例——《虚拟地球信息射线》介绍了元宇宙和数字孪生概念，以及元宇宙概念的案例的开发。

本书特色

1. 注重全栈式技能的掌握

为了弥补 Unity 3D 图书在全栈式开发方面的不足，本书既有 Unity 3D 的脚本开发语言 C# 编程的详细讲解，又有 Unity 3D 基础、进阶、实战阶段的应用案例，使零基础的读者能够系统深入地学习。

2. 层层深入的教学方式

本书以层层深入的教学方式，系统详细地讲解了实际开发中的流程操作与迭代过程，让读者不仅知其然，而且知其所以然。

3. 丰富的实战案例详解

本书的每一章都提供了丰富的实例，这些实例大多来自作者多年的工作经验和应用软件的开发实践，其中部分实例具有较强的趣味性，如游戏、小程序等，其目的是激发读者对程序设计的兴趣，让读者少走弯路。

本书资源获取及服务

本书提供配套的实例源码，读者使用手机微信“扫一扫”功能扫描下面的二维码，或在微信公众号中搜索“人人都是程序猿”，关注后输入 Unt9912 并发送到公众号后台，获取本书资源下载链接。将该链接复制到计算机浏览器的地址栏中，根据提示下载即可。

读者可加入本书的读者交流圈，与其他读者交流学习，或查看本书更多资讯。

人人都是程序猿

读者交流圈

致谢

本书在编写时，秉持着“做最好的 Unity 教科书”的精神，努力在有限的篇幅中尽可能多地展现对读者有用的内容，期望可以带领读者快速入门。尽管编者对书稿进行了反复校对和审核，但碍于时间和精力，书中难免会有一些疏漏，希望读者在阅读过程中，如果发现问题能给予批评与指正，读者可以在读者交流圈中留言，或者发送邮件到 zhiboshangshu@163.com 进行反馈，以便重印时更正。

本书的写作过程占据了编者绝大部分的业余时间，因此本书的出版离不开编者家人们的默默支持，在此谨向他们表示诚挚的感谢！同时，也感谢出版社编辑对图书反复、细致审校，是他们的辛勤工作保证了本书的顺利出版！

最后，祝愿各位读者，事业顺利，身体健康。

编　者

目　　录

Unity 3D 基础篇

第 1 章　认识 Unity 3D 引擎 2

1.1　Unity 简介 2
1.2　Unity 3D 发展史..............................3
1.3　Unity 3D 应用领域介绍...................4
1.3.1　ATM 领域（汽车、运输、制造）的应用 4
1.3.2　AEC 领域（建筑设计、工程、施工）的应用 5
1.3.3　游戏领域的应用 6
1.4　Unity 3D 从业介绍..........................9
1.5　本章小结..10

第 2 章　Unity 3D 的配置与运行...... 11

2.1　Unity 3D 的主要版本介绍............11
2.1.1　Unity 5.x 版本....................11
2.1.2　Unity 2017.x 版本..............12
2.1.3　Unity 2018.x 版本..............13
2.1.4　Unity 2021.x 版本..............14
2.1.5　初学者使用哪个版本入门...14
2.2　Unity Hub 的下载与安装..............15
2.2.1　Unity Hub 的下载..............15
2.2.2　Unity Hub 的安装..............16
2.3　Unity Hub 的授权与激活..............17
2.4　Unity 3D 的下载与安装................18
2.5　初次运行 Unity 3D 项目...............22
2.5.1　新建 Unity 3D 项目 22
2.5.2　打开 Unity 3D 项目 23
2.5.3　运行 Unity 3D 项目 24
2.6　编写 Hello World 程序..................25
2.6.1　新建 C# 语言脚本 25
2.6.2　编写脚本............................27
2.6.3　编译输出 28
2.7　初识 Unity 3D 的 API 29
2.7.1　Awake 函数........................29
2.7.2　Start 函数 30
2.7.3　Update 函数 30
2.7.4　FixedUpdate 函数 32
2.7.5　LateUpdate 函数 32
2.8　本章小结..32

第 3 章　Unity 3D 编辑器简介 33

3.1　窗口布局..33
3.1.1　窗口布局（软件内置）.......33
3.1.2　自定义窗口布局 37
3.2　菜单栏..37
3.2.1　File 菜单............................38

3.2.2 Edit 菜单......38
3.2.3 Assets 菜单......40
3.2.4 GameObject 菜单......41
3.2.5 Component 菜单......42
3.2.6 Window 菜单......42
3.2.7 Help 菜单......43
3.3 工具栏......44
3.3.1 变换工具......44
3.3.2 变换辅助工具......45
3.3.3 播放控制工具......45
3.4 常用工作视图......45
3.4.1 Project 视图......46
3.4.2 Inspector 视图......48
3.4.3 Hierarchy 视图......49
3.4.4 Game 视图......49
3.4.5 Scene 视图......50
3.4.6 Console 视图......51
3.5 Unity 的重要概念......51
3.5.1 Assets......51
3.5.2 Project......52
3.5.3 Scenes......52
3.5.4 GameObject......52
3.5.5 Component......52
3.5.6 Scripts......53
3.5.7 Prefabs......53
3.6 本章小结......53

Unity 3D 应用篇

第 4 章 使用 Unity 3D 创建基本场景......56
4.1 创建 2D 场景......56
4.1.1 创建 2D 工程......56
4.1.2 导入 2D 资源......57
4.1.3 添加静态景物......58
4.1.4 制作 2D 动画......58
4.2 创建 3D 场景......62
4.2.1 创建 3D 工程......62
4.2.2 创建基本 3D 模型......63
4.2.3 导入 3D 模型......63
4.3 创建 3D 地形......64
4.3.1 创建地形......65
4.3.2 地形属性介绍......66
4.3.3 编辑地形......66
4.3.4 添加树木和植被......69
4.3.5 添加水效果......71
4.4 本章小结......72

第 5 章 Unity 3D 组件和预制体......74
5.1 游戏对象和组件......74
5.1.1 创建游戏对象......74
5.1.2 添加组件......75
5.1.3 特殊的组件——脚本......76
5.2 Unity 3D 组件介绍......77
5.2.1 常用组件介绍......77
5.2.2 获取、添加和删除组件......78
5.3 Unity 3D 预制体介绍......81
5.3.1 创建预制体......81
5.3.2 实例化预制体......82
5.4 本章小结......84

第 6 章 Unity 3D 常用功能系统......85
6.1 Unity 3D 灯光系统......85
6.1.1 平行光......85

6.1.2 点光源..86
6.1.3 聚光灯..87
6.1.4 面积光..88
6.1.5 光晕效果....................................89
6.2 Unity 3D 遮挡剔除系统.................91
6.2.1 遮挡剔除的原理........................91
6.2.2 遮挡剔除示例............................91
6.3 Unity 3D 导航系统.........................95
6.3.1 导航系统介绍............................95
6.3.2 Navigation 总控制面板介绍...95
6.3.3 Navigation 组件介绍.........97
6.3.4 导航系统示例.......................98
6.4 Unity 3D 动画系统..........................102
6.4.1 导入模型动画.......................102
6.4.2 切换动画片段.......................106
6.4.3 控制动画的播放...................108
6.5 本章小结...109

Unity 3D 脚本开发篇

第 7 章 数据类型和变量.............. 112
7.1 C# 语言的值类型和引用类型.....112
7.1.1 值类型..................................112
7.1.2 引用类型..............................114
7.1.3 值类型和引用类型的区别..................................114
7.2 装箱和拆箱..................................114
7.2.1 装箱......................................114
7.2.2 拆箱......................................115
7.3 Unity 3D 的值类型和引用类型...116
7.3.1 Unity 3D 中常见的值类型..116
7.3.2 Unity 3D 中常见的引用类型..116
7.4 常量和变量..................................117
7.4.1 常量的初始化......................118
7.4.2 变量的初始化......................118
7.4.3 变量的作用域......................118
7.5 命名惯例和规范..........................120
7.5.1 匈牙利命名法......................120
7.5.2 帕斯卡命名法......................120
7.5.3 骆驼命名法..........................121
7.5.4 命名法使用建议..................121
7.6 本章小结.......................................122

第 8 章 条件语句和循环语句 123
8.1 条件语句.......................................123
8.1.1 if 语句 124
8.1.2 if...else 语句 125
8.1.3 嵌套 if...else 语句 127
8.1.4 switch 语句 129
8.2 循环语句.......................................131
8.2.1 while 循环............................131
8.2.2 do...while 循环.....................133
8.2.3 for 循环 134
8.2.4 foreach 循环........................136
8.2.5 控制语句 137
8.3 运算符..140
8.3.1 算术运算符.........................141
8.3.2 关系运算符.........................142
8.3.3 逻辑运算符.........................144
8.3.4 赋值运算符.........................146
8.4 本章小结.......................................147

第 9 章　数组和集合......................148

9.1　数组......................148

9.1.1　初始化数组......................148

9.1.2　数组赋值......................148

9.1.3　访问数组元素......................149

9.1.4　多维数组......................150

9.2　集合......................151

9.2.1　常见集合......................152

9.2.2　数组、ArrayList 和 List...152

9.2.3　队列......................154

9.2.4　堆栈......................156

9.2.5　哈希表......................157

9.2.6　字典......................159

9.3　本章小结......................161

第 10 章　String 类......................162

10.1　String 类的介绍......................162

10.1.1　String 类的属性......................162

10.1.2　创建 String 类对象......................162

10.2　字符串的常用操作......................164

10.2.1　比较字符串......................164

10.2.2　定位字符串......................165

10.2.3　格式化字符串......................168

10.2.4　连接字符串......................169

10.2.5　分割字符串......................170

10.2.6　插入和填充字符串......................171

10.2.7　删除字符串......................172

10.2.8　复制字符串......................173

10.2.9　替换字符串......................174

10.2.10　更改大小写......................175

10.3　本章小结......................176

第 11 章　文件夹与文件......................177

11.1　I/O 类......................177

11.1.1　Directory 类......................178

11.1.2　File 类......................178

11.1.3　Stream 类......................179

11.2　文件夹的操作......................179

11.2.1　创建文件夹......................179

11.2.2　删除文件夹......................180

11.2.3　剪切文件夹......................180

11.2.4　设置文件夹的属性......................181

11.3　文件的操作......................181

11.3.1　创建文件......................181

11.3.2　删除文件......................182

11.3.3　复制、剪切文件......................182

11.3.4　读 / 写文件......................183

11.4　本章小结......................185

第 12 章　正则表达式......................186

12.1　正则表达式在 Unity 3D 中的应用......................186

12.1.1　匹配正整数......................186

12.1.2　匹配大写字母......................187

12.2　Regex 类......................188

12.2.1　Regex 类的静态 Match 方法......................189

12.2.2　Regex 类的静态 Matches 方法......................191

12.2.3　Regex 类的静态 IsMatch 方法......................192

12.3　定义正则表达式......................193

12.3.1　转义字符......................193

12.3.2　字符类......................194

12.3.3　定位点......................196

12.3.4　限定符......................197

12.4　常用正则表达式......................198

12.4.1　校验数字的表达式......................198

12.4.2 校验字符的表达式.........199
12.4.3 校验特殊需求的表达式.........200
12.5 正则表达式实例.........202
12.5.1 实例一：匹配字母.........202
12.5.2 实例二：替换掉空格.....203
12.6 本章小结.........204

第 13 章 常用算法 205
13.1 冒泡排序算法.........205
13.1.1 冒泡排序算法原理.........205
13.1.2 时间复杂度.........205
13.1.3 代码示例.........206
13.2 选择排序算法.........207
13.2.1 选择排序算法原理.........207
13.2.2 时间复杂度.........207
13.2.3 代码示例.........208
13.3 插入排序算法.........209
13.3.1 插入排序算法原理.........209
13.3.2 时间复杂度.........210
13.3.3 代码示例.........210
13.4 本章小结.........211

第 14 章 常用设计模式 213
14.1 设计模式的设计原则.........213
14.1.1 单一职责原则.........213
14.1.2 开闭原则.........213
14.1.3 里氏代替原则.........214
14.1.4 依赖倒置原则.........214
14.1.5 接口隔离原则.........214
14.1.6 合成复用原则.........214
14.1.7 迪米特法则.........215
14.2 单例模式.........216
14.2.1 单例模式介绍.........216
14.2.2 单例模式的实现思路.....216
14.2.3 实现单例模式.........216
14.3 简单工厂模式.........218
14.3.1 简单工厂模式介绍.........218
14.3.2 简单工厂模式的实现思路.........218
14.3.3 实现简单工厂模式.........219
14.4 本章小结.........221

Unity 3D 进阶篇

第 15 章 Unity 3D 数据的读取 224
15.1 从 JSON 文件中读取数据.........224
15.1.1 写入 JSON 数据.........224
15.1.2 读取 JSON 数据.........228
15.1.3 解析 JSON 数据.........229
15.2 从 XML 文件中读取数据.........230
15.2.1 写入 XML 数据.........231
15.2.2 读取 XML 数据.........233
15.2.3 修改 XML 数据.........234
15.3 从数据库中读取数据.........236
15.3.1 安装 MySQL 数据库......236
15.3.2 使用 Navicat（数据库管理工具）连接 MySQL.......241
15.3.3 使用 Unity 3D 读取 MySQL 数据库中数据.........243
15.4 本章小结.........249

第 16 章 Unity 3D UI 系统 250
16.1 UGUI.........250
16.1.1 UGUI—Canvas.........250

16.1.2 UGUI—Text......251
16.1.3 UGUI—Image......252
16.1.4 UGUI—Button......253
16.1.5 UGUI—Toggle......256
16.1.6 UGUI—Slider......259
16.1.7 UGUI—ScrollView......262
16.1.8 UGUI—Dropdown......264
16.1.9 UGUI—InputField......267
16.2 GUI......270
16.2.1 GUI 简介......270
16.2.2 常见基本控件使用......270
16.2.3 GUILayout 自动布局......273
16.3 本章小结......275

第 17 章 Unity 3D Socket 编程......276
17.1 Socket......276
17.1.1 Socket 简介......276
17.1.2 Socket 的基本函数使用......277
17.1.3 Socket 中 TCP 的三次握手详解......279
17.1.4 Socket 中 TCP 的四次挥手详解......280
17.2 实现简单的 Socket 聊天工具......281
17.2.1 C# 语言服务器端搭建......281
17.2.2 Unity 客户端搭建......288
17.2.3 整体运行......299
17.3 本章小结......301

第 18 章 Unity 3D AssetBundle......302
18.1 AssetBundle 工作流程......302
18.1.1 工作流程简介......302
18.1.2 打包分组策略......303
18.2 AssetBundle 操作......304
18.2.1 AssetBundle 打包......304
18.2.2 Manifest 文件......308
18.2.3 AssetBundle 文件上传......309
18.2.4 AssetBundle 加载......310
18.2.5 AssetBundle 卸载......312
18.3 AssetBundle 打包工具......313
18.3.1 导入插件......313
18.3.2 界面说明......314
18.4 本章小结......314

第 19 章 常用插件介绍......315
19.1 DOTween 插件......315
19.1.1 DOTween 快速入门......315
19.1.2 DOTween 实例......316
19.2 Haste 插件......318
19.2.1 Haste 快速入门......319
19.2.2 Haste 快捷键......319
19.3 Exploder 插件......319
19.3.1 Exploder 快速入门......320
19.3.2 Exploder 插件参数介绍......321
19.4 KGFMapSystem 插件......324
19.4.1 KGFMapSystem 快速入门......324
19.4.2 KGFMapSystem 实例......325
19.5 本章小结......327

第 20 章 Unity 3D 框架......329
20.1 GameFramework 框架......329
20.1.1 GameFramework 框架简介......329
20.1.2 GameFramework 导入......332
20.1.3 GameFramework 的 Hello World......334
20.2 QFramework 框架......337
20.2.1 QFramework 框架简介......338
20.2.2 QFramework 导入......339
20.2.3 QFramework 的 Hello World......340
20.3 本章小结......341

Unity 3D 项目实战篇

第 21 章 2D 游戏——《愤怒的小鸟》......344

21.1 场景搭建......344

21.1.1 摄像机设置......345

21.1.2 地面设置......346

21.1.3 边界设置......347

21.1.4 云彩设置......349

21.1.5 击打物设置......350

21.2 弹弓设置......355

21.2.1 弹弓搭建......355

21.2.2 生成鸟......356

21.3 鸟设置......358

21.3.1 设置鸟的物理特性......358

21.3.2 发射鸟......360

21.3.3 制作鸟的落地效果......361

21.3.4 显示鸟的飞行轨迹......362

21.4 敌人设置......364

21.4.1 设置敌人的物理特性......364

21.4.2 设置敌人的游戏逻辑......365

21.5 弹弓橡胶设置......366

21.5.1 摆放弹弓橡胶......367

21.5.2 设置弹弓橡胶的游戏逻辑......368

21.6 本章小结......369

第 22 章 3D 游戏——《跑酷小子》......371

22.1 前期准备......371

22.1.1 新建项目......371

22.1.2 导入资源......371

22.2 路段设置......372

22.2.1 路段摆放......373

22.2.2 路段切换设置......376

22.3 障碍物设置......377

22.3.1 障碍物摆放......377

22.3.2 障碍物生成......379

22.4 主角设置......381

22.4.1 主角模型处理......381

22.4.2 主角动画设置......382

22.4.3 主角移动......384

22.4.4 摄像机跟随......387

22.4.5 主角死亡判定......388

22.5 本章小结......392

第 23 章 AR 案例——《增强现实技术》......394

23.1 AR 技术......394

23.1.1 AR 简介......394

23.1.2 AR 特点......394

23.1.3 AR 应用领域......394

23.1.4 AR 工作原理......395

23.2 Easy AR 插件......395

23.2.1 Key 的获取......396

23.2.2 导入 AR 的 SDK......398

23.2.3 快速入门......400

23.3 Easy AR 应用案例——多图识别......404

23.3.1 搭建多图识别场景......404

23.3.2 处理相机......405

23.3.3 处理 ImageTarget......406

23.4 AR 应用 - 模型交互......406

23.4.1 模型交互之改变颜色......407

23.4.2 模型交互的缩小和放大...408
23.4.3 模型交互的拖动............410
23.5 本章小结..................................411

第 24 章 VR 案例——《飞机拆装模拟》......................................412

24.1 VR 技术..................................412
24.1.1 VR 技术简介..............412
24.1.2 VR 特点.......................412
24.1.3 VR 应用领域...............412
24.2 场景搭建制作..........................413
24.2.1 新建项目......................413
24.2.2 导入资源......................413
24.2.3 搭建场景......................414
24.2.4 制作火焰喷射特效........419
24.2.5 实现飞机飞行...............423
24.3 飞机拆装功能开发..................425
24.3.1 搭建飞机零件拆装场景...425
24.3.2 实现飞机零件拆分........426
24.3.3 飞机引擎控制...............430
24.4 飞机拆装后零件说明功能开发...433
24.4.1 制作 UI 及 UI 动画........433
24.4.2 实现单击模型出现 UI 功能..436
24.4.3 实现零件高亮...............441
24.5 本章小结..................................444

第 25 章 元宇宙案例——《虚拟地球信息射线》.....................445

25.1 元宇宙概述..............................445
25.1.1 元宇宙简介..................445
25.1.2 元宇宙的发展历史........445
25.1.3 元宇宙应用前景...........447
25.1.4 元宇宙价值链...............447
25.1.5 元宇宙与数字孪生........450
25.2 搭建虚拟地球场景..................452
25.2.1 新建项目......................452
25.2.2 导入资源......................452
25.2.3 制作虚拟地球...............453
25.2.4 制作虚拟地球大气层.....455
25.2.5 天空盒设置..................455
25.3 制作虚拟地球信息射线...........457
25.3.1 地球自转......................457
25.3.2 制作虚拟地球信息射线...457
25.3.3 实现单击后发射虚拟地球信息射线........................460
25.3.4 实现自动发射虚拟地球信息射线........................465
25.4 波纹粒子特效..........................469
25.4.1 波纹粒子特效...............469
25.4.2 代码控制特效...............470
25.5 本章小结..................................476

Unity 3D 基础篇

不积跬步，无以至千里；不积小流，无以成江海。

本篇从基础开始讲解：从 Unity 3D 引擎的发展史到 Unity 3D 的安装与配置运行，从 Unity 3D 中 Hello World 程序的开发到 Unity 3D 重要视图的讲解。去粗取精，讲解真正常用的、重要的知识点。

学习一个工具，首先要知道它能做什么，能带来什么。

第 1 章从 Unity 3D 的应用领域、从业介绍讲解 Unity 3D 可以做什么，以及可以为读者带来什么。

第 2 章讲解如何安装 Unity 3D 与初次使用 Unity 3D 开发 Hello World 程序，演示 Unity 3D 从新建项目到运行项目的流程。

第 3 章是对整个 Unity 3D 编辑器的学习，介绍窗口布局、菜单栏、工具栏、视图以及 Unity 3D 的重要概念。

这些学习完后，就对整个 Unity 3D 编辑器有了整体的了解，但是还需要多练习，才能熟练地掌握 Unity 3D 编辑器的使用方法。

第 1 章　认识 Unity 3D 引擎

Unity 3D 是由游戏引擎开发商 Unity Technologies 开发的专业的 3D 互动内容创作和运营平台。Unity 3D 在游戏开发、美术、建筑、汽车设计、影视制作等行业都有一整套的软件解决方案，可用于创作 3D、2D 的内容展示，支持平台包括 PC、手机、iOS、虚拟现实和增强现实设备。

本章将介绍 Unity 3D 发展史，使用 Unity 开发的典型案例以及 Unity 3D 的就业方向，让读者初步了解 Unity。

1.1　Unity 简介

Unity 引擎是一款国际领先的专业游戏引擎，强大的跨平台能力，使游戏开发的周期大幅度缩短，极大地节省了开发者的时间成本和创作成本。

Unity 引擎还支持 3D 模型、图像、音效、视频等资源的导入，使用 Unity 可以轻松地搭建场景，实现对复杂的虚拟世界的创建。

Unity 引擎使开发者能够为多个平台创作和优化内容，这些平台包括 iOS、安卓、Windows、Mac OS、索尼 PS4、任天堂 Switch、微软 XBOX ONE、谷歌 Stadia、微软 Hololens、谷歌 AR Core、苹果 AR Kit、商汤 SenseAR 等。目前 Unity 支持的发布平台有 21 个，如图 1-1 所示。强大的平台移植能力，让用户无须担心多平台的问题，用户可以一键将产品发布到相应的平台上，节省了大量的开发时间和精力。

图 1-1　Unity 支持的发布平台

Unity Technologies 公司超过 1400 人规模的研发团队让 Unity 的技术始终保持在世界前沿，紧跟合作伙伴的迭代，确保在最新的版本和平台上提供优化支持服务。

Unity 还提供诸多运营服务帮助创作者。这些解决方案包括 Unity Ads 广告服务、Unity 游戏云一站式联网游戏服务、Vivox 游戏语音服务、Multiplay 海外服务器托管服务、Unity 内容分发平台（UDP）、Unity Asset Store 资源商店、Unity 云构建等。

Unity 在中国、比利时、芬兰、加拿大、法国、新加坡、德国等 16 个国家拥有 44 个办公室。Unity 创作者遍布全球 190 个国家和地区。

自 2004 年成立以来，Unity 在全球拥有 3500 多名员工，融资金额达 7.263 亿美元。在美国“快公司”发布的 2019 年最具创新力的 50 家公司榜单的企业板块排名中，Unity 位列第一；在 2019 年最具创新力的 50 家公司总榜单中，Unity 位列第十八。Unity 的估值于 2019 年 7 月上升至 60 亿美元。

1.2　Unity 3D 发展史

Unity 引擎从诞生至今，经历了十多年的发展。Unity 已经逐步成长为全球开发者普遍使用的交互式引擎，全世界有 6 亿的玩家在玩使用 Unity 引擎制作的游戏。其占据全功能游戏引擎市场 45%的份额，居全球首位，如图 1-2 所示。

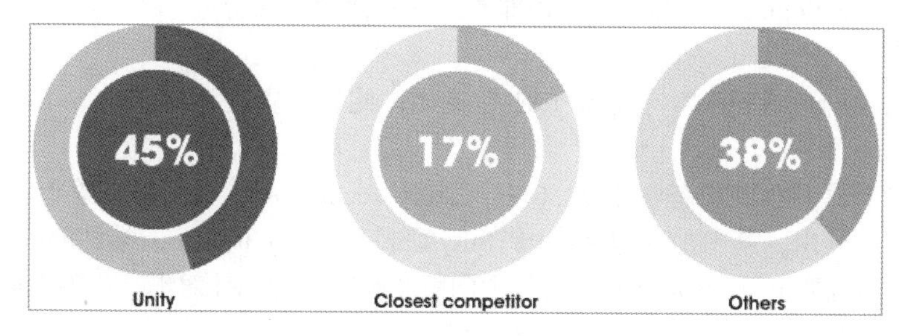

图 1-2　Unity 市场份额

Unity 3D 开发人员的比例为 47%，其全球用户已经超过 330 万人，中国区的开发者数量已成为全球第一。在全球各种游戏解决方案的市场份额中的比例为 47%，如图 1-3 所示。

2004 年，在丹麦哥本哈根，Joachim Ante、Nicholas Francis 和 David Helgason 决定一起开发一款易于使用、与众不同并且费用低廉的游戏引擎，帮助所有喜爱游戏的年轻人实现游戏创作的梦想。在 2005 年，其发布了 Unity 1.0。

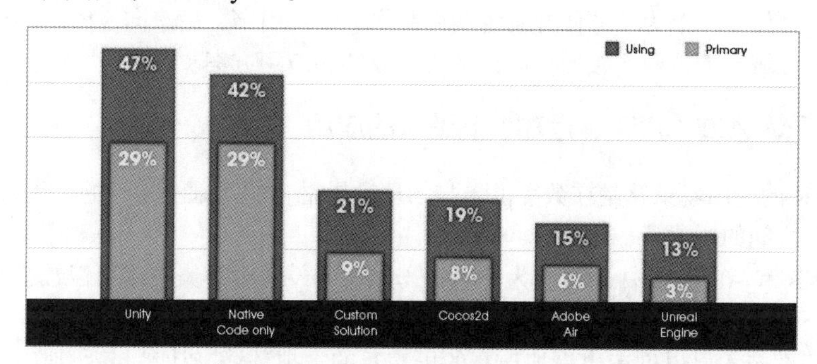

图 1-3　在全球各种游戏解决方案的市场份额中 Unity 的占比

2007 年，Unity 2.0 发布。该版本新增了地形引擎、实时动态阴影，支持 DirectX 9.0 并具有内置网络多人联机功能。

2009 年，Unity 2.5 发布。该版本添加了对 Windows Vista 和 XP 操作系统的全面支持，所有功能都可以与 Mac OS 实现同步和互通。Unity 在其中任何一个操作系统中都可以为另一个平台制作游戏，实现了真正意义上的跨平台。很多国内用户就是从该版本开始了解和接触 Unity 的。

2010 年，Unity 3.0 发布。该版本添加了对 Android 平台的支持，整合了光照贴图烘焙，支持遮挡剔除和延迟渲染。Unity 3.0 通过使用 MonoDevelop，实现在 Windows 和 Mac 操作系统上的脚本调试，如终端游戏、逐行单步执行、设置断点和检查变量的功能。

2012 年，Unity 上海分公司成立，Unity 正式进军中国市场。同年，Unity 4.0 发布。Unity 4.0 加入了对 DirectX 11 的支持和 Mecanim 动画工具，还增添了 Linux 和 Adobe Flash Player 发布预览功能。

2013 年，Unity 全球用户量已经超过 150 万。

截至 2014 年年底，Unity Technologies 公司在加拿大、中国、丹麦、英国、日本、韩国、立陶宛、俄罗斯等国家和地区都建立了相关机构，在全球范围内已拥有来自 30 多个国家和地区的超过 300 名雇员，Unity Technologies 公司目前仍在以非常迅猛的速度发展着。

2015 年，Unity 5.0 发布。

2016 年 7 月 14 日，Unity 宣布融资 1.81 亿美元，此轮融资也让 Unity 公司的估值达到了 15 亿美元。

2019 年，全球最具创新力企业 TOP 50 中，Unity Technologies 公司排名第十八。同年，Unity 中国版编辑器正式推出，其中加入包括中国 Unity 研发的 Unity 优化 - 云端性能测试和优化工具，还有资源加密、防沉迷工具、Unity 游戏云等中国版才有的功能，针对本土化需求提供服务，方便国内开发者使用。

2020 年 6 月 15 日，Unity 宣布和腾讯云合作推出 Unity 游戏云，从在线游戏服务、多人联网服务和开发者服务 3 个层次打造一站式联网游戏开发。

1.3 Unity 3D 应用领域介绍

Unity 3D 最开始是一个为了方便开发游戏而制作的游戏引擎，后来向 VR/AR 领域、建筑设计领域、无人驾驶领域、虚拟现实领域拓展，都有了成熟的应用方案。

1.3.1 ATM 领域（汽车、运输、制造）的应用

工业 VR/AR 的应用场景就是在数字世界与物理世界融合的基础上构建的，作为衔接虚拟产品和真实产品实物之间的桥梁。

全世界的 VR 和 AR 内容中 60% 均为 Unity 驱动。Unity 实时渲染技术可以被应用到汽车设计、制造人员培训、制造流水线的实际操作、无人驾驶模拟训练、市场推广展示等各个环节。Unity 最新的实时光线追踪技术可以创造出更加逼真的可交互的虚拟环境，让参与者身临其境，感受虚拟现实的真实体验。Unity 针对 ATM 领域的工业解决方案包括 INTERACT 工业 VR/AR 场景开发工具、Prespective 数字孪生软件等。

Unity 在 ATM 领域的客户如下：沃尔沃和 Varjo，使用 VR 技术实现安全驾驶功能，如

图 1-4 所示。宝马（BMW），使用 Unity 实时光线追踪技术实现汽车设计可视化；戴姆勒集团子公司 Protics，用 AR 提升从研发、培训到售后等多个环节的效率；雷克萨斯（Lexus），使用 Unity 实时渲染市场推广并展示；宜家（IKEA Place），使用户购买家具前查看实际效果。

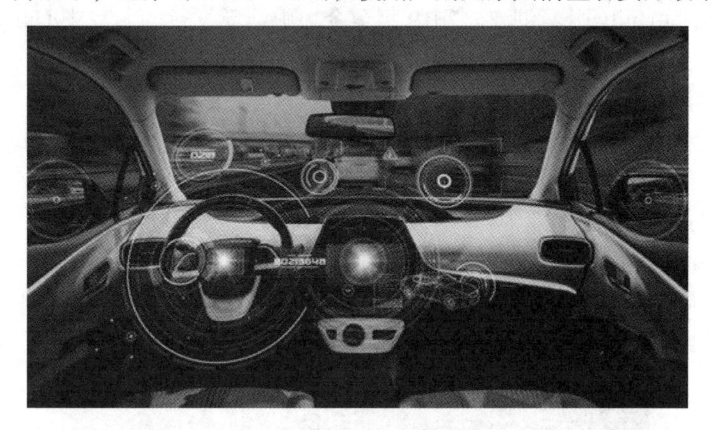

图 1-4　使用 VR 技术实现安全驾驶功能

1.3.2　AEC 领域（建筑设计、工程、施工）的应用

对于 AEC 行业的设计师、工程师和开拓者来说，Unity 是打造可视化产品以及构建交互式和虚拟体验的实时 3D 平台。高清实时渲染配合 VR、AR 和 MR 设备，可以展示传统 CG 离线渲染无法提供的可互动内容。而且在研发阶段，实时渲染可以提供“所见即所得”，让开发者可以进行迭代。Unity 针对 AEC 领域的解决方案包括 Unity Reflect，可以一键把模型连同信息转换成 Unity 3D 模型，实现在各种设备上以沉浸、互动的方式审查实时模型，如图 1-5 所示。

全球顶级的 50 家 AEC 公司和 10 家领先汽车品牌中，已有超过一半的公司正在使用 Unity 技术。

Unity 在 AEC 领域的客户包括 SHoP Architects，布鲁克林的建筑 9 Dekalb 项目定制 AR 施工程序；Taqtile，通过 Unity XR 功能加速培训和维护工作；美国建筑公司 Haskell，通过 XR 互动体验解决安全问题；Unity 伦敦办公室，高清实时渲染配合 VR 展示真实场景。

图 1-5　Unity 3D 实时模型

1.3.3 游戏领域的应用

据雷锋网统计，全球销量前 1000 名的手机游戏中，与 Unity 有关的作品超过 50%，75% 与 AR/VR 相关的内容为 Unity 引擎创建。2019 年至今，中国新发行的游戏中 Unity 技术应用占比高达 76%。

1. 主机和 PC 游戏

Unity 不仅提供丰富的视觉逼真度和友好的美术师工具，还能为多线程主机和 PC 游戏提供终极性能。经典的案例有以下几款。

（1）*In the Valley of Gods*。

制作者们以 1920 年的埃及为背景创作了情节丰富的互动游戏 *In the Valley of Gods*。制作室主要使用了 Unity 强大的 Playables API 和 Mecanim 动画系统，让人物的对话更加流畅，剧情更加真实，物理、动画和其他细节都做到了完美，如图 1-6 所示。

图 1-6 *In the Valley of Gods* 游戏画面

（2）《死者之书》。

《死者之书》是一款第一人称互动游戏，展示了 Unity 为游戏产品提供高端视觉效果的能力。这个项目使用了 Unity 的高清渲染管道（HDRP），使用了大量的 Unity 灯光渲染技术和摄像机优化技术，此项目也颇为重视细节，如人物的贴图材质、场景的搭建、河水的流动等都力求真实模拟，给人眼前一亮的感觉，如图 1-7 所示。

图 1-7 《死者之书》游戏画面

（3）*Harold Halibut*。

Harold Halibut 是一款现代冒险风格的游戏，由于剧情、叙事等方面的优势，使用户体验感极佳，提高了玩家线索收集、剧情探索的乐趣。其工作室主要借助了 Unity 的高清渲染管道和照片建模工具呈现定格动画效果，再通过 Unity 3D 的 Timeline 工具和 Cinemachine 工具引入了非线性电影效果，如图 1-8 所示。

图 1-8 *Harold Halibut* 游戏画面

2. 移动游戏

（1）《炉石传说》。

《炉石传说》是一款暴雪公司开发的卡牌游戏，回合制的在线比赛游戏融入了《魔兽世界》所有的刺激元素，在多年后仍能凭借众多新功能和强大实时操作功能激起激烈的竞争。这款游戏使用了 Unity 3D 强大的跨平台能力，可以同时在多个平台发布，有力地占据了市场份额，如图 1-9 所示。

图 1-9 《炉石传说》游戏画面

（2）*War Robots*。

War Robots 是一款战争策略游戏，凭借均衡的游戏玩法体验和变现策略，以及借助 Unity 开发引擎，这款游戏的工作室（俄罗斯）在较短的时间内尝试了多种游戏玩法，旨在为玩家提供最优质的游戏体验。游戏使用了 Unity 粒子特效，大幅度提高了战斗的体验，如图 1-10 所示。

（3）《魔法时代》。

《魔法时代》是一款 PRG 类型的游戏，有宝物、英雄、战场、战斗、冲突等多种元素，这些基本的游戏元素在借助 Unity 游戏开发引擎后，设计得非常精彩：不仅使用了 UGUI 制作了大量的丰富图形，还使用了 Unity 的 Cinemachine 工具简化了大量摄像机的功能，可以进行外观的微调。Unity 强大的开发能力，让这支团队可以在一年多的时间内，就推出这一款外观精美的移动版角色扮演游戏，如图 1-11 所示。

图 1-10　*War Robots* 游戏画面

图 1-11　《魔法时代》游戏画面

（4）《王者荣耀》。

《王者荣耀》是腾讯游戏的天美工作室在 2015 年发行的 MOBA 手游，是一款运营在 Android、iOS、NS 平台上的 MOBA 类手机游戏，于 2015 年 11 月 26 日在 Android、iOS 平台上正式公测。游戏借助 Unity 开发引擎，在短时间内便上线封测，为公司在 MOBA 这种类型的游戏竞争中赢得了大量时间，团队还借助了 Unity 的热更新和 AssetsBundle 工具快速更新游戏版本，如图 1-12 所示。

图 1-12　《王者荣耀》游戏画面

（5）《崩坏 3》。

《崩坏 3》是由米哈游科技（上海）有限公司使用 Unity 3D 制作发行的一款角色扮演类手机游戏，该作品于 2016 年 10 月 14 日全平台公测。游戏借助 Unity 引擎制作了精美的场景和人物，通过 Unity 3D 的 Timeline 工具和 Cinemachine 工具让剧情更加流畅与舒服，剧情主要讲述了世界受到神秘灾害“崩坏”侵蚀的故事，玩家可以扮演炽翎、白夜执事、第六夜想曲、月下初拥、极地战刃、空之律者、原罪猎人等女武神，去抵抗“崩坏”的入侵，如图 1-13 所示。

图 1-13　《崩坏 3》游戏画面

1.4　Unity 3D 从业介绍

Unity 3D 是一款多平台、综合型游戏开发工具，是现今最优秀的 3D 引擎之一，我们熟知的《王者荣耀》《绝地求生》等游戏以及 VR/AR 应用均使用了 Unity 3D。随着 VR、AR 技术全球火爆，手游的数量增长惊人，全民游戏热潮已然兴起，Unity 3D 再受热捧，Unity 3D 开发人才更是广受市场青睐，大公司纷纷用重金招纳，抢夺人才。

从就业方向来看，Unity 3D 就业范围可谓十分广阔，大致有以下几种类型。

（1）游戏开发工程师

这类公司主要以 3D 游戏开发为市场。如今 72% 的游戏开发工作者会选择将 Unity 3D 作为他们的首选开发工具，除此之外，使用 Unity 开发桌面平台应用又占据了一半的数值，显然这比均值高出很多。另外，在如垂直功能、视觉结构、教育、军事仿真等领域 Unity 都十分符合广大开发者的需求。在开发上，Unity 可谓极其全面。

主要职位有：手游开发工程师、网游开发工程师。

（2）虚拟现实开发工程师

VR 在近些年的大火已经让不少人都充分意识到虚拟现实（VR）以及增强现实（AR）会在未来 4 ~ 5 年颠覆大家的生活方式，各大公司都纷纷在 VR/AR 领域布局，而 Unity 3D 作为开发引擎就成了 VR 得以发展的重点，这也是 Unity 3D 人才薪资越发高涨的原因之一。

主要职位有：VR/AR 开发工程师、VR 游戏开发工程师。

（3）虚拟仿真开发工程师

虚拟仿真就是用一个系统模仿另一个真实系统的技术。虚拟仿真实际上是一种可创建和体验虚拟世界（Virtual World）的计算机系统。此种虚拟世界由计算机生成，对现实世界进行再现，用户也可以借助视觉、听觉及触觉等多种传感通道与虚拟世界进行自然交互。

主要职位有：虚拟仿真开发工程师、虚拟现实工程师。

（4）引擎开发工程师

尽管 Unity 3D 可以开发很多手游、网游，但是大量网游往往都有自己的游戏引擎，如 Dota2 采用的起源引擎（Source Engine），CSGO 采用的 L4D2 引擎等；单机游戏也有自己的引擎，如战地系列游戏使用的寒霜引擎等，这些引擎的开发与维护都需要大量的精英人才。引擎开发工程师在编程、数学、3D 等方面要求都比较高，是一个高水平、高工资的职位。

主要职位有：游戏算法工程师、游戏引擎工程师、客户端主程。

1.5 本章小结

本章对 Unity 3D 引擎的发展历程、应用领域及从业情况进行了介绍。

Unity 3D 从 2005 年发布，经历了 10 多年的发展，如今全球有 6 亿游戏开发者使用 Unity 3D 开发游戏，Unity 3D 引擎已经成长为一个健全、强大的 3D 开发引擎，拥有强大的平台移植能力，支持 20 多个平台同步发布。

Unity 3D 开发团队也提供了很多服务支持开发者进行项目开发，如 Unity Ads 广告服务、Unity 游戏云一站式联网游戏服务、Vivox 游戏语音服务、Multiplay 海外服务器托管服务、Unity 内容分发平台（UDP）、Unity Asset Store 资源商店、Unity 云构建等。

Unity 3D 在游戏开发领域的占有量很高。2019 年至今，中国新发行的游戏中 Unity 技术应用占比高达 76%；全球销量前 1000 名的手机游戏中，与 Unity 有关的作品超过 50%，经典的《王者荣耀》《崩坏 3》都是用 Unity 3D 引擎开发的。

Unity 3D 的应用领域也非常广，不仅在游戏开发领域，还在 ATM、AEC 等领域都很受欢迎，通过它开发出了很多非常经典的项目。

Unity 3D 的发展越来越好，相关行业对人才的需求量在不断提高，衍生出了游戏开发工程师、虚拟现实开发工程师、虚拟仿真开发工程师及引擎开发工程师等职位。

第 2 章　Unity 3D 的配置与运行

本章介绍 Unity 3D 主要版本之间的优缺点以及功能的增加和版本的更新，Unity Hub 是 Unity 3D 的版本管理软件，本章就介绍如何使用 Unity Hub 安装 Unity 3D 以及申请许可证。

Unity 3D 安装完成后，详细地介绍了 Unity 3D 新建项目、打开项目以及运行项目的流程，介绍了如何使用 Unity 3D 新建脚本、运行脚本，以及常见的 Unity 3D 的 API 功能说明和常用 API 的效果演示。

2.1　Unity 3D 的主要版本介绍

Unity 3D 版本更新很快，有些版本的更新带来的改变很大，本节就介绍一下 Unity 的主要版本更新，以及版本更新带来的强大功能。

2.1.1　Unity 5.x 版本

Unity 5.x 版本是使用 Unity 3D 开发项目的公司使用最多的版本，占全球使用版本的 50% 以上。Unity 5.x 版本的特点如下。

1. Unity 5.x 版本优点

（1）稳定的编辑器版本，不会出现莫名其妙的 Bug，使用流畅，打包稳定。

（2）整合了 NGUI 和 UGUI，UI 系统强大且完善，大量 UI 教程基于这个版本。

（3）资源管理更加合理，统一了获取组件的方式。

（4）拥有大量的插件，兼容性较好。

（5）支持 VR/AR 开发，功能强大。

2. Unity 5.x 版本主要更新

（1）规范化了资源管理：统一了所有组件的获取方式，如 Aniamtor、Material 无须通过 Awake 函数或 Start 函数进行获取，可以直接使用，现在全部要以 Getcomponent 的形式进行获取。

（2）整合 UGUI：收编了 NGUI 的开发团队，整合了 NGUI 和 UGUI，使 UI 系统更加强大。

（3）移除了内置资源包：使安装包更加精简，用户可以根据实际需求自行安装资源包。

（4）优化启动速度：优化了软件启动速度。

（5）对 JSON 的解析：内置了对 JSON 的解析。

（6）新的压缩方式：之前 Unity 压缩方式采取 zip 形式，压缩率高，但是解压缩耗费时间比较长，所以采用新的压缩方式 lz4 压缩，压缩率不高，但是解压缩时间加快。

（7）固定更新日期：以 1 周或 2 周为周期进行更新发布。

2.1.2 Unity 2017.x 版本

Unity 2017.x 版本的特点如下。

1. Unity 2017.x 版本优点

（1）加入了很多强大的功能，如 Timeline，使创作游戏视频更加轻松，也可以使用 Recorder 插件直接导出视频。

（2）改进了场景灯光效果，使占用的资源更少，但是效果更好。

（3）改进了 Progressive Lightmapper 渐进光照贴图，增加对 LOD 烘焙。

（4）改进了粒子系统，可以增加数据模块标签。

2. Unity 2017.x 版本缺点

Unity 2017.x 版本中加入了太多功能，导致很多莫名其妙的 Bug 出现，在稳定性上不如 Unity 5.x 版本。

3. Unity 2017.x 版本主要更新

（1）新的版本命名方式：Unity 开启了全新的、以年份命名的版本发布方式，发布版本分为 Unity TECH 技术前瞻版本和 Unity LTS 稳定支持版本。Unity TECH 版本每年有三次更新，会带来最新的功能与特性；Unity LTS 版本每年在 TECH 版本的最后一个版本后发布，也就是 Unity 2017.1、Unity 2017.2、Unity 2017.3 为 TECH 版本，Unity 2017.4 为 LTS 版本。

（2）Timeline 工具发布：全新的叙事和游戏视频创作工具 Timeline 发布，Timeline 是一款强大的可视化新工具，可用于创建影视内容，如过场动画、预告片、游戏试玩视频等。Cinemachine 是一个高级相机系统，你可以像电影导演一样，在 Unity 中合成镜头，无须编写任何代码，引领你进入程序化摄影时代。Post-processing 可以很方便地为场景应用各种逼真滤镜，使用电影工业级技术、控件和颜色空间格式创造高质量视觉效果，让画面更生动、更逼真。

（3）Progressive Lightmapper（渐进光照贴图）：改进了 Progressive Lightmapper 中对 LOD 烘焙的支持，使 LOD 也可以使用光照烘焙了。

（4）对混合显示（XR）平台的支持：加入了对主流 AR 平台的支持，优化了 VR 的开发流程，提升了 VR 性能。内置了 Vuforia，加入了对 MaxOS 的 Open VR、Google ARCore、Apple ARKit 的支持。

（5）加入了 NavMesh 可视化调试工具：NavMesh 可视化调试工具，可以查看导航网格在构建过程中生成的调试数据，可以在编辑器中使用 NavMeshEditorHelpers.DrawBuildDebug 进行收集和可视化操作。

（6）改进粒子系统：加入了可编辑自定义数据模块标签。

（7）定义程序集文件：可以使用 Assembly Definition File 特性，可以在一个文件夹中自定义托管程序集，确保脚本被更改后，只会重新生成需要重新生成的程序集，减少编译时间。

（8）更新 Crunch 纹理压缩库：以 Crunch 格式压缩的纹理首先解压成 DXT 格式，然后运行时发送给 GPU。Crunch 压缩的纹理不仅节省磁盘空间，还具有更快的解压速度，在分发纹理时更加高效。其主要缺点是压缩时间很长。

（9）提供全新 2D 开发工具：提供了一整套 2D 开发工具，提升了 2D 创作者的开发速度和开发效率。开发工具包括可以快速创建和迭代的 Tilemap，还有智能自动化构图和追踪的 Cinemachine2D 工具。

（10）提供全景视频功能：更新了针对全景 360°/180° 和 2D/3D 视频效果的功能，开发者可以轻松地向 Unity 导入 2D 或 3D 视频，并在 Skybox 中进行播放，创造 360° 视频体验。

（11）引入 Playable 调度：允许在实际播放前预先获取数据。

（12）更新 Sprite Atlas（精灵图集）：用于替换现有的 Sprite Packer，让制作图集的过程更加简便和高效。例如，Sprite Mask（精灵遮罩）用于显示一个或一组 Sprite 的部分区域，这个功能非常实用。

2.1.3　Unity 2018.x 版本

Unity 2018.x 版本在灯光渲染和效果展示上有了很大提升，加入了 HDRP（高清渲染管道），让场景效果大幅提升，带来了高清图形渲染，HDRP 是为了满足对高画质的需求而诞生的。HDRP 大大提升了画质，但是随之而来的也是对性能的极大需求，于是 Unity 也推出了 C# Job System（高性能多线程系统），重构 Unity 的核心基础，使 Unity 项目可以高效地使用多线程处理器。该版本的更新内容主要有以下几点。

（1）更新 HDRP。

（2）更新 C# Job System。

（3）更新 Scriptable Render Pipeline（可编程脚本渲染管道）：可以在 Unity 中通过 C# 脚本进行渲染的配置和执行渲染。

（4）更新 Shader Graph（着色器可视化编程工具）：可以通过可视化的方式创建 Shader Graph 所需的着色器，无须手动编写着色器代码，只需连接各种节点创建网络即可，界面如图 2-1 所示。

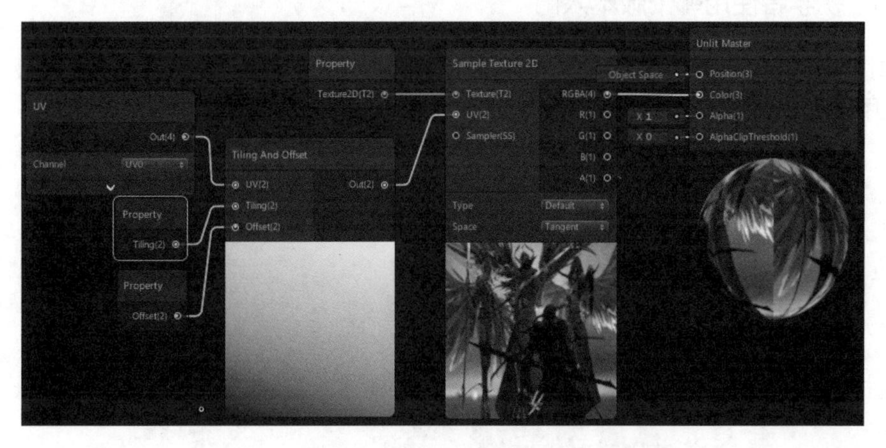

图 2-1　着色器可视化编程工具 Shader Graph

（5）更新 C# Job System：C# Job System 重构了 Unity 的核心基础，使项目可以更加方便地使用多线程处理器。它提供了一个沙盒环境，能够在里面编写并行代码。有了 C# Job System，不仅可以在更多的硬件上运行自己的游戏，还能使用更多的单位和更复杂的模拟效果创建更丰富的游戏世界。

（6）更新 ECS（实体组件系统）：ECS 是 Unity 一种新的架构模式，用来取代 GameObject/

Component 模式，这种模式遵循组合优于继承原则，游戏内的每一个单元都是实体，每一个实体又由一个或多个组件构成，每个组件仅仅包含代表其特性的数据，整个系统是处理实体集合的工具。ECS 模式比 GameObject/Component 模式更容易处理大量物体对象。特点是它是面向数据的设计，很容易进行并行高速处理，和 C# Job System 一起工作。

（7）放弃对 MonoDevelop-Unity 的支持：意味着 Visual Studio 是 MacOS 和 Windows 操作系统上 Unity 推荐与支持的 C# 编辑器。

2.1.4 Unity 2021.x 版本

Unity 2021.x 优化和改进了渲染通道、HDRP 高清晰渲染管道，对 2D 工具进行了操作优化，增加了录像机功能，增加了 2D 和 3D 的开发指南文档，增加了 FBX 导出功能。

Unity 2021.x 的优化和改进主要表现为以下更新：

（1）优化了渲染通道、HDRP 高清晰渲染管道，将一部分非方向的阴影贴图缓存下来，然后动态将阴影渲染到每一帧各自的阴影贴图中，提高性能。

（2）对 2D Tools 工具进行了可用性和稳定性提升，优化了 Sprite 的切片设置，可以对连续相邻的图块进行切分，这有助于解决资源在一张图片中的情况。

（3）增加了 Recorder 录像机功能，包含了 Apple ProRes 新编解码器，更好地兼容图像和图像质量，以增强录像体验。

（4）增加了 2D/3D 游戏开发快速入门指南文档，可以帮助设置 Unity 项目，创建 2D/3D 游戏。

（5）增加了导出 FBX 包的功能，可以在 Unity 中设置动画并且导出，并与 Maya、Max 等流行 3D 建模软件进行交互，实现高效迭代。

2.1.5 初学者使用哪个版本入门

通过对前面版本的介绍可以了解到，Unity 5.x 版本是最稳定的版本，也是支持插件最多的版本，2018 年 5 月到 10 月的数据显示，Unity 5.x 版本使用者的占比最多，如图 2-2 所示。

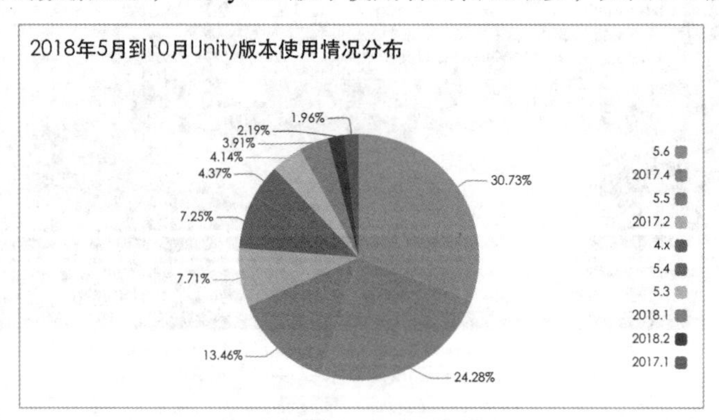

图 2-2　Unity 版本使用情况分布

Unity 2017.x 版本整体来说加入了很多强大的功能，提高了灯光渲染效果，支持 XR 平台，使该版本可以创作更加丰富的内容，很多项目也使用这个版本，但是前几个版本不太稳定，会出现

奇怪的 Bug，故推荐使用 Unity 2017.4 以后的稳定版本。

Unity 2018.x 版本加入了 HDRP、C# Job System 和 ECS，让该版本的渲染效果、性能较之前版本都有较大的提升。

Unity 2021.x 版本优化了渲染通道、HDPR 高清晰渲染管道和 2D 工具，优化了工作流程。推荐学习本书的读者使用 Unity 2021.2.7f1c1 版本，已经熟悉了 Unity 操作的读者，可以尝试使用 Unity 2020 长期稳定支持版本（LTS）。

2.2 Unity Hub 的下载与安装

Unity Hub 是 Unity 的版本管理中心，可以使用 Unity Hub 下载 Unity，也可以使用 Unity Hub 管理项目，接下来讲解安装 Unity Hub 的过程。

2.2.1 Unity Hub 的下载

（1）登录 Unity 的官网 https://unity.cn/，如图 2-3 所示（页面内容会根据官网的更新而改变，下载安装界面也可能会随着版本的更新而有所改变）。

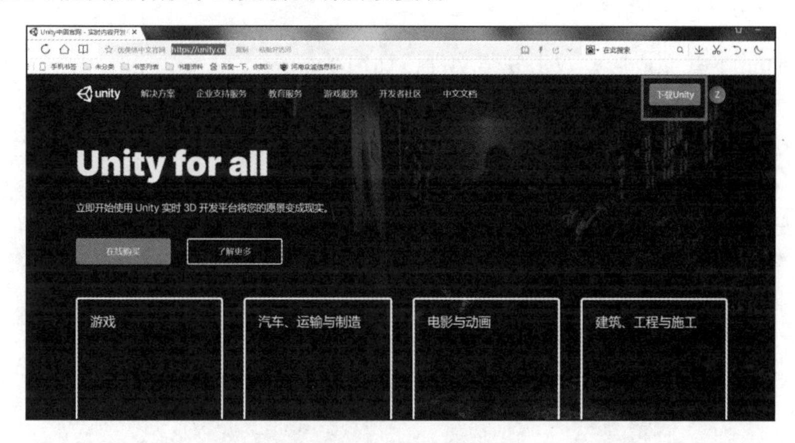

图 2-3 Unity 官网主页

（2）进入官网后，单击右上角的“下载 Unity”按钮，进入下载界面，如图 2-4 所示。

图 2-4 Unity 下载界面

（3）选择 2021.2.7 版本，单击“从 Hub 下载”按钮然后会出现安装 Unit Hub 的提示框，选择适合自己电脑的一种下载方式，随后在弹出的下载界面中，选择保存文件的路径，单击“下载”按钮，如图 2-5 所示。

图 2-5　Unity Hub 下载界面

2.2.2　Unity Hub 的安装

（1）Unity Hub 下载完成后，双击安装文件，如图 2-6 所示。

图 2-6　Unity Hub 安装文件

（2）选择安装位置，如图 2-7 所示。

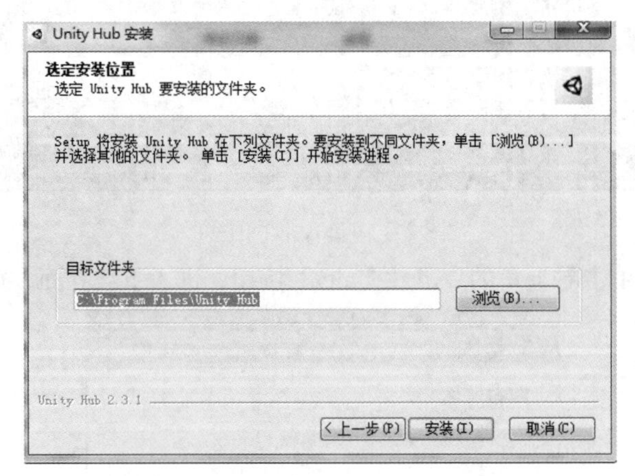

图 2-7　选择 Unity Hub 的安装位置

（3）安装完成的界面如图 2-8 所示。

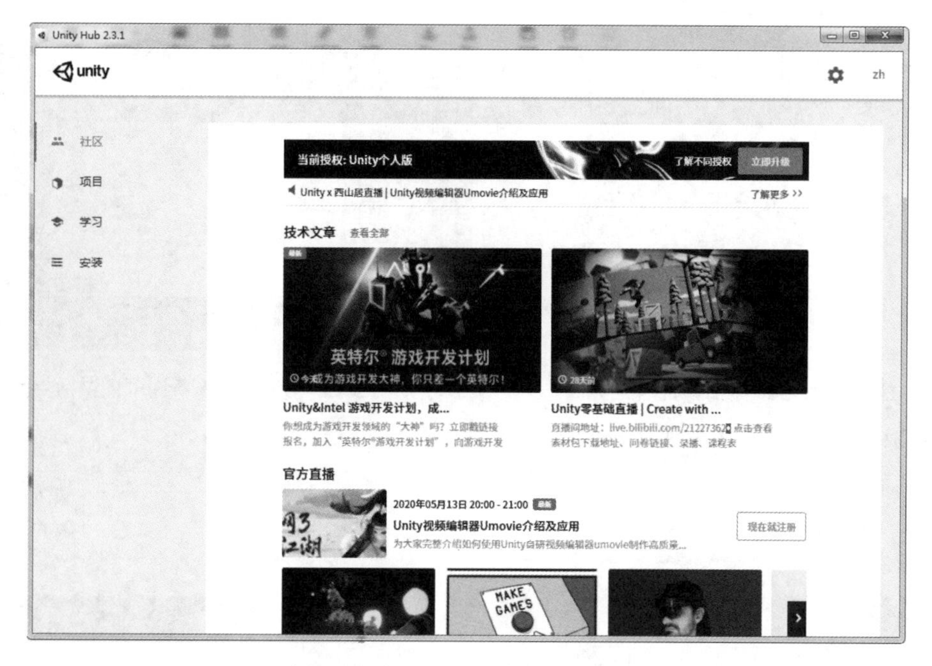

图 2-8　Unity Hub 安装完成的界面

2.3　Unity Hub 的授权与激活

（1）打开 Unity Hub 主界面，然后选择“设置”→“许可证管理”命令，如图 2-9 所示。

（2）登录 Unity Hub，输入邮箱和密码，如图 2-10 所示。

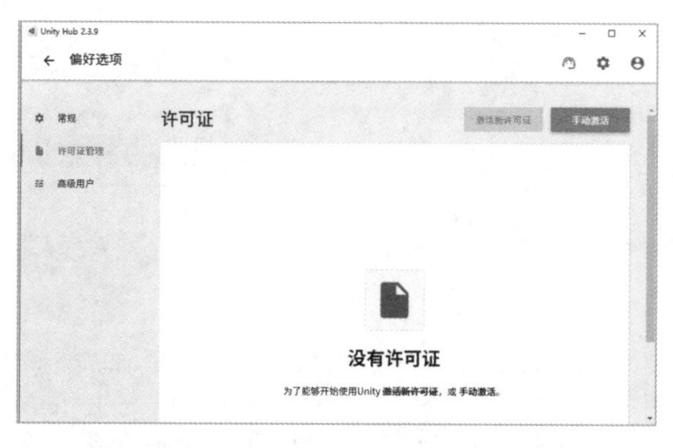

图 2-9　Unity Hub 许可证管理界面

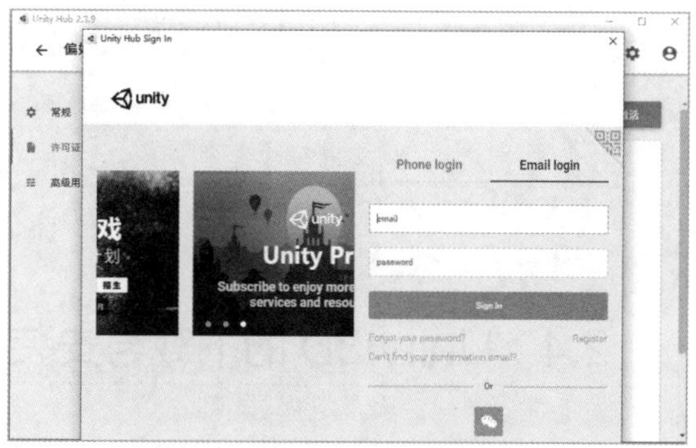

图 2-10　Unity Hub 登录界面

（3）单击“激活新许可证”按钮，如图 2-11 所示。

（4）选中“Unity 个人版”→“我不以专业身份使用 Unity。”单选按钮，单击“完成”按钮，如图 2-12 所示。

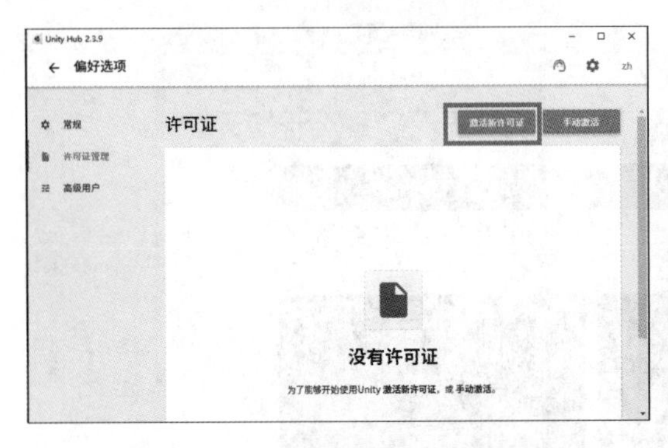

图 2-11 Unity Hub 激活新许可证界面

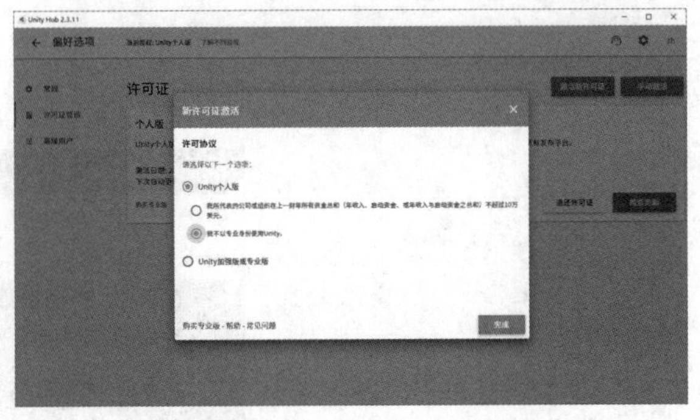

图 2-12 Unity Hub 新许可证激活界面

（5）个人版的许可证激活成功，如图 2-13 所示。

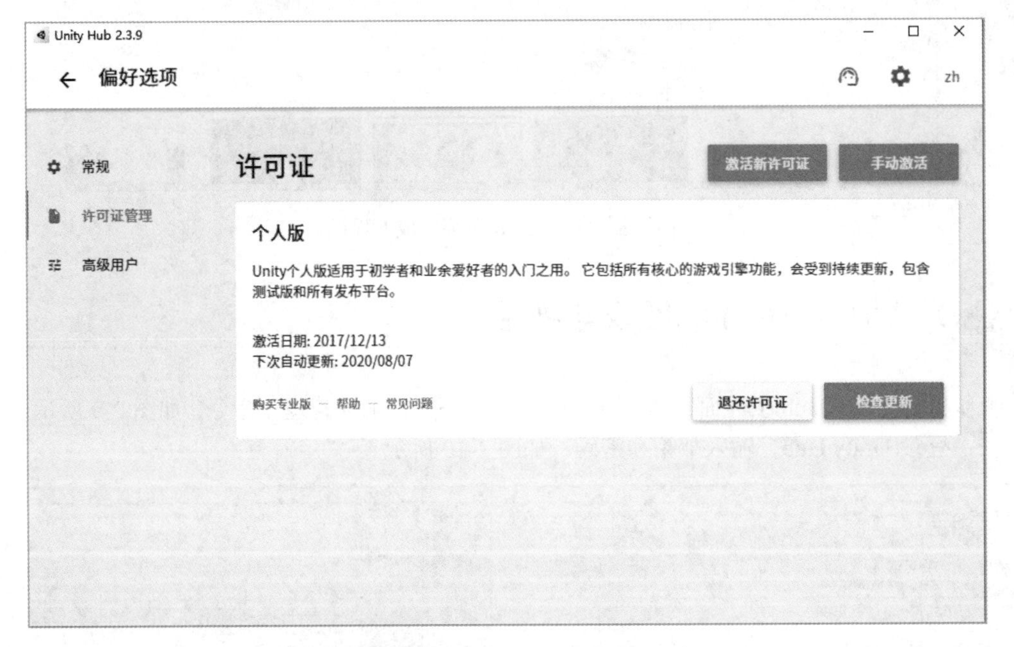

图 2-13 Unity 个人版许可证

2.4 Unity 3D 的下载与安装

（1）双击打开 Unity Hub.exe 程序，在程序主界面找到左侧菜单栏中的“安装”选项，单击“安装”选项，然后单击右上角的“安装”按钮，如图 2-14 所示。

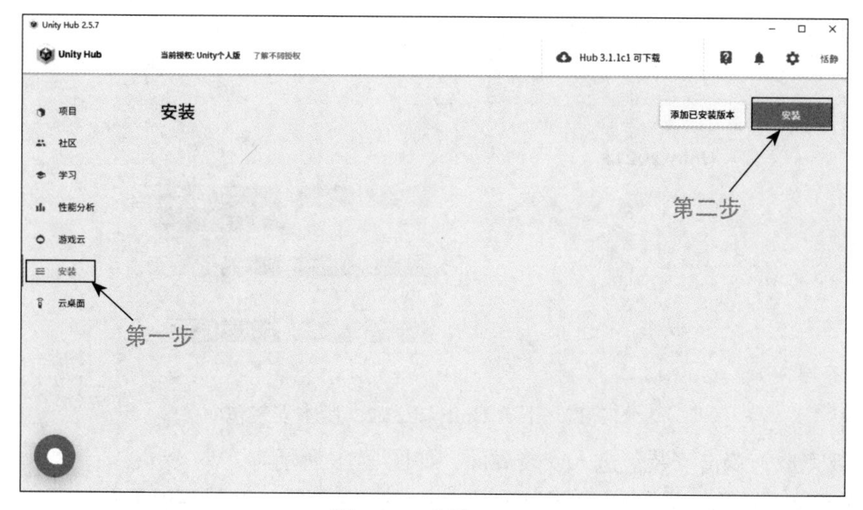

图 2-14　安装 Unity

（2）通常“添加 Unity 版本”界面会显示可以安装的 Unity 3D 的最新版本，如果没有看到 Unity 2021.2.7f1c1 版本的话还需要单击“官方发布网站”的超链接，如图 2-15 所示。

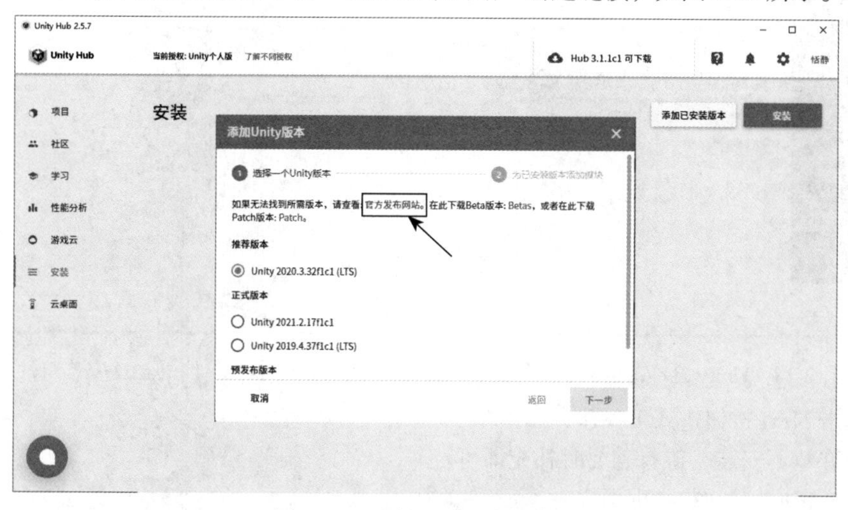

图 2-15　选择 Unity 安装版本

（3）选择 Unity 2021.x，然后找到 2021.2.7 版本，如图 2-16 所示。

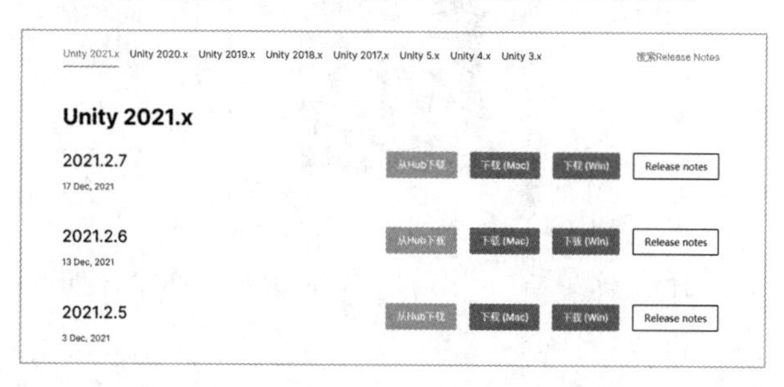

图 2-16　选择 Unity 2021.2.7 版本下载

（4）单击 Unity Editor 64-bit（Windows 操作系统），如图 2-17 所示。

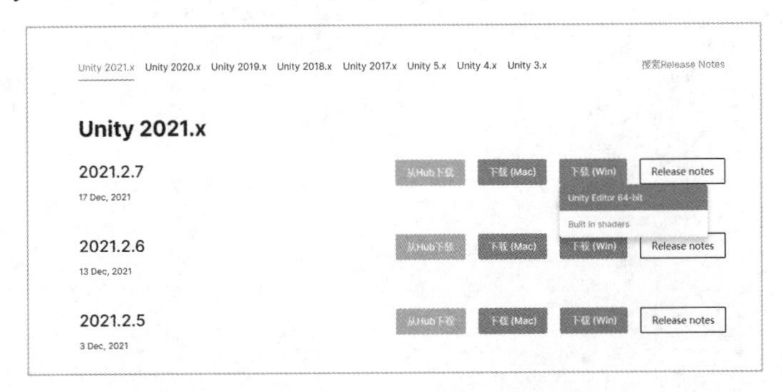

图 2-17　下载 Unity 2021.2.7 版本安装包

（5）下载完成，双击安装包进入安装界面，如图 2-18 所示。

（6）单击 Next 按钮，在这个界面可以选择 Unity 的安装组件，如图 2-19 所示。

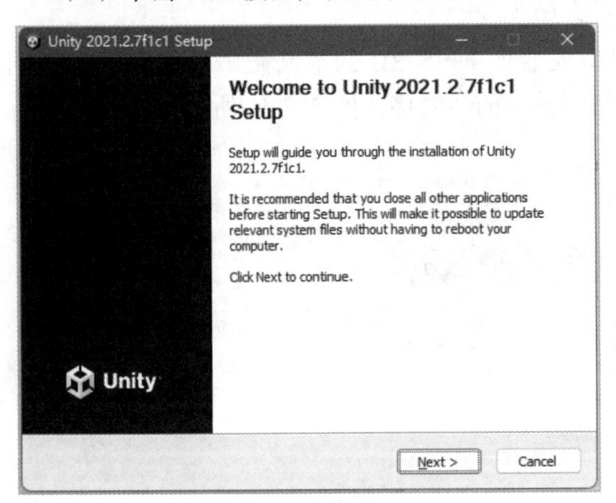

图 2-18　Unity 3D 安装界面

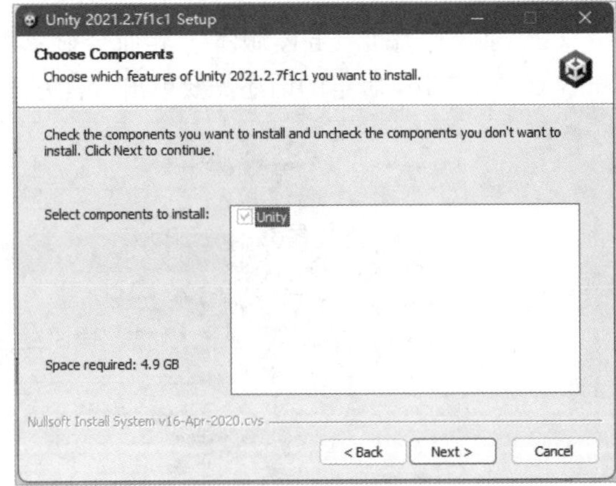

图 2-19　Unity 3D 安装组件

（7）单击 Next 按钮进入下一步。

此处允许暂不安装，待有需要时补充即可。

（8）安装完成，如图2-20所示。

图 2-20　安装完成后生成桌面图标

（9）打开Unity Hub，选择“安装”→“添加已安装版本”命令，如图2-21所示。

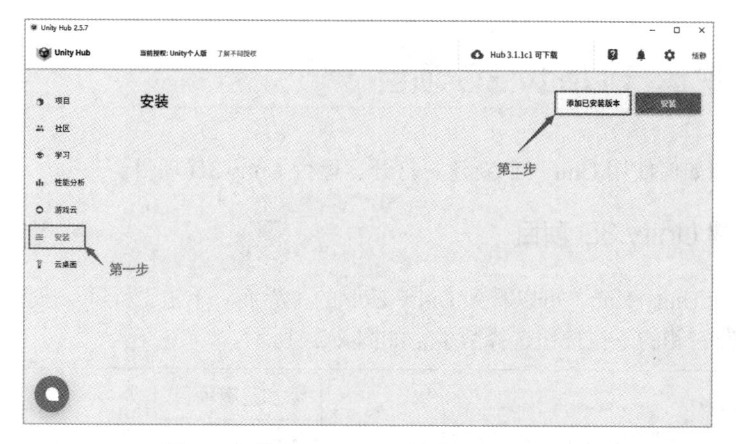

图 2-21　使用 Unity Hub 添加已安装版本

（10）选择 Unity 2021.2.7f1c1，单击 Select Editor 按钮，如图 2-22 所示。

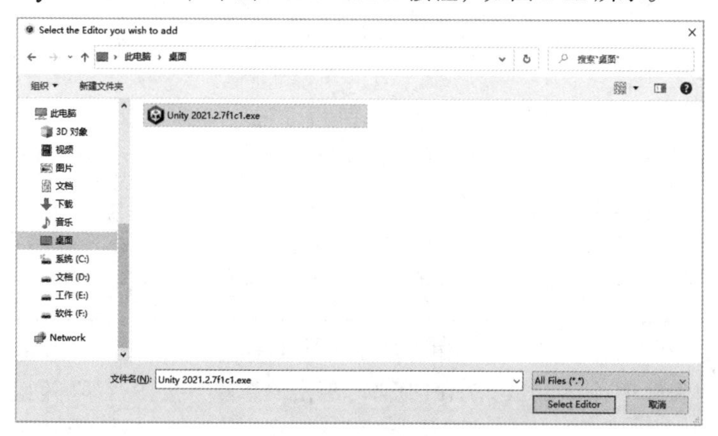

图 2-22　选择 Unity 2021.2.7f1c1

（11）Untiy 安装完成，如图 2-23 所示。

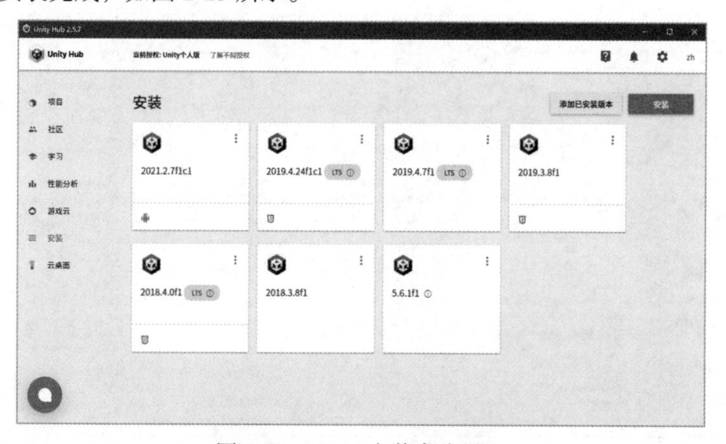

图 2-23　Unity 安装完成界面

2.5 初次运行 Unity 3D 项目

本节重点介绍如何使用 Unity 3D 新建、打开、运行 Unity 3D 项目。

2.5.1 新建 Unity 3D 项目

（1）双击打开 Unity Hub，可以看到 Unity Hub 的主界面。单击“新建”按钮新建 Unity 项目，单击“新建”按钮右侧的下拉按钮选择版本，如图 2-24 所示。

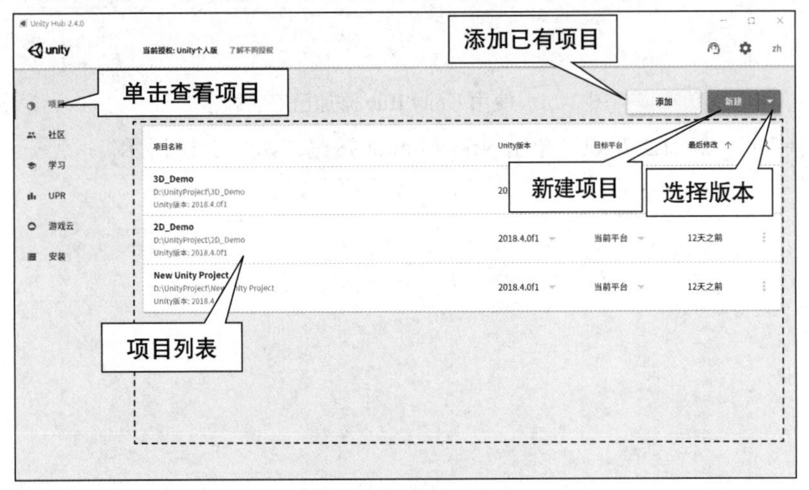

图 2-24 新建项目

（2）在下拉列表框中选择 2021.2.7f1c1 版本，单击“新建”按钮，即可创建一个新项目，如图 2-25 所示。

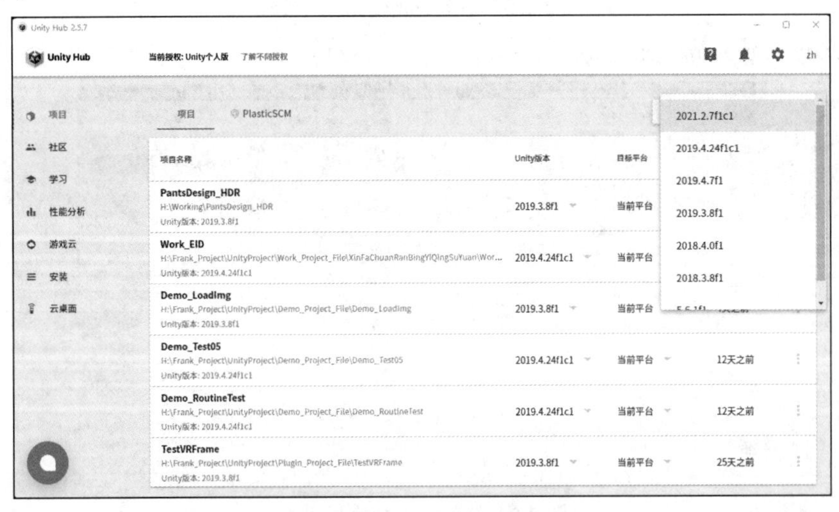

图 2-25 选择 2021.2.7f1c1 版本

（3）选择项目模板，设置项目名称和项目位置，如图 2-26 所示。

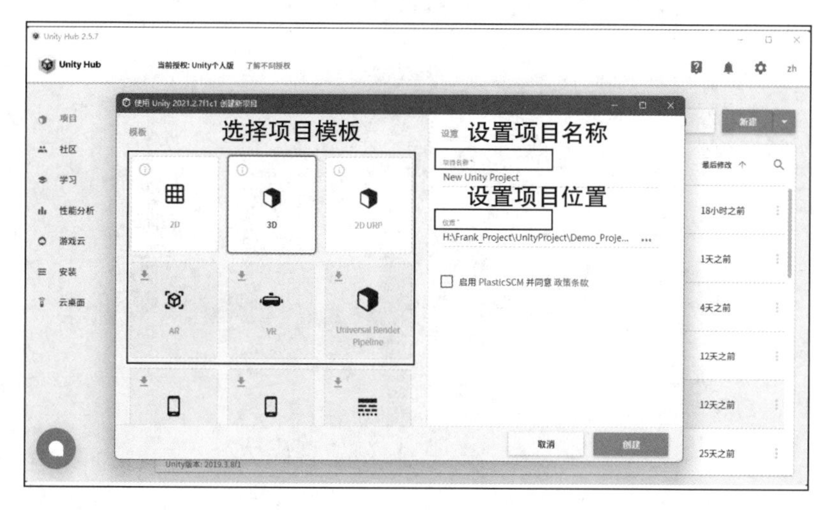

图 2-26　选择 Unity 模板

2.5.2　打开 Unity 3D 项目

在项目列表中可以看到新建的项目和添加的项目，如图 2-27 所示。

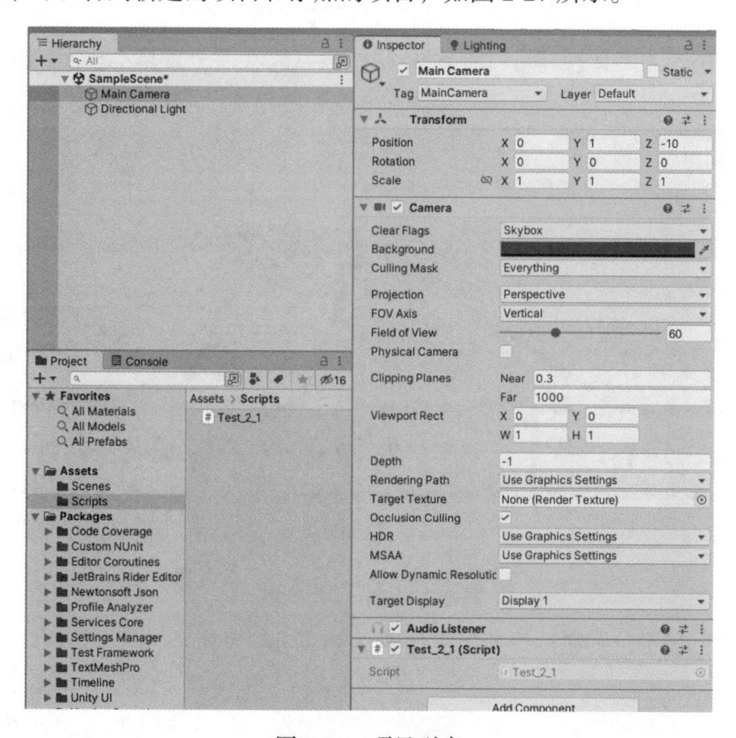

图 2-27　项目列表

单击项目，打开后，可以看到 Unity 的主界面，如图 2-28 所示。

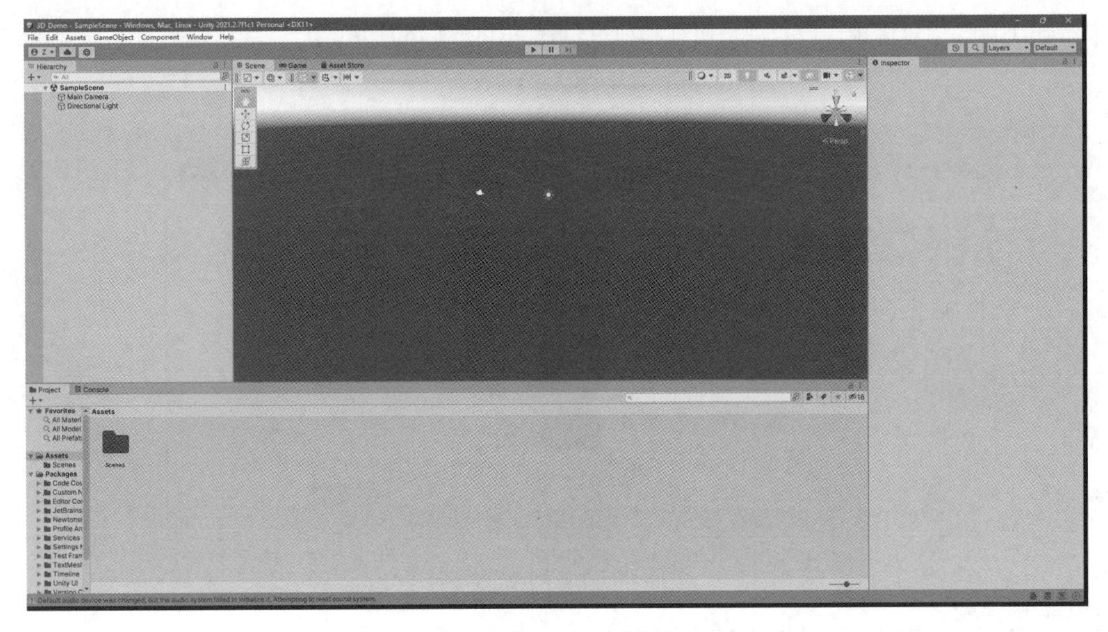

图 2-28　Unity 主界面

2.5.3　运行 Unity 3D 项目

在编辑器中间位置的工具栏处可以看到 3 个按钮,从左往右分别是“运行”“暂停”“单步执行”,如图 2-29 所示。

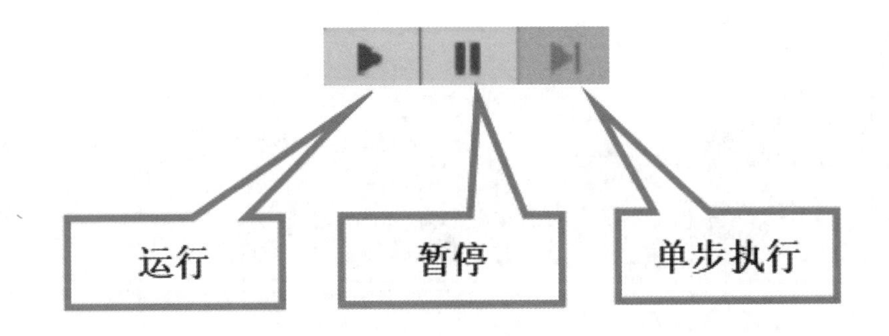

图 2-29　Unity 工具栏

单击工具栏的“运行”按钮运行项目，如图 2-30 所示。

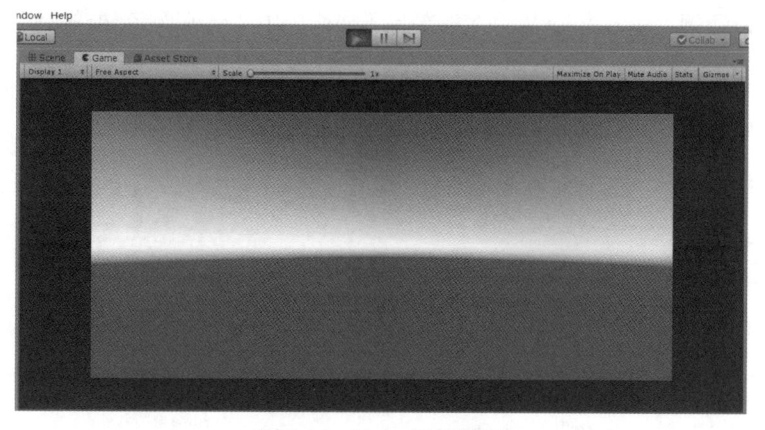

图 2-30　Unity 运行界面

2.6　编写 Hello World 程序

介绍完项目的新建、打开和运行，接下来编写一个 Unity 3D 的 Hello World 程序。

2.6.1　新建 C# 语言脚本

（1）在 Unity 主界面的下面有一个 Project 视图，在面板空白处右击，选择 Create → C# Script 命令，如图 2-31 所示。

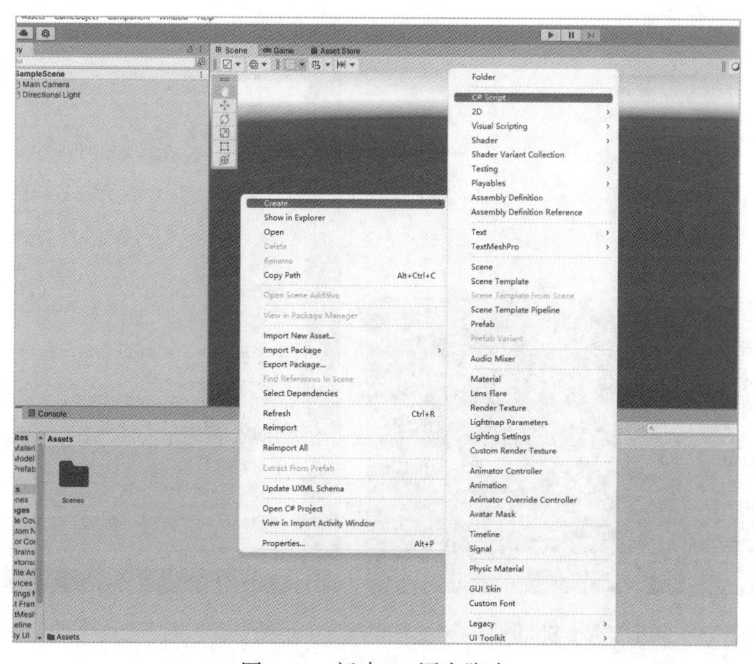

图 2-31　新建 C# 语言脚本

（2）将 C# 语言脚本命名为 Test，命名时最好不要输入中文或纯数字，推荐使用英文，如图 2-32 所示。脚本的后缀名是“.cs”，表示这是一个脚本文件。

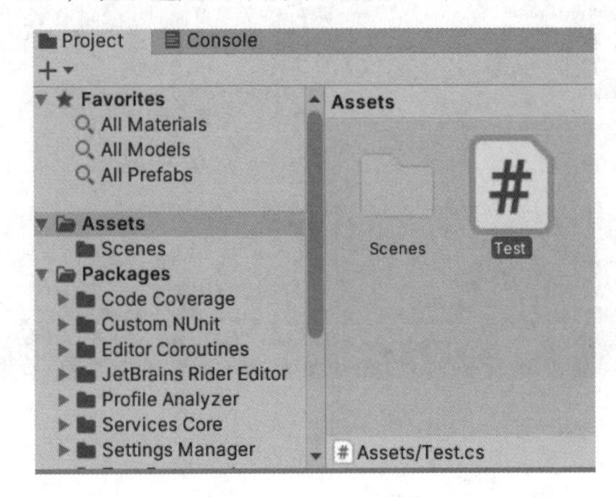

图 2-32　Test.cs 脚本文件

（3）如果已经安装了 Visual Studio，那么双击就可以直接打开脚本，如图 2-33 所示。

（4）如果未安装 Visual Studio，则需在 Visual Studio 官网下载安装；如果已经安装了 Visual Studio，但是无法打开脚本，则可以选择 Edit → Preferences（偏好设置）命令，如图 2-34 所示。

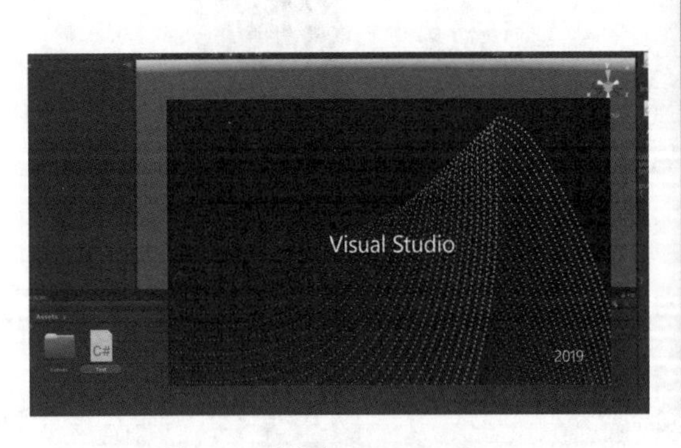

图 2-33　打开 Visual Studio

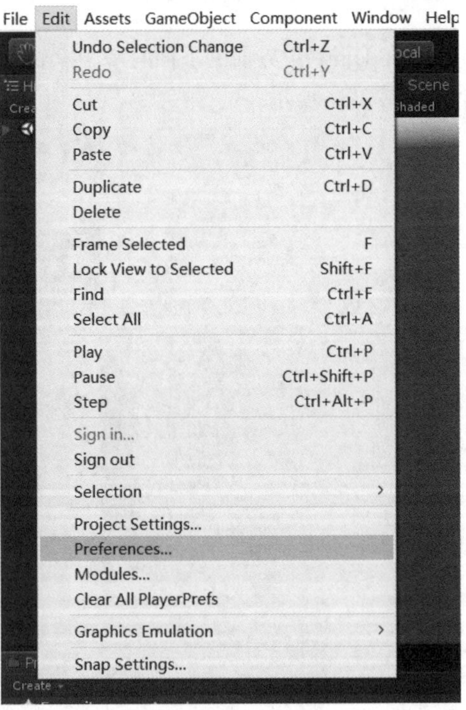

图 2-34　打开 Unity 的偏好设置

（5）单击 External Tools（外部工具）选项，单击 External Script Editor（外部脚本编辑器）下拉列表的 Browse 选项进行查找，找到已安装的 Visual Studio 的可执行文件即可，如图 2-35 所示。

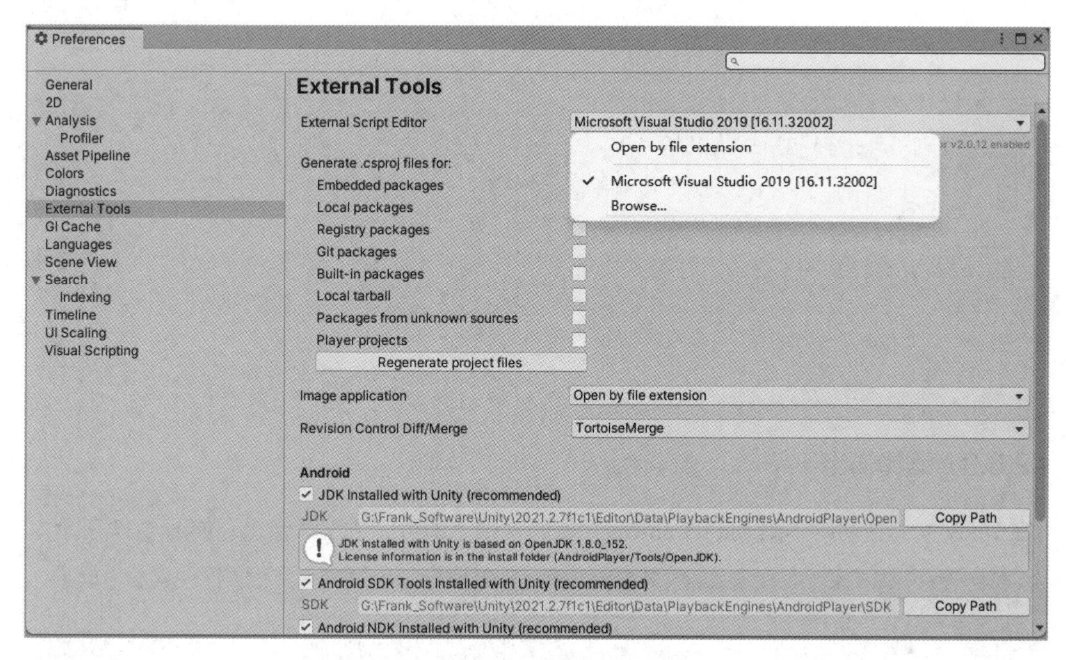

图 2-35　选择外部脚本编辑器

（6）选择 Visual Studio 的可执行文件，单击“打开”按钮，如图 2-36 所示。

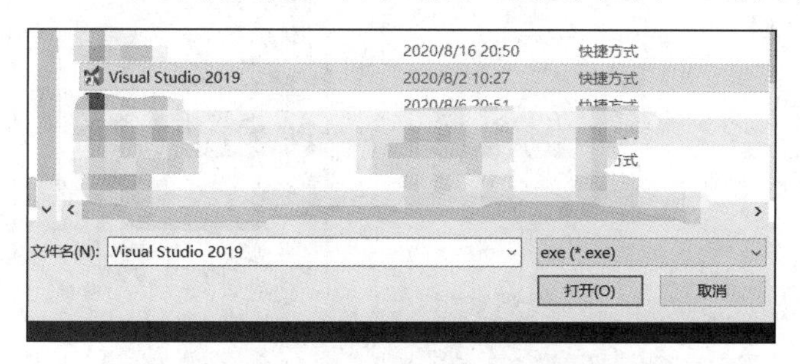

图 2-36　选择 Visual Studio 2019 编辑器

2.6.2　编写脚本

打开新建的 Test.cs 脚本文件，编写代码，参考代码 2-1。

代码 2–1　编写 Hello World 程序

```
using System.Collections;
using System.Collections.Generic;
```

```
using UnityEngine;

public class Test_2_1: MonoBehaviour
{
    // Start is called before the first frame update
    void Start()
    {
        Debug.Log("Hello World");
    }

    // Update is called once per frame
    void Update()
    {

    }
}
```

2.6.3 编译输出

在 Unity 中，拖动脚本到 Main Camera 对象的视图上即可完成编译输出，如图 2-37 所示。

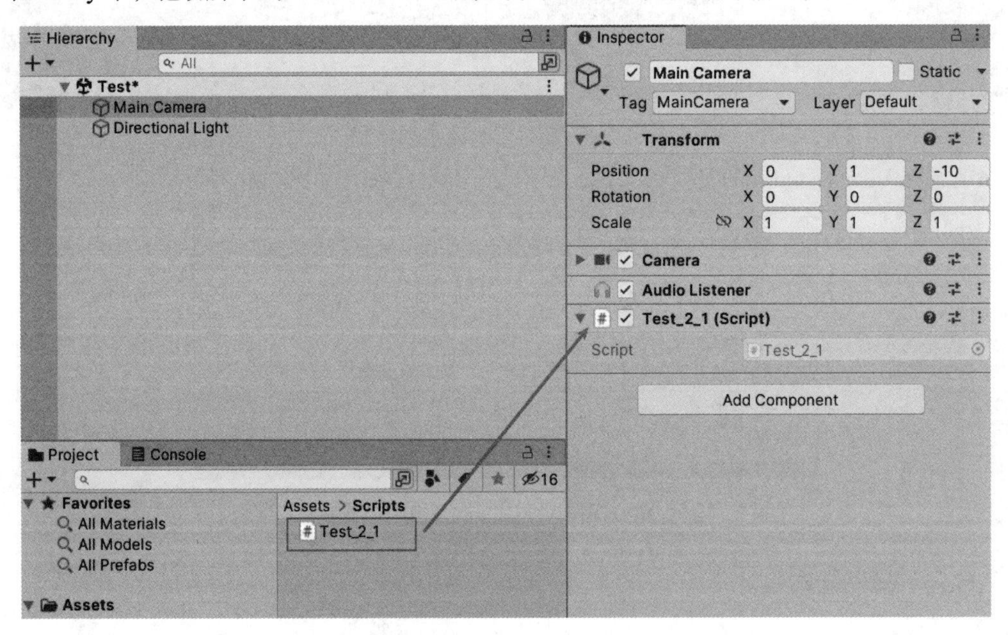

图 2-37　拖动脚本到 Main Camera 对象的视图上

单击“运行”按钮，查看 Console 视图中的结果，如图 2-38 所示。

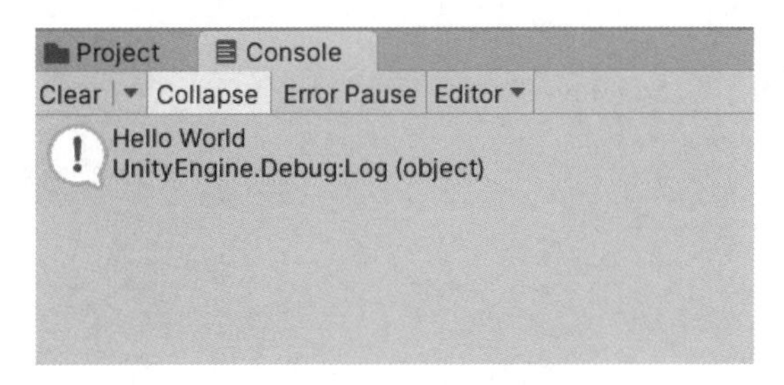

图 2-38　在控制台打印输出结果

2.7　初识 Unity 3D 的 API

在 Unity 中有一些常见的 API，是 Unity 中的必然事件（Certain Events），相当于 C 语言的 Main 函数（这些函数在一定条件下会被自动调用）。Start 函数和 Update 函数是 Unity 最常用的两个事件，因此新建脚本时 Unity 会自动创建这两个函数。

常见 API 的介绍及用途见表 2-1。

表 2-1　常见 API 的介绍及用途

名　称	触发条件	用　途
Awake	实例化脚本时调用	用于游戏对象的初始化。注意：Awake 函数的执行早于所有脚本的 Start 函数
Start	在 Update 函数第一次运行前调用	用于游戏对象的初始化
Update	每帧调用一次	用于更新游戏场景和状态。注意：与物理状态有关的更新放在 FixedUpdate 函数中
FixedUpdate	每个固定物理时间间隔（Physics Time Step）调用一次	用于物理状态的更新
LateUpdate	每帧调用一次（在 Update 函数调用后）	用于更新游戏场景和状态。注意：与相机有关的更新一般放在这里

2.7.1　Awake 函数

Awake 函数在脚本被实例化时调用，是最早被执行的函数，早于 Start 函数，常用于游戏对象的初始化。下面来看 Awake 函数的使用方法，参考代码 2-2。

代码 2-2　Awake 函数的使用方法

```
using System.Collections;
using System.Collections.Generic;
using UnityEngine;
```

```
public class Test_2_2 : MonoBehaviour
{
    private void Awake()
    {
        Debug.Log("Awake : Hello World");
    }

    void Start()
    {
        Debug.Log("Start : Hello World");
    }
}
```

运行结果如图 2-39 所示。

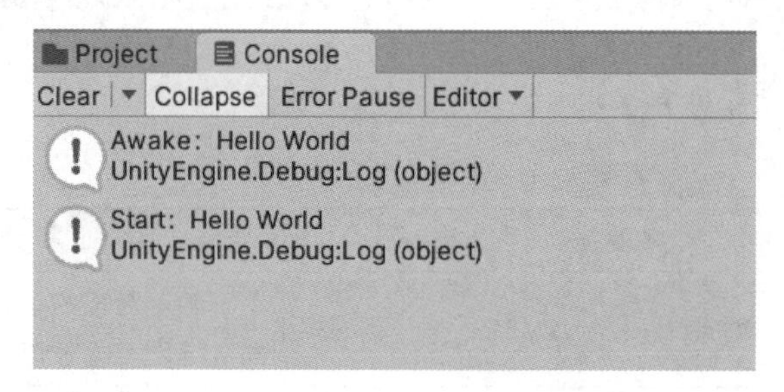

图 2-39 Awake 函数和 Start 函数的执行顺序

从结果可以看出，Awake 函数先于 Start 函数被执行。

2.7.2 Start 函数

Start 函数在脚本被实例化时的调用晚于 Awake 函数，但是先于 Update 函数的第一次运行，常用于游戏对象、参数、变量的初始化。

使用方法见代码 2-2。

2.7.3 Update 函数

Update 函数每帧调用一次，用于更新游戏场景和状态（与物理状态有关的更新应该放在 FixedUpdate 函数中）。关于 Update 函数、FixedUpdate 函数和 LateUpdate 函数的调用顺序可以通过执行代码 2-3 查看。

代码 2-3 Update 函数、FixedUpdate 函数和 LateUpdate 函数的调用顺序

```
using System.Collections;
using System.Collections.Generic;
```

```
using UnityEngine;

public class Test_2_3 : MonoBehaviour
{
    private void Update()
    {
        Debug.Log("Update Event！ ");
    }

    private void FixedUpdate()
    {
        Debug.Log("FixedUpdate Event！ ");
    }

    private void LateUpdate()
    {
        Debug.Log("LateUpdate Event！ ");
    }
}
```

运行结果如图 2-40 所示。

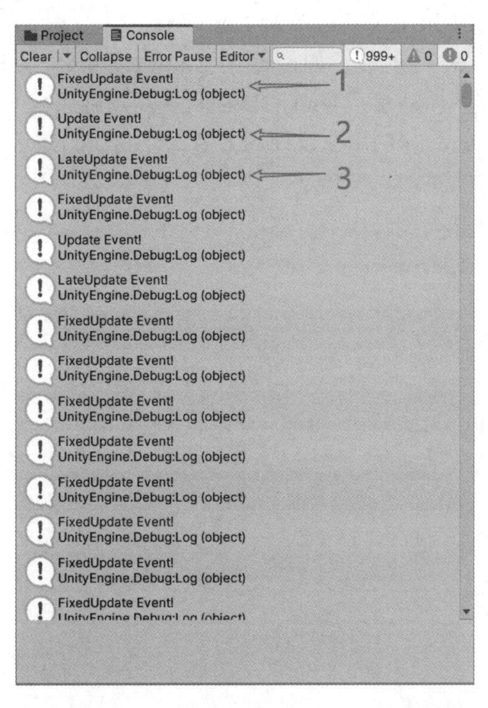

图 2-40　Update 函数、FixedUpdate 函数和 LateUpdate 函数的运行结果

2.7.4 FixedUpdate 函数

FixedUpdate 函数会在每个固定物理时间间隔（Physics Time Step）调用一次，用于物理状态的更新。具体用法会在后面的篇幅中详细说明。

其执行顺序见图 2-40。

2.7.5 LateUpdate 函数

LateUpdate 函数会每帧调用一次（在 Update 函数调用后），用于更新游戏场景和状态，与相机有关的更新一般放在这里。具体用法会在后面的篇幅中详细说明。

其执行顺序见图 2-40。

2.8 本章小结

本章介绍了 Unity 3D 的主要版本，重要版本更新带来的功能，以及几个重要版本的特点和适合人群。版本的更新，一方面为了解决现有版本的缺陷；另一方面会逐渐明确主软件的发展方向。了解软件更新的规律，可以更好地理解 Unity 3D 的发展方向及优缺点。

Unity Hub 是 Unity 3D 的中心版本库，用来安装和管理 Unity 3D。Unity Hub 还可以管理不同版本的项目，使相关项目的管理更加便捷。Unity Hub 的功能很多，本章只介绍了 Unity Hub 的安装和许可证激活，以及如何使用 Unity Hub 安装 Unity 3D。

下载安装了 Unity 3D 后，又介绍了如何使用 Unity 3D 新建、打开、运行项目，如何使用 Unity 3D 编写 Hello World 程序，演示了 Unity 3D 项目从新建到运行的流程。

最后介绍了 Unity 3D 常见 API 的用途及使用方式，使用代码演示了常见 API 的效果，初步了解了新建、编辑及使用脚本的方式。

第 3 章　Unity 3D 编辑器简介

第 2 章介绍了如何在 Unity 3D 中新建、编写及运行脚本。接下来介绍 Unity 3D 编辑器的界面布局。

Unity 3D 编辑器的界面布局十分直观明了,开放化的布局设计,让使用者可以自由地分配面板,找到属于自己的那个风格。

3.1　窗口布局

Unity 3D 编辑器主要由状态栏、菜单栏及常用的视图等组成，如图 3-1 所示。

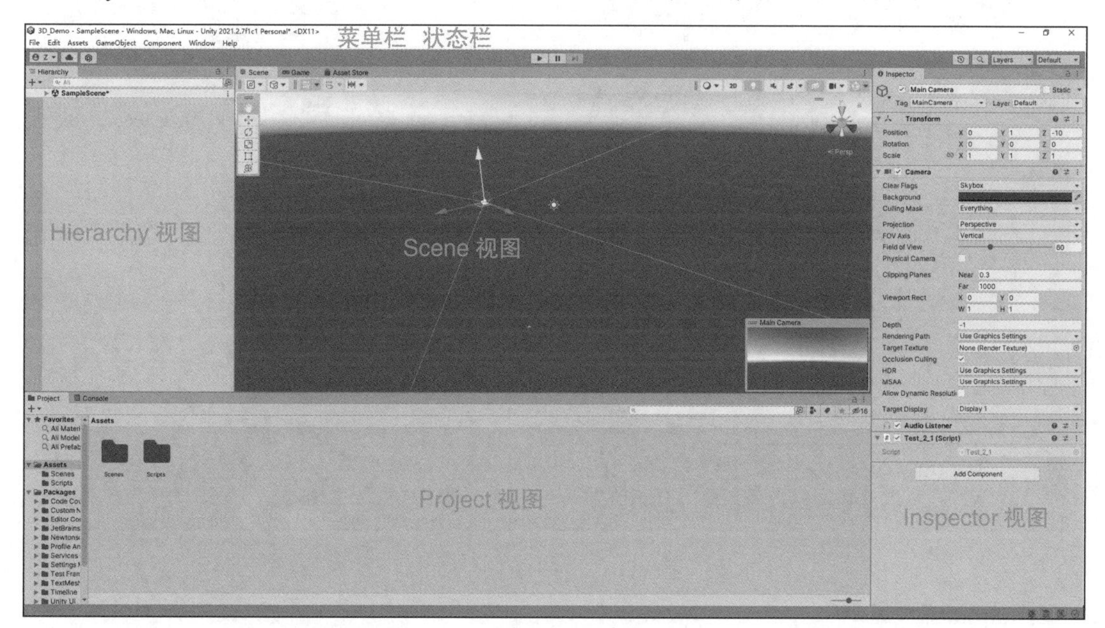

图 3-1　Unity 3D 编辑器主界面

3.1.1　窗口布局（软件内置）

如图 3-1 所示，Unity 3D 编辑器主界面由若干个窗口组成，这些窗口统称为视图，每个视图都有其特定的功能。下面结合实例对视图进行进一步介绍。

Unity 3D 编辑器的视图窗口可以自由摆放，其中 Unity 3D 内置了 5 种摆放布局，单击工具面板右上角的 Default 下拉按钮，弹出下拉列表，如图 3-2 所示。

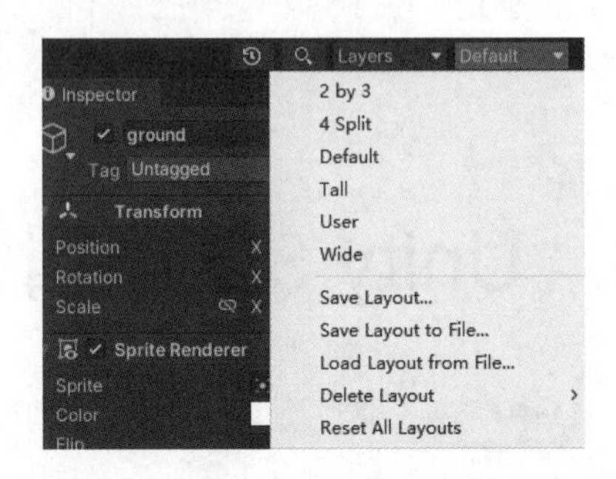

图 3-2　Unity 3D 内置的界面布局

下面展示这 5 种内置的窗口布局。

1. 2 by 3 窗口布局

2 by 3 窗口布局中 Scene 视图和 Game 视图直接占据了编辑器的左半部分空间，这样布局的优点是在Scene视图中调整物体后可以在Game视图中直接看到效果，方便调试。布局效果如图3-3所示。

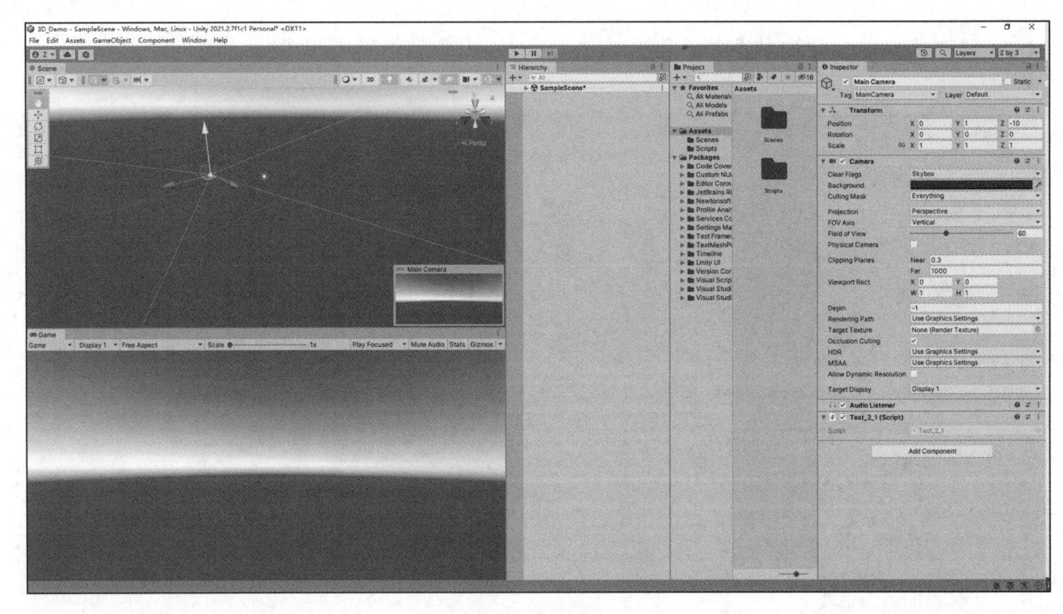

图 3-3　2 by 3 窗口布局

2. 4 Split 窗口布局

4 Split 窗口布局中添加了 4 个不同坐标参照轴的 Scene 视图，分别为侧视图、俯视图、正视图和正常视图，可以在不同的角度观察场景和对象的效果，适合在修改模型坐标的相对位置时使用。布局效果如图 3-4 所示。

3. Default 窗口布局

Default 窗口布局中 Hierarchy 视图在左边，Inspector 视图在右边，Game 视图和 Scene 视图在中间，Project 视图在下边，这种布局方式是默认的，是 Unity 3D 官方推荐的布局方式。这种布局的优点是：资源调用方便，对象资源可以方便地在 Project 视图中找到，然后放入场景；在 Scene

视图中选中物体，可以在旁边的 Inspector 视图中看到这个物体的属性，方便修改与调试。布局效果如图 3-5 所示。

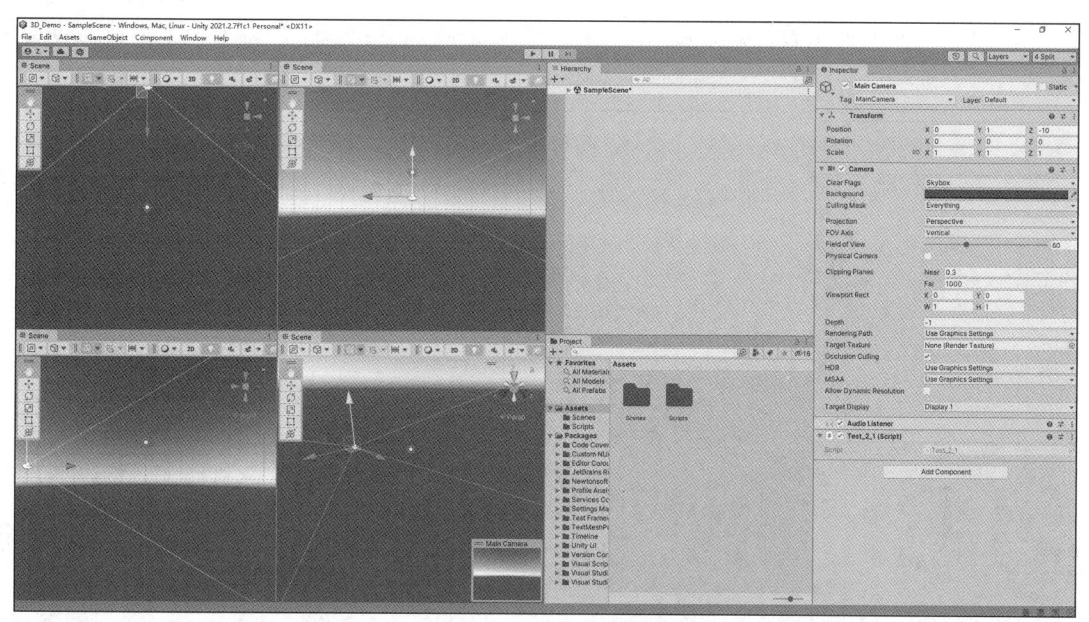

图 3-4　4 Split 窗口布局

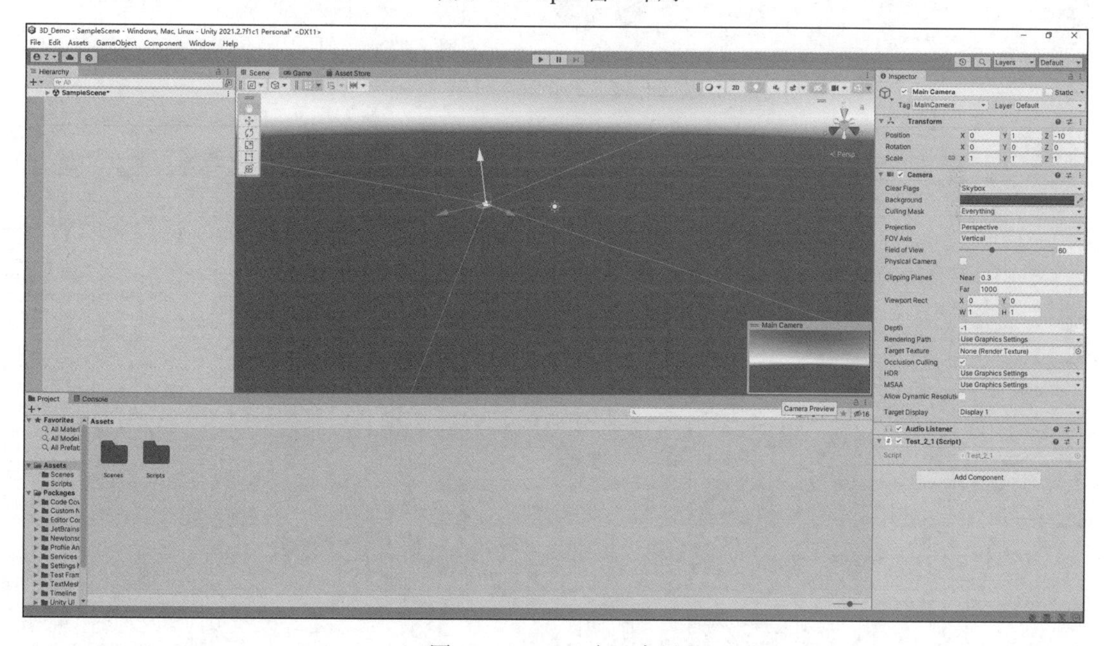

图 3-5　Default 窗口布局

4. Tall 窗口布局

Tall 窗口布局主要是为了适配高显示屏的效果，布局方式是上下拉长，在高显示器上可以显示更多的内容，不会显得布局太窄。布局效果如图 3-6 所示。

5. Wide 窗口布局

Wide 窗口布局主要是为了适配宽显示屏的效果，布局方式是左右拉长，在宽显示器上的显示效果更好，布局更友好。布局效果如图 3-7 所示。

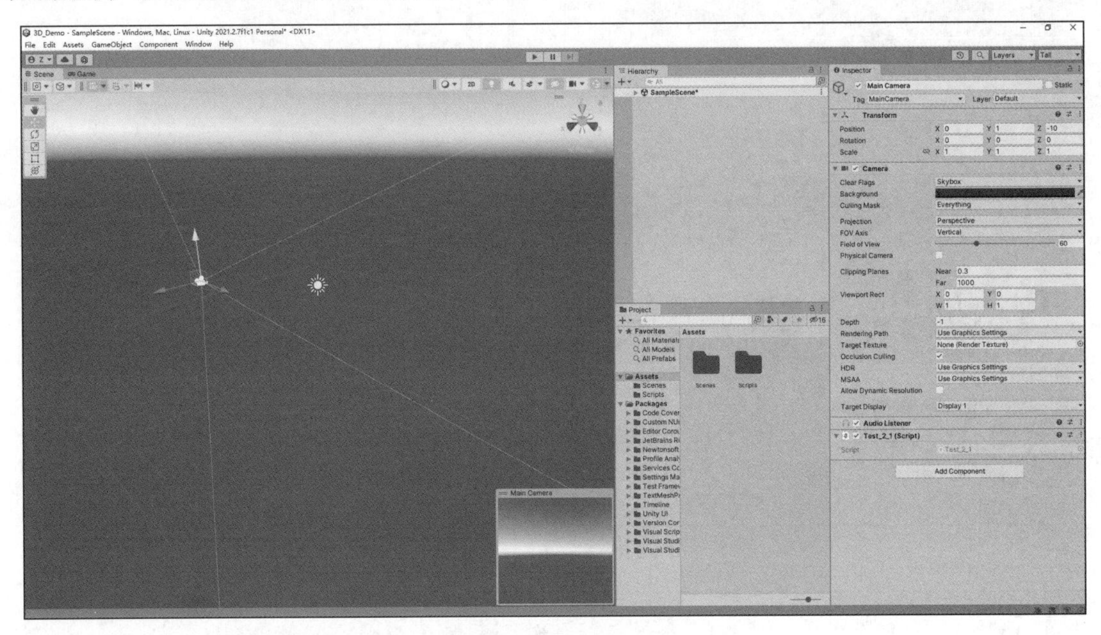

图 3-6 Tall 窗口布局

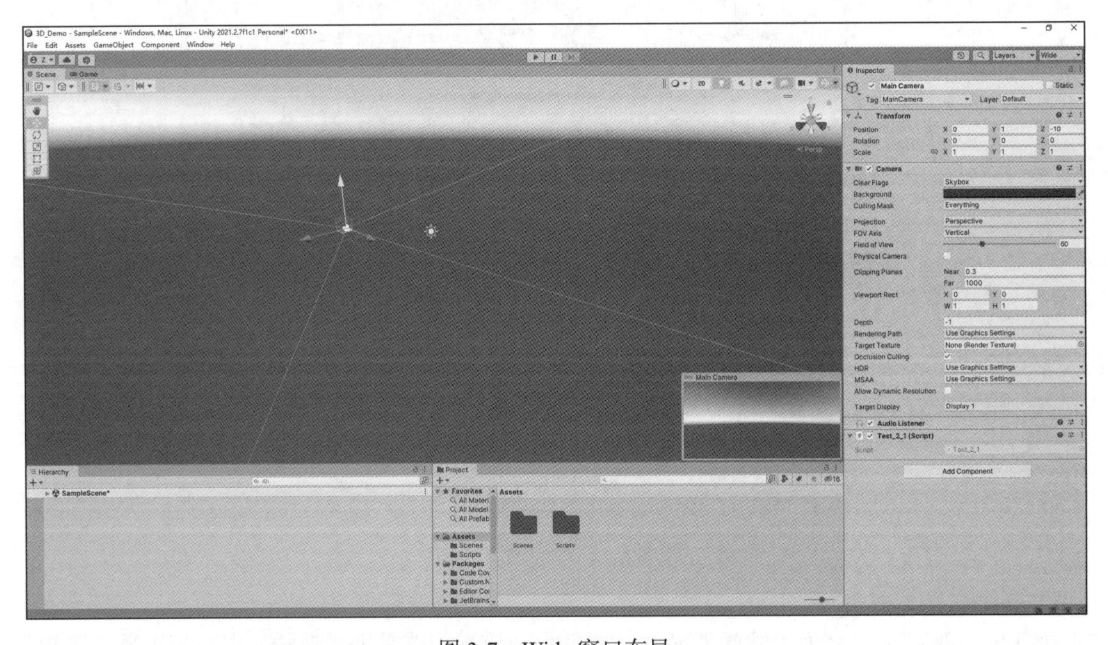

图 3-7 Wide 窗口布局

3.1.2　自定义窗口布局

Unity 编辑器具有自由度较高的界面定制功能，可以根据自身的喜好和工作需要进行界面的定制。用户可以通过拖动的方式将窗口停靠到任何视图的旁边。

例如，首先切换到 2 by 3 窗口布局，然后将 Project 视图拖到 Hierarchy 视图下面，如图 3-8 所示。

图 3-8　自定义 Unity 编辑器界面

对于设置好的界面布局，可以单击工具面板最右边的 Layout 按钮，然后单击 Save Layout 按钮进行保存，如图 3-9 所示。

此时会打开 Save Layout 对话框，在对话框中输入自定义的布局名称，单击 Save 按钮保存布局，如图 3-10 所示。

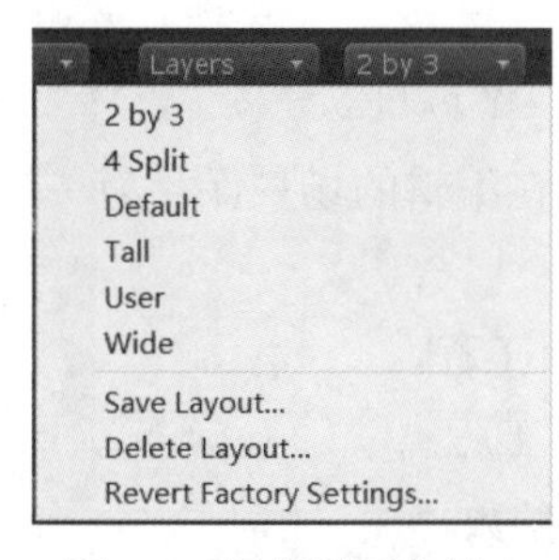

图 3-9　保存界面布局

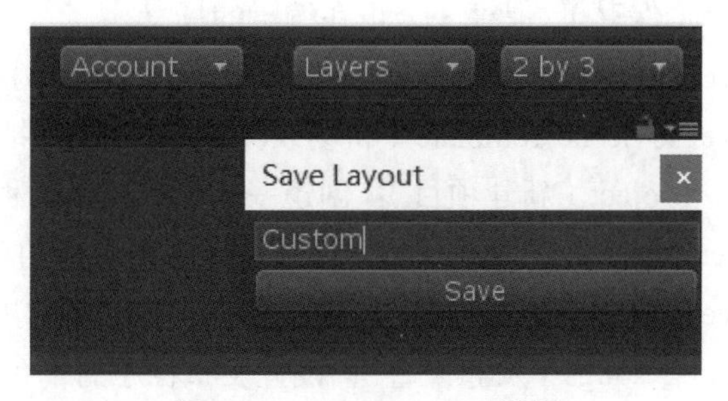

图 3-10　Save Layout 对话框

3.2　菜单栏

菜单栏集成了 Unity 的所有功能，通过菜单栏可以对 Unity 各项功能有直观而清晰的了解。

Unity 默认有 7 个菜单项，分别是 File（文件）、Edit（编辑）、Assets（资源）、GameObject（游戏对象）、Component（组件）、Window（窗口）和 Help（帮助），如图 3-11 所示。

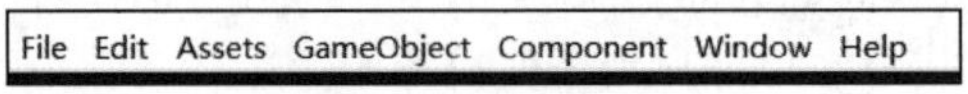

File Edit Assets GameObject Component Window Help

图 3-11　Unity 菜单栏

接下来介绍菜单栏中的各个菜单项。

3.2.1　File 菜单

File（文件）菜单包含了新建、打开场景以及项目工程，打包发布程序，关闭编辑器的功能，如图 3-12 所示。

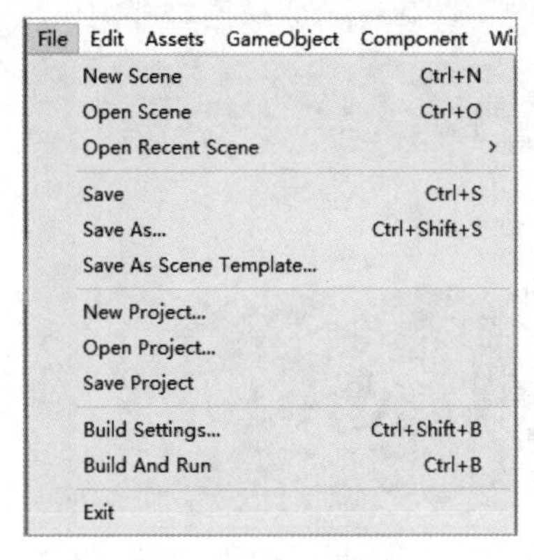

图 3-12　File 菜单

- New Scene（新建场景）：创建一个新的场景。
- Open Scene（打开场景）：打开一个已经保存的场景。
- Open Recent Scene（打开最近的场景）：打开一个最近打开的场景。
- Save（保存）：保存一个正在编辑的场景。
- Save As（将场景另存为）：把正在编辑的场景另存一个场景。
- Save As Scene Template（将场景保存为模板）：把正在编辑的场景保存为一个模板。
- New Project（新建项目）：创建一个新的项目工程。
- Open Project（打开项目）：打开一个已经保存的项目工程。
- Save Project（保存项目）：保存一个正在编辑的项目工程。
- Build Settings（发布设置）：设置发布程序的平台及参数。
- Build And Run（发布并运行）：发布并运行打包的程序。
- Exit（退出）：退出编辑器。

3.2.2　Edit 菜单

Edit（编辑）菜单包含了撤销、复制、粘贴、查找对象、偏好设置、运行项目、暂停项目、

单步执行项目以及项目设置等功能，如图 3-13 所示。

- Undo（撤销）：返回上一步的操作。
- Redo（取消撤销）：返回上一步的撤销。
- Undo History（撤销历史）：查看撤销的历史操作。
- Select All（选择全部）：在层级面板，可以选择所有对象。
- Deselect All（取消选择）：在层级面板，可以取消选择全部。
- Select Children（选择所有子对象）：在层级面板，可以选择所有子对象。
- Select Prefab Root（选择预制体根节点）：在层级面板，可以选择预制体的根节点。
- Invert Selection（反选）：在层级面板，反选所有对象。
- Cut（剪切）：选择某个对象剪切。
- Copy（复制）：选择某个对象复制。
- Paste（粘贴）：复制或剪切后，可以把该对象粘贴到其他位置。
- Paste As Child（粘贴给子对象）：复制或剪切后，可以把该对象粘贴到其他对象的子对象。
- Duplicate（复制）：复制选中的物体。
- Rename（重命名）：给选中的对象重命名。
- Delete（删除）：删除选中的对象。

图 3-13　Edit 菜单

- Frame Selected（聚焦选择）：选中一个物体后，使用该功能可以把视角移到这个选中的物体上。
- Lock View to Selected（锁定视角到所选）：选中一个物体后，使用该功能可以把视角移到这个选中的物体上，视角会跟随所选对象的移动而移动。
- Find（查找）：可以在资源搜索栏中输入对象名称找到对象。
- Select All（全选）：选中场景中所有对象。
- Play（运行）：单击可以运行项目。
- Pause（暂停）：单击可以暂停运行项目。
- Step（逐步运行）：可以以帧的方式运行游戏，每单击一次，运行一帧。
- Sign in（登录）：登录 Unity。
- Sign out（注销）：注销。
- Selection（所选对象）：保存所选对象或载入保存的所选对象。
- Project Settings（项目设置）：设置项目的输入、音频、计时器等属性。
- Preferences（偏好设置）：设置 Unity 的外观、脚本编辑工具、SDK 路径等。

- Shortcuts（快捷键）：可以查看 Unity 所有的快捷键。
- Clear All PlayerPrefs（清除所有游戏数据）：可以清除所有的游戏数据。
- Graphics Tier（渲染级别）：可以切换渲染的级别，分为低中高三档。

3.2.3 Assets 菜单

Assets（资源）菜单提供了对游戏资源进行管理的功能，如图 3-14 所示。

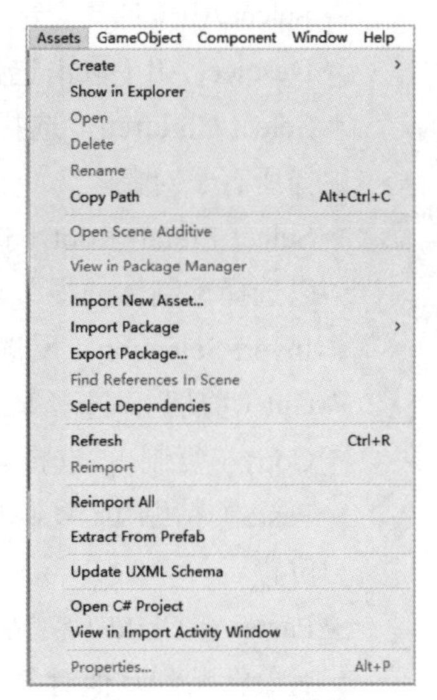

图 3-14 Assets 菜单

- Create（创建）：创建各种资源。
- Show in Explorer（打开资源所在的文件目录）：打开对象所在的文件目录。
- Open（打开）：选择某个资源后，根据资源类型打开文件。
- Delete（删除）：删除某个资源。
- Rename（重命名）：给资源重命名。
- Copy Path（复制目录）：复制资源目录路径。
- Open Scene Additive：打开在项目区选中的场景文件，将其附加到当前场景中。
- View in Package Manager（打开包管理器）：打开资源包管理器窗口。
- Import New Asset（导入新的资源）：通过目录浏览器导入资源。
- Import Package（导入包）：导入包资源，包的后缀为 .unitypackage。
- Export Package（导出包）：将所选资源导出为一个包文件。
- Find References In Scene（在场景中找到资源）：选择某个资源后，通过该功能可以在游戏场景中定位到使用了该资源的对象。使用该功能后，场景中没有利用该资源的对象会以黑白的方式显示，使用了该资源的对象会以正常的方式显示。
- Select Dependencies（选择依赖资源）：选择某个资源后，通过该功能可以显示该资源所用到的其他资源，如模型资源还依赖贴图资源和脚本等。
- Refresh（刷新资源列表）：对整个资源列表进行刷新。
- Reimport（重新导入）：对某个选中的资源进行重新导入。
- Reimport All：重新导入所有资源，适用于处理资源失效的问题。
- Extract From Prefab：从预制体模型中提取单独材质进行修改。
- Update UXML Schema（更新 UXML 界面）：对整个界面进行更新。
- Open C# Project（打开 C# 工程）：打开可以编辑 C# 脚本的编辑器。
- View in Import Activity Window（打开导入窗口）：可以查看所有导入资源的类型和时间。
- Properties（属性）：在层级视图选中对象，可以查看属性。

3.2.4　GameObject 菜单

GameObject（游戏对象）菜单提供了创建和操作各种游戏对象的功能，如图 3-15 所示。

- Create Empty（创建空对象）：创建一个空游戏对象。
- Create Empty Child（创建空子物体）：创建一个游戏对象的空子物体。
- Create Empty Parent（创建空父物体）：创建一个游戏对象的空父物体。
- 3D Object（3D 对象）：创建 3D 对象，如立方体、球体、平面等。
- Effects（粒子）：创建粒子特效对象。
- Light（灯光）：创建各种灯光，如点光源、聚光灯等。
- Audio（音频）：创建一个音频。
- Video（视频）：创建一个视频。
- UI（UI 界面）：创建 UI 对象，如文本、图片、按钮、滑动条等。
- UI ToolKit（UI 工具包）：UGUI 的替换方案，跟 UI 功能基本相同。

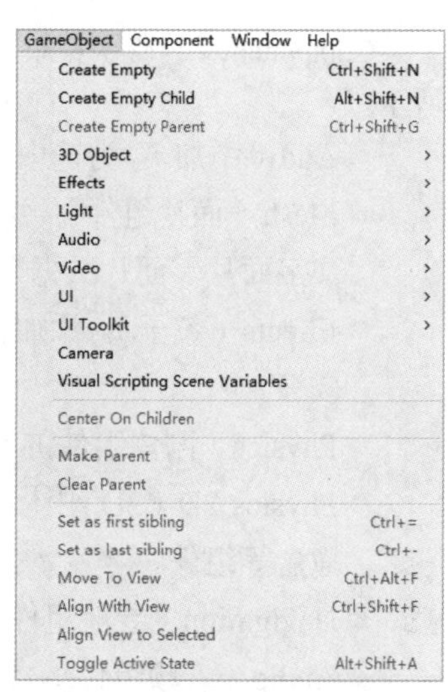

图 3-15　GameObject 菜单

- Camera（摄像机）：创建一台摄像机。
- Visual Scripting Scene Variables（可视化编程）: 可以像蓝图一样编辑代码。
- Center On Children（对齐父物体到子物体）：使父物体对齐到子物体的中心。
- Make Parent（创建父物体）：选中多个物体后，使用该功能可以把选中的物体组成父子关系，其中在层级视图中最上面的那个是父节点。
- Clear Parent（取消父子关系）：选择某个子物体，使用该功能可以取消它与父物体之间的关系。
- Set as first sibling（设置为第一个子对象）：使用该功能可以使选中的物体改变到同一级的第一个位置。
- Set as last sibling（设置为最后一个子对象）：使用该功能可以使选中的物体改变到同一级的最后一个位置。
- Move To View（移到场景视图）：选择某个对象后，使用该功能可以使该物体移到场景视图的中心。
- Align With View（对齐到场景视图）：选择某个对象后，使用该功能可以使该物体对齐到场景视图。
- Align View to Selected（对齐场景视图到选择的对象）：选择某个对象后，使用该功能可以使场景的视觉对齐到该对象上。

- Toggle Active State（切换活动状态）：使选中的对象激活或失效。

3.2.5 Component 菜单

Component（组件）菜单可以为游戏对象添加各种组件，如碰撞盒组件、刚体组件等，如图 3-16 所示。

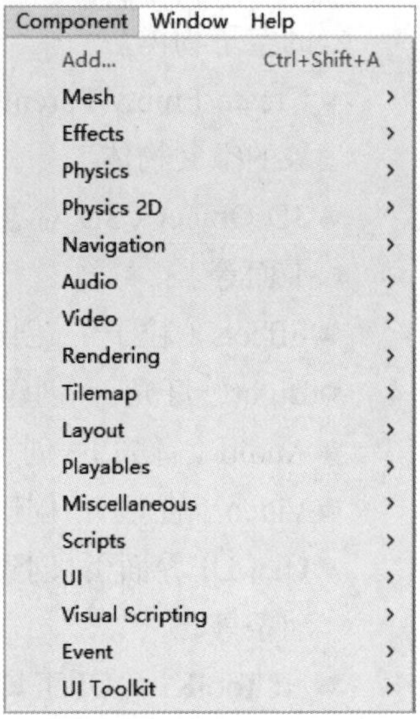

Component Window Help
Add... Ctrl+Shift+A
Mesh
Effects
Physics
Physics 2D
Navigation
Audio
Video
Rendering
Tilemap
Layout
Playables
Miscellaneous
Scripts
UI
Visual Scripting
Event
UI Toolkit

图 3-16 Component 菜单

- Add（添加）：为选中的物体添加某个组件。
- Mesh（面片组件）：添加与面片相关的组件，如面片渲染、文字面片、面片数据等。
- Effects（粒子）：添加粒子特效组件，如武器拖尾、火焰特效等。
- Physics（刚体组件）：可以为对象添加刚体、碰撞盒等组件。
- Physics 2D（2D 刚体组件）：可以为对象添加 2D 刚体、碰撞盒等组件。
- Navigation（导航组件）：添加寻路系统组件。
- Audio（音频组件）：为对象添加音频等组件。
- Video（视频组件）：为对象添加视频等组件。
- Rendering（渲染组件）：为对象添加与渲染相关的组件，如摄像机、天空盒等。
- Tilemap（瓦片地图组件）：添加瓦片地图组件。
- Layout（布局组件）：为对象添加布局组件，如画布、垂直布局、水平布局等。
- Playables（定制动画组件）：2018 版本的新功能，Playables 组件可以混合和修改多个数据源，并通过单个输出播放它们。
- Miscellaneous（杂项）：为对象添加动画组件、锋利组件、网络同步组件等。
- Scripts（脚本组件）：添加 Unity 自带的或由开发者自己编写的脚本，在 Unity 中一个脚本相当于一个组件，可以像使用其他组件一样使用它。
- UI（UI 组件）：添加 UI 组件，如 UI 文本、图片、按钮等。
- Visual Scripting（可视化脚本）：添加一个可视化脚本组件。
- Event（事件组件）：添加事件相关组件，如事件系统、事件触发器等。
- UI ToolKit（UI 工具包）：UGUI 的替换方案，跟 UI 功能基本相同，添加一个 UI 组件。

3.2.6 Window 菜单

Window（窗口）菜单提供了与编辑器相关的菜单布局选项，如图 3-17 所示。

- Panels（面板）：切换到普通视图，如 Scene、Game、Project 视图等
- Next Window（下一个窗口）：从当前视图切换到下一个窗口。

- Previous Window（前一个窗口）：切换到上一个窗口。
- Layouts（窗口布局）：可以选择不同的窗口布局。
- Search（搜索）：搜索场景、资源、面板等。
- Plastic SCM（版本控制）：Unity 的版本控制工具。
- Collaborate（协作）：多人协作开发面板。
- Asset Store（资源商店）：可以打开 Unity 的资源商店。
- Package Manager（包管理）：2018 版本新功能，可以使用资源包管理。
- Asset Management（资源管理）：打开资源管理窗口。
- Text（文本）：打开文本框，可以设置 3D 文字。
- TextMeshPro（文字窗口）：可以使用 TextMeshPro 文字。
- General（普通视图）：切换到普通视图，如 Scene、Game、Project 视图等。
- Rendering（渲染窗口）：切换到渲染窗口。
- Animation（动画窗口）：打开 Animation 动画窗口。

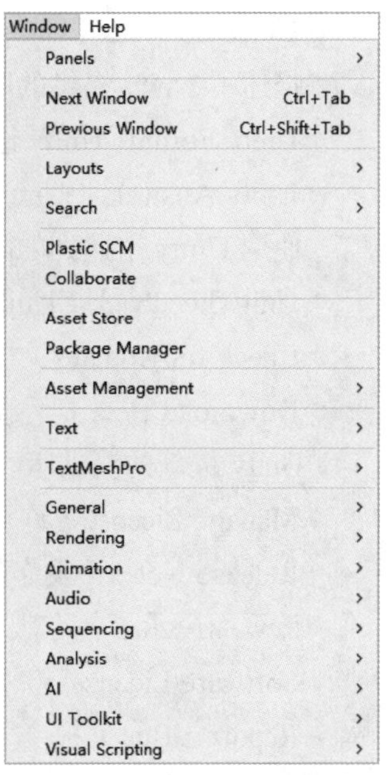

图 3-17　Window 菜单

- Audio（音频窗口）：打开音频窗口。
- Sequencing（时间线窗口）：打开 Timeline 时间线窗口，可以创建帧动画。
- Analysis（资源分析窗口）：打开资源分析窗口。
- AI（AI 窗口）：打开寻路导航窗口。
- UI Toolkit（UI 工具包）：打开 UI Toolkit 窗口。
- Visual Scripting（编程可视化）：打开编程可视化窗口。

3.2.7　Help 菜单

Help（帮助）菜单提供了版本查看、许可证管理、导航论坛地址等功能，如图 3-18 所示。

- About Unity（关于 Unity）：打开该窗口，可以看到 Unity 当前版本以及创作团队等信息。
- Unity Manual（Unity 手册）：单击该选项，可以打开 Unity 的官方参考手册的页面。
- Scripting Reference（脚本参考文档）：单击该选项，会连接到 Unity 的官方脚本参考文档的页面，该页面提供了脚本程序编写的各种 API 及用法参考。
- Premium Expert Help - Beta（高级专家帮助 - 测试版）：打开专家帮助面板。

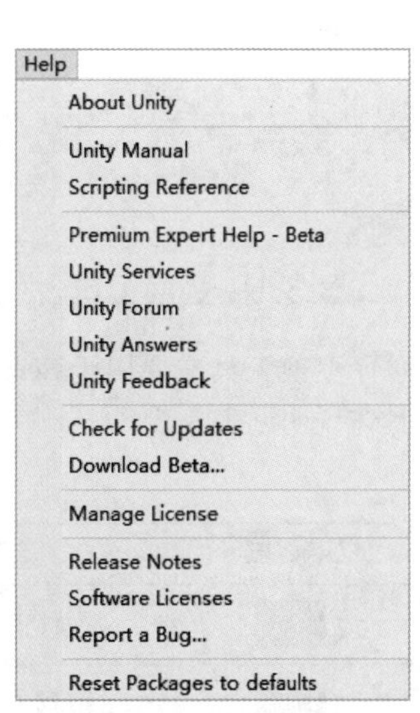

图 3-18　Help 菜单

- Unity Services（Unity 服务）：单击该选项，可以打开 Unity 的官方服务页面，该页面描述了 Unity 提供的服务，如帮助开发者制作游戏等。
- Unity Forum（Unity 论坛）：单击该选项，会连接到 Unity 的官方论坛。
- Unity Answers（Unity 问答论坛）：单击该选项，会连接到 Unity 的官方问答论坛，在使用 Unity 中遇到的问题，可以通过论坛发起提问。
- Unity Feedback（Unity 反馈界面）：单击该选项，会连接到 Unity 的官方反馈页面。
- Check for Updates（检查更新）：检查 Unity 是否有更新版本。
- Download Beta（下载测试版）：单击该选项，会连接到 Unity 的官方页面，可以下载 Unity 最新的测试版。
- Manage License（许可证管理）：可以通过该选项管理 Unity 许可证。
- Release Notes（发布特性预览）：单击该选项，会连接到 Unity 的发布特性预览页面，该页面展示了各个版本的特性。
- Software Licenses（软件许可证）：单击该选项，会打开软件的许可证文件。
- Report a Bug（提交 Bug）：使用 Unity 时发现 Bug，可以通过该窗口把 Bug 的描述发送给官方。
- Reset Packages to defaults（重置包）：单击该选项，可以将包重置到默认状态。

3.3 工具栏

工具栏由 5 个控制工具组成，提供了常用功能的快捷访问方式。工具栏主要由 Transform Tools（变换工具）、Transform Gizmo Tools（变换辅助工具）、Play（播放控制工具）、Layers（分层工具）和 Layout（布局工具）组成，如图 3-19 所示。

图 3-19 Unity 工具栏

3.3.1 变换工具

变换工具主要用于 Scene 视图下，对所选游戏对象的位移、旋转以及缩放等操作进行控制，具体说明见表 3-1。

表 3-1 变换工具说明

图 标	工具名称	功 能	快捷键
	平移工具	平移场景视图画面	鼠标中键
	位移工具	针对单个或多个物体做轴向位移	W

续表

图 标	工具名称	功 能	快捷键
	旋转工具	针对单个或多个物体做轴向旋转	E
	缩放工具	缩放单个或多个物体	R
	矩形手柄	设定矩形选框	T

3.3.2 变换辅助工具

变换辅助工具，对游戏对象进行轴向变换操作，具体说明见表 3-2。

表 3-2 变换辅助工具说明

图 标	工具名称	功 能
	变换轴向	与 Pivot 切换显示，以对象中心轴为参考轴做移动、旋转及缩放
	变换轴向	与 Center 切换显示，以网格轴线为参考轴做移动、旋转及缩放
	变换轴向	与 Global 切换显示，控制对象本身的轴向
	变换轴向	与 Local 切换显示，控制世界坐标的轴向

3.3.3 播放控制工具

播放控制工具应用于 Game 视图，当单击播放按钮时，Game 视图被激活，实时显示游戏运行的画面效果，具体说明见表 3-3。

表 3-3 播放控制工具说明

图 标	工具名称	功 能
	播放	播放游戏以进行测试
	暂停	暂停游戏并暂停测试
	单步执行	单步进行测试

3.4 常用工作视图

熟悉并掌握各种视图操作是学习 Unity 的基础，下面介绍 Unity 常用工作视图的界面布局及相关操作。

3.4.1 Project 视图

Project（项目）视图存放 Unity 整个项目工程的所有资源，常见的资源包括模型、材质、动画、贴图、脚本、Shader、场景文件等。该视图可以比作一个工厂中的原料仓库，通过右上角的搜索框，可以根据输入的名字搜索资源，如图 3-20 所示。

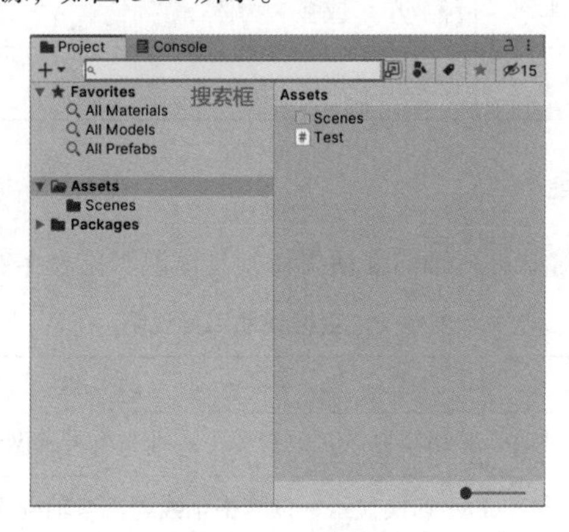

图 3-20 Project 视图

1. 新建资源

在 Project 视图中右击，选择 Create → Folder 命令，如图 3-21 所示。

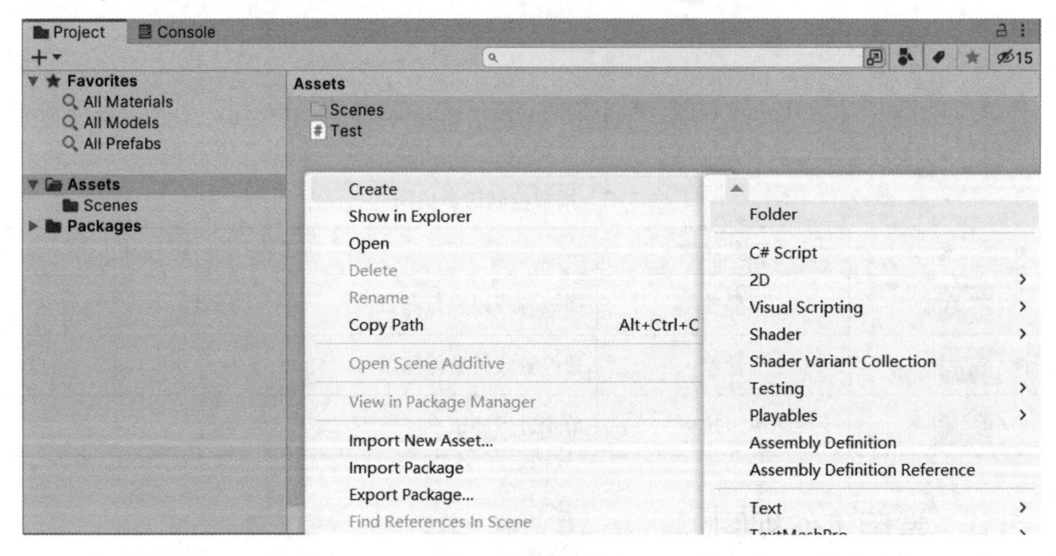

图 3-21 新建文件夹

输入文件名，如果名称不小心输入错误，则可以按 F2 键，重命名文件夹。例如，将文件夹命名为 Material，该文件夹就可以用来存放 Material（材质球）类型的文件，如图 3-22 所示。

在 Material 文件夹中，右击，选择 Create → Material 命令，就可以新建一个 Material 类型的文件，如图 3-23 所示。至于材质球的用法，会在后面的章节中涉及。

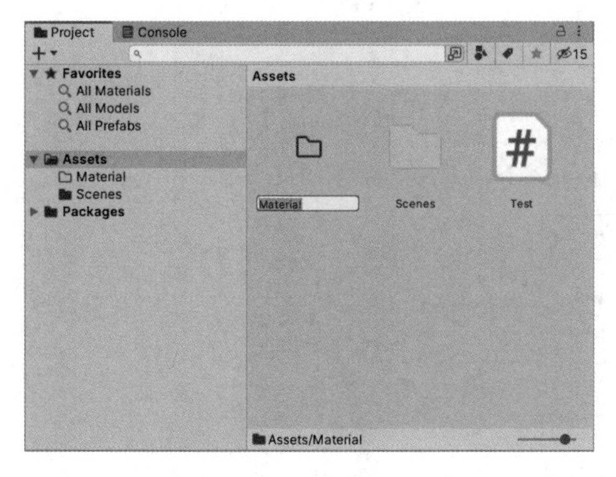

图 3-22　新建 Material 文件夹

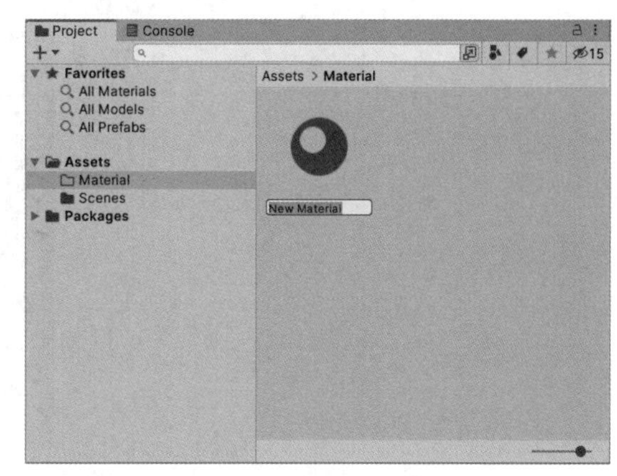

图 3-23　创建材质球

2. 导入资源包

导入资源包有两种方式，一种是通过菜单栏导入；另一种是通过拖曳导入。

（1）通过菜单栏导入资源包。

在 Project 视图中，右击，选择 Import package 选项，此时会打开文件浏览窗口，如图 3-24 所示。

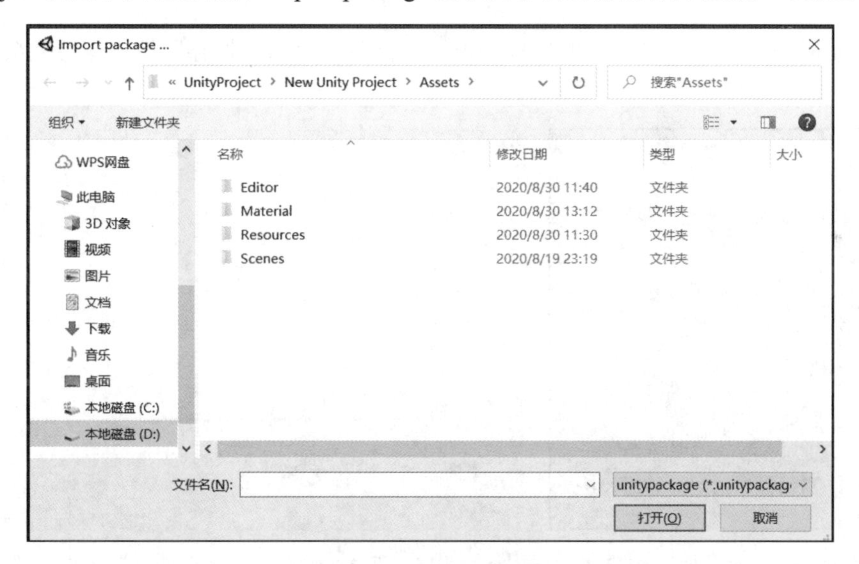

图 3-24　文件浏览窗口

然后选中资源包，单击“打开”按钮即可导入资源。

（2）通过拖曳导入资源包。

打开资源包存放目录，然后将资源拖曳到 Unity 的 Project 视图中，这样便完成了资源的导入，如图 3-25 所示。

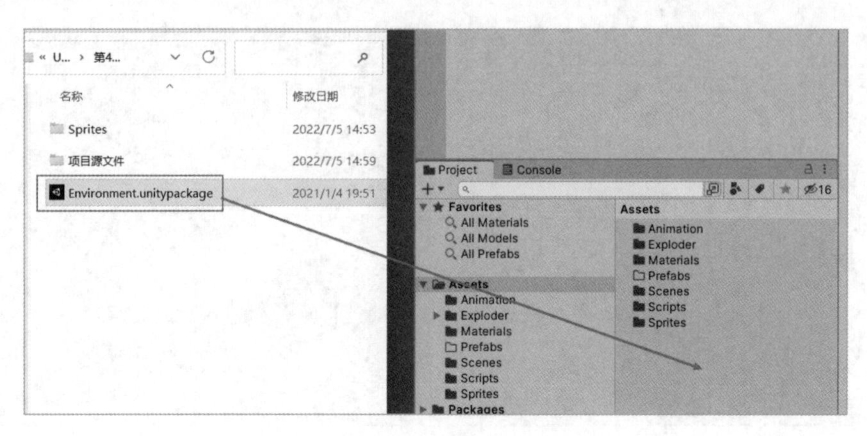

图 3-25 拖曳外部资源到工程中

3. 导出资源包

在 Project 视图中，选中要导出的资源，右击，选择 Export Package 选项，此时会打开 Exporting package 窗口，在这个窗口可以选择需要导出的资源，如图 3-26 所示。窗口最下面的 All 表示全部选择；None 表示取消全部选择；Include dependencies 表示导出所有关联的资源。

单击 Export 按钮，选择要导出的位置和设置文件名，单击“保存”按钮之后便会自动打包，如图 3-27 所示。

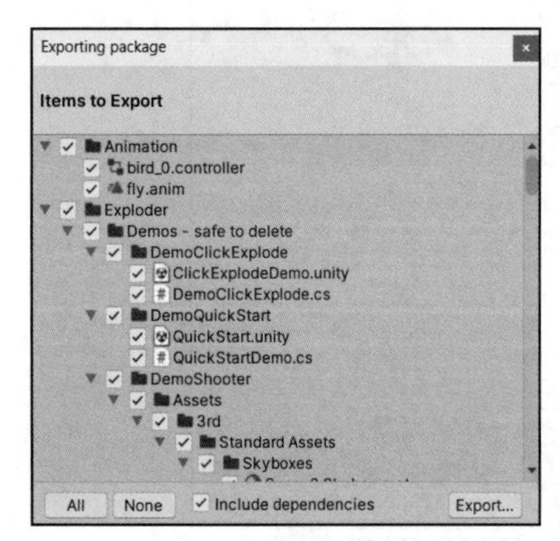

图 3-26 Exporting package 窗口

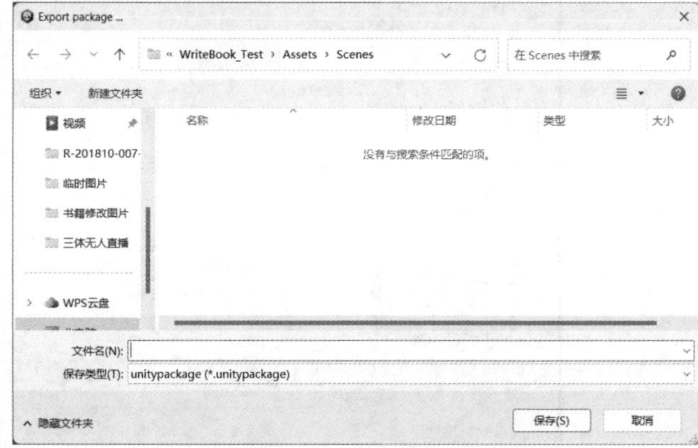

图 3-27 设置资源包的名称和路径

3.4.2 Inspector 视图

Inspector（检视）视图可以用来编辑组件的属性，当选中某个游戏对象时，Inspector 视图就会显示该游戏对象的组件和这些组件的属性，如图 3-28 所示。

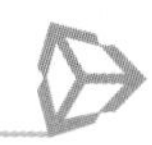

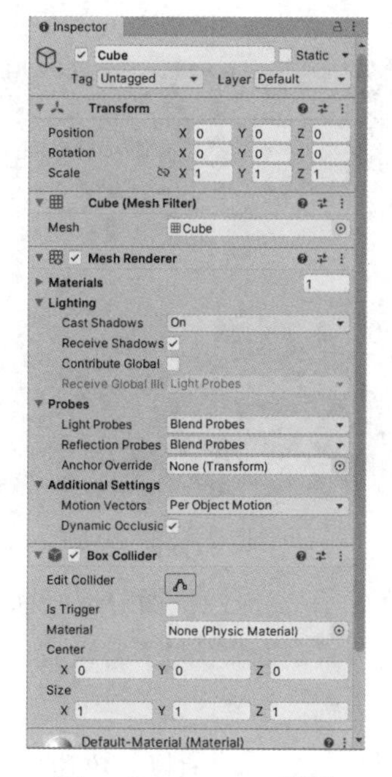

图 3-28　Inspector 视图

3.4.3　Hierarchy 视图

Hierarchy（层级）视图用来存放在场景中的游戏对象，它显示的是游戏对象在场景中的层级结构图。该窗口列举的游戏对象与游戏场景中的对象是一一对应的，如图 3-29 所示。

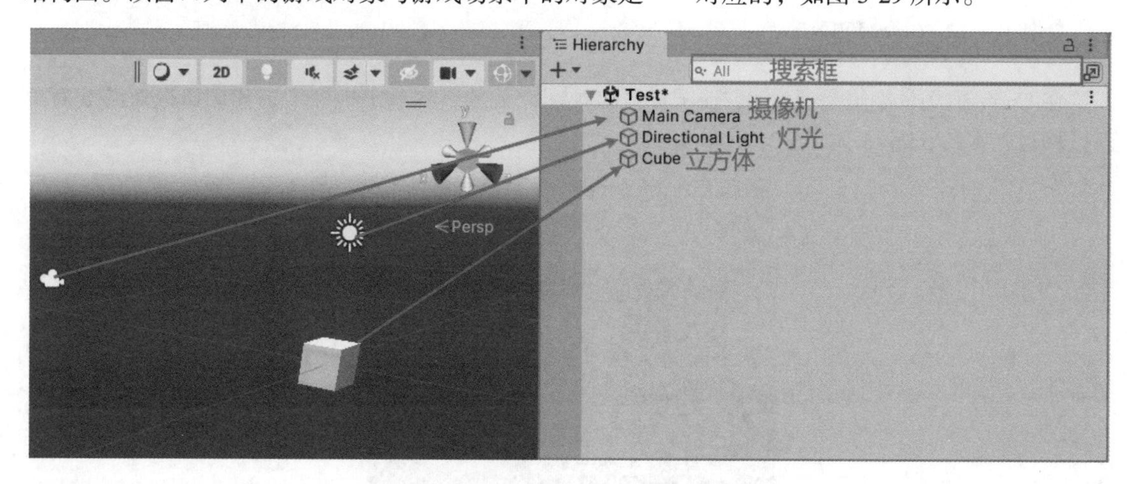

图 3-29　Hierarchy 视图

3.4.4　Game 视图

Game（游戏）视图可以显示游戏最终的效果，如图 3-30 所示。

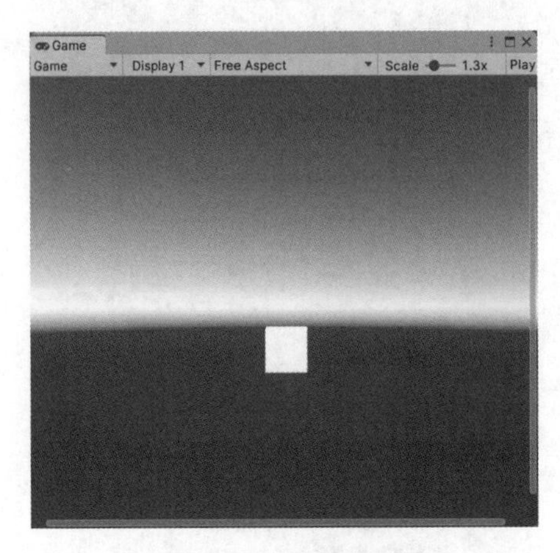

图 3-30 Game 视图

- Display1（分屏）：分屏显示，配合摄像机做分屏画面展示。
- Free Aspect（分辨率设置）：可以根据不同平台设置不同的分辨率。
- Scale（比例）：当前屏幕的比例。
- Maximize on Play（全屏运行）：单击“播放”按钮，Game 视图会全屏化显示。
- Mute Audio（静音）：当该按钮处于按下状态时，运行游戏不播放音频。
- Stats（状态）：单击该按钮，会出现一个与游戏运行效率有关的面板，可以查看目前游戏的运行效率等状态。
- Gizmos（辅助图标）：当该按钮处于按下状态时，会在 Game 视图中显示场景中的辅助图标。

3.4.5 Scene 视图

在 Unity 中场景编辑是通过 Scene（场景）视图完成的，在这个视图中，我们可以对游戏对象进行移动、旋转和缩放，如图 3-31 所示。

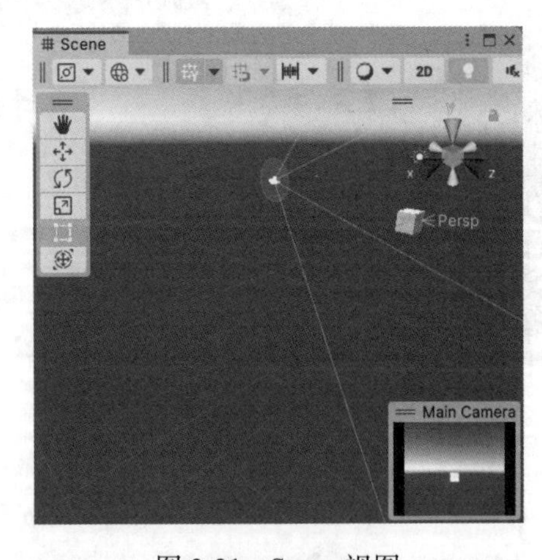

图 3-31 Scene 视图

3.4.6　Console 视图

Console（控制台）是 Unity 引擎中调试脚本运行状态的视图，选择 Window → Console 命令即可调出 Console 视图，当脚本编译出现警告或错误时，都可以从这个控制台查看错误出现的位置，方便修改。Console 视图与脚本编程息息相关，界面如图 3-32 所示。

- Clear（清理）：清除控制台中的所有信息。
- Collapse（合并）：合并相同的输出信息。
- Clear on Play（运行清理）：当游戏开始播放时清除所有原来的输出信息。
- Error Pause（错误暂停）：当脚本程序出现错误时暂停游戏的运行。
- Editor（编辑）：如果控制台连接到远程开发版本，选择此选项可以显示来自本地 Unity Player 的日志，而不是来自远程版本的日志。

图 3-32　Console 视图

3.5　Unity 的重要概念

本节介绍 Unity 中的资源、工程、场景、游戏对象、组件、脚本、预制体等重要概念，熟练掌握这些概念，可以理解引擎运行的逻辑，掌握编辑器的使用方法。

3.5.1　Assets

Assets 是在 Unity 3D 开发项目中用到的各种资源，如模型、贴图、材质、动画、音效、字体、Shader、文字、脚本等。

如果把 Unity 3D 比作制作游戏的工厂，那么资源就是工厂中的原材料，通过对原材料的组合和使用，就可以生产出各种各样的产品。

在 Unity 3D 项目中有一个固定的文件夹——Assets 文件夹，Assets 文件夹是存放项目需要用到的文件资源的，如图片文件、3D 模型文件（*.FBX 格式）、音频等。

Assets 文件可能来自 Unity 外部，如 3D 模型、音频文件、图像或 Unity 支持的任何其他类型的文件。还有一些是在 Unity 中创建的资源，如动画控制器（Animator Controller）、混音器（Audio

Mixer）或渲染纹理（Render Texture）。

3.5.2 Project

Unity 3D 软件管理的对象是 Unity 3D 工程项目。新建项目，就是新建一个 Unity 3D 工程项目。项目包含了游戏场景中所需的各种资源，不仅提供了一个可以使用和组合这些资源的空间，还提供了让项目运行起来的条件。

在 Unity 3D 中，创建一个游戏前，要先创建一个游戏工程，这个游戏工程可以想象为实现游戏的工厂。项目就相当于一个工厂，可以向工厂导入各种资源，打包输出不同的产品，对资源进行加工，生产产品，负责各个模块的沟通等。

3.5.3 Scenes

Scenes 可以看作一个个的游戏关卡或不同的游戏地图等，场景与场景之间可以协同合作，完成不同的产品。打开一个场景，开发者可以在这个场景中组装和使用各种资料，实现各种功能；还可以搭建不同的场景，实现不同的效果。

在 Unity 3D 中，每个场景都是独立运行的，不会相互影响。每次进入新的场景，场景都会被重新加载，在场景中的操作都会复原。如果想在切换场景时不复原操作，需要先用代码记录操作，然后在加载场景时加载它们，以达到复原的目的。

3.5.4 GameObject

GameObject 是场景中存在的各种物体对象，各种各样的游戏对象通过资源的组装加入场景。资源只有被放置到游戏场景中，才会生成游戏对象，各种各样的游戏对象组装，可以开发出不同的产品。

在 Unity 中，GameObject 是必不可少的，在场景中的所有物体都被称为游戏对象。当把模型、预制体拖到场景中时，它们就会变成游戏对象，所有的游戏对象都有一个最基本的 Transform 组件，根据所需的游戏功能，可以为游戏对象添加更多的组件。

根据功能的需求不同，游戏对象会添加不同的属性，不同的属性又可以实现不同的功能，用户通过这些属性控制游戏对象的不同行为。

3.5.5 Component

在 Unity 中，组件是控制游戏对象属性的集合。每一个组件都包含了游戏对象的某种特定的功能属性，如 Transform 组件用于控制物体的位置、旋转和缩放。脚本也属于组件，为对象添加脚本后，Inspector 视图会自动生成脚本组件。

组件用来控制游戏对象上面的属性值，换言之，就是组件定义了游戏对象的属性和行为，其层级结构如图 3-33 所示。

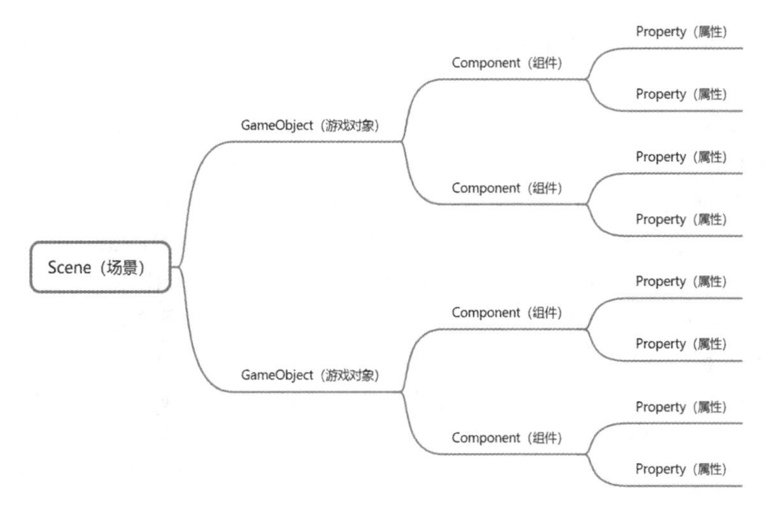

图 3-33　游戏对象、组件和属性之间的层级结构

3.5.6　Scripts

在 Unity 中，脚本也是一个组件，是游戏开发的重要概念。Unity 脚本主要支持 3 种语言，分别是 C#、UnityScript（JavaScript for Unity）和 Boo。但是选择 Boo 作为开发语言的使用者非常少，所以 Unity 在 5.0 以后放弃了对 Boo 语言的技术支持。在 Unity 2017.2 版本，Unity 放弃了对 UnityScript 语言的支持。

在编写脚本时，我们可以不用关心脚本的底层实现原理，只要调用 Unity 3D 为我们提供的 API 接口，就可以完成各种各样的产品。

在编写程序时，选择合适的程序编辑器是提高编程效率的方式之一，我们可以使用 Microsoft Visual Studio 编辑器编写代码，当然也可以使用其他的文本编辑器编写脚本。

3.5.7　Prefabs

在 Unity 中，开发都围绕着游戏对象这一概念展开。为了使游戏对象能够被重复使用和实例化，Unity 提供了保存游戏对象属性和组件的方法，这就是 Prefabs（预制体），通过在场景中编辑游戏对象，然后保存成一个预制体，这个预制体在不同的地方不同的场景重复实例化。例如，可以设置一个子弹的预制体，为子弹添加各种组件设置好属性，然后保存成预制体，当我们生成这颗子弹时，这颗子弹就已经添加了各种组件和设置好属性了。

预制体具有同步性。当场景中有很多的由该预制体生成的游戏对象时，通过修改该预制体的属性并保存，那么场景中所有由该预制体生成的游戏对象的属性也会同时改变。

3.6　本章小结

本章介绍了 Unity 3D 编辑器内置的 5 种布局风格，不同的界面布局适用于不同的需求场景。

当然也可以自定义布局，设置最适合自己的布局分配。在开发中也可以及时地调整布局，提高开发效率。

Unity 3D 的菜单栏很强大，集成了 Unity 3D 的所有功能，通过菜单栏可以对 Unity 3D 的各项功能有直观而清晰的了解。

Unity 3D 的界面主要由 6 个常用视图组合成：Project 视图用来存放资源；Hierarchy 视图用来存放场景中游戏对象的层级关系，在场景中的物体都可以在 Hierarchy 视图中找到对应的对象；Scene 视图用来摆放场景和调整游戏对象；Inspector 视图用来查看游戏对象上的属性；Game 视图用来查看游戏运行最终的效果；Console 视图用来查看代码的执行情况和代码的错误信息。视图的相互合作可以提升产品的开发效率。

最后介绍了 Unity 3D 中的重要概念，理解场景、游戏对象、组件及脚本等概念，可以帮助读者理解 Unity 3D 的运行逻辑，如如何开发游戏、打包游戏等。

Unity 3D 应用篇

不闻不若闻之，闻之不若见之，见之不若知之，知之不若行之，学至于行而止矣。

只学习不使用是没有用的，本篇就介绍如何将学习的知识应用于实践。

第 4 章介绍了如何在 Unity 3D 中创建 2D 场景，导入 2D 资源和制作 2D 动画，应用 2D 场景的游戏制作较多，读者要多熟悉 2D 场景的创建。此外，还有 3D 场景的介绍，介绍了如何创建 3D 场景，导入 3D 模型的不同方法，如何创建 3D 地形。学习完后就可以试着使用地形系统和导入 3D 模型，来搭建美美的场景了。

第 5 章介绍了常用的组件及组件的获取、添加和删除方法，场景中的基本单位就是游戏对象，游戏对象上挂载很多组件，组件上面有属性，将设置了很多组件和属性的游戏对象保存下来重复使用，这就是预制体的概念，最后介绍了如何创建预制体、如何实例化预制体。

第 6 章介绍了 Unity 3D 常用功能系统，如 Unity 3D 灯光系统，可以调整场景中的灯光、明暗效果，实现聚光灯。灯光类型有平行光、点光源、聚光灯等，不同的灯光类型适用于不同的场景需求，设置好灯光，会让我们的场景更加好看。Unity 3D 导航系统，生成导航网格，可以实现自动寻路的功能。Unity 3D 动画系统，可以编辑模型动画，修改动画状态，控制动画的播放等。

第 4 章　使用 Unity 3D 创建基本场景

介绍完 Unity 3D 的界面、视图及重要概念后，本章介绍如何使用 Unity 3D 创建 2D/3D 场景，如何导入 2D/3D 资源，以及 2D/3D 如何制作动画；介绍如何创建 3D 场景和创建基本的 3D 模型以及导入 3D 模型资源的几种方法。

不论是创建 2D 场景还是 3D 场景，都离不开视图的帮助，如 Project 视图是存放资源的地方；Scene 视图是摆放场景的地方；Game 视图是显示游戏运行最终效果的地方；Hierarchy 视图是存放场景中游戏对象层级关系的地方；Inspector 视图可以查看游戏对象上的属性。多熟悉这些视图的联系，可以更好地创建场景和查看效果。

4.1　创建 2D 场景

Unity 公司在 Unity 4.3 版本中不再使用原生的 2D 游戏制作工具和工作流程，使用 Unity 引擎制作游戏变得更加方便。下面将介绍 2D 场景的创建。

4.1.1　创建 2D 工程

（1）启动 Unity Hub 应用程序，单击“新建”按钮旁边的下拉按钮，选择 2021.2.7f1c1 版本，模板选择 2D，单击“创建”按钮如图 4-1 所示。

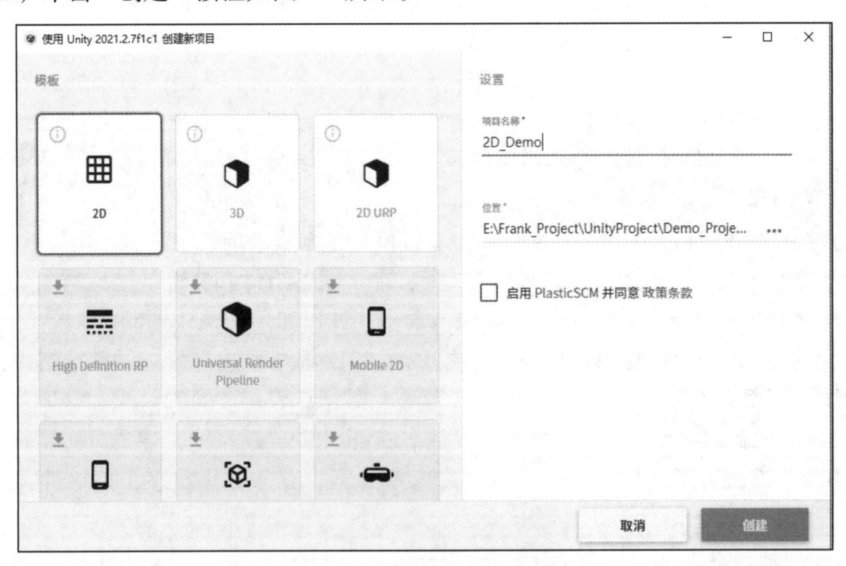

图 4-1　新建 2D 项目

（2）Unity 会自动创建一个空的项目工程，在 Scene 视图中 2D 模式自动启用，此时的 Scene 视图是一个 2D 正交视图，如图 4-2 所示。

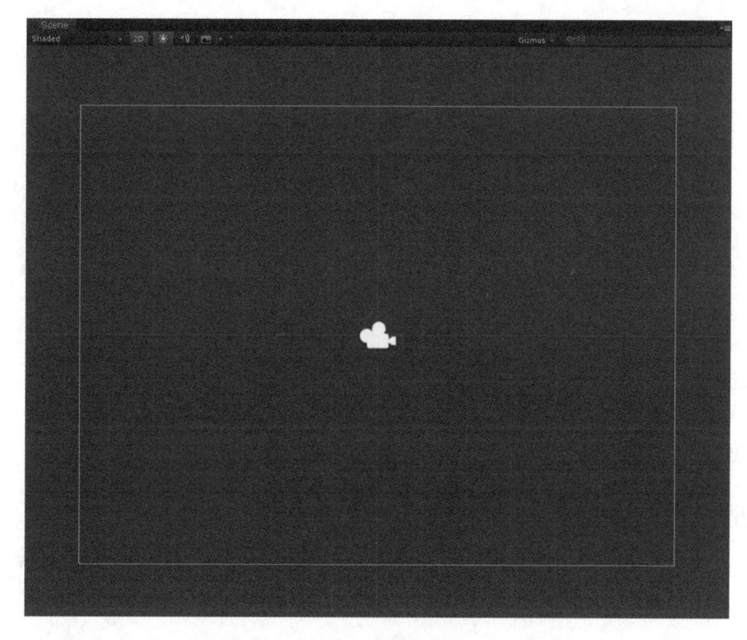

图 4-2　Scene 视图下的 2D 视角

（3）选择 File → Sava Scene 命令，或者 Ctrl+S 组合键，将场景保存。

4.1.2　导入 2D 资源

（1）在 Project 视图中，右击，然后选择 Create → Folder 命令，新建文件夹，将文件夹命名为 Sprites，如图 4-3 所示。

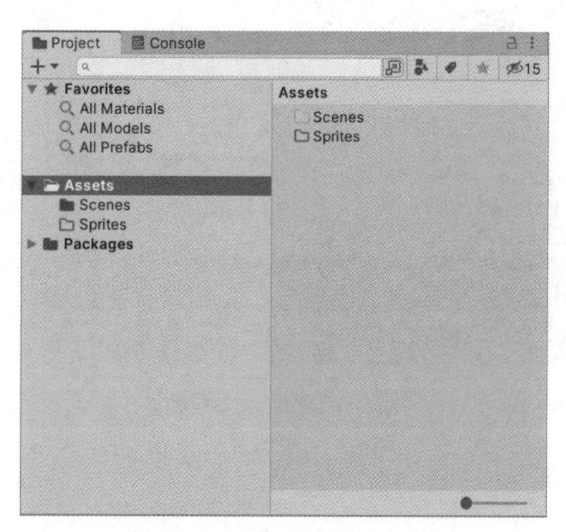

图 4-3　新建 Sprites 文件夹

（2）双击 Sprites 文件夹，将 2D 资源拖入 Sprites 文件夹中，如图 4-4 所示。

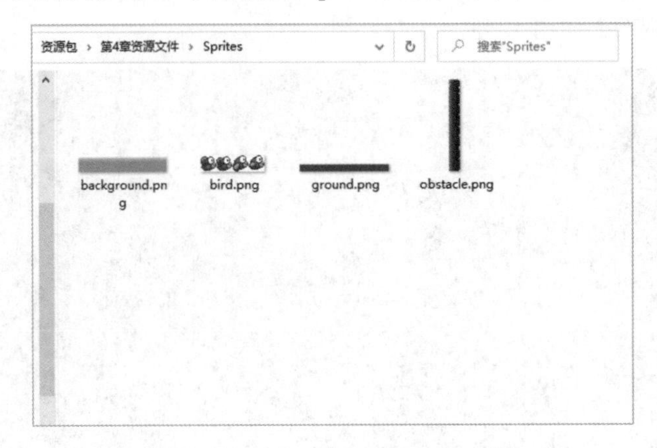

图 4-4　拖曳 2D 资源到 Project 视图

至此，资源就导入项目中了。

4.1.3　添加静态景物

将 Sprites 从 Project 视图拖入场景或层级视图中，就可以在场景中创建一个 Sprites 文件夹，如图 4-5 所示。

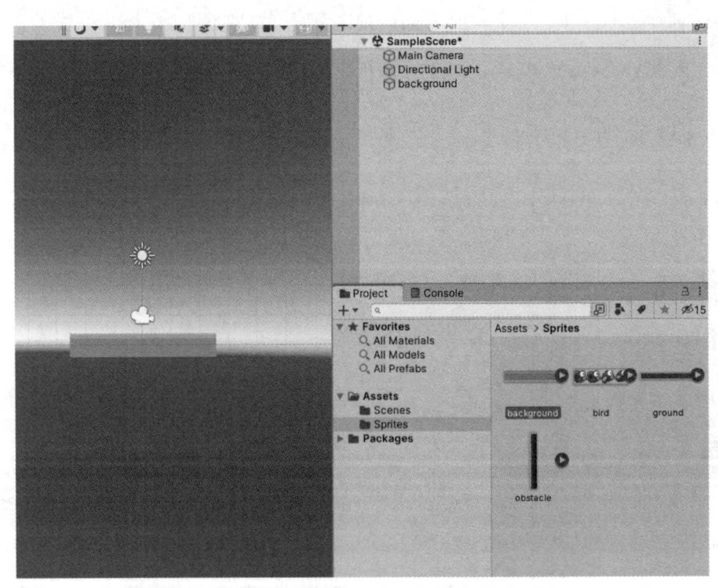

图 4-5　添加静态景物

4.1.4　制作 2D 动画

（1）将制作好的 2D 动画导入 Unity 3D 的 Project 视图的 Sprites 文件夹中，如图 4-6 所示。

（2）使用 Sprite Editor（Sprite 编辑器）就可以将一张多纹理图片切割成多张 Sprite 图片，这样就可以制作动画了。在 Project 视图中，选中 Sprites 文件夹中的 bird.png 图片；在 Inspector 视图中，将 Sprite Mode 设置为 Multiple，然后单击 Apply 按钮，如图 4-7 所示。

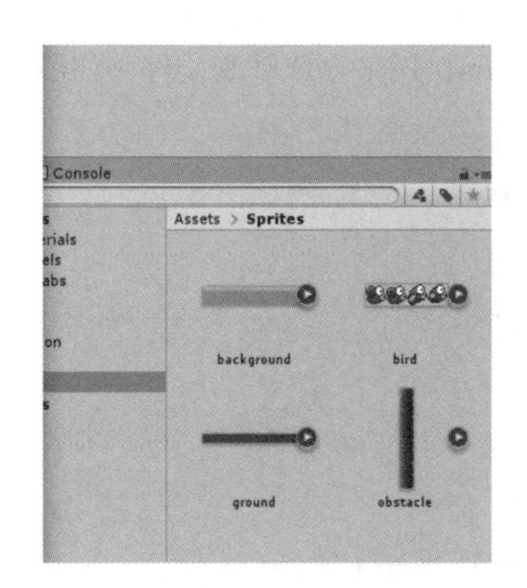

图 4-6　拖曳 2D 动画到 Sprites 文件夹

图 4-7　设置 Sprite Mode

（3）选中图片，在 Inspector 视图中，单击 Sprite Editor 按钮，在弹出的 Sprite Editor 对话框中单击左上角的 Slice 按钮，在弹出的对话框中，将 Type 设置为 Grid By Cell Count，Column&Row 设置为 C：4，R：1；单击对话框中的 Slice 按钮，完成自动切割 Sprite 图片，如图 4-8 所示。最后单击 Apply 按钮，Sprite 图片就自动切割完成了。

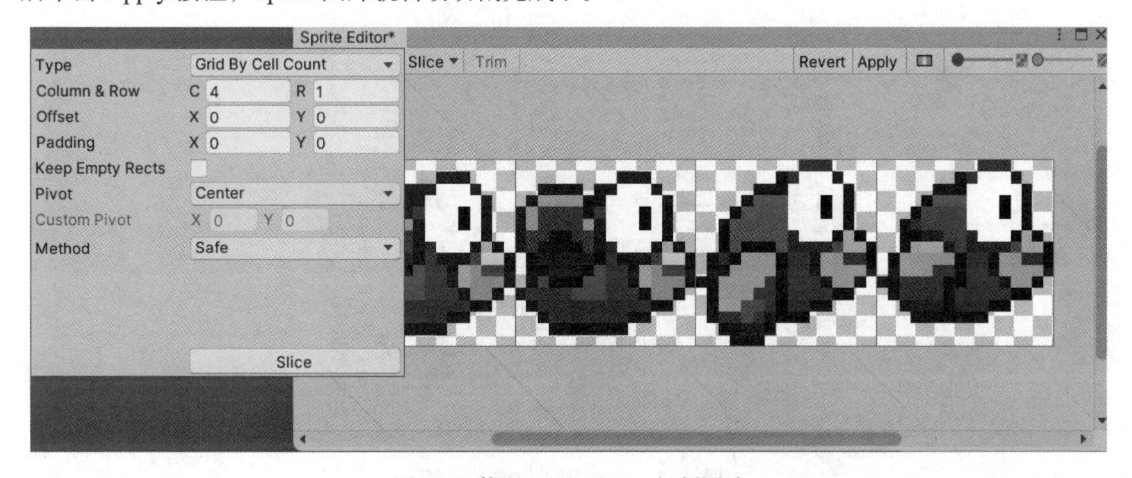

图 4-8　使用 Sprite Editor 切割图片

其中，Type 有多种模式，如图 4-9 所示。

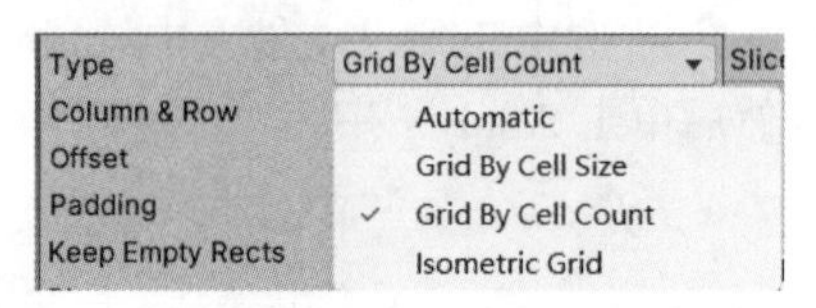

图 4-9　Slice 的类型

- Automatic：自动切割。
- Grid By Cell Size：设置每个图块的大小，进行等比例网格切割。
- Grid By Cell Count：设置切割的行数、列数，进行等比例网格切割。

（4）在 Project 视图中，创建一个新文件夹 Animation，用来存放动画文件，如图 4-10 所示。

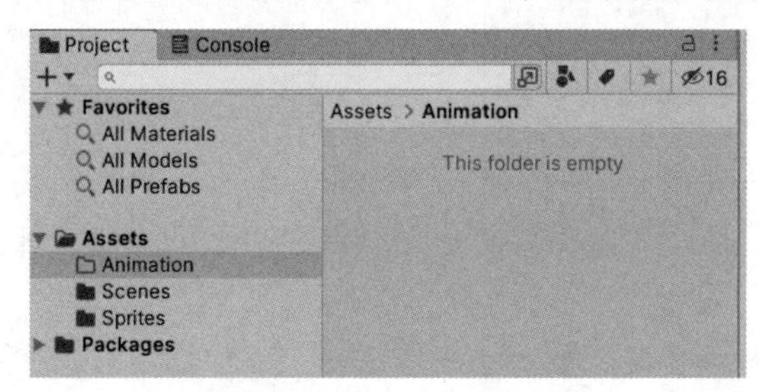

图 4-10　创建动画文件

（5）选中所有的切片图片，将其拖入场景，如图 4-11 所示。

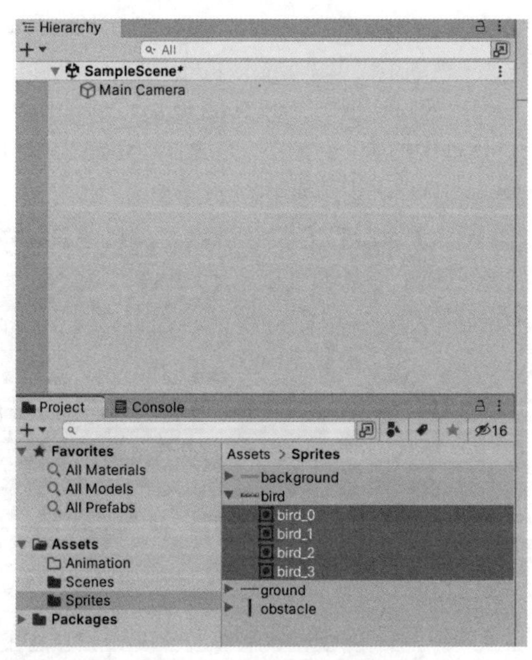

图 4-11　将切片图片拖入场景

（6）Unity 知道这是要用这些切片创建一个动画。在 Create New Animation 窗口中设置动画存放的路径和名称，存放到 Animation 文件夹，命名为 fly.anim，如图 4-12 所示。

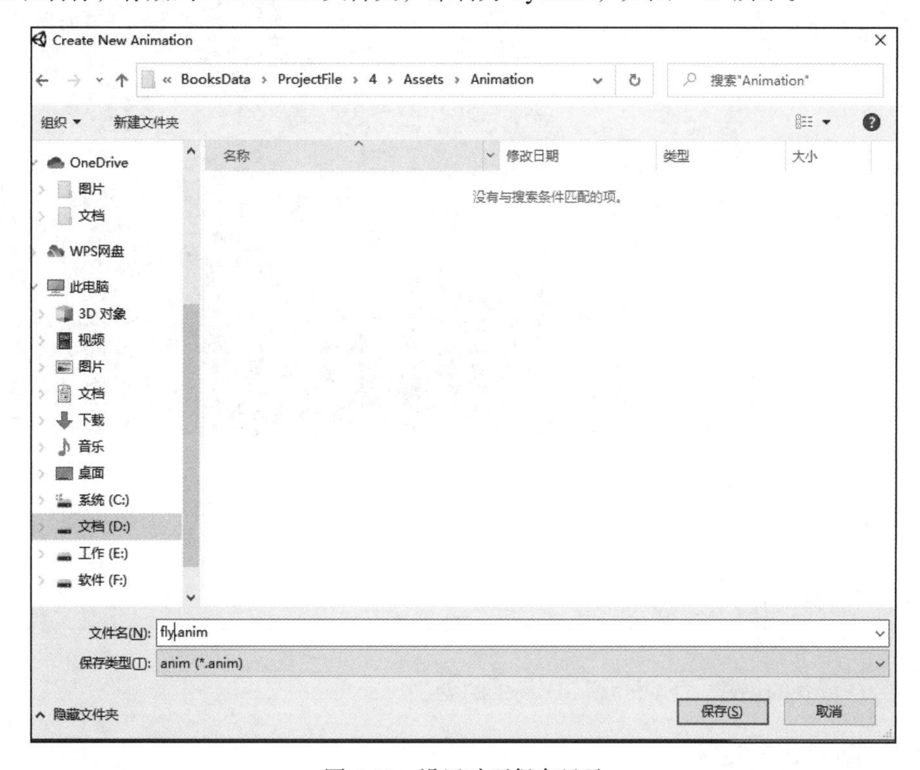

图 4-12　设置动画保存目录

（7）此时在 Project 视图的 Animation 文件夹中创建了两个文件，一个是动画片段；一个是动画管理器，如图 4-13 所示。

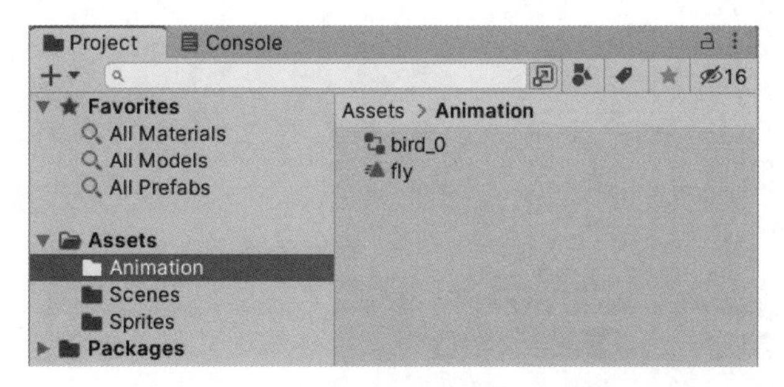

图 4-13　动画片段和动画管理器

（8）双击 bird_0 文件，就可以看到动画状态机，如图 4-14 所示。

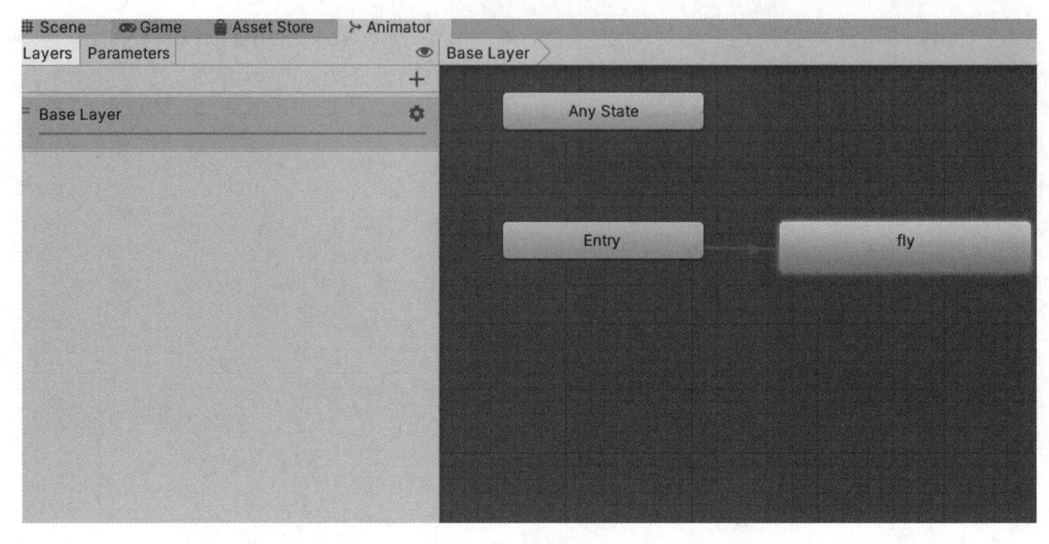

图 4-14　动画状态机

（9）运行游戏，就可以看到鸟动起来了。

4.2　创建 3D 场景

介绍完 2D 场景的创建，下面介绍 3D 场景的创建。

4.2.1　创建 3D 工程

（1）启动 Unity Hub 应用程序，单击“新建”按钮旁边的下拉按钮，选择 2021.2.7f1c1 版本，模板选择 3D，如图 4-15 所示。

图 4-15　新建 3D 项目

（2）Unity 会自动创建一个空的项目工程，场景中会包含一个 Main Camera（摄像机）和 Directional Light（方向光），如图 4-16 所示。

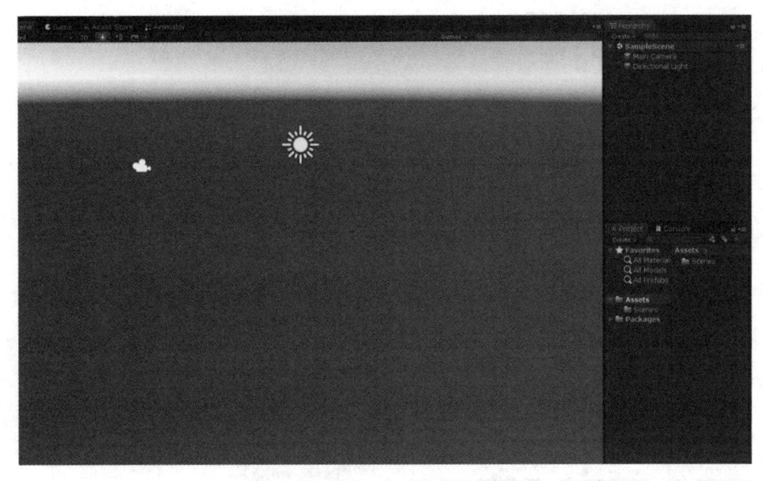

图 4-16　新建 3D 项目

4.2.2　创建基本 3D 模型

Unity 中有一些基本 3D 模型，如 Cube、Plane 等，下面介绍如何在 Unity 中创建基本 3D 模型。

在 Unity 中创建基本 3D 模型有两种方法。第一种：选择 GameObject → 3D Object 命令，就可以创建所有基本几何体，如图 4-17 所示。

第二种：在 Hierarchy 视图中，选择 Create → 3D Object 命令，选择要创建的几何体，就可以创建成功了，如图 4-18 所示。

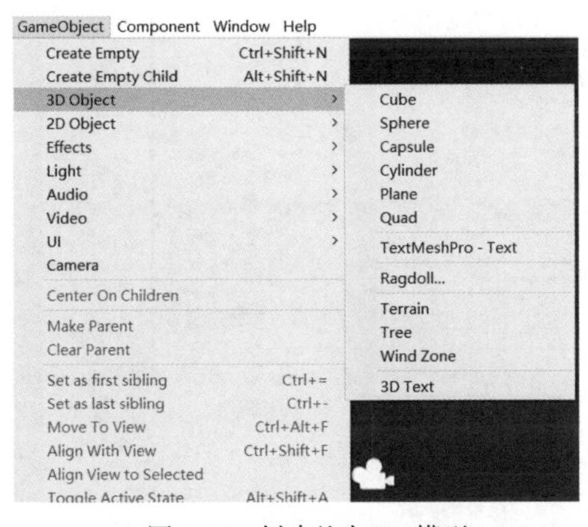

图 4-17　创建基本 3D 模型

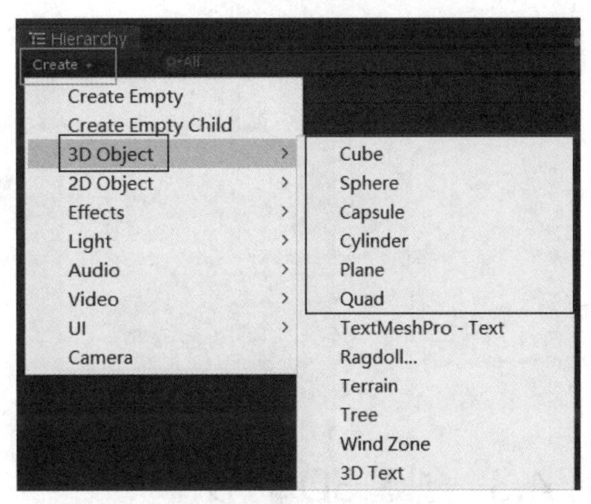

图 4-18　在 Hierarchy 视图中创建基本 3D 模型

4.2.3　导入 3D 模型

Unity 中自带的基本模型难以满足需求，这时就可以选择将外部的模型导入 Unity。

（1）在 Project 视图中，新建 Models 文件夹。

（2）找到下载的模型，将模型文件拖入 Project 视图的 Models 文件夹内，如图 4-19 所示。或者在 Project 视图的 Models 文件夹内，右击，选择 Import New Asset 选项，选中模型文件，单击 Import 按钮即可导入，如图 4-20 所示。

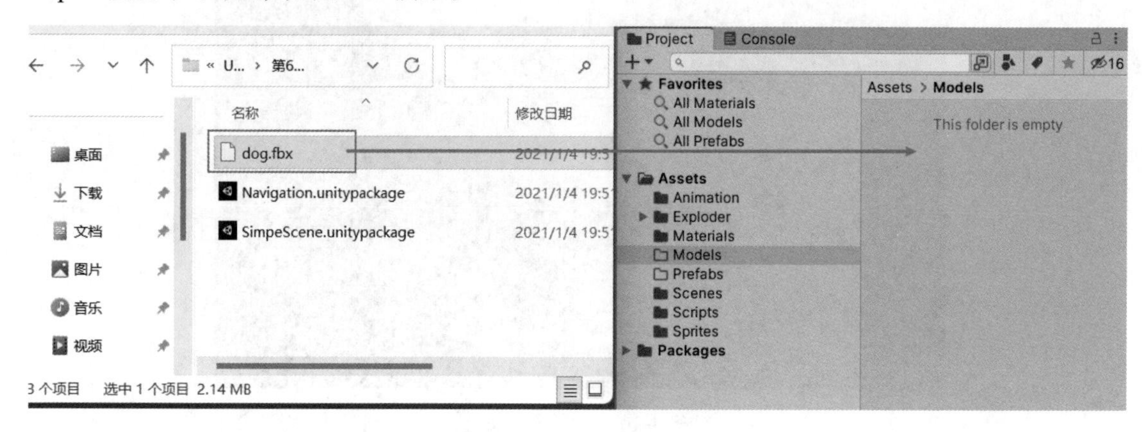

图 4-19 导入 3D 模型（1）

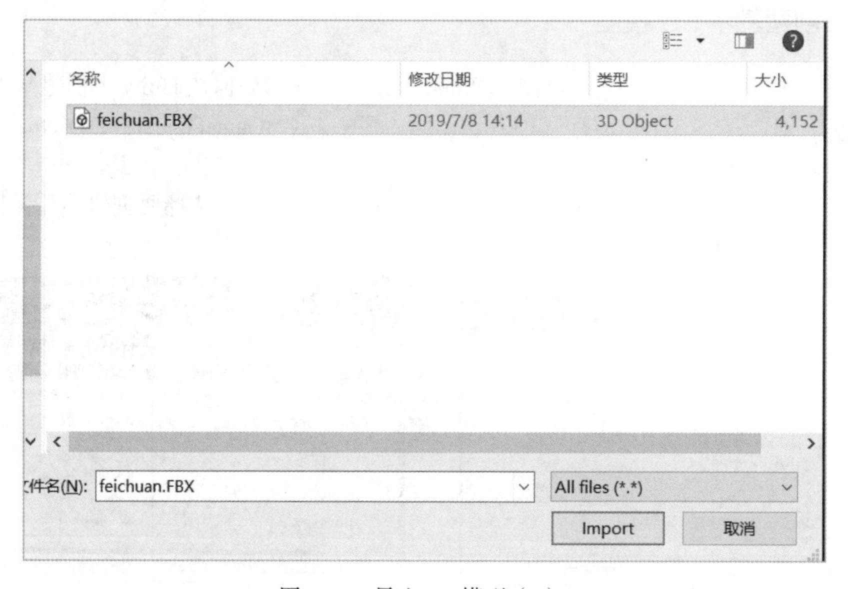

图 4-20 导入 3D 模型（2）

4.3 创建 3D 地形

Unity 3D 自带地形系统，可以使用地形系统创建和编辑地形，可以在地形上面刷树、刷草、制作湖泊等。下面就介绍 Unity 3D 的地形系统。

4.3.1　创建地形

（1）选择 File→New Scene 命令，创建一个新的场景，将该场景保存，命名为 Scene02。

（2）导入环境资源包。选择 Assets → Import Package → Custom Package 命令，选择 Environment.unitypackage 选项，如图 4-21 所示。

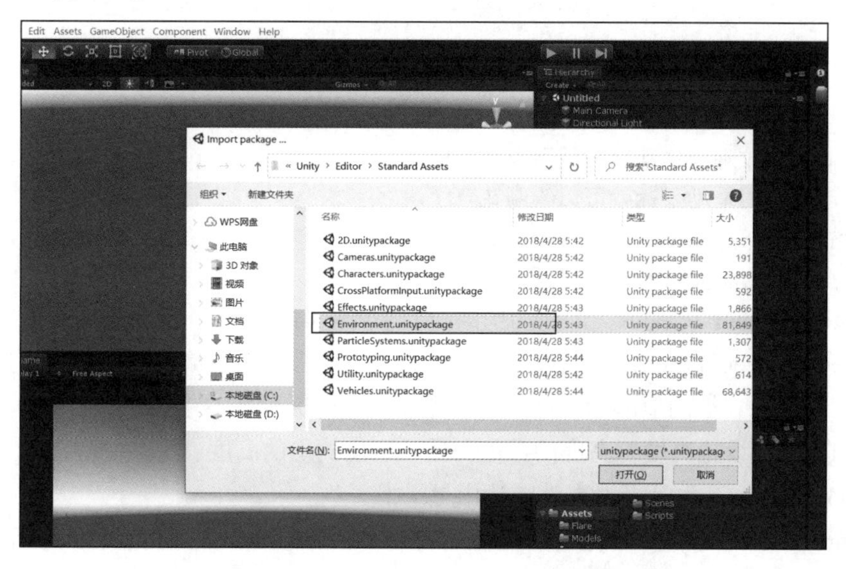

图 4-21　导入 Environment 环境资源包

（3）选择 GameObject→3D Object→Terrain 命令，创建一个地形，如图 4-22 所示。新创建的地形会在 Assets 文件夹内创建一个地形资源，并在 Hierarchy 视图中生成一个地形实例。

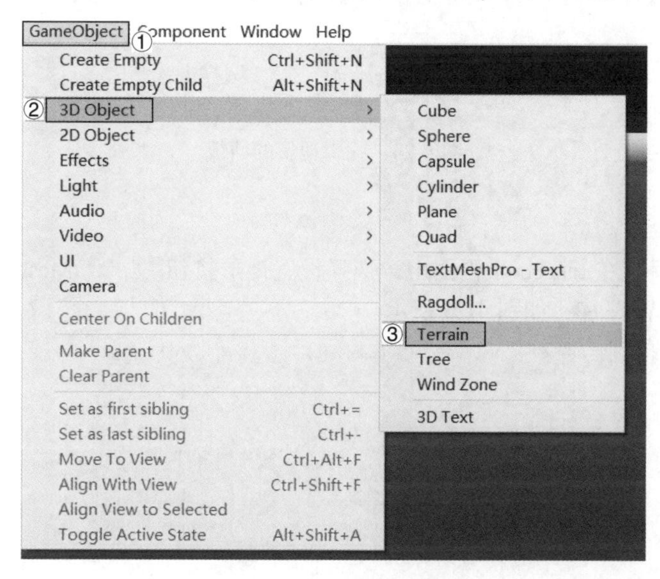

图 4-22　创建地形

4.3.2 地形属性介绍

（1）选中地形后，在 Inspector 视图中查看地形的属性，地形的属性如图 4-23 所示。

图 4-23 地形的属性

：编辑地形，主要有增加地形，提高 / 降低地形高度，刷贴图，提高平滑度。

：绘制树的纹理，拖动鼠标就可以绘制树了。

：绘制花草，拖动鼠标就可以绘制花草了。

：设置地形，可以设置地形的长、宽、高。

（2）编辑地形的面板如图 4-24 所示。

- Create Neighbor Terrains：创建周围的地形，可以向前、后、左、右拓展板块。
- Raise or Lower Terrain：提高或降低地形，可以用来刷山，或者降低山的高度。
- Paint Texture：绘制地形的纹理，需要先导入环境资源。
- Set Height：设置高度，高度的数值一致，刷出的山的高度就一致 。
- Smooth Height：设置平滑高度，让山更平滑一些。
- Stamp Terrain：设置形状地形，可以刷特定形状的地形，如五角星、圆形等。

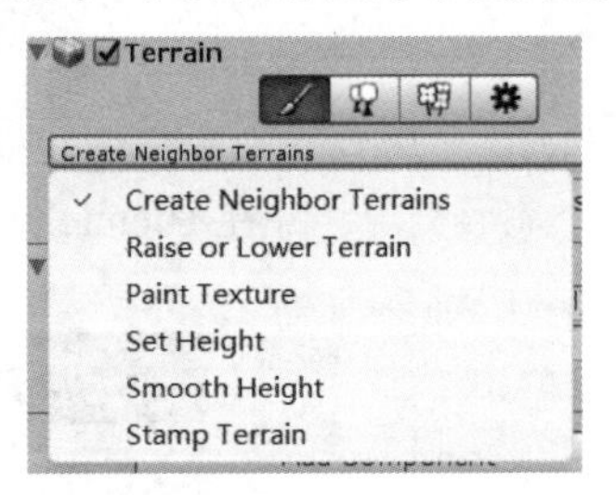

图 4-24 编辑地形的面板

4.3.3 编辑地形

（1）选中地形后，在 Inspector 视图中，选择设置地形按钮，将 Mesh Resolution 的长、宽设置成 200，高度设置成 60，如图 4-25 所示。

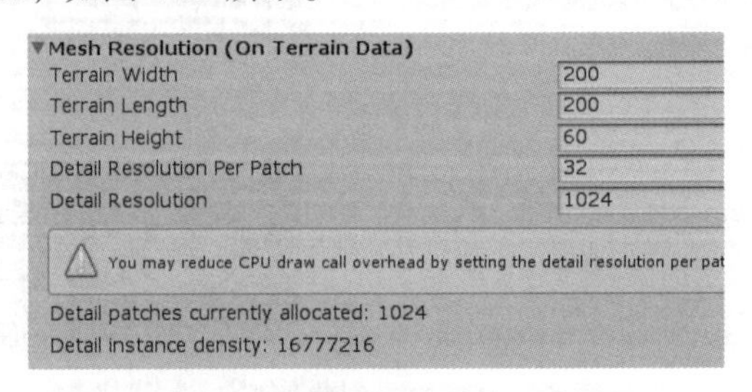

图 4-25 设置地形的长、宽、高

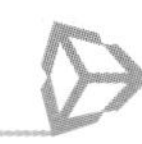

（2）选中地形后，在 Inspector 视图中，选择编辑地形按钮，选择 Set Height（设置高度），将 Height（高度）设置成 5，Brush Size（笔刷大小）设置成 50，单击 Flatten 按钮，此时整个地形会向上抬高 5 个单位，如图 4-26 所示。

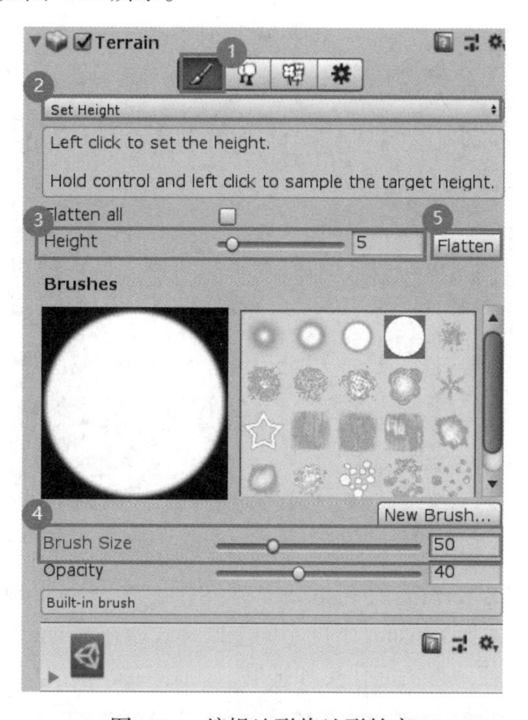

图 4-26　编辑地形将地形抬高

（3）将地形抬高的目的是在地形上可以往下刷深度，下面就来降低地形高度，用来制作湖泊。在 Terrain 的 Inspector 视图中，选择编辑地形按钮，选择 Raise or Lower Terrain（提高或降低地形）选项，按住 Shift 键（键盘左边的）单击，即可降低地形高度，然后刷出一个湖泊，如图 4-27 所示。

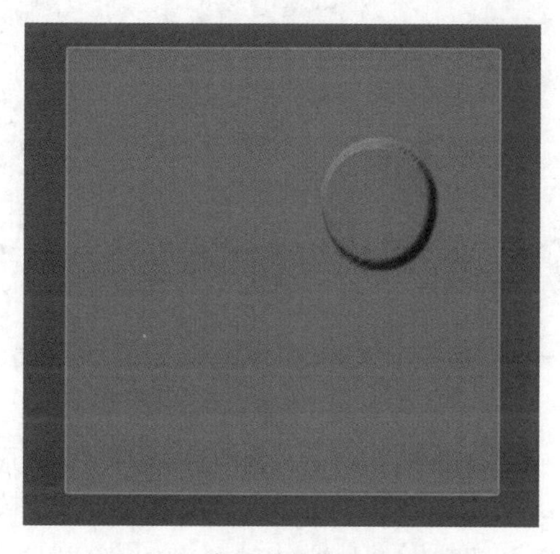

图 4-27　降低地形高度刷出湖泊

（4）绘制地形的山脉。在 Terrain 的 Inspector 视图中，选择编辑地形按钮，选择 Raise or Lower Terrain（提高或降低地形）选项，选择 Brushes 下的不同笔刷样式，设置不同的 Brush Size。在 Scene 视图上单击或按住鼠标左键拖动，以绘制不同的山脉和细节，如图 4-28 所示。

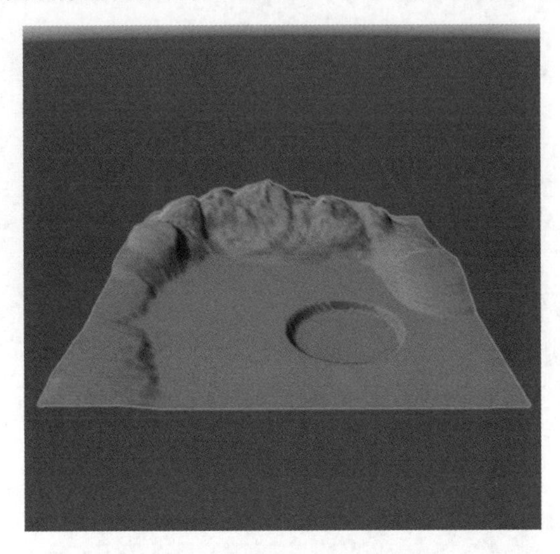

图 4-28　绘制地形的山脉

（5）设置平滑高度。在 Terrain 的 Inspector 视图中，选择编辑地形按钮，选择 Smooth Height（平滑高度）选项，选择 Brushes 下的不同笔刷样式。在 Scene 视图中，按住鼠标左键拖动就可以柔化地形的高度差，使地形的起伏更加平滑，如图 4-29 所示。

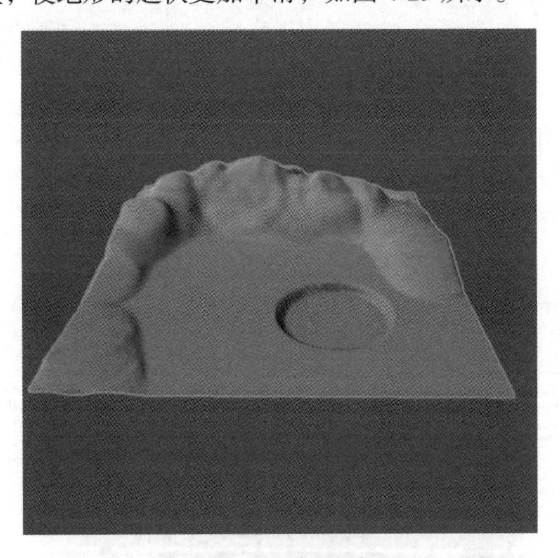

图 4-29　设置平滑高度

（6）绘制地形的纹理。在 Terrain 的 Inspector 视图中，选择编辑地形按钮，选择 Paint Texture（绘制地形的纹理）选项，然后单击 Edit Terrain Layers（编辑地形层）按钮，选择 Create Layers（创建层）选项，在弹出的 Select Texture2D 对话框中选择 GrassRockyAlbedo 选项，如图 4-30 所示。

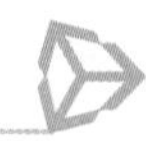

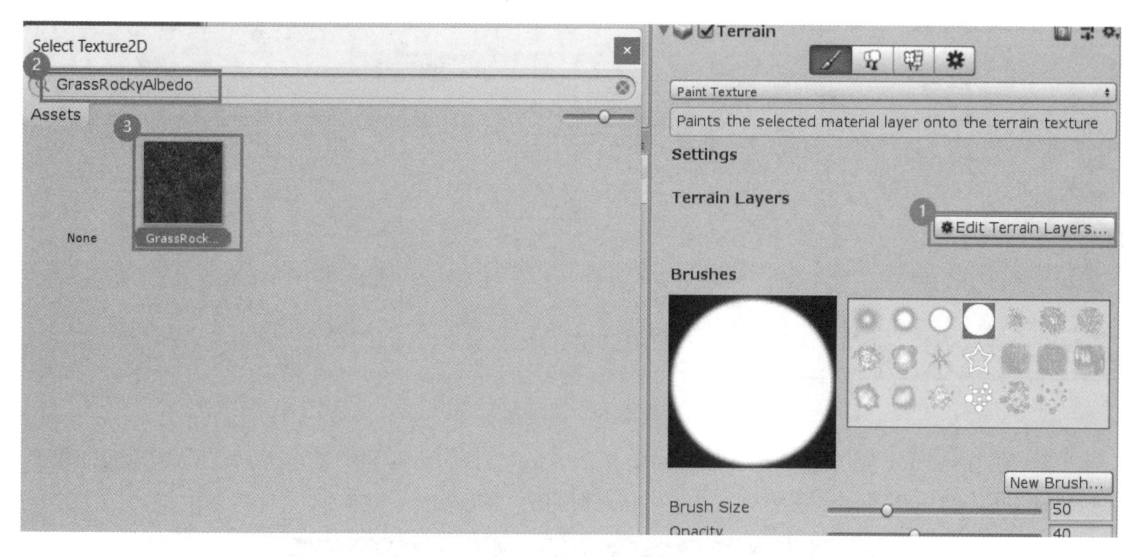

图 4-30　设置地形的纹理

（7）在地形山脉上绘制该纹理，如图 4-31 所示。

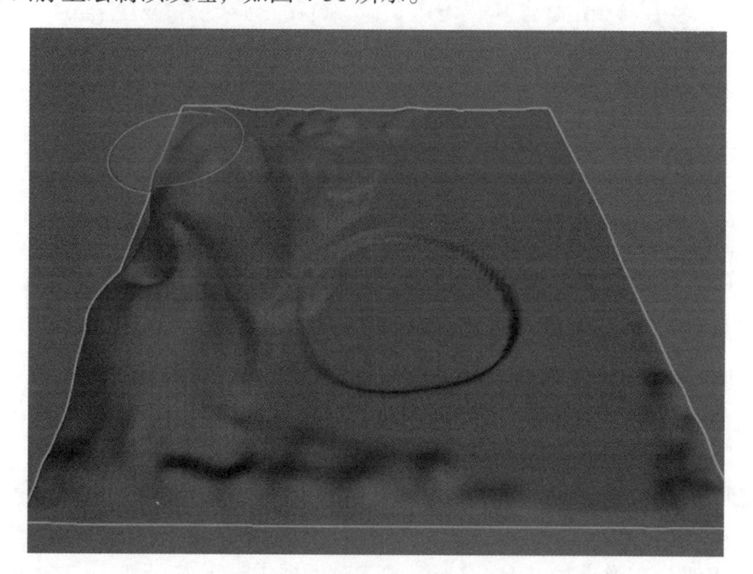

图 4-31　给地形绘制该纹理

4.3.4　添加树木和植被

（1）选中地形后，在 Inspector 视图中，选择绘制树按钮。然后单击 Edit Trees 按钮，选择 Add Tree 选项，在弹出的 Add Tree 对话框中，单击 Tree 右侧的按钮，在弹出的 Select GameObject 对话框中选中 Broadleaf_Desktop。最后在 Add Tree 对话框中单击 Add 按钮，Broadleaf_Desktop 就添加到了 Inspector 视图中，如图 4-32 所示。

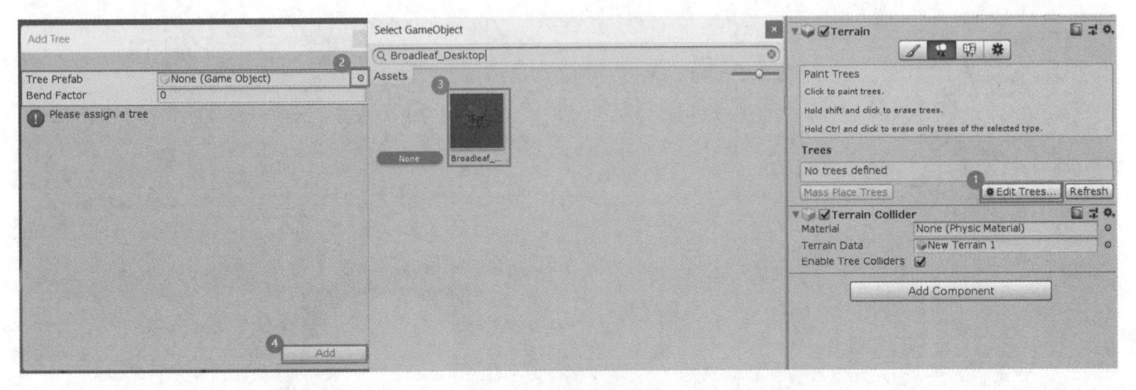

图 4-32　添加树木

（2）在 Inspector 视图中，选中 Broadleaf_Desktop，将 Brush Size 设置成 1，Tree Height 设置到合适高度。然后在 Scene 视图中，单击即可种植树，如图 4-33 所示。

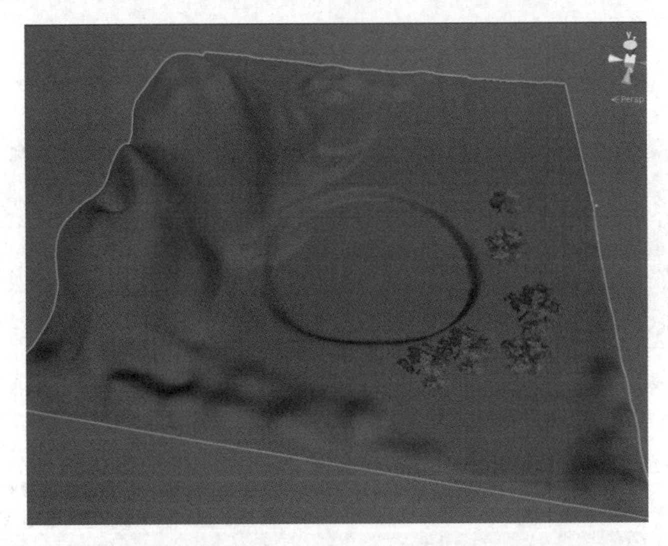

图 4-33　在地形上种植树

（3）添加花草。选中地形后，在 Inspector 视图中，选择绘制花草按钮。然后单击 Edit Details 按钮，选择 Add Grass Texture 选项，在弹出的 Add Grass Texture 对话框中，单击 Detail Texture 右侧的按钮，在弹出的 Select Texture2D 对话框中选中 GrassFrond02AlbedoAlpha。最后在 Add Grass Texture 对话框中将 Min Width 设置成 0.3，Max Width 设置成 0.5，Min Height 设置成 0.3，Max Height 设置成 0.5，单击 Add 按钮，GrassFrond02AlbedoAlpha 就添加到了 Inspector 视图中，如图 4-34 所示。

（4）在 Terrain 的 Inspector 视图中，选中 Details 下的 GrassFrond02AlbedoAlpha，将 Brush Size 调节到合适的值，然后在地形上单击或按住鼠标左键拖动即可种植花草，如图 4-35 所示。

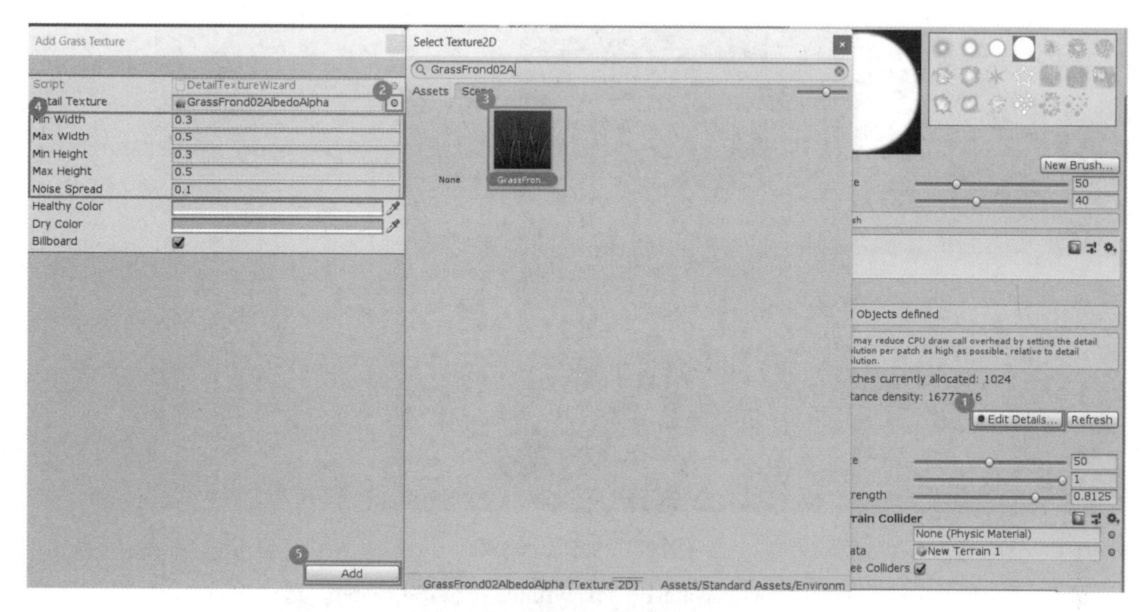

图 4-34　添加花草

图 4-35　在地形上种植花草

4.3.5　添加水效果

（1）在 Project 视图中，选择 Assets → Standard Assets → Environment → Water（Basic）文件夹下的 Prefabs 文件夹，将名为 WaterBasicDaytime 的水效果预制体拖入 Scene 视图的地形的坑中，如图 4-36 所示。

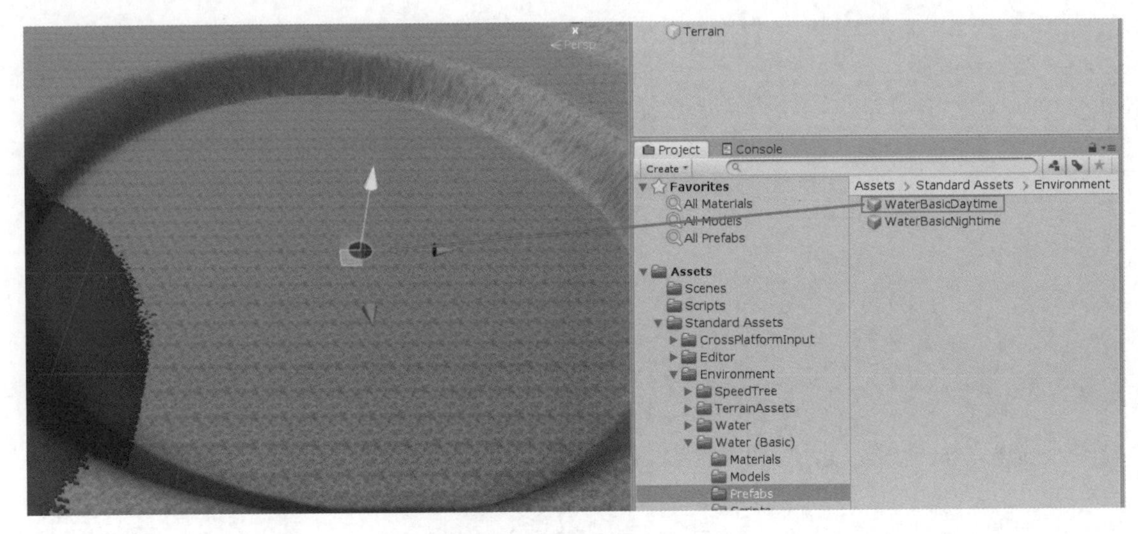

图 4-36 添加水效果

（2）在 Hierarchy 视图中，选中 WaterBasicDaytime，改名为 Water。选中 Water，单击工具栏中的（缩放）按钮或按 R 键，然后在 Scene 视图中拉伸水效果，使其覆盖整个坑。然后选择工具栏中的（移动）按钮或按 W 键，在 Scene 视图中将水效果调整到合适的高度，如图 4-37 所示。

至此，添加水效果完成。整体的地形和湖泊的效果如图 4-38 所示。

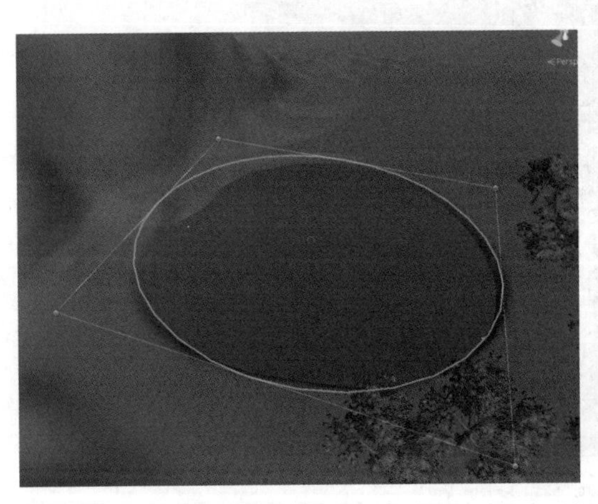

图 4-37 设置水效果的大小和位置

图 4-38 在 Game 视图中渲染的最终效果

4.4 本章小结

本章首先介绍了如何创建 2D 场景、导入 2D 资源以及制作 2D 动画等，学习完后读者就可以试着搭建 2D 场景。

然后介绍了 3D 场景和其模型的创建，以及如何导入 3D 模型等。3D 模型的导入是最基本，

也是最常用的操作，通常都是模型美术人员将场景搭建完成后，发送给程序员，然后程序员通过场景以及模型制作 3D 产品。

最后介绍了地形系统，可以在 Unity 3D 里创建地形，如高山、丘陵、平原、丛林、河流等，读者可以画出想要的各种地形。

第 5 章　Unity 3D 组件和预制体

本章介绍 Unity 3D 的组件和预制体。组件是 Unity 3D 中的重要概念，Unity 3D 场景由游戏对象组成，而游戏对象可以挂载不同的组件，不同的组件又有不同的属性，这才实现了产品的不同效果。

预制体是 Unity 3D 提供的保存游戏对象组件和属性的方法，通过预制体可以快捷地实例化挂载了不同组件的游戏对象，从而减少开发难度，提高开发效率。

本章介绍如何创建预制体以及如何实例化预制体。

5.1　游戏对象和组件

在 Unity 3D 中，所有的对象都是由组件组成的，任意物体都有 Transform 组件，组件是实现一切功能的必需要素，不同的组件实现不同的功能，组件之间的相互组合及参数的不同设置，会造成游戏对象状态的差异。下面介绍如何创建对象和组件。

5.1.1　创建游戏对象

（1）创建 3D 对象，选择 GameObject → 3D Object 命令，选择要创建的 3D 对象，如图 5-1 所示。

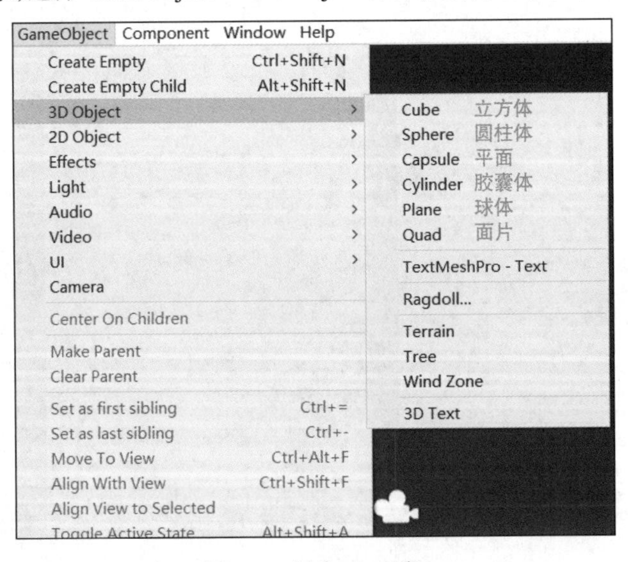

图 5-1　创建 3D 对象

（2）根据第（1）步，我们创建一个 Plane 对象，坐标设置为（0,0,0）；两个 Cube 对象，坐标分别设置为（3,3,0）和（-3,3,0），如图 5-2 ～图 5-4 所示。

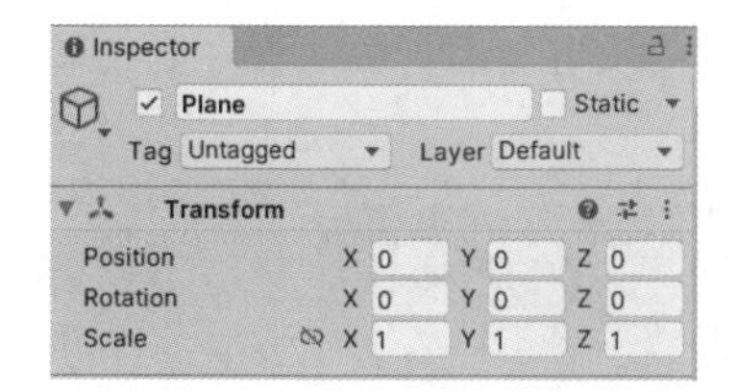

图 5-2　设置 Plane 对象的坐标为（0,0,0）

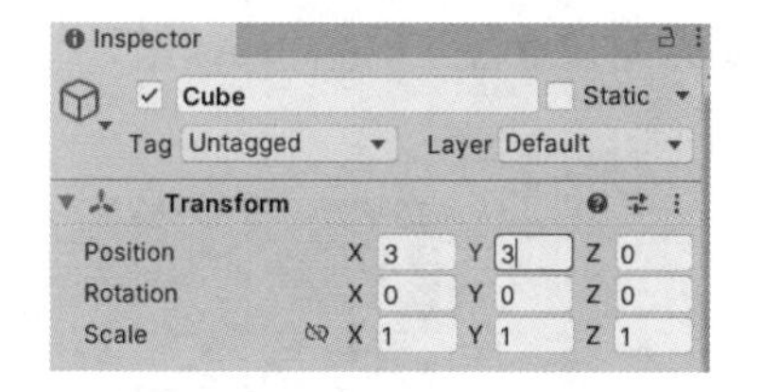

图 5-3　设置 Cube 对象的坐标为（3,3,0）

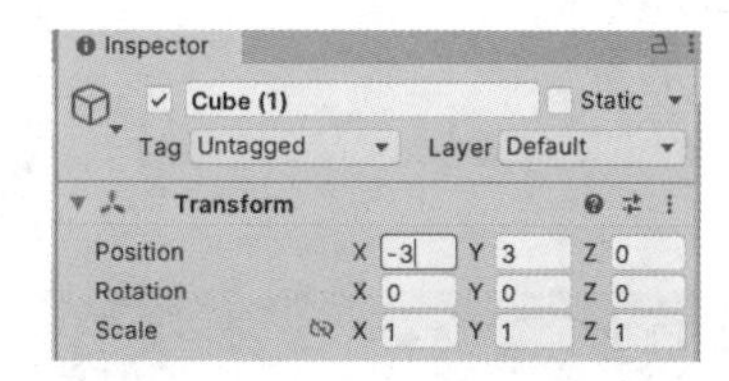

图 5-4　设置 Cube（1）对象的坐标为（–3,3,0）

（3）Plane、Cube 和 Cube（1）3 个对象的相对位置如图 5-5 所示。

图 5-5　3 个对象的相对位置

5.1.2　添加组件

为 Cube 对象添加刚体组件：选中 Cube 对象，在 Inspector 视图中，单击 Add Component 按钮，选择 Physics → Rigidbody 命令，添加刚体组件，如图 5-6 所示。

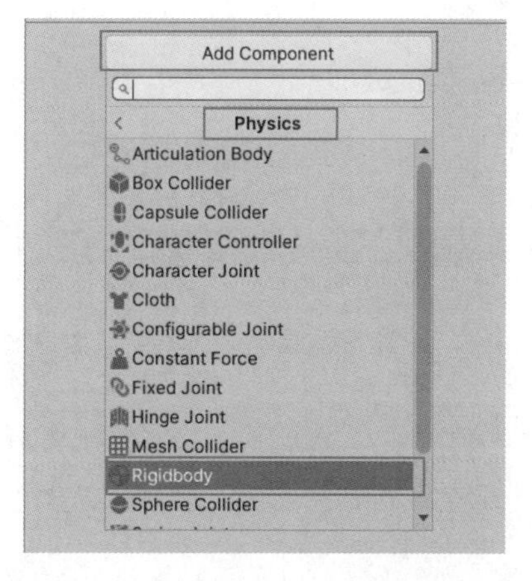

图 5-6　为 Cube 对象添加刚体组件

为 Cube 对象添加了 Rigidbody 组件，而 Cube（1）对象没有。运行游戏看一下效果，如图 5-7 所示。

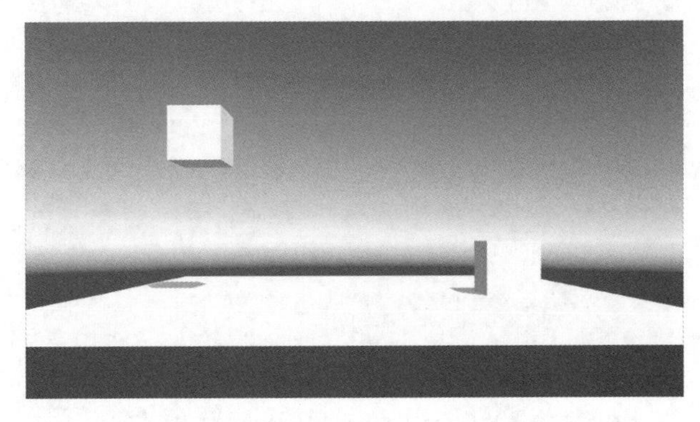

图 5-7　Cube 对象的运行效果

在 Game 视图中可以看到，同样是 Cube 对象，但是添加 Rigidbody 组件的 Cube 对象掉落到了 Plane 对象上。Rigidbody 组件的作用就是给物体添加一个刚体属性，对象就会拥有实际物理属性。

5.1.3　特殊的组件——脚本

Unity 3D 中有一种特殊的组件——脚本。因为 Unity 3D 是组件化开发，所以脚本也可以作为组件添加到物体上，挂载了脚本的游戏对象可以执行脚本。

Unity 3D 中可以使用 C# 脚本添加自己想添加的属性，并显示在 Inspector 视图中。下面演示如何操作。

新建 Test_Component.cs 脚本，然后编写脚本代码，参考代码 5-1。

代码 5-1　添加属性

```
using UnityEngine;

public class Test_5_1 : MonoBehaviour
{
    public int age;
    public string name;

    void Start()
    {
    }
}
```

结果如图 5-8 所示。

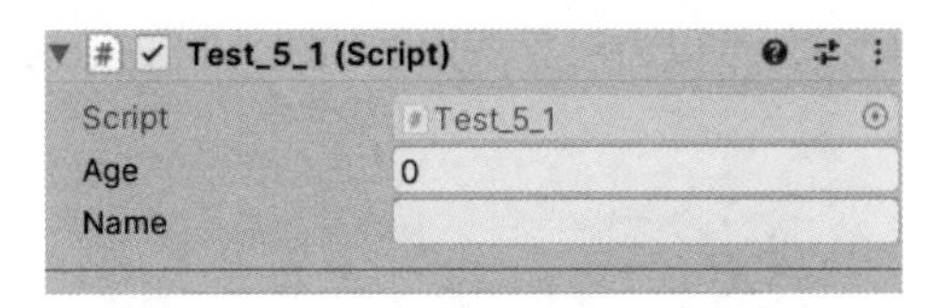

图 5-8　在 Inspector 视图中显示添加的属性

5.2　Unity 3D 组件介绍

5.2.1　常用组件介绍

（1）Transform 组件：用于控制游戏对象的位置、旋转和缩放，如图 5-9 所示。

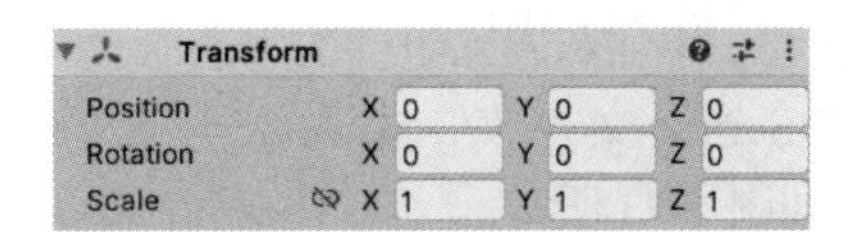

图 5-9　Transform 组件

（2）Mesh Filter 组件：网格过滤器，该组件用于从项目资源中获取网格并将其传递给所属的游戏对象，添加 Mesh Filter 组件后还需要添加 Mesh Renderer（网格渲染器）组件，网格只有经过网格渲染器渲染才会显示，如图 5-10 所示。

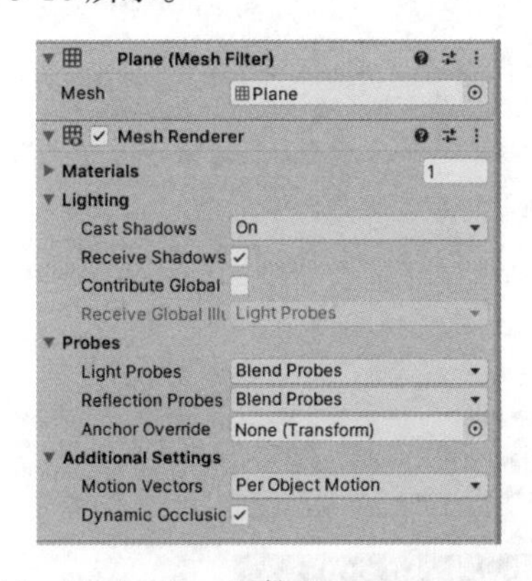

图 5-10　Mesh Filter 组件和 Mesh Renderer 组件

（3）Box Collider 组件：盒碰撞器让游戏对象能够实现碰撞的效果，用于做碰撞检测，如图 5-11 所示。

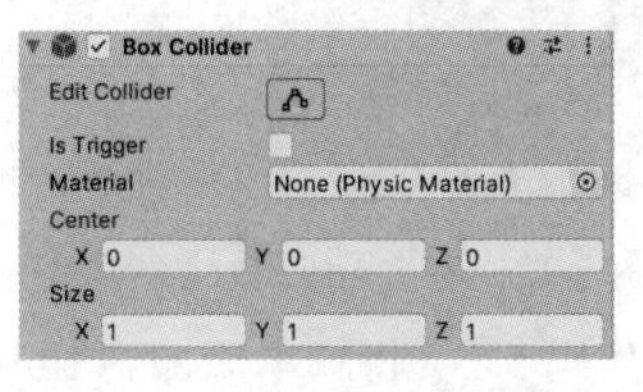

图 5-11　Box Collider 组件

（4）Rigidbody 组件：物理组件可以为对象添加 NVIDIA PhysX 物理引擎，可以模拟真实的物理行为，如图 5-12 所示。

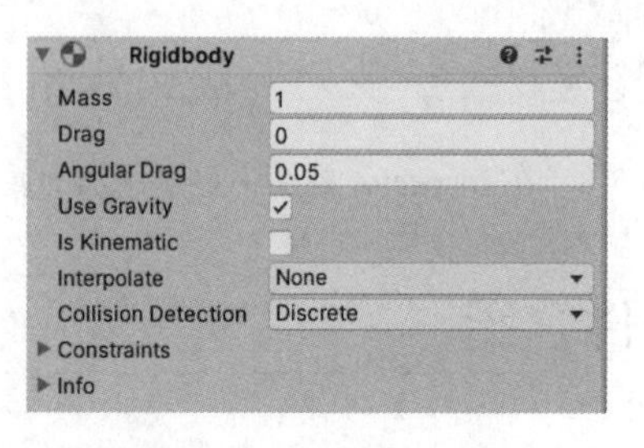

图 5-12　Rigidbody 组件

5.2.2　获取、添加和删除组件

接下来介绍使用脚本代码获取、添加和删除组件的方法。

（1）在 Project 视图中新建 Scripts 文件夹，进入 Scripts 文件夹，右击，选择 Create → C# Script 命令添加新的脚本文件，如图 5-13 所示。

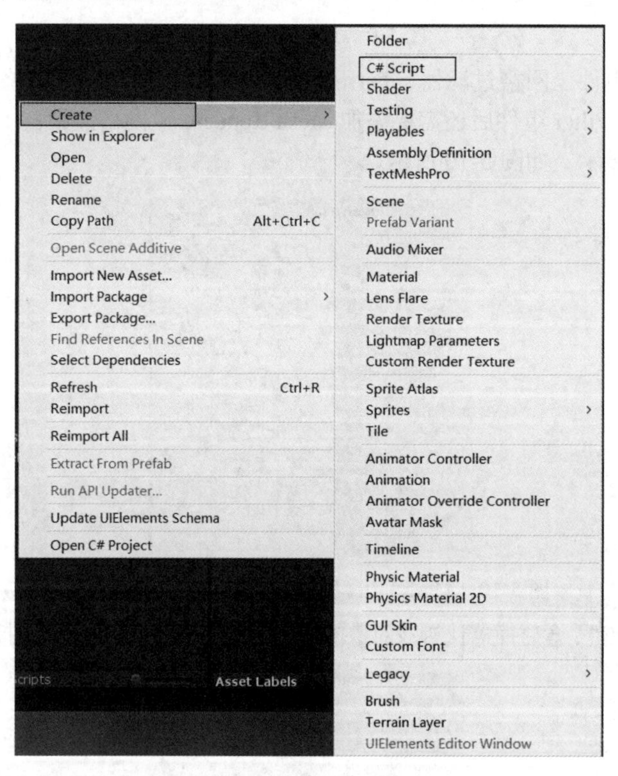

图 5-13　在 Unity 3D 中新建脚本

（2）编写代码获取组件，参考代码 5-2。将脚本添加到 Cube 对象上。

代码 5-2　获取 Transform 组件

```
using System.Collections;
using System.Collections.Generic;
using UnityEngine;

public class Test_5_2 : MonoBehaviour
{
    // Start is called before the first frame update
    void Start()
    {
        User_GetComponent();
    }

    // 获取组件
    public void User_GetComponent()
    {
        // 获取物体本身的 Transform 组件
        Transform m_transform = transform.GetComponent<Transform>();
        Debug.Log("Transform 组件的 position 属性的值为 :" + m_transform.position);
    }
}
```

结果如图 5-14 所示。

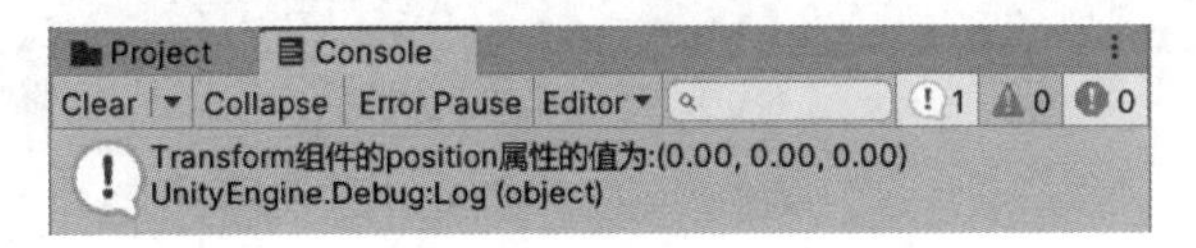

图 5-14　打印结果

（3）编写代码添加组件，参考代码 5-3。将脚本添加到刚才新建的 Cube（1）对象上。

代码 5-3　为游戏对象添加 Rigidbody 组件

```
using UnityEngine;
public class Test_5_3 : MonoBehaviour
{
    void Start()
    {
        User_AddGetComponent();
    }
    // 增加组件
```

```
    public void User_AddGetComponent()
    {
        gameObject.AddComponent<Rigidbody>();
    }
}
```

结果如图 5-15 所示。

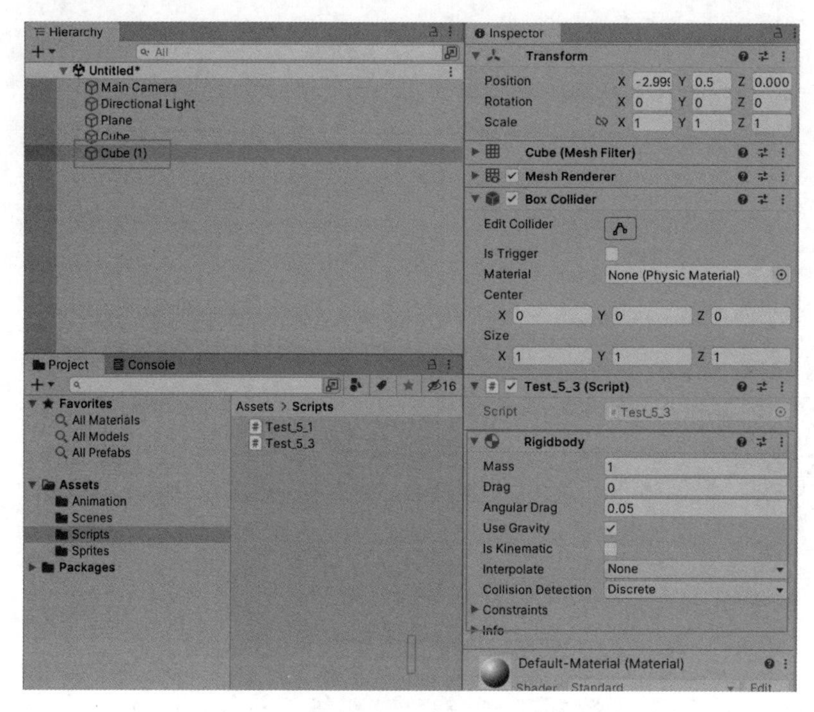

图 5-15　为游戏对象添加 Rigidbody 组件

（4）编写代码删除组件，参考代码 5-4。

代码 5-4　删除 Box Collider 组件

```
using UnityEngine;
public class Test_5_4 : MonoBehaviour
{
    void Start()
    {
        User_DeleteComponent();
    }
    //删除组件
    public void User_DeleteComponent()
    {
```

```
        BoxCollider m_boxCollider = gameObject.GetComponent<BoxCollider>();
        Destory(m_boxCollider);
    }
}
```

结果如图 5-16 所示。

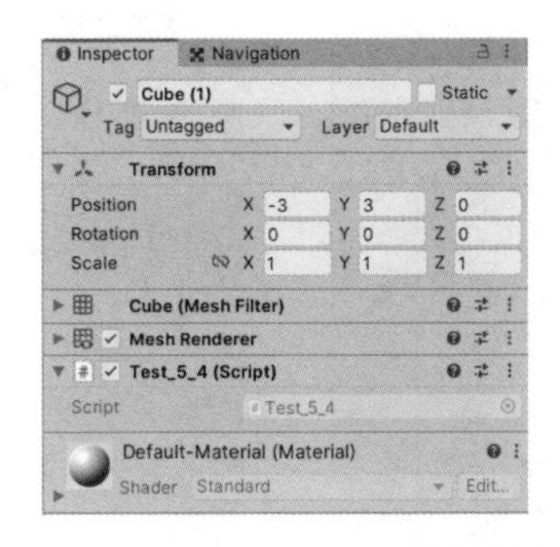

图 5-16　Box Collider 组件被删除

5.3　Unity 3D 预制体介绍

5.3.1　创建预制体

预制体是 Unity 中很重要的概念，可以理解为一个游戏对象及其组件的集合，目的是使游戏对象及其资源能够被重复使用。预制体修改后，实例也会同步修改。预制体不仅可以提高资源的利用率，还可以提高开发的效率。下面介绍如何创建预制体。

（1）在 Project 视图中，右击，新建文件夹，将其命名为 Prefabs，如图 5-17 所示。

（2）在 Hierarchy 视图中，新建一个 Cube 对象，并添加 Rigidbody 组件，如图 5-18 所示。

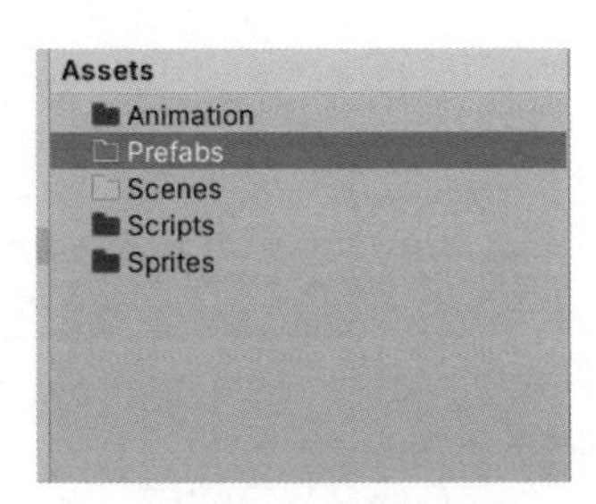

图 5-17　新建 Prefabs 文件夹

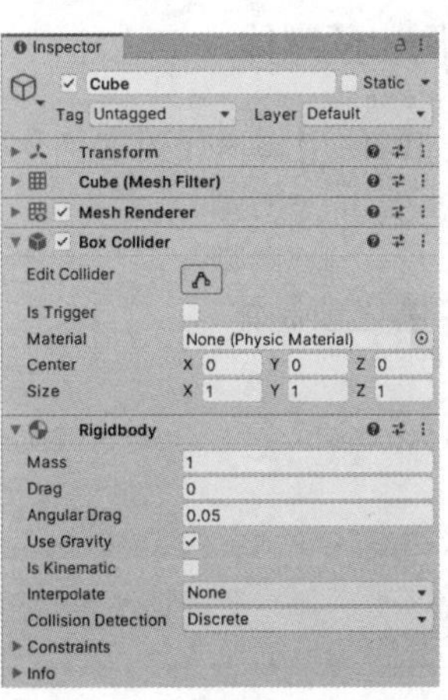

图 5-18　添加 Rigidbody 组件

（3）将 Cube 对象从 Hierarchy 视图拖曳到 Project 视图的 Prefabs 文件夹内，如图 5-19 所示。

（4）此时 Cube 对象的字体颜色变成了蓝色，表示其从一个游戏对象变成了预制体的一个实例，并且 Prefabs 文件夹内多了一个后缀名为 .prefab 的预制体，如图 5-20 所示。

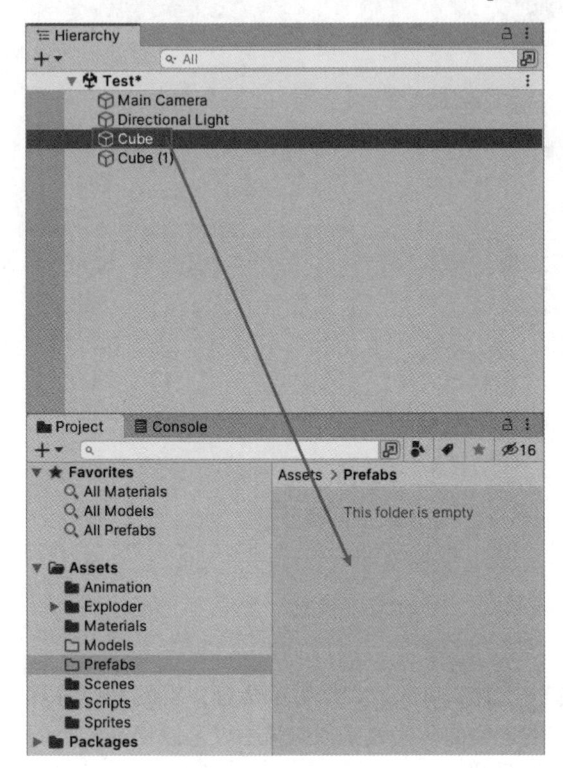

图 5-19　将 Cube 对象拖曳到 Prefabs 文件夹内

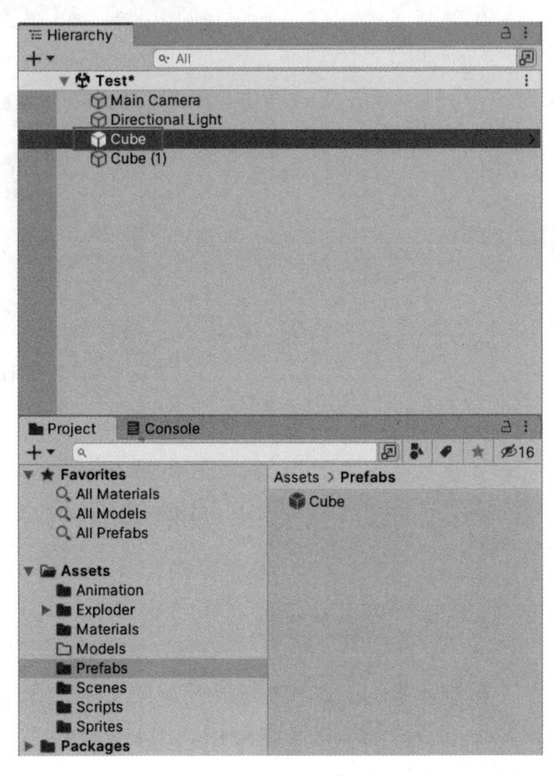

图 5-20　预制体实例

至此，游戏对象就制作成预制体了，可以在项目工程中多次使用。

5.3.2　实例化预制体

本小节介绍如何使用脚本代码实例化已创建的预制体。首先新建脚本，双击打开，然后编辑代码，参考代码 5-5。

代码 5-5　实例化预制体

```
using UnityEngine;

public class Test_5_5: MonoBehaviour
{
    public GameObject m_prefab;          //创建的预制体
```

```
        void Start()
        {
            // 实例化 5 个预制体
            for (int i = 0; i < 5; i++)
            {
            // 第 1 个参数是要创建的预制体，第 2 个参数是预制体的位置，第 3 个参数是预制体的方向
                Instantiate(m_prefab, new Vector3(0, 0, i), Quaternion.identity);
            }
        }
    }
```

然后将预制体拖入 Create Prefab 组件的 Prefab 卡槽中，如图 5-21 所示。

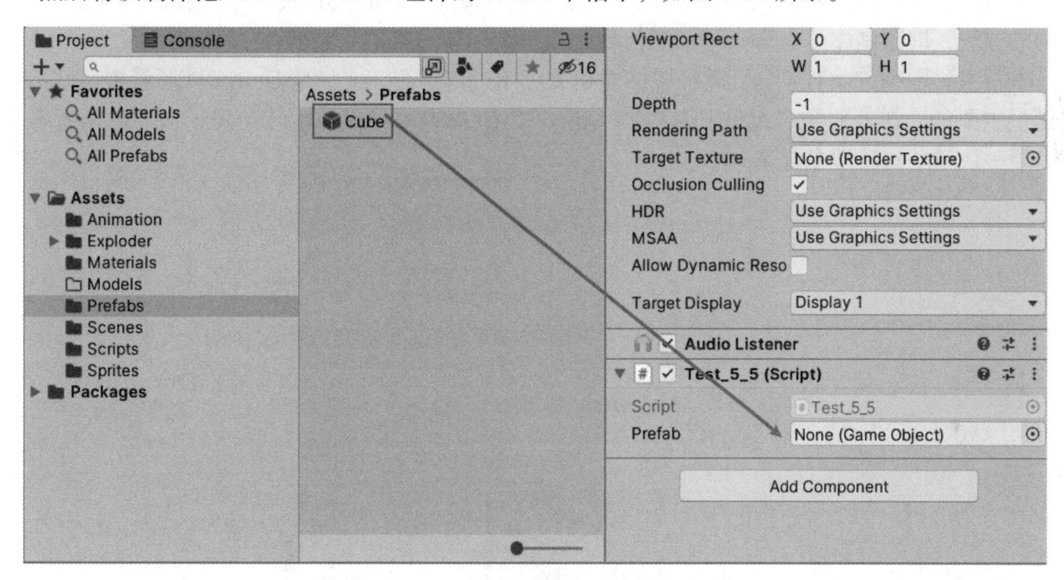

图 5-21　将预制体拖入 Prefab 卡槽中

结果如图 5-22 所示。

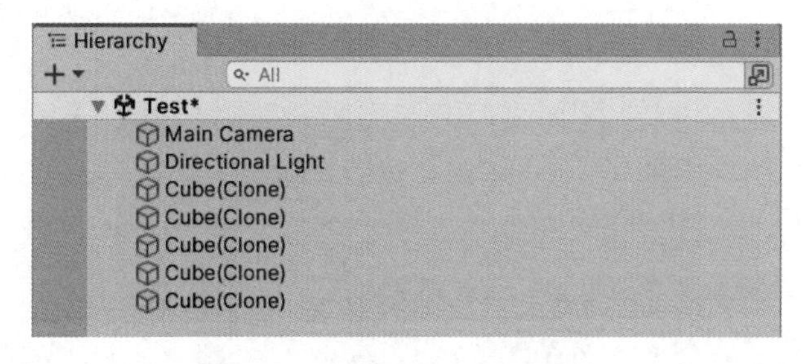

图 5-22　实例化 5 个 Cube 对象

5.4 本章小结

本章介绍了游戏对象与组件的关系，以及不同的组件对于游戏对象的影响。Unity 3D 场景中最基本的对象就是游戏对象，游戏对象挂载不同的组件，就可以实现不同的功能。例如，给游戏对象添加刚体组件，这个游戏对象就会有物理属性，会受重力影响往下坠落。

接着介绍了 Unity 3D 的常用组件，不同的组件会有不同的效果，组件上会有不同的属性，多熟悉组件和属性，会有助于开发，少走弯路。

在开发中，要常常用到组件，如何用代码获取组件、添加组件和删除组件，本章也进行了详细的说明，并给出了代码示例。

游戏对象上挂载了不同的组件，组件上有不同的属性，Unity 3D 提供了保存游戏对象属性和行为的方法，即预制体。本章介绍了如何创建预制体，如何实例化预制体。

本章主要围绕游戏对象、组件和属性的相关应用进行学习，这些是 Unity 3D 场景中最基本的，也是最重要的。游戏对象、组件和属性与 Unity 3D 游戏的关系相当于砖与房子，无论楼有多高，都需要一块砖一块砖地垒起来。

第 6 章　Unity 3D 常用功能系统

本章介绍 Unity 3D 场景中灯光系统的使用方法，演示不同灯光类型下的场景灯光效果。此外，还包括演示遮挡剔除的操作步骤，生成导航网格自动寻路，编辑模型动画，修改动画状态，控制动画的播放等内容。

6.1　Unity 3D 灯光系统

灯光是游戏场景的一部分，开发人员往往不需要过度研究灯光系统，因为场景工程师会将灯光调整完毕，但是开发人员也需要知道灯光有哪些参数，以及如何调整。Unity 3D 中默认有 4 种灯光，分别是平行光、点光源、聚光灯和面积光。另外，还可以创建两种探针（Probe）：反射探针（Reflection Probe）和光照探针组（Light Probe Group）。接下来介绍 4 种基本灯光的使用方法。

6.1.1　平行光

平行光（Directional Lights）通常用作阳光，Unity 3D 新建场景后会默认在场景中放置平行光，平行光不会衰减，其组件属性如图 6-1 所示。

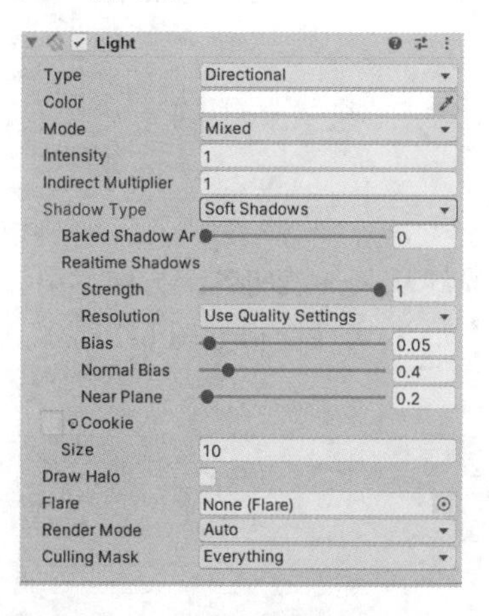

图 6-1　平行光的组件属性

- Type：灯光的类型，可以切换成 Point Lights（点光源）、Spot Lights（聚光灯）和 Area Lights（面积光）。
- Color：灯光的颜色。
- Mode：灯光的模式，对应光照烘焙的模式。
  - Realtime：实时模式，实时显示灯光效果。

  - ■ Mixed：混合模式，可以显示直接照明，间接照明被烘焙到光照贴图和光探测器中。
  - ■ Baked：烘焙模式，只有在灯光烘焙完成后，才会显示灯光效果。
- Intensity：光照强度。
- Indirect Multiplier：计算该灯光产生间接照明时的强度的倍乘数。
- Shadow Type：阴影贴图的类型。
  - ■ Baked Shadow Angle：烘焙阴影的角度。
  - ■ Realtime Shadows：实时阴影。
    - ◆ Strength：强度，值越大越清晰，值越小越浅，范围是 0 ~ 1。
    - ◆ Resolution：分辨率设置，有低分辨率、高分辨率和超高分辨率之分。分辨率越高阴影越清晰，但是内存占用越大。
    - ◆ Bias：偏差值，是指阴影到物体之间的偏差值，0 表示没有偏差值。
    - ◆ Normal Bias：阴影法线偏差，是针对法线贴图的偏差值。
    - ◆ Near Plane：近裁剪面。
- Cookie：Cookie 相当于在灯光上贴黑白图，用来模拟一些阴影效果，如贴上网格图模拟窗户栅格效果。
- Cookie Size：调整 Cookie 贴图大小。
- Draw Halo：灯光是否显示辉光，不显示辉光的灯本身是看不见的。
- Flare：可以使用一张黑白图来模拟灯光在镜头中的“星状辉光”效果。
- Render Mode：渲染模式。
- Culling Mask：遮挡剔除。

6.1.2 点光源

点光源（Point Lights）是指光线从某一点向各个方向发射，模拟的是灯泡的灯光效果，常用于室内灯光的渲染以及爆炸效果等，其属性面板如图 6-2 所示。点光源比较消耗资源，对图形处理器的要求比较高。

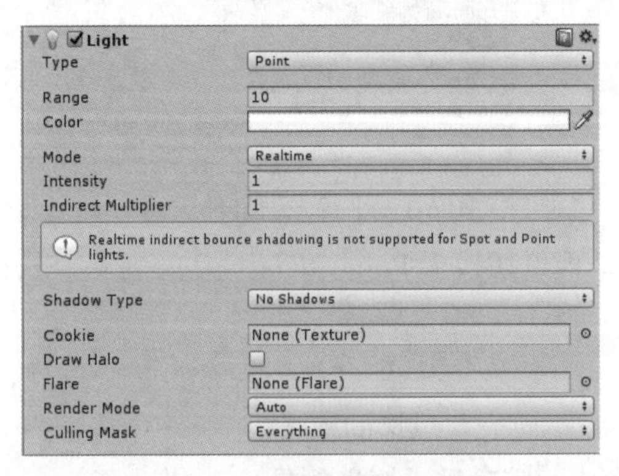

图 6-2　点光源的属性面板

Range：光线的范围，超过这个范围就会不显示，如图 6-3 所示。

其他参数与平行光相似，不再赘述。

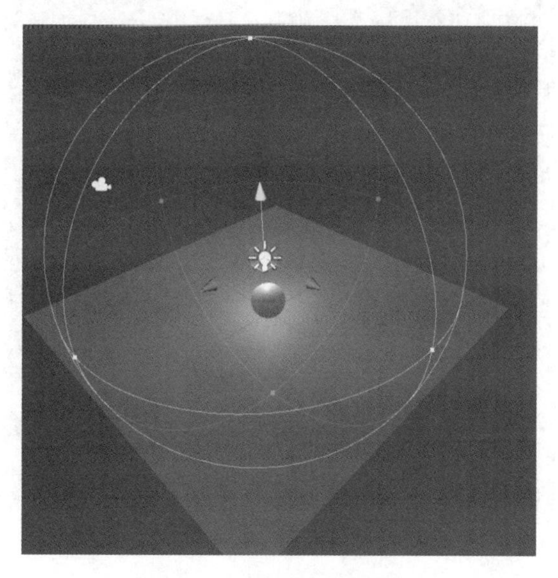

图 6-3　点光源的范围效果

6.1.3　聚光灯

聚光灯（Spot Lights）是指在一个方向上、在一个圆锥体范围内发射光线，常用作手电筒、汽车的车头灯或灯柱。聚光灯在图形处理器上是最耗费资源的，其属性面板如图 6-4 所示。

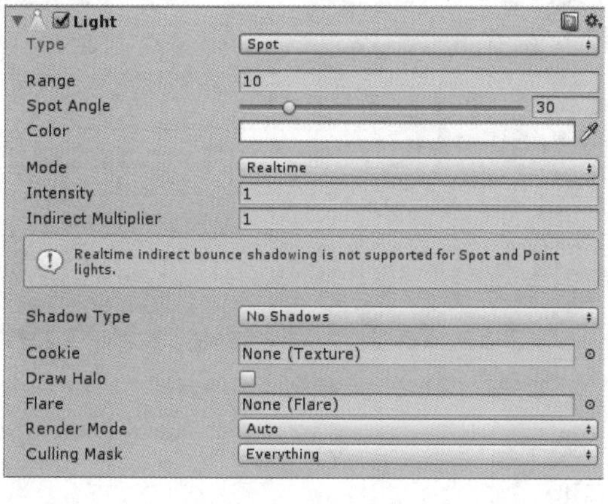

Light	
Type	Spot
Range	10
Spot Angle	30
Color	
Mode	Realtime
Intensity	1
Indirect Multiplier	1
Realtime indirect bounce shadowing is not supported for Spot and Point lights.	
Shadow Type	No Shadows
Cookie	None (Texture)
Draw Halo	
Flare	None (Flare)
Render Mode	Auto
Culling Mask	Everything

图 6-4　聚光灯的属性面板

Spot Angle：灯光射出的角度，这是与点光源不同的地方。因为聚光灯是圆锥体范围反射灯光的效果，所以有一个灯光射出的角度，如图 6-5 所示。

其他参数同前，不再赘述。

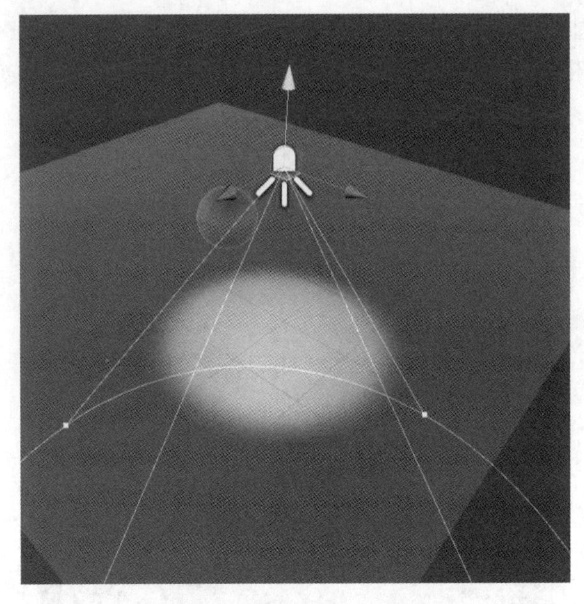

图 6-5　聚光灯的灯光效果

6.1.4　面积光

面积光（Area Lights），当创建区域光时，它会呈现一个矩形。光在所有方向上均匀地穿过表面区域发射，但仅从矩形的一侧发射。由于照明计算针对的是处理器密集型的，因此面积光在运行时不可用，只能烘焙到光照贴图中。面积光的组件属性如图 6-6 所示。

Light	
Type	Area (baked only)
Range	7.053368
Width	1
Height	1
Color	
Intensity	1
Indirect Multiplier	1
Draw Halo	
Flare	None (Flare)
Render Mode	Auto
Culling Mask	Everything

图 6-6　面积光的组件属性

- Width：面积光的宽度。
- Height：面积光的高度。

面积光要生效需要设置 Range（范围）参数，光源强度会在 Range 参数值的平方处随距离线性衰减，即光源强度与 Range 参数值的平方成反比关系，如图 6-7 所示。

由于面积光同时从几个不同方向照射物体，因此阴影比其他光类型更趋向于柔和和微妙，所以可以使用它创建逼真的路灯。面积光常常用在室内照明中，代替点光源，因为其具有逼真的效果。

面积光会产生漫反射，是具有柔和阴影的反射光，如图 6-8 所示。

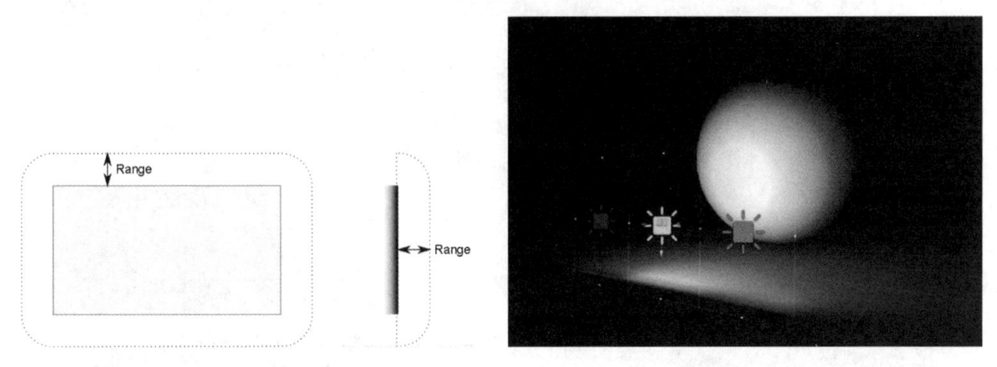

图 6-7　光源强度与 Range 参数值的平方的关系　　　　图 6-8　面积光的表面漫反射

6.1.5　光晕效果

平行光的使用这里就不再赘述。在实际开发中，对于灯光，只要知道如何调整强度、色彩、阴影的强度和分辨率就可以了。这里演示如何使用 Flare 资源实现太阳的光晕效果。

（1）将资源导入 Unity 的 Flare 文件夹中，如图 6-9 所示。

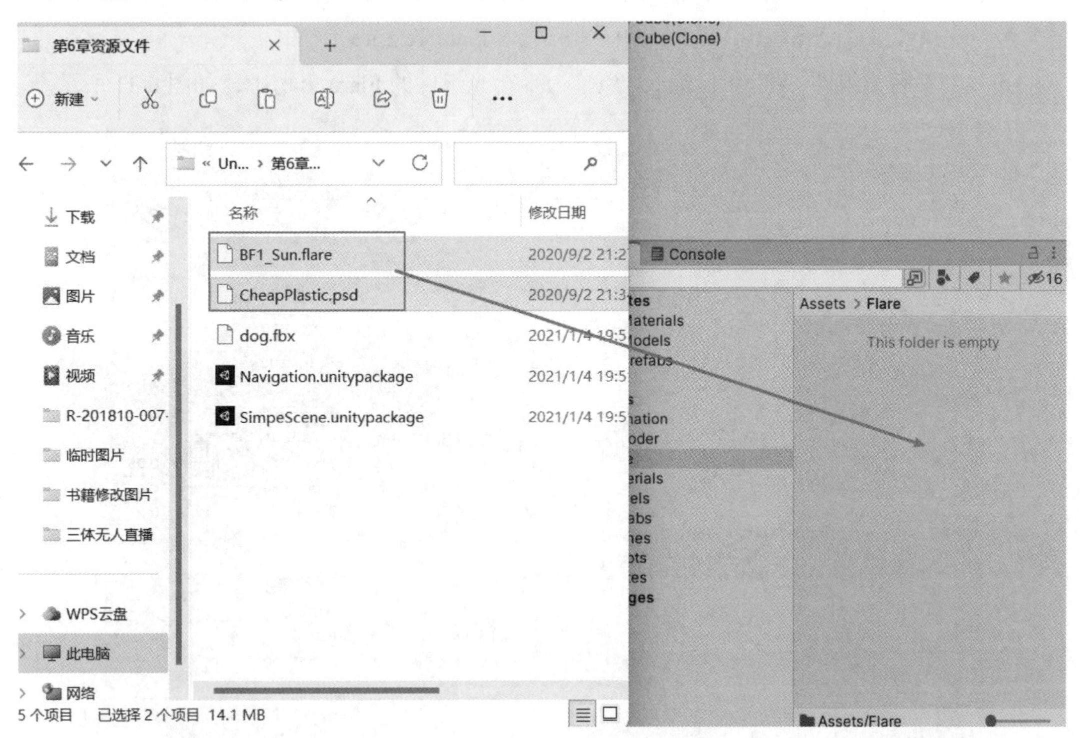

图 6-9　Flare 资源导入

（2）将 Flare 材质贴图拖入 Flare Texture 卡槽中，如图 6-10 所示。

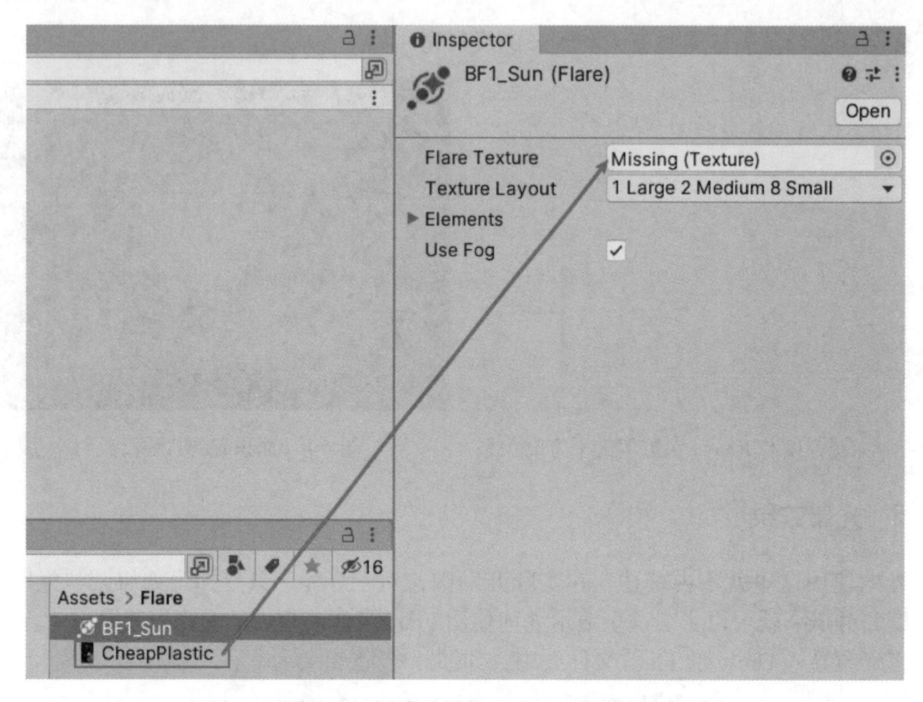

图 6-10　将 Flare 材质贴图拖入 Flare Texture 卡槽中

（3）找到平行光组件，将 BF1_Sun 对象拖入平行光组件的 Flare 卡槽中，如图 6-11 所示。

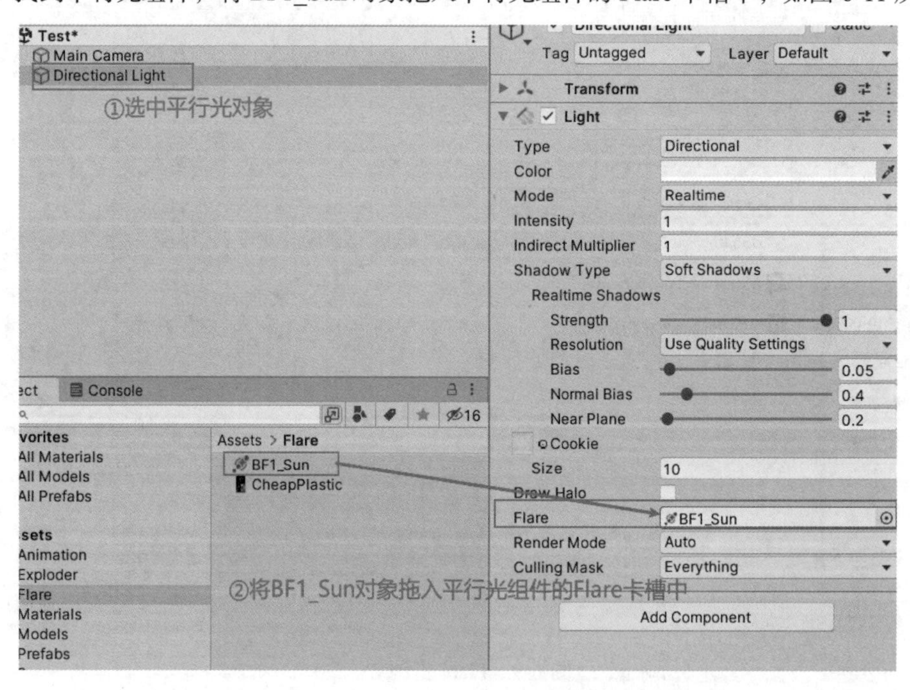

图 6-11　将 BF1_Sun 对象拖入平行光组件的 Flare 卡槽中

（4）效果如图 6-12 所示。

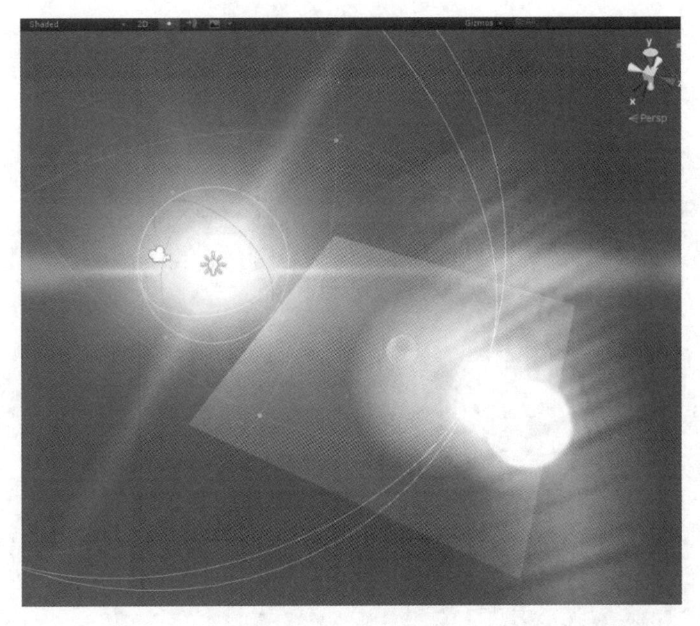

图 6-12 Flare 效果

在实际开发中，灯光的调试往往比较复杂，不同数量、不同强度的灯光，还有反射的设置，面积光的调整，都会造成不同的效果。程序员只需懂得基本的参数功能就可以了。专业的灯光调试，交给专业的人员完成。

6.2 Unity 3D 遮挡剔除系统

开发大型 3D 游戏时，在一个场景中往往存在大量的 3D 模型，这对 GPU 的渲染性能影响很大，游戏会变得卡顿，那么该如何优化呢？ Unity 3D 提供了一种遮挡剔除的方案，就是将摄像机范围外的物体隐藏掉、不渲染，将摄像机范围内的物体渲染出来，这样可以大大提高场景的流畅度。下面就来看一下如何操作吧。

6.2.1 遮挡剔除的原理

在场景空间中创建一个遮挡区域，该遮挡区域由单元格（Cell）组成；每个单元格是构成场景遮挡区域的一部分，这些单元格会把整个场景拆分成多个部分，当摄像机能够看到该单元格时，表示该单元格的物体会被渲染出来，其他的不渲染。

6.2.2 遮挡剔除示例

（1）导入素材包。在菜单栏中选择 Assets → Import Package → Custom Package 命令，将本书的资源包文件夹 6-2 中的 SimpeScene.unitypackage 导入（资源包中有完整的示例和完成示例的所有素材），双击打开 Test_Occlusion.unity 场景，如图 6-13 所示。

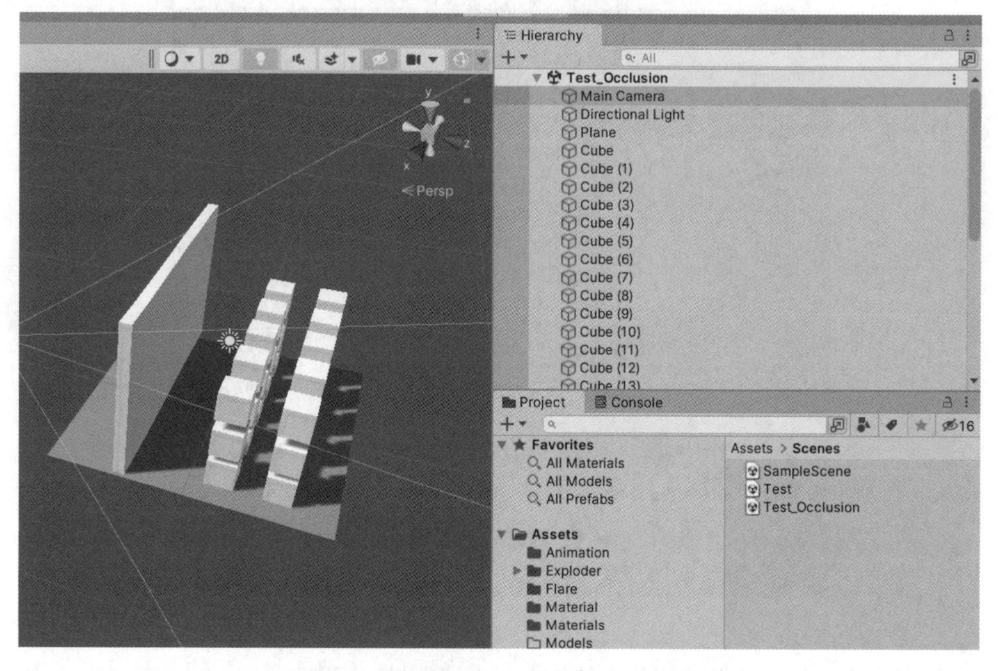

图 6-13　演示遮挡剔除效果的简单场景

（2）在菜单栏中选择 Window → Rendering → Occlusion Culling 命令，如图 6-14 所示。

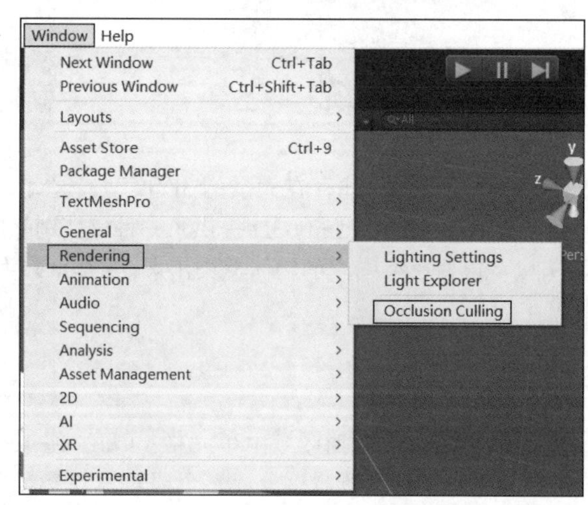

图 6-14　打开 Occlusion Culling 面板

提示：

不同版本的 Unity 3D，其命令可能不同，但是都可以在菜单栏 Window 目录下找到，Occlusion Culling 面板属性是相似的，不同版本间的差距不大。

（3）打开 Object 选项卡，在 Hierarchy 视图中选中所有可能遮挡物或被遮挡物，然后勾选 Occluder Static 或 Occludee Static 复选框，如图 6-15 所示。

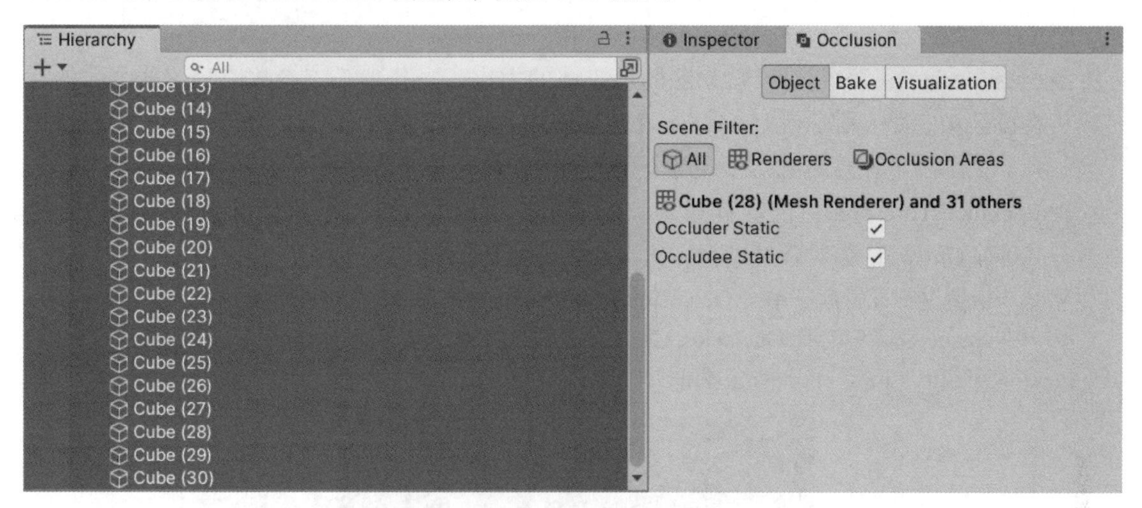

图 6-15　选中所有遮挡物或被遮挡物

该面板的属性说明如下。

- Occluder Static（遮挡物）：勾选一个对象的 Occluder Static 复选框后，可将其设置为静态遮挡物。理想的遮挡物应该是实心的、体积较大的物体。
- Occludee Static（被遮挡物）：勾选一个对象的 Occludee Static 复选框后，可将其设置为静态被遮挡物。

（4）打开 Bake 选项卡，如图 6-16 所示。

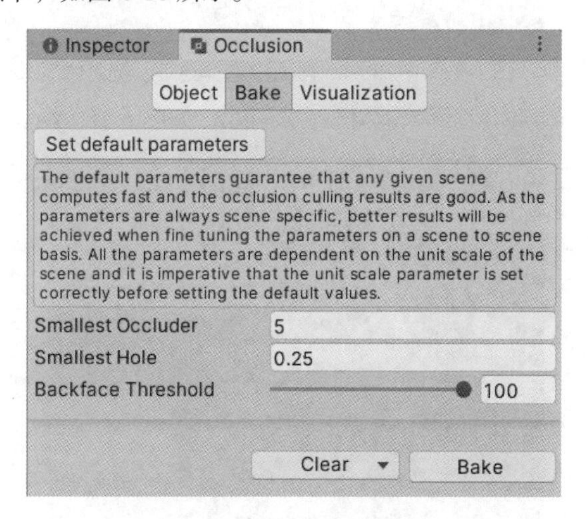

图 6-16　Bake 选项卡参数

该面板的属性说明如下。

- Set default parameters：设置成默认参数。

- Smallest Occluder：设置可以被剔除的物体的最小尺寸。如果物体小于这个尺寸，即使被遮挡了也不会被剔除。例如，这个物体的大小只有 1m × 1m × 1m，那么就算被遮挡也不会被剔除。
- Smallest Hole：设置可以被剔除的最小孔的大小。当孔小于该参数值时，这个孔的存在就会被忽略，那么孔后的物体就会被剔除。例如，这个物体上面带有孔，但是这个孔的大小小于设置的值，那么这个孔后面的物体还是会被剔除。
- Backface Threshold：设置背景剔除的阈值。当值为 100 时就不剔除背景，当值小于 100 时 Unity 3D 会对背景进行优化甚至去掉背景。

将这 3 个值进行设置后，单击 Occlusion 选项卡右下方的 Bake 按钮进行烘焙。

（5）在 Scene 视图中选择 Occlusion Culling 选项，将 Edit 切换为 Visualize，然后勾选 Camera Volumes、Visibility Lines、Portals 复选框，如图 6-17 所示。

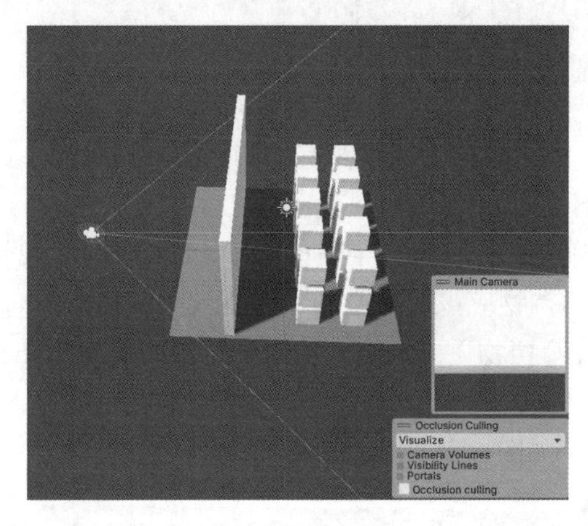

图 6-17　在 Scene 视图中选择这 3 个选项

（6）可以看到较大的立方体后面的物体已经被剔除，如图 6-18 所示。

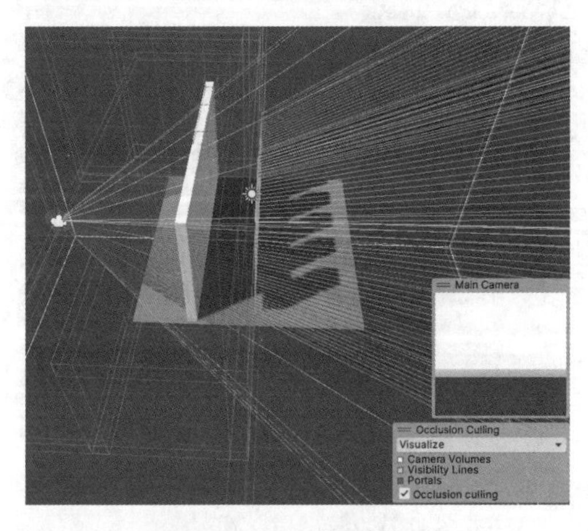

图 6-18　遮挡剔除效果

6.3　Unity 3D 导航系统

很多游戏都有自动寻路功能，单击场景中的一个位置，角色会自动选择一条相对较优的路线过去。大多数端游、页游都会使用 A* 算法实现这个功能，很多算法也是在 A* 算法的基础上优化的，如 B*。Unity 3D 自带导航系统，将寻路的代码封装起来，集成了 Navigation 导航系统，降低了开发难度，提高了游戏角色寻路的稳定性。下面介绍 Unity 3D 导航系统。

6.3.1　导航系统介绍

Unity 3D 导航系统由 3 个组件和 1 个 Navigation 总控制面板组成，该系统也是由 A* 算法延伸扩展实现的。Navigation 是一种用于实现动态对象自动寻路的技术，它将游戏场景中复杂的结构关系简化为带有一定信息的网格，并基于这些网格经过一系列相应的计算实现自动寻路。

6.3.2　Navigation 总控制面板介绍

Navigation 总控制面板由 4 部分组成，分别为 Agents、Areas、Bake 和 Object，下面具体介绍一下。

（1）Agents（导航参数设置）面板，如图 6-19 所示。

- Name：设置烘焙 Agents 的名字。
- Radius：烘焙的半径，也就是对象烘焙的半径。这个值影响对象能通过的路径的大小，值越小，能行走的路径越大，边缘区域越小。
- Height：具有代表性的对象的高度，可以通过的最低的空间高度。值越小，能通过的最小高度越小。例如，1.7m 的人能正常通过 1.7m 的洞。若将 Height 设置为 1m，就能通过 1m 的高度。
- Step Height：梯子的高度。需要根据模型阶梯的高度设置。
- Max Slope：烘焙的最大角度，即坡度。

（2）Areas（层设置）面板，如图 6-20 所示。

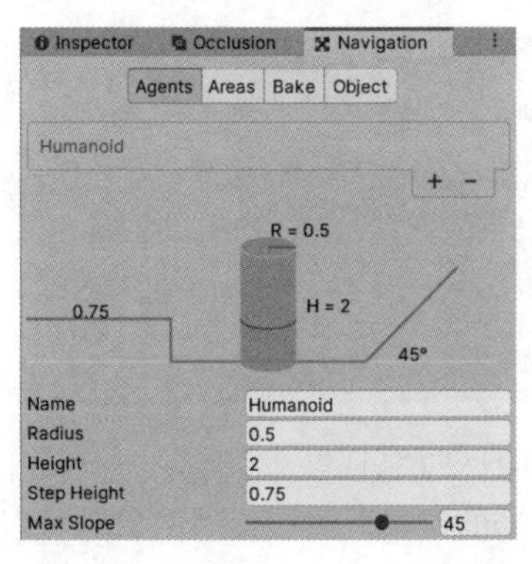

图 6-19　Navigation 的 Agents 面板

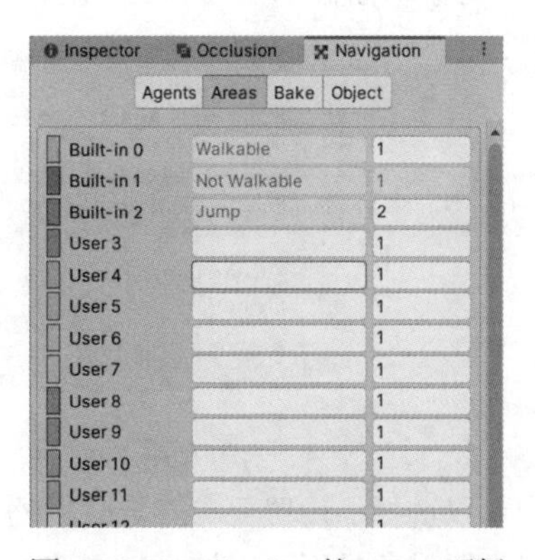

图 6-20　Navigation 的 Areas 面板

该面板可以设置在自动寻路时，对象可以通过哪些层。

（3）Bake（烘焙导航网格）面板，如图 6-21 所示。

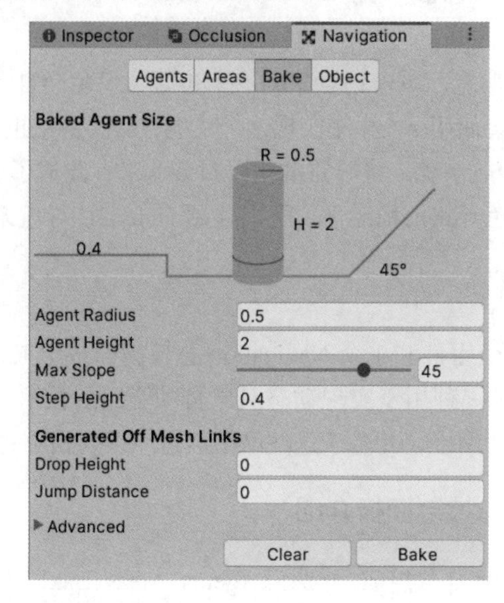

图 6-21　Navigation 的 Bake 面板

- Agent Radius：具有代表性的对象的半径，半径越小生成的网格面积越大。
- Agent Height：具有代表性的对象的高度。
- Max Slope：斜坡的坡度。
- Step Height：台阶的高度。
- Drop Height：允许最大的下落距离。
- Jump Distance：允许最大的跳跃距离。
- Min Region Area：网格面积小于该值则不生成导航网格。
- Height Mesh：勾选后会保存高度信息，同时会消耗一些性能和存储空间。

（4）Object（对象）面板，如图 6-22 所示。

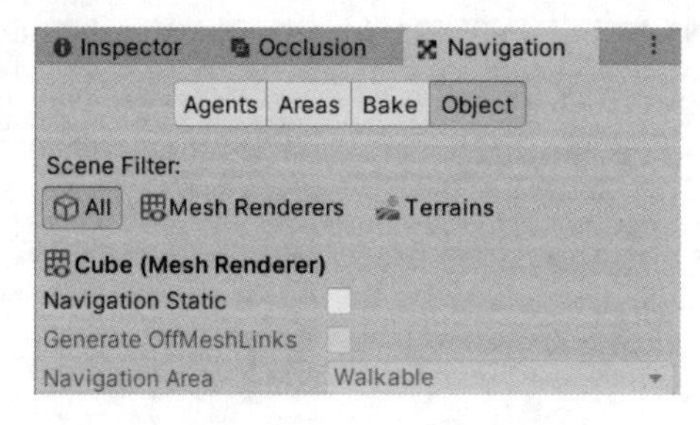

图 6-22　Navigation 的 Object 面板

在该面板中可以选择、设置要参与导航网格烘焙的对象，可以设置对象是可以被自动寻路的，如路面；也可以设置对象是不可以被自动寻路的（即不能走），如湖面。

6.3.3　Navigation 组件介绍

（1）Nav Mesh Agent（自动寻路组件），如图 6-23 所示。

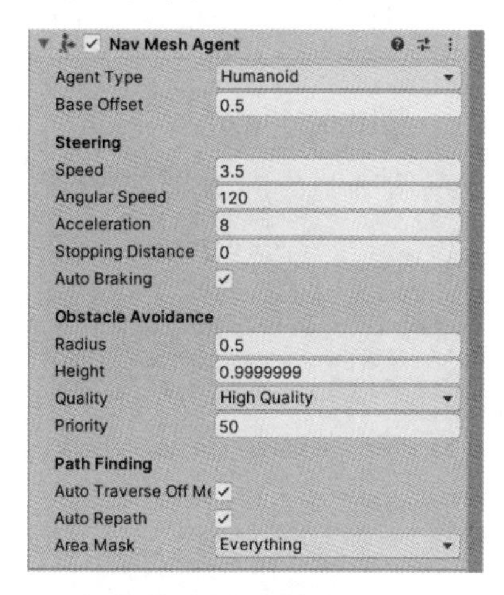

图 6-23　Navigation 的 Nav Mesh Agent 组件

- Agent Type：寻路类型，可以在 Navigation 总控制面板中设置类型。
- Base Offset：偏移值。值越大越容易寻路，但是目标会偏离得越远。
- Speed：对象自动寻路的速度。
- Angular Speed：对象自动寻路的转弯速度。
- Acceleration：加速度。
- Stopping Distance：对象停下的距离。如果值设置为 0，则在距离目标点为 0 处停下。
- Auto Braking：是否自动停下。
- Radius：对象躲避障碍物的半径。大于这个半径无法躲避障碍物。
- Height：对象躲避障碍物的高度。大于这个高度无法躲避障碍物。
- Quality：躲避障碍物的等级。等级越高，躲避障碍物越准确。
- Priority：优先级。值越大，障碍物躲避越优先。
- Auto Traverse Off Mesh Link：自动跳跃链接。
- Auto Repath：自动复制路径。
- Area Mask：能通过的 Mask 层，可以配合 Navigation 组件中的 Areas 使用。

（2）Nav Mesh Obstacle（障碍物组件），如图 6-24 所示。

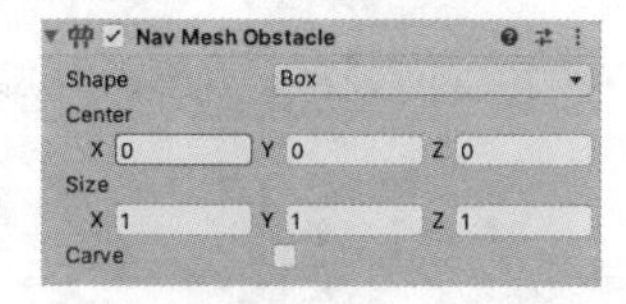

图 6-24　Navigation 的 Nav Mesh Obstacle 组件

- Shape：障碍物的形状。
- Center：障碍物的中心点坐标。
- Size：障碍物的大小。
- Carve：障碍物的网格。

（3）Off Mesh Link（跳跃组件），如图 6-25 所示。

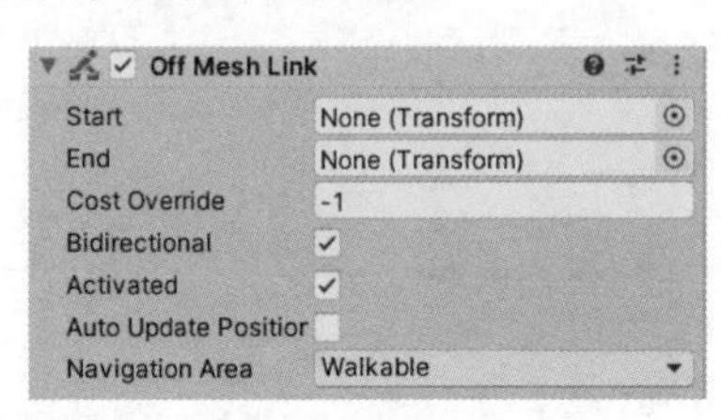

图 6-25　Navigation 的 Off Mesh Link 组件

- Start：跳跃的开始点。
- End：跳跃的结束点。
- Cost Override：是否计算路径开销，即是否将寻路计入寻路距离。
- Bi Directional：开始点和结束点是否可以互跳。
- Activated：是否激活。
- Auto Update Position：自动更新位置坐标。
- Navigation Area：可以寻路的层。

6.3.4　导航系统示例

（1）导入素材包。在菜单栏中选择 Assets → Import Package → Custom Package 命令，将本书的资源包文件夹 6-3 中的 Navigation.unitypackage 导入（资源包中有完整的示例和完成示例的所有素材），双击打开 Test_Navigation.unity 场景，如图 6-26 所示。

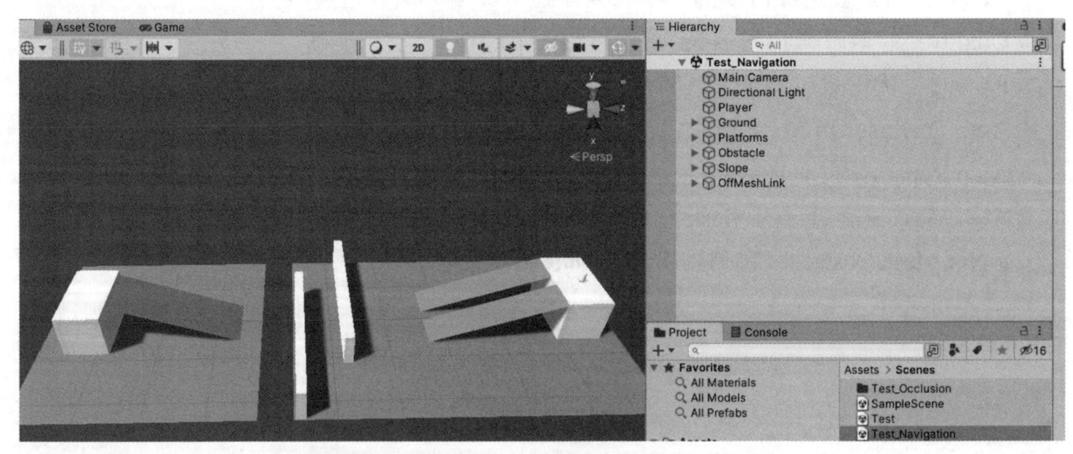

图 6-26　双击打开 Test_Navigation.unity 场景

（2）设置可以行走的对象。在 Hierarchy 视图中，选中 Platforms01、Platforms02、Ground01 和 Ground02 对象，然后打开 Navigation 总控制面板，打开 Object 选项卡，将 Navigation Area 设置为可以行走的对象（Walkable），如图 6-27 所示。

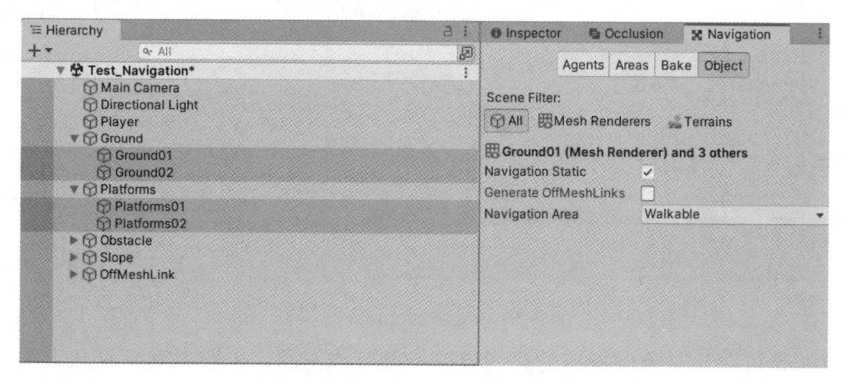

图 6-27　设置可以行走的对象

（3）设置网格分层。在 Navigation 总控制面板中的 Areas 选项卡下，将 User 3 的 Name 属性修改为 Bridge1，将 User 4 的 Name 属性修改为 Bridge2，如图 6-28 所示。

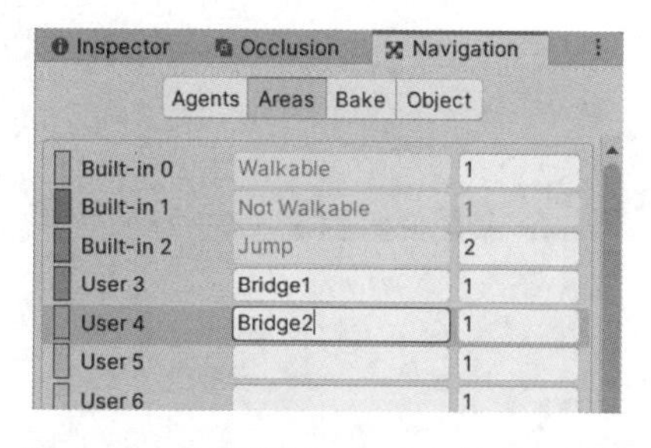

图 6-28　自定义 Navigation 的 Areas 层

（4）在 Hierarchy 视图中，选中 Slope01 和 Slope02，然后在 Navigation 总控制面板中的 Object 选项卡下，将 Navigation Area 属性修改为 Bridge1，如图 6-29 所示。然后在 Hierarchy 视图中，选中 Slope03，将 Navigation Area 属性修改为 Bridge2，如图 6-30 所示。

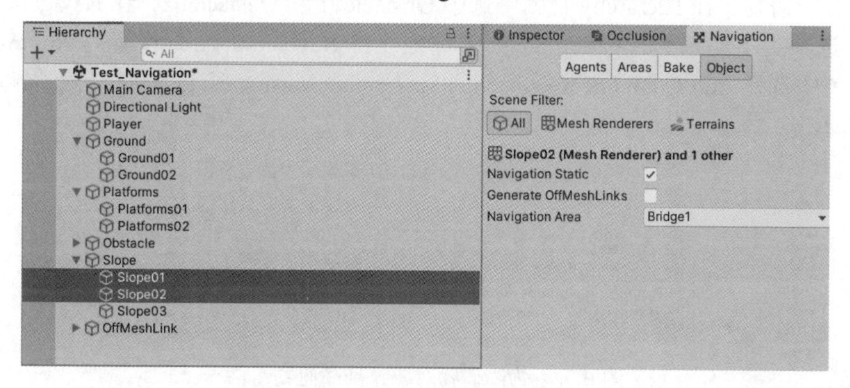

图 6-29　设置 Slope01 和 Slope02 的属性

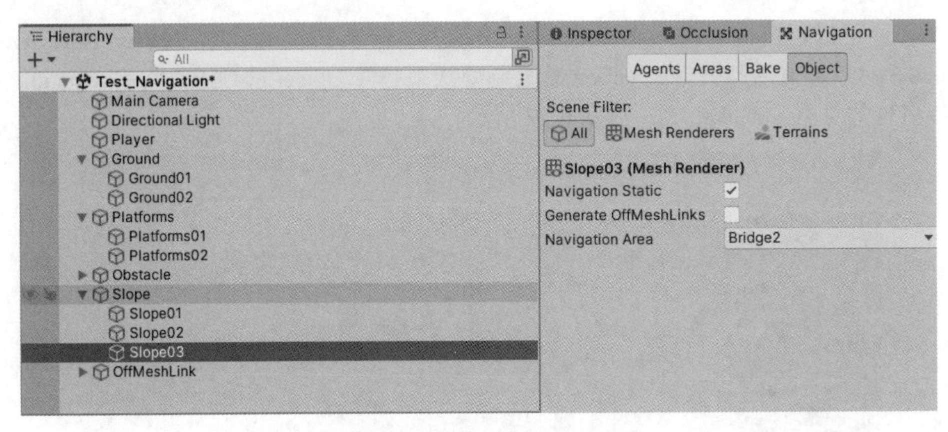

图 6-30　设置 Slope03 的属性

分层的目的是可以让对象以特定的路线寻路，如分成三路，上路的对象只从上路寻找。

（5）设置地面可跳跃。在 Hierarchy 视图中选中 Ground01 和 Ground02，然后在 Navigation 总控制面板中的 Object 选项卡下勾选 Generate OffMeshLinks 复选框，如图 6-31 所示。

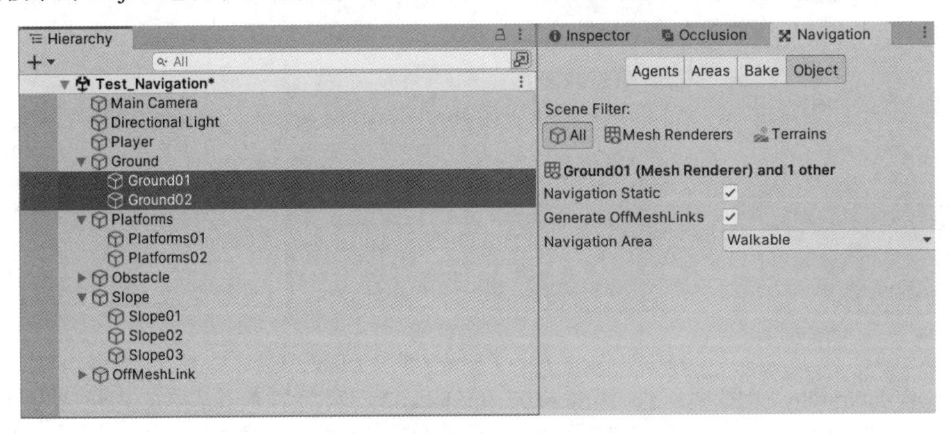

图 6-31　修改 Navigation 属性

（6）设置障碍物。在 Hierarchy 视图中选中 Obstacle01 和 Obstacle02，在 Navigation 总控制面板的 Object 选项卡下勾选 Navigation Static 复选框，将 Navigation Area 设置为 Not Walkable，在 Inspector 视图中选择 Add Component → Navigation → Nav Mesh Obstacle 命令，添加障碍物组件，如图 6-32 所示。

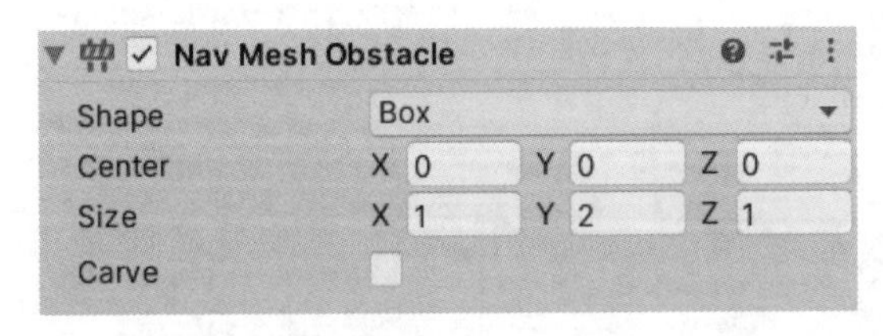

图 6-32　为障碍物对象添加障碍物组件

（7）在 Navigation 总控制面板的 Bake 选项卡下，单击 Bake 烘焙导航网格，烘焙完成的网格如图 6-33 所示。

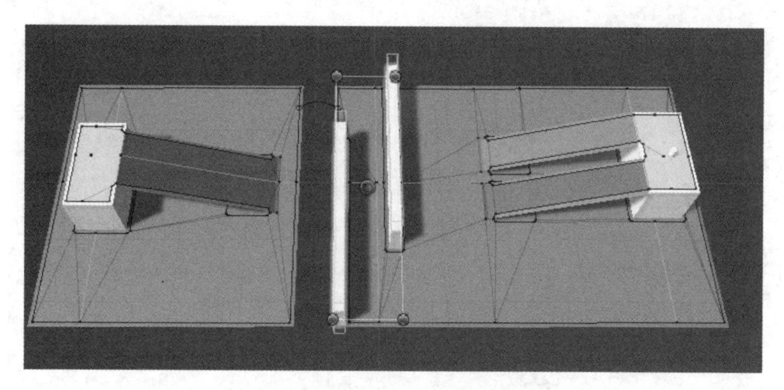

图 6-33　烘焙完成的网格

（8）新建一个 Sphere 文件夹作为可见的导航对象，将对象重命名为 Player，然后为 Player 编写脚本，目的是让 Player 自动寻路到目标点。在 Inspector 视图中，选择 Add Component → New Script 命令，将脚本命名为 RunTest，参考代码 6-1。

代码 6-1　　为对象添加坐标点位置

```
using UnityEngine;
using UnityEngine.AI;
public class Test_6_1: MonoBehaviour
{
    public Transform TargetObject;

    void Start()
    {
        GetComponent<NavMeshAgent>().SetDestination(TargetObject.position);
    }
}
```

（9）代码 6-1 对象自动寻路脚本在 Hierarchy 视图中选中 Player 对象，然后将场景中的 Target 对象拖入 RunTest 组件的 Target Object 选项，如图 6-34 所示。

（10）运行游戏，观察 Player 对象自动寻路的过程，然后修改 Player 对象的 Nav Mesh Agent 的 Area Mask 属性，观察勾选不同寻路层后的效果。

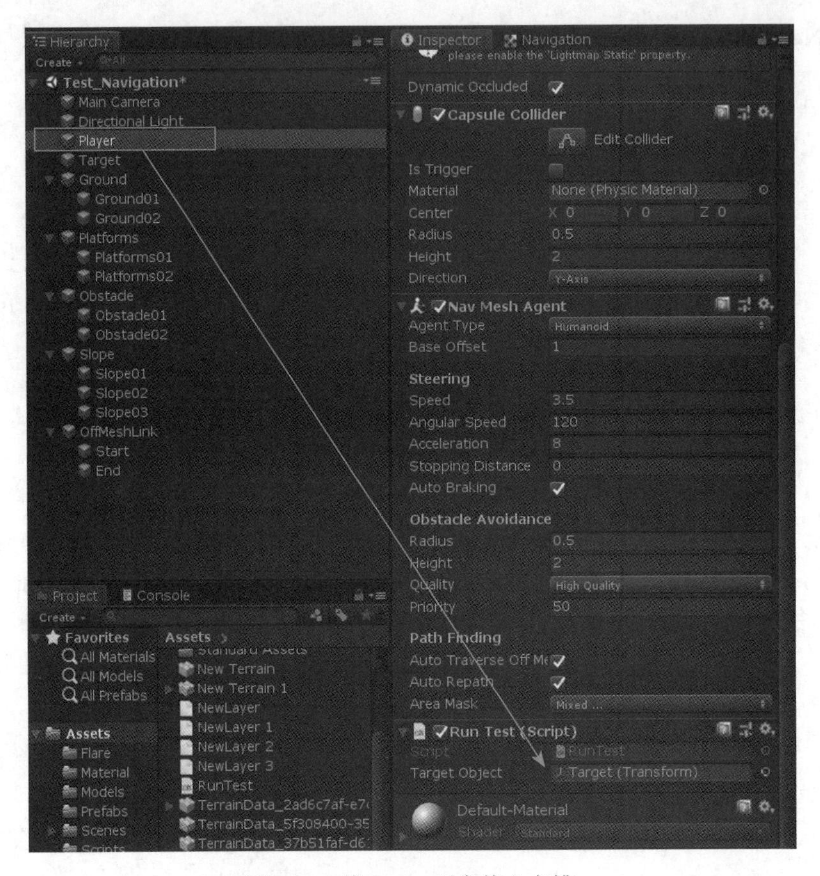

图 6-34　将 Target 对象拖入卡槽

6.4　Unity 3D 动画系统

动画是游戏比较重要的组成部分，带动画的游戏会让人感觉更加精致和有趣。Unity 3D 动画系统 Mecanim 为游戏对象动画的实现提供了充足的可能性。本节就介绍导入模型动画、切换动画片段和控制动画的播放。

6.4.1　导入模型动画

动画的准备和制作一般由美术师或动画师通过第三方工具（如 3dsMax 或 Maya）完成。下面就介绍如何在 Unity 导入模型动画。

（1）新建一个项目，命名为 Test_Ani，设置保存路径，如图 6-35 所示。

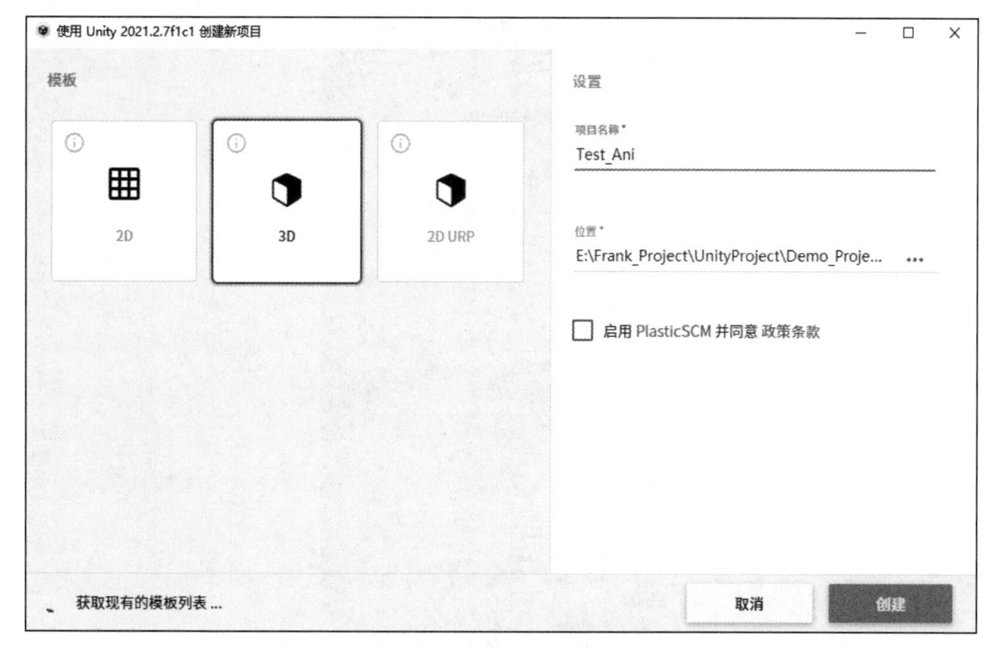

图 6-35　新建 Test_Ani 项目

（2）在 Project 视图中，新建一个 Models 文件夹，用来存放动画模型资源，如图 6-36 所示。

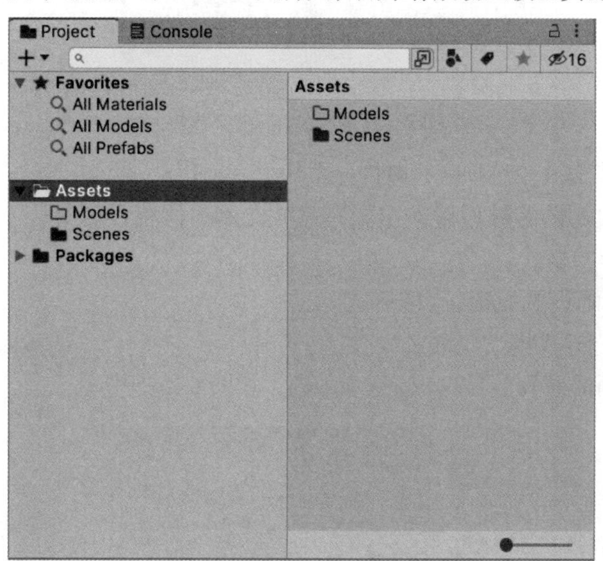

图 6-36　新建 Models 文件夹

（3）将资源包文件夹 6-4 中的 dog.fbx 导入 Project 视图的 Models 文件夹，此时，Inspector 视图属性如图 6-37 所示。

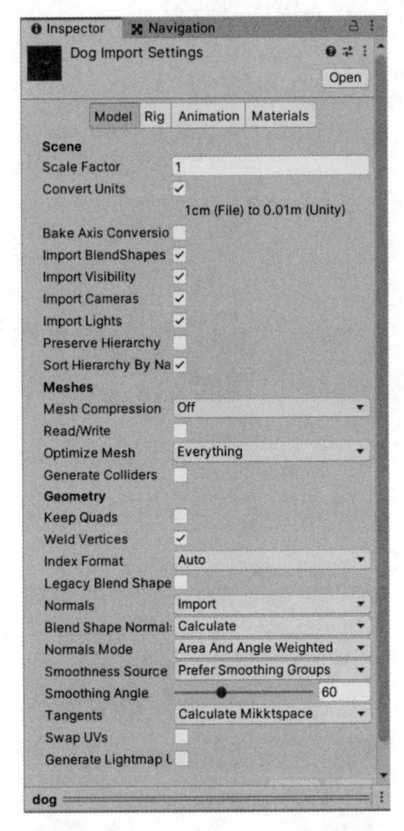

图 6-37　Inspector 视图属性

在 Inspector 视图中有 4 个选项卡，具体介绍如下。

- Model：导入模型的参数设置，主要有缩放比例、网格设置等。
- Rig：设置动画的格式。
- Animation：动画设置面板，可以预览动画。
- Materials：设置导入模型材质的参数。

设置导入模型动画的参数主要在 Rig 选项卡内，如图 6-38 所示。

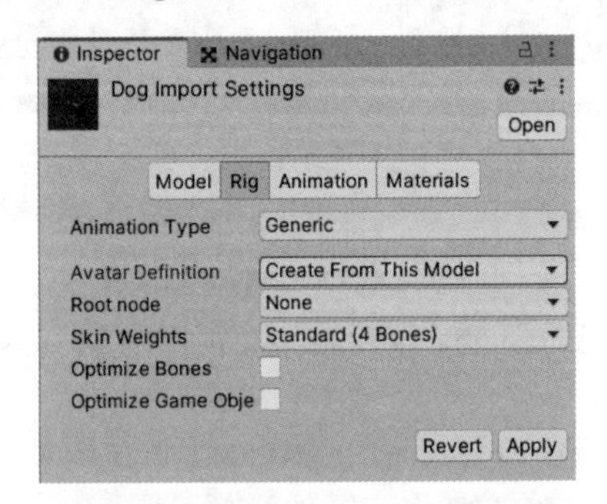

图 6-38　Rig 选项卡动画参数设置

- Animation Type：动画格式。
  - None：不导入动画，在 Project 视图中模型文件仅有一个网格文件。
  - Legacy：老版本动画系统。
  - Generic：通用模式，既支持人形动画，也支持非人形动画。
  - Humanoid：人形动画，只支持人形动画，支持动画重定向。
- Avatar Definition：骨骼类型。
  - Create From This Model：从这个模型创建骨骼。
  - Copy From Other Avatar：从其他的模型复制骨骼。
- Root node：设置根节点。
- Optimize Game Object：优化游戏对象。

（4）将 Animation Type 设置为 Generic，Avatar Definition 设置为 Create From This Model，Root node 设置为 None，单击 Apply 按钮，如图 6-39 所示。

（5）打开 Animation 选项卡进入动画面板，单击动画预览窗口的▶按钮预览动画，如图 6-40 所示。

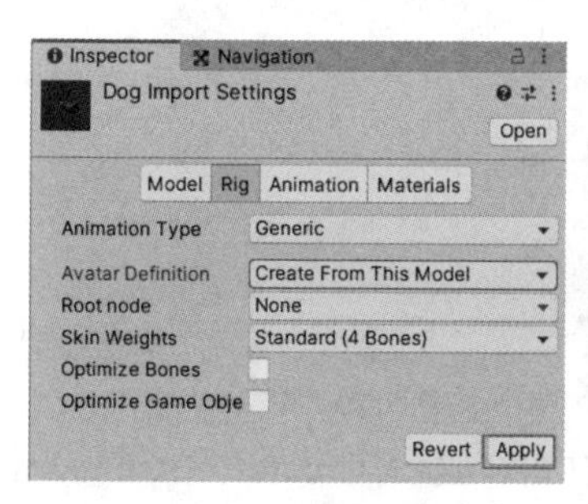

图 6-39　动画模型设置

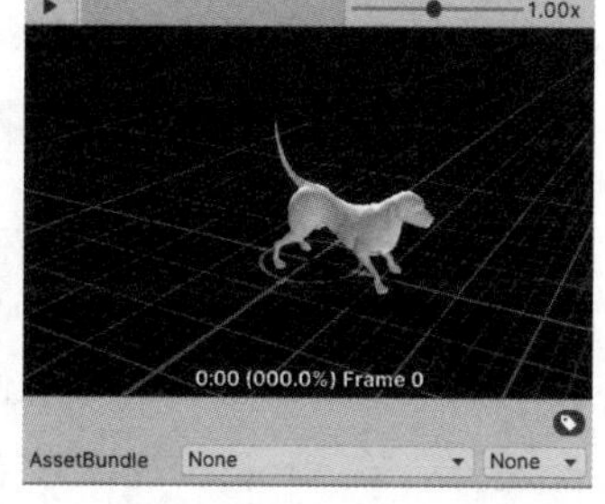

图 6-40　在预览窗口播放动画

（6）创建动画片段。在 Animation 选项卡下单击 Clips 条目下的加号按钮添加动画片段，将 Start 设置为 90，End 设置为 115，重命名为 yap，单击 Apply 按钮，如图 6-41 所示。

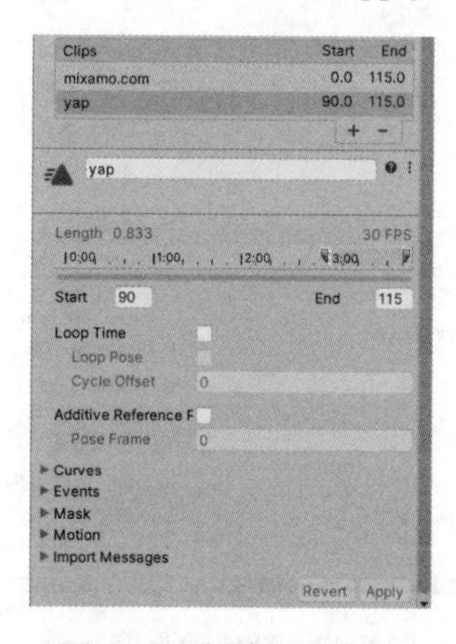

图 6-41　创建动画片段

6.4.2 切换动画片段

一个动画对象常常有多个动画片段，如站立、攻击、行走、跑等，本小节就介绍如何切换动画片段。

（1）在 Project 视图中，将 Models 文件夹内的 dog.fbx 文件拖入 Hierarchy 视图中，如图 6-42 所示。

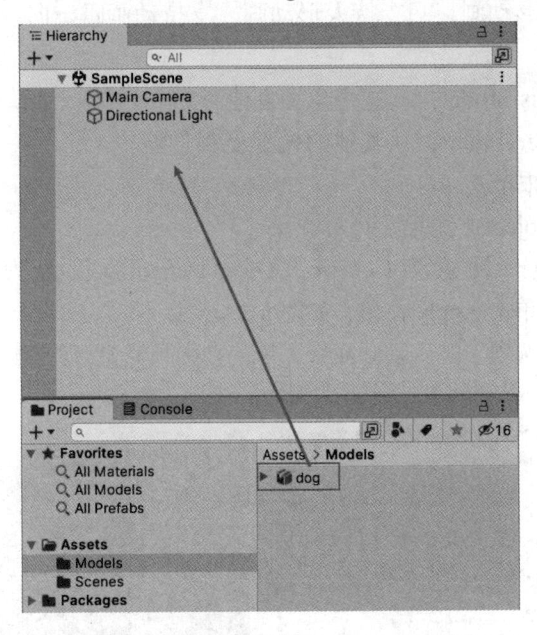

图 6-42 将模型文件拖入 Hierarchy 视图

（2）新建动画控制器。在 Project 视图中右击，选择 Create → Animator Controller 命令，如图 6-43 所示。

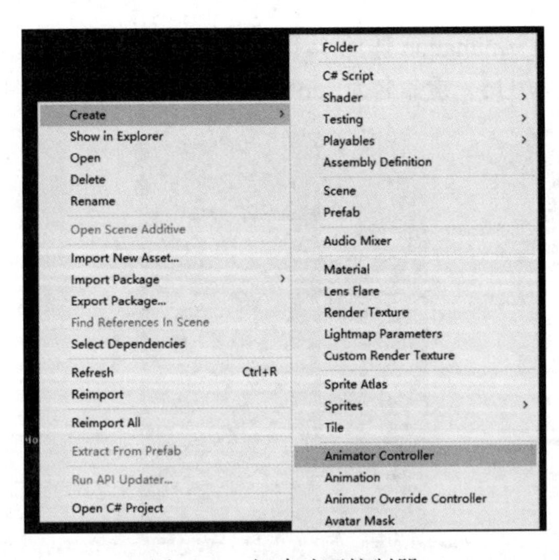

图 6-43 新建动画控制器

（3）双击打开动画控制器，然后将 dog 对象的动画片段拖入 Animator 视图中，如图 6-44 所示。

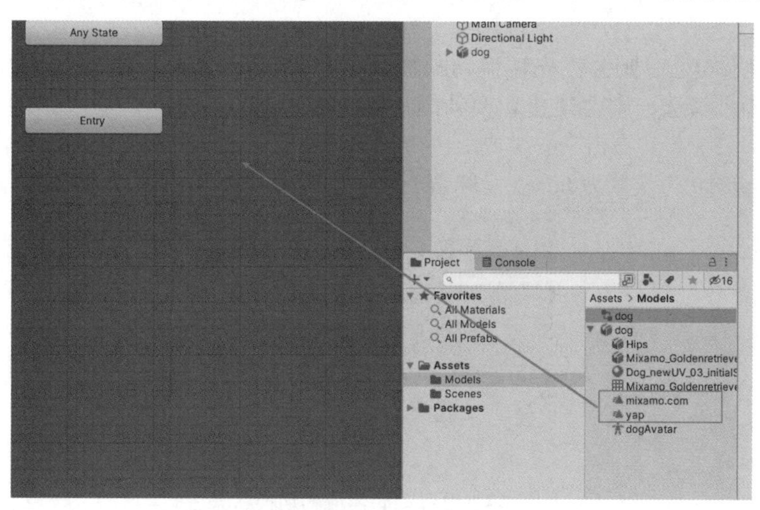

图 6-44　将动画片段拖入 Animator 视图

- Any State：任意状态，不管当前角色处于何种状态，都可以直接播放这个动画。
- Entry：进入状态机默认连接的动画。
- Exit：退出状态机默认连接的动画。
- Layer 选项卡：可以嵌套多台状态机。
- Parameters 选项卡：状态切换面板。

（4）单击状态切换面板，进入状态设置，单击 + 按钮，添加 bool 类型的状态值，命名为 yap，如图 6-45 所示。

（5）为动画片段添加状态切换，右击 mixamo_com，选择 Make Transition 选项，会生成一条白色带箭头的线段指向 yap，单击白色箭头可以设置动画片段切换的状态，在 Inspector 视图中设置动画片段切换的状态，如图 6-46 所示。

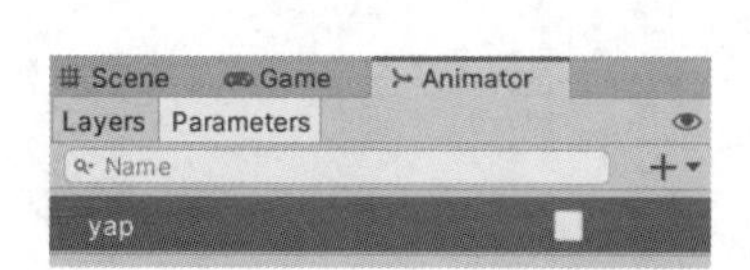

图 6-45　添加 bool 类型的状态值

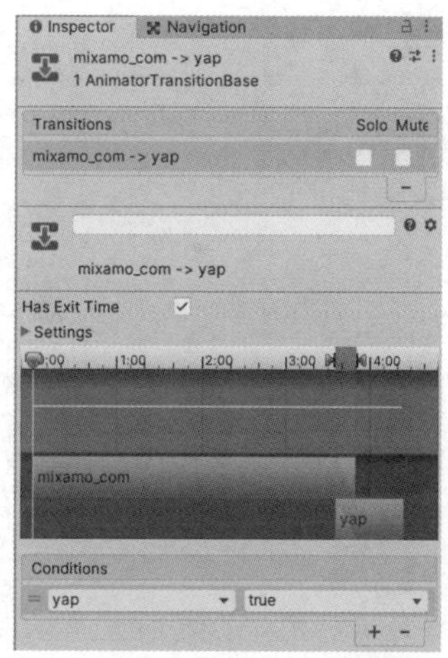

图 6-46　设置动画片段切换的状态

- Has Exit Time：如果勾选，在切换动画片段时则会在上一动画片段结束后再播放下一动画片段。
- Solo：如果勾选，则会优先切换动画片段。
- Mute：如果勾选，则会禁止切换动画片段。

（6）按照第（5）步，右击 yap 生成白色带箭头线段，指向 mixamo_com。然后设置动画片段切换状态，将 yap 的状态设置为 false，意味着当 yap 状态为 false 时切换动画片段，如图 6-47 所示。

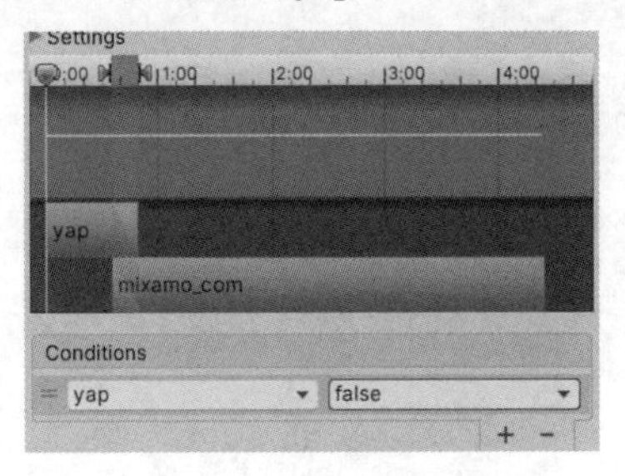

图 6-47　设置动画片段的切换状态

（7）控制 yap 状态的值，就可以控制动画片段切换了。

6.4.3　控制动画的播放

6.4.2 小节介绍了如何使用状态值切换动画片段，动画对象具有很多的动画片段，本小节就介绍如何使用状态值控制对象在不同的状态播放不同的动画片段。

（1）添加动画控制器。将 Project 视图中的 dog.controller 动画控制器拖入 dog 对象的 Animator 组件的 Controller 卡槽中，意味着将使用这个动画控制器控制动画的播放，如图 6-48 所示。

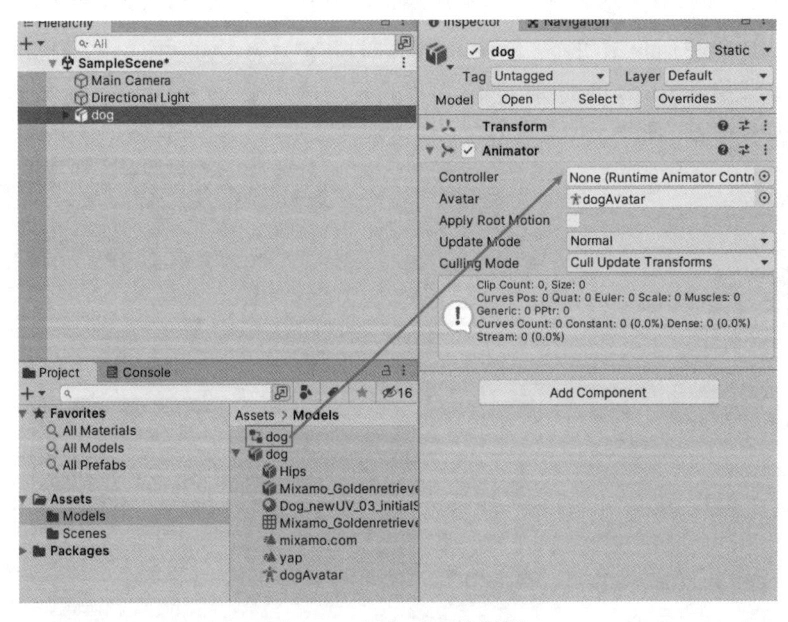

图 6-48　添加动画控制器

（2）添加动画控制脚本。选择 Add Component → New Script 命令，将脚本命名为 Test_Ani，双击打开脚本，参考代码 6-2。

代码 6–2　控制动画参数切换动画片段

```
using UnityEngine;
public class Test_6_2 : MonoBehaviour
{
    private Animator anim;
    void Start()
    {
        anim = GetComponent<Animator>();// 获取对象上的 Animator 组件
    }

    // Update is called once per frame
    void Update()
    {
        if (Input.GetKeyDown(KeyCode.W))
        {
            // 按 W 键，将 yap 状态切换为 true
            anim.SetBool("yap", true);
        }
        if (Input.GetKeyDown(KeyCode.S))
        {
            // 按 S 键，将 yap 状态切换为 false
            anim.SetBool("yap", false);
        }
    }
}
```

6.5　本章小结

本章介绍了 Unity 3D 常用的功能系统，如灯光系统、导航系统和动画系统等，不仅逐个讲解了属性，还有功能操作步骤拆分讲解和功能演示，意在使读者真正掌握功能的使用方法。

6.1 节介绍了场景中的灯光系统的使用方法，演示不同灯光类型下的场景灯光效果，介绍了光晕效果的实现方法；6.2 节介绍了 Unity 3D 的大型 3D 场景优化技术遮挡剔除的实现方法，演示了如何实现遮挡剔除；6.3 节介绍了导航系统中如何生成导航网格，以实现自动寻路的功能；6.4 节介绍了动画系统中如何编辑模型动画、修改动画状态、控制动画片段的播放等。

Unity 3D 脚本开发篇

工欲善其事，必先利其器。

要想使用 Unity 3D 做出优秀的项目，就需要熟练使用开发工具，也就是要熟练掌握 Unity 3D 的脚本开发。本篇就是讲解 Unity 3D 的脚本开发。Unity 3D 最初支持 3 种开发语言：Boo、UnityScript 和 C#，但是选择 Boo 语言作为开发语言的使用者非常少，所以 Unity 在版本 5.0 以后放弃了对 Boo 语言的技术支持。之后，Unity 在 Unity 2017.2 版本放弃了支持 UnityScript 语言。

C# 编程语言是微软公司开发的，由 Ecma 和 ISO 核准认可的编程语言，是一个由 C 和 C++ 编程语言衍生出来的面向对象的、运行在 .NET Framework 和 .NET Core 之上的高级程序设计语言。C# 编程语言是强大的专业语言，主要特点是面向对象、面向组件、容易学习、可以在多种计算机平台上编译等。

本书使用 C# 编程语言作为开发语言进行讲解，在本篇就讲解如何在 Unity 3D 中编写脚本及使用 C# 编程语言。

第 7 章　数据类型和变量

数据类型一般称为数据元素，是将数据按照一定的规则与形式存放的数据结构，数据类型的作用就是为数据分配不同的内存大小，如数字类型的数据要申请大内存，这样可以充分利用内存。

变量是用来存储或表示值的抽象概念，可以通过变量名访问。变量可以保存程序运行时的数据，如游戏的当前时间、获得的金币数量等。

7.1　C# 语言的值类型和引用类型

在 C# 语言中，数据类型分为值类型和引用类型，那么接下来就看一下值类型和引用类型之间的区别与联系吧。

7.1.1　值类型

值类型变量可以直接分配给一个值，它是从类 System.ValueType 中派生的。

值类型直接包含数据。如 int、char、float，它们分别存储数字、字符、浮点数。当声明一个 int 类型时，系统分配内存存储值。

表 7-1 列出了可用的值类型。

表 7–1　值类型列表

类　型	描　述	范　围	默认值
bool	布尔值	true 或 false	False
byte	8 位无符号整数	0 ~ 255	0
char	16 位 Unicode 字符	U+0000 ~ U+ffff	'\0'
decimal	128 位精确的十进制值，28 ~ 29 有效位数	$(-7.9 \times 10^{28} \sim 7.9 \times 10^{28}) \div 10^{0 \sim 28}$	0.0M
double	64 位双精度浮点型	$+5.0 \times 10^{-324} \sim +1.7 \times 10^{308}$ $-5.0 \times 10^{-324} \sim -1.7 \times 10^{308}$	0.0D
float	32 位单精度浮点型	$-3.4 \times 10^{38} \sim +3.4 \times 10^{38}$	0.0F
int	32 位有符号整数类型	–2147483648 ~ 2147483647	0
sbyte	8 位有符号整数类型	–128 ~ 127	0
short	16 位有符号整数类型	–32768 ~ 32767	0
uint	32 位无符号整数类型	0 ~ 4294967295	0

续表

类　型	描　述	范　围	默认值
ulong	64 位无符号整数类型	0 ~ 18446744073709551615	0
ushort	16 位有符号整数类型	0 ~ 65535	0

对于值类型来说，C# 语言中每种数据类型都有自己的取值范围，即能够存储值的最大值和最小值。借助数据类型提供的两个属性 MaxValue 和 MinValue，可以轻松地获取该数据类型可以存储的最大值和最小值，参考代码 7-1。

代码 7-1　打印不同数据类型的最小值和最大值

```
using UnityEngine;
public class Test_7_1: MonoBehaviour
{
    void Start()
    {
        Debug.Log("byte 类型的最小值： " + byte.MinValue + "\n 最大值： " + byte.MaxValue);
        Debug.Log("char 类型的最小值： " + char.MinValue + "\n 最大值： " + char.MaxValue);
        Debug.Log("double 类型的最小值： " + double.MinValue + "\n 最大值： " + double.MaxValue);
        Debug.Log("float 类型的最小值： " + float.MinValue + "\n 最大值： " + float.MaxValue);
        Debug.Log("int 类型的最小值： " + int.MinValue + "\n 最大值： " + int.MaxValue);
        Debug.Log("sbyte 类型的最小值： " + sbyte.MinValue + "\n 最大值： " + sbyte.MaxValue);
        Debug.Log("short 类型的最小值： " + short.MinValue + "\n 最大值： " + short.MaxValue);
        Debug.Log("uint 类型的最小值： " + uint.MinValue + "\n 最大值： " + uint.MaxValue);
        Debug.Log("ulong 类型的最小值： " + ulong.MinValue + "\n 最大值： " + ulong.MaxValue);
        Debug.Log("ushort 类型的最小值： " + ushort.MinValue + "\n 最大值： " + ushort.MaxValue);
    }
}
```

打印结果如图 7-1 所示。

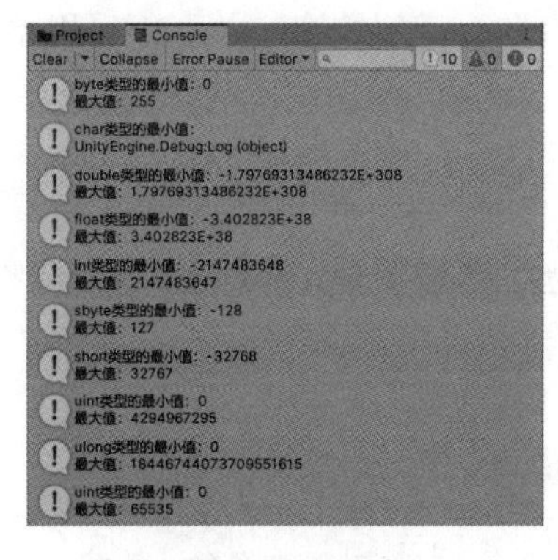

图 7-1　打印结果

7.1.2 引用类型

引用类型不包含存储在变量中的实际数据，但它们包含对变量的引用。

换句话说，它们是指一个内存位置。使用多个变量时，引用类型可以指向一个内存位置。如果内存位置的数据是由一个变量改变的，其他变量会自动反映这种值的变化。内置的引用类型有Object、Dynamic 和 String。

（1）对象（Object）类型。对象类型可以被分配任何类型（如值类型、引用类型、预定义类型或用户自定义类型）的值。但是，在分配值之前，需要先进行类型转换。

（2）动态（Dynamic）类型。在动态数据类型变量中可以存储任何类型的值，这些变量的类型检查是在运行时发生的。

（3）字符串（String）类型。字符串类型可以给变量分配任何字符串值。字符串类型是System.String 类的别名。它是从对象类型派生的。

7.1.3 值类型和引用类型的区别

（1）存取速度上的区别。值类型存取速度快，而引用类型存取速度慢。

（2）用途上的区别。值类型表示实际数据，而引用类型表示指向存储在内存堆中的数据的指针或引用。

（3）来源上的区别。值类型继承自 System.ValueType，而引用类型继承自 System.Object。

（4）位置上的区别。值类型的数据存储在内存的栈中，而引用类型的数据存储在内存的堆中，而内存单元中只存放堆中对象的地址。

（5）类型上的区别。值类型的变量直接存放实际的数据，而引用类型的变量存放的则是数据的地址，即对象的引用。

（6）保存位置上的区别。值类型的变量直接把变量的值保存在栈中，而引用类型的变量把实际数据的地址保存在栈中，实际数据则保存在堆中。

7.2 装箱和拆箱

当一个值类型转换为引用类型时，称为装箱；当一个引用类型转换为值类型时，称为拆箱。下面举一个例子演示装箱和拆箱。

7.2.1 装箱

装箱就是隐式地将一个值类型对象转换为引用类型对象，参考代码 7-2。

代码 7-2　数据的装箱操作

```
using UnityEngine;
public class Test_7_2 : MonoBehaviour
```

```
{
    void Start()
    {
        int i = 0;
        System.Object obj = i;
        Debug.Log(obj);
    }
}
```

以上过程就是将 i 装箱。

打印结果如图 7-2 所示。

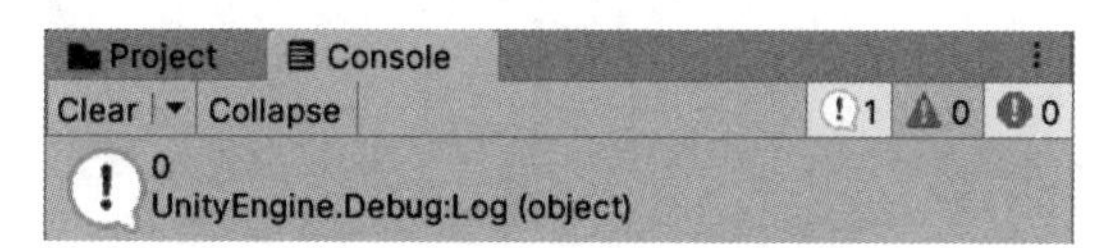

图 7-2　装箱后 obj 的打印结果

7.2.2　拆箱

拆箱就是将一个引用类型对象转换为任意值类型对象，参考代码 7-3。

代码 7-3　数据的拆箱操作

```
using UnityEngine;
public class Test_7_3 : MonoBehaviour
{
    void Start()
    {
        int i = 0;
        System.Object obj = i;
        int j = (int)obj;
        Debug.Log(j);
    }
}
```

该段代码中，int i = 0;System.Object obj = i 是将 i 装箱，int j = (int)obj 是将 obj 拆箱。

打印结果如图 7-3 所示。

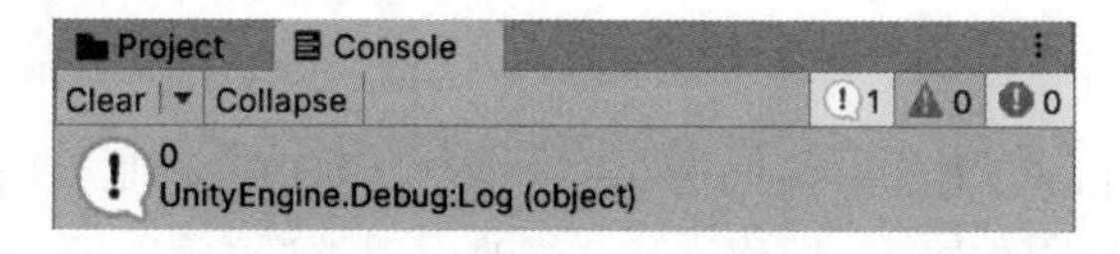

图 7-3　拆箱后 obj 的打印结果

7.3 Unity 3D 的值类型和引用类型

C# 语言的数据类型可以分为值类型和引用类型，在定义数据类型时，如果逻辑上是固定大小的值，就定义为值类型；如果逻辑上是可引用的、可变的对象，就定义为引用类型。那么 Unity 3D 中的值类型和引用类型都有哪些呢?

7.3.1 Unity 3D 中常见的值类型

Unity 3D 中常见的值类型有 Vector3、Quaternion 和 Structs，修改值类型的值不会影响给它赋值的对象，参考代码 7-4。

代码 7–4 修改值类型的值

```
using UnityEngine;
public class Test_7_4 : MonoBehaviour
{
    void Start()
    {
        Debug.Log(transform.position);
        Vector3 pos = transform.position;
        pos = Vector3.zero;
        Debug.Log(transform.position);
    }
}
```

如果修改了 pos，则不会影响 transform.position，也就是这个物体的位置并不会改变。

打印结果如图 7-4 所示。

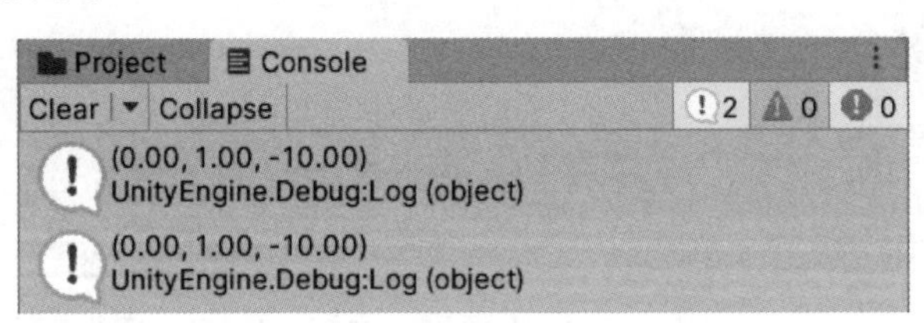

图 7-4 修改 pos 后的打印结果

7.3.2 Unity 3D 中常见的引用类型

Unity 3D 中的 Transform、Gameobject 是 Class 类型，所以它们是引用类型。引用类型是对数据存储位置的引用，其指向的内存区域称为堆；修改引用类型的值，会修改引用类型指向的内存位置的值，参考代码 7-5。

代码 7–5　修改对象 MeshRenderer 组件的 Color 值

```
using UnityEngine;
public class Test_7_5 : MonoBehaviour
{
    void Start()
    {
        Material mat = transform.GetComponent<MeshRenderer>().material;
        mat.color = Color.red;
    }
}
```

mat 是一个 Class 类型，也就是引用类型，如果修改了 mat，则这个物体的材质的颜色就会改变。结果如图 7-5 所示。

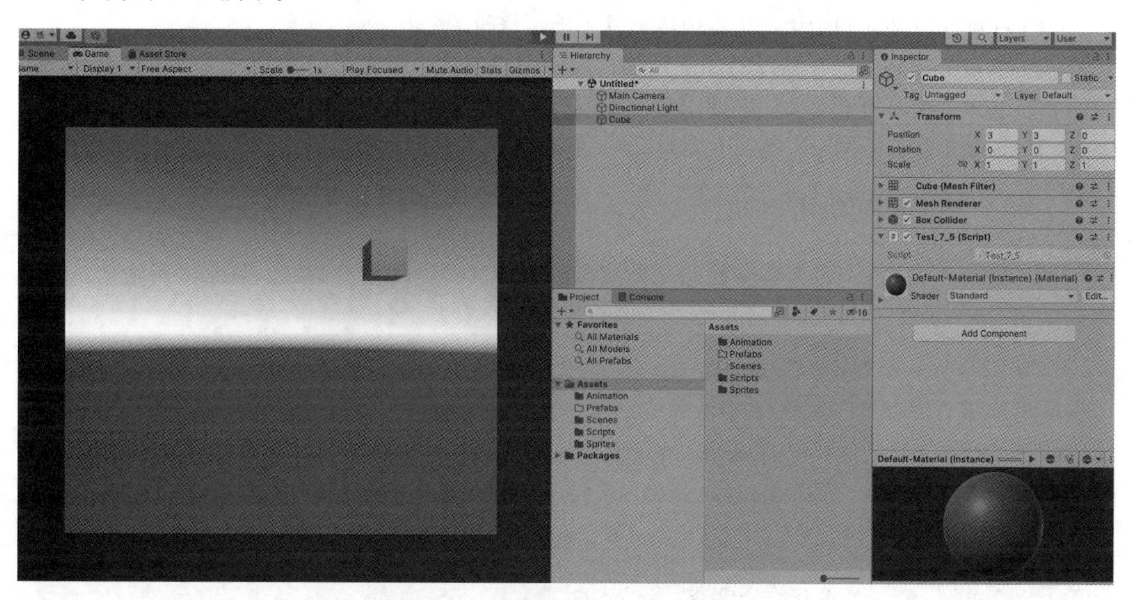

图 7-5　修改了 mat 后的运行结果

7.4　常量和变量

变量是供程序操作的、在存储区的名字，变量的值可以存储在内存中，可以对变量进行一系列操作。Unity 3D 对位置、旋转的值的存储通常使用变量。常量是固定值，初始化后就不会改变，常量可以当作特殊的变量，只是在定义后不能被修改，如在开发中对圆周率进行初始化，之后程序运行就不允许再修改。

7.4.1　常量的初始化

常量是指值在使用过程中不会发生变化的变量。在声明和初始化变量时，在变量前面加关键字 const，就可以把该变量指定为一个常量，参考代码 7-6。

代码 7–6　常量的初始化

```
using UnityEngine;
public class Test_7_6 : MonoBehaviour
{
    const int a = 100;
}
```

常量的初始化有以下注意事项。

（1）在声明时必须初始化，指定值以后就不能再修改。

（2）常量的值必须能在编译时用于计算，因此不能用从一个变量中提取的值初始化常量。如果需要从变量中提取值，那么应该使用只读字段。

（3）常量总是静态的，但不必在常量的声明中包含修饰符 static。

7.4.2　变量的初始化

变量的初始化是 C# 语言安全性的一种体现，编译器需要用某个初始值对变量初始化，调用未初始化的变量会被当成错误。C# 语言变量的初始化：

```
数据类型 变量名 = 变量值 .
```

变量的初始化参考代码 7-7。

代码 7–7　变量的初始化

```
using UnityEngine;
public class Test_7_7 : MonoBehaviour
{
    int a = 100;
}
```

7.4.3　变量的作用域

变量的作用域是指可以访问该变量的代码区域。一般情况下，大型程序不同部分的不同变量有相同的变量名很常见，只要变量的作用域是程序的不同部分，就不会出现问题。但要注意，同名的局部变量不能在同一作用域内声明两次，所以代码 7-8 是不能使用的。

代码 7–8　错误示例

```
using UnityEngine;
public class Test_7_8 : MonoBehaviour
{
    int x = 20;
    int x = 30;
}
```

再来看代码 7-9。

代码 7–9　循环体允许出现相同的变量名

```
using UnityEngine;
public class Test_7_9 : MonoBehaviour
{
    void Start()
    {
        for (int i = 0; i < 10; i++)
        {
            Debug.Log(i);
        }
        for (int i = 0; i >= 10; i--)
        {
            Debug.Log(i);
        }
    }
}
```

这段代码中 i 出现了两次，但是它们都是不同循环体的变量。

另一个例子见代码 7-10。

代码 7–10　变量的作用域冲突代码

```
using UnityEngine;
public class Test_7_10 : MonoBehaviour{
    void Start(){
        int j = 20;
        for (int i = 0; i < 10; i++){
            int j = 30;// 错误
            Debug.Log(j + i);
```

```
            }
        }
    }
```

在这里编辑器会提示语法错误，因为同名的局部变量不能在同一作用域内重复声明。

变量的作用域代表了可以访问该变量的代码区域，循环外的变量 j 的作用域包含循环的作用域，所以在循环外定义变量 j，然后在循环内再次定义同名变量 j，就会提示语法错误，编辑器无法区分这两个变量。

一般情况下，遵循以下作用域规则就可以避免这些错误。

（1）只要类在某个作用域内，其字段也在该作用域内。

（2）局部变量存在于标识生成变量的块语句或方法结束的括号前的作用域内。

（3）在循环语句中生成的变量存在于该循环体内。

7.5 命名惯例和规范

命名规范对编程语言十分重要，但又有一定争议，下面介绍 C# 语言常用的命名规范。

7.5.1 匈牙利命名法

我最早接触到的命名规范是匈牙利命名法，该方法出自微软，基本上是在所有变量前添加一个前缀，前缀会说明变量的类型。其好处在于，通过前缀可以很容易知道两个变量是否兼容。这种方法非常流行，目前在 C 语言和 C++ 语言的开发中还被广泛使用。

匈牙利命名法的最大的不足之处是烦琐，随着计算机的速度越来越快，IDE 已拥有足够的能力去实时探测变量的类型。因此，在编程时，IDE 能够向你发出类型不兼容的警告（警告形式是红色弯曲下划线）。

匈牙利命名法过于强调类型，在泛型方法中就显得格格不入。很多时候我们关心的只是这个变量代表的意义而不是它的类型，如 C++ 语言的关键字 auto（虽然这个关键字在 C++98 中就存在，但没法用）和 C# 语言的关键字 var 也说明了这一点。在使用如小函数或 Lambda 表达式这种流程比较简单的函数时，过长的匈牙利变量会显得很不合适。

其实主要还是因为程序员的懒惰心理，但正是这种懒惰推动了计算机行业的不断发展。就连微软也逐步减少了对匈牙利命名法的使用，在其当家语言 C# 中主要使用帕斯卡（Pascal）命名法和骆驼（Camel）命名法。

```
数组类型变量 前缀 a 示例：string[] a_UserName;
布尔类型变量 前缀 b 示例：bool b_Flag;
```

7.5.2 帕斯卡命名法

帕斯卡命名法的规则是首字母大写（如 TestCounter)。

类和方法的命名采用 Pascal 风格，参考代码 7-11。

代码 7-11　用帕斯卡命名法命名类和方法

```
using UnityEngine;
public class Test_7_11 : MonoBehaviour
{
    public void SomeMethod(){}
}
```

7.5.3　骆驼命名法

骆驼命名法，顾名思义，是指名称像驼峰一样，即混合使用大小写字母构成变量和函数的名字。例如，代码 7-12 是用骆驼命名法和下划线命名法命名同一个函数。

代码 7-12　用骆驼命名法和下划线命名法命名同一个函数

```
using UnityEngine;
public class Test_7_12 : MonoBehaviour
{
    public void someMethod(){}// 骆驼命名法
    public void some_method(){}// 下划线命名法
}
```

7.5.4　命名法使用建议

（1）String 类型：通常使用 str（前缀）+ Pascal 命名法的方式，如 string strSql = ''。

（2）其他类型对象：通常使用 obj（前缀）+ Pascal 命名法的方式，这种做法可以告知我们这个变量是一个对象。或者也可以直接使用 Camel 命名法。例如，

```
Application objApplication = new Application();
Application application = new Application();
```

（3）数据成员命名用 Camel 命名法，属性用 Pascal 命名法。通常如果数据成员与属性成对，则数据成员与属性的命名区别仅在于变量名的第一个字母是小写还是大写。例如，数据成员 Camel、mProductType（m 意为 member），属性 Pascal、StrName。

（4）委托的命名方式我常常用 Pascal 命名法，并且在命名的后面加 EventHandler。

例如，public delegate void MouseEventHandler (object sender, MouseEventArgs e); 用于处理与鼠标相关的事件或委托。对于自定义的委托，其第一个参数建议仍然使用 object sender，sender 代表触发这个时间或委托的源对象。而第二个参数继承于 EventArgs 类，并且在派生类中实现自己的业务逻辑。

（5）自定义异常类以 Exception 结尾，并且在类名中能清楚地描述出该异常的原因。如

NotFoundFileException，描述了某个实体（文件、内存区域等）无法被找到。

（6）枚举命名：用 Pascal 命名法，不需要在枚举中加入 enum，枚举的名称能清楚地表明该枚举的用途，如 enum Pascal。

（7）命名常量时常量名要全部大写，单词间用下划线间隔，如 public const int LOCK_SECONDS = 3000;。虽然在 MSDN 中常量的命名推荐使用 Pascal 命名法，但是从 C++ 语言沿袭的命名规则来看，将常量全部大写更加能清楚地表示常量与普通变量的区别。

（8）数据库的字段、表的命名都推荐采用 Pascal 命名法，尽量不使用缩写。当然，使用长的字段名、表名可能会给 SQL 语句的编写带来负面影响。我推荐大家使用一些 ORM，ORM 的性能肯定不如直接写 SQL 语句，但是如果做业务系统，则重要的是尽快交付系统，ORM 不仅可以缩短不少开发时间，而且在后期的维护上比起直接写 SQL 也更便利。

7.6 本章小结

本章介绍了 C# 语言的数据类型和变量，数据的保存和使用在 Unity 3D 中是很重要的，而数据类型就是定义数据的格式类型，数据类型的作用就是为数据分配不同的内存大小，如数据类型的数据就要申请大内存，这样就可以充分利用内存。

C# 语言的数据类型主要有两个，一个是值类型，如 byte、int、bool 等类型；另一个是引用类型，如对象类型、String 类等。两个类型的主要区别在于值类型的变量直接把变量的值保存在栈中，而引用类型的变量把实际数据的地址保存在栈中，将实际数据保存在堆中。因此，修改值类型只是修改值，而修改引用类型则是在修改这个数据在内存的引用地址，所有指向这个引用地址的数据都会改变。

值类型和引用类型可以相互转化，当一个值类型转换为引用类型时，称为装箱；当一个引用类型转换为值类型时，称为拆箱。

程序离不开数据。把数字、字母和文字输入计算机，就是希望它能利用这些数据完成某些任务。例如，需要计算“双 11”怎么买才最省钱或显示购物车的商品列表。C# 语言必须允许程序存储和读取数据，才能进行各种复杂的计算，而这正是通过变量实现的。

虽然说变量只是在存储区供程序操作的名字，但是如果这个名字命名得太乱会对阅读代码造成一定的困扰，由此产生了几种通用的命名惯例和规范：匈牙利命名法，规则就是在所有变量前建立一个前缀；帕斯卡命名法，规则就是首字母大写；骆驼命名法，规则就是混合使用大小写字母构成变量和函数的名字。

规范的命名方式会让代码整洁许多，也是代码进阶必须修炼的功夫，一段好的代码从规范的命名方式开始。

第 8 章　条件语句和循环语句

在游戏开发中会遇到要判断一个或多个条件的情况，以及当条件为真时要执行的语句和当条件为假时要执行的语句。例如，判断是否要购买装备，如果是，则扣除金币，获得装备；如果否，则不扣除金币，不获得装备。这就是条件语句。循环语句是指要多次执行的那一块代码，并且循环语句是按照顺序自上而下执行的。下面就介绍如何使用条件语句和循环语句。

8.1　条件语句

判断结构要求程序员指定一个或多个要评估或测试的条件，以及当条件为真时要执行的语句（必需的）和当条件为假时要执行的语句（可选的）。

下面是大多数编程语言中典型的条件语句的一般形式，如图 8-1 所示。

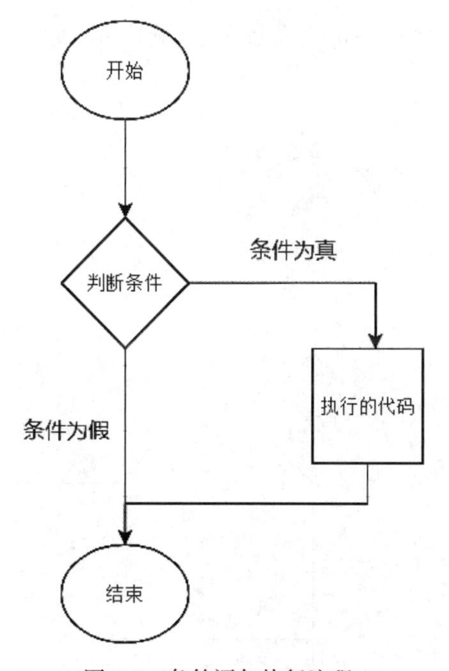

图 8-1　条件语句执行流程

C# 语言提供了以下类型的条件语句，见表 8-1。

表 8–1　C# 语言中的条件语句

语　句	描　述
if 语句	一条 if 语句由一个布尔表达式及一条或多条语句组成
if...else 语句	一条 if 语句后可跟一条可选的 else 语句，else 语句在布尔表达式为假时执行
嵌套 if...else 语句	一条 if 或 else if 语句内使用另一条 if 或 else if 语句
switch 语句	一条 switch 语句允许测试一个变量有多个值时的情况

下面就来了解一下不同的条件语句的细节吧。

8.1.1　if 语句

一条 if 语句由一个布尔表达式及一条或多条语句组成。

if 语句的语法：

```
if( 布尔表达式 )
{
// 如果布尔表达式为真则执行的语句
}
```

如果布尔表达式为 true，则 if 语句内的代码块将被执行；如果布尔表达式为 false，则 if 语句结束后的语句将执行。

if 语句执行流程如图 8-2 所示。

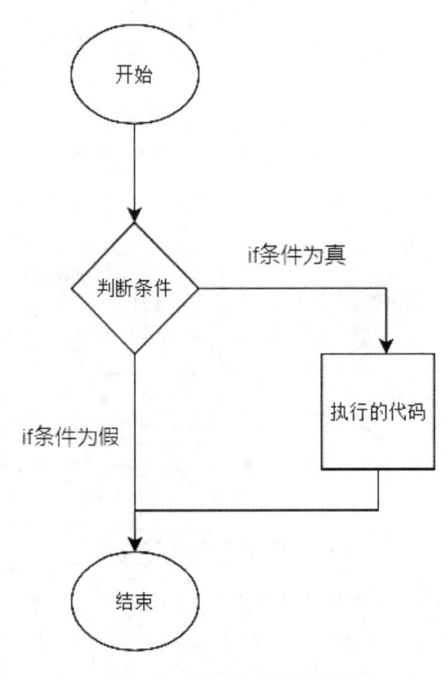

图 8-2　if 语句执行流程

if 语句执行流程示例，参考代码 8-1。

代码 8–1　if 语句执行流程示例

```
using UnityEngine;

public class Test_8_1 : MonoBehaviour
{
    void Start()
    {
        /* 局部变量定义 */
        int a = 10;
        /* 使用 if 语句检查布尔表达式 */
        if (a < 20)
        {
            /* 如果条件为真，则执行下面的语句 */
            Debug.Log("a 小于 20");
        }
        Debug.Log("a 的值是 :" + a);
    }
}
```

当上面的代码被编译和执行时，它会产生下列结果，如图 8-3 所示。

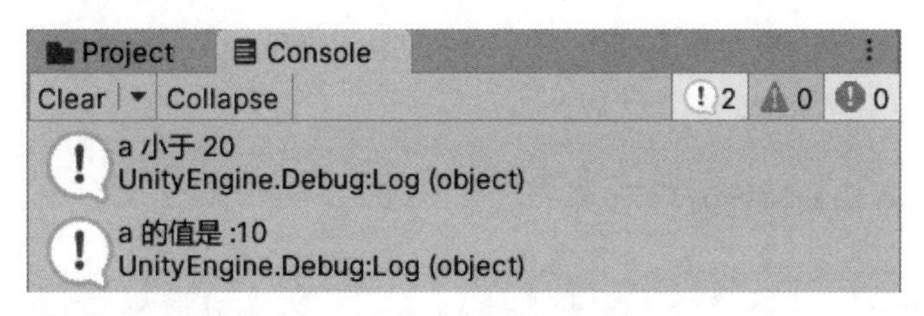

图 8-3　if 语句执行结果

8.1.2　if...else 语句

一条 if 语句后可跟一条可选的 else 语句，else 语句在布尔表达式为假时执行。

if...else 语句的语法：

```
if( 布尔表达式 )
{
// 如果布尔表达式为真则执行的语句
}
else
{
```

```
// 如果布尔表达式为假则执行的语句
}
```

如果布尔表达式为 true，则执行 if 块内的代码。如果布尔表达式为 false，则执行 else 块内的代码。

if...else 语句执行流程如图 8-4 所示。

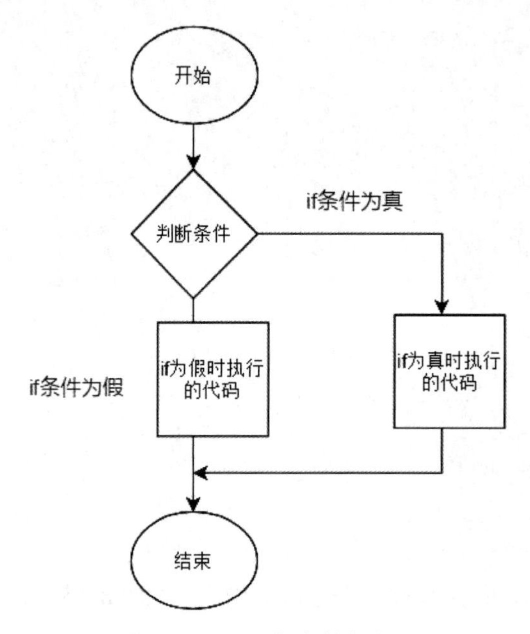

图 8-4　if...else 语句执行流程

if...else 语句执行流程示例，参考代码 8-2。

代码 8-2　if...else 语句执行流程示例

```
using UnityEngine;
public class Test_8_2 : MonoBehaviour
{
    void Start()
    {
        /* 局部变量定义 */
        int a = 10;
        /* 使用 if 语句检查布尔表达式 */
        if (a < 20)
        {
            /* 如果布尔表达式为真，则执行下面的语句 */
            Debug.Log("a 小于 20");
```

```
        }
        else
        {
            /* 如果布尔表达式为假，则执行下面的语句 */
            Debug.Log("a 大于 20");
        }
        Debug.Log("a 的值是 :" + a);
    }
}
```

当上面的代码被编译和执行时，它会产生下列结果，如图 8-5 所示。

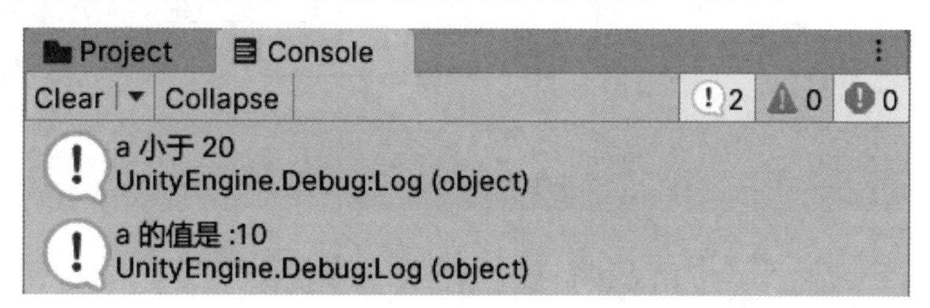

图 8-5　if...else 语句执行结果

8.1.3　嵌套 if...else 语句

一条 if 语句后可跟一个可选的 else if...else 语句，可用于测试多种条件。

当使用嵌套 if...else 语句时，以下几点需要注意。

- 一条 if 语句后可跟零条或一条 else 语句，它必须在任何一条 else if 语句后。
- 一条 if 语句后可跟零条或多条 else if 语句，它们必须在 else 语句前。
- 一旦某条 else if 语句匹配成功，其他的 else if 语句或 else 语句 将不会被测试。

嵌套 if...else 语句的语法：

```
if( 布尔表达式 1)
{   /* 当布尔表达式 1 为真时执行 */}
else if( 布尔表达式 2)
{   /* 当布尔表达式 2 为真时执行 */}
else if( 布尔表达式 3)
{   /* 当布尔表达式 3 为真时执行 */}
else
{   /* 当上面条件都不为真时执行 */}
```

嵌套 if...else 语句流程如图 8-6 所示。

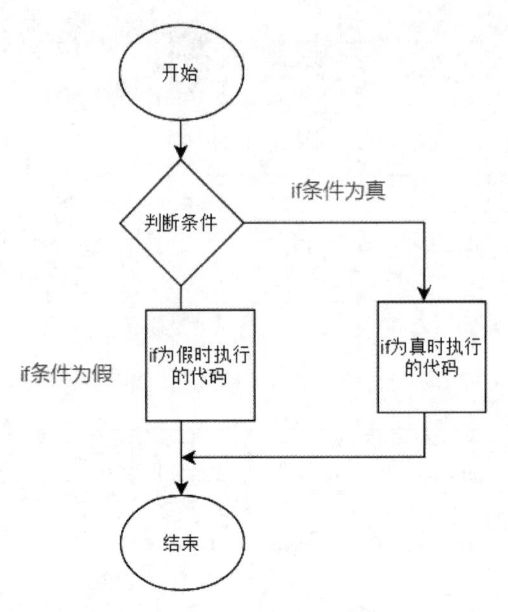

图 8-6　嵌套 if...else 语句执行流程

嵌套 if...else 语句执行流程示例，参考代码 8-3。

代码 8-3　嵌套 if...else 语句执行流程示例

```
using UnityEngine;
public class Test_8_3 : MonoBehaviour
{
    void Start()
    {
        int a = 100; /* 局部变量定义 */
         if (a == 10) /* 检查布尔条件 */
        {   /* 如果 if 条件为真，则执行下面的语句 */
            Debug.Log("a 的值是 10");
        }
        else if (a == 20)
        {   /* 如果 else if 条件为真，则执行下面的语句 */
            Debug.Log("a 的值是 20");
        }
        else if (a == 30)
        {   /* 如果 else if 条件为真，则执行下面的语句 */
            Debug.Log("a 的值是 30");
        }
```

```
        else
        {    /* 如果上面条件都不为真，则执行下面的语句 */
            Debug.Log(" 没有匹配的值 ");
        }
        Debug.Log("a 的准确值是 :"+ a);
    }
}
```

当上面的代码被编译和执行时，它会产生下列结果，如图 8-7 所示。

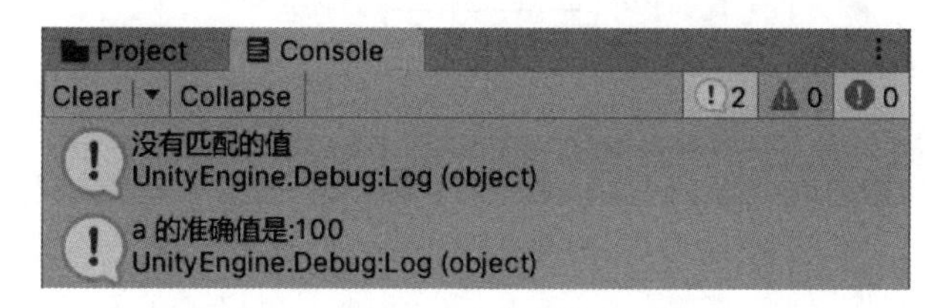

图 8-7　嵌套 if...else 语句执行结果

8.1.4　switch 语句

一条 switch 语句允许测试一个变量有多个值时的情况。每个值称为一个 case，且被判断的变量会与每个 case 进行比较。

switch 语句的语法：

```
switch(expression){
    case constant-expression  :
       statement(s);
       break;
    case constant-expression  :
       statement(s);
       break;
    /* 可以有任意数量的 case 语句 */
    default : /* 可选的 */
       statement(s);
       break;
}
```

switch 语句执行流程如图 8-8 所示。

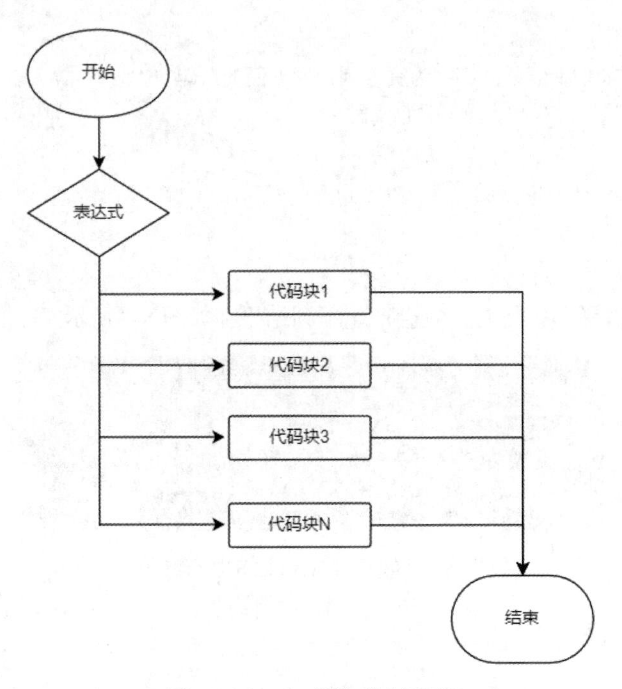

图 8-8　switch 语句执行流程

switch 语句执行流程示例，参考代码 8-4。

代码 8-4　switch 语句执行流程示例

```
using UnityEngine;
public class Test_8_4 : MonoBehaviour
{
    void Start()
    {
        /* 局部变量定义 */
        char grade = 'B';
        switch (grade)
        {
            case 'A':
                Debug.Log(" 很棒 ");
                break;
            case 'B':
                Debug.Log(" 还可以 ");
                break;
            case 'C':
                Debug.Log(" 做得好 ");
```

```
                break;
            case 'D':
                Debug.Log(" 您通过了 ");
                break;
            case 'F':
                Debug.Log(" 最好再试一下 ");
                break;
            default:
                Debug.Log(" 无效的成绩 ");
                break;
        }
        Debug.Log(" 您的成绩是 :"+ grade);
    }
}
```

当上面的代码被编译和执行时，它会产生下列结果，如图 8-9 所示。

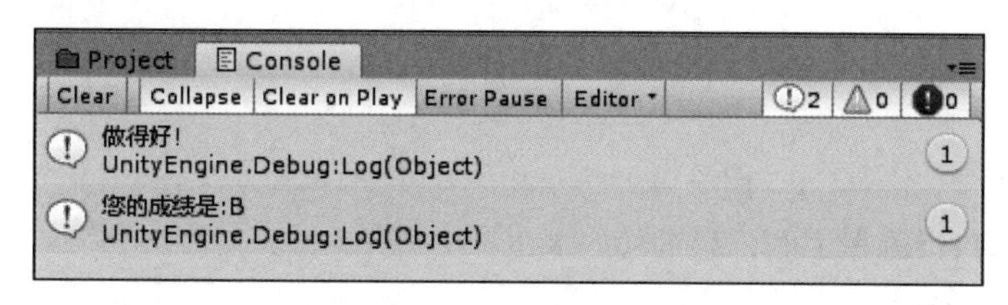

图 8-9　switch 语句执行结果

8.2　循环语句

有时需要多次执行同一块代码。一般情况下，代码是按顺序执行的，即函数中的第一条语句先执行，接着是第二条语句，以此类推。

8.2.1　while 循环

只要给定的条件为真，C# 语言中的 while 循环语句会重复执行代码块的语句。

while 循环语句的语法：

```
while(condition){
   statement(s);}
```

while 循环语句执行流程如图 8-10 所示。

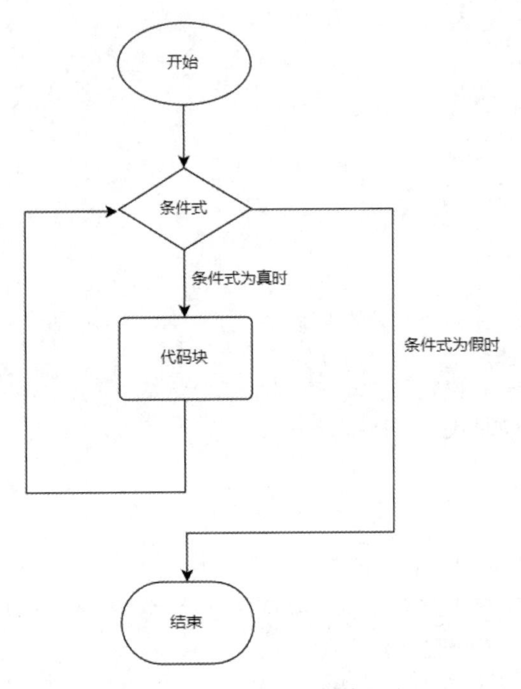

图 8-10　while 循环语句执行流程

while 循环语句执行流程示例，参考代码 8-5。

代码 8–5　while 循环语句执行流程示例

```
using UnityEngine;
public class Test_8_5 : MonoBehaviour
{
    void Start()
    {
        /* 局部变量定义 */
        int a = 10;
        /* while 循环执行 */
        while (a < 20)
        {
            Debug.Log("a 的值: "+ a);
            a++;
        }
    }
}
```

当上面的代码被编译和执行时，它会产生下列结果，如图 8-11 所示。

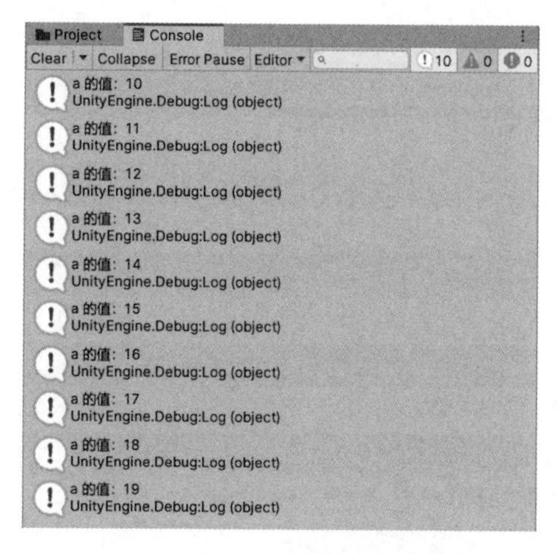

图 8-11　while 循环语句执行结果

8.2.2　do...while 循环

for 循环和 while 循环是在循环的头部判断循环条件，而 do...while 循环是在循环的尾部判断循环条件。

do...while 循环与 while 循环类似，但是 do...while 循环会确保至少执行一次循环。

do...while 循环语句的语法：

```
do{
   statement(s);
}while( condition );
```

do...while 循环语句执行流程如图 8-12 所示。

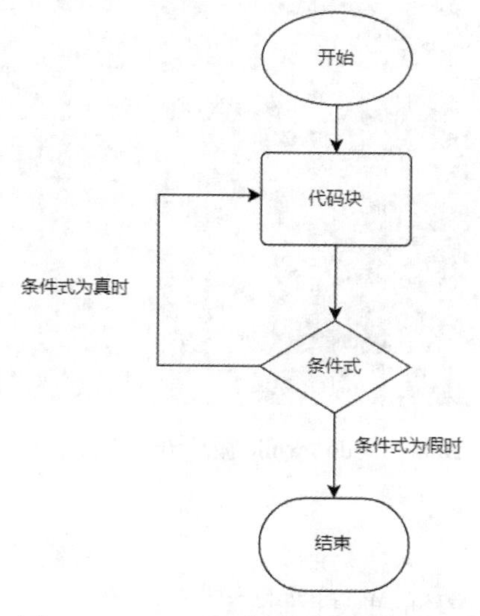

图 8-12　do...while 循环语句执行流程

do...while 循环语句执行流程示例，参考代码 8-6。

代码 8-6　do...while 循环语句执行流程示例

```
using UnityEngine;
public class Test_8_6 : MonoBehaviour
{
    void Start()
    {
        /* 局部变量定义 */
        int a = 10;
        /* do...while 循环执行 */
        do
        {
            Debug.Log("a 的值: "+ a);
            a = a + 1;
        } while (a < 20);
    }
}
```

当上面的代码被编译和执行时，它会产生下列结果，如图 8-13 所示。

图 8-13　do...while 循环语句执行结果

8.2.3　for 循环

for 循环是一个特定次数的循环的重复控制结构。

for 循环语句的语法：

```
for ( init; condition; increment ){
   statement(s);}
```

for 循环语句执行流程如图 8-14 所示。

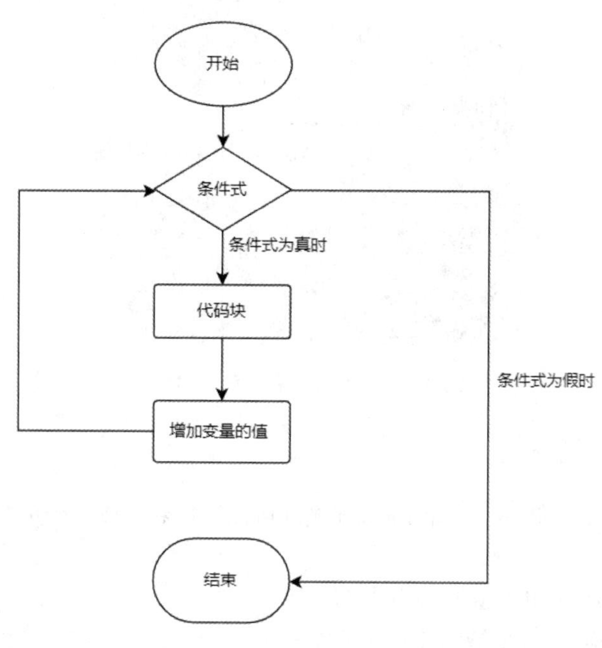

图 8-14　for 循环语句执行流程

for 循环语句执行流程示例，参考代码 8-7。

代码 8–7　for 循环语句执行流程示例

```
using UnityEngine;
public class Test_8_7 : MonoBehaviour
{
    void Start()
    {
        /* for 循环语句执行 */
        for (int a = 10; a < 20; a++)
        {
            Debug.Log("a 的值: "+ a);
        }
    }
}
```

当上面的代码被编译和执行时，它会产生下列结果，如图 8-15 所示。

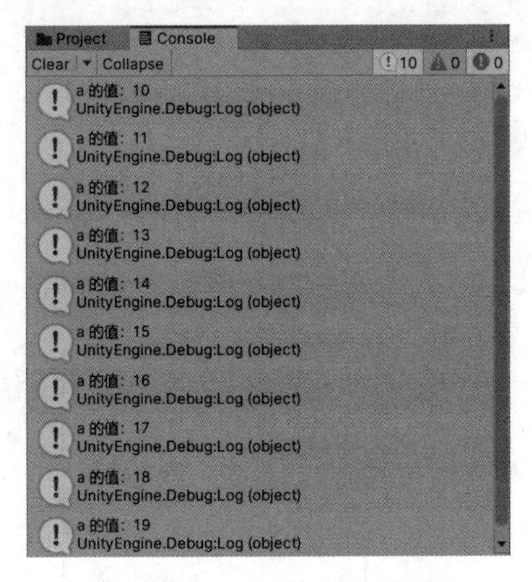

图 8-15　for 循环语句执行结果

8.2.4　foreach 循环

C# 语言也支持 foreach 循环，使用 foreach 循环可以迭代数组或一个集合对象。

以下实例有 3 个部分。

（1）通过 foreach 循环输出整型数组中的元素。

（2）通过 for 循环输出整型数组中的元素。

（3）通过 foreach 循环设置数组元素的计数器。

foreach 循环语句执行流程示例，参考代码 8-8。

代码 8–8　foreach 循环语句执行流程示例

```
using UnityEngine;
public class Test_8_8 : MonoBehaviour
{
    void Start()
    {
        // foreach 循环
        int[] fibarray = new int[] { 0,  8, 13 };
        foreach (int element in fibarray)
        {
            Debug.Log(element);
        }

        //  for 循环
        for (int i = 0; i < fibarray.Length; i++)
```

```
        {
            Debug.Log(fibarray[i]);
        }

        // 设置数组元素的计数器
        int count = 0;
        foreach (int element in fibarray)
        {
            count += 1;
            Debug.Log("元素 #"+count+":"+element);
        }
        Debug.Log("数组中元素的数量: " + count);
    }
}
```

当上面的代码被编译和执行时，它会产生下列结果，如图 8-16 所示。

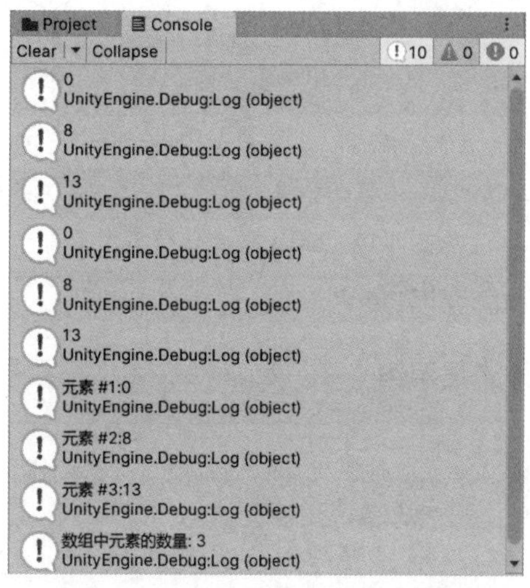

图 8-16　foreach 循环语句执行结果

8.2.5　控制语句

循环中的控制语句可以更改执行的正常序列。当执行离开一个范围时，所有在该范围中自动创建的对象都会被销毁。

C# 语言提供了 break 和 continue 控制语句。

1. break 语句

C# 语言中的 break 语句有以下两种用法。

（1）当 break 语句出现在一个循环内时，循环会立即终止，且程序流将继续执行下一条语句。它可用于终止 switch 语句中的一个条 case 语句。

（2）如果使用的是嵌套循环（即一个循环内嵌套另一个循环），break 语句会停止执行最内层的循环，然后开始执行该代码块后的下一行代码。

break 语句的语法：

```
break;
```

break 语句执行流程如图 8-17 所示。

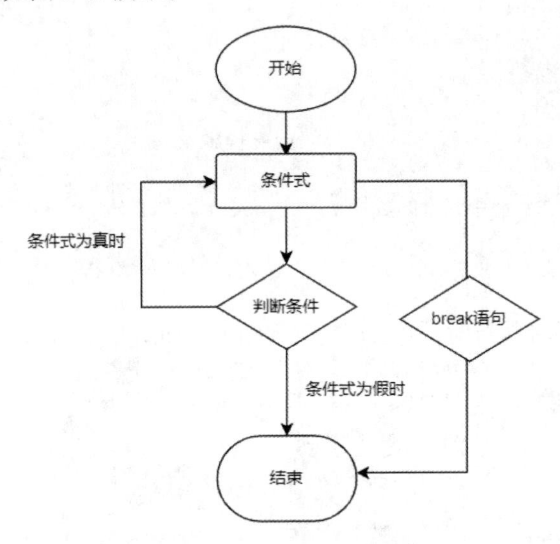

图 8-17　break 语句执行流程

break 语句执行流程示例，参考代码 8-9。

代码 8-9　break 语句执行流程示例

```
using UnityEngine;
public class Test_8_9 : MonoBehaviour
{
    void Start()
    {
        /* 局部变量定义 */
        int a = 10;
        /* while 循环语句执行 */
        while (a < 20)
        {
            Debug.Log("a 的值： :"+ a);
            a++;
            if (a > 15)
            {
                /* 使用 break 语句终止 loop */
                break;
```

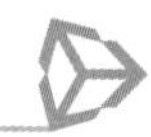

```
                }
            }
        }
    }
```

当上面的代码被编译和执行时，它会产生下列结果，如图 8-18 所示。

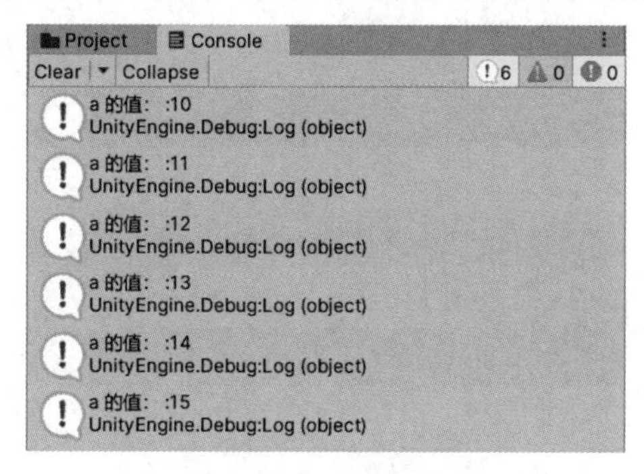

图 8-18　break 语句执行结果

2. continue 语句

C# 语言中的 continue 语句有点像 break 语句。但它不是强迫终止，continue 语句会跳过当前循环中的代码，强迫开始下一次循环。

对于 for 循环，continue 语句会导致程序执行条件测试和循环增量部分。对于 while 循环和 do...while 循环，continue 语句会导致程序控制回到条件测试上。

continue 语句的语法：

```
continue;
```

continue 语句执行流程如图 8-19 所示。

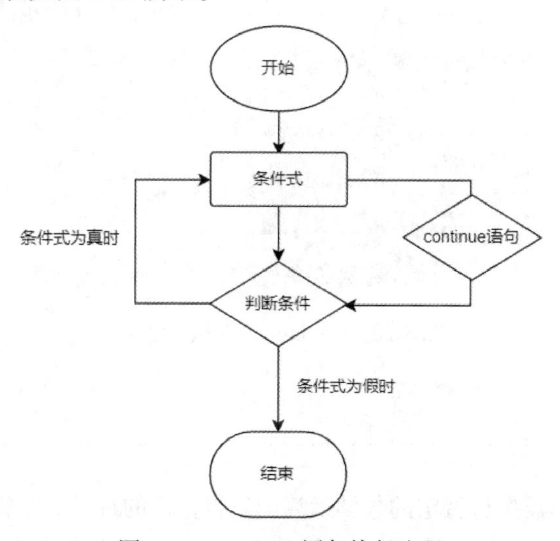

图 8-19　continue 语句执行流程

continue 语句执行流程示例，参考代码 8-10。

代码 8-10　continue 语句执行流程示例

```
using UnityEngine;
public class Test_8_10 : MonoBehaviour
{
    void Start()
    {
        /* 局部变量定义 */
        int a = 10;
        /* do 循环语句执行 */
        do
        {
            if (a == 12)
            {
                /* 跳过迭代 */
                a = a + 1;
                continue;
            }
            Debug.Log("a 的值:  :"+ a);
            a++;
        } while (a < 15);
    }
}
```

当上面的代码被编译和执行时，它会产生下列结果，如图 8-20 所示。

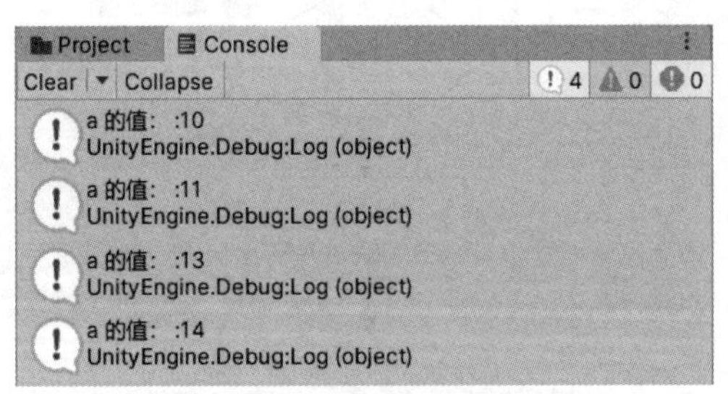

图 8-20　continue 语句执行结果

8.3　运算符

运算符是一种让编译器执行特定的数学运算或逻辑操作的符号。运算符可以提高代码的编写效率，提升代码的可读性。在 Unity 3D 中运算符主要用于数值计算、条件判断等。C# 语言有丰

富的内置运算符，分别是算术运算符、关系运算符、逻辑运算符、位运算符、赋值运算符和其他运算符。

本节将逐一讲解算术运算符、关系运算符、逻辑运算符和赋值运算符的内容及应用。

8.3.1 算术运算符

表 8-2 列出了 C# 语言支持的所有算术运算符（假设变量 A 的值为 10，变量 B 的值为 20）。

表 8-2 C# 语言支持的所有算术运算符

运算符	描 述	实 例
+	两个操作数相加	A+B 将得到 30
–	两个操作数相减	A–B 将得到 –10
*	两个操作数相乘	A*B 将得到 200
/	两个操作数相除	B/A 将得到 2
%	取余运算，结果为整除后的余数	B%A 将得到 0
++	自增运算，值增加 1	A++ 将得到 11
––	自减运算，值减少 1	A–– 将得到 9

算术运算符执行流程示例，参考代码 8-11。

代码 8–11 算术运算符执行流程示例

```
using UnityEngine;
public class Test_8_11 : MonoBehaviour
{
    void Start()
    {
        int a = 21;
        int b = 10;
        int c;
        c = a + b;
        Debug.Log("行 1  c 的值是 "+ c);
        c = a - b;
        Debug.Log("行 2  c 的值是 " + c);
        c = a * b;
        Debug.Log("行 3  c 的值是 " + c);
        c = a / b;
        Debug.Log("行 4  c 的值是 " + c);
        c = a % b;
        Debug.Log("行 5  c 的值是 " + c);
```

```
        // ++a 先进行自增运算再赋值
        c = ++a;
        Debug.Log("行 6  c的值是 " + c);
        // 此时 c 的值为 22
        // --a 先进行自减运算再赋值
        c = --a;
        Debug.Log("行 7  c的值是 " + c);
    }
}
```

当上面的代码被编译和执行时，它会产生下列结果，如图 8-21 所示。

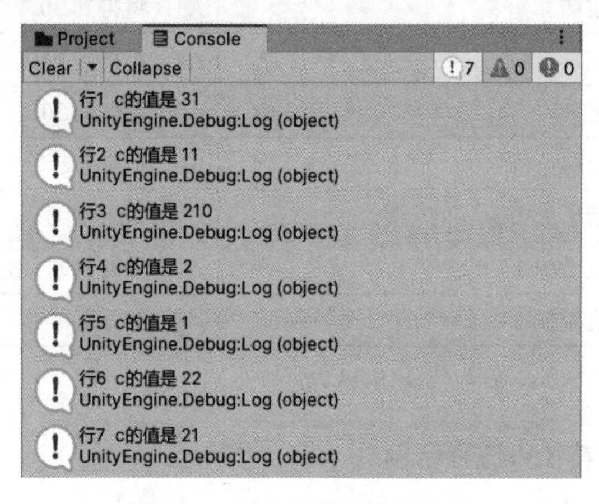

图 8-21 算术运算符执行结果

补充说明

- c = a++：表示先将 a 赋值给 c，再对 a 进行自增运算。
- c = ++a：表示先将 a 进行自增运算，再将 a 赋值给 c。
- c = a--：表示先将 a 赋值给 c，再对 a 进行自减运算。
- c = --a：表示先将 a 进行自减运算，再将 a 赋值给 c。

8.3.2 关系运算符

表 8-3 列出了 C# 语言支持的所有关系运算符（假设变量 A 的值为 10，变量 B 的值为 20）。

表 8–3 C# 语言支持的所有关系运算符

运算符	描 述	实 例
==	判断两个操作数的值是否相等，如果相等则条件为真	(A==B) 不为真
!=	判断两个操作数的值是否不相等，如果不相等则条件为真	(A!=B) 为真
>	判断左操作数的值是否大于右操作数的值，如果是则条件为真	(A>B) 不为真
<	判断左操作数的值是否小于右操作数的值，如果是则条件为真	(A<B) 为真

续表

运算符	描　述	实　例
>=	判断左操作数的值是否大于或等于右操作数的值，如果是则条件为真	(A>=B) 不为真
<=	判断左操作数的值是否小于或等于右操作数的值，如果是则条件为真	(A<=B) 为真

关系运算符执行流程示例，参考代码 8-12。

代码 8-12　关系运算符执行流程示例

```
using UnityEngine;
public class Test_8_12 : MonoBehaviour
{
    void Start()
    {
        int a = 21;
        int b = 10;
        if (a == b)
        {
            Debug.Log("行 1  a 等于 b");
        }
        else
        {
            Debug.Log("行 1  a 不等于 b");
        }
        if (a < b)
        {
            Debug.Log("行 2  a 小于 b");
        }
        else
        {
            Debug.Log("行 2  a 不小于 b");
        }
        if (a > b)
        {
            Debug.Log("行 3  a 大于 b");
        }
        else
        {
            Debug.Log("行 3  a 不大于 b");
        }
        /* 改变 a 和 b 的值 */
        a = 5;
        b = 20;
        if (a <= b)
        {
```

```
            Debug.Log(" 行 4   a 小于或等于 b");
        }
        if (b >= a)
        {
            Debug.Log(" 行 5   b 大于或等于 a");
        }
```

当上面的代码被编译和执行时，它会产生下列结果，如图 8-22 所示。

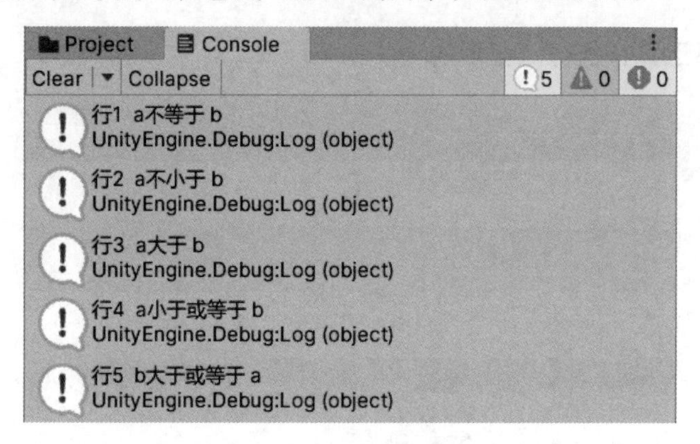

图 8-22　关系运算符执行结果

8.3.3　逻辑运算符

表 8-4 列出了 C# 语言支持的所有逻辑运算符（假设变量 A 为布尔值 true，变量 B 为布尔值 false）。

表 8-4　C# 语言支持的所有逻辑运算符

运算符	描　述	实　例
&&	逻辑与运算，如果两个操作数都为真，则判断为真； 如果两个操作数有一个为假，则都为假	(A&&B) 为假
||	逻辑或运算，如果两个操作数中的任意一个为真，则判断为真	(A||B) 为真
!	逻辑非运算，用来反转操作数的逻辑状态。 如果判断为真，则逻辑非将使其为假	!(A&&B) 为真

逻辑运算符执行流程示例，参考代码 8-13。

代码 8-13　逻辑运算符执行流程示例

```
using UnityEngine;

public class Test_8_13 : MonoBehaviour
{
```

```
    void Start()
    {
        bool a = true;
        bool b = true;

        if (a && b)
        {
            Debug.Log("行 1 - 条件为真");
        }
        if (a || b)
        {
            Debug.Log("行 2 - 条件为真");
        }
        /* 改变 a 和 b 的值 */
        a = false;
        b = true;
        if (a && b)
        {
            Debug.Log("行 3 - 条件为真");
        }
        else
        {
            Debug.Log("行 3 - 条件不为真");
        }
        if (!(a && b))
        {
            Debug.Log("行 4 - 条件为真");
        }
    }
}
```

当上面的代码被编译和执行时，它会产生下列结果，如图 8-23 所示。

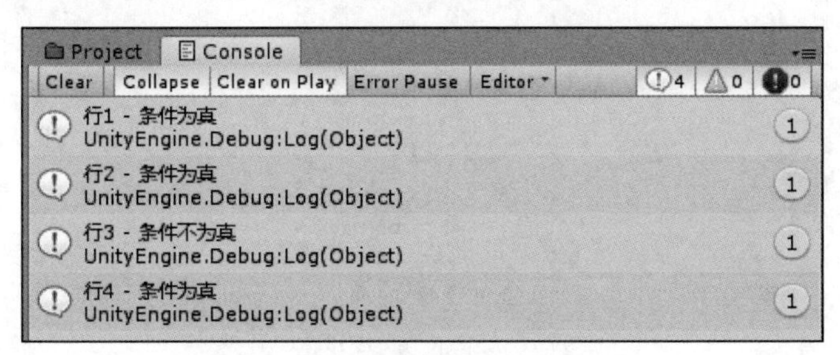

图 8-23　逻辑运算符执行结果

8.3.4 赋值运算符

表 8-5 列出了 C# 语言支持的所有赋值运算符（假设变量 A 的值为 10，变量 B 的值为 20）。

表 8-5 C# 语言支持的所有赋值运算符

运算符	描　述	实　例
=	把右边操作数的结果赋值给左边操作数	B=A 表示将 A 的值赋给 B，B=10
+=	把左边操作数加上右边操作数的结果赋值给左边操作数	B+=A 相当于 B=B+A，B=30
–=	把左边操作数减去右边操作数的结果赋值给左边操作数	B–=A 相当于 B=B–A，B=10
*=	把左边操作数乘以右边操作数的结果赋值给左边操作数	B*=A 相当于 B=B*A，B=200
/=	把左边操作数除以右边操作数的结果赋值给左边操作数	B/=A 相当于 B=B/A，B=2
%=	对两个操作数进行取余，并将结果赋值给左边操作数	B%=A 相当于 B=B%A，B=0
<<=	左移且赋值运算符	B<<=2 相当于 B=B<<2，B=80
>>=	右移且赋值运算符	B>>=2 相当于 B=B>>2，B=5

赋值运算符执行流程示例，参考代码 8-14。

代码 8-14　赋值运算符执行流程示例

```
using UnityEngine;

public class Test_8_14 : MonoBehaviour
{
    void Start()
    {
        int A = 10;
        int B;
        B = A;
        Debug.Log("行1  =  B的值 = " + B);
        B = 20;
        B += A;//B=B+A;
        Debug.Log("行2  += B的值 = " + B);
        B = 20;
        B -= A;//B=B-A;
        Debug.Log("行3  -=  B的值 = " + B);
        B = 20;
        B *= A;//B=B*A;
        Debug.Log("行4  *=  B的值 = " + B);
        B = 20;
        B /= A;//B=B/A;
```

```
        Debug.Log("行 5  /=  B 的值 = " + B);
        B = 20;
        B %= A;//B=B%A;
        Debug.Log("行 6  %=  B 的值 = " + B);
        B = 20;
        B <<= 2;//B=B<<2;
        Debug.Log("行 7  <<=  B 的值 = " + B);
        B = 20;
        B >>= 2;//B=B>>2;
        Debug.Log("行 8  >>=  B 的值 = " + B);
    }
}
```

当上面的代码被编译和执行时，它会产生下列结果，如图 8-24 所示。

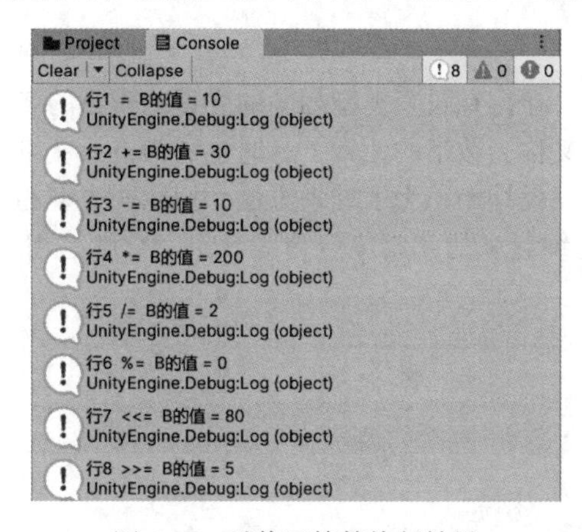

图 8-24　赋值运算符执行结果

8.4　本章小结

本章介绍了 C# 编程语言中比较重要的概念：条件语句和循环语句，这两种语句结构是编程语言的根基，复杂的语句也往往是这两种语句的叠加和优化，万丈高楼平地起，学好语法，再难的代码也能看懂。

条件语句中比较常用的是 if...else 语句，判断条件时，条件满足就执行 if 中的语句，条件不满足就执行 else 中的语句。

switch 语句就是对一个变量的多个条件进行判断，满足某一个条件，就执行这个代码块的代码。例如，小明考了 50 分，如果定义大于 60 分就及格，小于 60 分就不及格，则小明的成绩就是不及格。

运算符的使用可以简写代码，提高代码的编写效率和可读性。运算符有 4 种类型，分别是算术运算符、关系运算符、逻辑运算符和赋值运算符，熟练掌握运算符的使用方法，可以让代码的执行效率更高。

第 9 章　数组和集合

数组是最为常见的一种结构，是相同类型的、用一个标识符封装到一起的基本类型的数据序列或对象序列，可以用一个统一的数组名和下标来唯一确定数组中的元素。实质上，数组是一个简单的线性序列，因此数组访问起来很快。而集合可以看成一种特殊的数组，它也可以存储多条数据，C# 语言中常用的集合为 ArrayList 和 Hashtable（哈希表）。

9.1　数组

数组是有序的元素序列，存在有限个类型相同的变量的集合的名称叫作数组名；组成数组的各个变量称为数组的分量，又称为数组的元素，有时也称为下标变量；用于区分数组的各个元素的数字编号称为下标。在程序设计中，为了处理方便，把相同类型的若干元素按无序的形式组织起来，这些按无序的形式组织起来的元素集合称为数组。数组是用于存储多个相同类型数据的集合。

9.1.1　初始化数组

1. 声明数组

声明数据的格式如下：

```
datatype[] arrayName;
```

其中，

- datatype 存储在数组中的元素的类型。
- [ ] 指定数组的秩（维度）。秩指定数组的大小。
- arrayName 指定数组的名称。

2. 初始化数组

声明一个数组时不会在内存中初始化数组。当初始化数组变量时，可以赋值给数组。

数组是一个引用类型，所以需要使用 new 关键字创建数组的实例。

例如：

```
double[] balance = new double[10];
```

9.1.2　数组赋值

可以通过使用数组的下标给一个单独的数组元素赋值，例如：

```
double[] balance = new double[10];
balance[0] = 4500.0;
```

可以在声明数组的同时给数组赋值，例如：

```
double[] balance = { 2340.0, 4523.69, 3421.0};
```

也可以创建并初始化一个数组，例如：

```
int [] marks = new int[5]  { 99,  98, 92, 97, 95};
```

在上述情况下，也可以省略数组的大小，例如：

```
int [] marks = new int[]  { 99,  98, 92, 97, 95};int[] score = marks;
```

也可以将一个数组变量的值赋值给另一个目标数组变量。在这种情况下，目标和源会指向相同的内存位置，例如：

```
int [] marks = new int[]  { 99,  98, 92, 97, 95};
```

9.1.3　访问数组元素

元素是通过“数组名称［下标］”这种方式访问的，这是通过把元素的下标放置在数组名称后的方括号中实现的。例如：

```
double salary = balance[9];
```

下面是一个演示数组元素访问的实例，参考代码 9-1。

代码 9-1　数组元素访问的实例代码

```
using UnityEngine;
public class Test_9_1 : MonoBehaviour
{
    void Start()
    {
        int[] n = new int[5]; /* n 是一个带有 10 个整数的数组 */
        int i, j;
        /* 初始化数组 n 中的元素 */
        for (i = 0; i < 5; i++)
        {
            n[i] = i + 100;
        }
        /* 输出每个数组元素的值 */
        for (j = 0; j < 5; j++)
        {
            Debug.Log("元素 [{" + j + "}] = {" + n[j] + "}");
        }
```

```
    }
}
```

当上面的代码被编译和执行时，它会产生下列结果，如图 9-1 所示。

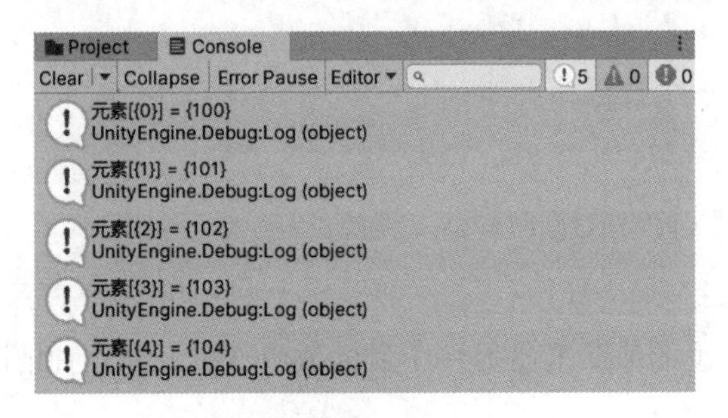

图 9-1　数组元素的执行结果

9.1.4　多维数组

多维数组最简单的形式是二维数组。一个二维数组，在本质上，是一个一维数组的列表。

一个二维数组可以被认为是一个 x 行 y 列的表格。图 9-2 就是一个二维数组，包含 3 行和 4 列。

	Column 0	Column 1	Column 2	Column 3
Row 0	a[0,0]	a[0,1]	a[0,2]	a[0,3]
Row 1	a[1,0]	a[1,1]	a[1,2]	a[1,3]
Row 2	a[2,0]	a[2,1]	a[2,2]	a[2,3]

图 9-2　3 行 4 列的二维数组

因此，数组中的每个元素是用 a[i , j] 形式标识的，其中 a 是数组名称，i 和 j 是唯一标识每个元素的行、列下标。

1. 初始化二维数组

多维数组可以通过在大括号内按行指定每个元素的值进行初始化。下面是一个 3 行 4 列的数组。

```
int[,] a = new int [3,4]{{0, 1, 2, 3} ,{4, 5, 6, 7} ,{8, 9, 10, 11}};
```

2. 访问二维数组元素

```
int val = a[2,3];a[2,3]
```

二维数组元素是通过使用下标（即数组的行索引和列索引）访问的。例如，a[2,3] 将获取数组中第 3 行第 4 列的元素，读者可以查看图 9-2 进行验证。下面将使用嵌套循环处理二维数组。

多维数组的实例，参考代码 9-2。

代码 9-2　多维数组的实例代码

```
using UnityEngine;
public class Test_9_2 : MonoBehaviour
{
    void Start()
    {
        /* 一个 5 行 2 列的数组 */
        int[,] a = new int[5, 2] { { 0, 1 }, { 2, 3 }, { 4, 5 }, { 6, 7 }, { 8,  9
            } };
        int i, j;
        /* 输出数组中每个元素的值 */
        for (i = 0; i < 5; i++)
        {
            for (j = 0; j < 2; j++)
            {
                Debug.Log("a[{"+i+"},{"+j+"}] = {"+a[i, j]+"}");
            }
        }
    }
}
```

当上面的代码被编译和执行时，它会产生下列结果，如图 9-3 所示。

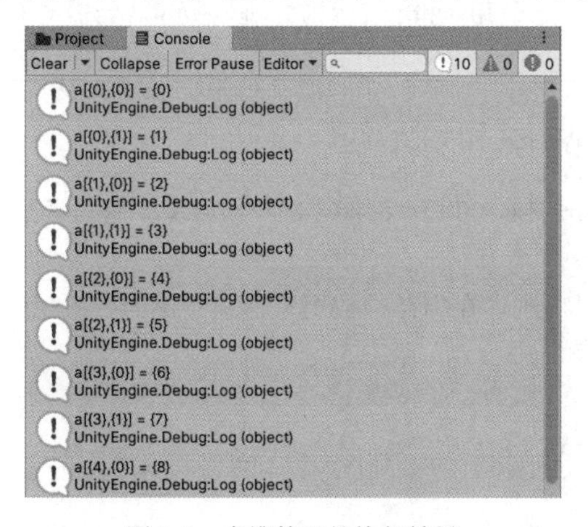

图 9-3　多维数组的执行结果

9.2　集合

集合（Collection）是专门用于存储数据和检索数据的类，分别提供了对栈（Stack）、队列（Queue）、列表（List）和哈希表（Hashtable）的支持。大多数集合实现了相同的接口。

不同集合的作用不同，如为元素动态分配内存，基于索引访问列表项等，这些类创建 Object 类的对象的集合。在 C# 语言中，Object 类是所有数据类型的基类。

9.2.1 常见集合

表 9-1 列出了 C# 语言中的常见集合。

表 9–1 C# 语言中的常见集合

集合类	描述和用法
ArrayList（动态数组）	代表了可被单独索引的对象的有序集合，基本可以替代一个数组。但是，与数组不同的是 ArrayList 可以在指定的位置添加和删除元素，动态数组会自动调整大小，可以在列表中动态分配内存，增加、搜索、排序各项
Hashtable（哈希表）	使用键访问集合中的元素，Hashtable 中的每一项都是一个键 / 值对，键用来访问集合中的元素
SortedList（排序列表）	可以使用键和索引访问列表中的元素。SortedList 是 ArrayList 和 Hashtable 的结合，使用键访问元素，则它是一个 Hashtable；使用索引访问元素，则它是一个 ArrayList
Stack（堆栈）	后进先出的对象集合。如果需要对各项元素进行后进先出的访问，可以使用堆栈，当向堆栈中添加元素时，称为推入元素；当向堆栈中删除元素时，称为弹出元素
Queue（队列）	先进先出的对象集合。如果需要对各项元素进行先进先出的访问，可以使用队列，当向队列中添加元素时，称为入队；当向队列中删除元素时，称为出队
BitArray（点阵列）	代表了一个使用 0 和 1 表示的二进制数组。当需要存储位但是不知道位数时，可以使用点阵列。可以使用整型索引从点阵列集合中访问各项元素，索引从 0 开始

9.2.2 数组、ArrayList 和 List

在 C# 语言中数组、ArrayList 和 List 都能存储一组对象，这三者到底有什么区别呢？

1. 数组

数组在 C# 语言中最早出现。在内存中数组是连续存储的，所以它的索引速度非常快，而且元素的赋值与修改也很简单。

```
//数组
string[] s=new string[2];
s[0]="a";          //赋值
s[1]="b";
s[1]="a1";         //修改
```

但是数组也存在一些不足：一是在数组的两个数据间插入数据很麻烦；二是在声明数组时必须指定数组的长度（数组的长度过长，会造成内存浪费，过短会造成数据溢出）。如果在声明数组时不清楚数组的长度，就会变得很麻烦。

针对数组的不足之处，C# 语言最先提供了 ArrayList 解决由这些不足带来的问题。

2. ArrayList

ArrayList 是命名空间 System.Collections 的一部分，在使用该类时必须进行引用，同时该类继承了 IList 接口，提供了数据存储和数据检索的功能。ArrayList 对象的大小是按照其存储的数据的多少动态扩充与收缩的。所以，在声明 ArrayList 对象时并不需要指定它的长度。

```
//ArrayList
ArrayList list1 = new ArrayList();
// 新增数据
list1.Add("cde");
list1.Add(5678);
// 修改数据
list[2] = 34;
// 删除数据
list.RemoveAt(0);
// 插入数据
list.Insert(0, "qwe");
```

从上面的例子来看，ArrayList 好像解决了数组的所有缺点，为什么又会出现 List？

从上面的例子来看，在 list1 中，不但插入了字符串“cde”，而且插入了数字 5678。在 ArrayList 中这样插入不同类型的数据是被允许的，因为 ArrayList 会把所有插入其中的数据作为 Object 类处理，在使用 ArrayList 处理数据时，很可能会报类型不匹配的错误，也就是 ArrayList 不是类型安全的。在存储或检索值类型时通常发生装箱和拆箱操作，会带来很大的性能损耗。

3. List

因为 ArrayList 存在不安全类型与装箱、拆箱的缺点，所以出现了泛型的概念。List 类是 ArrayList 类的泛型等效类，它的大部分用法与 ArrayList 相似，因为 List 类也继承了 IList 接口。最关键的区别在于，在声明 List 集合时，需要为集合内的元素声明对象类型。例如：

```
List<String> list = new List<String>();
// 新增数据
list.Add( “abc” );
// 修改数据
list[0] = “def” ;
// 删除数据
list.RemoveAt(0);
```

上例中，如果往 List 集合中插入 int 类型数据 123，IDE 就会报错，且不能通过编译。这样就解决了前面讲的类型安全问题与装箱、拆箱的性能问题了。

总结

数组的容量是固定的，一次只能获取或设置一个元素的值，而 ArrayList 或 List<T> 可根据需要自动扩充容量，便于修改、删除或插入数据。

数组可以有多个维度，而 ArrayList 或 List< T> 始终只有一个维度。但是，读者可以轻松创建数组列表或列表的列表。特定类型（Object 除外）的数组的性能优于 ArrayList 的性能。这是因为 ArrayList 的元素属于 Object 类，所以在存储或检索值类型时通常发生装箱和拆箱操作。不过，在不需要重新分配时（即最初的容量十分接近列表的最大容量），List<T> 的性能与同类型的数组十分相近。

在决定使用 List<T> 类还是使用 ArrayList 类（两者具有类似的功能）时，记住 List<T> 类在大多数情况下执行得更好并且是类型安全的。如果对 List<T> 类的类型 T 使用引用类型，则两个类的行为是完全相同的。但是，如果对类型 T 使用值类型，则需要考虑实现和装箱问题。

9.2.3 队列

队列（Queue）代表了一个先进先出的对象集合。如果需要对各项元素进行先进先出的访问，则使用队列。在列表中添加一项，称为入队；从列表中删除一项，称为出队。

1. Queue 类的方法和属性

表 9-2 列出了 Queue 类的一些常用属性。

表 9-2 Queue 类的一些常用属性

属 性	描 述
Count	获取 Queue 中包含的元素个数

表 9-3 列出了 Queue 类的一些常用方法。

表 9-3 Queue 类的一些常用方法

方法名	描 述
public virtual void Clear();	从 Queue 中删除所有的元素
public virtual bool Contains(object obj);	判断某个元素是否在 Queue 中
public virtual object Dequeue();	删除并返回在 Queue 的开头的对象
public virtual void Enqueue(object obj);	向 Queue 的末尾添加一个对象
public virtual object[] ToArray();	复制 Queue 到一个新的数组中
public virtual void TrimToSize();	设置容量为 Queue 中元素的个数

2. Queue 的应用

下面的实例演示了 Queue 的应用，参考代码 9-3。

代码 9-3　Queue 的实例代码

```
using System.Collections;
using UnityEngine;

public class Test_9_3 : MonoBehaviour
```

```
{
    void Start()
    {
        Queue q = new Queue();                    // 初始化队列
        q.Enqueue('A');                           // 添加元素
        q.Enqueue('B');
        Debug.Log(" 添加元素前：");
        foreach (char item in q)
        {
            Debug.Log(item);
        }
        q.Enqueue('C');
        Debug.Log(" 添加元素后：");
        foreach (char item in q)
        {
            Debug.Log(item);
        }
        q.Dequeue();                              // 删除元素
        Debug.Log(" 删除元素后：");
        foreach (char item in q)
        {
            Debug.Log(item);
        }
    }
}
```

当上面的代码被编译和执行时，它会产生下列结果，如图 9-4 所示。

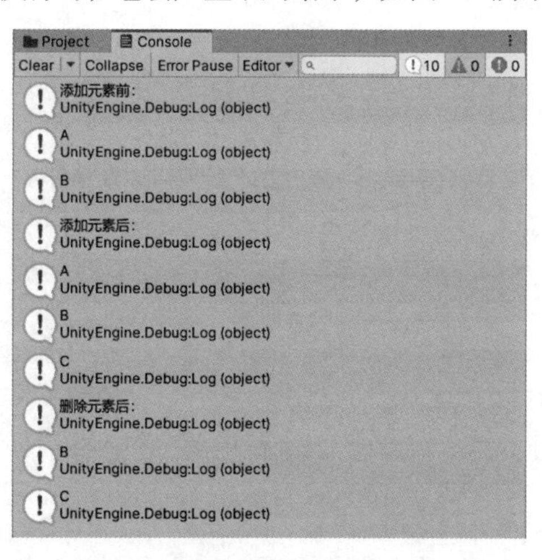

图 9-4　Queue 实例的执行结果

9.2.4 堆栈

堆栈（Stack）代表了一个后进先出的对象集合。如果需要对各项进行后进先出的访问，则使用堆栈。在列表中添加一项，称为推入元素；从列表中删除一项，称为弹出元素。

1. Stack 类的方法和属性

表 9-4 列出了 Stack 类的一些常用属性。

表 9–4 Stack 类的一些常用属性

属 性	描 述
Count	获取 Stack 中包含的元素个数

表 9-5 列出了 Stack 类的一些常用方法。

表 9–5 Stack 类的一些常用方法

方法名	描 述
public virtual void Clear();	从 Stack 中删除所有的元素
public virtual bool Contains(object obj);	判断某个元素是否在 Stack 中
public virtual object Peek();	返回在 Stack 的顶部的对象，但不删除它
public virtual object Pop();	删除并返回在 Stack 的顶部的对象
public virtual void Push(object obj);	向 Stack 的顶部添加一个对象
public virtual object[] ToArray();	复制 Stack 到一个新的数组中

2. Stack 的应用

下面的实例演示了 Stack 的应用，参考代码 9-4。

代码 9–4 Stack 的实例代码

```
using System.Collections;
using UnityEngine;
public class Test_9_4 : MonoBehaviour
{
    void Start()
    {
        Stack st = new Stack();                         // 初始化队列
        st.Push('A');                                   // 添加元素
        st.Push('B');
        Debug.Log(" 添加元素前：");
        foreach (char item in st)
        {
```

```
            Debug.Log(item);
        }
        st.Push('C');
        Debug.Log(" 添加元素后：");
        foreach (char item in st)
        {
            Debug.Log(item);
        }
        char ch =(char)st.Peek();         // 返回在 Stack 的顶部的对象，但不删除它
        Debug.Log(" 返回在 Stack 的顶部的对象："+ch);
        st.Pop();                          // 删除元素
        Debug.Log(" 删除元素后：");
        foreach (char item in st)
        {
            Debug.Log(item);
        }
    }
}
```

当上面的代码被编译和执行时，它会产生下列结果，如图 9-5 所示。

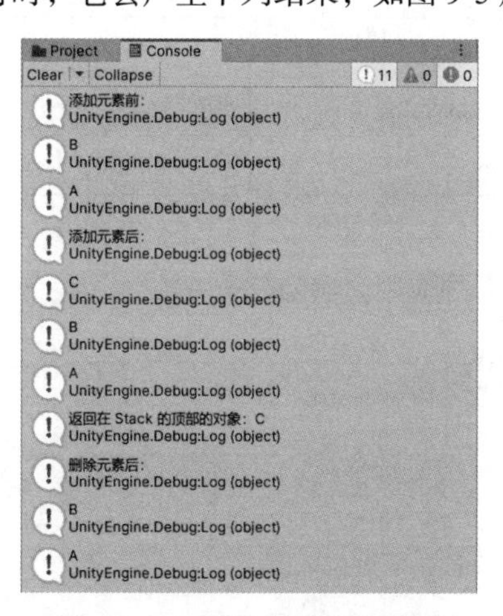

图 9-5　Stack 实例的执行结果

9.2.5　哈希表

哈希表（Hashtable）类代表了一系列基于键的哈希代码组织起来的键 / 值对，它使用键访问集合中的元素。

如果使用键访问元素，则使用哈希表，而且可以识别一个有用的键值。哈希表中的每一项都有一个键 / 值对。键用于访问集合中的项目。

1. Hashtable 类的方法和属性

表 9-6 列出了 Hashtable 类的一些常用属性。

表 9-6　Hashtable 类的一些常用属性

属　性	描　述
Count	获取 Hashtable 中包含的键 / 值对个数
IsFixedSize	判断 Hashtable 是否具有固定大小
IsReadOnly	判断 Hashtable 是否只读
Item	获取或设置与指定的键相关的值
Keys	获取一个 ICollection，包含 Hashtable 中的键
Values	获取一个 ICollection，包含 Hashtable 中的值

表 9-7 列出了 Hashtable 类的一些常用方法。

表 9-7　Hashtable 类的一些常用方法

方法名	描　述
public virtual void Add(object key, object value);	向 Hashtable 添加一个带有指定的键和值的元素
public virtual void Clear();	从 Hashtable 中删除所有的元素
public virtual bool ContainsKey(object key);	判断 Hashtable 是否包含指定的键
public virtual bool ContainsValue(object value);	判断 Hashtable 是否包含指定的值
public virtual void Remove(object key);	从 Hashtable 中删除带有指定的键的元素

2. Hashtable 的应用

下面的实例演示了 Hashtable 的应用，参考代码 9-5。

代码 9-5　Hashtable 实例代码

```
using System.Collections;
using UnityEngine;
public class Test_9_5 : MonoBehaviour
{
    void Start()
    {
        Hashtable ht = new Hashtable();
        ht.Add("001", " 张三 ");
        ht.Add("002", " 李四 ");
        if (ht.ContainsValue(" 李四 "))
        {
            Debug.Log(" 这个名字已经添加到名单上了 ");
```

```
            }
            else
            {
                ht.Add("003", "王五");
            }
            // 获取键的集合
            ICollection key = ht.Keys;
            foreach (string k in key)
            {
                Debug.Log(k + ": " + ht[k]);
            }
        }
    }
```

当上面的代码被编译和执行时，它会产生下列结果，如图 9-6 所示。

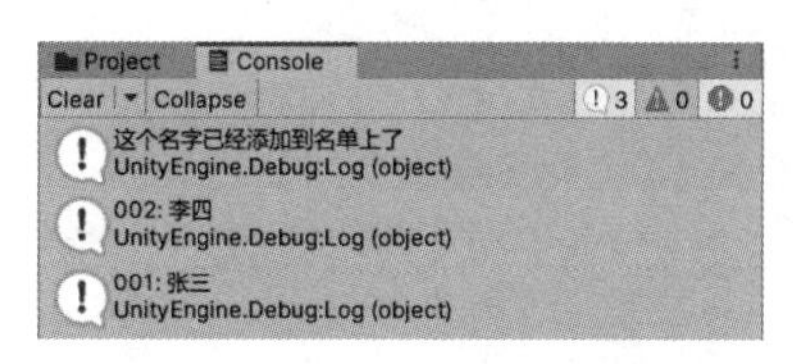

图 9-6　Hashtable 实例的执行结果

9.2.6　字典

通常情况下，可以通过 int 类型的索引号从数组或 List 集合中查询所需的数据。但是如果情况稍微复杂一点儿：索引号是非 int 类型数据，如 string 类型或其他类型该如何操作呢？这时就可以使用字典（Dictionary）了。字典是一种让我们可以通过索引号查询到特定数据的数据结构类型。

1. Dictionary 的用法及注意事项

（1）C# 语言的 Dictionary<Tkey,TValue> 集合通过在内部维护两个数组实现该功能。一个 Keys 数组容纳要从其映射的键，另一个 Values 数组容纳映射到的值。在 Dictionary<Tkey,TValue> 集合中插入键 / 值对时，将自动记录哪个键和哪个值关联，从而允许开发人员快速、简单地获取具有指定键的值。

（2）C# 语言的 Dictionary<Tkey,TValue> 集合不能包含重复的键。如果调用 Add 方法添加数组中已有的键将抛出异常。但是，如果使用方括号记法（类似给数组元素赋值）添加键 / 值对，就不用担心异常——如果键已经存在，其值就会被新值覆盖。可用 ContainKey 方法测试 Dictionary<Tkey,TValue> 集合是否已包含特定的键。

（3）Dictionary<Tkey,TValue> 集合内部采用一种稀疏数据结构，在有大量内存可用时才最高效。随着更多元素的插入，Dictionary<Tkey,TValue> 集合可能会快速消耗大量内存。

（4）用foreach遍历Dictionary<Tkey,TValue>集合会返回KeyValuePair<Tkey,TValue>类型。该结

构包含数据项的键/值复制，可以通过Key和Value属以性访问每个元素。元素是只读的，不能用它们修改Dictionary<Tkey,TValue>集合中的数据。

2. Dictionary 的应用

下面的实例演示了 Dictionary 的应用，参考代码 9-6。

代码 9-6　Dictionary 实例代码

```
using System.Collections.Generic;
using UnityEngine;
public class Test_9_6 : MonoBehaviour
{
    void Start()
    {
        Dictionary<string, string> students = new Dictionary<string, string>();
        students.Add("S001", " 张三 ");                        // 添加
        students.Add("S002", " 李四 ");                        // 添加
        students.Add("S003", " 王五 ");                        // 添加
        students["S003"] = " 赵六 ";                           // 修改
        students.Remove("S000");                              // 删除
        foreach (string key in students.Keys)                 // 查询 Keys
            Debug.Log(key);
        foreach (string value in students.Values)             // 查询 Values
            Debug.Log(value);
    foreach (KeyValuePair<string, string> stu in students)    // 查询 Keys 和 Values
            Debug.Log("Key:" + stu.Key + "  Name:" + stu.Value);
    }
}
```

当上面的代码被编译和执行时，它会产生下列结果，如图 9-7 所示。

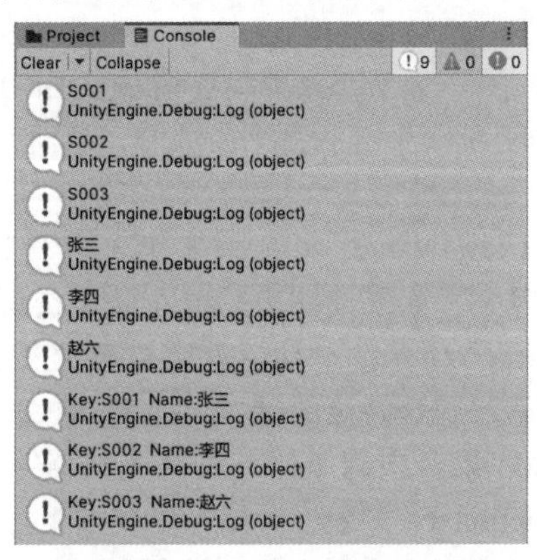

图 9-7　Dictionary 实例的执行结果

9.3　本章小结

本章介绍了数组和集合，数组可以说是最基本的数据结构，在各种编程语言中都有应用。一个数组可以分解为多个数组元素，按照数组元素的类型，数组可以分为整型数组、字符型数组、浮点型数组、指针数组和结构数组等。数组还有一维、二维以及多维等表现形式。

数组是一个简单的线性序列，因此数组访问起来很快。而集合可以看成一种特殊的数组，它也可以存储多个数据，C# 中常用的集合包括 ArrayList 集合和 Hashtable（哈希表）。

数组、List 和 ArrayList 都可以用来存储对象，但是各自有各自的优点和缺点，数组读取快，但是在中间插入值比较麻烦，还需要增加大小、改变序列，所以出现了 ArrayList。ArrayList 可以自动地增加大小，可以方便地在中间插入值，但是不限制类型。数据都以对象的形式保存，所以读取时多了一个装箱和拆箱的过程，比较耗费资源，所以就出现了 List。List 可以限定类型，提高效率。

第 10 章 String 类

C# 语言中提供了比较全面的字符串处理方法，很多函数都进行了封装，为我们的编程工作带来了很大的便利。System.String 是最常用的字符串操作类，可以帮助开发者完成绝大部分的字符串操作功能，使用方便。

10.1 String 类的介绍

在编程时字符串是比较常用的一种数据类型，如用户名、邮箱、家庭住址、商品名称等信息都需要使用字符串类型存取。C# 语言中提供了对字符串类型数据操作的方法，如截取字符串中的内容、查找字符串中的内容等。

System.String 类中就包含了丰富的字符串操作方法，如比较字符串、定位字符串、连接字符串、分割字符串等。在程序开发中常常要操作字符串，只有多练习才能掌握这些方法。

10.1.1 String 类的属性

C# 语言中 String 类自带了一些属性，如字符串的长度。在一个类中，包含有方法和属性，方法用来执行动作，属性用来保存数据。属性是一个封装结构，对外开放，类中的一种私有结构叫作字段，属性就是用来包含字段不受到非法数据的破坏。表 10-1 列出了 String 类的属性。

表 10-1 String 类的属性

属 性	描 述
Chars	在当前的 String 对象中获取 Char 对象的指定位置
Length	在当前的 String 对象中获取字符数

Length 属性的使用方法如下。

```
string Str = "Hello,World";
Debug.Log(Str.Length);    //得到字符串长度
```

10.1.2 创建 String 类对象

创建 String 类对象有很多种方法，如使用构造函数、字符串拼接等，在实际的开发中没有固定的使用格式，往往需视习惯及情况而定。可以使用以下方法之一创建 String 类对象。

- 通过给 String 变量指定一个字符串。
- 通过使用 String 类构造函数。
- 通过使用字符串串联运算符（ + ）。

- 通过检索属性或调用一个返回字符串的方法。
- 通过格式化方法转换一个值或对象为它的字符串表示形式。

下面的实例演示了如何创建 String 类对象，参考代码 10-1。

代码 10-1　创建 String 类对象实例代码

```
using System;
using UnityEngine;

public class Test_10_1 : MonoBehaviour
{
    void Start()
    {
        //字符串，字符串连接
        string fname, lname;
        fname = "张";
        lname = "三";
        string fullname = fname + lname;
        Debug.Log("名字: "+ fullname);
        //通过使用 string 构造函数
        char[] letters = { 'H', 'e', 'l', 'l', 'o' };
        string greetings = new string(letters);
        Debug.Log("使用string构造函数: " + greetings);
        //方法返回字符串
        string[] sarray = { "h", "e", "l", "l", "o" };
        string message = string.Join("", sarray);
        Debug.Log("使用Join方法: "+ message);
        //用于转化值的格式化方法
        DateTime waiting = new DateTime(2012, 10, 10, 17, 58, 1);
        string chat = string.Format("当前时间: {0:t} on {0:D}", waiting);
        Debug.Log("使用Format方法: " + chat);
    }
}
```

当上面的代码被编译和执行时，它会产生下列结果，如图 10-1 所示。

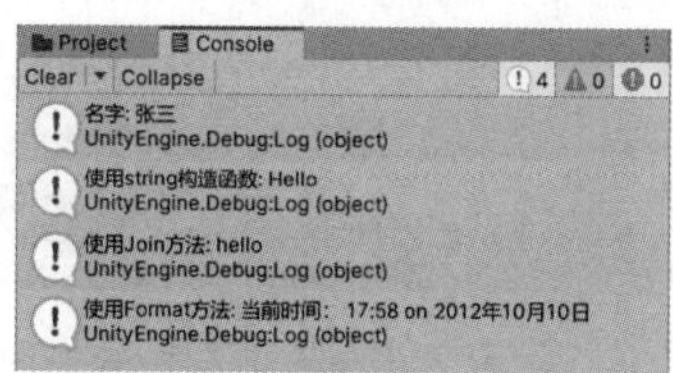

图 10-1　创建 String 类对象实例的执行结果

10.2 字符串的常用操作

10.2.1 比较字符串

比较字符串是指按照字典排序规则，判定两个字符的相对大小。按照字典规则，在一本英文字典中，出现在前面的单词小于出现在后面的单词。在 String 类中，常用的比较字符串的方法有 Compare、CompareTo、CompareOrdinal 以及 Equals。

Compare 方法是 String 类的静态方法，用于全面比较两个字符串对象；CompareTo 方法将当前字符串对象与另一个对象作比较，其作用与 Compare 方法类似，返回值也相同。CompareTo 方法与 Compare 方法相比，区别在于：CompareTo 方法不是静态方法，可以通过一个 String 对象调用；CompareTo 方法没有重载形式，只能按照大小写敏感方式比较两个整字符串。

Equals 方法用于判定两个字符串是否相同，有两种重载形式。

```
public bool Equals(string str)
public static bool Equals(string str1, string str2)
```

如果两个字符串相等，则 Equals 返回 true；否则，返回 false。

下面的实例演示了如何使用 Compare 和 Equals 方法，参考代码 10-2。

代码 10-2 Compare 和 Equals 方法实例代码

```
using System;
using System.Collections.Generic;
using UnityEngine;

public class Test_10_2 : MonoBehaviour
{
    void Start()
    {
        string str1 = "Hello";
        string str2 = "hello";

        //调用 Equals 方法比较 str1 和 str2
        Debug.Log("Equals 方法: "+str1.Equals(str2));
        Debug.Log("Equals 方法（另一种写法）: " + string.Equals(str1, str2));
        //调用 Compare 方法比较 str1 和 str2
        Debug.Log("Compare 方法（不区分大小写）: " + string.Compare(str1, str2));
        Debug.Log("Compare 方法（区分大小写）: " + string.Compare(str1, str2, true));
        Debug.Log("Compare 方法(设置索引，比较长度，不区分大小写): " + string.Compare (str1,
```

```
0, str2, 0, 7));
        Debug.Log("Compare方法(设置索引,比较长度,区分大小写): " + string.Compare (str1,
0, str2, 0, 7, true));
    }
}
```

当上面的代码被编译和执行时，它会产生下列结果，如图 10-2 所示。

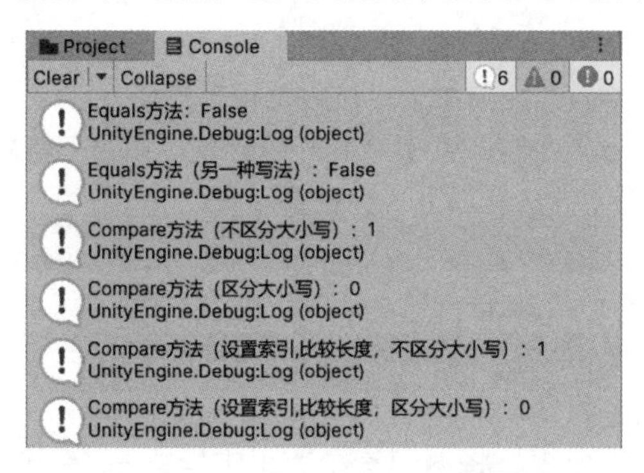

图 10-2　Compare 和 Equals 方法实例的执行结果

10.2.2　定位字符串

定位字符串是指在一个字符串中寻找其中包含的子字符串或字符，在 String 类中，常用的定位字符串的方法有 StartsWith/EndsWith、IndexOf/LastIndexOf 以及 IndexOfAny/LastIndexOfAny。

1. StartsWith/EndsWith *方法*

用于判定一个字符串对象是否以另一个子字符串开头 / 结尾，如果是返回 true；否则返回 false。其定义为：

```
//参数 value 为待判定的子字符串
Public bool StartsWith(string value);
Public bool EndsWith(string value);
```

2. IndexOf/LastIndexOf *方法*

IndexOf 方法用于搜索在一个字符串中某个特定的字符或子字符串第一次出现的位置，该方法区分大小写。索引从 0 开始计数。如果字符串中不包含这个字符或子字符串，则返回 -1。该方法共有以下 6 种重载形式。

定位字符：

```
int IndexOf(char value);
int IndexOf(char value,int startIndex);
int IndexOf(char value,int startIndex,int count);
```

定位子字符串：

```
int IndexOf(string value);
```

```
int IndexOf(string value,int startIndex);
int IndexOf(string value,int startIndex,int count);
```

在上述重载形式中，其参数含义如下。

- value：待定位的字符或子字符串。
- startIndex：在总字符串中开始搜索的起始位置。
- count：在总字符串中从起始位置开始搜索的字符数。

3. IndexOfAny/LastIndexOfAny 方法

其功能同 IndexOf 方法类似，区别在于，该方法可以搜索在一个字符串中任意字符第一次出现的位置。同样，该方法区分大小写，索引从 0 开始计数。如果字符串中不包括这个字符或子字符串，则返回 –1。IndexOfAny 方法有以下 3 种重载形式。

```
int IndexOfAny(char[] anyOf);
int IndexOf(char[] anyOf,int startIndex);
int IndexOf(char[] anyOf,int startIndex,int count);
```

在上述重载形式中，其参数含义如下。

- anyOf：待定位的字符数组，将返回这个数组中任意一个字符第一次出现的位置。
- startIndex：在总字符串中开始搜索的起始位置。
- count：在总字符串中从起始位置开始搜索的字符数。

下面的实例演示了如何使用 StartsWith、EndsWith 以及 IndexOf 方法，参考代码 10-3。

代码 10–3　StartsWith、EndsWith 以及 IndexOf 等方法实例代码

```
using UnityEngine;

public class Test_10_3 : MonoBehaviour
{
    void Start()
    {
        string str1 = "HelloWorld";
        //调用 StartsWith 和 EndsWith 方法
        //返回一个 Boolean 值，确定此字符串的开始 / 结尾是否与指定的字符串匹配
        Debug.Log("StartsWith 方法：" + str1.StartsWith("He"));
        Debug.Log("EndsWith 方法：" + str1.EndsWith("He"));
        //IndexOf 方法
        //返回指定字符或字符串在指定范围内的第一个匹配项的索引
        Debug.Log("IndexOf 方法（直接搜索）：" + str1.IndexOf("H"));
        Debug.Log("IndexOf 方法（限定开始查找的位置）：" + str1.IndexOf("H", 0));
        Debug.Log("IndexOf 方法（限定开始查找的位置，以及查找结束的位置）：" + str1.
IndexOf("H", 0, 5));
```

```
        // 调用 LastIndexOf 方法
        // 从后往前找返回指定字符或字符串在此实例中指定范围内的第一个匹配项的索引
        Debug.Log("LastIndexOf 方法（直接搜索）：" + str1.LastIndexOf("H"));
        Debug.Log("LastIndexOf 方法（限定开始查找的位置）：" + str1.LastIndexOf("H", 0));
        Debug.Log("LastIndexOf 方法（限定开始查找的位置，以及查找结束的位置）：" + str1.
LastIndexOf("H", str1.Length, 5));
        // 调用 IndexOfAny 方法
        // 从字符串 str1 第一个字符开始（索引为 0），将其与字符数组 testArr 中的元素进行
        // 匹配，如果匹配到，则返回当前索引
       char[] testArr = { 'H', 'W' };
       Debug.Log("IndexOfAny 方法（直接搜索）：" + str1.IndexOfAny(testArr));
       Debug.Log("IndexOfAny方法(限定开始查找的位置):" + str1.IndexOfAny (testArr, 0));
       Debug.Log("IndexOfAny 方法（限定开始查找的位置，以及查找结束的位置）：" + str1.
IndexOfAny(testArr, 0, 5));
        // 调用 LastIndexOfAny 方法
        // 从后往前找，将字符串 str1 与字符数组 testArr 进行匹配，如果匹配到，则返回当前索引
        Debug.Log("LastIndexOfAny方法(直接搜索):" + str1.LastIndexOfAny (testArr));
        Debug.Log("LastIndexOfAny 方法（限定开始查找的位置）：" + str1.LastIndexOfAny
(testArr, 0));
        Debug.Log("LastIndexOfAny 方法（限定开始查找的位置，以及查找结束的位置）：" +
str1.LastIndexOfAny(testArr, str1.Length-1, 5));
    }
```

当上面的代码被编译和执行时，它会产生下列结果，如图 10-3 所示。

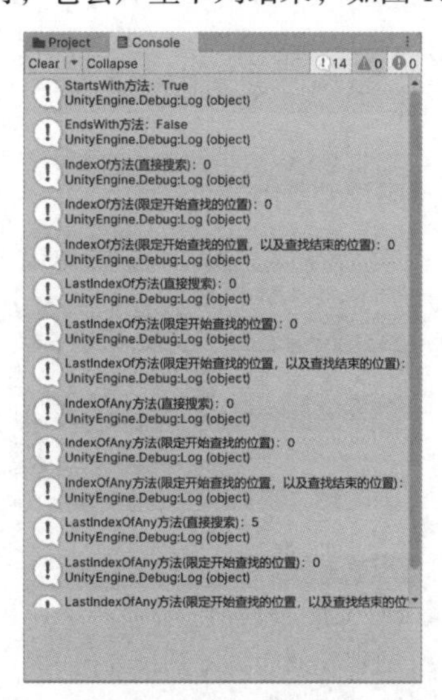

图 10-3　StartsWith、EndsWith 以及 IndexOf 等方法实例的执行结果

10.2.3 格式化字符串

Format方法主要用于将指定的字符串格式化为多种形式,例如,可以将字符串转化为十六进制、十进制，保留小数点后几位等。表 10-2 列出了常用的格式化数值说明。

表 10–2　常用的格式化数值说明

字　符	说　明	示　例	输　出
C	货币	string.Format("{0:C3}",2)	$2.000
D	十进制	string.Format("{0:D3}", 2)	002
E	科学计数法	1.20E+001	1.20E+001
G	常规	string.Format("{0:G}", 2)	2
N	用逗号隔开	string.Format("{0:N}",250000)	250,000.00
X	十六进制	string.Format("{0:X000}", 12)	C

Format 方法也有多种重载形式，最常用的为：

```
public static string Format(string format, object arg0);
//将指定的 string 中的格式项替换为指定的 object 实例的值的文本等效项
public static string Format(string format, params object[] args);
//将指定的 string 中的格式项替换为指定数组中相应 object 实例的值的文本等效项
public static string Format(string format, object arg0, object arg1);
//将指定的 string 中的格式项替换为两个指定的 object 实例的值的文本等效项
public static string Format(string format, object arg0, object arg1, object arg2);
//将指定的 string 中的格式项替换为 3 个指定的 object 实例的值的文本等效项
```

其中，参数 format 用于指定返回字符串的格式，而 args 为一系列变量参数。可以通过下面的实例掌握其使用方法，参考代码 10-4。

代码 10–4　Format 方法实例代码

```
using UnityEngine;
public class Test_10_4 : MonoBehaviour
{
    void Start()
    {
        string str1 = string.Format("{0:C}", 2);
        Debug.Log(" 格式化为货币格式: "+str1);
        str1 = string.Format("{0:D2}", 2);
        Debug.Log(" 格式化为十进制格式（固定两位数）: " + str1);
        str1 = string.Format("{0:D3}", 2);
        Debug.Log(" 格式化为十进制格式（固定三位数）: " + str1);
```

```
        str1 = string.Format("{0:N1}", 250000);
        Debug.Log("格式化为逗号隔开数字格式（小数点保留 1 位）：" + str1);
        str1 = string.Format("{0:N3}", 250000);
        Debug.Log("格式化为逗号隔开数字格式（小数点保留 3 位）：" + str1);
        str1 = string.Format("{0:P}", 0.24583);
        Debug.Log("格式化为百分比格式（默认保留两位小数）：" + str1);
        str1 = string.Format("{0:P3}", 0.24583);
        Debug.Log("格式化为百分比格式（保留三位小数）：" + str1);
        str1 = string.Format("{0:D}", System.DateTime.Now);
        Debug.Log("格式化为日期格式（××××年××月××日）：" + str1);
        str1 = string.Format("{0:F}", System.DateTime.Now);
        Debug.Log("格式化为日期格式（××××年××月××日 时：分：秒）：" + str1);
    }
}
```

当上面的代码被编译和执行时，它会产生下列结果，如图 10-4 所示。

图 10-4　Format 方法实例的执行结果

10.2.4　连接字符串

1. Concat 方法

Concat 方法用于连接两个或多个字符串。Concat 方法也有多种重载形式，最常用的为：

```
public static string Concat(params string[] values);
```

其中，参数 values 用于指定要连接的多个字符串数组。

2. Join 方法

Join 方法利用一个字符数组和一个分隔符字符串构造新的字符串。常用于把多个字符串连接在一起，并用一个特殊的符号分隔开。Join 方法的常用形式为：

```
public static string Join(string separator,string[] values);
```

其中，参数 separator 为指定的分隔符，而参数 values 用于指定要连接的多个字符串数组。

3. 连接运算符“+”

String 支持连接运算符“+”，可以方便地连接多个字符串。

下面的实例演示了如何使用 Concat、Join 方法以及连接运算符，参考代码 10-5。

代码 10-5　Concat、Join 方法以及连接运算符实例代码

```
using UnityEngine;
public class Test_10_5 : MonoBehaviour
{
    void Start()
    {
        string str1 = "Hello";
        string str2 = "World";
        string newStr;
        newStr = string.Concat(str1, str2);
        Debug.Log("Concat 方法: "+newStr);
        newStr = string.Join("^^", str1, str2);
        Debug.Log("Join 方法: " + newStr);
        newStr = str1+str2;
        Debug.Log(" 连接运算符: " + newStr);
    }
}
```

当上面的代码被编译和执行时，它会产生下列结果，如图 10-5 所示。

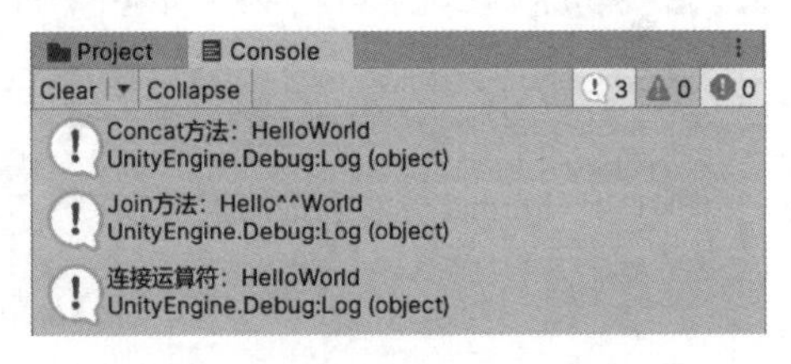

图 10-5　Concat、Join 方法以及连接运算符实例的执行结果

10.2.5　分割字符串

使用前面介绍的 Join 方法，可以利用一个分隔符把多个字符串连接起来。反过来，使用 Split 方法可以把一个整字符串，按照某个分隔符，分割成一系列小的字符串。例如，把整字符串“Hello^^World”按照字符“^”进行分割，可以得到 3 个小的字符串，即“Hello”“”（空字符串）“World”。

Split 方法有多种重载形式，最常用的为：

```
public string[] Split(paramschar[] separator);
```

下面的实例演示了如何使用 Split 方法，参考代码 10-6。

代码 10-6　Split 方法实例代码

```
using UnityEngine;
public class Test_10_6 : MonoBehaviour
{
    void Start()
    {
        string str1 = "Hello^World";
        char[] separtor = { '^' };
        string[] newStr;
        newStr = str1.Split(separtor);
        for (int i = 0; i < newStr.Length; i++)
        {
            Debug.Log("Split 方法：" + newStr[i]);
        }
    }
}
```

当上面的代码被编译和执行时，它会产生下列结果，如图 10-6 所示。

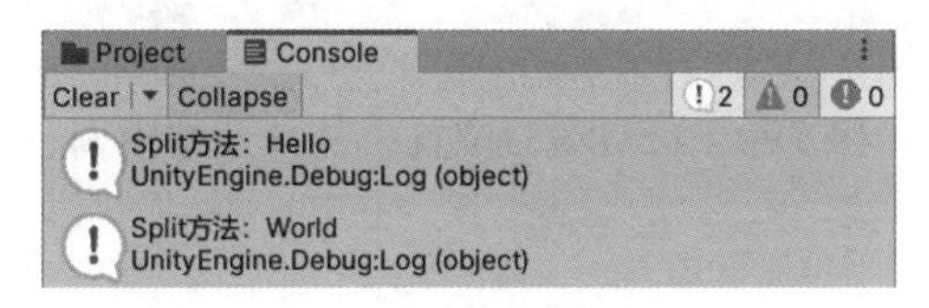

图 10-6　Split 方法实例的执行结果

10.2.6　插入和填充字符串

String 类包含了在一个字符串中插入新元素的方法，可以用 Insert 方法在任意处插入任意字符。Insert 方法用于在一个字符串的指定位置插入另一个字符串，从而构造一个新的字符串。Insert 方法也有多种重载形式，最常用的为：

```
public string Insert(int startIndex,string value);
```

其中，参数 startIndex 用于指定要插入的位置，从 0 开始索引；参数 value 指定要插入的字符串。下面的实例演示了如何使用 Insert 方法，参考代码 10-7。

代码 10-7　Insert 方法实例代码

```
using UnityEngine;
```

```
public class Test_10_7 : MonoBehaviour
{
    void Start()
    {
        string str1 = "HelloWorld";
        string newStr = str1.Insert(3, "ABC");
        Debug.Log("Insert 方法: " + newStr);
    }
}
```

当上面的代码被编译和执行时，它会产生下列结果，如图 10-7 所示。

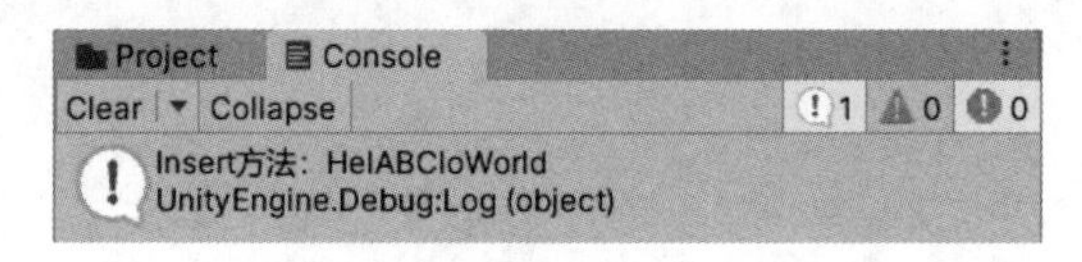

图 10-7　Insert 方法实例的执行结果

10.2.7　删除字符串

1. Remove 方法

Remove 方法从一个字符串的指定位置开始，删除指定数量的字符。最常用的形式为：

```
public string Remove(int startIndex,int count);
```

其中，参数 startIndex 用于指定开始删除的位置，从 0 开始索引；参数 count 指定删除的字符数量。

2. Trim 方法

若想把一个字符串首尾处的一些特殊字符剪切掉，如去掉一个字符串首尾的空格等，可以使用 String 类的 Trim 方法。其形式如下：

```
public string Trim();
public string Trim(paramschar[] trimChars);
```

其中，参数 trimChars 数组包含了指定要去掉的字符，如果默认，则删除空格符号。

下面的实例演示了如何使用 Remove 和 Trim 方法，参考代码 10-8。

代码 10-8　Remove 和 Trim 方法实例代码

```
using UnityEngine;
public class Test_10_8 : MonoBehaviour
{
    void Start()
    {
```

```
        string str1 = "HelloWorld";
        Debug.Log("Remove 方法：" + str1.Remove(0, 2));

        string str2 = " Hello World ";
        Debug.Log("Trim 方法（去掉前后空格）：" + str2.Trim());
        Debug.Log("TrimStart 方法（去掉字符串前面空格）：" + str2.TrimStart());
        Debug.Log("TrimEnd 方法（去掉字符串后面空格）：" + str2.TrimEnd());
    }
}
```

当上面的代码被编译和执行时，它会产生下列结果，如图 10-8 所示。

图 10-8　Remove 和 Trim 方法实例的执行结果

10.2.8　复制字符串

String 类中复制字符串的方法有 Copy 和 CopyTo，可以完成对一个字符串或其中一部分子字符串的复制操作。

1. Copy *方法*

若想把一个字符串复制到另一个字符数组中，可以使用 String 类的静态方法 Copy 实现，其常用的形式为：

```
public string Copy(string str);
```

其中，参数 str 为需要复制的源字符串，方法返回目标字符串。

2. CopyTo *方法*

CopyTo 方法可以实现 Copy 方法同样的功能，但功能更为丰富，可以将字符串的一部分复制到一个字符数组中。另外，CopyTo 不是静态方法，其常用的形式为：

```
public void CopyTo(int sourceIndex,char[] destination,int destinationIndex,int count);
```

其中，参数 sourceIndex 为需要复制的字符起始位置；参数 destination 为目标字符数组；参数 destinationIndex 指定目标数组中的开始存放位置；而参数 count 指定要复制的字符个数。

下面的实例演示了如何使用 Copy 和 CopyTo 方法，参考代码 10-9。

代码 10–9　**Copy 和 CopyTo 方法实例代码**

```
using UnityEngine;
```

```
public class Test_10_9 : MonoBehaviour
{
    void Start()
    {
        string str1 = "HelloWorld";
        Debug.Log("Copy 方法: " + string.Copy(str1));

        char[] newChar = new char[3];
        str1.CopyTo(0, newChar, 0, 3);
        for (int i = 0; i < newChar.Length; i++)
        {
            Debug.Log("CopyTo 方法: " + newChar[i]);
        }
    }
}
```

当上面的代码被编译和执行时，它会产生下列结果，如图 10-9 所示。

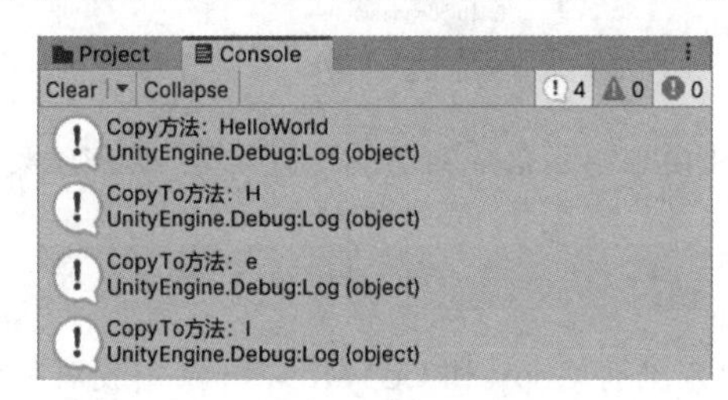

图 10-9　Copy 和 CopyTo 方法实例的执行结果

10.2.9　替换字符串

要替换一个字符串中的某些特定字符或某个子字符串，可以使用 Replace 方法实现，其常用的形式为：

```
public string Replace(char oldChar, char newChar);
public string Replace(string oldValue, string newValue);
```

其中，参数 oldChar 和 oldValue 为待替换的字符与子字符串；而参数 newChar 和 newValue 为替换后的新字符与新子字符串。

下面的实例演示了如何使用 Replace 方法，参考代码 10-10。

代码 10-10　Replace 方法实例代码

```
using UnityEngine;
public class Test_10_10 : MonoBehaviour
{
    void Start()
    {
```

```
        string str1 = "HelloWorld";
        Debug.Log(str1);
        Debug.Log("Replace 方法 (o->z): " + str1.Replace('o','z'));
        Debug.Log("Replace 方法 (World->Hello): " + str1.Replace("World", "Hello"));
    }
}
```

当上面的代码被编译和执行时，它会产生下列结果，如图 10-10 所示。

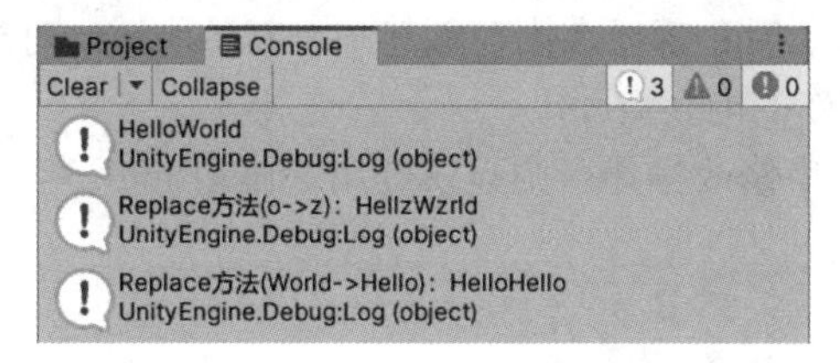

图 10-10　Replace 方法实例的执行结果

10.2.10　更改大小写

String 类提供了方便转换字符串中所有字符大小写的方法，分别是 ToUpper 和 ToLower。下面的实例演示了如何使用 ToUpper 和 ToLower 方法，参考代码 10-11。

代码 10-11　ToUpper 和 ToLower 方法实例代码

```
using UnityEngine;
public class Test_10_11 : MonoBehaviour
{
    void Start()
    {
        string str1 = "HelloWorld";
        Debug.Log(str1);
        Debug.Log("ToLower 方法 ( 转小写 ): " + str1.ToLower());
        Debug.Log("ToUpper 方法 ( 转大写 ): " + str1.ToUpper());
    }
}
```

当上面的代码被编译和执行时，它会产生下列结果，如图 10-11 所示。

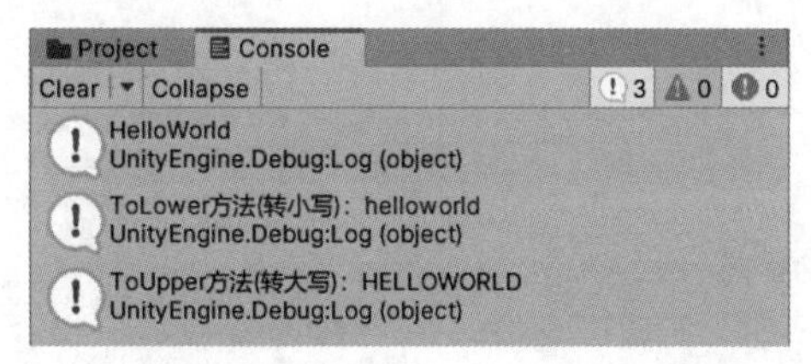

图 10-11　ToUpper 和 ToLower 方法实例的执行结果

10.3 本章小结

本章介绍了最常用的 String 类，并从比较、定位子字符串、格式化、连接、分割、插入、删除、复制、大小写转换 9 个方面介绍了操作字符串的方法。

之所以称 String 对象为静态字符串，是因为一旦定义了 String 对象后，就不可改变。在调用其方法（如插入、删除操作）时，都要在内存创建一个新的 String 对象，而不是在原对象的基础上进行修改，这就需要开辟新的内存空间。

如果需要经常进行字符串修改操作，则建议使用 StringBuilder 类，因为 String 类是非常耗费资源的。

第 11 章　文件夹与文件

一个文件是一个存储在磁盘中带有指定名称和目录路径的数据集合。当打开文件进行读 / 写时，它变成一个流。

从根本上来说，流是通过通信路径传递的字节序列。有两个主要的流：输入流和输出流。输入流用于从文件读取数据（读操作），输出流用于向文件写入数据（写操作）。

对文件的操作，可以分为对文件夹和文件的操作。例如，对文件夹的操作，包括创建文件夹、删除文件夹、删除文件夹中所有的文件、找到文件夹中所有的文件等操作；对文件的操作，包括文件的创建、文件的删除、文件的复制、文件的移动、文件的重命名、文件的读 / 写等操作。接下来就来看一下如何操作文件。

11.1　I/O 类

System.IO 命名空间有各种不同的类，用于执行各种文件操作，如创建或删除文件、读取或写入文件、关闭文件等。

表 11-1 列出了一些 System.IO 命名空间中常用的非抽象类。

表 11–1　System.IO 命名空间中常用的非抽象类

I/O 类	描　述
Directory	创建、移动、删除和枚举所有目录或子目录的成员，是静态类
DirectoryInfo	创建、移动、删除和枚举所有目录或子目录的成员，是非静态类
File	创建、复制、删除、移动和打开文件，是静态类
FileInfo	创建、复制、删除、移动和打开文件，是非静态类
Path	对路径信息的操作类
SteamReader	从字节流中读取数据
SteamWriter	向一个流中写入数据

对文件夹的操作主要通过 Directory 类进行，这两个类中都包含了一组用来创建、移动、删除和枚举所有目录或子目录的成员的方法。

下面就来了解一下 Directory 类的使用方法。

11.1.1 Directory 类

对文件夹的操作主要通过 Directory 类和 DirectoryInfo 类进行，这两个类中都包含了一组用来创建、移动、删除和枚举所有目录或子目录的成员的方法。

表 11-2 列出了 Directory 类的常用方法。

表 11–2 Directory 类的常用方法

方 法	描 述
CreateDirectory(String)	在指定路径中创建所有目录和子目录，除非它们已经存在
Delete(String)	从指定路径中删除空目录
Delete(String,Boolean)	删除指定的目录，并删除该目录中所有的子目录和文件
Exists(Stirng)	判断指定目录中是否存在现有目录

Directory 类和 DirectoryInfo 类都可以用来操作文件夹，两者的区别在于：Directory 类是静态类，所有的方法都是静态的，可以直接进行调用，而 DirectoryInfo 类是普通类，需要实例化后才能使用。如果要在文件上执行几种操作，则实例化 DirectoryInfo 类并调用方法更好一些，这样会提高效率，因为实例化时会设置文件路径，则这个实例化出来的 DirectoryInfo 类将在文件系统上引用正确的文件，而静态类却每次都必须寻找文件。两者具体的使用区别，会在后面的实例中演示。

选择 Directory 类还是 DirectoryInfo 类主要看使用场景的具体情况和个人喜好。

11.1.2 File 类

对文件的创建、删除、移动、打开操作，主要使用 File 类和 FileInfo 类。

表 11-3 列出了 File 类的常用方法。

表 11–3 File 类的常用方法

方 法	描 述
Create(String)	在指定路径中创建或覆盖文件
Delete(String)	删除指定的文件
Exists(String)	确定指定的文件是否存在
Move(String,String)	将指定的文件移动新位置
Open(String,FileMode)	打开指定路径的文件，指定读 / 写访问的模式

File 类和 FileInfo 类都可以用来操作文件，两者的区别与 Directory 类和 DirectoryInfo 类的区别基本相同，File 类是静态类可以直接被调用，FileInfo 类是非静态类，需要实例化后才能使用。两者具体的使用区别，会在后面的实例中演示。

11.1.3　Stream 类

Stream 类用于从文件中读取二进制数据，或使用流读 / 写文件。数据流会先进入缓冲区中，进入后不会立刻写入文件。当执行写入的方法后，缓冲区的数据会立即注入基础流。表 11-4 列出了 Stream 类的常用方法。

表 11-4　Stream 类的常用方法

方　法	描　述
Read	从基础流中读取字符，并把流的当前位置往前移
Close	关闭当前 Stream 对象和基础流
Write	把数据写入基础流中
Flush	清理当前所有缓冲区，使所有缓冲数据写入基础设备
Seek	设置当前流内的位置

在开发中，Stream 类常常要用 File 类方法打开文件，然后使用流读 / 写文件，有直接的文件流类 FileStream 类以文件流的形式打开文件，具体的使用会在后面的实例中演示。

11.2　文件夹的操作

文件夹的操作主要有创建文件夹、删除文件夹、剪切文件夹、设置文件夹的属性等，下面就来看一下如何对文件夹进行操作。

11.2.1　创建文件夹

Directory 类和 DirectoryInfo 类都可以用来创建文件夹，下面就来了解一下如何创建文件夹。

Directory 类创建文件夹：

```
//创建文件夹
Directory.CreateDirectory(@"c:\Temp");
```

DirectoryInfo 类创建文件夹：

```
//使用 DirectoryInfo 类创建文件夹
DirectoryInfo info = new DirectoryInfo(@"c:\Temp");
info.Create();
```

两段代码都可以创建文件夹，如图 11-1 所示。

可以看到 Directory 类和 DirectoryInfo 类的用法区别是，Directory 类是静态类，可以直接调用静态方法 Directory.CreateDirectory，而 DirectoryInfo 类是非静态类，需要先实例化 DirectoryInfo 类后才能使用。

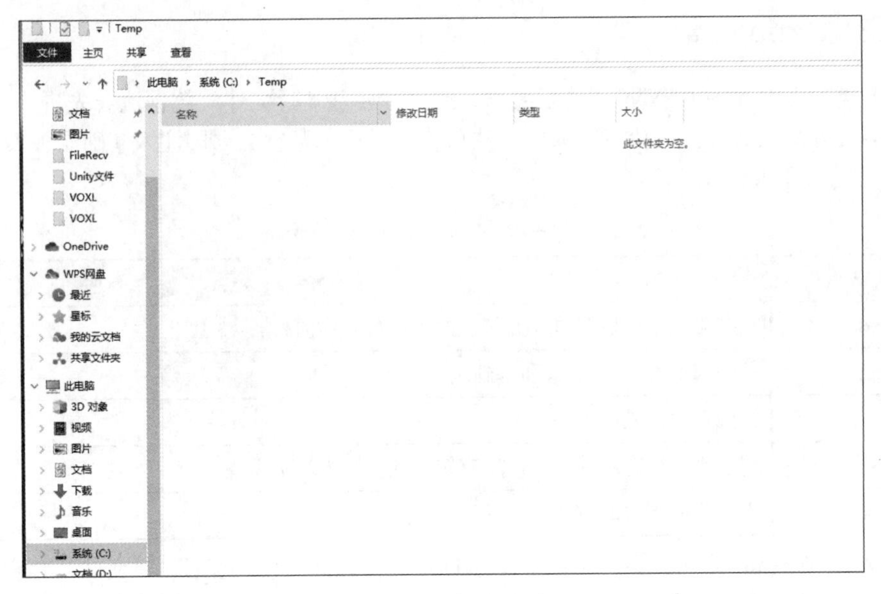

图 11-1　创建文件夹结果

11.2.2　删除文件夹

删除文件夹也是比较常见的操作，下面就来了解一下如何删除文件夹。

Directory 类删除文件夹：

```
// 删除文件夹
Directory.Delete(@"c:\Temp");
```

DirectoryInfo 类删除文件夹：

```
// 使用 DirectoryInfo 类删除文件夹
DirectoryInfo info = new DirectoryInfo(@"c:\Temp");
info.Delete();
```

两段代码都可以删除文件夹，但是需要注意的是，在删除文件夹时要先判断文件夹是否存在，判断文件夹是否存在可以使用 Exists 方法：

```
// 判断文件夹是否存在
bool isDireExist = Directory.Exists(@"C:\Temp");
// 使用 DirectoryInfo 类判断文件夹是否存在
DirectoryInfo info = new DirectoryInfo(@"c:\Temp");
bool isDireExist = info.Exists;
```

文件夹存在才能删除，不存在就删除会报错。

11.2.3　剪切文件夹

剪切文件夹也是比较常见的操作，下面就来了解一下如何剪切文件夹。

Directory 类剪切文件夹：

```
// 剪切文件夹
Directory.Move(@"c:\Temp", @"c:\Temp2");
```

DirectoryInfo 类剪切文件夹：

```
// 使用 DirectoryInfo 类剪切文件夹
DirectoryInfo info4 = new DirectoryInfo(@"c:\Temp");
info4.MoveTo(@"c:\Temp2");
```

两段代码都可以剪切文件夹，剪切文件夹是将原文件夹中的所有文件移动到目标文件夹中，所以如果目标文件夹已经存在，就不能剪切到目标文件夹，会报错，所以要先判断是否存在目标文件夹，如果存在就不能剪切。

11.2.4　设置文件夹的属性

设置文件夹的属性也是比较常见的操作，下面就来了解一下如何设置文件夹的属性。

Directory 类设置文件夹的属性：

```
// 设置文件夹的属性
Directory.CreateDirectory(@"c:\Temp").Attributes = FileAttributes.ReadOnly;
```

DirectoryInfo 类设置文件夹的属性：

```
// 使用 DirectoryInfo 类设置文件夹的属性
DirectoryInfo info = new DirectoryInfo(@"c:\Temp");
info.Attributes = FileAttributes.ReadOnly;
```

设置文件夹的属性，首先需要确保文件夹是否存在，不然就会报错，判断文件夹是否存在可以使用 Exists 方法。

文件夹的属性，枚举 FileAttributes，常用参数如下。

- ReadOnly：只读。
- Hidden：隐藏文件夹。
- Temporary：临时文件夹。
- Encrypted：加密文件夹。

11.3　文件的操作

文件的操作主要有创建文件、删除文件、复制文件、剪切文件、读取文件、写入文件等，下面就来看一下如何对文件进行操作。

11.3.1　创建文件

File 类和 FileInfo 类都可以用来创建文件，下面就来了解一下如何创建文件。

File 类创建文件：

```
// 创建文件
File.Create(@"C:\Temp\MyTest.txt");
```

FileInfo 类创建文件：

```
// 使用 FileInfo 类创建文件
FileInfo info = new FileInfo(@"C:\Temp\MyTest.txt");
info.Create();
```

两段代码都可以创建文件，如图 11-2 所示。

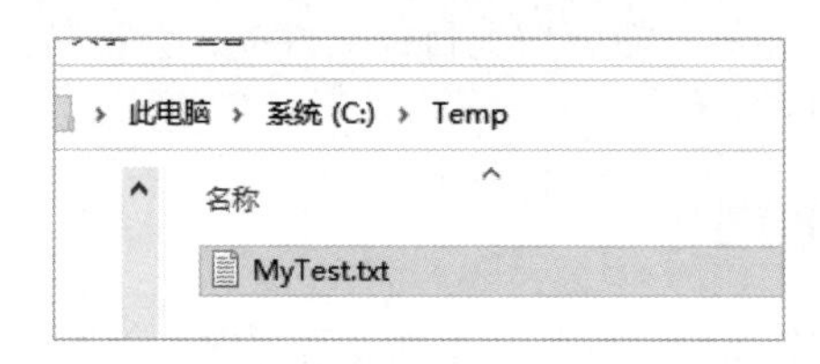

图 11-2　使用 File 类创建文件函数创建新文件

可以看到 File 类和 FileInfo 类的用法区别是，File 类是静态类，可以直接用静态方法 File.Create；而 FileInfo 类是非静态类，需要先实例化 FileInfo 类后才能使用。

在创建文件前需要先判断是否存在文件，如果存在文件再创建会报错，判断文件是否存在可以使用 File.Exists 方法，返回值是一个 bool 类型的值。

11.3.2　删除文件

删除文件也是比较常见的操作，下面就来了解一下如何删除文件。

File 类删除文件：

```
// 删除文件
File.Delete(@"C:\Temp\MyTest.txt");
```

FileInfo 类删除文件：

```
// 使用 FileInfo 类删除文件
FileInfo info = new FileInfo(@"C:\Temp\MyTest.txt");
info.Delete();
```

两段代码都可以删除文件，但是需要注意的是，在删除文件夹时要先判断文件是否存在，判断文件是否存在可以使用 Exists 方法，文件存在才能删除，不存在就删除会报错。

11.3.3　复制、剪切文件

复制和剪切也是比较常见的操作，下面就来了解一下如何复制和剪切文件。

File 类复制、剪切文件：

```
// 复制文件
File.Copy(@"C:\Temp\MyTest.txt", @"C:\Temp\MyTest2.txt");
```

```
//剪切文件
File.Move(@"C:\Temp\MyTest.txt", @"C:\Temp\MyTest2.txt");
```

FileInfo 类复制、剪切文件：

```
//使用 FileInfo 类复制文件
FileInfo info4 = new FileInfo(@"C:\Temp\MyTest.txt");
info4.CopyTo(@"C:\Temp\MyTest2.txt");
//使用 FileInfo 类剪切文件
FileInfo info3 = new FileInfo(@"C:\Temp\MyTest.txt");
info3.MoveTo(@"C:\Temp\MyTest2.txt");
```

File 类和 FileInfo 类的复制和剪切函数的用法很相似，都是先指定一个源地址，然后指定一个目标地址，就可以将源地址的文件复制或剪切过去。

当然，无论是复制还是剪切，都要保证源文件是存在的，不然就无法复制或剪切过去，判断源文件是否存在可以使用 Exists 方法。

11.3.4　读 / 写文件

读 / 写文件是文件最基本的操作，主要通过文件流的形式读 / 写。比较常用的方法就是使用 File 类打开文件，读取数据，将数据保存在 FileStream 文件流对象中。FileStream 类继承于 Stream 类，然后通过 FileStream 文件流对象写入数据。

下面的实例演示了如何使用 FileStream 文件流对象写入数据，参考代码 11-1。

代码 11-1　FileStream 文件流对象写入数据实例代码

```
using System.IO;
using System.Text;
using UnityEngine;
public class Test_11_1 : MonoBehaviour
{
    void Start()
    {
        string path = @"C:\Temp\MyTest.txt";
        //首先判断是否存在文件
        if (!File.Exists(path))
        {
            //创建文件
            using (FileStream fs=File.Create(path))
            {
                byte[] info = new UTF8Encoding(true).GetBytes("new text");
                //添加数据到文件中
                fs.Write(info, 0, info.Length);
```

```
            }
        }
}
```

当上面的代码被编译和执行时，它会产生下列结果，如图 11-3 所示。

读取文件数据使用 File 类，例如：

```
File.Open(@"C:\Temp\MyTest.txt", FileMode.OpenOrCreate);
```

其中，参数 FileMode 是一个枚举类，代表了读取的权限。

- Open：以只读的权限打开文件。
- Create：以写的权限打开文件。
- OpenOrCreate：以读 / 写的权限打开文件。
- CreateNew：以创建新文件的方式打开文件。

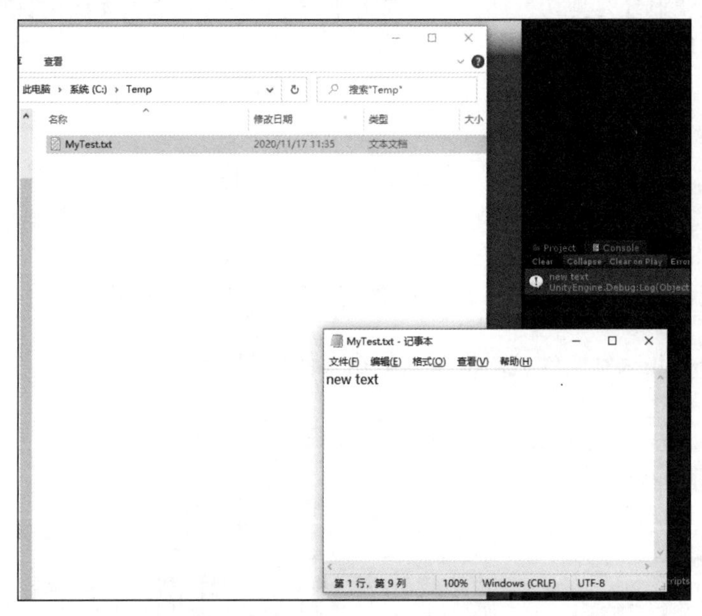

图 11-3　FileStream 文件流对象写入数据实例的执行结果

下面的实例演示了如何在 Unity 3D 中读取数据，参考代码 11-2。

代码 11-2　FileStream 文件流对象读取数据实例代码

```
using System.IO;
using System.Text;
using UnityEngine;
public class Test_11_2 : MonoBehaviour
{
    void Start()
```

```
    {
        string path = @"C:\Temp\MyTest.txt";
          using (FileStream fs = File.Open(path, FileMode.Open, FileAccess.Read, FileShare.
None))
        {
            byte[] b = new byte[1024];
            UTF8Encoding temp = new UTF8Encoding(true);
            while (fs.Read(b, 0, b.Length) > 0)
            {
                Debug.Log(temp.GetString(b));
            }
        }
    }
```

当上面的代码被编译和执行时，它会产生下列结果，如图 11-4 所示。

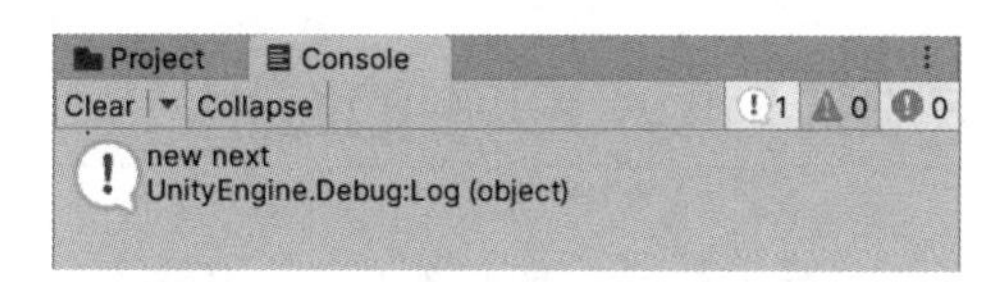

图 11-4　FileStream 文件流对象读取数据实例的执行结果

11.4　本章小结

本章列举了 C# 语言中使用各种类对文件夹和文件进行的操作，如 Directory 类和 DirectoryInfo 类，常见的操作有创建、删除、剪切文件夹或文件。

对文件的操作常用 File 类和 FileInfo 类，常见操作有创建、删除、剪切、复制、读 / 写文件。

无论是对文件夹的操作，还是对文件的操作，首先都要判断是否已经存在文件夹或文件，有些操作是文件夹或文件存在才能继续进行，如读取文件、剪切文件夹；有些操作必须是文件夹或文件不存在才能继续进行，如创建文件夹等。

在实际的开发中要灵活地应用这些类和方法，才能得心应手。

第 12 章　正则表达式

正则表达式，又称规则表达式（Regular Expression，在代码中常简写为 regex、regexp 或 RE），是计算机科学的一个概念。正则表达式通常被用来检索、替换那些符合某种模式（规则）的文本。

许多程序设计语言都支持利用正则表达式进行字符串操作。

例如，在 Perl 中就内建了一个功能强大的正则表达式引擎。正则表达式这个概念最初是由 UNIX 中的工具软件（如 sed 和 grep）普及开的。正则表达式通常缩写成 regex，单数有 regexp、regex，复数有 regexps、regexes、regexen。

12.1　正则表达式在 Unity 3D 中的应用

正则表达式常用来判断输入的文本格式，如判断输入的是否是中文，是否是英文，是否是日期类型，是否是邮箱类型，C# 语言提供的 Regex 类实现了对文本格式进行判断的方法。正则表达式是很强大的。下面就来看一下如何在 Unity 3D 中应用正则表达式。

12.1.1　匹配正整数

下面的实例演示了在 Unity 3D 中应用正则表达式检查文本是否是正整数，参考代码 12-1。

代码 12-1　Unity 3D 应用正则表达式匹配正整数实例代码

```
using System.Text.RegularExpressions;
using UnityEngine;
public class Test_12_1 : MonoBehaviour
{
    void Start()
    {
        string temp = "123";
        Debug.Log(IsNumber(temp));
    }
    ///<summary>
    /// 匹配正整数
    ///</summary>
    ///<param name="strInput"></param>
```

```
    ///<returns></returns>
    public bool IsNumber(string strInput)
    {
        Regex reg = new Regex("^[0-9]*[1-9][0-9]*$");
        if (reg.IsMatch(strInput))
        {
            return true;
        }
        else
        {
            return false;
        }
    }
}
```

当上面的代码被编译和执行时，它会产生下列结果，如图 12-1 所示。

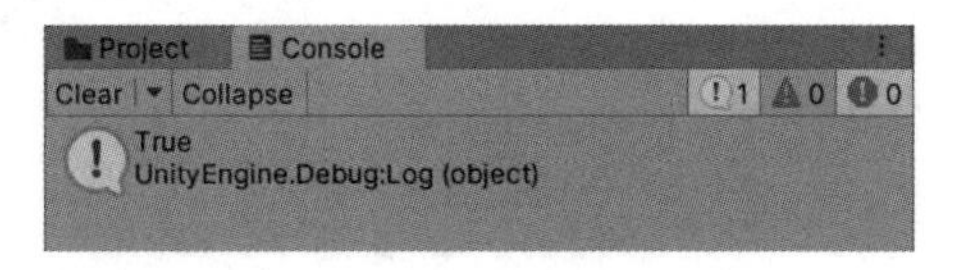

图 12-1　正则表达式匹配正整数代码编译执行结果

12.1.2　匹配大写字母

还可以应用正则表达式匹配大写字母，检查文本是否都是大写字母，参考代码 12-2。

代码 12-2　应用正则表达式匹配大写字母实例代码

```
using System.Text.RegularExpressions;
using UnityEngine;
public class Test_12_2 : MonoBehaviour
{
    void Start()
    {
        string temp = "ABC";
        Debug.Log(IsCapital(temp));
    }
    ///<summary>
    /// 匹配由 26 个英文字母的大写组成的字符串
    ///</summary>
    ///<param name="strInput"></param>
```

```
        ///<returns></returns>
        public bool IsCapital(string strInput)
        {
            Regex reg = new Regex("^[A-Z]+$");
            if (reg.IsMatch(strInput))
            {
                return true;
            }
            else
            {
                return false;
            }
        }
    }
```

当上面的代码被编译和执行时，它会产生下列结果，如图 12-2 所示。

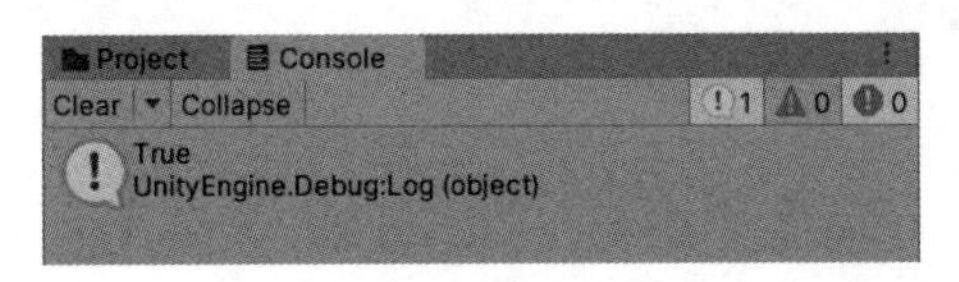

图 12-2　正则表达式匹配大写字母代码编译执行结果

12.2　Regex 类

正则表达式是一种文本模式，包括普通字符（例如，a ～ z 的字母）和特殊字符（称为“元字符”）。正则表达式使用单个字符串描述一系列匹配某个句法规则的字符串。

C# 语言提供了 Regex 类用来表示一个正则表达式，它还包含了各种静态方法，允许在不显式创建其他类的实例的情况下使用其他正则表达式类。

表 12-1 列出了 Regex 类的常用方法。

表 12–1　Regex 类的常用方法

方　法	描　述
public bool IsMatch(string input, int startat);	判断 Regex 构造函数中指定的正则表达式是否在指定的输入字符串中找到匹配项，从字符串中指定的开始位置开始
public static bool IsMatch(string input, string pattern);	判断指定的正则表达式是否在指定的输入字符串中找到匹配项

续表

方　法	描　述
public MatchCollection Matches (string input);	在指定的输入字符串中搜索正则表达式的所有匹配项
public string Replace(string input, string replacement);	在指定的输入字符串中，把匹配正则表达式的所有字符串替换为指定的字符串
public string[] Split(string input);	把输入字符串分割为子字符串数组，根据在 Regex 构造函数中指定的正则表达式模式定义的位置进行分割

12.2.1　Regex 类的静态 Match 方法

Match 方法是 Regex 类比较常用的方法，用于在输入的字符串中，使用正则表达式搜索匹配项，并将结果作为单个 Match 对象返回。静态 Match 方法，可以将匹配到的第一个字符串返回。

静态 Match 方法有两种重载方法：

```
// 第一种重载方法
public static Match Match(string input, string pattern);
// 第二种重载方法
public static Match Match(string input, string pattern, RegexOptions options);
```

第一种重载方法，是根据正则表达式搜索匹配项，并且返回第一个匹配对象。第二种重载方法，多了一个正则表达式匹配选项 RegexOptions 枚举，RegexOptions 枚举的有效值见表 12-2。

表 12-2　RegexOptions 枚举的有效值

枚举值	说 明
Complied	表示编译此模式
CultureInvariant	表示不考虑文化背景
ECMAScript	表示符合 ECMAScript 规则，只能和 IgnoreCase、Multiline、Complied 连用
ExplicitCapture	表示只保存显式命名的组
IgnoreCase	表示不区分输入的大小写
IgnorePatternWhitespace	表示去掉模式中的非转义空白，并启用由 # 标示的注释
Multiline	标示多行模式，改变元字符 ^ 和 $ 的含义，它们可以匹配行的开头和结尾
None	表示无设置，此枚举项没有意义
RightToLeft	表示从右向左扫描、匹配，这是静态 Match 方法返回从右向左的第一个匹配
Singleline	表示单行模式，改变元字符的意义，它可以匹配换行符

注意：

Multiline 在没有 ECMAScript 的情况下，可以与 Singleline 连用，Singleline 与 Multiline 不互斥，但是与 ECMAScript 互斥。

下面的实例演示了如何使用 Regex 类的静态 Match 方法，参考代码 12-3。

代码 12-3　Regex 类的静态 Match 方法实例代码

```
using System.Text.RegularExpressions;
using UnityEngine;
public class Test_12_3 : MonoBehaviour
{
    void Start()
    {
        string temp = "aaaa(bbb)aaaaaaaaa(bb)aaaaaa";
        IsMatch(temp);
    }
    ///<summary>
    /// 在输入的字符串中搜索正则表达式的匹配项
    ///</summary>
    ///<param name="strInput"> 输入的字符串 </param>
    public void IsMatch(string strInput)
    {
        string pattern = "\\(\\w+\\)";
        Match result = Regex.Match(strInput, pattern);
        Debug.Log(" 第一种重载方法: "+result.Value);
        Match result2 = Regex.Match(strInput, pattern,RegexOptions.RightToLeft);
        Debug.Log(" 第二种重载方法: " + result2.Value);
    }
}
```

注意：

"\\(\\w+\\)" 是一个正则表达式，括号代表匹配括号中的字符，w（小写）是指匹配所有字符；反双斜杠起转义作用，不然 C# 语言无法识别，该正则表达式表示匹配小括号中的所有字符。

当上面的代码被编译和执行时，它会产生下列结果，如图 12-3 所示。

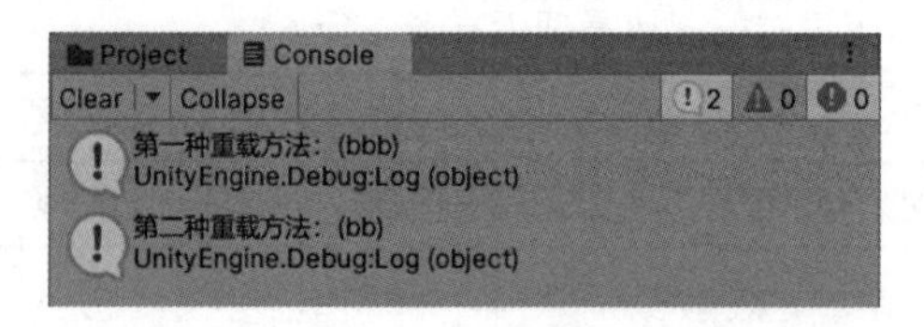

图 12-3　Regex 类的静态 Match 方法实例的执行结果

12.2.2　Regex 类的静态 Matches 方法

Regex 类的静态 Matches 方法是在输入的字符串中，使用正则表达式搜索匹配项，并返回一个 MatchCollection 对象，MatchCollection 对象中包含所有匹配项。

Regex 类的静态 Matches 方法与 Match 方法比较相似，都是返回匹配项，但是 Match 方法是返回第一个匹配项，而 Matches 方法是返回所有的匹配项，也就是所有匹配项的集合。

下面的实例演示了如何使用 Regex 类的静态 Matches 方法，参考代码 12-4。

代码 12-4　Regex 类的静态 Matches 方法实例代码

```
using System.Text.RegularExpressions;
using UnityEngine;

public class Test_12_4 : MonoBehaviour
{
    void Start()
    {
        string temp = "aaaa(bbb)aaaaaaaaa(bb)aaaaaa";
        IsCapital(temp);
    }
    ///<summary>
    /// 在输入的字符串中搜索正则表达式的匹配项
    ///</summary>
    ///<param name="strInput"> 输入的字符串 </param>
    public void IsCapital(string strInput)
    {
        string pattern = "\\(\\w+\\)";
        MatchCollection results = Regex.Matches(strInput, pattern);
        for (int i = 0; i < results.Count; i++)
        {
            Debug.Log(" 第一种重载方法：" + results[i].Value);
        }
        MatchCollection results2 = Regex.Matches(strInput, pattern,RegexOptions.RightToLeft);
        for (int i = 0; i < results.Count; i++)
        {
            Debug.Log(" 第二种重载方法：" + results2[i].Value);
        }
    }
}
```

当上面的代码被编译和执行时，它会产生下列结果，如图 12-4 所示。

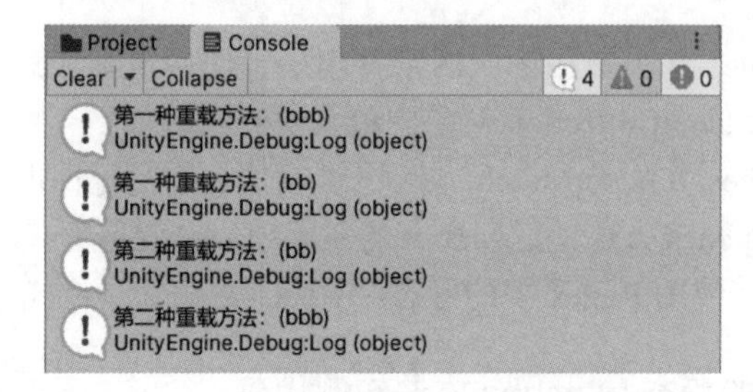

图 12-4　Regex 类的静态 Matches 方法实例的执行结果

12.2.3　Regex 类的静态 IsMatch 方法

Regex 类的静态 IsMatch 方法是指在输入的字符串中使用正则表达式搜索匹配项，如果找到匹配项则返回 True，否则返回 False。

静态 IsMatch 方法有两种重载方法：

```
//第一种重载方法
public static bool IsMatch(string input, string pattern);
//第二种重载方法
public static bool IsMatch(string input, string pattern, RegexOptions options);
```

下面的实例演示了如何使用 Regex 类的静态 IsMatch 方法，参考代码 12-5。

代码 12-5　Regex 类的静态 IsMatch 方法实例代码

```
using System.Text.RegularExpressions;
using UnityEngine;
public class Test_12_5 : MonoBehaviour
{
    void Start()
    {
        string temp = "aaaa(bbb)aaaaaaaaa(bb)aaaaaa";
        IsMatch(temp);
    }
    ///<summary>
    ///在输入的字符串中搜索正则表达式的匹配项
    ///</summary>
    ///<param name="strInput">输入的字符串</param>
    public void IsMatch(string strInput)
    {
        string pattern = "\\(\\w+\\)";
```

```
        bool resultBool = Regex.IsMatch(strInput, pattern);
        Debug.Log(resultBool);
            bool  resultBool2  =  Regex.IsMatch(strInput,  pattern,RegexOptions.
RightToLeft);
        Debug.Log(resultBool2);
    }
}
```

当上面的代码被编译和执行时，它会产生下列结果，如图 12-5 所示。

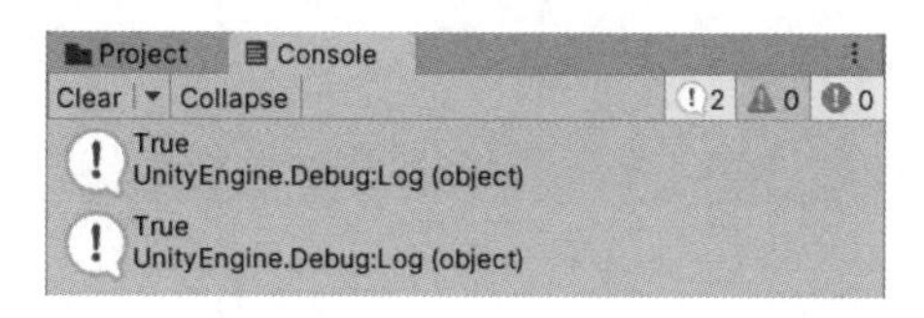

图 12-5　Regex 类的静态 IsMatch 方法实例的执行结果

12.3　定义正则表达式

使用正则表达式，需要先定义正则表达式，也就是按照什么规则匹配字符串，定义正则表达式需要先了解什么是正则表达式的字符。正则表达式是由一个个字符构成的。下面将介绍正则表达式的常见字符。

12.3.1　转义字符

正则表达式中的反斜杠字符（\）是指其后跟的字符是特殊字符，或应按原义解释该字符。表 12-3 列出了正则表达式的常用转义字符。

表 12–3　正则表达式的常用转义字符

转义字符	描　述
\	在后面带有不识别的转义字符时，与该字符匹配
\b	匹配一个单词边界，也就是指单词和空格键的位置
\B	匹配非单词边界
\t	匹配一个制表符
\r	匹配一个回车符
\v	匹配一个垂直制表符
\f	匹配一个换页符
\n	匹配一个换行符

下面的实例演示了如何使用正则表达式转义字符，参考代码 12-6。

代码 12-6　正则表达式转义字符实例代码

```
using System.Text.RegularExpressions;
using UnityEngine;

public class Test_12_6 : MonoBehaviour
{
    void Start()
    {
        string temp = "\r\nHello\nWorld.";
        IsMatch(temp);
    }
    ///<summary>
    /// 在输入的字符串中搜索正则表达式的匹配项
    ///</summary>
    ///<param name="strInput"> 输入的字符串 </param>
    public void IsMatch(string strInput)
    {
        string pattern = "\\r\\n(\\w+)";
        Match resultBool = Regex.Match(strInput, pattern);
        Debug.Log(resultBool.Value);
    }
}
```

当上面的代码被编译和执行时，它会产生下列结果，如图 12-6 所示。

```
Hello
UnityEngine.Debug:Log (object)
Test_12_6:IsMatch (string) (at Assets/Scripts/Test_12_6.cs:19)
Test_12_6:Start () (at Assets/Scripts/Test_12_6.cs:9)
```

图 12-6　正则表达式转义字符实例的执行结果

12.3.2　字符类

正则表达式中的字符类可以与一组字符中的任何一个字符匹配，如使用 \r 时可以加上 \w，这样就可以匹配换行后的所有单词字符。表 12-4 列出了正则表达式的常用字符类。

表 12-4　正则表达式的常用字符类

字符类	描　述
\w	匹配任何单词字符
\W	匹配任何非单词字符

续表

字符类	描　述
\s	匹配任何空白字符
\S	匹配任何非空白字符
\d	匹配十进制数字
\D	匹配非十进制数字的任意字符

下面的实例演示了如何使用正则表达式字符类，参考代码 12-7。

代码 12–7　正则表达式字符类实例代码

```
using System.Text.RegularExpressions;
using UnityEngine;

public class Test_12_7 : MonoBehaviour
{
    void Start()
    {
        string temp = "Hello World 2020";
        IsMatch(temp);
    }
    ///<summary>
    /// 在输入的字符串中搜索正则表达式的匹配项
    ///</summary>
    ///<param name="strInput"> 输入的字符串 </param>
    public void IsMatch(string strInput)
    {
        string pattern = "(\\d+)";
        Match resultBool = Regex.Match(strInput, pattern);
        Debug.Log(resultBool.Value);
    }
}
```

当上面的代码被编译和执行时，它会产生下列结果，如图 12-7 所示。

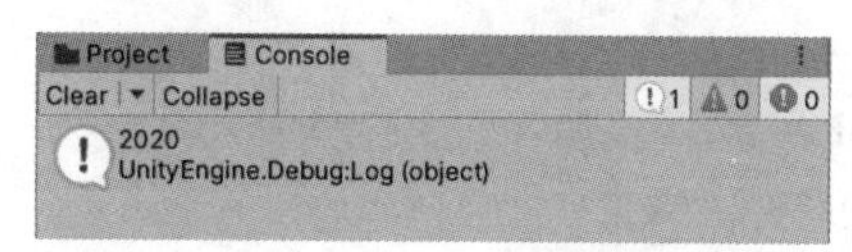

图 12-7　正则表达式字符类实例的执行结果

12.3.3 定位点

正则表达式中的定位点可以设置匹配字符串的索引位置，所以可以使用定位点对要匹配的字符串进行限定，以此得到想要匹配到的匹配项。表 12-5 列出了正则表达式的常用定位点。

表 12-5 正则表达式的常用定位点

定位点	描　述
^	匹配必须从字符串或一行的开头开始
$	匹配必须出现在字符串的末尾或行的末尾，或者字符串 \n 前
\A	匹配必须出现在字符串的开头
\Z	匹配必须出现在字符串的末尾，或者字符串 \n 前
\z	匹配必须出现在字符串的末尾
\G	匹配必须出现在上一个匹配结束的地方

下面的实例演示了如何使用正则表达式定位点，参考代码 12-8。

代码 12-8 正则表达式定位点实例代码

```
using System.Text.RegularExpressions;
using UnityEngine;

public class Test_12_8 : MonoBehaviour
{
    void Start()
    {
        string temp = "Hello World 2020";
        IsMatch(temp);
    }
    ///<summary>
    /// 在输入的字符串中搜索正则表达式的匹配项
    ///</summary>
    ///<param name="strInput">输入的字符串</param>
    public void IsMatch(string strInput)
    {
        string pattern = "(\\w+)$";
        Match resultBool = Regex.Match(strInput, pattern);
        Debug.Log(resultBool.Value);
    }
}
```

当上面的代码被编译和执行时，它会产生下列结果，如图 12-8 所示。

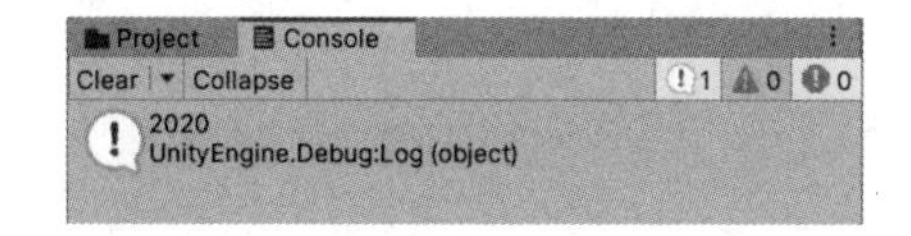

图 12-8　正则表达式定位点实例的执行结果

12.3.4　限定符

正则表达式中的限定符指定在输入字符串中必须存在上一个元素（可以是字符、数组或字符类）的多少个实例才能出现匹配项。表 12-6 列出了正则表达式的常用限定符。

表 12-6　正则表达式的常用限定符

限定符	描　述
*	匹配上一个元素 0 次或多次
+	匹配上一个元素 1 次或多次
?	匹配上一个元素 0 次或 1 次
{n}	匹配上一个元素 *n* 次
{n,m}	匹配上一个元素最少 *n* 次，最多 *m* 次

下面的实例演示了如何使用正则表达式限定符，参考代码 12-9。

代码 12-9　正则表达式限定符实例代码

```
using System.Text.RegularExpressions;
using UnityEngine;

public class Test_12_9 : MonoBehaviour
{
    void Start()
    {
        string temp = "Hello World";
        IsMatch(temp);
    }
    ///<summary>
    /// 在输入的字符串中搜索正则表达式的匹配项
    ///</summary>
    ///<param name="strInput"> 输入的字符串 </param>
    public void IsMatch(string strInput)
    {
        string pattern = "\\w{5}";
```

```
        Match resultBool = Regex.Match(strInput, pattern);
        Debug.Log(resultBool.Value);
    }
}
```

当上面的代码被编译和执行时，它会产生下列结果，如图 12-9 所示。

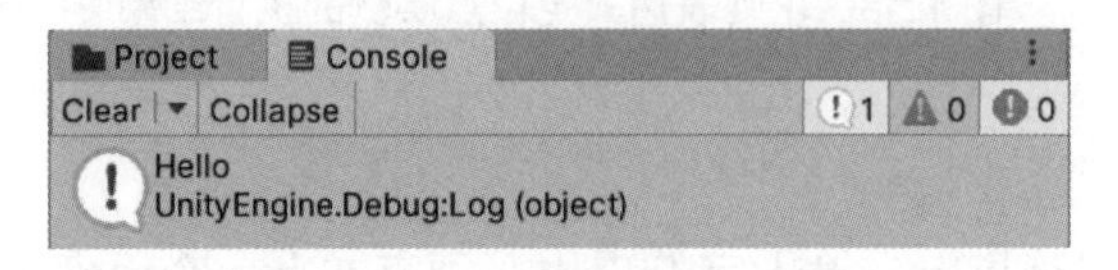

图 12-9　正则表达式限定符实例的执行结果

12.4　常用正则表达式

正则表达式很强大，可以匹配各种类型的字符串，如大写字母、小写字母、正整数、负正整数、汉字、E-mail 地址、电话号码、身份证号码等，下面就来了解一下常用的正则表达式。

12.4.1　校验数字的表达式

数字包含整数（正整数、负整数）、浮点数（正浮点数、负浮点数）等，使用正则表达式可以很方便地将这些类型的数字匹配出来。表 12-7 列出了常用检验数字的表达式。

表 12–7　常用校验数字的表达式

序　号	表达式	描　述
1	Regex reg = new Regex(@"^[0-9]*$");	匹配数字
2	Regex reg = new Regex(@"^\d{n}$");	匹配 *n* 位的数字
3	Regex reg = new Regex(@"^(\-)?\d+(\.\d{1,2})?$");	匹配带 1 位或 2 位小数的数字
4	Regex reg = new Regex(@"^[0-9]\d*$");	匹配正整数
5	Regex reg = new Regex(@"^-[0-9]\d*$");	匹配负正整数
6	Regex reg = new Regex(@"^(-?\d+)(\.\d+)?$");	匹配浮点数
7	Regex reg = new Regex(@"^-([1-9]\d*\.\d*|0\.\d*[1-9]\d*)$");	匹配负浮点数

下面的实例演示了常用校验数字的表达式的使用方法，参考代码 12-10。

代码 12–10　常用校验数字的表达式实例代码

```
using System.Text.RegularExpressions;
using UnityEngine;

public class Test_12_10 : MonoBehaviour
```

```
{
    void Start()
    {
        string temp = "2020";
        IsMatch(temp);
    }
    ///<summary>
    /// 在输入的字符串中搜索正则表达式的匹配项
    ///</summary>
    ///<param name="strInput"> 输入的字符串 </param>
    public void IsMatch(string strInput)
    {
        Regex reg = new Regex(@"^[0-9]*$");
        bool result = reg.IsMatch(strInput);
        Debug.Log(result);
    }
}
```

当上面的代码被编译和执行时，它会产生下列结果，如图 12-10 所示。

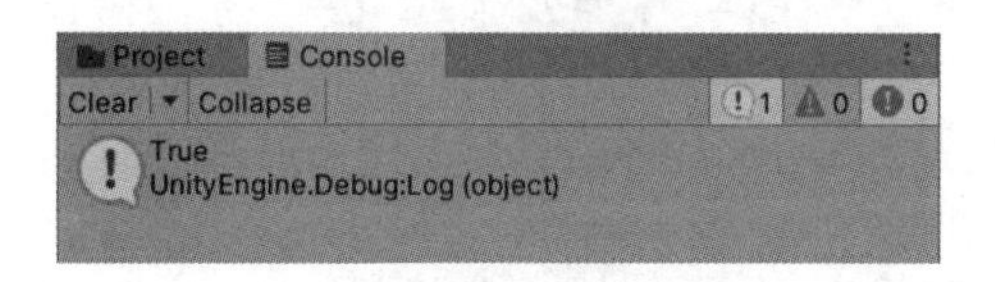

图 12-10　常用校验数字的表达式实例的执行结果

12.4.2　校验字符的表达式

字符包含汉字、英文、数字以及特殊符号，使用正则表达式可以很方便地将这些字符匹配出来。表 12-8 列出了常用校验字符的表达式。

表 12–8　常用校验字符的表达式

序　号	表达式	描　述
1	Regex reg = new Regex(@"^[\u4e00-\u9fa5]");	匹配汉字
2	Regex reg = new Regex(@"^[A-Za-z0-9]+$");	匹配英文和数字
3	Regex reg = new Regex(@"^[A-Za-z]+$");	匹配英文
4	Regex reg = new Regex(@"^[\u4E00-\u9FA5A-Za-z0-9]");	匹配中文、英文和数字
5	Regex reg = new Regex(@"[^%&’,;=?$\x”22]+");	匹配 ^%&’,;=?$\” 等字符
6	Regex reg = new Regex(@"[^~\x22]+");	匹配 ~ 字符

下面的实例演示了常用校验字符的表达式的使用方法，参考代码 12-11。

代码 12-11　常用校验数字的表达式实例代码

```
using System.Text.RegularExpressions;
using UnityEngine;

public class Test_12_11 : MonoBehaviour
{
    void Start()
    {
        string temp = "你好，世界 2020";
        IsMatch(temp);
    }
    ///<summary>
    /// 在输入的字符串中搜索正则表达式的匹配项
    ///</summary>
    ///<param name="strInput">输入的字符串</param>
    public void IsMatch(string strInput)
    {
        Regex reg = new Regex(@"^[\u4E00-\u9FA5A-Za-z0-9]");
        bool result = reg.IsMatch(strInput);
        Debug.Log("匹配中文、英文和数字：" + result);
        Regex reg2 = new Regex(@"^[A-Za-z0-9]");
        bool result2 = reg2.IsMatch(strInput);
        Debug.Log("匹配英文和数字：" + result2);
    }
}
```

当上面的代码被编译和执行时，它会产生下列结果，如图 12-11 所示。

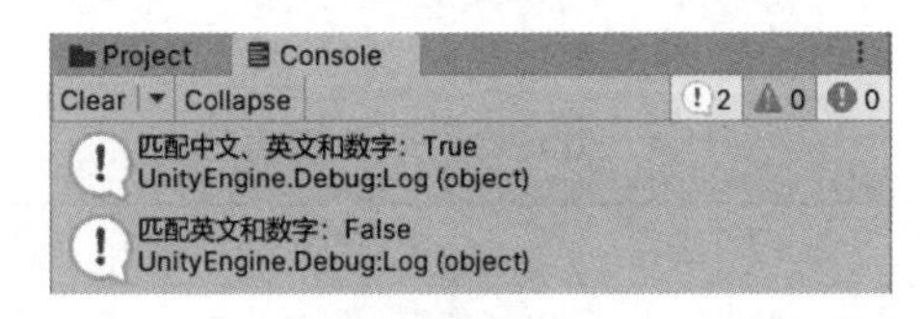

图 12-11　常用校验字符的表达式实例的执行结果

12.4.3　校验特殊需求的表达式

正则表达式还可以匹配 E-mail 地址、域名、网站地址、手机号码、电话号码、身份证号码及日期格式，使用正则表达式可以很方便地将这些字符匹配出来。表 12-9 列出了常用校验特殊需求的表达式。

表 12–9　常用校验特殊需求的表达式

序　号	表达式	描　述
1	Regex reg = new Regex(@"^\w+([-+.]\w+)*@\w+([-.]\w+)*\.\w+([-.]\w+)*$");	匹配 E-mail 地址
2	Regex reg = new Regex(@"[a-zA-Z0-9][-a-zA-Z0-9]{0,62}(/.[a-zA-Z0-9][-a-zA-Z0-9]{0,62})+/.?");	匹配域名
3	Regex reg = new Regex(@"[a-zA-z]+://[^\s]*");	匹配网站地址
4	Regex reg = new Regex(@"^(13[0-9]|14[5|7]|15[0|1|2|3|5|6|7|8|9]|18[0|1|2|3|5|6|7|8|9])\d{8}$");	匹配手机号码
5	Regex reg = new Regex(@"^($$\d{3,4}-)|\d{3.4}-)?\d{7,8}$");	匹配电话号码
6	Regex reg = new Regex(@"^\d{15}|\d{18}$");	匹配身份证号码
7	Regex reg = new Regex(@"^\d{4}-\d{1,2}-\d{1,2}");	匹配日期格式

下面的实例演示了常用校验特殊需求的表达式的使用方法，参考代码 12-12。

代码 12–12　常用校验特殊需求的表达式实例代码

```
using System.Text.RegularExpressions;
using UnityEngine;

public class Test_12_12 : MonoBehaviour
{
    void Start()
    {
        IsMatch();
    }
    ///<summary>
    /// 在输入的字符串中搜索正则表达式的匹配项
    ///</summary>
    ///<param name="strInput"> 输入的字符串 </param>
    public void IsMatch()
    {
        Regex reg = new Regex(@"[a-zA-z]+://[^\s]*");
        bool result = reg.IsMatch("http://www.baidu.com");
        Debug.Log(" 匹配网站地址: " + result);
          Regex reg2 = new Regex(@"^(13[0-9]|14[5|7]|15[0|1|2|3|5|6|7|8|9]|18[0|1|
2|3|5|6|7|8|9])\d{8}$");
        bool result2 = reg2.IsMatch("13512341234");
        Debug.Log(" 匹配手机号码: " + result2);
    }
}
```

当上面的代码被编译和执行时，它会产生下列结果，如图 12-12 所示。

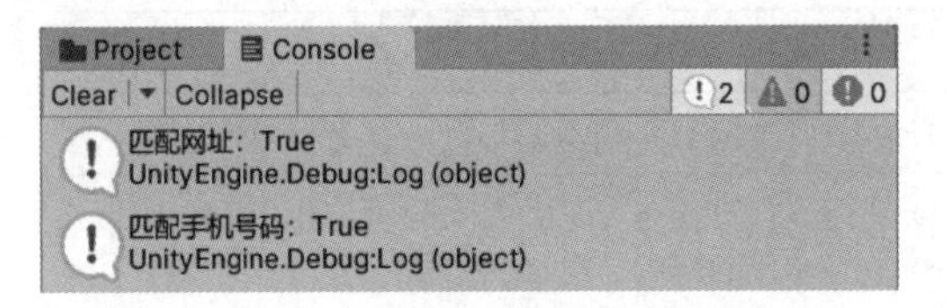

图 12-12　常用校验特殊需求的表达式实例的执行结果

12.5　正则表达式实例

在实际开发中，使用正则表达式往往不需要将正则表达式的定义全部学好，只要将常用的正则表达式记录下来经常使用就可以掌握了。下面就讲解两个实例，帮助理解正则表达式的使用。

12.5.1　实例一：匹配字母

在开发中常常遇到要找到以某个字母开头或某个字母结尾的单词，参考代码 12-13。

代码 12-13　使用正则表达式匹配以 m 开头、以 e 结尾的单词实例代码

```
using System.Text.RegularExpressions;
using UnityEngine;

public class Test_12_13 : MonoBehaviour
{
    void Start()
    {
        string temp = "make maze and manage to measure it";
        MatchStr(temp);
    }
    ///<summary>
    /// 在输入的字符串中搜索正则表达式的匹配项
    ///</summary>
    ///<param name="strInput"> 输入的字符串 </param>
    public void MatchStr(string str)
    {
        Regex reg = new Regex(@"\bm\S*e\b");
        MatchCollection mat = reg.Matches(str);
        foreach (Match item in mat)
        {
            Debug.Log(item);
```

```
        }
    }
}
```

当上面的代码被编译和执行时，它会产生下列结果，如图 12-13 所示。

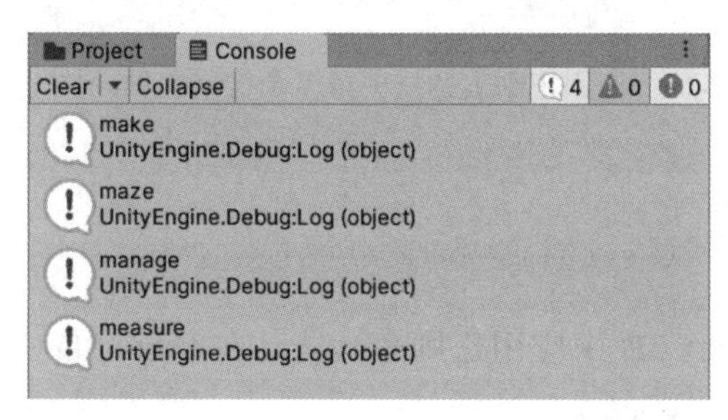

图 12-13　使用正则表达式匹配以 m 开头、以 e 结尾的单词实例的执行结果

12.5.2　实例二：替换掉空格

在数据传输中，可能会在无意间添加多余空格，这会影响解析。下面这个实例就演示了如何去掉多余空格，参考代码 12-14。

代码 12-14　使用正则表达式去掉多余空格实例代码

```
using System.Text.RegularExpressions;
using UnityEngine;

public class Test_12_14 : MonoBehaviour
{
    void Start()
    {
        string temp = "Hello              World";
        MatchStr(temp);
    }
    ///<summary>
    /// 在输入的字符串中搜索正则表达式的匹配项
    ///</summary>
    ///<param name="strInput"> 输入的字符串 </param>
    public void MatchStr(string str)
    {
        Regex reg = new Regex("\\s+");
        Debug.Log(reg.Replace(str, " "));
    }
}
```

当上面的代码被编译和执行时，它会产生下列结果，如图 12-14 所示。

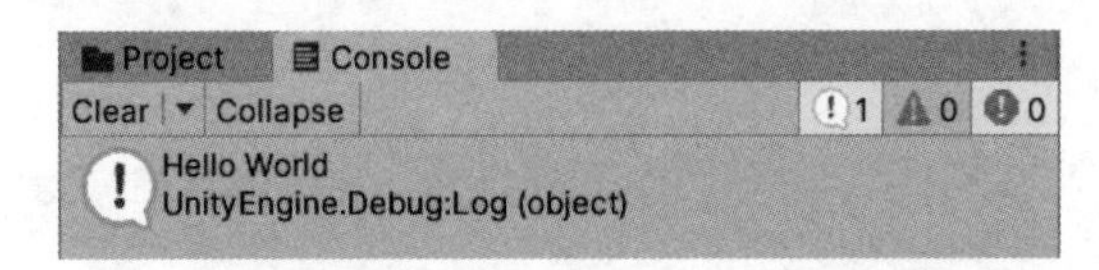

图 12-14　使用正则表达式去掉多余空格实例的执行结果

12.6　本章小结

本章讲解了如何在 Unity 3D 中应用正则表达式。在 Unity 3D 中应用正则表达式，主要用 Regex 类构建和运行正则表达式。

正则表达式又称规则表达式，通常用来检索那些符合模式（规则）的文本，许多设计语言都支持使用正则表达式进行字符串的检索。正则表达式无疑是处理文本最有利的工具，但是熟练掌握正则表达式不是一件容易的事情。

在实际开发中常常不需要掌握所有的正则表达式的使用，只需记住常用正则表达式的规则，然后理解常用正则表达式中符号的含义，就可以满足大部分的开发需求。

Regex 类提供了验证正则表达式的方法，包含了各种静态方法，Regex 类的静态 Match 方法，可以匹配输入的字符串中符合正则表达式的匹配项，但是这个方法只能返回匹配到的第一个匹配项，由此出现了 Regex 类的静态 Matches 方法；Matches 方法可以返回多个对象集合，将匹配输入的字符串中符合正则表达式的所有匹配项返回。如果要判断输入的字符串是否满足正则表达式可以使用 Regex 类的静态 IsMatch 方法。

第 13 章　常用算法

算法是在有限步骤内求解某一问题使用的一组定义明确的规则。通俗点儿说，就是计算机解题的过程，在这个过程中，无论是形成解题思路还是编写程序，都是在实施某种算法。解题思路可以用伪语言，编写程序可以用某种特定语言。

不同的算法可能用不同的时间、空间或效率完成同样的任务，一个算法的优劣可以用空间复杂度与时间复杂度衡量。

算法常用于处理一些问题，例如，将一组无序的数据从小到大排列，将其从无序变成有序。常用算法有冒泡排序算法、选择排序算法和插入排序算法。下面就来了解一下算法的实现吧。

13.1　冒泡排序算法

冒泡排序算法是程序设计中一种较简单的且基本的排序算法。在应聘职位时我们也常常会遇到此类试题，其原理是重复地对要排序的数进行大小比较，一次比较两个元素。如果第一个数比第二个数大，则交换顺序，把第二个小的数放在前面，不断比较，直到形成一串由小到大排序的数字。下面给大家详细介绍在 C# 语言中如何实现冒泡排序算法。

13.1.1　冒泡排序算法原理

冒泡排序算法的原理如下。

从数组的第一个位置开始两两比较 array[index] 和 array[index+1]，如果 array[index] 大于 array[index+1]，则交换 array[index] 和 array[index+1] 的位置。

对每一对相邻元素做同样的工作，从开始第一对到结尾最后一对。

针对所有元素重复以上步骤，直到没有任何一对元素需要比较。

13.1.2　时间复杂度

若文件的初始状态是正序的，则扫描一次即可完成排序。所需的关键字比较次数 C 和记录移动次数 M 均达到最小值，也就是：$C_{\min} = n-1, M_{\min=0}$。

所以，冒泡排序算法的时间复杂度是 $O(n)$。

若初始文件是反序的，则需要进行 $n-1$ 趟排序。每趟排序要进行 $n-i$ 次关键字的比较，且每次比较都必须移动 3 次记录达到交换记录位置。在这种情况下，比较和移动次数均达到最大值，也就是：$C_{\max} = \dfrac{n(n-1)}{2} = O(n^2)$，$M_{\max} = \dfrac{3n(n-1)}{2} = O(n^2)$，冒泡排序算法最坏的时间复杂度

是 $O(n^2)$ 。

综上所述，冒泡排序总的平均时间复杂度为 $O(n^2)$ 。

冒泡排序算法就是把小的元素往前调或把大的元素往后调。比较相邻的两个元素的大小，交换也发生在这两个元素之间，所以，如果两个元素相等，是不会再交换的。如果两个相等的元素没有相邻，那么即使通过前面的两两交换使两个元素相邻，这时也不会交换，所以相同元素的前后顺序并没有改变，所以冒泡排序算法是一种稳定排序算法。

13.1.3 代码示例

下面的实例演示了如何使用代码实现冒泡排序算法，参考代码 13-1。

代码 13-1 冒泡排序算法实例代码

```
using UnityEngine;
public class Test_13_1 : MonoBehaviour
{
    void Start()
    {
        //测试数据
        int[] array = { 1, 4, 2, 43, 5, 61, 89, 34, 67, 32, 40 };
        //将数据排序
        PopSort(array);
        //排序后的数据
        for (int i = 0; i < array.Length; i++)
        {
            Debug.Log(array[i]);
        }
    }

    public void PopSort(int[] _item)
    {
        int i, j, temp;                          //定义变量
        for (i = 0; i < _item.Length - 1; i++)
        {
            for (j = i + 1; j < _item.Length; j++)
            {
                if (_item[i] > _item[j])         //降序改为“<”
                {
                    //交换两个数的位置
                    temp = _item[i];             //把大的数放在一个临时存储位置
```

```
                _item[i] = _item[j];          // 把小的数赋给前一个
                _item[j] = temp;              // 把临时存储位置的大数赋给后一个
            }
        }
    }
  }
}
```

当上面的代码被编译和执行时，它会产生下列结果，如图 13-1 所示。

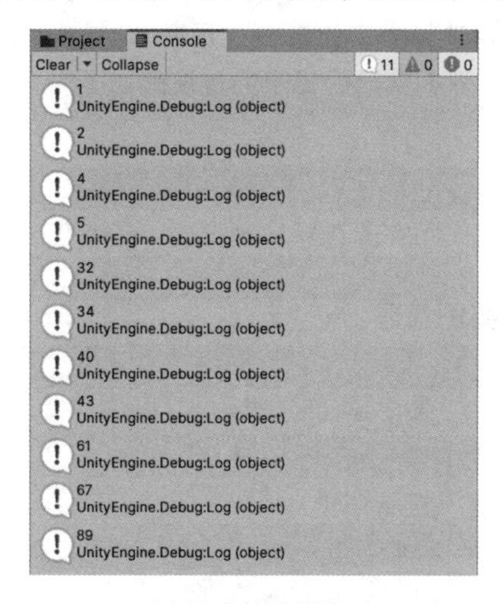

图 13-1　冒泡排序算法实例的执行结果

13.2　选择排序算法

13.2.1　选择排序算法原理

选择排序算法是一种简单直观的排序算法，其原理如下。

首先从待排序的数据元素中选出最小（或最大）的一个元素，存放到序列的起始位置；其次再从剩余的未排序元素中寻找到最小（或最大）的一个元素，然后放到已排序的序列的末尾。以此类推，直到待排序的数据元素的个数为零。

选择排序算法是不稳定的排序方法。

13.2.2　时间复杂度

选择排序算法的交换操作次数介于 0 到 $(n-2)$，比较次数为 $\frac{n(n-1)}{2}$ 次，复制操作次数介于 0 到 $3(n-1)$，比较次数为 $O(n^2)$ 次，比较次数与关键字的初始状态无关，总的比较次数 $N=(n-$

$1)+(n-2)+\cdots+1=\dfrac{n(n-1)}{2}$。交换次数 $O(n)$，最好情况是已经有序，交换 0 次；最坏情况是交换 $n-1$ 次，逆序交换 $n/2$ 次。所以选择排序算法的交换次数比冒泡排序算法少得多，当 n 值较小时，选择排序算法比冒泡排序算法要快。

选择排序算法总的平均时间复杂度为 $O(n^2)$。

但是选择排序算法是一个不稳定的排序算法，如果选择排序给第一个位置选择最小的，在剩余元素中给第二个元素选择第二小的，直到第 $n-1$ 个元素，则第 n 个元素就不用选择了，只剩下最大一个元素了。那么，在一趟选择中，如果一个元素比当前元素小，而该小的元素又出现在一个和当前元素相等的元素后面，那么交换后稳定性就被破坏了。

13.2.3 代码示例

下面的实例演示了如何使用代码实现选择排序算法，参考代码 13-2。

代码 13-2　选择排序算法实例代码

```
using UnityEngine;
public class Test_13_2 : MonoBehaviour
{
    void Start()
    {
        //测试数据
        int[] array = { 1, 4, 2, 43, 5, 61, 89, 34, 67, 32, 40 };
        //将数据排序
        SelectionSort(array);
        //排序后的数据
        for (int i = 0; i < array.Length; i++)
        {
            Debug.Log(array[i]);
        }
    }

    public void SelectionSort(int[] _item)
    {
        int i, j, min, len = _item.Length;
        int temp;
        for (i = 0; i < len - 1; i++)
        {
            min = i;
            for (j = i + 1; j < len; j++)
```

```
                {
                    if (_item[min].CompareTo(_item[j]) > 0)
                    {
                        min = j;
                    }
                }
                temp = _item[min];
                _item[min] = _item[i];
                _item[i] = temp;
            }
        }
    }
```

当上面的代码被编译和执行时，它会产生下列结果，如图 13-2 所示。

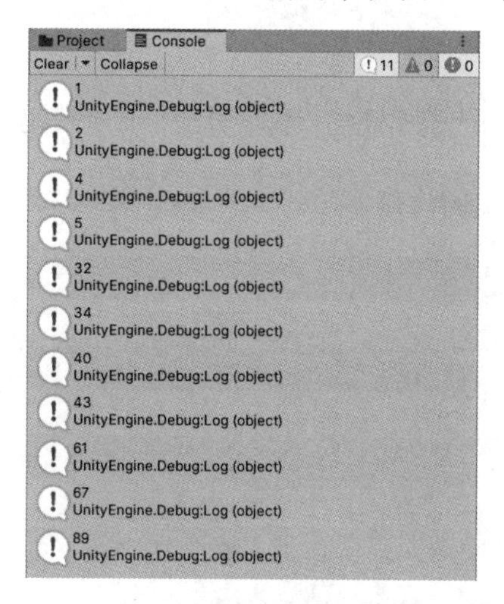

图 13-2　选择排序算法实例的执行结果

13.3　插入排序算法

插入排序算法，一般也被称为直接插入排序算法，对于少量元素的排序，它是一种有效的算法。插入排序算法的工作方式就像许多人排序一手扑克牌，开始左手为空，每次从桌子上拿走一张牌并将它插入左手中正确的位置，为了让这张牌插入正确的位置，需要将这张牌与已经在手中的每张牌进行比较，拿在手中的牌总是排序好的。

13.3.1　插入排序算法原理

插入排序算法的原理如下。

插入排序是将一个记录插入已经排好序的有序表中，从而增加一个元素，有序表记录数增 1。

在其实现过程中，使用了双层循环，外层循环寻找第一个元素之外的所有元素，内层循环在当前有序表中根据当前元素进行插入位置查找，然后进行移动。

13.3.2 时间复杂度

在插入排序算法中，当待排序数组是有序时，是最优的情况，只需将当前数跟前一个数比较一下就可以了，这时一共需要比较 $N-1$ 次，时间复杂度为 $O(N)$。

最坏的情况是待排序数组是逆序的，此时需要比较的次数最多，总计数记为：$1+2+3+\cdots+N-1$ 次，所以，插入排序算法最坏情况下的时间复杂度为 $O(N^2)$。

平均来说，A[1⋯j-1] 中的一半元素小于 A[j]，一半元素大于 A[j]。插入排序算法在平均情况下的运行时间与在最坏情况下的运行时间一样，是输入规模的二次函数。

综上所述，插入排序算法的时间复杂度为常数阶 $O(1)$。

13.3.3 代码示例

下面的实例演示了如何使用代码实现插入排序算法，参考代码 13-3。

代码 13–3　插入排序算法实例代码

```
using UnityEngine;
public class Test_13_3 : MonoBehaviour
{
    void Start()
    {
        //测试数据
        int[] array = { 1, 4, 2, 43, 5, 61, 89, 34, 67, 32, 40 };
        //将数据排序
        InsertSort(array);
        //排序后的数据
        for (int i = 0; i < array.Length; i++)
        {
            Debug.Log(array[i]);
        }
    }

    public void InsertSort(int[] _item)
    {
        for (int i = 1; i < _item.Length; i++)
        {
            int temp = _item[i];
            for (int j = i - 1; j >= 0; j--)
```

```
                {
                    if (_item[j] > temp)
                    {
                        _item[j + 1] = _item[j];
                        _item[j] = temp;
                    }
                }
            }
        }
    }
```

当上面的代码被编译和执行时，它会产生下列结果，如图 13-3 所示。

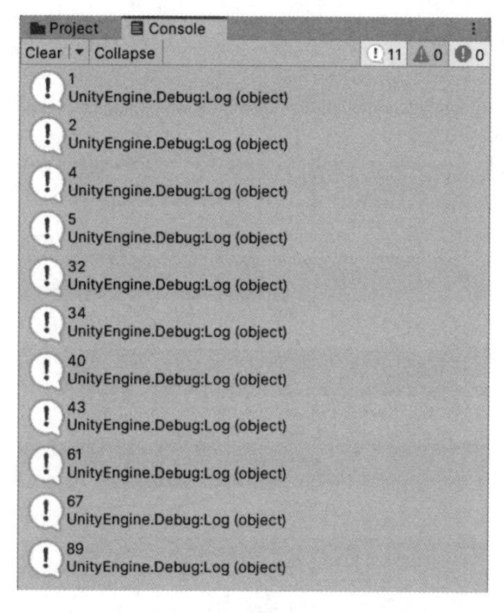

图 13-3　插入排序算法实例的执行结果

13.4　本章小结

在本章介绍了软件开发中常用算法，学习算法是软件开发人员的编程水平进阶的必经之路，高阶的软件开发人员往往要深入研究算法，分析算法的时间复杂度，优化算法的计算逻辑，以节省资源，提高算法效率。

本章介绍了算法中比较常见和常用的冒泡排序算法、选择排序算法和插入排序算法。冒泡排序算法是程序设计中一种较简单的且基本的排序算法。在应聘职位中我们也常常会遇到此类试题。其原理是重复地对要排序的数进行大小比较，一次比较两个元素。如果第一个数比第二个数大，则交换顺序，把第二个小的数放在前面，不断比较，直到形成一串由小到大排序的数字。

选择排序算法是一种简单直观的排序算法，从头到尾扫描，然后选出一个最大或最小的数值，将其与第一个元素交换，那么第一个元素就是最大或最小的，接着把剩余的元素都按照这种方式选择或交换，最终得到一个有序序列。

插入排序算法，一般也被称为直接插入排序算法，对于少量元素的排序，它是一种有效的算法。插入排序算法的工作方式就像许多人排序一手扑克牌，开始左手为空，每次从桌子上拿走一张牌并将它插入左手中正确的位置，为了让这张牌插入正确的位置，需要将这张牌与已经在手中的每张牌进行比较，拿在手中的牌总是排序好的。

算法只是一种实现思路，不同的编程语言都可以实现算法，所以算法的实用性很强，值得深入学习。但是如果觉得算法太难，也不必钻牛角尖，可以在编程水平提高后再来学习。

第 14 章　常用设计模式

设计模式是软件开发人员在软件开发过程中面临的一些问题的解决方案，这些解决方案是众多软件开发人员经过相当长的时间试验和犯错总结出来的。它不是语法规定，而是一套用来提高代码的可复用性、可维护性、可读性、稳健性以及安全性的解决方案。

设计模式在刚开始接触编程时作用不大，但是这不代表设计模式不重要，恰恰相反，设计模式对于程序员而言相当重要，它是我们写出优秀程序的保障，设计模式与程序员的架构能力和阅读源代码能力息息相关，非常值得我们深入学习。

设计模式共有 23 种，这 23 种设计模式的本质是面向对象设计原则的实际运用，是对类的封装性、继承性和多态性，以及类的关联关系和组合关系的充分理解。在进行模式设计时，需要遵循设计原则，下面介绍设计模式的设计原则。

14.1　设计模式的设计原则

使用设计模式的根本目的是使程序适应变化，提高代码复用率，使软件更具有可维护性和可扩展性。并且，在进行设计时，也需要遵循以下几个原则：单一职责原则、开闭原则、里氏代替原则、依赖倒置原则、接口隔离原则、合成复用原则和迪米特法则。下面分别介绍这几种设计原则。

14.1.1　单一职责原则

就一个类而言，应该只有一个引起它变化的原因。如果一个类承担的职责过多，就等于把这些职责耦合在一起，一个职责的变化可能会影响到其他的职责。另外，把多个职责耦合在一起，也会影响复用性。

14.1.2　开闭原则

开闭原则（Open-Closed Principle，OCP）强调的是：一个软件实体（指类、函数、模块等）应该对扩展开放，对修改关闭。即每次发生变化时，要通过添加新的代码增强现有类型的行为，而不是修改原有的代码。简而言之，是为了使程序的扩展性更好，易于维护和升级。

符合开闭原则的最好方式是提供一个固有的接口，然后让所有可能发生变化的类实现该接口，让固定的接口与相关对象进行交互。

14.1.3　里氏代替原则

里氏代替原则（Liskov Substitution Principle，LSP）是指子类必须替换它们的父类。也就是说，在软件开发过程中，子类替换父类后，程序的行为是一样的。只有当子类替换父类后，此时软件的功能才不受影响，父类才能真正地被复用，而子类也可以在父类的基础上添加新的行为。

里氏代替原则中说，任何基类可以出现的地方，子类一定可以出现。LSP 是继承复用的基石，只有当派生类可以替换掉基类，且软件单位的功能不受到影响时，基类才能真正地被复用，而派生类也能够在基类的基础上增加新的行为。里氏代替原则是对开闭原则的补充。实现开闭原则的关键步骤就是抽象化，而基类与子类的继承关系就是抽象化的具体实现，所以里氏代替原则是对实现抽象化的具体步骤的规范。

14.1.4　依赖倒置原则

依赖倒置原则（Dependence Inversion Principle，DIP）是指抽象不应该依赖于细节，细节应该依赖于抽象，也就是提出的面向接口编程，而不是面向实现编程。这样可以降低客户与具体实现的耦合。

该原则是开闭原则的基础，具体内容：针对接口编程，依赖于抽象而不依赖于具体。

14.1.5　接口隔离原则

接口隔离原则（Interface Segregation Principle，ISP）是指使用多个专门的接口比使用单一的总接口要好。也就是说，不要让一个单一的接口承担过多的职责，而应把每个职责分散到多个专门的接口中，进行接口隔离。过于臃肿的接口是对接口的一种污染。

这个原则的意思是：使用多个隔离的接口比使用单个接口要好。它还有另外一个意思：降低类之间的耦合度。由此可见，其实设计模式就是从大型软件架构出发、便于升级和维护的软件设计思想，它强调降低依赖，降低耦合。

14.1.6　合成复用原则

合成复用原则（Composite Reuse Principle，CRP）就是在一个新的对象里使用一些已有的对象，使之成为新对象的一部分。新对象通过向这些对象的委派达到复用已有功能的目的。简单地说，就是要尽量使用合成 / 聚合，尽量不要使用继承。

要用好合成复用原则，首先需要区分 Has—A 和 Is—A 的关系。

Is—A 是指一个类是另一个类的一种，是属于的关系；而 Has—A 则不同，它表示某一个角色具有某一项责任。错误地使用继承而不是聚合的常见原因是把 Has—A 当作 Is—A，如图 14-1 所示。

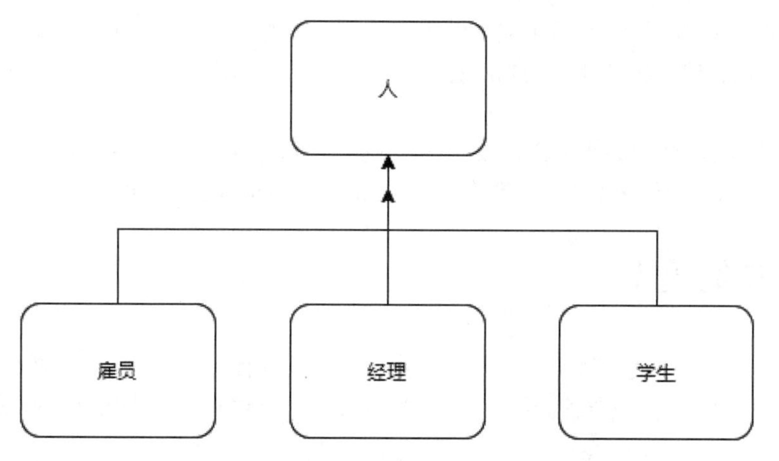

图 14-1　雇员、经理、学生与的人关系图

实际上，雇员、经理、学生描述的是一种角色，如一个人是经理必然是雇员。在上面的设计中，一个人无法同时拥有多个角色，是雇员就不能再是学生了，这显然不合理，因为现在很多在职研究生，既是雇员也是学生。

上面设计的错误原因在于把角色的等级结构与人的等级结构混淆了，误把 Has—A 当作 Is—A。具体的解决方案就是抽象出一个角色类，如图 14-2 所示。

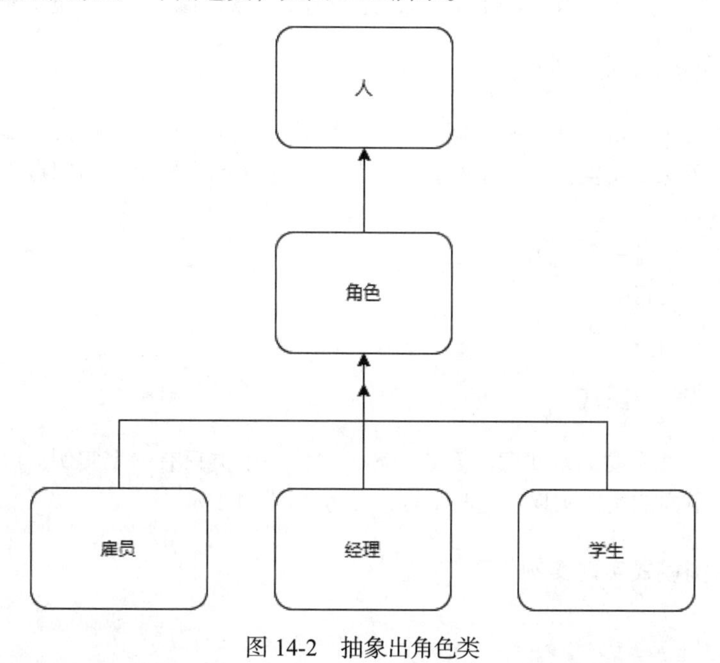

图 14-2　抽象出角色类

14.1.7　迪米特法则

迪米特法则（Law of Demeter，LOD）又叫最少知道原则（Least Knowledge Principle，LKP），

是指一个对象应当对其他对象有尽可能少的了解。也就是说，一个模块或对象应尽量少地与其他实体发生相互作用，使系统功能模块相对独立，这样当一个模块修改时，影响的模块就会少，扩展起来就更加容易。

迪米特法则还有其他的一些表述，如只与你直接的朋友们通信，不要跟陌生人说话。

外观模式（Facade Pattern）和中介者模式（Mediator Pattern）就使用了迪米特法则。

14.2 单例模式

单例模式，这个“单例”从字面意思理解就是一个类只有一个实例，所以单例模式也就是保证一个类只有一个实例的一种实现方法，该方法是为了降低对象之间的耦合度，下面就详细介绍一下单例模式。

14.2.1 单例模式介绍

单例模式官方定义：确保一个类只有一个实例，并提供一个全局访问点。单例模式的使用场景是当我们的系统中某个对象只需一个实例时。例如，操作系统只能有一个任务管理器，操作文件时，同一时间内只允许一个实例进行操作等。既然现实生活中有其应用场景，自然在软件设计领域就有了这样的解决方案（因为软件设计也是现实生活中的抽象），所以也就有了单例模式。

14.2.2 单例模式的实现思路

了解完了一些关于单例模式的基本概念后，下面就为大家剖析单例模式的实现思路，从单例模式的概念入手，确保一个类只有一个实例，并提供一个访问它的全局访问点。可以把概念拆分为以下两部分。

（1）确保一个类只有一个实例。

（2）提供一个访问它的全局访问点。

下面就具体实现单例模式。

14.2.3 实现单例模式

实现单例模式，最重要的是注意两部分内容，确保一个类只有一个实例，以及提供一个访问它的全局访问点。下面的实例实现了这两个点，参考代码 14-1。

代码 14-1　单例模式实现实例代码

```
public class Singleton
{
    static Singleton instance;
    public static Singleton Instance
    {
```

```
        get
        {
            if (instance == null)
            {
                instance = new Singleton();
            }
            return instance;
        }
    }
}
```

类的实例化只能在其内部实现，不能在其外部实例化，确保全局只有一个实例。提供一个访问它的全局访问点也就是提供一个公有属性指向这个类，当其他对象调用这个属性时如果没有实例化类就在内部实例化返回，已经实例化了就直接返回实例化类。

下面一个实例演示了单例模式和非单例模式之间的使用区别，参考代码 14-2。

代码 14-2　单例模式与非单例模式的使用区别实例代码

```
using UnityEngine;
public class Test_14_2: MonoBehaviour
{
    void Start()
    {
        NotSingLeton notSingLeton = new NotSingLeton();
        notSingLeton.Name = " 张三 ";
        notSingLeton.Age = "14";
        Debug.Log(notSingLeton.Name + " " + notSingLeton.Age);
        Singleton.Instance.Name = " 李四 ";
        Singleton.Instance.Age = "15";
        Debug.Log(Singleton.Instance.Name + " " + Singleton.Instance.Age);
    }
}
public class Singleton
{
    static Singleton instance;

    public static Singleton Instance
    {
        get
        {
            if (instance == null)
```

```
            {
                instance = new Singleton();
            }
            return instance;
        }
    }
    public string Name { get; set; }
    public string Age { get; set; }
}
public class NotSingLeton
{
    public string Name { get; set; }
    public string Age { get; set; }
}
```

当上面的代码被编译和执行时，它会产生下列结果，如图 14-3 所示。

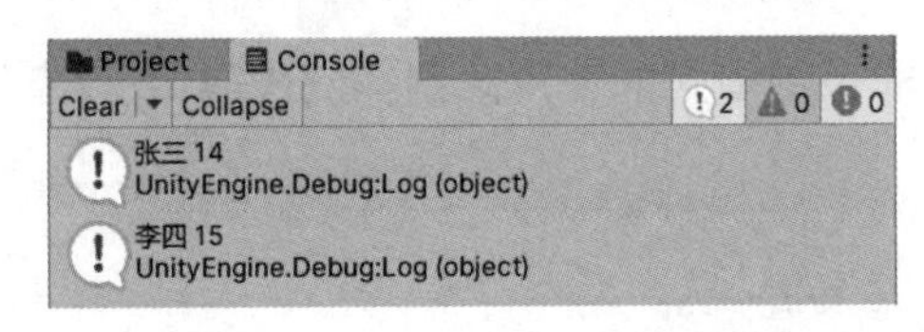

图 14-3　单例模式与非单例模式的使用区别实例的执行结果

14.3　简单工厂模式

工厂模式，顾名思义，就是一个生产产品的工厂，但是这个工厂在编程中又代表了什么？又是为了解决什么编程问题呢？工厂模式，包含简单工厂模式、工厂方法模式和抽象工厂模式，不同的工厂模式是为了解决不同的问题，下面就来了解一下简单工厂模式吧。

14.3.1　简单工厂模式介绍

简单工厂模式是由一个工厂对象决定创建出哪一种产品类的实例。在简单工厂模式中定义一个抽象类，抽象类中声明公共的特征及属性，抽象子类继承抽象类，去实现具体的操作。工厂类根据外界需求，创建对应的抽象子类实例并传给外界，而对象的创建是由外界决定的。外界只需知道抽象子类对应的参数即可，而不需要知道抽象子类的创建过程，在外界使用时甚至不用引入抽象子类。

14.3.2　简单工厂模式的实现思路

简单工厂模式，可以理解为负责生产对象的一个类，平时编程中，当使用 new 关键字创建一个对象时，该类就依赖于这个对象，也就是它们之间的耦合度高；当需求变更时，就不得不去修

改此类源代码，此时可以使用面向对象中很重要的原则去解决这一问题，也就是封装改变。既然要封装改变，就要找到要改变的代码，然后把要改变的代码用类封装，这样的思路就是简单工厂模式的实现思路。

所以说，简单工厂模式的实现思路主要就是实现抽象类工厂和抽象子类。

（1）工厂类：根据外界的需求，决定创建并返回哪个具体的抽象子类。

（2）抽象类：声明公共的特性及属性。

（3）抽象子类：实现具体的操作。

将抽象子类的创建和关于抽象子类相关的业务逻辑分离，降低对象间的耦合度，由于工厂类只是为外界创建对象，所以并不需要实例化工厂类对象，只需为外界提供类方法即可。

14.3.3　实现简单工厂模式

实现简单工厂模式，需要创建 3 个对象，也就是工厂类、抽象类和抽象子类。下面的实例演示了简单工厂模式的实现代码，参考代码 14-3。

代码 14-3　实现简单工厂模式实例代码

```
using UnityEngine;

public class Test_14_3 : MonoBehaviour
{
    void Start()
    {
        //想要生产 TV
        Factory factoryTV = SimpleFactory.MakeProduct("TV");
        factoryTV.Product();
        //想要生产 DVD
        Factory factoryDVD = SimpleFactory.MakeProduct("DVD");
        factoryDVD.Product();
    }
}
/// <summary>
/// 工厂类，根据传递的参数决定创建哪个抽象子类
/// </summary>
public class SimpleFactory
{
    public static Factory MakeProduct(string type)
    {
        Factory factory = null;
        switch (type)
        {
```

```
            case "TV":
                factory = new ProductionTV();
                break;
            case "DVD":
                factory = new ProductionDVD();
                break;
            default:
                break;
        }
        return factory;
    }
}
/// <summary>
/// 抽象类，声明公共的特性及属性
/// </summary>
public abstract class Factory
{
    public abstract void Product();
}
/// <summary>
/// 抽象子类，实现具体的操作（生产 TV）
/// </summary>
public class ProductionTV: Factory
{
    public override void Product()
    {
        Debug.Log(" 生产 TV");
    }
}
/// <summary>
/// 抽象子类，实现具体的操作（生产 DVD）
/// </summary>
public class ProductionDVD : Factory
{
    public override void Product()
    {
        Debug.Log(" 生产 DVD");
    }
}
```

当上面的代码被编译和执行时，它会产生下列结果，如图 14-4 所示。

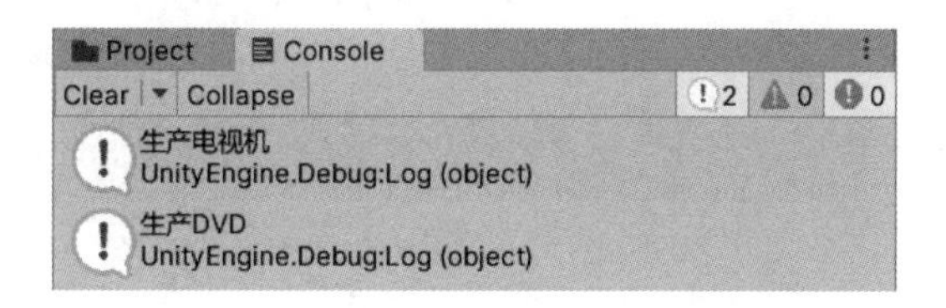

图 14-4　简单工厂模式实例的执行结果

14.4　本章小结

本章带大家了解了什么是设计模式，设计模式是软件开发人员在软件开发过程中面临的一些问题的解决方案，也就是说在软件开发中我们也会遇到这些问题，那么这些设计模式就是经过验证的最好的解决方案。设计模式不是语法规定，也不是硬性的代码格式，而是一套用来调高代码的可复用性、可维护性、可读性、稳健性及安全性的解决方案，学习设计模式也是软件开发人员进阶的必须走的道路。

使用设计模式的根本原因是为了解决问题，使软件具有可维护性和可扩展性，所以，在设计设计模式时需要遵循以下几个原则：单一职责原则、开闭原则、里氏代替原则、依赖倒置原则、接口隔离原则、合成复用原则和迪米特法则。

本章讲解了单例模式和简单工厂模式，单例模式的应用场景主要是不创建新的实例，而总是返回已经创建的实例，也就是当软件只能运行一个实例时使用。而简单工厂模式则主要适用于抽象子类的业务逻辑相同，但具体实现不同的情况。不同的操作子类执行同样的方法，最后的结果却是不同的，这也是多态的一种表现形式。

这样模块清晰化，每个部分都各司其职，分工明确，代码就实现了最浅层意义上的“可维护”。说到缺点，当需要增加产品，如在计算机中加入一个新的功能——M^N，这样一个小功能就要去添加一个新的类，同时需要在 Factory 中改动 switch 的代码，这是耦合性很高的表现，所以出现了“工厂模式”。

简单工厂模式的优点从上面两种方式对比可以看出：工厂角色负责产生具体的实例对象，所以在工厂类中需要有必要的逻辑，通过客户的输入能够得到具体创建的实例。所以客户端就不需要感知具体对象是如何产生的，只需将必要的信息提供给工厂即可。

缺点：简单工厂模式违反“开闭原则”，即对扩展开放，对修改关闭；因为如果要新增具体产品，就需要修改工厂类的代码。

简单工厂模式解决了客户端直接依赖于具体对象的问题，客户端可以免除直接创建对象的责任，而仅仅是消费产品。简单工厂模式实现了对责任的分割。

Unity 3D 进阶篇

欲穷千里目，更上一层楼。

本篇开始讲解 Unity 3D 进阶内容。在前 3 篇中，首先了解了 Unity 3D 编辑器，然后使用 Unity 3D 编辑器进行一些简单开发。当然如果要想更好地使用 Unity 3D 编辑器，就要学好脚本开发。

前 3 篇都是基础内容，目的是夯实基础，以便更好地学习进阶内容。进阶内容也是在基础内容基础上，进行进步与升级。

第 15 章主要讲解 Unity 3D 最常用数据的读取方法，包含从 JSON、XML 和数据库的数据中读取，如何使用 JSON、XML 格式的文件传递数据、读取数据，以及如何从数据库中读取数据。

第 16 章讲解 Unity 3D UI 系统，包含 UGUI 和 GUI，UGUI 是图形渲染界面，GUI 主要是代码渲染界面，UGUI 和 GUI 的应用场景不同，二者都需要认真掌握。

第 17 章会学习 Socket 编程。Socket 是网络通信的一种模式，也是最常用的一种模式。学习 Socket 不能只会理论，还要会实践。本章构建一个基于 Socket 的聊天程序，让读者深入理解 Socket 编程。

本篇还会介绍 Unity 3D 的有限状态机，A* 算法分析与实现，Unity 3D 的 AssetBundle 打包、解包与加载，还有 Unity 3D 框架的简单使用方法，这些内容都是 Unity 3D 中很常用也很重要的内容。本篇有一定难度，需要读者花费较多的时间、精力去学习。

第 15 章　Unity 3D 数据的读取

在程序开发中，常常会从文件中读取数据，如常用的装备数据、怪物数据、关卡数据等。如何从文件中读取数据就显得尤为重要，因为将游戏数据放入文件中，会大大提高调整游戏参数的效率。

除了从文件中读取数据，还可以从数据库中读取数据，数据库保存数据的优势就是列表清晰，可以方便地进行增、删、改、查等操作。

下面就来学习从 JSON 文件、XML 文件和数据库中读取数据。

15.1　从 JSON 文件中读取数据

JSON 是一种轻量级的数据交换格式，采用完全独立于编程语言的文本格式存储和表示数据，简洁和清晰的层次结构使 JSON 成为理想的数据交换语言，易于读者阅读和编写，同时也易于机器解析和生成，并有效地提高网络传输效率。

下面就来学习如何在 Unity 3D 中生成 JSON 数据并写入本地文件夹。

15.1.1　写入 JSON 数据

（1）先写一个字段类 Person，类里有 string 类型的“Name”和 int 类型的“Grade”，然后写一个“Data”数据类，里面存放的是字段类 Person。

```
[System.Serializable]
class Person
{
public string Name;
public int Grade;
}
[System.Serializable]
class Data
{
public Person Person;
}
```

（2）根据类型输入数据，然后生成 JSON 数据，参考代码 15-1。

代码 15-1　**生成 JSON 数据实例代码**

```
using UnityEngine;
```

```
public class Test_15_1 : MonoBehaviour
{
    void Start()
    {
        WriteData();
    }

    //写数据
    public void WriteData()
    {
        //新建一个数据类
        Data m_Data = new Data();
        //新建一个字段类，进行赋值
        m_Data.Person = new Person[3];
        //添加数据
        Person p1 = new Person();
        p1.Name = "张三";
        p1.Grade = 98;
        m_Data.Person[0] = p1;
        Person p2 = new Person();
        p2.Name = "李四";
        p2.Grade = 95;
        m_Data.Person[1] = p2;
        Person p3 = new Person();
        p3.Name = "王五";
        p3.Grade = 97;
        m_Data.Person[2] = p3;
        //将数据转成 JSON
        string js = JsonUtility.ToJson(m_Data);
        //显示 JSON 数据
        Debug.Log(js);
    }
}
[System.Serializable]
class Person
{
    public string Name;
    public int Grade;
}
[System.Serializable]
```

```
class Data
{
    public Person[] Person;
}
```

当上面的代码被编译和执行时，它会产生下列结果，如图 15-1 所示。

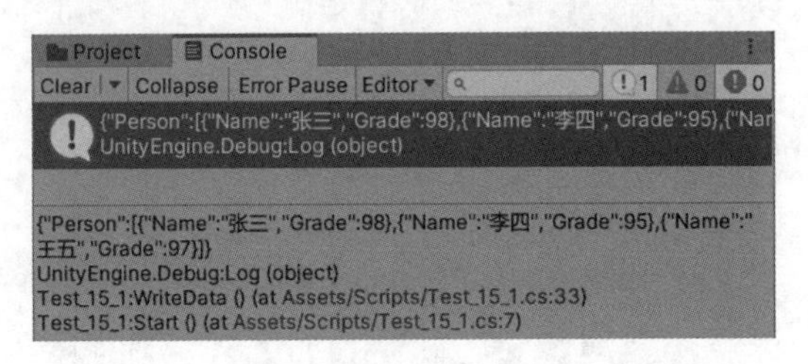

图 15-1　生成 JSON 数据实例的执行结果

（3）将 JSON 数据保存到本地文件夹，参考代码 15-2。

代码 15-2　将 JSON 数据以文本格式保存到本地文件夹实例代码

```
using System.IO;
using UnityEngine;

public class Test_15_2 : MonoBehaviour
{
    void Start()
    {
        WriteData();
    }

    //写数据
    public void WriteData()
    {
        //新建一个数据类
        Data m_Data = new Data();
        //新建一个字段类，进行赋值
        m_Data.Person = new Person[3];
        //添加数据
        Person p1 = new Person();
        p1.Name = "张三";
        p1.Grade = 98;
        m_Data.Person[0] = p1;
        Person p2 = new Person();
        p2.Name = "李四";
```

```
        p2.Grade = 95;
        m_Data.Person[1] = p2;
        Person p3 = new Person();
        p3.Name = " 王五 ";
        p3.Grade = 97;
        m_Data.Person[2] = p3;
        // 将数据转成 JSON
        string js = JsonUtility.ToJson(m_Data);
        // 保存到 C 盘的 Temp 文件夹
        string fileUrl = @"c:\Temp\jsonInfo.txt";
        // 打开或新建文档
        StreamWriter sw = new StreamWriter(fileUrl);
        // 保存数据
        sw.WriteLine(js);
        // 关闭文档
        sw.Close();
    }
}
[System.Serializable]
class Person
{
    public string Name;
    public int Grade;
}
[System.Serializable]
class Data
{
    public Person[] Person;
}
```

当上面的代码被编译和执行时，它会产生下列结果，如图 15-2 所示。

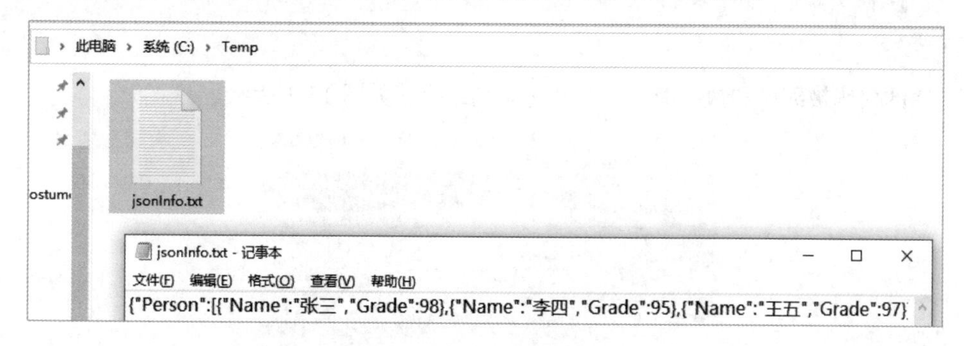

图 15-2　在 C 盘的 Temp 文件夹中生成文件

15.1.2 读取 JSON 数据

读取 JSON 数据用到了在第 11 章学习的文件的输入与输出，将使用 StreamReader 从文件夹中读取流数据，参考代码 15-3。

代码 15-3　从文件中读取 JSON 数据实例代码

```
using System.IO;
using UnityEngine;

public class Test_15_3 : MonoBehaviour
{
    void Start()
    {
        string jsonData = ReadData();
        Debug.Log(jsonData);
    }
    //读取文件
    public string ReadData()
    {
        //获取路径
        string fileUrl = @"c:\Temp\jsonInfo.txt";
        //读取文件
        StreamReader str = File.OpenText(fileUrl);
        //string类型的数据常量
        //数据保存
        string readData = str.ReadToEnd();
        str.Close();
        //返回数据
        return readData;
    }
}
```

当上面的代码被编译和执行时，它会产生下列结果，如图 15-3 所示。

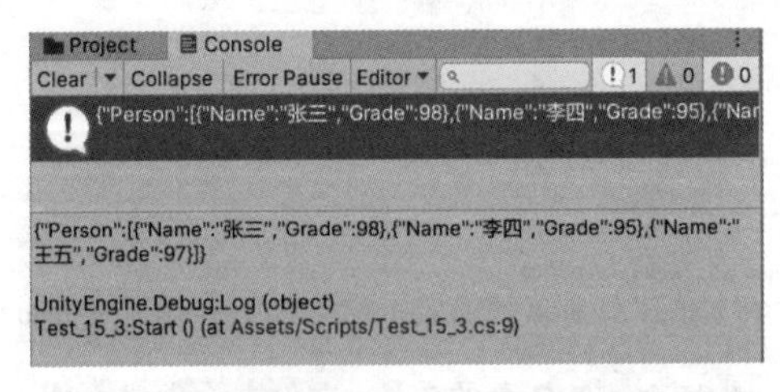

图 15-3　从文件中读取 JSON 数据实例的执行结果

很明显，只读取数据无法使用，还需要将 JSON 数据进行解析才能使用，接下来就演示如何解析 JSON 数据。

15.1.3　解析 JSON 数据

解析 JSON 数据，需要生成与 JSON 数据类型相同的字段，如 JSON 数据中有字段 Person、Name、Grade，Person 字段是一个数组，那么根节点就是一个带有 Person 数组字段的类，然后这个 Person 字段本身也是一个类，里面有 Name 和 Grade 字段，整体结构如下。

```
[System.Serializable]
class Person
{
    public string Name;
    public int Grade;
}
[System.Serializable]
class Data
{
    public Person[] Person;
}
```

是不是与生成 JSON 数据的字段一样？在实际开发中需要与数据对接人员做好类型匹配，才能解析到正确的数据。下面就来解析 JSON 数据，参考代码 15-4。

代码 15-4　解析 JSON 数据实例代码

```
using System.IO;
using UnityEngine;

public class Test_15_4 : MonoBehaviour
{
    void Start()
    {
        //首先获取 JSON 数据
        string json = ReadData();
        //将 JSON 数据传递给 ParseData 函数进行解析
        ParseData(json);
    }

    //读取文件
    public string ReadData()
    {
```

```
        //获取路径
        string fileUrl = @"c:\Temp\jsonInfo.txt";
        //读取文件
        StreamReader str = File.OpenText(fileUrl);
        //string类型的数据常量
        //数据保存
        string readData = str.ReadToEnd();
        str.Close();
        //返回数据
        return readData;
    }

    //解析JSON数据
    public void ParseData(string jsonData)
    {
        //数据解析并把数据保存到m_PersonData1 变量中
        Data m_PersonData = JsonUtility.FromJson<Data>(jsonData);
        foreach (var item in m_PersonData.Person)
        {
            Debug.Log(item.Name);
            Debug.Log(item.Grade);
        }
    }
}
```

当上面的代码被编译和执行时，它会产生下列结果，如图 15-4 所示。

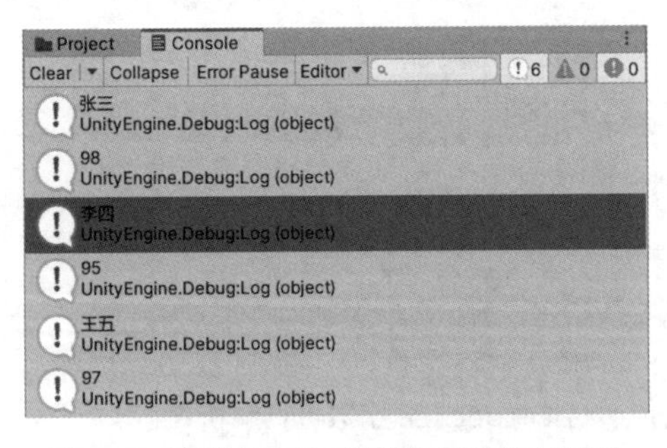

图 15-4　解析 JSON 数据实例的执行结果

15.2　从 XML 文件中读取数据

XML 即可扩展标记语言，是一种用于标记电子文件使其具有结构性的标记语言。在计算机中，标记是指计算机能理解的信息符号，通过此种符号，计算机可以处理包含各种信息的数据，可以用来标记数据、定义数据结构，是一种用户对自己的标记语言进行定义的源语言。下面就来看一下 XML 文件如何读 / 写和解析。

15.2.1　写入 XML 数据

写入 XML 数据，要思考清楚节点的内容，然后把节点一层一层地添加到 XML 中，要注意它们之间的先后顺序。它们之间的先后顺序，就是生成的 XML 文件的先后顺序。下面的实例演示了如何生成 XML 文件，参考代码 15-5。

代码 15-5　生成 XML 文件实例代码

```
using System.IO;
using System.Xml;
using UnityEngine;

public class Test_15_5 : MonoBehaviour
{
    void Start()
    {
        CreateXML();
    }

    void CreateXML()
    {
        string path = @"c:\Temp\jsonInfo.xml";
        // 创建 XML 实例对象
        XmlDocument xml = new XmlDocument();
        // 创建根节点
        XmlElement root = xml.CreateElement("Data");

        // 创建子节点
        XmlElement element = xml.CreateElement("Person");       // 设置子节点的名字
        element.SetAttribute("id", "1");                        // 设置子节点的属性
        // 设置节点的内容
        XmlElement elementChild1 = xml.CreateElement("Name");
        elementChild1.InnerText = " 张三 ";
        XmlElement elementChild2 = xml.CreateElement("Grade");
        elementChild2.InnerText = "96";
        // 将内容添加到子节点
```

```
        element.AppendChild(elementChild1);
        element.AppendChild(elementChild2);
        //将子节点添加到根节点
        root.AppendChild(element);

        //创建子节点
        XmlElement element2 = xml.CreateElement("Person");     //设置子节点的名字
        element2.SetAttribute("id", "2");                      //设置子节点的属性
        //设置节点的内容
        XmlElement elementChild3 = xml.CreateElement("Name");
        elementChild3.InnerText = "李四";
        XmlElement elementChild4 = xml.CreateElement("Grade");
        elementChild4.InnerText = "98";
        //将内容添加到子节点
        element2.AppendChild(elementChild3);
        element2.AppendChild(elementChild4);
        //将子节点添加到根节点
        root.AppendChild(element2);

        //将根节点添加到XML实例对象中
        xml.AppendChild(root);
        //最后保存文件
        xml.Save(path);
    }
}
```

当上面的代码被编译和执行时，它会产生下列结果，如图15-5所示。

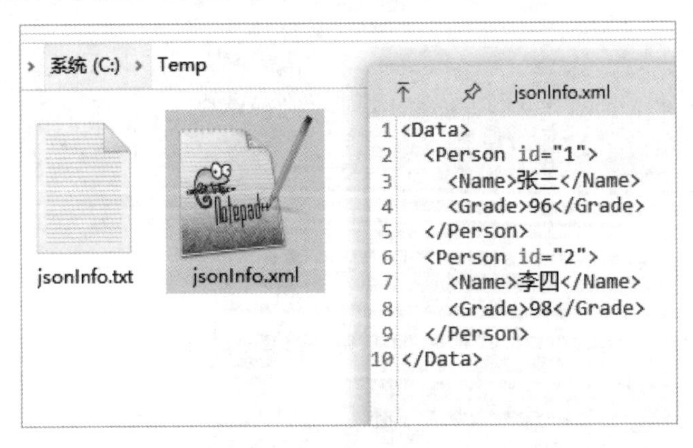

图15-5　生成XML数据实例的执行结果

15.2.2 读取 XML 数据

读取 XML 数据，也是根据节点一层一层地读取数据，如生成的 XML 文件，最外层是 Data，就要先读取 Data，然后以 Data 为根节点读取子节点 Person，然后根据子节点 Person 读取下一层节点的数据。下面的实例演示了如何读取 XML 数据，参考代码 15-6。

代码 15-6 读取 XML 数据实例代码

```
using System.IO;
using System.Xml;
using UnityEngine;

public class Test_15_6 : MonoBehaviour
{
    void Start()
    {
        ReadXML();
    }

    //读取 XML 数据
    void ReadXML()
    {
        //创建 XML 文档
        XmlDocument xml = new XmlDocument();
        xml.Load(@"c:\Temp\jsonInfo.xml");
        //得到 Data 节点下的所有子节点
        XmlNodeList xmlNodeList = xml.SelectSingleNode("Data").ChildNodes;
        //遍历所有子节点
        foreach (XmlElement item in xmlNodeList)
        {
            if (item.GetAttribute("id") == "1")
            {
                //继续遍历 id 为 1 的节点下的子节点
                foreach (XmlElement itemChild in item.ChildNodes)
                {
                    if (itemChild.Name== "Name")
                    {
                        Debug.Log(itemChild.InnerText);
                    }
                    else if (itemChild.Name == "Grade")
```

```
                    {
                        Debug.Log(itemChild.InnerText);
                    }
                }
            }
            if(item.GetAttribute("id") == "2")
            {
                //继续遍历 id 为 2 的节点下的子节点
                foreach (XmlElement itemChild in item.ChildNodes)
                {
                    if (itemChild.Name == "Name")
                    {
                        Debug.Log(itemChild.InnerText);
                    }
                    else if (itemChild.Name == "Grade")
                    {
                        Debug.Log(itemChild.InnerText);
                    }
                }
            }
        }
    }
}
```

当上面的代码被编译和执行时，它会产生下列结果，如图 15-6 所示。

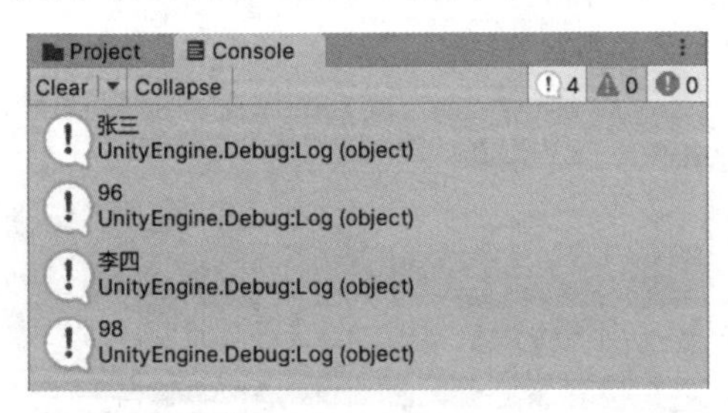

图 15-6　读取 XML 数据实例的执行结果

15.2.3　修改 XML 数据

修改 XML 数据也是同样的道理，需要根据节点一层一层地找到数据，然后进行修改。下面的实例演示了如何修改 XML 数据，参考代码 15-7。

代码 15-7　修改 XML 数据实例代码

```
using System.IO;
using System.Xml;
using UnityEngine;

public class Test_15_7 : MonoBehaviour
{
    void Start()
    {
        UpdateXML();
    }

    //修改 XML 数据
    void UpdateXML()
    {
        string path = @"c:\Temp\jsonInfo.xml";
        if (File.Exists(path))
        {
            XmlDocument xml = new XmlDocument();
            xml.Load(path);
            XmlNodeList xmlNodeList = xml.SelectSingleNode("Data").ChildNodes;
            foreach (XmlElement item in xmlNodeList)
            {
                if (item.GetAttribute("id") == "1")
                {
                    //把 Person 里 id 为 1 的属性改为 5
                    item.SetAttribute("id", "5");
                }
                if (item.GetAttribute("id") == "2")
                {
                    foreach (XmlElement itemChild in item.ChildNodes)
                    {
                        if (itemChild.Name == "Name")
                        {
                            itemChild.InnerText = "王五";
                        }
                        else if (itemChild.Name == "Grade")
                        {
                            itemChild.InnerText = "0";
                        }
```

```
                    }
                }
            }
            xml.Save(path);
        }
    }
}
```

当上面的代码被编译和执行时，它会产生下列结果，如图 15-7 所示。

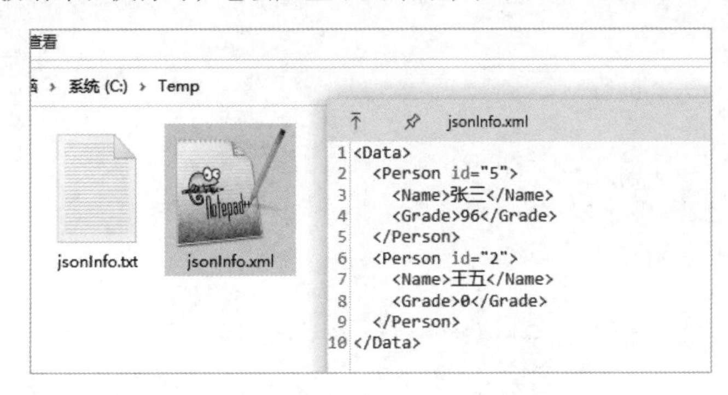

图 15-7 修改 XML 数据实例的执行结果

15.3 从数据库中读取数据

数据库是按照数据结构组织、存储和管理数据的仓库，是一个长期存储在计算机内的、有组织的、可共享的、统一管理的大量数据的集合。

数据库分为关系型数据库和非关系型数据库。关系型数据库是把复杂的数据结构归结为简单的二元关系（即二维表格形式），对数据的操作建立在一个或多个关系表格上，通过对这些关联的表格分类、合并、连接或选取等运算实现数据库的管理。关系型数据库的代表产品有 Oracle 和 MySQL。

非关系型数据库严格来讲不是一种数据库，是一种数据结构化存储方法的集合，可以是文档或键值对等，常见的非关系型数据库的类型有文档型数据库、键值对型数据库、列式数据库和图形数据库，非关系型数据库的出现主要是为了解决超大规模和高并发访问时出现的响应过慢的问题，非关系型数据库由于自身的特点，可以在特定场景下发挥出难以想象的高效率和高性能，是对传统关系型数据库的一个有效补充。

本节主要使用关系型数据库 MySQL 进行数据库的读取操作。下面来看 MySQL 数据库的安装和使用。

15.3.1 安装 MySQL 数据库

（1）登录 MySQL 的官网 https://www.mysql.com/，然后单击 DOWNLOADS，如图 15-8 所示（页

面内容会根据官网的更新而改变，下载界面也会随着版本的更新而有所改变）。

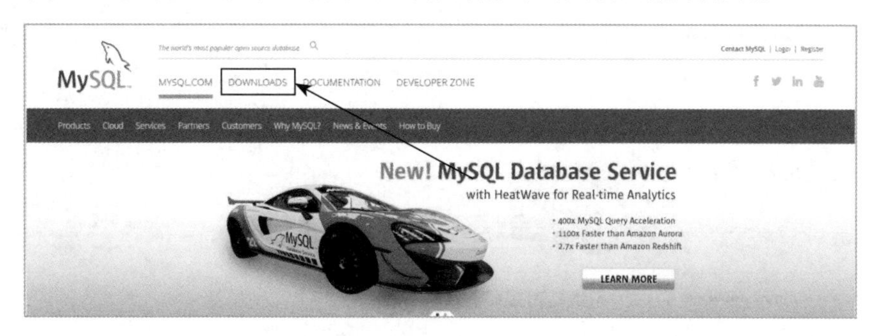

图 15-8　MySQL 官网

（2）滑动页面到底部，单击 MySQL Community(GPL) Downloads，如图 15-9 所示。

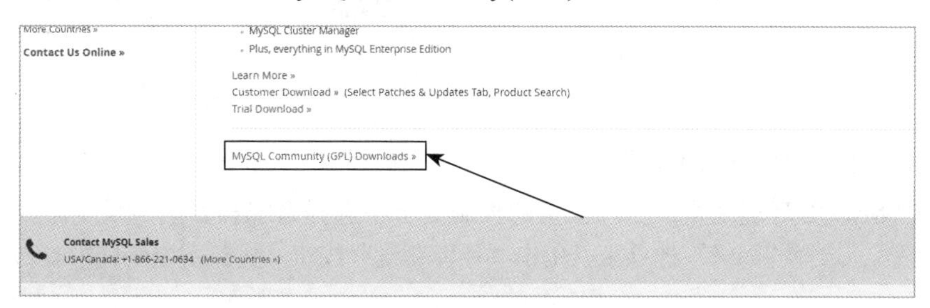

图 15-9　选择下载社区版的 MySQL

（3）在下载页面，单击 MySQL Community Server，如图 15-10 所示。

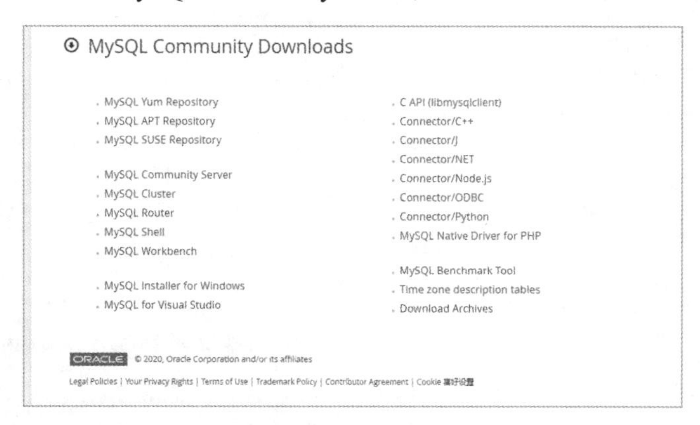

图 15-10　下载社区版的 MySQL Community Server

（4）下载 Windows 免安装版，如图 15-11 所示。

（5）将文件解压到指定位置，绝对路径中避免出现中文，如图 15-12 所示。

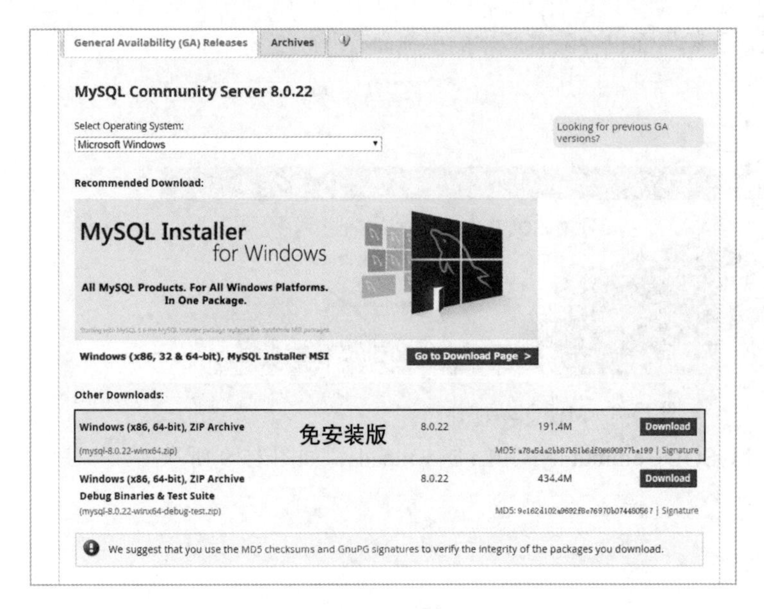

图 15-11　下载 Windows 免安装版

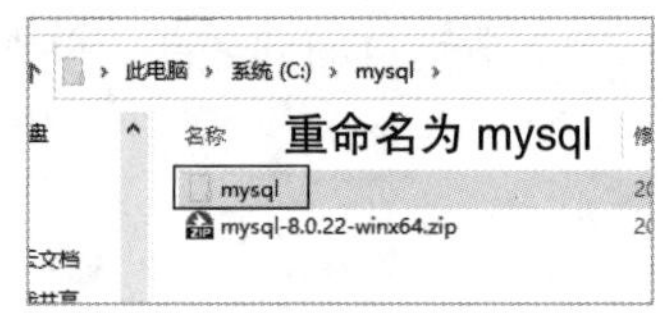

图 15-12　将下载的安装包进行解压

（6）配置 MySQL 环境变量，在计算机的控制面板中选择系统和安全→系统命令，然后单击“高级系统设置”，选择“高级”选项卡，单击“环境变量”按钮，找到系统变量中的 Path 变量，如图 15-13 所示。

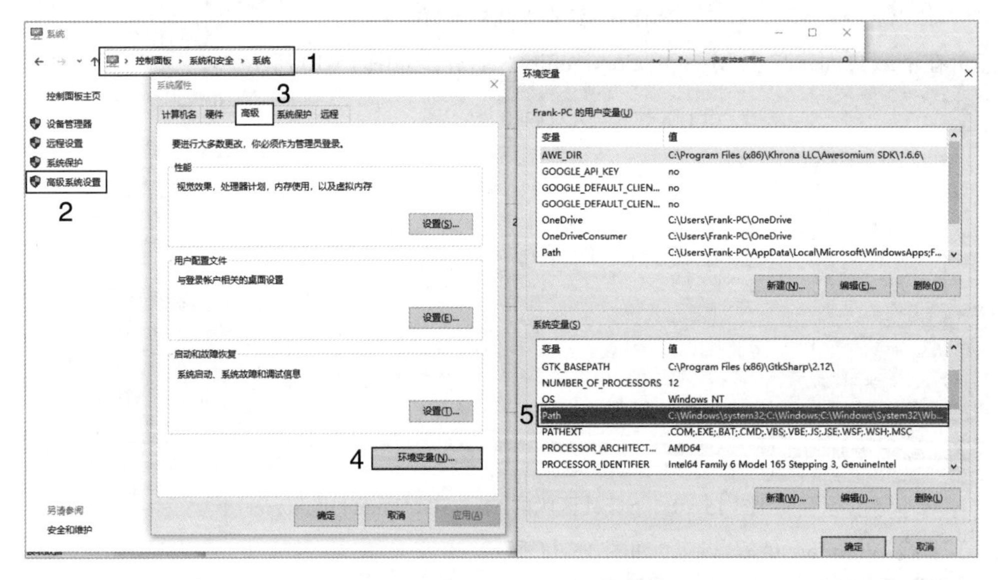

图 15-13　配置 MySQL 环境变量

（7）单击“编辑”按钮，编辑环境变量，单击“新建”按钮，输入 mysql 的安装目录，如 C:\mysql\mysql，如图 15-14 所示。

（8）在 mysql 的解压目录中新建 data 文件夹，用来存放数据文件和表文件等，如图 15-15 所示。

图 15-14　将 mysql 的解压路径添加到环境变量中　图 15-15　在 mysql 解压目录中新建 data 文件夹

（9）在 mysql 解压目录中新建一个 my.ini 配置文件，用来保存基本配置，内容如下。

```
[mysql]
# 设置 mysql 客户端默认字符集
default-character-set=utf8 [mysqld]
# 设置 3306 端口
port = 3306
# 设置 mysql 的安装目录
basedir = C:\mysql\mysql
# 设置 mysql 数据库的数据存放目录
datadir = C:\mysql\mysql\data
# 允许最大连接数
max_connections=20
# 服务端使用的字符集默认为 8 比特编码的 latin1 字符集
character-set-server=utf8
# 创建新表时将使用的默认存储引擎
default-storage-engine=INNODB
```

（10）打开 C：\Windows\System32 目录，找到 cmd.exe，选中后右击，在弹出的快捷菜单中选择“以管理员身份运行”选项，然后输入 cd c:\mysql\mysql\bin，如图 15-16 所示。

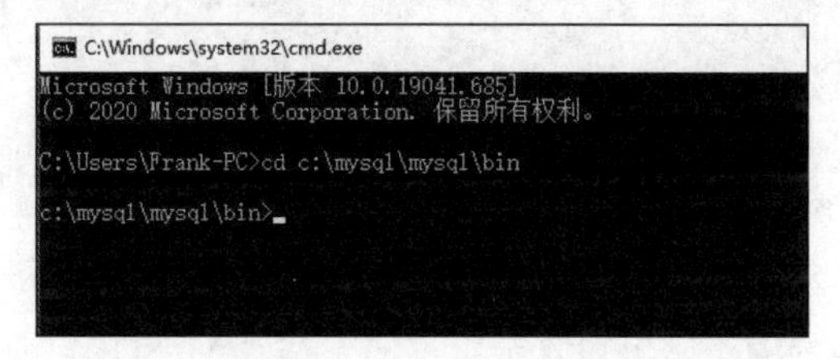

图 15-16　切换 bin 目录

（11）在控制台窗口中，输入 mysqld --install，安装 MySQL，如图 15-17 所示。

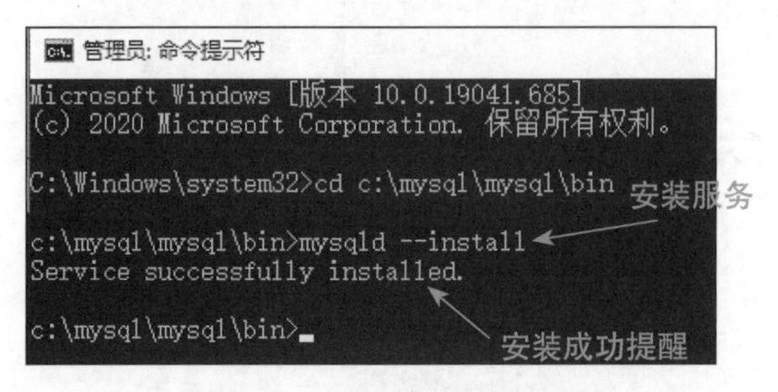

图 15-17　安装 MySQL 服务

（12）在控制台窗口中，输入 mysqld --initialize --console 初始化 MySQL 服务，初始化后会产生一个随机密码，记住这个密码，如图 15-18 所示。

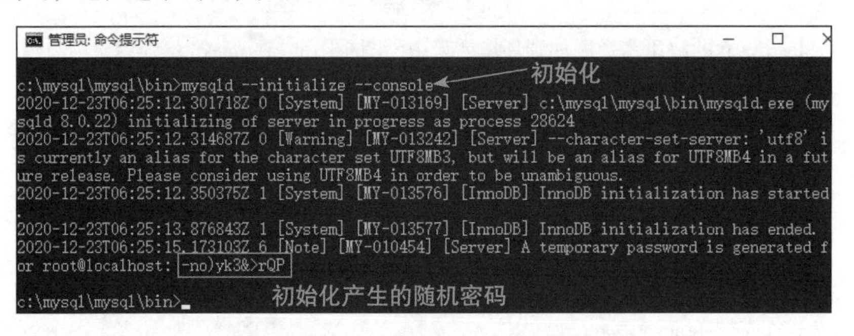

图 15-18　初始化 MySQL 服务

（13）在控制台窗口中，输入 net start mysql 开启 MySQL 服务，然后输入 mysql -u root -p 登录 MySQL 服务，然后输入初始化产生的随机密码进行登录，如图 15-19 所示。

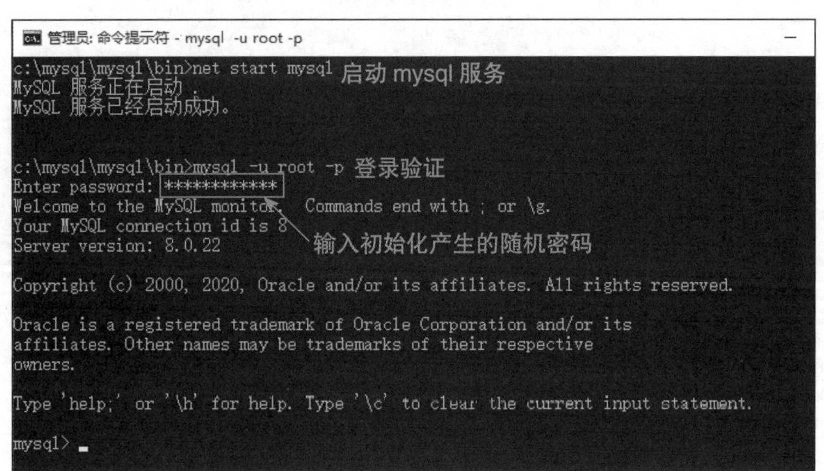

图 15-19　启动 MySQL 服务并登录 MySQL 服务

（14）由于初始化产生的随机密码太复杂，不便于登录 MySQL，因此，应当修改一个自己能记住的密码。在控制台窗口中，输入 “alter user 'root'@'localhost' identified by '123456';”，by 后面

的是新密码，如图 15-20 所示。

```
mysql> alter user 'root'@'localhost' identified by '123456';
Query OK, 0 rows affected (0.01 sec)
```

图 15-20　修改 MySQL 登录密码

（15）输入 exit 退出 MySQL，然后输入 mysql -u root-p，使用新密码重新登录 MySQL 服务，如图 15-21 所示。

```
c:\mysql\mysql\bin>mysql -u root -p
Enter password: ******
Welcome to the MySQL monitor.  Commands end with ; or \g.
Your MySQL connection id is 9
Server version: 8.0.22 MySQL Community Server - GPL

Copyright (c) 2000, 2020, Oracle and/or its affiliates. All rights reserved.

Oracle is a registered trademark of Oracle Corporation and/or its
affiliates. Other names may be trademarks of their respective
owners.

Type 'help;' or '\h' for help. Type '\c' to clear the current input statement.

mysql>
```

图 15-21　退出并使用新密码登录 MySQL 服务

15.3.2　使用 Navicat（数据库管理工具）连接 MySQL

Navicat 是一个可视化数据库管理工具，可以连接 MySQL、PostgreSQL、Oracle、SQLite、SQL Server 、MariaDB 数据库等。接下来了解如何使用 Navicat 连接 MySQL。

（1）登录 Navicat 的官网 http://www.navicat.com.cn/，然后单击产品，如图 15-22 所示（页面内容会根据官网的更新而改变，下载界面也会随着版本的更新而有所改变）。

图 15-22　下载 Navicat

（2）单击免费试用，然后下载 64 位安装程序即可，如图 15-23 所示。

（3）直接双击安装包，安装即可，如图 15-24 所示。

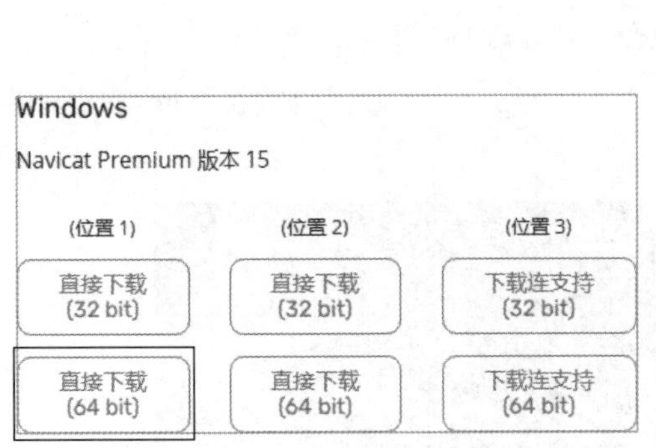

图 15-23　下载 64 位安装程序

图 15-24　安装 Navicat

（4）打开 Navicat，打开“文件”菜单，选择“新建连接”→ MySQL 命令，在“MySQL- 新建连接”窗口中设置参数，如图 15-25 所示。

图 15-25　连接 MySQL 填入参数

其中，连接名：自定义名字，随便填。

主机：localhost，不用修改。

端口：3306，可以在 my.ini 文档中自己定义。

用户名：root。

密码：修改的密码。

（5）输入参数，单击“确定”按钮，MySQL 就连接成功了，如图 15-26 所示。

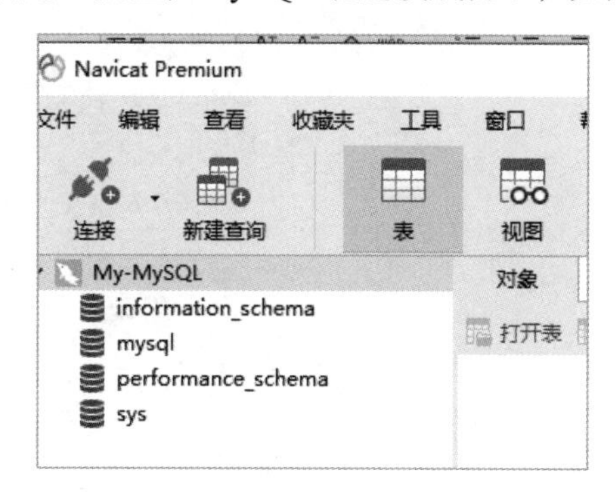

图 15-26　连接 MySQL 数据库

15.3.3　使用 Unity 3D 读取 MySQL 数据库中数据

在使用 Unity 3D 读取 MySQL 数据库中数据前，先新建数据库，然后写入数据。

（1）在 Navicat 中，选中连接成功的 MySQL 数据库，选择“新建数据库”选项，然后单击“确定”按钮，如图 15-27 所示。

图 15-27　新建数据库

（2）双击新建的 user 数据库，选中“表”选项，右击选择“新建表”选项，新建 uID、uName 和 uPwd 3 个字段，将 uID 字段类型设置成 int，长度为 100，不为空，设置为键，将 uName 和 uPwd 字段类型设置成 varchar，长度为 255，3 个字段分别代表了 ID、名字和密码，然后按 Ctrl+S 组合键，输入 user（表名字），进行保存，整体如图 15-28 所示。

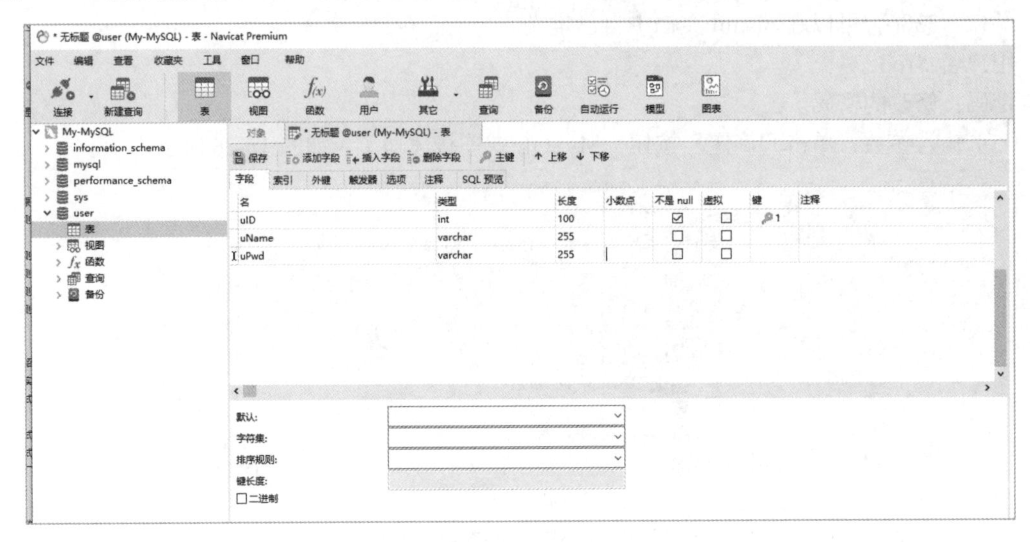

图 15-28　新建表

（3）双击打开 user 表，添加数据，如图 15-29 所示。

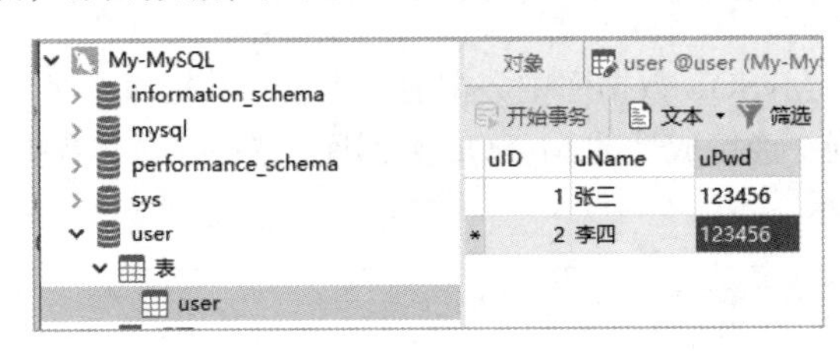

图 15-29　为表 user 添加数据

接下来将 Unity 3D 与 MySQL 进行连接。

（1）新建项目，输入项目名称，进行创建。

（2）在 Project 视图中，右击，新建 Plugins 文件夹。

（3）数据库与 Unity 3D 之间的连接需要相应的驱动包，将资源包 15-3 文件夹中的 6 个 dll 动态链接库拖入项目的 Plugins 文件夹中，之后 Unity 将会自动引用它们，如图 15-30 所示。

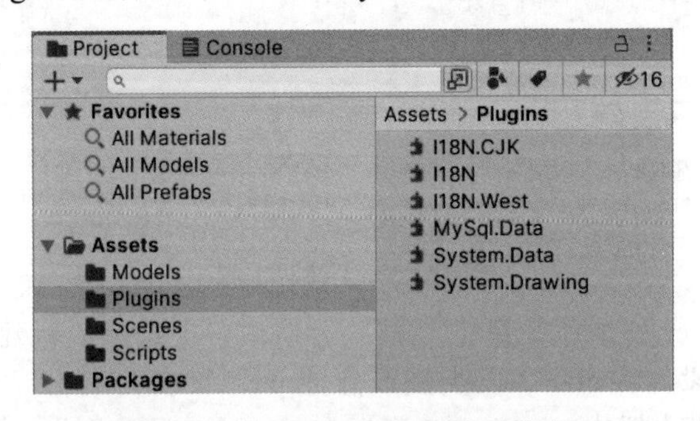

图 15-30　导入 6 个 dll 动态链接库

（4）创建需要的界面。为了方便使用，此处直接用 UGUI 搭建了界面，有基础的读者可以自行搭建 UGUI 界面；没有基础的读者，可以使用资源包 15-3 文件夹中的 UGUIDemo.unitypackage 资源包导入 UGUI 搭建的界面，在后面的章节会着重讲解 UGUI，整体界面如图 15-31 所示。

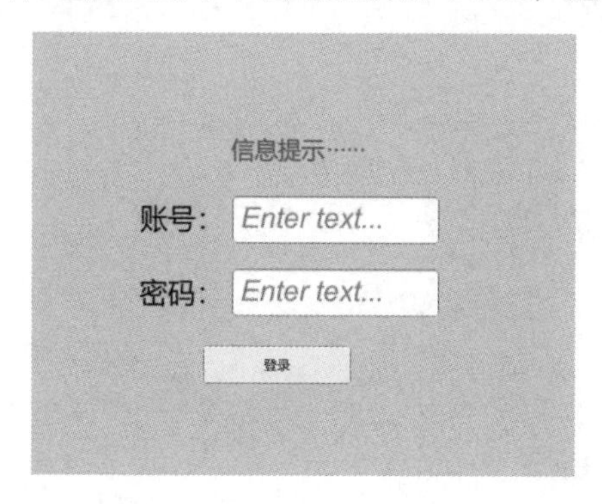

图 15-31　在 Unity 3D 中使用 UGUI 搭建的登录界面

（5）为了方便使用和管理，直接新建 SqlAccess 类，然后封装一些 SQL 语句，参考代码 15-8。

代码 15-8　新建 SqlAccess 类封装 SQL 语句实例代码

```
using System;
using System.Data;
using MySql.Data.MySqlClient;

public class SqlAccess
{
    //MySQL 连接对象
    public static MySqlConnection dbConnection;

    //默认构造函数
    public SqlAccess(string connectionString)
    {
        OpenSql(connectionString);
    }

    //打开数据库
    public void OpenSql(string connectionString)
    {
        try
        {
            dbConnection = new MySqlConnection(connectionString);
            dbConnection.Open();
        }
```

```
        catch (Exception e)
        {
            throw new Exception("服务器连接失败 " + e.Message.ToString());
        }
    }

    //关闭数据库
    public void CloseSql()
    {
        if (dbConnection != null)
        {
            dbConnection.Close();
            dbConnection.Dispose();
            dbConnection = null;
        }
    }

    /// <summary>
    /// 执行方法
    /// </summary>
    /// <param name="sqlString">SQL 命令 </param>
    /// <returns></returns>
    public DataSet ExecuteQuery(string sqlString)
    {
        if (dbConnection.State == ConnectionState.Open)
        {
            //表的集合
            DataSet ds = new DataSet();
            try
            {
                MySqlDataAdapter da = new MySqlDataAdapter(sqlString, dbConnection);
                da.Fill(ds);
            }
            catch (Exception e)
            {
                throw new Exception("SQL:" + sqlString + "/n" + e.Message.ToString());
            }
            return ds;
        }
        return null;
    }
```

```
    /// <summary>
    /// 根据条件进行查询
    /// </summary>
    /// <param name="tableName">表名</param>
    /// <param name="tb_name">查询的列名</param>
    /// <param name="tb_password">查询的列名</param>
    /// <param name="name">查询的具体参数、名字</param>
    /// <param name="password">查询的具体参数、密码</param>
    /// <returns></returns>
    public DataSet SelectInto(string tableName, string tb_name, string tb_password,
string name, string password)
    {
        string query = "SELECT * FROM " + tableName + " WHERE " + tb_name + "=" + "'" + name
+ "' " + "AND " + tb_password + "=" + "'" + password + "'";
        return ExecuteQuery(query);
    }
}
```

（6）在 Unity 3D 中新建 Login.cs 脚本，调用 SqlAccess 类中封装的函数读取 MySQL 数据库的操作，参考代码 15-9。

代码 15–9　**新建 Login.cs 脚本，调用 SqlAccess 类的构造函数进行账号验证实例代码**

```
using System.Data;
using UnityEngine;
using UnityEngine.UI;
public class Login : MonoBehaviour
{
    //数据库对象
    public SqlAccess sql;
    //输入信息
    public InputField inputName;
    public InputField inputPassword;
    //按钮登录
    public Button btnLogin;
    //提示信息
    public Text tipText;

    // Use this for initialization
    void Start()
    {
        //MySQL 数据库参数设置
```

```
            string connectionString = "Server = localhost;port = 3306;Database = user;
User ID = root;Password = 123456";
            // 调用 SqlAccess 类的构造函数进行初始化
            sql = new SqlAccess(connectionString);
            // 登录按钮的绑定响应事件
            btnLogin.onClick.AddListener(LoginID);
        }

        public void LoginID()
        {
            // 输入参数，表名、列名、列名、数据、数据
            DataSet ds = sql.SelectInto("user", "uName", "uPwd", inputName.text, inputPassword.text);
            Debug.Log(" 检索到：" + ds.Tables[0].Rows.Count+" 条数据 ");
            if (ds.Tables[0].Rows.Count > 0)
            {
                Debug.Log(" 登录成功 ");
                tipText.text = " 登录成功 ";
            }
            else
            {
                Debug.Log(" 登录失败 ");
                tipText.text = " 登录失败 ";
            }
        }
    }
```

（7）将 Login.cs 脚本添加到 Main Camera 对象上，然后将对象拖入指定的 Login 组件的卡槽中，如图 15-32 所示。

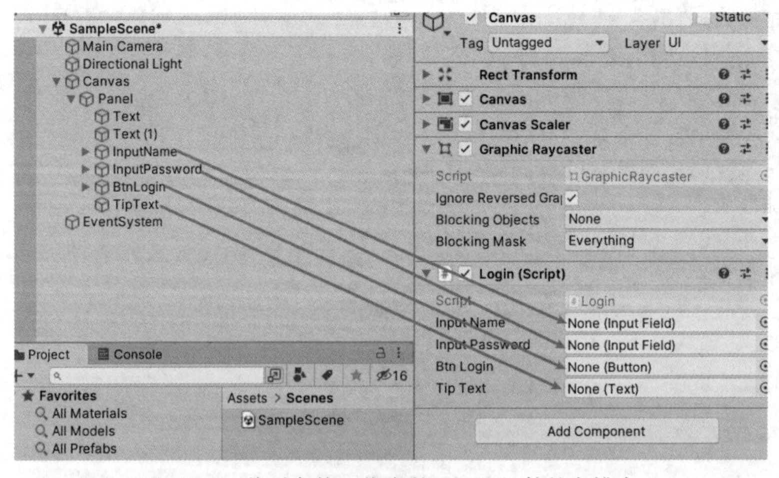

图 15-32　将对象拖入指定的 Login 组件的卡槽中

（8）运行程序，输入账号和密码，单击“登录”按钮，如图 15-33 所示。

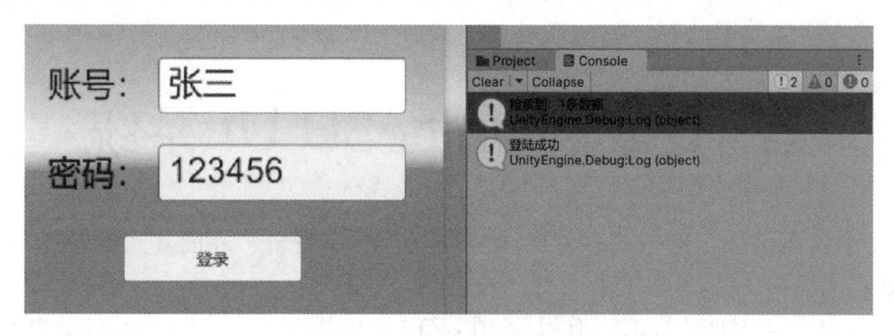

图 15-33　读取 MySQL 的数据登录

15.4　本章小结

本章讲解了在 Unity 3D 中常见的数据读取的方式，包括文本文档中常用的 JSON 文件数据、XML 文件数据的读取，还有从数据库中读取数据，如从 MySQL 数据库中读取数据。

JSON 是一种轻量级的数据交换格式，采用完全独立于编程语言的文本格式存储和表示数据，简洁和清晰的层次结构使 JSON 成为理想的数据交换语言，易于读者阅读和编写，同时也易于机器解析和生成，并有效地提高网络传输效率。

XML 即可扩展标记语言，是一种用于标记电子文件使其具有结构性的标记语言。在计算机中，标记是指计算机能理解的信息符号，通过此种符号，计算机可以处理包含各种信息的数据，可以用来标记数据、定义数据结构，是一种用户对自己的标记语言进行定义的源语言。

数据库是按照数据结构组织、存储和管理数据的仓库，是一个长期存储在计算机内的、有组织的、可共享的、统一管理的大量数据的集合。

在使用 Unity 3D 开发程序时，常常会遇到读取数据的问题，学习完本章就可以对 Unity 3D 读取数据有一个初步的了解，要想熟练掌握数据的读取方法还需要多练习、多实践、多总结。

第 16 章　Unity 3D UI 系统

UI 设计又称界面设计，是指对软件的人机交互、操作逻辑、界面美观的整体设计，UI 就相当于人可以看到的界面，并且可以对 UI 进行交互。

在程序开发中，常常要进行 UI 的设计，在第 15 章中搭建了一个简单的登录界面，本章便详细地介绍 Unity 3D UI 系统。

Unity 3D 的 UI，分为 UGUI 和 GUI，UGUI 主要是图形渲染界面，搭建方便，学习比较容易。GUI 主要是代码渲染界面，需要在编写代码时就思考如何完善界面布局，在运行项目时才能看到效果。

下面就来详细地了解这两种 UI 系统。

➢ 16.1　UGUI

在 Unity 4 版本中，出现了 NGUI，NGUI 在该版本几乎是开发 UI 界面的不二之选。后来在 Unity 5 版本中，Unity 3D 请来了 NGUI 的开发团队开发基于 Unity 的 UI 系统，也就是 UGUI，UGUI 对编辑器的集成度、架构设计都比 NGUI 高一个档次，所以现在学习 UI 系统基本都是从 UGUI 学起的。

UGUI 的常用组件有 Text、Button、Image、Toggle、Slider、ScrollView、Dropdown、InputField、Canvas 等。下面就分别讲解。

16.1.1　UGUI—Canvas

1. Canvas 组件介绍

所有的 UI 组件都在画布的子集里，画布相当于所有 UI 组件的容器。

每当创建一个 UI 物体时，Canvas 都会自动创建，所有的 UI 元素都必须是 Canvas 的子物体，和 Canvas 一同创建的还有一个 EventSystem，其是一个基于 Input 的事件系统，可以对键盘、触摸、鼠标、自定义输入进行处理。

2. Canvas 组件属性

接下来介绍 Canvas 组件属性，Canvas 组件自带有 3 个组件，分别是 Canvas、Canvas Scaler 和 Graphic Raycaster，如图 16-1 所示。

（1）Canvas：控制 UI 的渲染模式。

Render Mode：渲染模式。

- Screen Space - Overlay：让 UI 始终位于界面最前面。

- Screen Space - Camera：赋值一个相机，按照相机的距离前后显示 UI 和物体。
- World Space：让画布变成一个 3D 物体，可以进行移动旋转等。

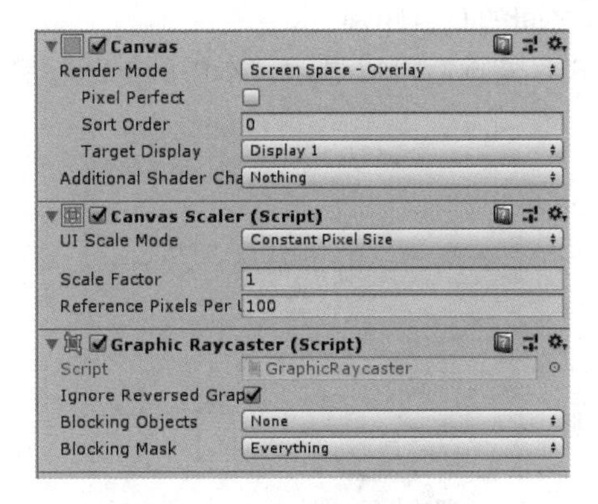

图 16-1　Canvas 组件属性

（2）Canvas Scaler：控制 UI 画布的缩放比例。

UI Scale Mode：缩放的比例模式。

- Constant Pixel Size：固定像素大小，无论屏幕尺寸如何变化，UI 都不会变化，只能通过 Scale Factor（比例因子）调节。
- Scale With Screen Size：根据屏幕分辨率，自动调节 UI 比例，需要设置默认分辨率，改变屏幕尺寸后，会根据当前分辨率，调节 UI 比例。
- Constant Physical Size：固定物理像素大小，需要给 UI 添加物理效果后，根据分辨率改变 UI 的比例。

（3）Graphic Raycaster：控制是否让 UI 响应射线点击。

- Ignore Reversed Graphic：忽略反转的 UI，UI 反转后点击无效。
- Blocking Objects：阻挡点击物体，当 UI 前有物体时，点击前面的物体射线会被阻挡。
- Blocking Mask：阻挡层级，当 UI 前有设置的层级时，点击前面的物体射线会被阻挡。

16.1.2　UGUI—Text

1. Text 组件介绍

Text 组件是 UGUI 中最常用的组件，它的作用是对文本数据进行处理并显示。

2. Text 组件属性

在 Unity 3D 中新建一个 Text 组件看一下它的属性，在 Hierarchy 视图中右击，选择 UI → Text，如图 16-2 所示。

（1）Text：需要显示的文本。

（2）Character：特性。

- Font：显示文本的字体。

- Font Style：显示文本的样式，如普通、粗体、斜体。
- Font Size: 字体的大小。
- Line Spacing：行与行之间的垂直距离。
- Rich Text：富文本格式，勾选后可以显示文本中的标记标签信息。

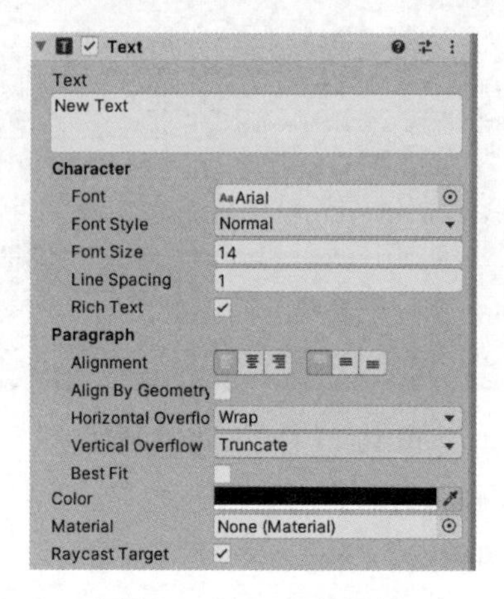

图 16-2　Text 组件属性

（3）Paragraph：段落。

- Alignment：文本的水平和垂直方向的对齐方式。
- Align By Geometry：使用字形几何范围执行水平对齐，而不是字形度量。
- Horizontal Overflow：用于处理文本宽度超过文本框的情况，有 Wrap（隐藏）和 Overflow（溢出）两个选项。
- Vertical Overflow：用于处理文本高度超过文本框的情况，有 Truncate（截断）和 Overflow（溢出）两个选项。
- Best Fit：忽略 Size 属性，将文本合适地显示在文本框内。

（4）Color：文本颜色。

（5）Material：用来渲染文本的材质。

（6）Raycast Target：是否作为射线目标，勾选后，可以被射线点击。

UGUI 创建的所有组件都会默认勾选，UI 事件会在 EventSystem 的 Update 的 Process 中触发。UGUI 会遍历所有 Raycast Target 是 true 的 UI，发射射线找到玩家最先触发的那个 UI，抛出事件给逻辑层去响应。

16.1.3　UGUI—Image

1. Image 组件介绍

Image 组件是 UGUI 中比较常用的组件，用来控制和显示图片。

2. Image 组件属性

在 Unity 3D 中新建一个 Image 组件看一下它的属性，在 Hierarchy 视图中右击，选择 UI → Image，如图 16-3 所示。

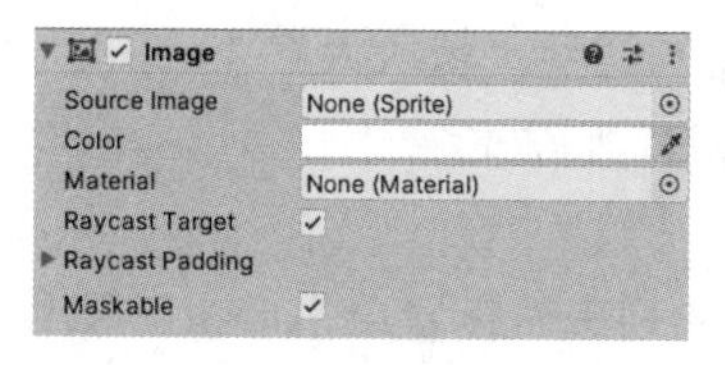

图 16-3　Image 组件属性

（1）Source Image：需要显示的图片的来源。

（2）Color：图片的颜色。

（3）Material：渲染图像的材质。

（4）Raycast Target：能否接收到射线检测。

（5）Image Type：图片的排列方式，有 Simple（普通）、Sliced（切片）、Tiled（平铺）和 Filed（填充）模式。

16.1.4　UGUI—Button

1. Button 组件介绍

Button 是一个按钮组件，在开发中经常使用，通过单击按钮执行某些事件、动作、切换状态等。

2. Button 组件属性

在 Unity 3D 中新建一个 Button 组件看一下它的属性，在 Hierarchy 视图中右击，选择 UI → Button，如图 16-4 所示。

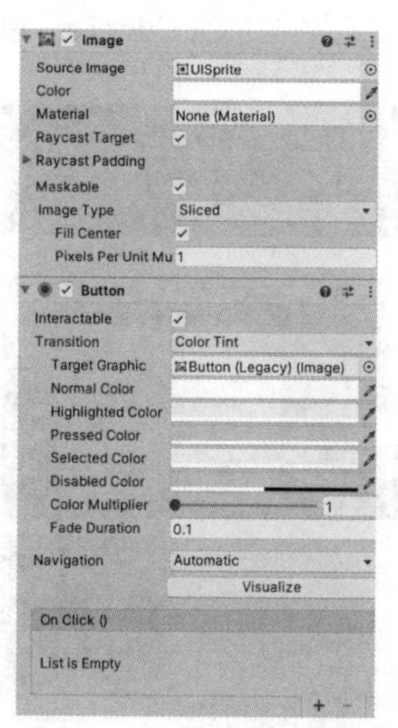

图 16-4　Button 组件属性

可以看到 Button 组件有两个组件，Image 组件用来显示 Button 的效果，Button 用来响应单击事件，Image 组件已经介绍过，下面就来介绍 Button 组件。

（1）Button 组件：按钮。

- Interactable：是否启动按钮，取消勾选则按钮失效。

- Transition：按钮状态过渡的类型。默认为 Color Tint（颜色过渡），还有 None、Sprotes Swap、Animation 3 种类型过渡方式。
- Navigation：导航。
- On Click：按钮单击事件的列表，设置单击后执行哪些函数。

（2）Button 组件使用。

Button 组件可以通过 On Click 手动添加监听事件，也可以通过代码动态添加监听事件。首先介绍手动添加监听事件。

①创建脚本，写下监听函数，参考代码 16-1。

代码 16-1　Button 按钮监听函数测试代码

```
using UnityEngine;
public class Test_16_1 : MonoBehaviour
{
    public void OnClickTest()
    {
        Debug.Log(" 单击了按钮 ");
    }
}
```

②将脚本绑定到相机对象上，再添加到 OnClickTest 单击事件中，如图 16-5 所示。

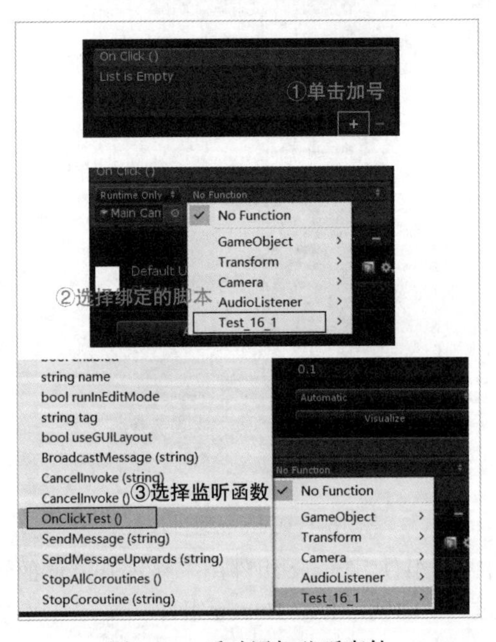

图 16-5　手动添加监听事件

③运行后，单击按钮，结果如图 16-6 所示。

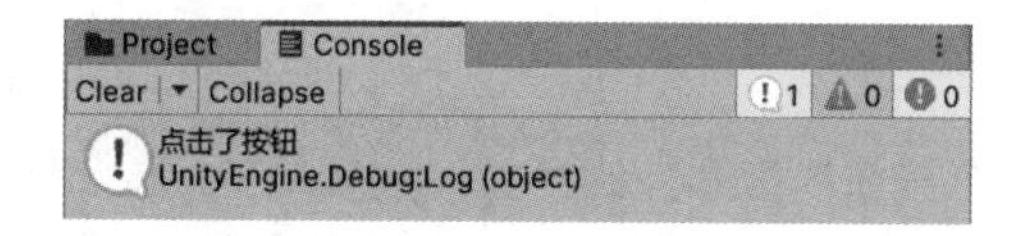

图 16-6　运行后单击按钮结果

下面介绍代码动态添加监听事件。

①创建脚本，添加代码，参考代码 16-2。

代码 16-2　动态添加 Button 事件

```
using UnityEngine;
using UnityEngine.UI;
public class Test_16_2 : MonoBehaviour
{
    Button TestBtn;
    void Start()
    {
        TestBtn = GetComponent<Button>();
        TestBtn.onClick.AddListener(OnClickTest);
    }
    public void OnClickTest()
    {
        Debug.Log(" 单击了按钮 ");
    }
}
```

②将脚本添加到 Button 组件上，如图 16-7 所示。

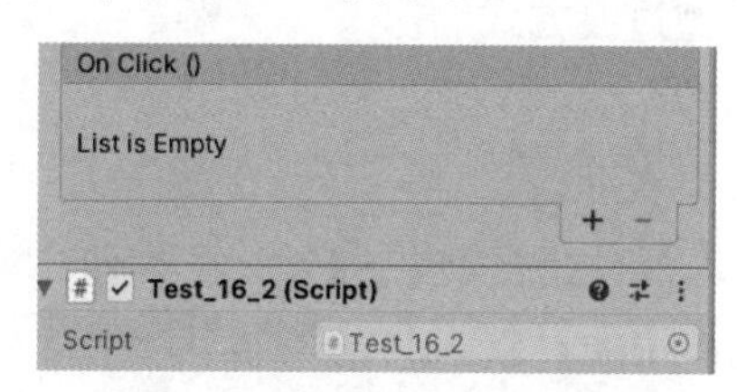

图 16-7　添加脚本给 Button 组件

③运行后，单击按钮，结果如图 16-8 所示。

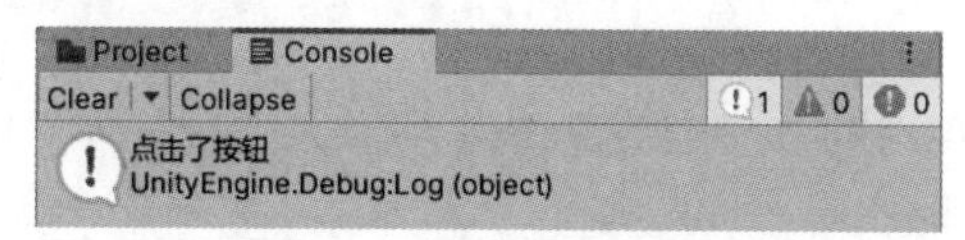

图 16-8　运行后单击按钮结果

16.1.5 UGUI—Toggle

1. Toggle 组件介绍

在项目开发时，需要一个按钮模拟和控制开关，这就是 Toggle 组件的作用。Toggle 组件通常用来进行状态判断，如是否记住密码、是否开启某些指令等。

2. Toggle 组件属性

在 Unity 3D 中新建一个 Toggle 组件看一下它的属性，在 Hierarchy 视图中右击，选择 UI → Toggle，如图 16-9 所示。

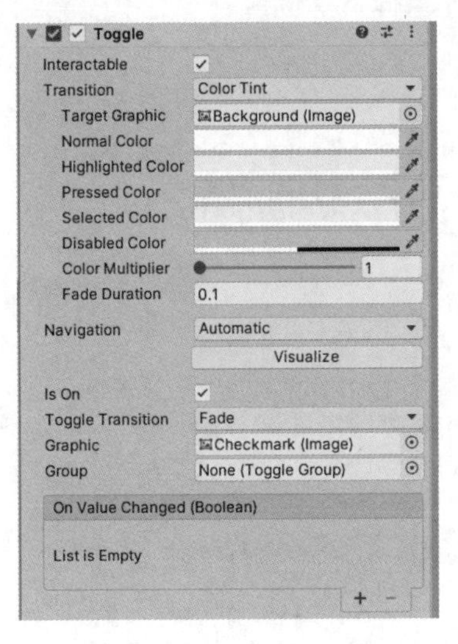

图 16-9　Toggle 组件属性

- Interactable：是否启动按钮，取消勾选则按钮失效。
- Transition：按钮状态过渡的类型。默认为 Color Tint（颜色过渡），还有 None、Sprotes Swap、Animation 3 种类型过渡方式。
- Navigation：导航。
- Is On：用来表示 Toggle 开关状态。
- Toggle Transition：切换是否有过渡效果，Fade 表示有，None 表示没有。
- Graphic：设置开关要起作用的对象。
- Group：设置分组，多个 Toggle 在一组时，只能选择一个 Toggle 为点击状态。
- On Value Changed(Boolean)：当 Toggle 的值改变时调用的函数。

3. Toggle 组件使用

Toggle 组件可以通过 On Value Changed 手动添加监听事件，也可以通过代码动态添加监听事件。首先介绍手动添加监听事件。

（1）创建脚本，写下监听函数，参考代码 16-3。

代码 16–3　Toggle 按钮监听函数测试代码

```
using UnityEngine;

public class Test_16_3 : MonoBehaviour
{
    public void OnValueChanged(bool isOn)
    {
        if (isOn)
        {
            Debug.Log(" 开启 ");
        }
        else
        {
            Debug.Log(" 关闭 ");
        }
    }
}
```

（2）将脚本绑定到相机对象上，再添加到 OnValueChanged(bool) 单击事件中，如图 16-10 所示。

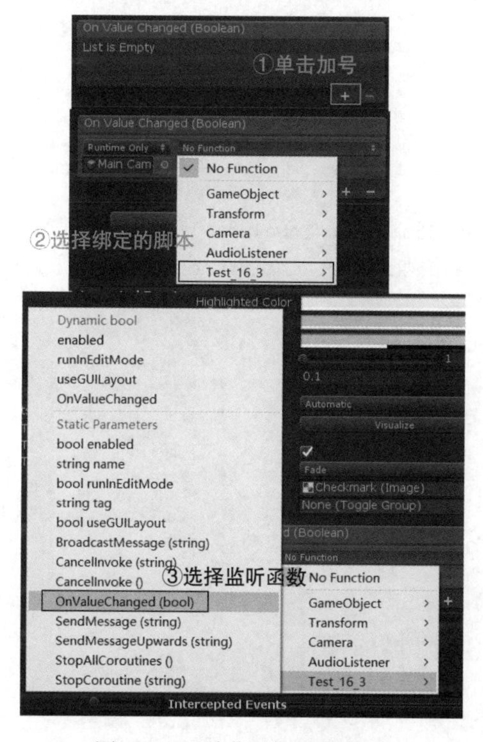

图 16-10　手动添加监听事件

（3）运行后，单击按钮，结果如图 16-11 所示。

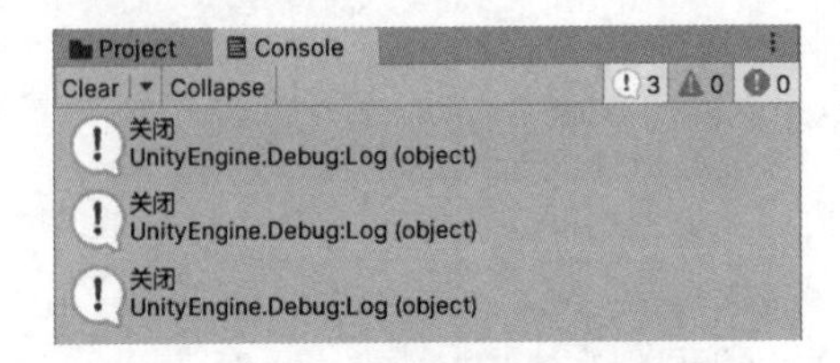

图 16-11　运行后单击按钮结果

运行后发现无论 Toggle 的 Is On 状态是开还是关，现实的信息一直都是关闭，这是因为手动添加监听事件，无法将 Toggle 的 Is On 状态发送给函数，只会在值变化时调用这个函数，动态添加监听事件就可以避免这个问题发生。

下面介绍代码动态添加监听事件。

（1）创建脚本，添加代码，参考代码 16-4。

代码 16–4　动态添加 Toggle 事件

```
using UnityEngine;
using UnityEngine.UI;

public class Test_16_4 : MonoBehaviour
{
    Toggle TestToggle;
    void Start()
    {
        TestToggle = GetComponent<Toggle>();
        TestToggle.onValueChanged.AddListener(OnValueChanged);
    }
    public void OnValueChanged(bool isOn)
    {
        if (isOn)
        {
            Debug.Log(" 开启 ");
        }
        else
        {
            Debug.Log(" 关闭 ");
        }
    }
}
```

（2）将脚本添加到 Toggle 组件上，如图 16-12 所示。

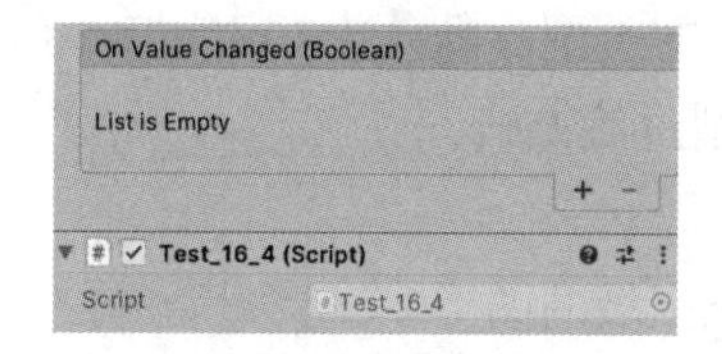

图 16-12　添加脚本给 Toggle 组件

（3）运行后，单击按钮，结果如图 16-13 所示。

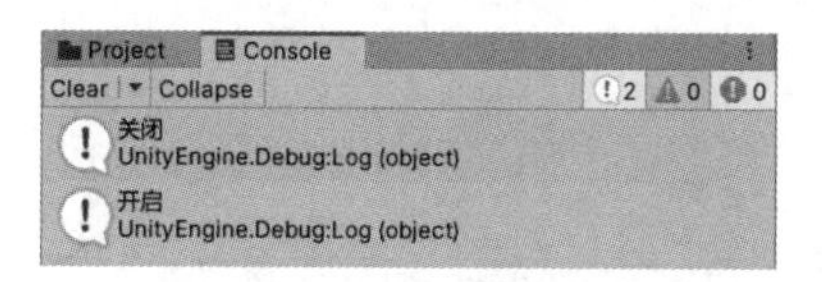

图 16-13　运行后单击按钮结果

16.1.6　UGUI—Slider

1. Slider 组件介绍

Slider 是一个滑动条组件，一般用来制作血条或进度条。

2. Slider 组件属性

在 Unity 3D 中新建一个 Slider 组件看一下它的属性，在 Hierarchy 视图中右击，选择 UI → Slider，如图 16-14 所示。

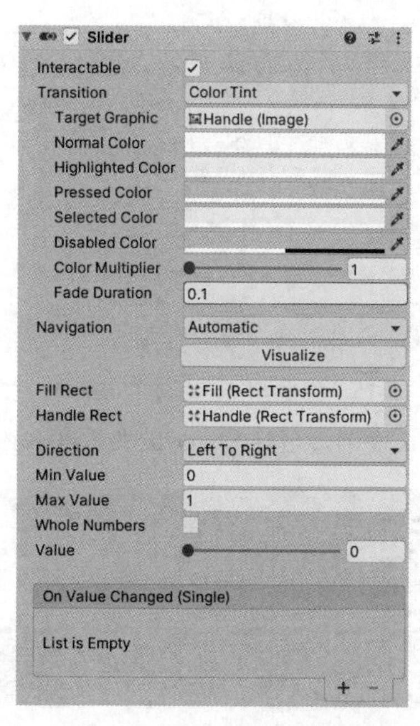

图 16-14　Slider 组件属性

- Interactable：是否启动按钮，取消勾选则按钮失效。
- Transition：按钮状态过渡的类型。默认为 Color Tint（颜色过渡），还有 None、Sprotes Swap、Animation 3 种类型过渡方式。
- Navigation：导航。
- Fill Rect：Slider 组件填充区域的图形。
- Handle Rect：滑动条手柄部分的组件。
- Direction：拖动手柄时滑块的拖动方向。选项包括从左到右、从右到左、从下到上和从上到下。
- Min Value：最大值。
- Max Value：最小值。
- Whole Numbers：是否将值约束为整数。
- Value：填充区域的值，范围是 0 ~ 1。
- On Value Changed(Single)：当 Slider 组件的值改变时调用的函数。

3. Slider 组件使用

我们来做一个滑动条自增的效果，类似于进度条。

（1）新建一个 Slider 组件，在 Hierarchy 视图中右击，选择 UI → Slider，隐藏 Slider 组件的 Handle 对象，如图 16-15 所示。然后调整 Slider 组件的 Max Value 值为 100。

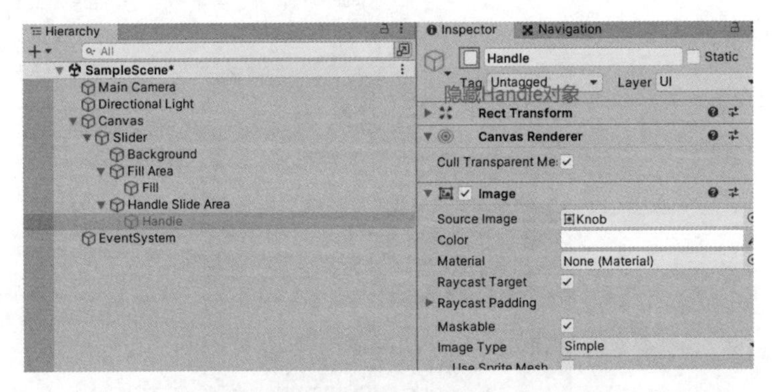

图 16-15　隐藏 Slider 组件的 Handle 对象

（2）将填充区域 Fill Area 的长度调整至与 Slider 最大长度一致，如图 16-16 所示。

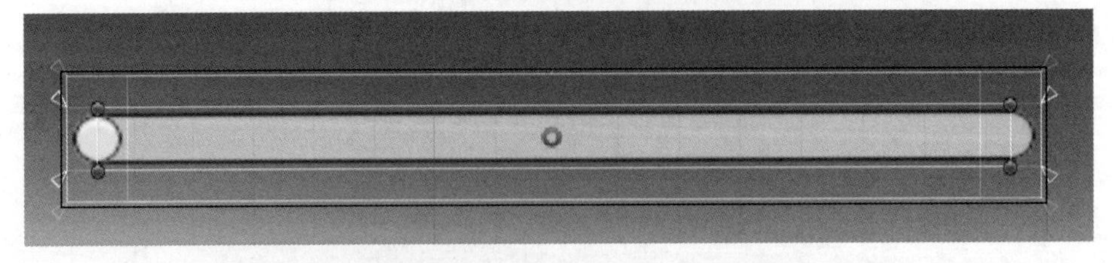

图 16-16　调整 Fill Area 的长度与 Slider 最大长度一致

（3）新建一个 Text 文本，放置到 Slider 组件中心靠上位置，用来显示进度，如图 16-17 所示。

图 16-17　新建一个 Text 文本

（4）创建脚本，编写代码，参考代码 16-5。

代码 16-5　监听 Slider 组件的 Value 值，改变 Text 的值

```
using UnityEngine;
using UnityEngine.UI;
public class Test_16_5 : MonoBehaviour
{
    public Slider m_Slider;//Slider 组件
    public Text m_Text;//Text 组件
    void Start()
    {
        //值初始化
        m_Slider.value = 0;
        m_Text.text = "";
    }
    void Update()
    {
        if (m_Slider.value < 100)
        {
            m_Slider.value += Time.deltaTime;
            //取小数点两位
            m_Text.text = m_Slider.value.ToString(("F")) +"%";
        }
    }
}
```

（5）运行后，查看效果，效果如图 16-18 所示。

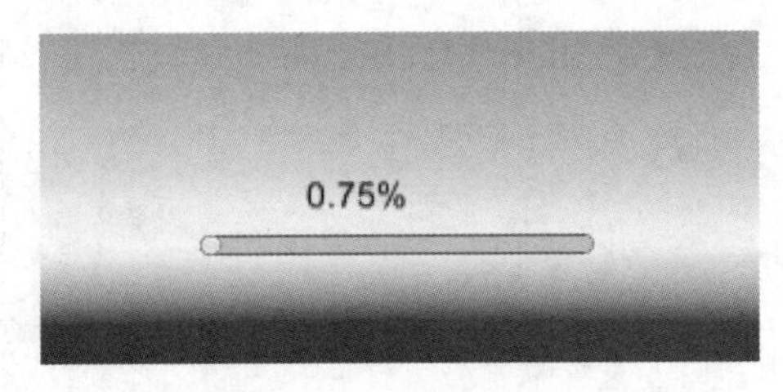

图 16-18　Slider 组件实现进度条效果

16.1.7　UGUI—ScrollView

1. ScrollView 组件介绍

ScorllView 组件是一个滚动窗口以及区域组件，在做游戏背包或商城展示大量物品时，可以使用 ScorllView 组件。

2. ScrollView 组件属性

在 Unity 3D 中新建一个 ScrollView 组件看一下它的属性，在 Hierarchy 视图中右击，选择 UI → ScrollView，如图 16-19 所示。

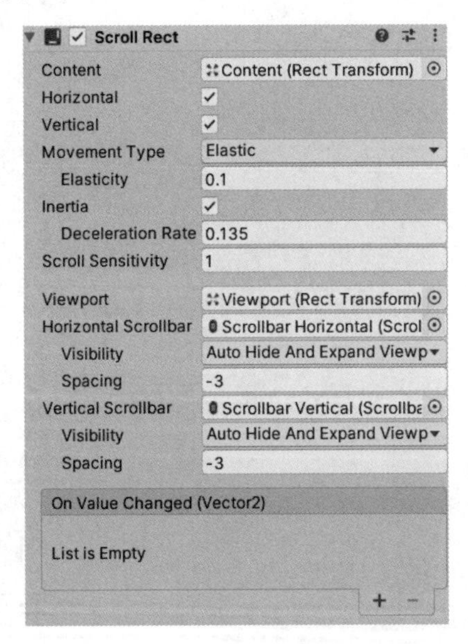

图 16-19　ScrollView 组件属性

- Content：滚动的内容区域，其中所有的子物体都会显示在滚动内容区中。
- Horizontal：是否启动水平滚动。
- Vertical：是否启动垂直滚动。
- Movement Type：滑动框的运动类型，有 Unrestricted（不受限）、Elastic（弹性）和 Clamped（夹紧）3 种类型。
- Inertia：滚性，拖动结束后会根据惯性继续移动，未设置时仅在拖动时移动。

- Scroll Sensitivity：灵敏度，滚轮时的灵敏程度。
- Viewport：视口，是 Content 的父物体。
- Horizontal Scrollbar：底部的水平滚动条。
- Vertical Scrollbar：竖直滚动条。
- On Value Changed(Vector2)：ScrollView 组件的绑定事件，当拖动滚动条时，返回一个 Vector2 的值，x 和 y 的值范围是 0 ~ 1。

3. ScrollView 组件使用

接下来用 ScrollVIew 组件做一个背包 UI。

（1）在 Hierarchy 视图中右击，选择 UI → ScrollView，找到 ScrollView 组件下面的 Content 对象，给 Content 对象添加 Grid Layout Group(Script) 组件，设置参数布局排列所有的对象，如图 16-20 所示。

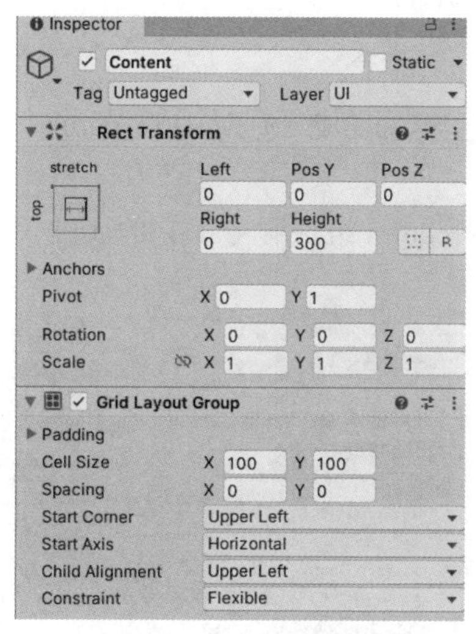

图 16-20　为 Content 对象添加布局组件，设置参数

（2）选中 Content 对象，右击，选择 UI → Image，添加多个 Image 组件作为背包物品，如图 16-21 所示。

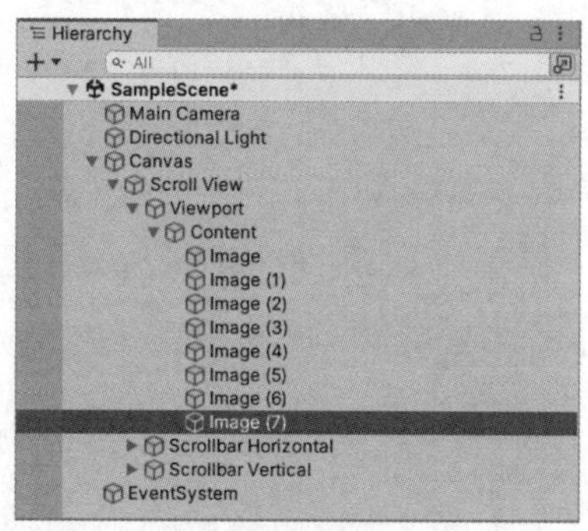

图 16-21　添加多个 Image 组件作为背包物品

（3）运行程序，拖动滚动条就可以看到 ScrollView 组件显示出的多张图片，如图 16-22 所示。

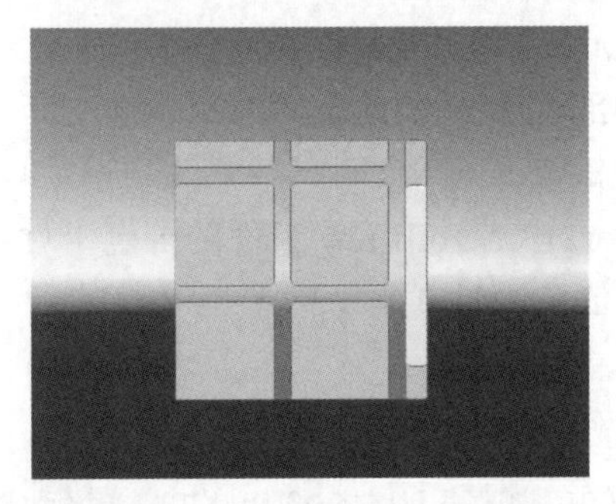

图 16-22　ScrollView 组件显示效果

16.1.8　UGUI—Dropdown

1. Dropdown 组件介绍

下拉菜单，可用于快速创建大量选择项、创建下拉菜单模板等。

2. Dropdown 组件属性

在 Unity 3D 中新建一个 Dropdown 组件看一下它的属性，在 Hierarchy 视图中右击，选择 UI → Dropdown，如图 16-23 所示。

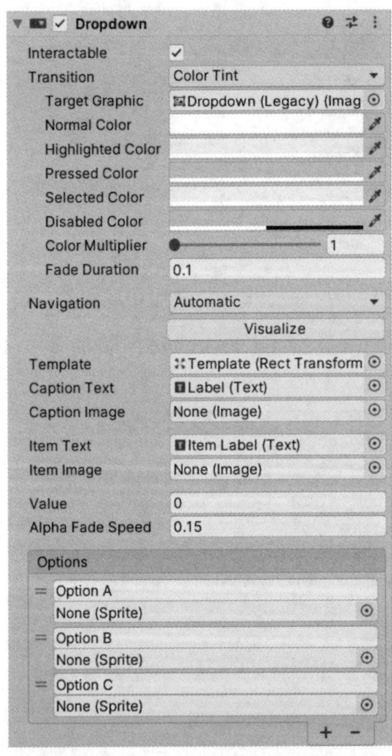

图 16-23　Dropdown 组件属性

- Interactable：是否启动按钮，取消勾选则按钮失效。
- Transition：按钮状态过渡的类型。默认为 Color Tint（颜色过渡），还有 None、Sprotes Swap、Animation 3 种类型过渡方式。
- Navigation：导航。
- Template：模板。
- Caption Text：标题文字。
- Caption Image：标题图片。
- Value：选择下拉菜单的选项，按顺序排列。
- Options：所有的选项。
- On Value Changed(Int32)：Dropdown 组件的监听事件，用来监听 Dropdown 按钮的切换。

3. Dropdown 组件使用

Dropdown 组件比较常用的功能有添加选项、添加监听事件等。下面就用实例演示如何使用这两种功能，参考代码 16-6。

代码 16-6　Dropdown 组件的使用实例代码

```
using System.Collections.Generic;
using UnityEngine;
using UnityEngine.UI;
public class Test_16_6 : MonoBehaviour
{
    public Dropdown m_Dropdown;
    void Start()
    {
        //第一种添加下拉选项的方案
        Dropdown.OptionData data = new Dropdown.OptionData();
        data.text = "第一章";
        Dropdown.OptionData data2 = new Dropdown.OptionData();
        data2.text = "第二章";
        m_Dropdown.options.Add(data);
        m_Dropdown.options.Add(data2);
        //第二种添加下拉选项的方案
        List<Dropdown.OptionData> listOptions = new List<Dropdown.OptionData>();
        listOptions.Add(new Dropdown.OptionData("第三章"));
        listOptions.Add(new Dropdown.OptionData("第四章"));
        m_Dropdown.AddOptions(listOptions);
        m_Dropdown.onValueChanged.AddListener(OnValueChanged);
    }
    public void OnValueChanged(int value)
```

```
    {
        switch (value)
        {
            case 0:
                Debug.Log(" 第一章 ");
                break;
            case 1:
                Debug.Log(" 第二章 ");
                break;
            case 2:
                Debug.Log(" 第三章 ");
                break;
            case 3:
                Debug.Log(" 第四章 ");
                break;
            default:
                break;
        }
    }
}
```

将脚本绑定到相机对象上，然后将 Dropdown 组件拖入 Dropdown 卡槽中，如图 16-24 所示。

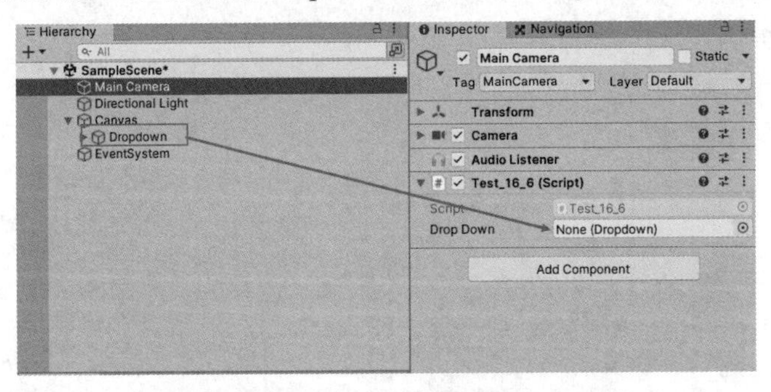

图 16-24　将 Dropdown 组件拖入卡槽中

因为是动态生成选项，所以需要将 Dropdown 组件原来的选项清除。单击 Dropdown 组件，然后找到 Options 选项，选中后删除选项。

然后运行程序，切换选项，可以看到监听函数被调用，如图 16-25 所示。

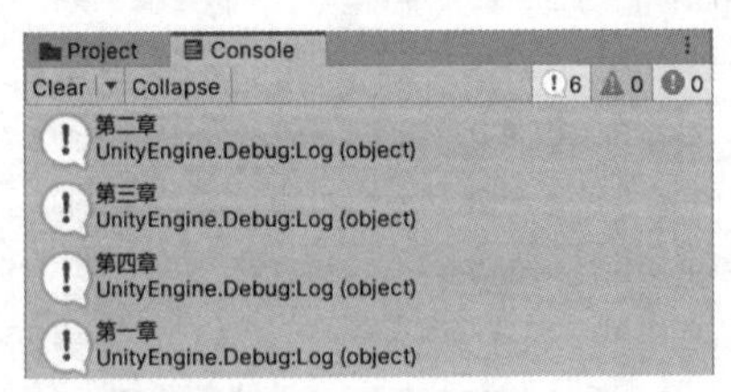

图 16-25　切换选项，可以看到监听函数被调用

16.1.9　UGUI—InputField

1. InputField 组件介绍

InputField 组件是输入框组件，是一个用来管理输入的组件，通常用来输入用户的账号、密码或在聊天室输入文字等，以及输入其他逻辑。

2. InputField 组件属性

在 Unity 3D 中新建一个 InputField 组件看一下它的属性，在 Hierarchy 视图中右击，选择 UI → InputField，如图 16-26 所示。

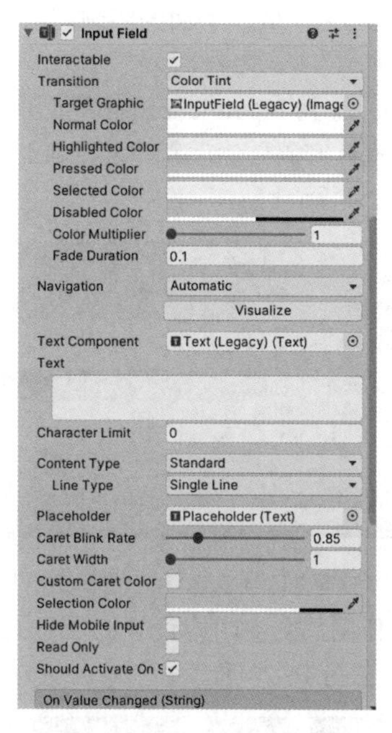

图 16-26　InputField 组件属性

- Interactable：是否启动按钮，取消勾选则按钮失效。
- Transition：按钮状态过渡的类型。默认为 Color Tint（颜色过渡），还有 None、Sprotes Swap、Animation 3 种类型过渡方式。
- Navigation：导航。
- Text Component：用来输入的文本框。
- Text：文本内容。
- Character Limit：字符长度限制，0 是不限制。
- Content Type：用来显示输入的内容类型，有默认、整数、小数、字母、名字、E-mail、密码、自定义类型。
- Line Type：段落格式。
- Placeholder：占位符的文本框，用来显示默认信息。

- Caret Blink Rate：光标闪烁频率。
- Caret Width：光标宽度。
- Custom Caret Color：自定义光标的颜色设置。
- Selection Color：所选部分的背景颜色设置。
- Hide Mobile Input：是否隐藏移动输入（仅限 iOS）。
- Read Only：是否只读。

3. InputField 组件使用

InputField 组件是用来获取用户的输入的，下面的实例演示了如何获取用户输入的账号和密码并且显示出来。

（1）新建两个 InputField 组件，找到 InputField 组件下面的 Placeholder 对象，然后修改 Text 内容分别为“请输入账号”和“请输入密码”，然后新建两个 Text 组件，Text 组件的内容设置为“账号”和“密码”，整体界面如图 16-27 所示。

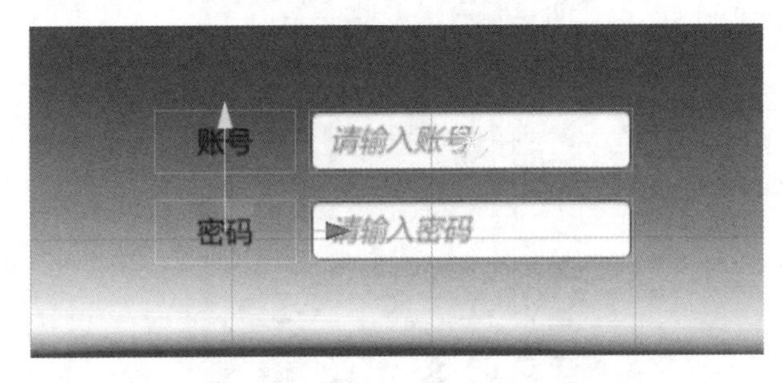

图 16-27　新建两个 Text 组件和两个 InputField 组件

（2）建一个 Button 按钮用来登录，文字内容设置为“登录”。然后新建一个 Text 组件，将内容清空，用来显示账号和密码，如图 16-28 所示。

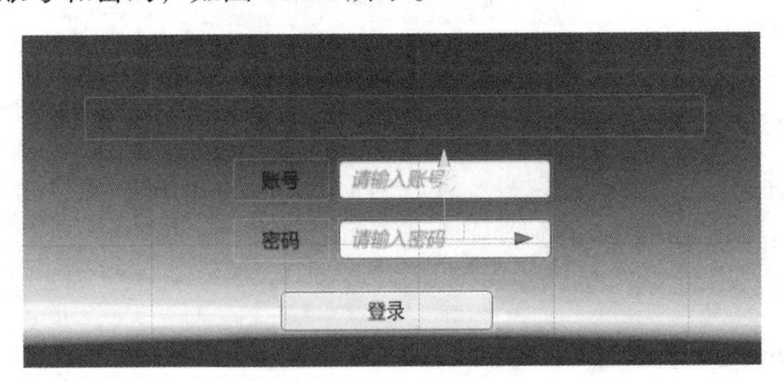

图 16-28　新建 Button 按钮和 Text 组件

（3）创建脚本，修改代码，参考代码 16-7。

代码 16-7　修改脚本，添加单击登录功能后展示账号、密码功能

```
using UnityEngine;
using UnityEngine.UI;
```

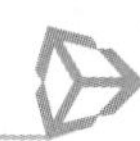

```
public class Test_16_7 : MonoBehaviour
{
    public InputField m_InputFieldName;
    public InputField m_InputFieldPwd;
    public Button m_ButtonLogin;
    public Text m_TextInfo;
    void Start()
    {
        m_ButtonLogin.onClick.AddListener(Button_OnClickEvent);
    }
    public void Button_OnClickEvent()
    {
            m_TextInfo.text = "账号：" + m_InputFieldName.text + " 密码：" + m_
InputFieldPwd.text;
    }
}
```

（4）将脚本绑定到相机对象上，然后将各个对象拖入对应卡槽中，如图 16-29 所示。

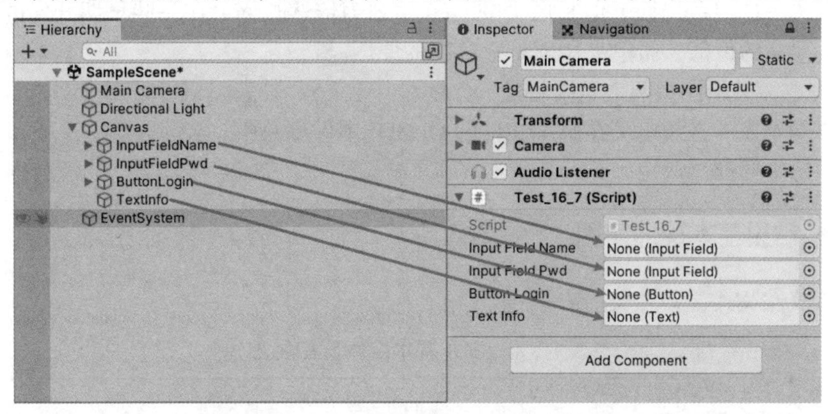

图 16-29　将对应的 UI 拖入组件的卡槽中

（5）运行程序，输入账号和密码，单击“登录”按钮，可以看到账号和密码显示出来，如图 16-30 所示。

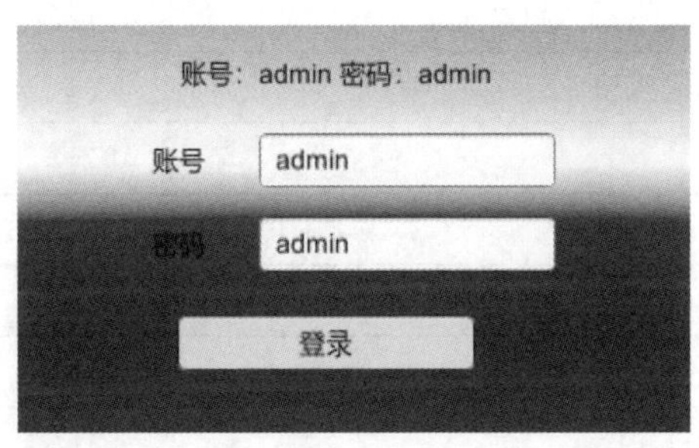

图 16-30　登录界面

16.2 GUI

在游戏开发的整个过程中，游戏界面占据了非常重要的位置，玩家启动游戏时，首先看到的就是游戏的 UI，其中包含图片、按钮和高级控件等，UGUI 和 GUI 是 Unity 3D 中最常用的两个 UI 系统，16.1 节已经介绍了 UGUI，下面就来介绍 GUI。

16.2.1 GUI 简介

GUI 是 Graphical User Interface 的缩写。Unity 的图形界面系统能容易地快速创建出各种交互界面。游戏界面是游戏作品中不可或缺的部分，它可以为游戏提供导航，也可以为游戏内容提供重要的信息，同时是美化游戏的一种重要手段。Unity 3D 内置了一套完整的 GUI 系统，提供了从布局、空间到皮肤的一整套 GUI 解决方案，可以做出各种风格和样式的 GUI 界面。目前，Unity 3D 没有提供内置的 GUI 可视化编辑器，因此 GUI 界面的制作需要全部通过编写脚本代码实现。

GUI 技术看似是一种比较旧的技术，但是 Unity 5.x 后并没有取消这种传统的 UI 技术，Unity 4.6 常出现的新的 UI 称为 UGUI，UGUI 的出现是为了重新定义 UI 的技术规范，统一之前 UI 插件繁多、混杂，标准不统一的混乱局面。但是原生的 GUI 生命力依然旺盛，在一些早期开发的项目，小型游戏依然有其存在的价值，简单易用就是它存在的原因。

写 GUI 脚本，必须注意两个重要特性。

（1）GUI 脚本控件必须定义在脚本文件的 OnGUI 事件函数中。

（2）GUI 每一帧都会调用。

16.2.2 常见基本控件使用

GUI 基本控件及其含义见表 16-1。

表 16-1　GUI 基本控件及其含义

控件名称	含　义
Label	绘制文本和图片
TextField	绘制一个单行文本输入框
TextArea	绘制一个多行文本输入框
PasswordField	绘制一个密码输入框
Button	绘制一个按钮
ToolBar	创建工具栏
ToolTip	用于显示提示信息
Toggle	绘制一个开关按钮
Box	绘制一个图形框

续表

控件名称	含　义
ScrollView	绘制一个滚动视图组件
Color	与 Background Color 控件类似，都是渲染 GUI 颜色的，但是两者不同的是 Color 不仅会渲染 GUI 的背景颜色，还会影响 GUI.Text 的颜色
Slider	包含水平滚动条 GUI.HorizontalSlider 和垂直滚动条 GUI.VerticalSlider，可以根据界面布局的需要选择使用
DragWindow	用于实现屏幕内的可拖曳窗口
Window	窗口组件，在窗口中可以添加任意组件

下面的实例演示了 GUI 常见基本控件使用方法，参考代码 16-8。

代码 16-8　GUI 常见基本控件使用实例

```
using UnityEngine;

public class Test_16_8 : MonoBehaviour
{
    private string userName = "";
    private string password = "";
    private string info = "";
    private bool manSex = false;
    private bool womanSex = false;

    Vector2 scrollPosition = Vector2.zero;

    int toolbarInt = 0;
    string[] toolbarStrings = {"红色", "绿色", "蓝色"} ;

    void OnGUI()
    {
        //Box 组件，将下面的内容放到 Box 组件里
        GUI.Box(new Rect(290, 260, 300, 300),"");
        //ToolBar 组件创建工具栏
        toolbarInt = GUI.Toolbar(new Rect(310, 270, 250, 30), toolbarInt, toolbarStrings);
        switch (toolbarInt)
        {
            case 0:
                GUI.color = Color.red;
                break;
```

```
            case 1:
                GUI.color = Color.green;
                break;
            case 2:
                GUI.color = Color.blue;
                break;
            default:
                break;
        }
        //Label组件绘制文本
        GUI.Label(new Rect(310, 310, 70, 20), new GUIContent("用户名: ", "Label组件"));
        //TextField组件绘制输入框
        userName = GUI.TextField(new Rect(380, 310, 200, 20), userName);
        GUI.Label(new Rect(310, 330, 70, 20), new GUIContent("密码: ", "Label组件"));
        //PasswordField组件绘制密码输入框
        password = GUI.PasswordField(new Rect(380, 330, 200, 20), password, '*');
        //Toggle组件绘制开关按钮
        manSex = GUI.Toggle(new Rect(310, 370, 50, 20), manSex, "男");
        womanSex = GUI.Toggle(new Rect(350, 370, 50, 20), womanSex, "女");
        GUI.Label(new Rect(310, 420, 70, 20),new GUIContent("个人简介: ", "Label组件"));
        //ScrollView组件
         scrollPosition = GUI.BeginScrollView(new Rect(380, 420, 200, 100), scrollPosition,
new Rect(0, 0, 200, 300));
        info = GUI.TextArea(new Rect(0, 0, 200, 300), info);
        GUI.EndScrollView();
        //Button绘制按钮
        GUI.Button(new Rect(400, 530, 50, 20), new GUIContent("保存", "Button组件"));
        //ToolTip用户显示提示信息
        GUI.Label(new Rect(480, 530, 200, 40), GUI.tooltip);

        //Window组件和DragWindow组件
        Rect windowRect0 = new Rect(300, 600, 120, 50);
        Rect windowRect1 = new Rect(450, 600, 120, 50);
        GUI.color = Color.red;
        windowRect0 = GUI.Window(0, windowRect0, DoMyWindow, "Red Window");
        GUI.color = Color.green;
        windowRect1 = GUI.Window(1, windowRect1, DoMyWindow, "Green Window");
    }

    private void DoMyWindow(int id)
    {
```

```
        if (GUI.Button(new Rect(10, 20, 100, 20), " 可拖动窗口 "))
        {
            Debug.Log("color" + GUI.color);
        }
        GUI.DragWindow(new Rect(0, 0, 10000, 10000));
    }
}
```

这个实例中用到了 GUI 中的 Button 组件、Label 组件、Box 组件、ToolBar 组件、TextField 组件、PasswordField 组件、ScrollView 组件、Toggle 组件、Window 组件以及 DragWindow 组件。

可以看到 OnGUI 系统并不是可视化操作，大多数情况下需要软件开发人员通过代码实现控件的摆放以及功能的修改，软件开发人员需要通过给定坐标的方式对控件进行调整，规定屏幕左上角坐标是（0,0,0），并以像素为单位对控件进行定位。

上面的实例代码运行后，界面如图 16-31 所示。

图 16-31　GUI 常用组件演示

16.2.3　GUILayout 自动布局

在前面的实例中，布局时每次都需要输入 new Rect 进行定位，里面包含了 4 个坐标，分别是 x 轴坐标、y 轴坐标、组件的宽度和组件的高度。为了解决这个烦人的问题，Unity 3D 提供了一个相对简单的布局方案，即使用 GUILayout 自动布局，让每个组件的宽度和高度按照一些字体的大小进行统一计算，采取靠左对齐或靠右对齐，一个空间占据一行的原则进行布局。

首先来看一下使用默认 Rect 进行布局的方案，参考代码 16-9。

代码 16-9　使用默认 Rect 定位方式排列 Label

```
using UnityEngine;
public class Test_16_9 : MonoBehaviour
{
    void OnGUI()
    {
        GUI.Label(new Rect(0, 0, 70, 20), " 你好 ");
        GUI.Label(new Rect(0, 20, 70, 20), " 世界 ");
        GUI.Label(new Rect(0, 40, 70, 20), "Hello");
        GUI.Label(new Rect(0, 60, 70, 20), "World");
    }
}
```

当上面的代码被编译和执行时，它会产生下列结果，如图 16-32 所示。

图 16-32　使用默认 Rect 定位方式排列 Label

接着，使用 GUILayout 自动布局看一下如何布局，参考代码 16-10。

代码 16-10　使用 GUILayout 进行自动布局

```
using UnityEngine;
public class Test_16_10 : MonoBehaviour{
    void OnGUI(){
        GUILayout.BeginArea(new Rect(400, 200, 300, 400));
        GUILayout.Label(" 你好 ");
        GUILayout.Label(" 世界 ");
        GUILayout.Label("Hello");
        GUILayout.Label("World");
        GUILayout.EndArea();
    }
}
```

当上面的代码被编译和执行时，它会产生下列结果，如图 16-33 所示。

图 16-33　使用 GUILayout 进行自动布局，每个 Label 占据一行空间

GUILayout.BeginArea 相当于一个盒子，盒子使用 Rect 进行定位，如果 Label 太多，超出范围则不显示。

16.3　本章小结

在程序开发中常常要用到 UI，如可以用 UI 做登录界面、信息显示界面、得分界面、返回界面，Unity 3D 中的 UI 系统主要有 UGUI 和 GUI。

UGUI 是使用 Unity 3D 开发项目时比较常用的 UI 系统，UGUI 由 Unity 3D 团队进行维护，对 Unity 3D 的集成度高，其可视化操作更加清晰、明了。UGUI 的教程也相对较多，更容易学习，但是 UGUI 的默认控件不是那么美观，要想达到更好看的效果，需要一定时间和技术。

GUI 是 Unity 3D 的原生 UI 系统，其特点是简单易用，在一些小游戏中，并不需要复杂的 UI 系统就可以使用 GUI 显示控件，但是 GUI 无法进行可视化操作，更多的是通过软件开发人员使用代码进行布局和定位。

OnGUI 与 UGUI 很像，都有 Text、Image、Button、TextField、Toggle、ToolBar 组件，但是 UGUI 渲染出来的画面要比 OnGUI 渲染出来的画面美观，而且要比 OnGUI 操作方便、功能强大，那么为什么还要用 OnGUI 呢？

因为 OnGUI 是 Unity 中通过代码驱动的 GUI 系统，主要用来创建调试工具、创建自定义属性面板、创建新的 Editor 窗口和工具以达到扩展编辑器的效果。如果要自己写插件，学习 GUI 系统是不可或缺的技能。

第 17 章　Unity 3D Socket 编程

Socket 编程，就是对网络中不同主机上的应用进程进行双向通信的端点的抽象。一个 Socket 就是网络上进程通信的一端，提供了应用层进程利用网络协议交换数据的机制。从所处的地位来讲，Socket 上连应用进程，下连网络协议栈，是应用程序通过网络协议进行通信的接口，是应用程序与网络协议进行交互的接口。

下面就来详细了解一下 Socket。

17.1　Socket

提到 Socket 就不可避免地要说到 TCP/IP、UDP，TCP/IP 全称是 Transmission Control Protocol/Internet Protocol，即传输控制协议，是一个工业标准的协议集，它是为广域网设计的。UDP 是用户数据包协议，与 TCP 协议相对应。

而 Socket 是应用层与 TCP/IP 协议族通信的中间软件抽象层，它是一组接口，也就是复杂的 TCP/IP 协议族隐藏在 Socket 接口后面，让 Socket 去组织数据，以符合指定的协议。

17.1.1　Socket 简介

上面已经知道网络中的进程是通过 Socket 通信的，那什么是 Socket 呢？ Socket 起源于 UNIX，而 UNIX/Linux 基本原理之一就是"一切皆文件"，都可以用"打开（Open）→读 / 写（Write/Read）"模式操作，Socket 相当于是一个特殊的文件，Socket 函数就是对网络进行的操作（读 / 写、打开、关闭），这些函数在后面会进行介绍。

前人已经做出了很多贡献，使网络间的通信简单了许多，但后续还有很多研究。以前认为 Socket 编程是比较高深的编程知识，但现在我发现，只要理解了 Socket 编程的工作原理，就可以揭开神秘的面纱。

例如，你要打电话给一个朋友，先拨号，朋友听到电话铃声后接听电话，这时你和你的朋友就建立起了连接，就可以讲话了。等交流结束，挂断电话结束此次交谈。这个场景就解释了 TCP/IP 协议的工作原理，也许它们的研究灵感就是来自生活。

Socket 的任务就是让服务器端和客户端进行连接，然后发送数据，先从服务器端说起。服务器端先初始化 Socket，然后与端口绑定（Bind），对端口进行监听（Listen），调用 Accept 函数阻塞，等待客户端连接。在这时，如果有个客户端初始化一个 Socket，然后连接服务器（Connect），如果连接成功，这时客户端与服务器端的连接就建立了。客户端发送数据请求，服务器端接收请求并处理请求，然后把回应数据发送给客户端，客户端读取数据，最后关闭连接，一次交互结束。图 17-1 演示了这个过程。

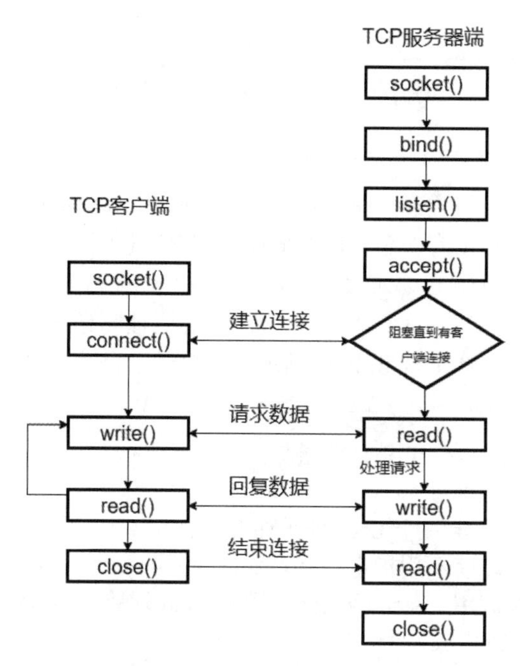

图 17-1　Socket 通信连接过程

下面详细地了解这些函数的使用。

17.1.2　Socket 的基本函数使用

（1）Socket 函数。

既然 Socket 是“Open—Write/Read—Close”模式的一种实现，那么 Socket 就提供了这些操作对应的函数接口。下面以 TCP 为例，介绍几个基本的 Socket 接口函数。Socket 函数用于实例化创建一个 Socket 对象，后续操作都会用到它。

```
public Socket(AddressFamily addressFamily, SocketType socketType, ProtocolType
protocolType);
```

- AddressFamily：即协议域，又称为协议族（family）。常用的协议族有 AF_INET、AF_INET6、AF_LOCAL（或称 AF_UNIX，UNIX 域 Socket）、AF_ROUTE 等。协议族决定了 Socket 的地址类型，在通信中必须采用对应的地址，如 AF_INET 决定了要用 IPv4 地址（32 位）与端口号（16 位）的组合，AF_UNIX 决定了要用一个绝对路径名作为地址。
- SocketType：指定 Socket 类型。常用的 Socket 类型有 SOCK_STREAM、SOCK_DGRAM、SOCK_RAW、SOCK_PACKET、SOCK_SEQPACKET 等。
- ProtocolType：顾名思义，就是指定协议。常用的协议有 IPPROTO_TCP、IPPROTO_UDP、IPPROTO_SCTP、IPPROTO_TIPC 等，它们分别对应 TCP 传输协议、UDP 传输协议、STCP 传输协议、TIPC 传输协议。

注意：

上面的 SocketType 和 ProtocolType 并不是可以随意组合的，如 SOCK_STREAM 不可以跟 IPPROTO_UDP 组合。

（2）Bind 函数。

当调用 Socket 函数创建一个 Socket 对象时，返回的 Socket 对象存在于协议族（address family,AF_×××）空间中，但没有一个具体的地址。要想给它赋一个地址，就必须调用 Bind 函数，否则当调用 Connect、Listen 函数时系统会自动随机分配一个端口。

正如上面所说，Bind 函数把一个地址族中的特定地址赋给 Socket 对象。例如，对于 AF_INET、AF_INET6，就是把一个 IPv4 或 IPv6 地址和端口号组合赋给 Socket 对象。

```
public void Bind(EndPoint localEP);
```

EndPoint：端口号设置，设置 IP 地址和端口号。

（3）Listen、Connect 函数。

通常服务器在启动时会绑定一个 IP 地址（如 IP 地址 + 端口号）用于提供服务，客户就可以通过它连接服务器，而客户端就不用指定，有系统自动分配一个端口号和自身的 IP 地址组合。这就是为什么通常服务器端在调用 Listen 函数前会调用 Bind 函数，而客户端就不会调用，而是在调用 Connect 函数时由系统随机生成一个。

如果一台服务器在调用 Socket、Bind 函数后，就会调用 Listen 函数监听这个 Socket 对象。如果客户端这时调用 Connect 函数发出连接请求，服务器端就会接收到这个请求。

```
public void Listen(int backlog);
public void Connect(IPAddress[] addresses, int port);
```

Listen 函数的参数 backlog 表示同一时间点过来的客户端的最大值。Socket 函数创建的 Socket 默认是一个主动类型的，Listen 函数将 Socket 变为被动类型的，等待客户的连接请求。

Connect 函数的第一个参数 addresses 表示客户端的 Socket，第二个参数 port 表示服务器的端口号。客户端通过调用 Connect 函数来建立与 TCP 服务器的连接。

（4）Accept 函数。

TCP 服务器端依次调用 Socket、Bind、Listen 函数后，就会监听指定的 Socket 地址。

TCP 客户端依次调用 Socket、Connect 函数后，会向 TCP 服务器发送一个连接请求。

TCP 服务器端监听到这个请求后，会调用 Accept 函数接收请求，这样连接就建立好了。此时就可以进行网络 I/O 操作了，类似于普通文件的读 / 写 I/O 操作。

```
public Socket Accept();
```

Accept 函数代表启动 TCP 连接。

注意：

Accept 函数启动连接后，在该服务器的生命周期内状态一直保持不变。当服务器完成了某个服务时，已连接的 Socket 就应该被关闭。

（5）Send 函数、Receive 函数。

至此服务器与客户已经建立好连接了，万事俱备只欠东风。此时可以调用网络 I/O 进行读 /

写操作，即进行网络中不同进程之间的通信。

```
public int Send(byte[] buffer, int offset, int size, SocketFlags socketFlags, out
SocketError errorCode);
public int Receive(byte[] buffer, SocketFlags socketFlags);
```

Receive 函数负责读取内容。如果读取成功，则返回实际读取的字节数；如果返回的值是 0，则表示已经读到文件的结尾了；如果小于 0，则表示出现了错误。如果错误为 EINTR，则说明读是由中断引起的；如果是 ECONNREST，则表示网络连接出了问题。

Send 函数将 buffer 中的 bytes 字节内容发送出去，成功时返回写的字节数。失败时返回 –1，并设置 error 变量。在网络程序中，当向服务器发送数据时有两种可能：①返回的值大于 0，表示写了部分或全部的数据；②返回的值小于 0，表示此时出现了错误。我们要根据错误类型处理。如果错误为 EINTR，则表示在写入时出现了中断错误；如果为 EPIPE，则表示网络连接出现了问题（对方已经关闭了连接）。

（6）Close 函数。

当服务器端与客户端建立连接后，会进行发送或接收数据的操作。完成这些操作后要关闭相应的 Socket 对象，就像操作完文件后要调用 Close 函数关闭文件一样。

```
public void Close();
```

关闭一个 Socket 对象，释放这个对象占用的内存，也就是这个对象无法再发送或接收数据。

17.1.3　Socket 中 TCP 的三次握手详解

我们知道 TCP 建立连接要进行 Three-Way Handshake（三次握手）。三次握手即建立 TCP 连接，就是指建立一个 TCP 连接时，需要客户端和服务器端总共发送 3 个包以确认连接的建立。在 Socket 编程中，这一过程由客户端执行 Connect（连接）触发，整个流程如图 17-2 所示。

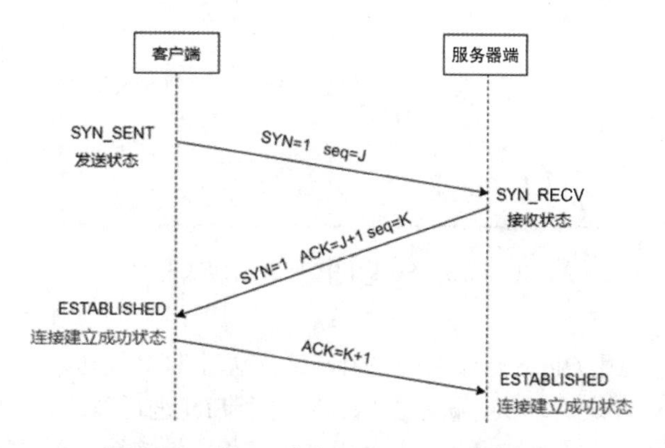

图 17-2　Socket 中发送的 TCP 三次握手

第一次握手：客户端执行 Connect 函数触发连接，将标识位 SYN 置为 1，并产生一个随机值 seq=J，并将该数据包发送给服务器端，客户端进入 SYN_SENT（发送状态），等待服务器端确认。

第二次握手：服务器端收到数据包后由标识位 SYN=1 知道客户端请求建立连接，客户端将标识位 SYN 置为 1，然后令 ACK=J+1（J 是从客户端获取的随机数），并产生一个随机数 seq=K，并将该数据包发送给客户端以确认连接请求，服务器端进入 SYN_RECV（接收状态）。

第三次握手：客户端收到数据包后，检查 ACK 是否为 J+1，如果正确则将标识位 ACK 置为 1，之后再令 ACK=K+1（K 是从服务器端获取的随机数），并将数据包发送给服务器端，服务器端检查 ACK 是否为 K+1，如果正确则连接建立成功，客户端和服务器端进入 ESTABLISHED（连接建立成功状态）。

完成三次握手，随后客户端和服务器端之间就可以开始传输数据了。

提示：

SYN 攻击：在三次握手过程中，服务器端发送 SYN-ACK 后，收到客户端的 ACK 之前的 TCP 连接称为半连接，此时 Server 处于 SYN_RECV 状态，当收到 ACK 后，服务器端转入 ESTABLISHED 状态。SYN 攻击就是 Client 在短时间内伪造大量不存在的 IP 地址，并向 Server 不断地发送 SYN 包，服务器端回复确认包，并等待客户端的确认，由于源地址不存在，因此服务器端需要不断重发直至超时，这些伪造的 SYN 包将长时间占用未连接队列，导致正常的 SYN 请求因为队列满而被丢弃，从而引起网络阻塞甚至系统瘫痪。SYN 攻击就是一种典型的 DDOS 攻击，检测 SYN 攻击方式也很简单，即当有大量半连接状态且源地址是随机的，则可以断定遭到 SYN 攻击了。

17.1.4 Socket 中 TCP 的四次挥手详解

17.1.3 小节介绍了 Socket 中 TCP 三次握手的建立过程，及其涉及的 Socket 函数。现在介绍 Socket 中的四次挥手释放连接的过程，如图 17-3 所示。

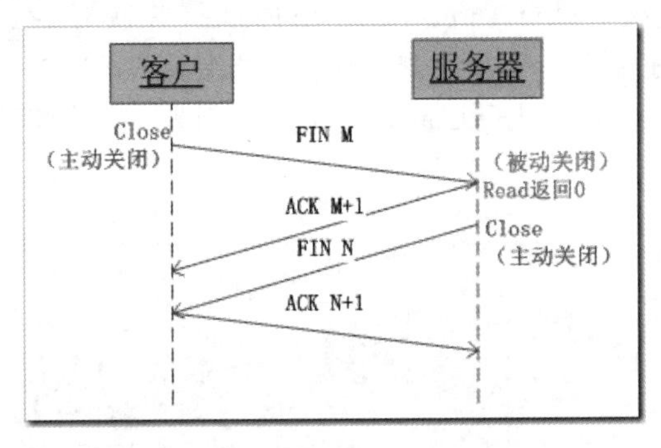

图 17-3　Socket 中 TCP 的四次挥手

图示过程如下：

某个应用进程首先调用 Close 函数主动关闭连接，这时 TCP 发送一个 FIN M。

另一端接收到 FIN M 之后，执行被动关闭，对这个 FIN 进行确认。它的接收也作为文件结束符传递给应用进程，因为 FIN 的接收意味着应用进程在相应的连接上再也接收不到其他数据。

一段时间之后，接收到文件结束符的应用进程调用 Close 函数关闭它的 Socket。这会使它的 TCP 也发送一个 FIN N。

接收到这个 FIN 的源发送端的 TCP 对它进行确认。

这样每个方向上都有一个 FIN 和一个 ACK。

17.2　实现简单的 Socket 聊天工具

下面用 Unity 3D 和 C# 语言做一个简单的聊天室程序。主要用到的技术就是上面学到的 Socket 通信连接，需要一个客户端和一个服务器端，服务器端就使用 C# 语言的控制台完成。

对于不擅长使用 C# 语言控制台的读者，可以使用已经写好的服务器程序，程序文件和 Unity 程序文件都在资源包中。

整体的服务器端和客户端功能的实现流程如图 17-4 所示。

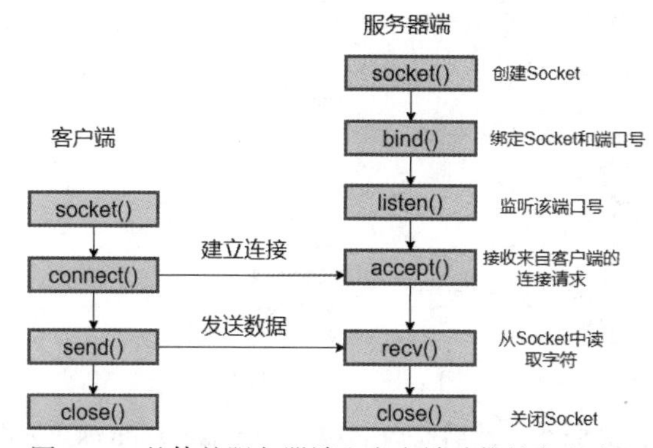

图 17-4　整体的服务器端和客户端功能的实现流程

17.2.1　C# 语言服务器端搭建

下面就开始 C# 语言服务器端的搭建。

（1）新建一个 C# 语言控制台程序，如图 17-5 所示。命名为 Server。

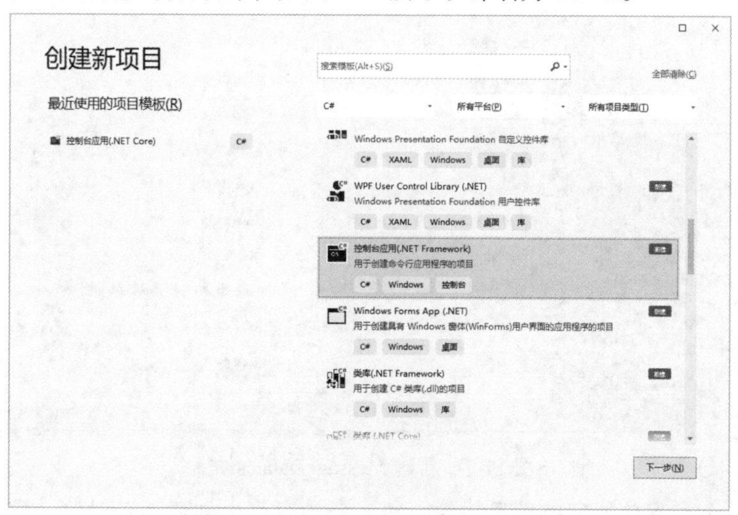

图 17-5　新建 C# 语言控制台程序

（2）右击项目 Server，选择“添加”→“新建项”命令，如图 17-6 所示。

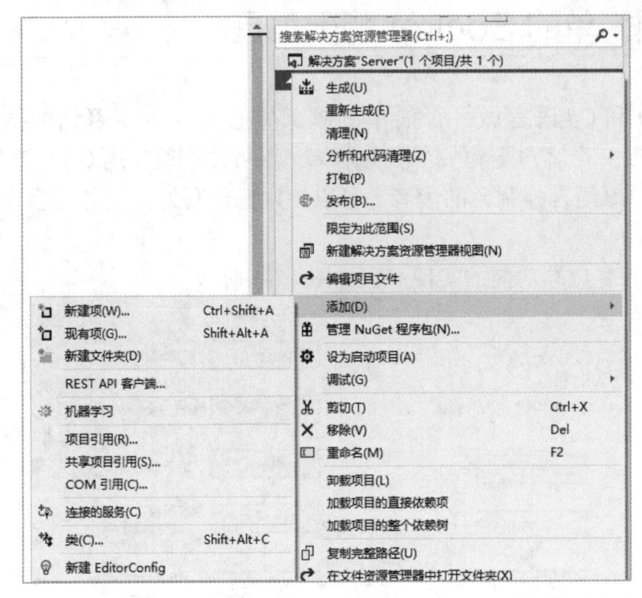

图 17-6　添加新建项

（3）在弹出的窗口中，选择类，然后修改名称为 MessageData.cs，如图 17-7 所示。

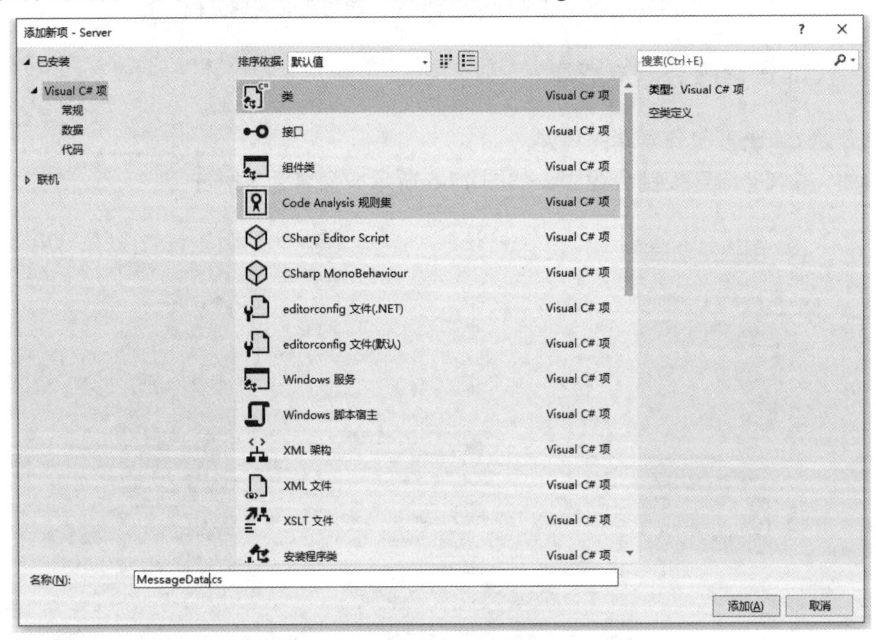

图 17-7　新建 MessageData.cs 类

MessageData.cs 类存放指定的消息协议，每一条消息都由创建消息对象、设置消息类型和消息内容组成，服务器端和客户端都必须配置这个消息协议。

（4）双击打开 MessageData.cs 脚本，修改 MessageData.cs 代码，参考代码 17-1。

代码 17-1　在 MessageData.cs 脚本中设置消息协议

```
namespace Server
{
    /// <summary>
    /// 消息体
    /// </summary>
    public class MessageData
    {
        /// <summary>
        /// 消息类型
        /// </summary>
        public MessageType msgType;
        /// <summary>
        /// 消息内容
        /// </summary>
        public string msg;
    }
    /// <summary>
    /// 简单的协议类型
    /// </summary>
    public enum MessageType
    {
        Chat = 0,                //聊天
        Login = 1,               //登录
        LogOut = 2,              //退出
    }
}
```

（5）再次添加新建项，命名为 ClientController.cs，这个脚本用来控制所有的客户端程序，然后修改 ClientController.cs 脚本，参考代码 17-2。

代码 17-2　修改客户端管理程序 ClientController.cs 脚本

```
using System;
using System.Net.Sockets;
using System.Threading;

namespace Server
{
```

```
    class ClientController
    {
        /// <summary>
        /// </summary>
        private Socket clientSocket;
        //接收的线程
        Thread receiveThread;
        /// <summary>
        /// 昵称
        /// </summary>
        public string nickName;
        public ClientController(Socket socket)
        {
            clientSocket = socket;
            //启动接收的方法
            //创建线程
            receiveThread = new Thread(ReceiveFromClient);
            //启动线程
            receiveThread.Start();
        }

        /// <summary>
        /// 客户端连接监听消息
        /// </summary>
        void ReceiveFromClient()
        {
            while (true)
            {
                byte[] buffer = new byte[512];
                int lenght = clientSocket.Receive(buffer, 0, buffer.Length,
SocketFlags.None);
                string json = System.Text.Encoding.UTF8.GetString(buffer, 0,
lenght);
                json.TrimEnd();
                if (json.Length > 0)
                {
                    Console.WriteLine("服务器接收内容: {0}", json);
                    MessageData data = LitJson.JsonMapper.ToObject<MessageData>
(json);
                    switch (data.msgType)
                    {
                        case MessageType.Login://登录
                            nickName = data.msg;
```

```
                        //通知客户端登录成功
                        MessageData backData = new MessageData();
                        backData.msgType = MessageType.Login;
                        backData.msg = "";
                        SendToClient(backData);
                        //通知所有客户端，×××加入房间
                        MessageData chatData = new MessageData();
                        chatData.msgType = MessageType.Chat;
                        chatData.msg = nickName + "进入了房间";
                        SendMessageDataToAllClientWithOutSelf(chatData);
                        break;
                    case MessageType.Chat://聊天
                        MessageData chatMessageData = new MessageData();
                        chatMessageData.msgType = MessageType.Chat;
                        chatMessageData.msg = nickName + ":" + data.msg;
                        SendMessageDataToAllClientWithOutSelf(chatMessageData);
                        break;
                    case MessageType.LogOut://退出
                        //通知客户端，退出
                        MessageData logOutData = new MessageData();
                        logOutData.msgType = MessageType.LogOut;
                        SendToClient(logOutData);
                        //通知所有客户端，×××退出了房间
                        MessageData logOutChatData = new MessageData();
                        logOutChatData.msgType = MessageType.Chat;
                        logOutChatData.msg = nickName + "退出了房间";
                        SendMessageDataToAllClientWithOutSelf(logOutChatData);
                        break;
                }
            }
        }
    }

    /// <summary>
    /// 向其他客户端广播消息
    /// </summary>
    /// <param name="data"></param>
    void SendMessageDataToAllClientWithOutSelf(MessageData data)
    {
        for (int i = 0; i < Program.clientControllerList.Count; i++)
        {
            if (Program.clientControllerList[i] != this)
            {
```

```
                Program.clientControllerList[i].SendToClient(data);
            }
        }
    }

    /// <summary>
    /// 发消息给客户端
    /// </summary>
    /// <param name="data">需要发送的内容</param>
    void SendToClient(MessageData data)
    {
        //把对象转换为 JSON 字符串
        string msg = LitJson.JsonMapper.ToJson(data);
        //把 JOSN 字符串转换为 Byte 数组
        byte[] msgBytes = System.Text.Encoding.UTF8.GetBytes(msg);
        //发送消息
        int sendLength = clientSocket.Send(msgBytes);
        Console.WriteLine("服务器发送信息成功，发送信息内容：{0}，长度{1}", msg, sendLength);
        Thread.Sleep(50);
    }
  }
}
```

需要注意的是，这个脚本引用了一个 LitJson 程序包解析 JSON 数据，这个需要右击程序，选择“管理 NuGet 程序包”选项，在弹出的窗口中搜索 LitJson，然后安装即可，如图 17-8 所示。

图 17-8　使用 NuGet 导入 LitJson 程序包

（6）双击打开 Program.cs 脚本，这个脚本是 C# 语言控制台程序的主脚本，脚本中的一个 Main 函数是程序的入口函数，可以看到 Main 函数里已经生成了一行代码，运行程序可以看到应用程序中输出 Hello World。下面来修改 Program.cs 脚本，参考代码 17-3。

代码 17-3　修改 Program.cs 脚本，设置服务器端的主要参数

```
using System;
```

```
using System.Collections.Generic;
using System.Net;
using System.Net.Sockets;
namespace Server
{
    class Program
    {
        /// <summary>
        /// 客户端管理列表
        /// </summary>
        public static List<ClientController> clientControllerList = new List<ClientController>();
        static void Main(string[] args)
        {
            // 定义 Socket
            Socket serverSocket = new Socket(AddressFamily.InterNetwork, SocketType.Stream,
ProtocolType.Tcp);
            // 绑定 IP 和端口号
            IPEndPoint ipendPoint = new IPEndPoint(IPAddress.Parse("127.0.0.1"), 8080);
            Console.WriteLine(" 开始绑定端口号 ...");
            // 将 IP 地址和端口号绑定
            serverSocket.Bind(ipendPoint);
            Console.WriteLine(" 绑定端口号成功，开启服务器 ...");
            // 开启服务器
            serverSocket.Listen(100);
            Console.WriteLine(" 启动服务器 {0} 成功 !", serverSocket.LocalEndPoint.ToString());
            while (true)
            {
                Console.WriteLine(" 等待连接 ...");
                Socket clinetSocket = serverSocket.Accept();
                Console.WriteLine(" 客户端 {0} 成功连接 ",clinetSocket.RemoteEndPoint.
ToString());
                ClientController controller = new ClientController(clinetSocket);
                // 添加到列表中
                clientControllerList.Add(controller);
                Console.WriteLine(" 当前有 {0} 个用户 ", clientControllerList.Count);
            }
        }
    }
}
```

（7）在 Visual Studio 中单击 Server 按钮，启动服务器，如图 17-9 所示。

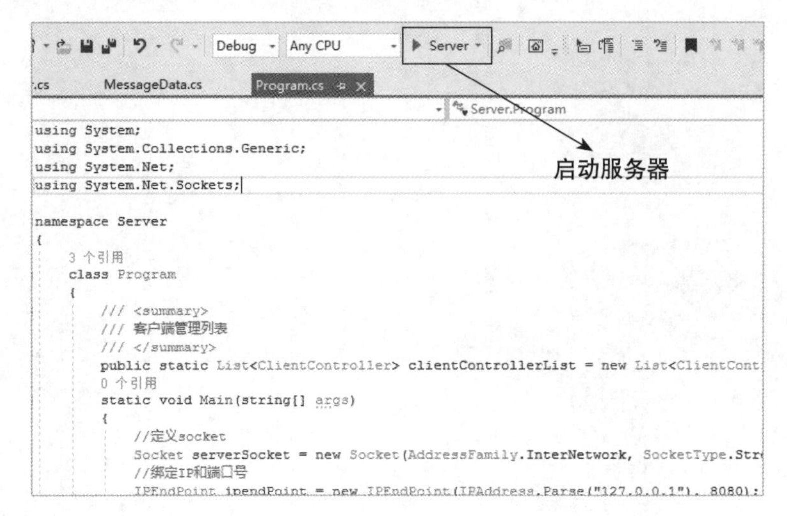

图 17-9　启动服务器

（8）启动正常会弹出一个窗口，如图 17-10 所示。

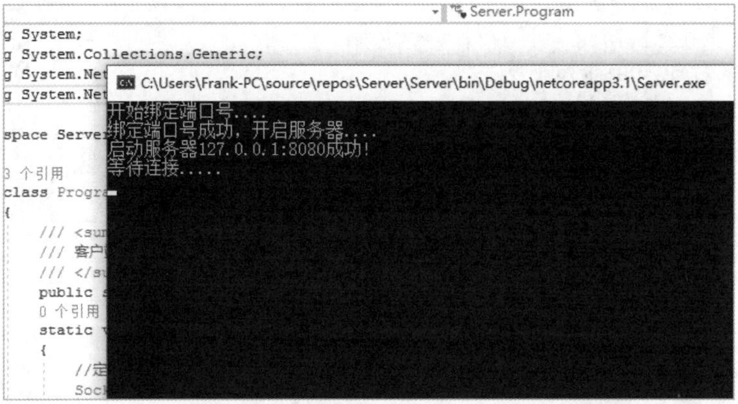

图 17-10　启动服务器成功

17.2.2　Unity 客户端搭建

Unity 客户端搭建主要分为以下 3 个方面。

- 搭建 UI 界面。
- 制定消息协议。
- 编写客户端。

首先搭建 UI 界面。UI 界面分为 3 部分，分别是初始界面、登录界面和聊天界面，下面来分别搭建这 3 部分。首先搭建初始界面。

（1）在 Hierarchy 视图中，选择 Create → UI → Panel 命令，设置 Left 为 320，Top 为 180，

Right 为 960，Bottom 为 180，命名为 LeftChat，整体界面如图 17-11 所示。

（2）选中 LeftChat 对象，然后根据第（1）步再次新建 3 个 Panel，分别命名为 LoadingPanel、LoginPanel 和 ChatPanel，如图 17-12 所示。

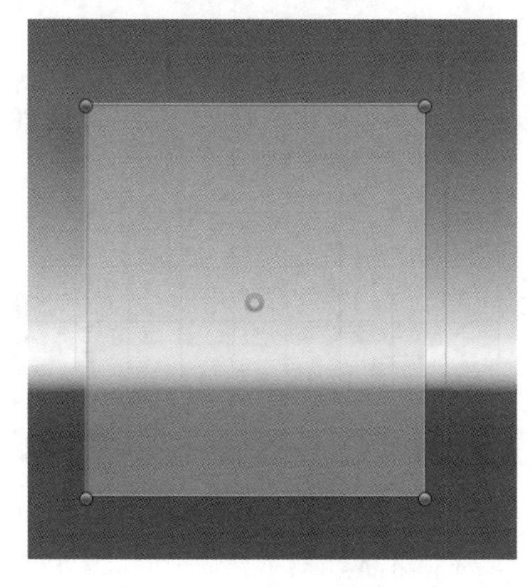

图 17-11 LeftChat 界面

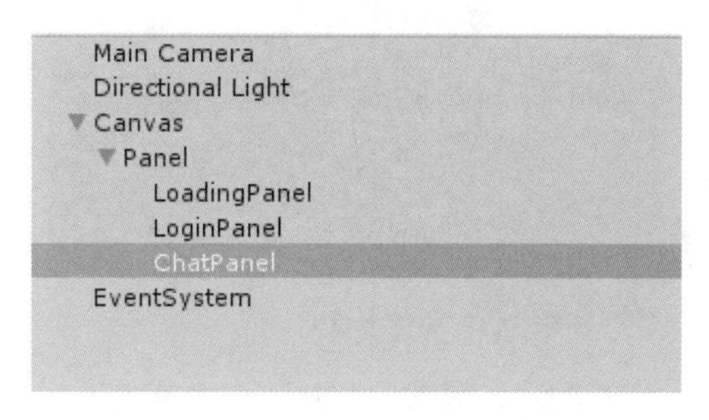

图 17-12 新建 3 个 Panel

（3）选中 LoadingPanel 对象，然后新建一个 Text，将文本内容改为“Loading...”，如图 17-13 所示。

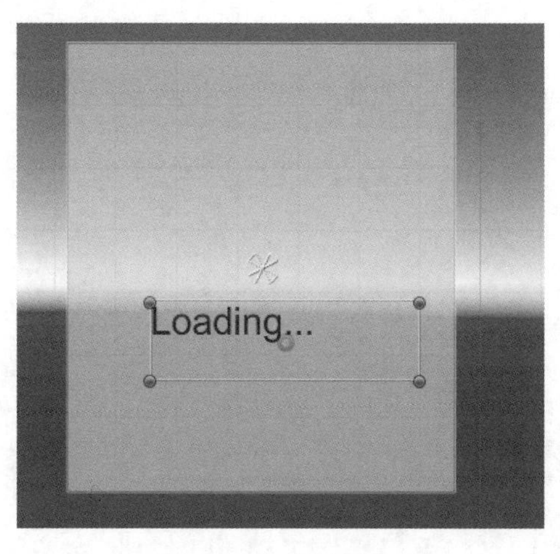

图 17-13 新建 Text

（4）选中 LoginPanel 对象，然后新建一个 Text，新建一个 InputField 组件用来接收用户输入的用户名，新建一个 Button 组件用来登录，整体界面如图 17-14 所示。

（5）选中 ChatPanel 对象，将 ChatPanel 对象 Image 组件的图片改为资源面板 Texture 中的 Background.png。然后新建两个 Button 组件，分别命名为 SendButton 和 OutRoomButton，这两个 Button 组件分别用来退出房间和发送消息，然后新建一个 Text 用来显示消息，新建一个 InputField 组件用来接收用户要发送的消息，整体界面布局如图 17-15 所示。

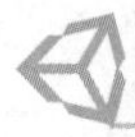

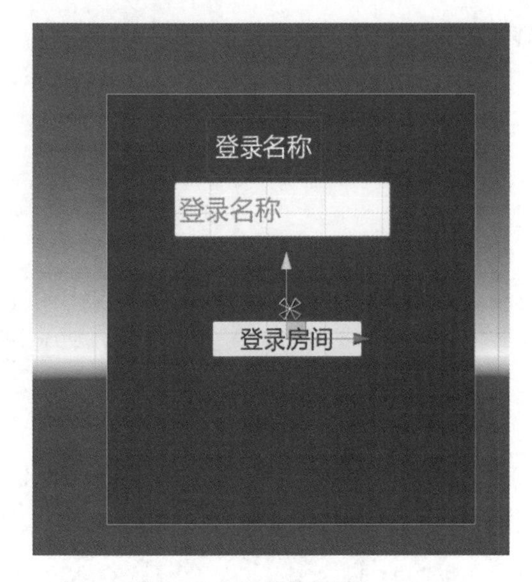

图 17-14　UI 整体界面

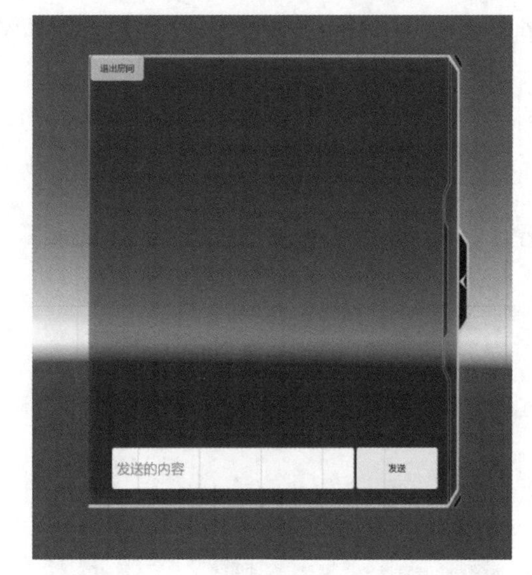

图 17-15　聊天输入框的整体界面

（6）在 Project 视图中，新建一个 Plugins 文件夹，将 LitJson.dll 拖入文件夹内，这个文件可以在资源包中找到。然后新建一个 Scripts 文件夹，右击选择 Create → C# Script 命令，新建一个脚本，命名为 MessageData.cs，用来设置消息协议。双击打开 MessageData.cs 脚本修改代码，参考代码 17-4。

代码 17–4　修改 MessageData.cs 脚本

```
/// <summary>
/// 简单的协议类型
/// </summary>
public enum MessageType
{
    Chat = 0,           //聊天
    Login = 1,          //登录
    LogOut = 2,         //退出
}
/// <summary>
/// 消息体
/// </summary>
public class MessageData
{
    /// <summary>
    /// 消息类型
    /// </summary>
```

```
    public MessageType msgType;
    /// <summary>
    /// 消息内容
    /// </summary>
    public string msg;
}
```

（7）按照第（6）步再次新建一个脚本，命名为 ClientSocket.cs，这个脚本用来管理客户端代码，如客户端连接服务器、接收服务器消息、给服务器发送消息等。双击打开脚本，修改脚本代码，参考代码 17-5。

代码 17-5　修改客户端连接程序

```
using UnityEngine;
using System.Net;
using System.Net.Sockets;
using System;
using LitJson;
/// <summary>
/// 声明一个委托对象
/// </summary>
/// <param name="data">接收到的数据</param>
public delegate void ReceiveMessageData(byte[] buffer, int offset, int size);
/// <summary>
/// 当连接改变
/// </summary>
public delegate void OnConnectChange();
public class ClientSocket : MonoBehaviour
{
    /// <summary>
    /// 客户端 Socket
    /// </summary>
    Socket clientSocket;
    /// <summary>
    /// 数据缓冲池
    /// </summary>
    private byte[] buffer = new byte[10000];
    /// <summary>
    /// 委托变量
    /// </summary>
    public ReceiveMessageData receiveMessageData;
```

```
    /// <summary>
    /// 连接成功
    /// </summary>
    public OnConnectChange onConnectSuccess;
    void Start()
    {
        // 创建 Socket 对象
          clientSocket = new Socket(AddressFamily.InterNetwork, SocketType.Stream,
ProtocolType.Tcp);
        IPEndPoint ipendPoint = new IPEndPoint(IPAddress.Parse("127.0.0.1"), 8080);
        Debug.Log(" 连接服务器 ...");
        // 请求连接
        clientSocket.BeginConnect(ipendPoint, ConnectCallback, "");
    }
    /// <summary>
    /// 连接回调，连接成功时调用
    /// </summary>
    /// <param name="ar"></param>
    public void ConnectCallback(IAsyncResult ar)
    {
        if (clientSocket.Connected == true)
        {
            // 调用连接成功的回调
            onConnectSuccess();
            // 连接成功
            Debug.Log(" 连接成功 ...");
            // 开启接收消息
            ReceiveMessageFromServer();
        }
        else
        {
            // 连接失败
            Debug.Log(" 连接失败 ...");
        }
    }
    /// <summary>
    /// 从服务器开始接收信息
    /// </summary>
    public void ReceiveMessageFromServer()
    {
        Debug.Log(" 开始接收数据 ...");
```

```
        clientSocket.BeginReceive(buffer, 0, buffer.Length, SocketFlags.None,
ReceiveMessageCallback, "");
    }
    /// <summary>
    /// 接收回调，服务器发送消息时调用
    /// </summary>
    /// <param name="ar"></param>
    public void ReceiveMessageCallback(IAsyncResult ar)
    {
        Debug.Log("接收结束...");
        //结束接收
        int length = clientSocket.EndReceive(ar);
        Debug.Log("接收的长度是：" + length);
        string msg = ByteArrayToString(buffer, 0, length);
        Debug.Log("服务器发过来的消息是：" + msg);
        if (receiveMessageData != null)
        {
            receiveMessageData(buffer, 0, length);
        }
        //开启下一次消息的接收
        ReceiveMessageFromServer();
    }

    /// <summary>
    /// 发送状态消息给服务器
    /// </summary>
    /// <param name="msg"></param>
    public void PutMessageToQueue(MessageData data)
    {
        //将对象序列化发过去
        byte[] msgBytes = StringToByteArray(JsonMapper.ToJson(data));
        SendBytesMessageToServer(msgBytes, 0, msgBytes.Length);
        Debug.Log("开始发送的字节为：" + msgBytes);
    }
    /// <summary>
    /// 发送聊天消息给服务器
    /// </summary>
    /// <param name="msg"></param>
    public void PutMessageToQueue(string msg)
    {
        MessageData msgdata = new MessageData();
```

```
        msgdata.msgType = MessageType.Chat;
        msgdata.msg = msg;
        //将对象序列化发过去
        byte[] msgBytes = StringToByteArray(JsonMapper.ToJson(msgdata));
        SendBytesMessageToServer(msgBytes, 0, msgBytes.Length);
    }
    /// <summary>
    /// 给服务器发送消息
    /// </summary>
    /// <param name="sendMsgContent">消息内容</param>
    /// <param name="offset">从第几个开始发送</param>
    /// <param name="size">发送的长度</param>
     public void SendBytesMessageToServer(byte[] sendMsgContent, int offset, int
size)
    {
        Debug.Log("发送成功...");
           clientSocket.BeginSend(sendMsgContent, offset, size, SocketFlags.None,
SendMessageCallback, "");
    }
    /// <summary>
    /// 发送消息回调，发送完消息时调用
    /// </summary>
    /// <param name="ar"></param>
    public void SendMessageCallback(IAsyncResult ar)
    {
        Debug.Log("发送结束...");
        //停止发送
        int length = clientSocket.EndSend(ar);
    }
    /// <summary>
    /// Byte数组转换为字符串
    /// </summary>
    /// <param name="byteArray"></param>
    /// <returns></returns>
    public static string ByteArrayToString(byte[] byteArray, int index, int size)
    {
        return System.Text.Encoding.UTF8.GetString(byteArray, index, size);
    }
    /// <summary>
    /// 将一个字符串转换为一个字节数组
    /// </summary>
```

```
    /// <param name="msg"></param>
    /// <returns></returns>
    public static byte[] StringToByteArray(string msg)
    {
        return System.Text.Encoding.UTF8.GetBytes(msg);
    }
}
```

（8）按照第（7）步再次新建一个脚本，命名为 ChatUIController.cs，这个脚本主要用来管理 UI 控件，如 UI 交互事件等。双击打开脚本，然后修改脚本代码，参考代码 17-6。

代码 17-6　聊天 UI 管理脚本

```
using UnityEngine;
using UnityEngine.UI;
public class ChatUIController : MonoBehaviour
{
    // 昵称
    public InputField nickNameInputField;
    // 显示消息的文本
    public Text text;
    // 要发送的内容
    public InputField sendMsgInputField;
    // Socket 对象，代表客户端
    private ClientSocket clientSocket;
    // 接收的消息
    private string receiveMsg;
    // 界面 0==loading，1== 登录，2== 聊天
    public GameObject[] panels;
    // 登录状态 0==loading，1== 登录，2== 聊天
    private int LoadingState;
    void Start()
    {
        clientSocket = this.GetComponent<ClientSocket>();
        // 与具体方法关联
        clientSocket.onConnectSuccess += OnSocketConnectSuccess;
        clientSocket.receiveMessageData += ReceiveMsgData;
    }
    void Update()
    {
        text.text = receiveMsg;
        panels[0].SetActive(LoadingState==0);
```

```
        panels[1].SetActive(LoadingState==1);
        panels[2].SetActive(LoadingState==2);
    }
    /// <summary>
    /// 发送按钮
    /// </summary>
    public void SendBtnClick()
    {
        if (sendMsgInputField != null && sendMsgInputField.text != "")
        {
            //发送
            clientSocket.PutMessageToQueue(sendMsgInputField.text);
            receiveMsg += "我: " + sendMsgInputField.text + "\n";
            //清理输入框内容
            sendMsgInputField.text = "";
        }
    }
    /// <summary>
    /// 加入房间按钮
    /// </summary>
    public void JoinInBtnClick()
    {
        if (nickNameInputField != null && nickNameInputField.text != "")
        {
            //创建数据对象
            MessageData data = new MessageData();
            data.msgType = MessageType.Login;
            data.msg = nickNameInputField.text;
            //发送数据对象
            clientSocket.PutMessageToQueue(data);
        }
        else
        {
            //提示
            Debug.Log("昵称不能为空！");
        }
    }
    /// <summary>
    /// 退出房间按钮
    /// </summary>
    public void LogOutBtnClick()
    {
        //消息数据
```

```
        MessageData data = new MessageData();
        data.msgType = MessageType.LogOut;
        //把消息传入
        clientSocket.PutMessageToQueue(data);
    }
    /// <summary>
    /// 连接服务器成功回调
    /// </summary>
    public void OnSocketConnectSuccess()
    {
        //进入登录界面
        LoadingState = 1;
    }
    /// <summary>
    /// 接收消息的方法
    /// </summary>
    /// <param name="byteArray"></param>
    /// <param name="offset"></param>
    /// <param name="length"></param>
    public void ReceiveMsgData(byte[] byteArray, int offset, int length)
    {
        string msg = ClientSocket.ByteArrayToString(byteArray, offset, length);
        Debug.Log("收到信息：" + msg);
        //对信息进行处理
        MessageData data = LitJson.JsonMapper.ToObject<MessageData>(msg);
        switch (data.msgType)
        {
            case MessageType.Login://如果是登录，代表界面可以切换了
                receiveMsg = "";
                LoadingState = 2;
                break;
            case MessageType.Chat://如果是聊天，代表进行聊天的显示
                receiveMsg += data.msg + "\n";
                break;
            case MessageType.LogOut://退出消息
                receiveMsg = "";
                LoadingState = 1;
                break;
        }
    }
}
```

（9）回到 Unity 3D 编辑器，选择 Hierarchy 视图中的 LeftChat 对象，添加 ChatUIController.cs 组件和 ClientSocket.cs 组件，然后将 UI 组件拖入对应的卡槽中，如图 17-16 所示。

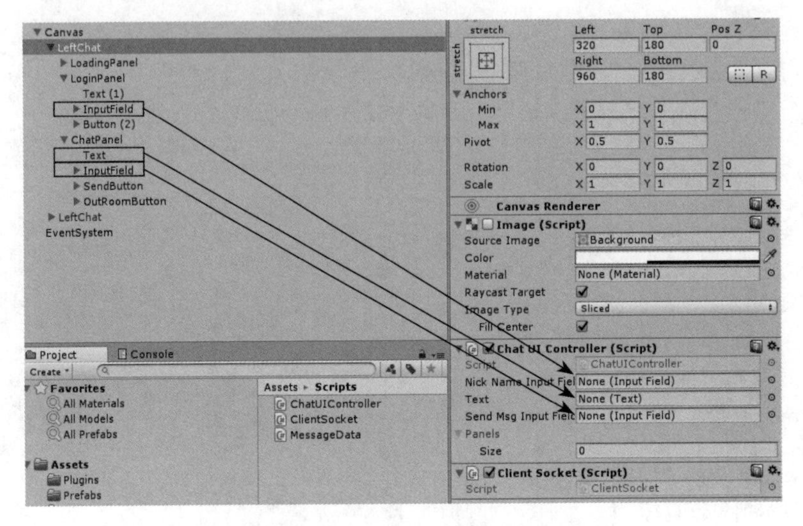

图 17-16　将对象拖入对应的卡槽中

（10）将 3 个面板拖入面板数组卡槽中，如图 17-17 所示。

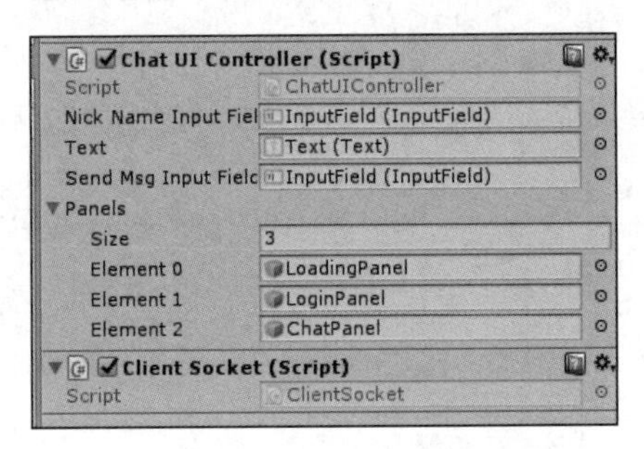

图 17-17　将对象拖入面板数组卡槽中

（11）选择“登录房间”按钮，添加单击事件。将 LeftChat 对象拖入卡槽中，然后选择 ChatUIController.JoInBtnClick 函数，如图 17-18 所示。

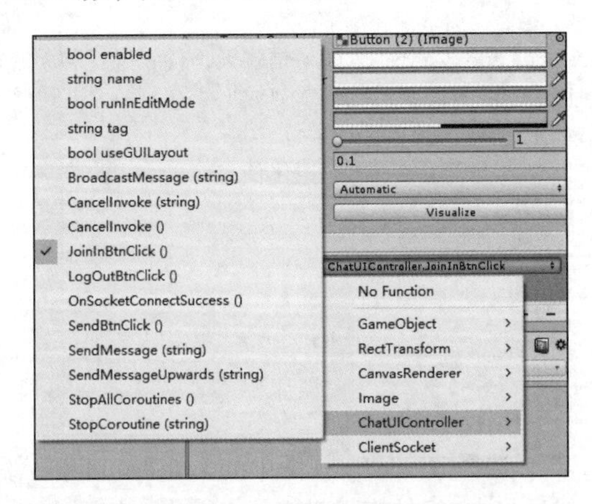

图 17-18　为 Button 绑定单击事件

（12）按照第（11）步在 Hierarchy 视图中，选择“退出房间”按钮，绑定 LogOutBtnClick 函数，选择“发送消息”按钮绑定 SendBtnClick 函数，如图 17-19 所示。

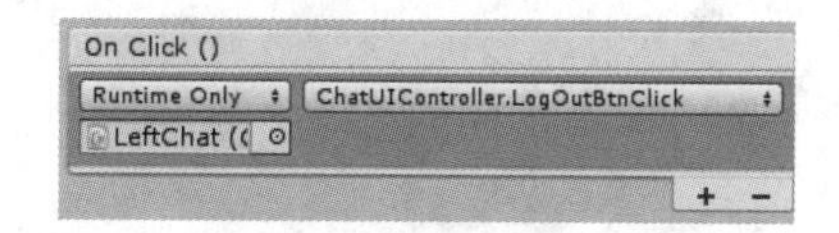

图 17-19 Button 按钮绑定完单击事件

（13）在 Hierarchy 视图中选中 LeftChat 对象，然后复制一份，命名为 RightChat，设置 Left 为 1150，Top 为 180，Right 为 130，Bottom 为 180，如图 17-20 所示。

图 17-20 复制一个聊天的客户端

（14）整体 UI 已经制作完成，代码也完成绑定，客户端搭建完成，下面进行整体连接测试。

17.2.3 整体运行

启动服务器，如图 17-21 所示。

```
using System;
using System.Collections.Generic;
using System.Net;
using System.Net.Sockets;

namespace Server
{
    3 个引用
    class Program
    {
        /// <summary>
        /// 客户端管理列表
        /// </summary>
        public static List<ClientController> clientControllerList = new List<ClientCont
        0 个引用
        static void Main(string[] args)
        {
            //定义socket
            Socket serverSocket = new Socket(AddressFamily.InterNetwork, SocketType.Str
            //绑定IP和端口号
            IPEndPoint ipendPoint = new IPEndPoint(IPAddress.Parse("127.0.0.1"), 8080);
```

图 17-21 启动服务器

服务器运行成功的界面如图 17-22 所示。

图 17-22　服务器运行成功的界面

运行 Unity 3D 程序，如图 17-23 所示。

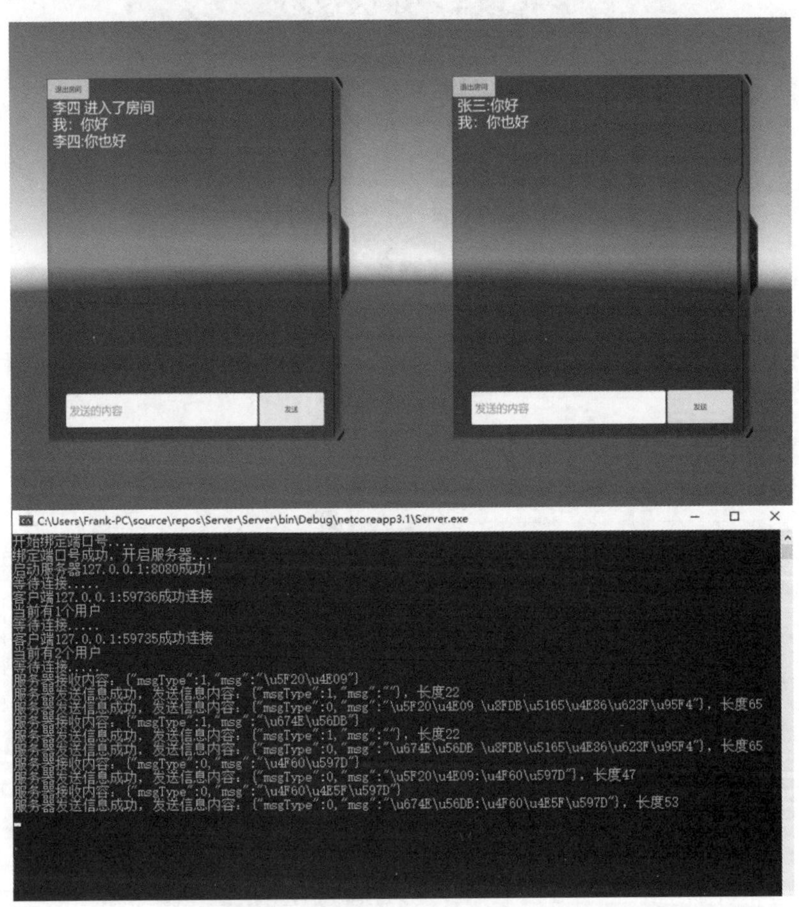

图 17-23　在 Unity 聊天程序和服务器之间进行数据传递

17.3 本章小结

本章详细介绍了 Socket 及 Socket 的通信原理。

Socket 是应用层与 TCP/IP 协议族通信中间的软件抽象层，它是一组接口。换句话说，也就是复杂的 TCP/IP 协议族隐藏在 Socket 接口后面，由 Socket 组织数据，以符合指定的协议。

Socket 编程，就是对在网络中不同主机上的应用进程进行双向通信的端点的抽象。

Socket 通信经历了三次握手和四次挥手，三次握手是客户端对服务器端的 3 次请求，四次挥手是服务器端对客户端的连接 4 次释放的过程。为什么要三次握手、四次挥手？主要是为了防止出现数据的丢失和客户端的连接问题。客户端首先向服务器端发送连接请求，服务器端响应后发送消息，之后客户端再向服务器端发送一条确认收到的消息，这样才能保证客户端向服务器端发送的消息不会丢失。

之后的测试案例，使用了 C# 语言的控制台程序制作了一个服务器程序，然后使用 Unity 3D 作为客户端程序，做了一个简单的聊天室程序。

这里的测试案例其实很简单，协议没有进行优化，只是单纯地发送字符串数据而已。针对复杂的数据，需要创建完整的打包和解包协议数据的机制，必要时还需要对数据进行加密操作。

第 18 章　Unity 3D AssetBundle

Unity 3D 的 AssetBundle（简称 AB 包）是一个资源压缩包，包含模型、贴图、预制体、声音，甚至整个场景，可以在游戏运行时被加载。AssetBundle 自身保存着互相的依赖关系，压缩包可以使用 LZMA 和 LZ4 压缩算法，减少包大小，更快地进行网络传输，把一些可以下载的内容放在 AssetBundle 里面，可以减少安装包的大小。

AssetBundle 是一个存在于硬盘上的文件，压缩包中包含了多个文件，如各种图片、声音等，方便快速加载，可以在 Editor 上读取，方便查看，可以通过代码从一个特定的压缩包中加载出来对象，这个对象包含了所有添加到这个压缩包里面的内容，可以通过这个对象加载出来使用。

18.1　AssetBundle 工作流程

AssetBunlde 主要用于优化安装包的大小，如比较耗费资源的模型、场景、预制体以及图片都可以放到 AssetBunlde 包中，在运行时动态下载后加载，安装包就不会那么大。

学习 AssetBunlde 首先需要了解 AssetBunlde 的工作流程，AssetBunlde 的工作流程主要就是生成包，然后上传包，最后下载、解析包资源。

下面就具体看一下 AssetBunlde 的工作流程。

18.1.1　工作流程简介

（1）指定资源的 AssetBundle 属性。

首先需要设置要生成 AssetBundle 包的资源名称和后缀名,这个名称跟后缀名没有特定的规则。

单击要生成 AssetBundle 包的资源，然后在 Inspector 视图的最下面，就可以看到设置名称和后缀名的地方，如图 18-1 所示。

图 18-1　设置 AssetBundle 的属性

（2）构建 AssetBundle 包。

构建 AssetBunlde 包，需要根据依赖关系进行打包，将需要同时加载的资源放在一个包里，

各个包会保存相互依赖的信息，如图 18-2 所示。

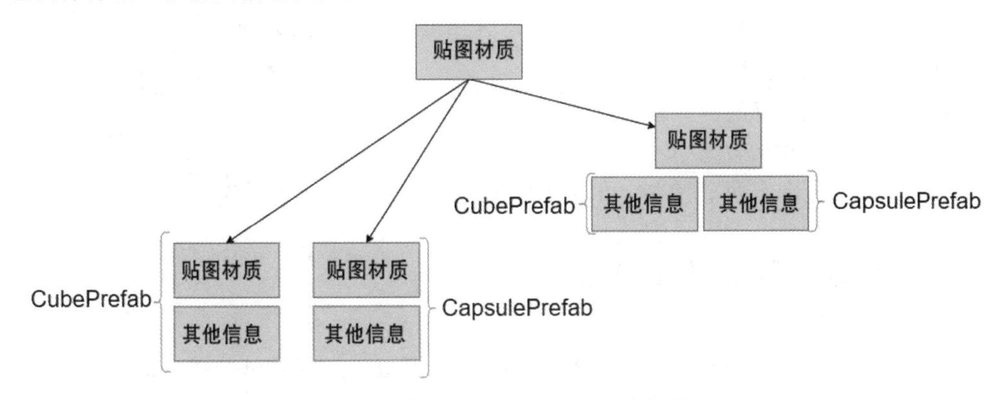

图 18-2 构建 AssetBundle 包的对应依赖关系

（3）上传 AssetBundle 包。

上传 AssetBunlde 包需要有一台服务器收发 AssetBunlde 包，下面的实例中会演示如何使用本地 IIS 服务器进行上传和下载 AssetBunlde 包。

（4）加载 AssetBundle 包和包里面的资源。

下载 AssetBunlde 包后，就要去读取并加载 AssetBunlde 包中的资源。

18.1.2 打包分组策略

生成 AssetBunlde 包时不能将所有的资源都生成到一个包中，因为这样会导致 AssetBunlde 包的体积过大，造成下载、加载过慢，会影响用户体验；也不能为每个资源都生成一个包，这样会耗费大量的加载时间，也会影响用户体验。

下面就来介绍一下常用的打包分组策略。

1. 按照逻辑实体分组

（1）一个 UI 界面或所有 UI 界面为一个包（这个界面里面的贴图和布局信息为一个包）。

（2）一个角色或所有角色为一个包（这个角色里面的模型和动画为一个包）。

（3）所有场景共享的部分为一个包（包括贴图和模型）。

2. 按照类型分组

（1）所有声音资源为一个包。

（2）所有 shader 为一个包。

（3）所有模型为一个包。

（4）所有材质为一个包。

3. 按照使用分组

（1）把在某一时间内使用的所有资源打包成一个包。

（2）按照关卡分，一个关卡需要的所有资源，包括角色、贴图、声音等为一个包。

（3）按照场景分，一个场景需要的资源为一个包。

4. 打包注意事项

（1）把经常更新的资源放在一个单独的包中，与不经常更新的包分离。

（2）把需要同时加载的资源放在一个包中。

（3）可以把其他包共享的资源放在一个单独的包中。

（4）把一些需要同时加载的小资源打包成一个包。

（5）如果同一个资源有两个版本，可以考虑通过后缀区分，如 v1、v2。

18.2 AssetBundle 操作

AssetBundle 最重要的操作就是 AssetBundle 打包、下载、加载及 AssetBundle 卸载，下面就来了解一下 AssetBunlde 的常用操作。

18.2.1 AssetBundle 打包

AssetBunlde 打包，主要用到下面两个 API。

```
BuildAssetBundles(string outputPath, AssetBundleBuild[] builds,
BuildAssetBundleOptions assetBundleOptions, BuildTarget targetPlatform);
BuildAssetBundles(string outputPath, BuildAssetBundleOptions assetBundleOptions,
BuildTarget targetPlatform);
```

在上述重载形式中，其参数及参数类型的含义如下。

- outputPath：资源包 Bundle 后存储的目录，如 Assets/AssetBundles，这个文件夹不会自动创建，如果文件夹不存在，函数就会执行失败。
- builds：资源包构建数组，指定一个资源包的名称和它包含的资源的名称。
  - assetBundleName：指定一个资源包的名称。
  - assetBundleVariant：指定一个资源包的拓展名，如 .unity。
  - assetNames：指定资源包中包含的资源的所有名字。
  - addressableNames：指定资源包中包含的资源的所有路径地址。
- assetBundleOptions：指定一个资源包的打包方式。
  - None：没有任何特殊选项，正常打包方式。
  - UncompressedAssetBundle：在构建 Bundle 时不要压缩数据。
  - CollectDependencies：包含所有的依赖项。
- targetPlatform：资源包 Bundle 是选择的平台选项。
  - iPhone：iOS 平台。
  - StandaloneWindows：Windows 平台。
  - Android：安卓平台。

可以看到这两个 API 的不同之处：一个有 AssetBunldeBuild 变量，一个没有这个变量。没有

这个变量就默认设置了将 AssetBunlde 属性的资源全部打包，否则就是按照设置的格式以及资源进行打包。

简单来说，就是一个 API 是选定资源打包，另一个 API 是全部资源打包，下面就来看一下区别。

1. 选定资源打包

（1）新建一个 PackBundles.cs 脚本，放入 Editor 文件夹中，如图 18-3 所示。

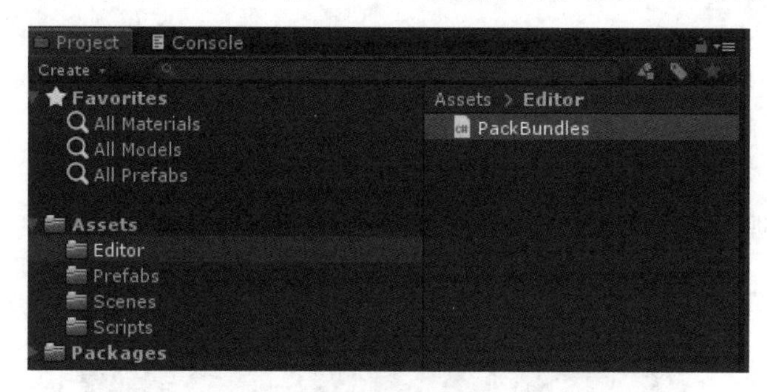

图 18-3　新建 PackBundles.cs 脚本

（2）编辑 PackBundles.cs 脚本，参考代码 18-1。

代码 18-1　PackBundles.cs 脚本

```
using System.Collections.Generic;
using System.IO;
using UnityEditor;

public class PackBundles : Editor
{
    //选定资源打包
    [MenuItem("PackBundles/PackBundles")]
    static void PutBundleAssetes()
    {
        //初始化一个 AssetBundleBuild 表
        List<AssetBundleBuild> buildMap = new List<AssetBundleBuild>();
        AssetBundleBuild build = new AssetBundleBuild();
        //设置 AssetBundleBuild 表的名字和资源路径
        build.assetBundleName = "tempImg.unity3d";
        build.assetNames = new[] { "Assets/Textures/tempImg.jpg" };
        //添加表
        buildMap.Add(build);

        //将这些资源包放在一个名为 ABs 的目录下
        string assetBundleDirectory = "Assets/ABs";
```

```
        //如果目录不存在，就创建一个目录
        if (!Directory.Exists(assetBundleDirectory))
        {
            Directory.CreateDirectory(assetBundleDirectory);
        }
        //资源打包
          BuildPipeline.BuildAssetBundles(assetBundleDirectory, buildMap.ToArray(),
BuildAssetBundleOptions.None, BuildTarget.StandaloneWindows);
    }
}
```

（3）在 Project 视图中新建一个 Textures 文件夹，放入 tempImg.jpg 文件，如图 18-4 所示。

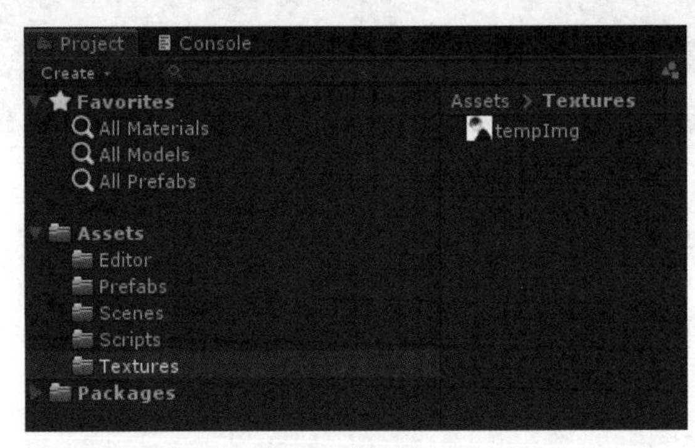

图 18-4　将 tempImg.jpg 文件放入 Textures 文件夹内

（4）当 PackBundles.cs 脚本编译通过后，会在菜单栏中创建一个 PackBundles 菜单，该菜单下会有 PackBundles 选项。单击菜单栏中的 PackBundles → PackBundles 后，可以看到 Project 视图的 ABs 文件夹中生成的 AssetBundle 文件，如图 18-5 所示。

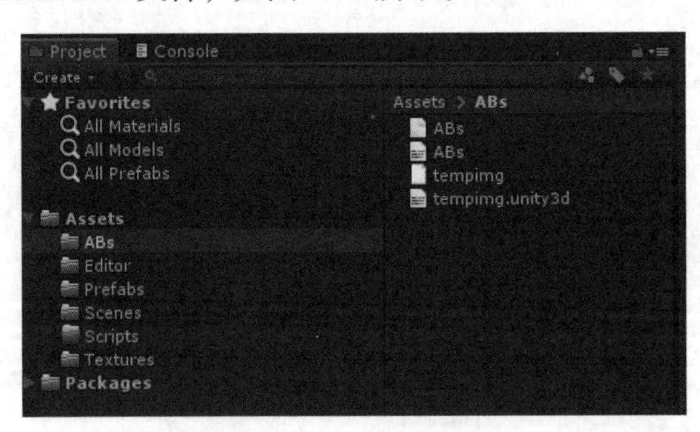

图 18-5　打包后生成的文件

至此，选定资源打包完成。

下面就来看一下全部资源打包怎么操作。

2. 全部资源打包

（1）进行全部资源打包前需要先设置每个需要打包的资源的属性，如图 18-6 所示。

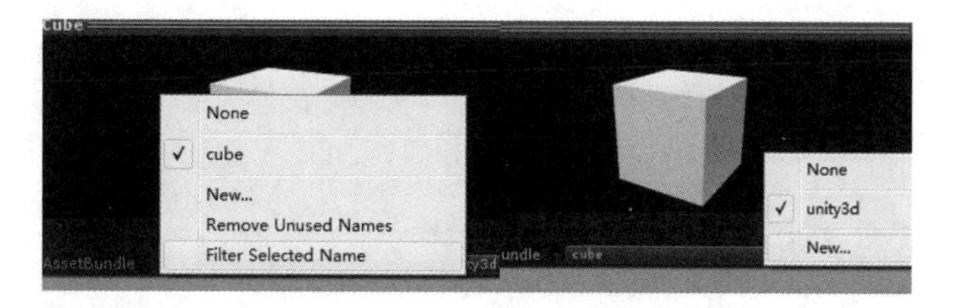

图 18-6　设置 AssetBundle 包的属性

（2）双击 PackBundles.cs 脚本，该脚本用于实现添加选定资源打包和全部资源打包功能，修改代码，参考代码 18-2。

代码 18–2　修改 PackBundles.cs 脚本

```
using System.Collections.Generic;
using System.IO;
using UnityEditor;
public class PackBundles : Editor
{
    //选定资源打包
    [MenuItem("PackBundles/PackBundles")]
    static void PutBundleAssetes()
    {
        //初始化一个 AssetBundleBuild 表
        List<AssetBundleBuild> buildMap = new List<AssetBundleBuild>();
        AssetBundleBuild build = new AssetBundleBuild();
        //设置 AssetBundleBuild 表的名字和资源路径
        build.assetBundleName = "tempImg.unity3d";
        build.assetNames = new[] { "Assets/Textures/tempImg.jpg" };
        //添加表
        buildMap.Add(build);

        //将这些资源包放在一个名为 ABs 的目录下
        string assetBundleDirectory = "Assets/ABs";
        //如果目录不存在，就创建一个目录
        if (!Directory.Exists(assetBundleDirectory))
        {
            Directory.CreateDirectory(assetBundleDirectory);
        }
        //资源打包
          BuildPipeline.BuildAssetBundles(assetBundleDirectory, buildMap.ToArray(),
BuildAssetBundleOptions.None, BuildTarget.StandaloneWindows);
    }
```

```
    //全部打包
    [MenuItem("PackBundles/AllPackBundles")]
    static void PutBundleAssetesAll()
    {
        //将这些资源包放在一个名为 ABs 的目录下
        string assetBundleDirectory = "Assets/ABs";
        //如果目录不存在，就创建一个目录
        if (!Directory.Exists(assetBundleDirectory))
        {
            Directory.CreateDirectory(assetBundleDirectory);
        }
        BuildPipeline.BuildAssetBundles(assetBundleDirectory, BuildAssetBundleOptions.None,
BuildTarget.StandaloneWindows64);
    }
}
```

（3）在菜单栏中选择 PackBundles → AllPackBundles 命令，可以在 Project 视图中看到 ABs 文件夹中生成的 AssetBundle 文件，如图 18-7 所示。可以看到打包出来的文件有一个特点，就是每个 AssetBundle 资源包都会有一个后缀名为 .manifest 的文件，如图 18-8 所示。

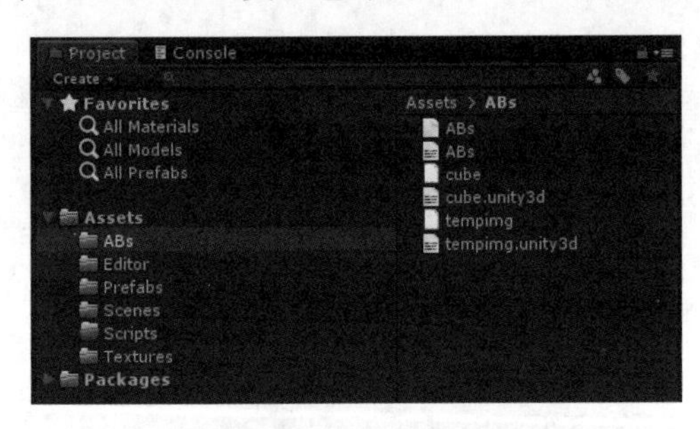

图 18-7 生成的 AssetBundle 资源文件

ABs	2021/1/19 14:57	文件	1 KB
ABs.manifest	2021/1/19 14:57	MANIFEST 文件	1 KB
ABs.manifest.meta	2021/1/19 14:49	META 文件	1 KB
ABs.meta	2021/1/19 14:49	META 文件	1 KB
cube.unity3d	2021/1/19 14:57	UNITY3D 文件	27 KB
cube.unity3d.manifest	2021/1/19 14:57	MANIFEST 文件	1 KB
cube.unity3d.manifest.meta	2021/1/19 14:57	META 文件	1 KB
cube.unity3d.meta	2021/1/19 14:57	META 文件	1 KB
tempimg.unity3d	2021/1/19 14:49	UNITY3D 文件	58 KB
tempimg.unity3d.manifest	2021/1/19 14:49	MANIFEST 文件	1 KB
tempimg.unity3d.manifest.meta	2021/1/19 14:49	META 文件	1 KB
tempimg.unity3d.meta	2021/1/19 14:49	META 文件	1 KB

图 18-8 打包出来的 AssetBundle 文件

至此，全部资源打包完成。

那么这个文件有什么用呢？下面就详细介绍一下 Manifest 文件。

18.2.2 Manifest 文件

Manifest 文件其实是 AssetBundle 资源文件的依赖关系以及对包的信息的记录文件，根据这个文件可以获取某个包的依赖关系，或者判断所获取包的大小、校验码是否是正常的。

将这个文件使用文本编辑器打开后，可以看到文件的内容如图 18-9 所示。

- CRC：为校验码，通过其检查包是否完整。
- Assets：表示包里包含多少资源。
- Dependencies：表示包有哪些依赖。

```
tempimg.unity3d.manifest
1  ManifestFileVersion: 0
2  CRC: 3114590156
3  Hashes:
4    AssetFileHash:
5      serializedVersion: 2
6      Hash: 7da9d9185ccd57b1e17ac12e0e98502f
7    TypeTreeHash:
8      serializedVersion: 2
9      Hash: f19fbf085e00d23fbc8d6cf7b345590b
10 HashAppended: 0
11 ClassTypes:
12 - Class: 28
13   Script: {instanceID: 0}
14 Assets:
15 - Assets/Textures/tempImg.jpg
16 Dependencies: []
```

图 18-9　Manifest 文件内容

注意：

在加载这些包前，也需要加载依赖的包，不然会丢失这部分内容，显示不正确。CRC、MD5、SHA1 都是通过对数据进行计算生成一个校验值，该校验值用来校验数据的完整性。

CRC 一般应用于对通信数据的校验，MD5 和 SHA1 应用于安全领域，如文件校验、密码加密等。

18.2.3　AssetBundle 文件上传

接下来使用 IIS（互联网信息服务）搭建本地服务器。

（1）打开计算机的控制面板，选择“卸载程序”→“启用或关闭 Windows 功能”→勾选“Internet Information Services 可承载的 Web 核心”复选框，然后单击“确定”按钮等待安装即可，如图 18-10 所示。

图 18-10　在 Windows 端启动 IIS 服务

（2）打开 IIS，新建网站，设置网站名称、端口号及物理路径，将物理路径设置为存放 AssetBundle 资源文件的路径，如图 18-11 所示。

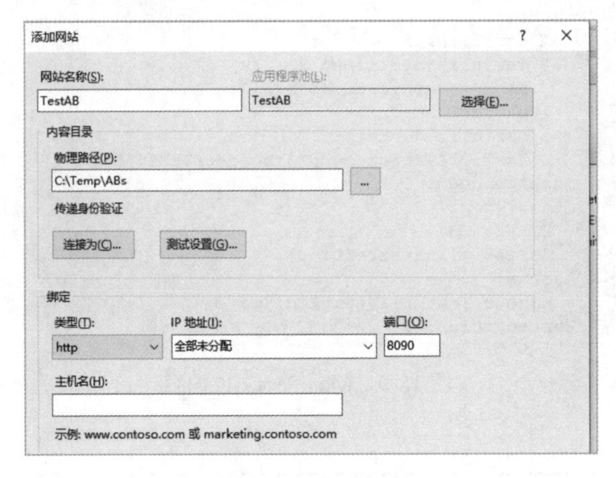

图 18-11　新建网站

（3）设置 IIS 的属性。将目录浏览启动，然后双击 MIME 类型，单击“添加”按钮，将打包的 AssetBundle 文件扩展名以及类型添加到 MIME 映射中。例如，如果包名为 xxx.unity3d，则 MIME 映射的设置格式如图 18-12 所示，这样才能让程序正常地读取数据。

（4）将生成的 AssetBunlde 文件放入设置的物理路径的文件夹中，然后删除后缀名为 .meta 的文件（这是 Unity 3D 编辑器自动生成的文件），如图 18-13 所示。

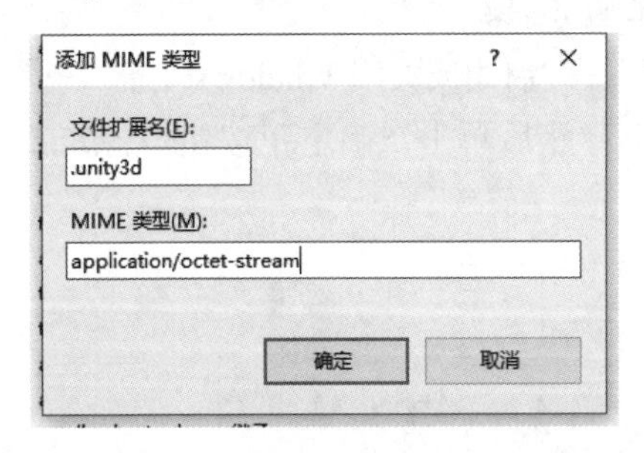

图 18-12　添加 MIME 映射

图 18-13　将 AssetBundle 文件放入指定路径中

至此，AssetBundle 文件已经上传到本地服务器了，接下来就可以从这台本地服务器下载 AssetBundle 文件。

18.2.4　AssetBundle 加载

AssetBundle 的加载方式有以下 4 种。

- AssetBundle.LoadFromFile：从本地加载。
- AssetBundle.LoadFromMemory：从内存加载。
- WWW.LoadFromCacheOrDownload：加载后放在缓存中备用。
- UnityWebRequest：从服务器加载。

下面就来演示一下如何加载 AssetBundle 文件。

（1）打开 Unity 3D 编辑器，然后在 Project 视图 Scripts 文件夹中新建 LoadBundles.cs 脚本，双击打开脚本，该脚本主要用来加载 AssetBundle 文件，编辑脚本代码，参考代码 18-3。

代码 18-3　编辑 LoadBundles.cs 脚本

```
using System.Collections;
using UnityEngine;
using UnityEngine.Networking;
public class LoadBundles : MonoBehaviour
{
    void Start()
    {
        StartCoroutine(Load());
    }

    IEnumerator Load()
    {
        //从远程服务器上进行下载和加载
        string url = "http://localhost:8090/cube.unity3d";
        UnityWebRequest request = UnityWebRequestAssetBundle.GetAssetBundle(url);
        //等待文件下载完毕
        yield return request.SendWebRequest();
        AssetBundle bundle = DownloadHandlerAssetBundle.GetContent(request);
        //加载 AssetBundle 资源
        AssetBundleRequest ABrequest = bundle.LoadAssetAsync("Cube.prefab", typeof
(GameObject));
        //根据资源生成文件
        Instantiate(ABrequest.asset as GameObject, new Vector3(0f, 0f, 0f), Quaternion.
identity);
        yield return ABrequest;
        //释放资源
        request.Dispose();
    }
}
```

（2）运行程序，可以看到 AssetBundle 资源包中的 Cube.prefab 预制体已经被生成出来了，如图 18-14 所示。

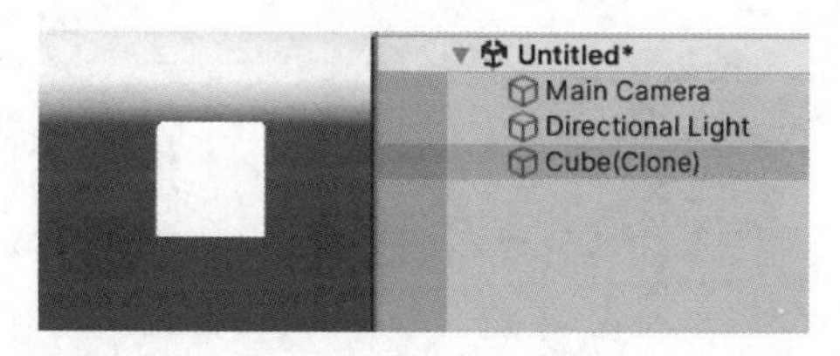

图 18-14　使用 AssetBundle 资源包加载资源

18.2.5 AssetBundle 卸载

AssetBundle 的卸载方式有以下 4 种。

- AssetBundle.Unload(true)：卸载 AB 包的内存镜像，包含 Load 创建的对象。
- AssetBundle.Unload(false)：卸载 AB 包的内存镜像，除了 Load 创建的对象。
- Resources.UnloadAsset(Object)：释放已加载的资源 Object。
- Resources.UnloadUnusedAssets：卸载所有没有被场景引用的资源对象。

下面就来演示一下 AssetBundle 的卸载操作。

打开 Unity 3D 编辑器，然后在 Project 视图 Scripts 文件夹中新建 LoadBundles.cs 脚本，双击打开脚本，编辑脚本代码，参考代码 18-4。

代码 18-4　编辑 LoadBundles.cs 脚本

```
using System.Collections;
using UnityEngine;
using UnityEngine.Networking;

public class LoadBundles : MonoBehaviour
{
    void Start()
    {
        StartCoroutine(Load());
    }

    IEnumerator Load()
    {
        //从远程服务器上进行下载和加载
        string url = "http://localhost:8090/cube.unity3d";
        UnityWebRequest request = UnityWebRequestAssetBundle.GetAssetBundle(url);
        //等待文件下载完毕
        yield return request.SendWebRequest();
        AssetBundle bundle = DownloadHandlerAssetBundle.GetContent(request);
        //加载AssetBundle资源
        AssetBundleRequest ABrequest = bundle.LoadAssetAsync("Cube.prefab", typeof(GameObject));
        //根据资源生成文件
         GameObject go=Instantiate(ABrequest.asset as GameObject, new Vector3
(0f, 0f, 0f), Quaternion.identity);
        yield return ABrequest;
        //释放资源
        request.Dispose();
```

```
            // 卸载资源，包含 Load 创建的对象
            bundle.Unload(true);
            // 卸载资源 除了 Load 创建的对象
            bundle.Unload(false);
            // 释放已加载的资源 Object
            Resources.UnloadAsset(go);
            // 卸载所有没有被场景引用的资源对象
            Resources.UnloadUnusedAssets();
        }
    }
```

18.3　AssetBundle 打包工具

使用 Unity 3D 编辑器打包 AssetBunlde 资源包时，常常要思考什么资源已经设置了 AssetBundle 属性，什么资源没有被设置，还要考虑依赖项。这个过程比较容易出错，那么有没有解决方案呢?

有，我们可以使用 Unity AssetBundle Browser Tool 插件，这是一个 AssetBundle 的查看工具，是 Unity 官方发布的一个扩展工具，可以查看如何帮助打包 AssetBundle 和查看 AssetBundle 内容。

18.3.1　导入插件

在资源包中找到资源“资源包 / 第 18 章资源文件 /AssetBundles 浏览工具 .zip”，将该文件解压，然后找到 Editor 文件夹。

将 Editor 文件夹拖入 Unity Project 工程中，Editor 文件夹内包含了插件内容，如图 18-15 所示。

« Download › AssetBundles-Browser-1.7.0 › AssetBundles-Browser-1.7.0

名称	修改日期	类型	大小
Documentation	2018/7/24 5:03	文件夹	
Editor	2018/7/24 5:03	文件夹	
Tests	2018/7/24 5:03	文件夹	
.gitignore	2018/7/24 5:03	文本文档	1 KB
.npmignore	2018/7/24 5:03	NPM Ignore 源...	1 KB
CHANGELOG.md	2018/7/24 5:03	Markdown File	1 KB
CHANGELOG.md.meta	2018/7/24 5:03	META 文件	1 KB
Documentation.meta	2018/7/24 5:03	META 文件	1 KB
Editor.meta	2018/7/24 5:03	META 文件	1 KB
license.md	2018/7/24 5:03	Markdown File	1 KB
license.md.meta	2018/7/24 5:03	META 文件	1 KB
package.json	2018/7/24 5:03	JSON 源文件	1 KB
package.json.meta	2018/7/24 5:03	META 文件	1 KB
QAReport.md	2018/7/24 5:03	Markdown File	1 KB
QAReport.md.meta	2018/7/24 5:03	META 文件	1 KB
README.md	2018/7/24 5:03	Markdown File	1 KB
README.md.meta	2018/7/24 5:03	META 文件	1 KB
Tests.meta	2018/7/24 5:03	META 文件	1 KB

图 18-15　将 Editor 文件夹拖入项目中

18.3.2 界面说明

在菜单栏中选择 Window → AssetBundle Browser 命令，单击 AssetBundle Browser 选项就可以看到 AssetBundle Browser 窗口了，如图 18-16 所示。

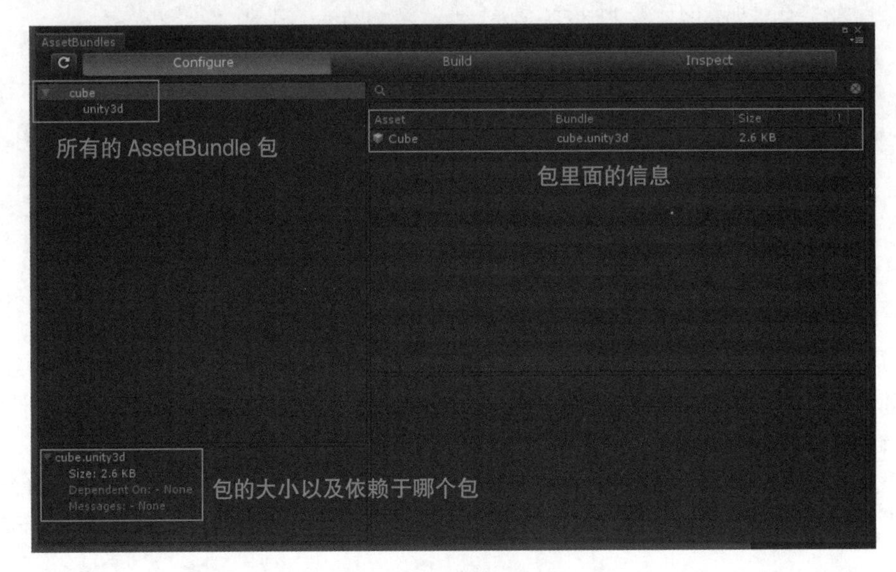

图 18-16　AssetBundle Browser 窗口

18.4　本章小结

本章介绍了什么是AssetBundle。AssetBundle是一个资源压缩包，包含模型、贴图、预制体、声音，甚至整个场景，可以在游戏运行时被加载。AssetBundle 自身保存着互相的依赖关系。

AssetBundle 是一个存在于硬盘上的文件，也可以认为是一个文件夹，里面包含了多个文件。

此外，本章讲解了 AssetBundle 的工作流程，如打包、上传、下载、加载以及卸载，其中打包要考虑如何分组、如何设置依赖项等问题。

Manifest 文件是 AssetBundle 资源包依赖方式的记录文件，如果要获取到某个资源包的依赖方式，可以通过这个文件。这个文件还提供验证码的功能，用于判断获取的文件是否完整，以及这个文件是否正常。

最后，本章使用实例讲解了从打包到上传服务器，然后从服务器下载、加载的整个过程。学习这个过程前需要先理解工作流程，然后再思考每个工作流程如何实现，这样才能更好地学习 AssetBundle。

第 19 章　常用插件介绍

Unity 3D 最好的地方就是有各种强大的插件，其中一些插件的功能稳定强大，可以让大家事半功倍，值得学习和入手。

本章筛选出几款比较常用的插件进行讲解，如对象动画类插件 DOTween、Unity 3D 编辑器配合插件 Haste、物体特效插件 Exploder，以及游戏常用插件 KGFMapSystem。

本章讲解的插件存放在资源包目录下的 19 文件夹内，无须下载。

19.1　DOTween 插件

DOTween插件是一款对象动画类插件，前身是HOTween，支持可视化编辑，适用于2D和3D场景。

DOTween 是一款针对 Unity 3D 编辑器的、快速高效的、安全的、面向对象的补间动画引擎，并且对 C# 语言开发做出了很多的优化。

19.1.1　DOTween 快速入门

（1）解压 DOTween 插件的压缩包，将其放入项目中除 Editor、Plugins 和 Resources 目录以外的文件夹中。导入 DOTween 后，会自动弹出 DOTween 的设置面板，如图 19-1 所示。

图 19-1　DOTween 的设置面板

如果要设置 DOTween，就在弹出的 DOTween Utility Panel 的设置面板中单击 Setup DOTween 按钮。

（2）在每个要使用它的类或脚本中，导入 DOTween 命名空间。

```
using DG.Tweening;
```

（3）在代码中调用 DOTween 的 API，然后运行程序就可以移动物体了。

```
transform.DOMove(new Vector3(2,2,2),2);
transform.DORotate(new Vector3(2, 2, 2), 2);
```

19.1.2 DOTween 实例

接下来用一个实例演示如何使用 DOTween 插件，用一个门的模型实现开门动画。

（1）导入门的模型（资源包 19-1 文件夹中的 door.fbx 文件），如图 19-2 所示。

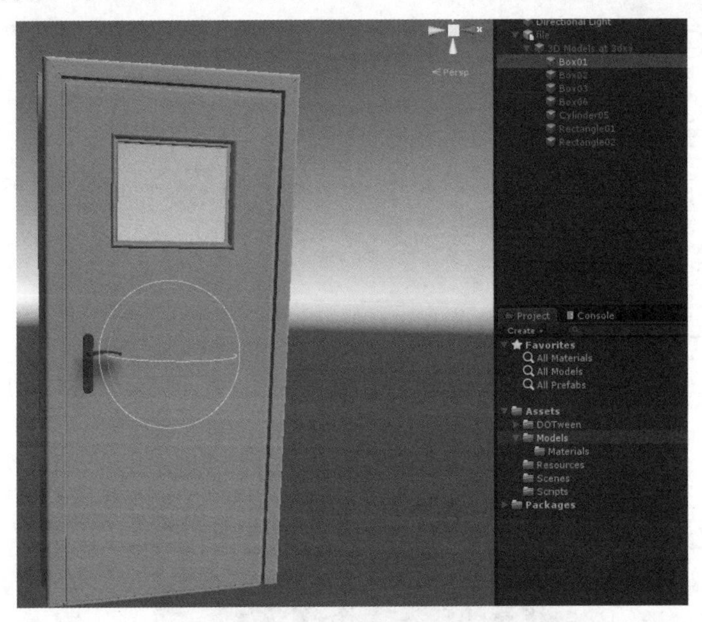

图 19-2　导入门的模型

（2）设置除门框外的其他对象的父物体为 Box01，这样在开门动画播放时，其他对象也会跟着旋转，如图 19-3 所示。

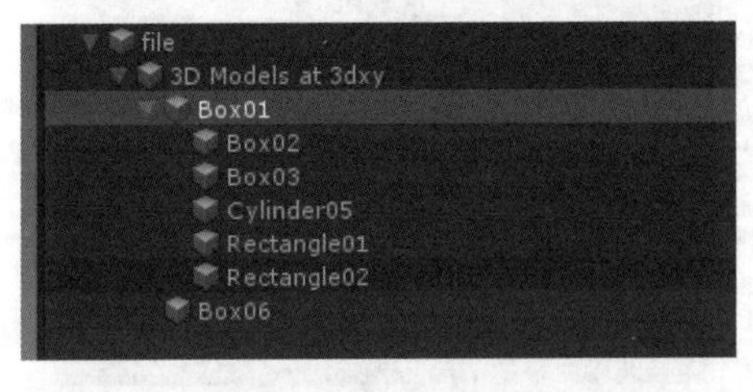

图 19-3　设置其他对象的父物体为 Box01

（3）旋转门的角度以及坐标，让门变成开门状态，门的状态及坐标如图 19-4 所示。将这个坐标和旋转角度记录下来，然后将模型复原到初始状态即可。

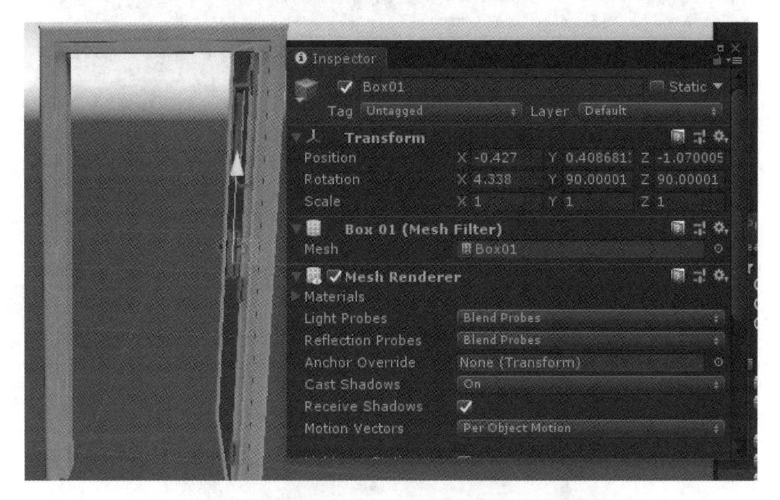

图 19-4　调整开门的状态并记录坐标和旋转角度

（4）新建脚本 OpenDoor.cs，双击打开脚本进行编辑，该脚本可以使用 DOTween 实现开门动画，参考代码 19-1。

代码 19-1　编辑 OpenDoor.cs 脚本

```
using DG.Tweening;
using UnityEngine;
public class OpenDoor : MonoBehaviour
{
    //门对象
    public GameObject door;
    void Start()
    {
        door.transform.DOLocalMove(new Vector3(-0.427f, 0.4086813f, -1.070005f), 3f);
        door.transform.DOLocalRotate(new Vector3(4.338f, 90, 90), 3f,RotateMode.Fast);
    }
}
```

（5）在 Hierarchy 视图中，选中 file 对象，然后添加 OpenDoor.cs 组件，将门对象拖入 Door 变量的卡槽中，如图 19-5 所示。

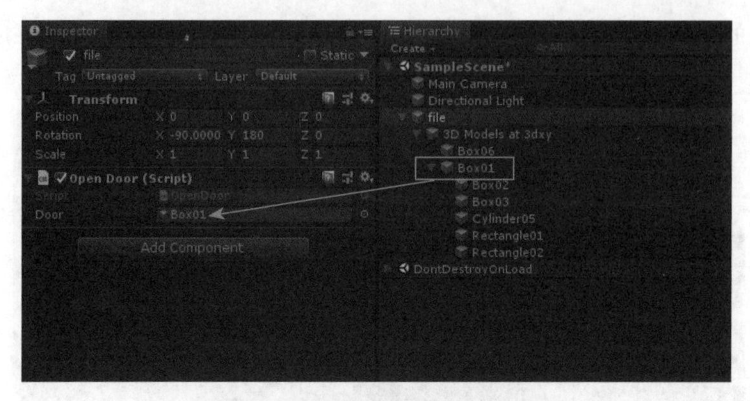

图 19-5　将对象拖入对应的卡槽中

（6）运行程序，可以看到门自动开启的动画，如图 19-6 所示。

图 19-6　使用 DOTween 插件实现了动画开门效果

19.2　Haste 插件

Haste 插件是一款针对 Unity 的 Everything 软件，可以实现基于名称快速定位对象的功能。

例如，较为庞大的项目中涉及的对象有很多，想要找到需要的对象，如 Point 的出生点，则需要花费较长时间。但是有了这款插件，直接在 Unity 3D 编辑器中搜索名字就可以找到。

当然 Unity 3D 编辑器也自带了搜索功能，但是在 Project 视图和 Hierarchy 视图中的对象需要

分别查找，不支持模糊匹配。Haste 插件就可以在多个视图中寻找指定的对象，还支持模糊查找，即名字输入错误也可以查找到，非常好用。

19.2.1　Haste 快速入门

（1）将插件包导入项目中。

（2）打开包含的教程场景，在目录 Assets/Haste/Tutorial/Tutorial.unity 中。

（3）在 Unity 3D 中按 Ctrl+K 组合键打开 Haste。在第一次打开 Haste 时，它会自动索引当前的场景层次结构和项目文件，便于后续搜索。

（4）在搜索栏中输入 MyFirstGameObject，Haste 将立即开始列出搜索结果。请注意，Haste 搜索不区分大小写。

（5）可以使用向上或向下的箭头导航搜索结果。

（6）按 Enter 键，可以选择高亮显示的游戏对象。通过全名搜索可能会比较麻烦。为了更快地搜索，可以使用 Haste 的模糊匹配进行搜索。

（7）按 Esc 键退出 Haste。当 Haste 打开而不执行任何操作时可以使用 Esc 键退出 Haste。

接下来了解一下 Haste 的快捷键。

19.2.2　Haste 快捷键

Haste 快捷键见表 19-1。

表 19-1　Haste 快捷键

功　能	快捷键	描　述
打开 Haste	Ctrl+K	可以在 Unity 3D 中快速打开 Haste
浏览搜索结果	↑ or ↓	按上、下箭头可以浏览搜索结果
高亮显示选择的对象	Enter	对选择的对象进行高亮显示
光标移动	← or →	按左、右箭头可以移动输入框中的光标
翻页	PageUp 和 PageDown	按键盘的 PageUp 键或 PageDown 键可以快速翻页
多选	Ctrl+Enter	可以同时选中多个物体进行高亮显示
退出	Esc	退出 Haste

19.3　Exploder 插件

Exploder 是一款基于 Unity 3D 网格的爆炸效果实现插件，可以爆炸任何有网格的游戏对象，爆炸效果如图 19-7 所示。

图 19-7　Exploder 爆炸效果

下面了解一下 Exploder 插件如何使用。

19.3.1　Exploder 快速入门

（1）将插件导入项目中

（2）新建一个场景，将 Project 视图 Assets/Exploder/Prefabs/ 文件夹内的 Exploder.prefab 预制体拖入 Hierarchy 视图的层级结构中，如图 19-8 所示。

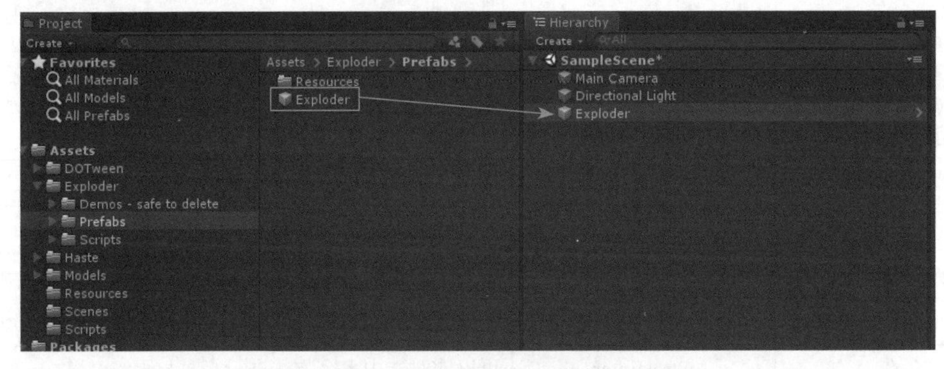

图 19-8　将 Exploder.prefab 预制体拖入场景中

（3）在 Project 视图的 Scripts 文件夹内新建 ExplodeTest.cs 脚本，双击打开脚本，编辑代码，参考代码 19-2。

代码 19-2　在 ExplodeTest.cs 脚本中添加爆炸命令

```
using UnityEngine;
using Exploder.Utils;
public class ExplodeTest : MonoBehaviour
{
```

```
    public GameObject TagerObject;
    void Start()
    {
        ExploderSingleton.Instance.ExplodeObject(TagerObject);
    }
}
```

（4）新建一个 Cube 对象，然后将脚本 ExplodeTest.cs 添加在 Main Camera 对象上，然后将 Cube 对象拖入 Tager Object 变量卡槽中，如图 19-9 所示。

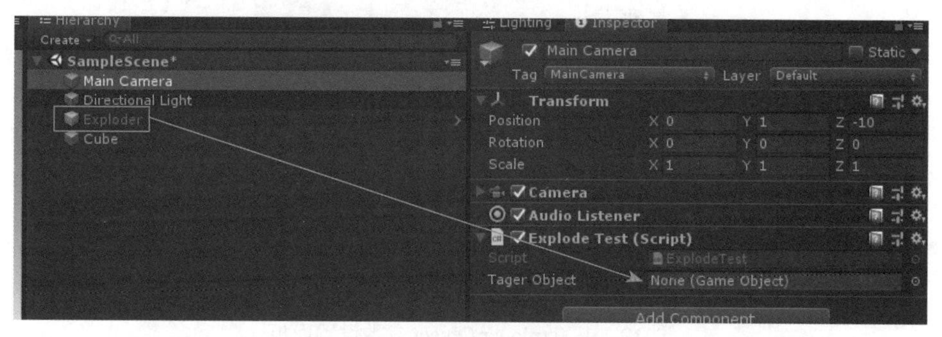

图 19-9　将对象拖入对应卡槽中

（5）运行程序，就可以看到 Cube 对象的爆炸效果，如图 19-10 所示。

图 19-10　Cube 对象的爆炸效果

19.3.2　Exploder 插件参数介绍

Exploder 插件有很多参数，包括设置不同的爆炸力度、爆炸范围、爆炸产生的碎片数量等参数。在 Hierarchy 视图中选中 Exploder 对象，就可以在 Inspector 视图中看到各种参数设置。下面就来详细介绍如何设置各个参数。

1. Exploder Object 参数

Exploder Object 参数设置面板如图 19-11 所示。

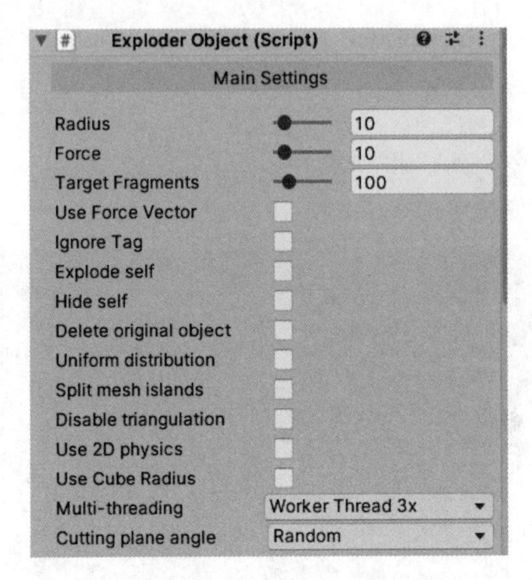

图 19-11　Exploder Object 参数设置面板

Exploder Object 参数设置说明见表 19-2。

表 19-2　Exploder Object 参数设置说明

名　称	说　明
Radius	表示可以摧毁的爆炸半径
Force	表示加入爆炸碎片上的物理力的多少。物理力越大意味着速度越快
Target Fragments	切割爆炸物体将产生的碎片数量
Use Force Vector	此选项仅当 Use Force Vector 为 true 时有效，表示爆炸粒子将移动的三维矢量方向
Ingnore Tag	忽略标记可爆炸对象。将此设置为 ture，表示不用给物体设置 tag 标签就可以爆炸
Explode self	标识爆炸后是否保留 Exploder 对象，如果勾选，爆炸就会销毁
Hide self	标识爆炸后是否隐藏爆炸的对象，如果勾选，爆炸就会隐藏
Delete original object	爆炸后删除原始游戏物体
Uniform distrubution	启用此 Exploder，每个对象都将创建数量相同的碎片，而忽略对象离中心的距离。在默认情况下，靠近中心的物体（爆炸中心）将被粉碎成比远离中心的物体更多的碎片。均匀分布将保证所有物体被粉碎成相同数量的碎片
Split mesh islands	是否选择分离不连接的、相同的网格。勾选后，所有与爆炸碎片连接部分相同的网格都将被分离到新的碎片中
Disable triangulation	启用这个爆炸器，不管物体离中心的距离如何，每个物体都会产生一定数量的碎片。在默认情况下，靠近爆炸中心的碎片会比远离爆炸中心的碎片更多
Use 2D physics	使用 2D 物体

续表

名　称	说　明
Use Cube Raius	使用 Cube 半径
Multi-threading	Exploder 支持多线程，可以选择 3 个额外的线程进行计算。线程在启动时被初始化，但在休眠状态下，只在需要时才被使用
Cutting plane angle	剖切面角度

2. Fragment options

Fragment options 参数设置面板如图 19-12 所示。

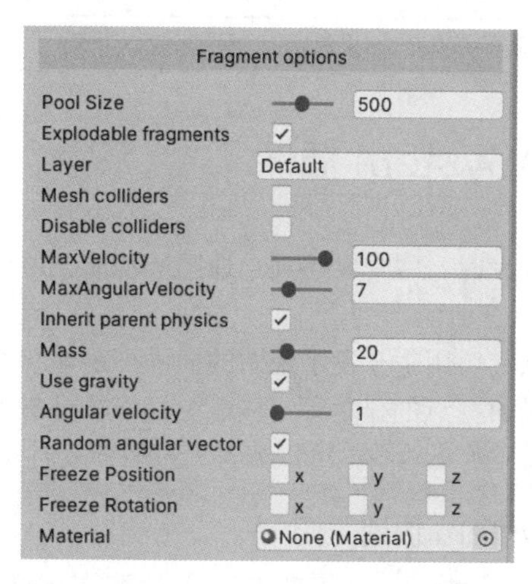

图 19-12　Fragment options 参数设置面板

Fragment options 参数设置说明见表 19-3。

表 19–3　Fragment options 参数设置说明

名　称	说　明
Pool Size	对象池大小，表示所有可用碎片的最大数量，该数量应高于目标碎片
Explodable fragments	可以销毁碎片的碎片，如果勾选，可以摧毁对象及它的所有碎片。可以继续破坏碎片，直到它们变得足够小
Layer	碎片层的名称
Mesh colliders	开启网格碰撞器
MaxVelocity	最大速度
MaxAngularVelocity	最大角速度
Inherit parent physics	启用这个片段将使用与其父刚体相同的物理性质。它将继承质量、速度、角速度的值，并利用重力。如果没有有效的父刚体，将使用默认设置代替
Mass	碎片的质量

续表

名 称	说 明
Use gravity	启用重力
Angular velocity	是否启用碎片的角速度。勾选后，最终的角速度将计算为父物体的角速度和碎片的角速度的总和
Random angular vector	随机角速度
Freeze Position	冻结碎片的位置
Freeze Rotation	冻结碎片的旋转
Material	可选材质的片段，如果没有，则选择默认材质

19.4 KGFMapSystem 插件

在进行游戏开发或仿真开发时，常常要用到小地图的功能，这个功能的实现需要花费一定的时间，效果还不一定好。

KGFMapSystem 就是一款专门用来开发小地图的插件，小地图的显示、主角的位置显示、怪物的位置显示、垂直投影以及目标点的显示等一应俱全。该插件最大的特点是使用方便，将插件导入后，只需一些设置就可以显示小地图，可以节省大量的开发时间。

19.4.1 KGFMapSystem 快速入门

（1）将插件包导入项目中。

（2）打开示例场景。在 Project 视图中，找到 kolmich/KGFMapSystem/demo/scenes 目录下的 quickstart_demo 场景文件，双击打开这个场景。

（3）查看 KGFMapSystem 插件。打开 quickstart_demo 场景后，在 Hierarchy 视图中单击 KGFMapSystem 对象，然后在 Inspector 视图中可以看到它身上挂载的 KGFMapSystem 插件，如图 19-13 所示。

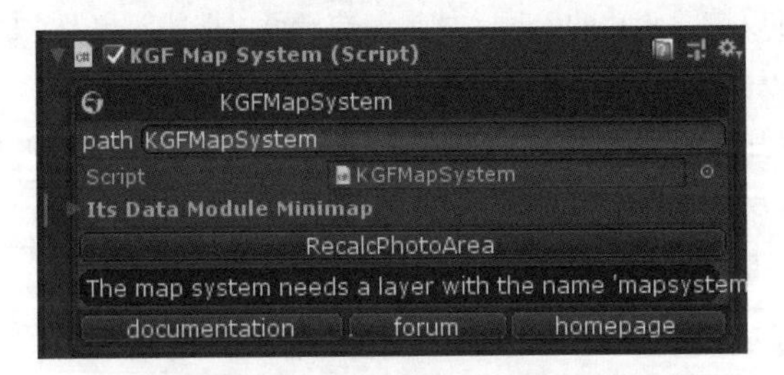

图 19-13 KGFMapSystem 插件属性面板

可以看到这个插件提示地图系统需要一个名为 mapsystem 的层，接下来新建一个名为 mapsystem 的层。

（4）新建小地图层。选中任意对象，然后在Inspector视图中，单击Layer后面的Default切换按钮，选择Add Layer选项，如图19-14所示。

在出现的 Tags & Layers 视图中，添加 mapsystem 层即可，如图 19-15 所示。

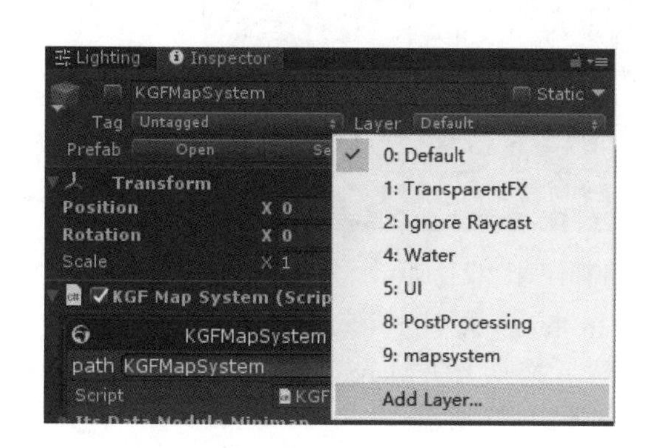

图 19-14　添加 Layer 层

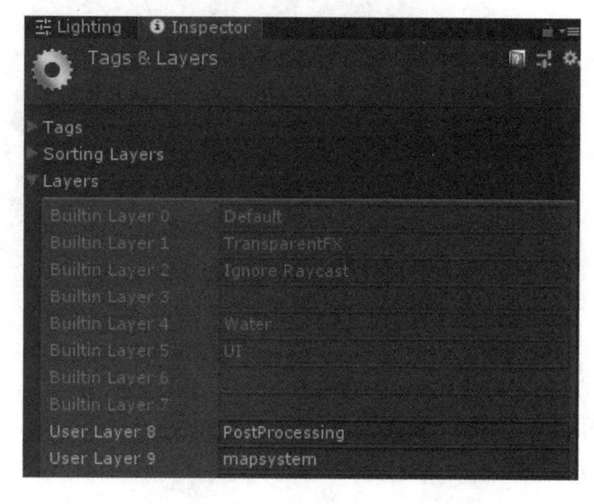

图 19-15　添加 mapsystem 层

（5）运行程序，即可看到小地图，如图 19-16 所示。

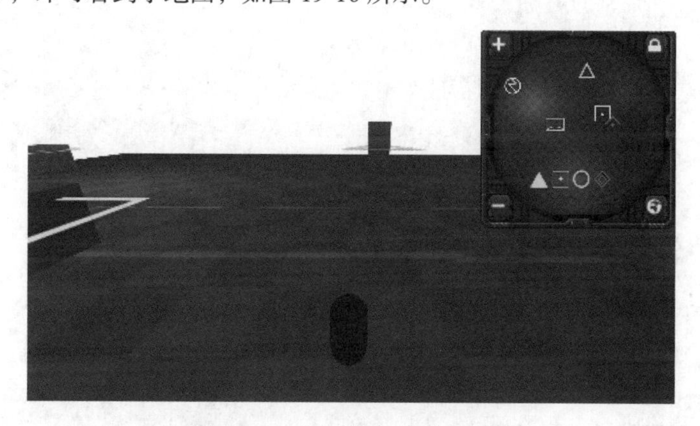

图 19-16　运行程序看到小地图

19.4.2　KGFMapSystem 实例

接下来，搭建一个场景，然后使用小地图插件显示小地图，演示如何使用 KGFMapSystem 插件。

（1）在 Project 视图中，找到 kolmich/KGFMapSystem/demo/scenes 目录下的 quickstart_try_yourselve，双击打开。这是一个只有场景的文件，适合从零开始搭建小地图。

（2）在Project视图中，找到kolmich/KGFMapSystem/prefabs目录下的KGFMapSystem预制体，拖入Hierarchy视图中，如图19-17所示。

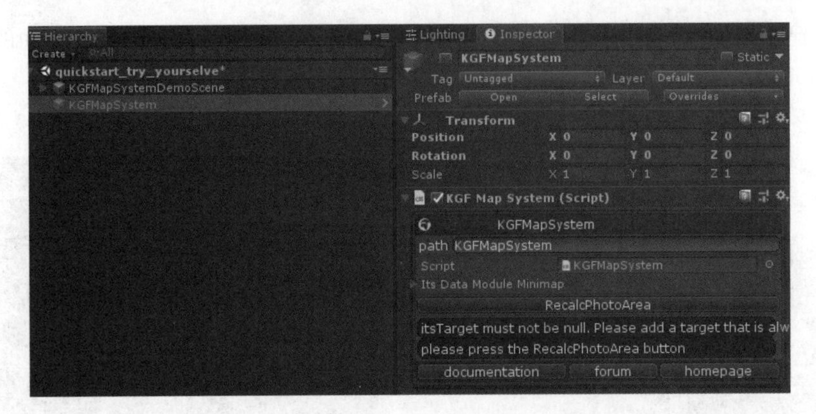

图 19-17　KGFMapSystem 插件属性设置面板

（3）这个 KGFMapSystem 插件需要给它的 Its Target 属性选择一个 Player，也就是主角。在 Hierarchy 视图中，找到 3rdPerson 对象，然后拖入 KGFMapSystem 的 Inspector 视图中 KGFMapSystem 插件下的 ItsTarget 属性的卡槽中，如图 19-18 所示。

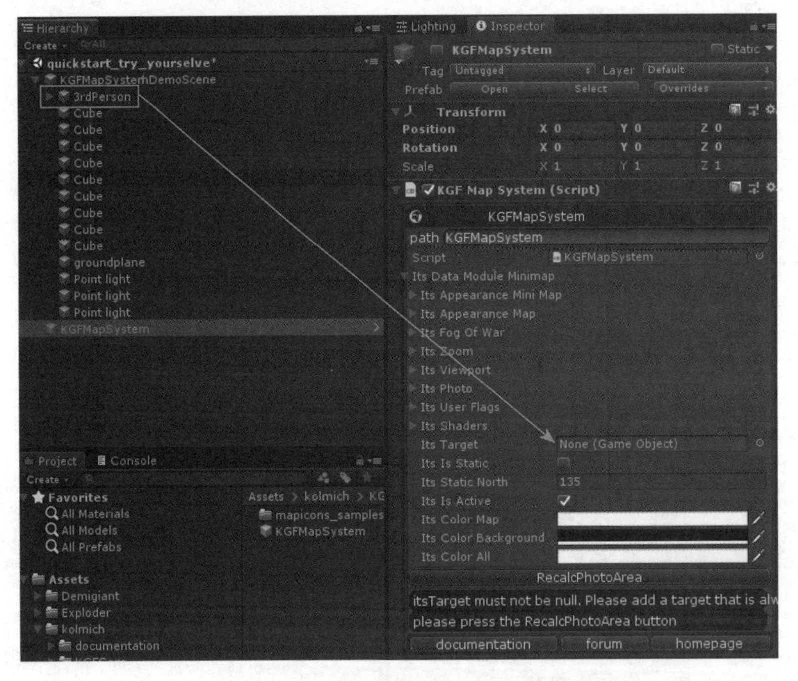

图 19-18　将对象拖入对应卡槽中

（4）在 Project 视图中，找到 kolmich/KGFMapSystem/prefabs/mapicons_samples 目录下的 KGFMapIcon_player 预制体，让它成为主角的子物体，这样就可以在地图上显示设置的标记了，如图 19-19 所示。

（5）找到 Camera 对象，找到 Culling Mask，去掉 mapsystem 层，如图 19-20 所示。主角摄像机不需要显示 Icon 显示的图形。

图 19-19　设置 Player 图标为 Player 的子物体

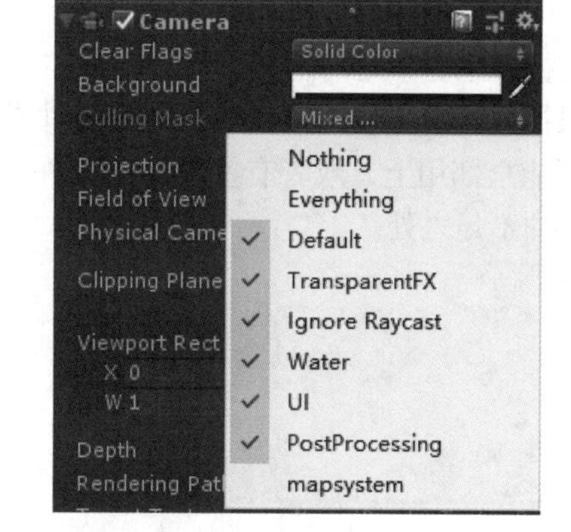

图 19-20　去掉 mapsystem 层

（6）运行程序，就可以看到小地图了，如图 19-21 所示。

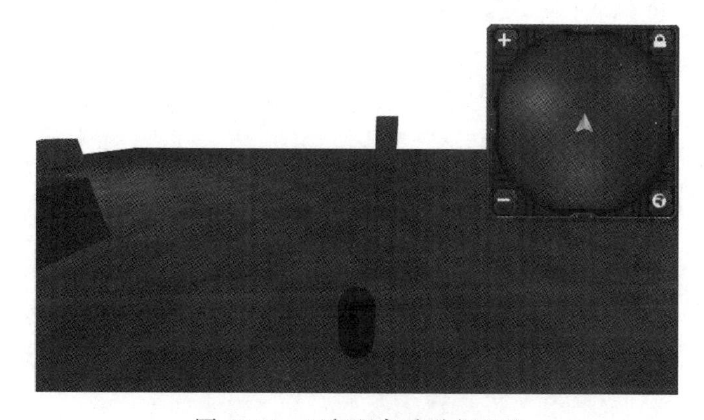

图 19-21　运行程序看到小地图

注意：

如果没有显示，记得检查 KGFMapSystem 对象和 KGFMapIcon_player 对象是否被隐藏。

19.5　本章小结

本章介绍了使用 Unity 3D 编辑器开发项目时常用的插件。有对象动画类插件 DOTween，Unity 3D 编辑器配合插件 Haste，物体特效插件 Exploder，以及游戏常用插件 KGFMapSystem。

本章选择的插件都是在不同方面比较具有代表性的，是得到了很多人的使用和验证后才进行的推荐，其他插件读者可以在 Unity 3D 的资源商店中寻找。还有很多插件也很强大，需要读者自己去探索。

插件让 Unity 3D 的开发变得非常高效，许多需要“重复造轮子”的功能，插件都可以满足，如在项目开发中比较常见的小地图、导航系统、背包系统、战斗特效、天气系统等都有插件可以实现，节省了很多开发的时间。

但是插件也有不足的地方。插件的底层通常是 DLL 包，无法看到源代码，更无法去修改源代码，如果插件出现 Bug，则很难处理。插件是开发者完整开发的，但是在定制开发中，插件的功能常常不能全部用上，或者有些功能插件并没有涉及，这就需要我们自己去完善插件的功能，这也是插件的不足之处。

第 20 章　Unity 3D 框架

框架,又称软件框架。这个词最初是建筑学概念,意思是一个框子,指其约束性;也是一个架子,指其支撑性。一个基本概念的结构，用于解决或处理复杂的问题。

框架这个定义十分流行，尤其在软件领域，叫作软件框架。软件框架，通常是为了实现某个业界标准或完成特定基本任务的软件组件规范，也是指为了实现某个软件组成规范时，提供规范要求的基础功能的软件产品。

简而言之，框架就是制定一套规范或规则（思想），大家（程序员）在该规范或规则（思想）下工作。

框架就是为了在一定的规则限定下，让程序具有可靠性、安全性、可伸缩性、可定制性、可拓展性以及可维护性。

常见的框架有 MVC 三层架构，那么适合 Unity 3D 的框架有哪些呢?

本章选择基于 Unity 3D 的框架 GameFramework 和 QFramework 进行简单讲解。

20.1　GameFramework 框架

GameFramework 是一个基于 Unity 引擎的游戏框架，主要对游戏开发过程中常用模块进行了封装，最大限度地规范了开发过程、加快了开发速度并保证了产品质量。

该框架适用于所有 Unity 5.3.0 及以上的版本，即 5.3.x、5.4.x、5.5.x、5.6.x、2017.x.x、2018.x.x 和 2019.x.x。

20.1.1　GameFramework 框架简介

完整的 GameFramework 框架由 GameFramework、Unity、UnityGameFramework 以及 Game 4 部分组成，GameFramework 框架如图 20-1 所示。

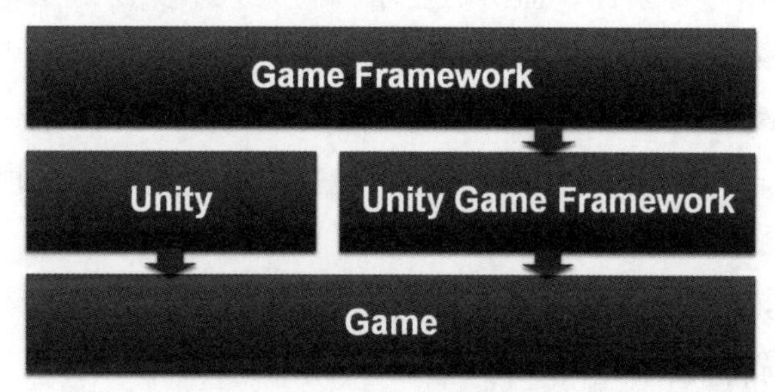

图 20-1　GameFramework 框架

- GameFramework：封装基础游戏逻辑，如数据管理、资源管理、文件系统、对象池、有限状态机、本地化、事件、实体、网络、界面、声音等。此部分逻辑实现不依赖于 Unity 引擎，以程序集的形式提供。
- Unity：依赖 UnityEngine.dll 进行对 GameFramework.dll 的补充实现。为了方便兼容 Unity 的各个版本，此部分已经以代码的形式包含在 Unity 插件中。
- UnityGameFramework：依赖 UnityEditor.dll 进行对工具、Inspector 的实现。为了方便兼容 Unity 的各个版本，此部分已经以代码的形式包含在 Unity 插件中。

在最新的 GameFramework 版本中，包含 20 个内置模块，后续还将开发更多的扩展模块供软件开发人员使用。内置模块的介绍如下。

- 基础和工具（Base）：关于日志、引用池、工具集的文档。
- 全局配置（Config）：存储一些全局只读游戏配置，如玩家初始速度、游戏初始音量等。
- 数据节点（Data Node）：将任意类型的数据以树状结构的形式进行保存，用于管理游戏运行时的各种数据。
- 数据表（Data Table）：可以将游戏数据以表格（如 Microsoft Excel）的形式进行配置后，调用此模块使用这些数据表。数据表的格式可以自定义。
- 调试器（Debugger）：当游戏在 Unity 编辑器中运行或以 Development 方式发布运行时，将出现调试器窗口，便于查看运行时日志、调试信息等。用户还可以方便地将自己的功能注册到调试器窗口上并使用。
- 下载（Download）：提供下载文件的功能，支持断点续传，并可以指定允许几个下载器进行同时下载。更新资源时会主动调用此模块。
- 实体（Entity）：将游戏场景中动态创建的一切物体定义为实体。此模块提供管理实体和实体组的功能，如显示隐藏实体、挂接实体（如挂接武器、坐骑，或者抓起另一个实体）等。实体使用结束后可以不立刻销毁，等待下一次重新使用。
- 事件（Event）：游戏逻辑监听、抛出事件的机制。GameFramework 中的很多模块在完成操作后都会抛出内置事件，监听这些事件将大大解除游戏逻辑之间的耦合。用户也可以定义自己的游戏逻辑事件。
- 文件系统（File System）：虚拟文件系统使用类似磁盘的概念对零散文件进行集中管理，优化资源加载时产生的内存分配，甚至可以对资源进行局部片段加载，这些都将极大地提升资源加载时的性能。
- 有限状态机（FSM）：提供创建、使用和销毁有限状态机的功能，一些适用于有限状态机机制的游戏逻辑，使用此模块将是一个不错的选择。
- 本地化（Localization）：提供本地化功能，也就是平时所说的多语言。Game Framework

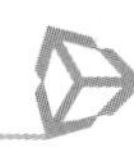

在本地化方面，不仅支持文本的本地化，还支持任意资源的本地化。例如，游戏中释放的烟花特效可以做成多国语言的版本，如中文版是“新年好”字样，而英文版里 Happy New Year 字样。

- 网络（Network）：提供使用 Socket 长连接功能，当前支持 TCP 协议，同时兼容 IPv4 和 IPv6 两个版本。用户可以同时建立多个连接，与多台服务器同时进行通信，比如除了连接常规的游戏服务器，还可以连接语音聊天服务器。如果想接入 ProtoBuf 类等的协议库，只要派生自 Packet 类并实现消息包类即可使用。
- 对象池（Object Pool）：提供对象缓存池的功能，避免频繁地创建和销毁各种游戏对象，提高游戏性能。除了 GameFramework 自身使用了对象池，用户还可以很方便地创建和管理自己的对象池。
- 流程（Procedure）：贯穿游戏运行时整个生命周期的有限状态机。通过流程将不同的游戏状态解耦是一个非常好的习惯。对于网络游戏，可能会有检查资源、更新资源、检查服务器列表、选择服务器、登录服务器、创建角色等流程；而对于单机游戏，可能需要在游戏的选择菜单流程和游戏实际玩法流程之间做切换。如果想增加流程，只要派生自 ProcedureBase 类并实现流程类即可使用。
- 资源（Resource）：为了保证玩家的体验，不推荐使用同步方式加载资源，由于 GameFramework 自身使用了一套完整的异步加载资源体系，因此只提供了异步加载资源的接口。不论是简单的数据表、本地化字典，还是复杂的实体、场景、界面，都将使用异步加载。同时，GameFramework 提供了默认的内存管理策略（当然，你也可以定义自己的内存管理策略）。多数情况下，在使用 GameObject 的过程中，你甚至可以不需要自行进行 Instantiate 或 Destroy 操作。
- 场景（Scene）：提供场景管理的功能，可以同时加载多个场景，也可以随时卸载任何一个场景，从而很容易地实现场景的加载。
- 游戏配置（Setting）：以键值对的形式存储玩家数据，对 UnityEngine.PlayerPrefs 进行封装，也可以将这些数据直接存储在磁盘上。
- 声音（Sound）：提供管理声音和声音组的功能，用户可以自定义一个声音的音量、是 2D 还是 3D，甚至是直接绑定到某个实体上跟随实体移动。
- 界面（UI）：提供管理界面和界面组的功能，如显示隐藏界面、激活界面、改变界面层级等。不论是 Unity 内置的 UGUI 还是其他类型的 UI 插件（如 NGUI），只要派生自 UIFormLogic 类并实现自己的界面类即可使用。界面使用结束后可以不立刻销毁，等待下一次重新使用。
- Web 请求（Web Request）：提供使用短连接的功能，可以用 Get 或 Post 方法向服务器发送请求并获取响应数据，可以允许几个 Web 请求器进行同时请求。

20.1.2 GameFramework 导入

（1）将插件包 GameFramework.unitypackage 导入项目中（插件包目录：资源包 / 第 20 章资源文件 /GameFramework 框架包），如图 20-2 所示。

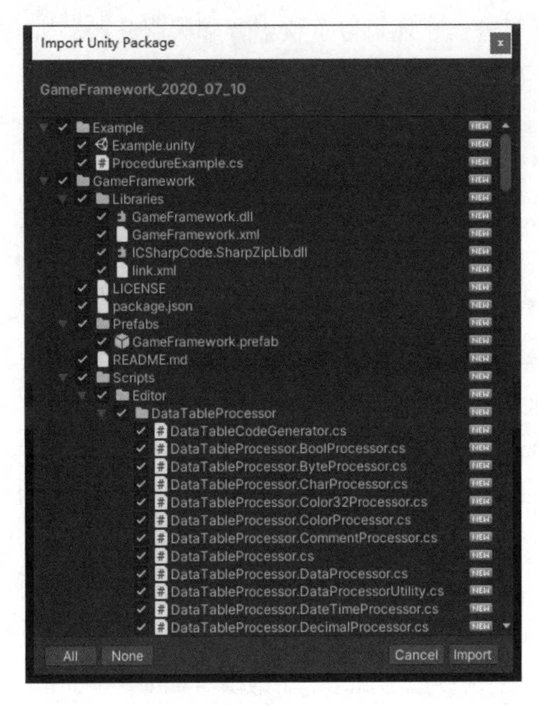

图 20-2 导入 GameFramework

注意：

导入插件后有些 Unity 版本可能会报错，如果报错，推荐换一个 Unity 版本再次尝试。

（2）导入后，工程目录如图 20-3 所示。

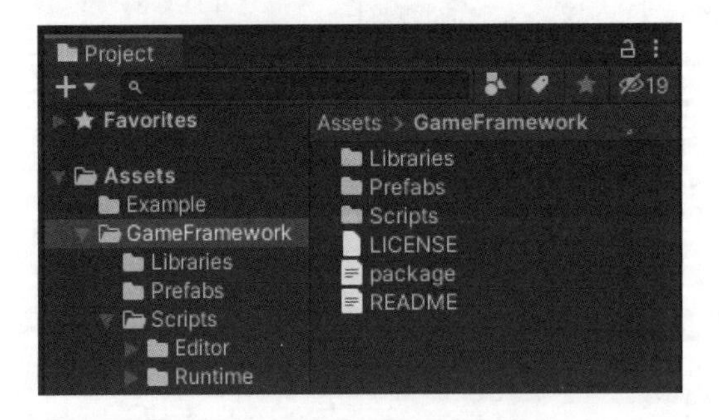

图 20-3 GameFramework 工程文件

GameFramework 文件夹是框架的全部内容，其中：

- Libraries 存放 GameFramework.dll 核心框架和一些框架必需的第三方库（当前只有一个开源 zip 压缩算法库）。
- Prefabs 存放 GameFramework.prefab 预制体，用于快速创建一个游戏框架启动场景。
- Scripts 存放 UnityGameFramework 的全部 Runtime 和 Editor 代码。
- Example 文件夹是一个示例目录，其中：
  - Example.unity 是一个含有 GameFramework 对象的空场景，作为游戏启动的场景。
  - ProcedureExample.cs 是一个示例流程代码文件，示例将以这个流程作为启动流程。

（3）打开 Example/Example.unity 场景，此时 Hierarchy 视图显示了 GameFramework 的各个组成组件，如图 20-4 所示。

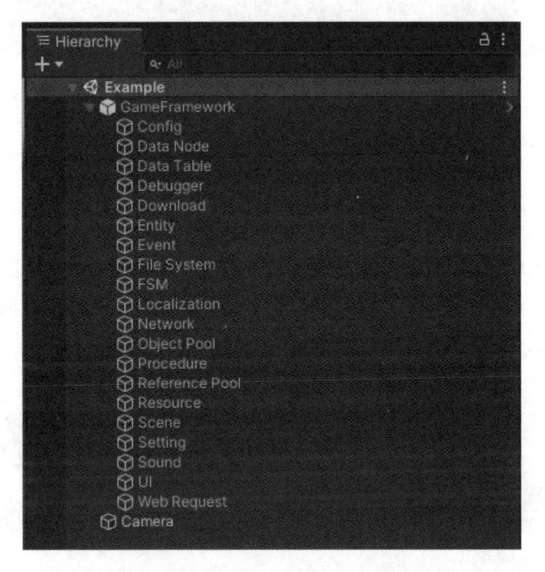

图 20-4　GameFramework 的整体结构以及所有组件

（4）运行程序，默认显示的是一个浮动的调试器窗口，它标识了当前游戏的帧率。可以将调试器窗口拖到其他位置，如图 20-5 所示。

图 20-5　调试器窗口

（5）单击调试器窗口中间标识帧率的按钮，可以展开完整调试器窗口，如图 20-6 所示。

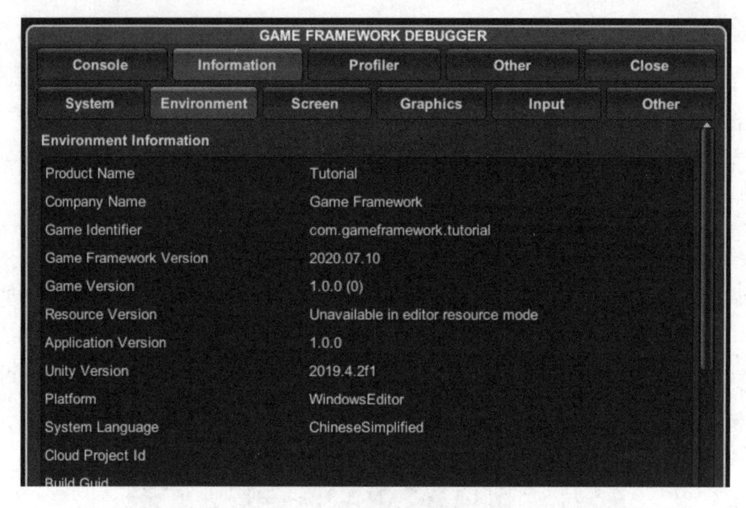

图 20-6　完整调试器窗口

至此，GameFramework 导入完成。

20.1.3　GameFramework 的 Hello World

接下来，用 GameFramework 的方式在控制台中打印 Hello World 的日志。

（1）打开 GameFramework 的日志输出功能，选择 GameFramework → Log Scripting Define Symbols → Enable All Logs 命令，开启日志输出功能，如图 20-7 所示。

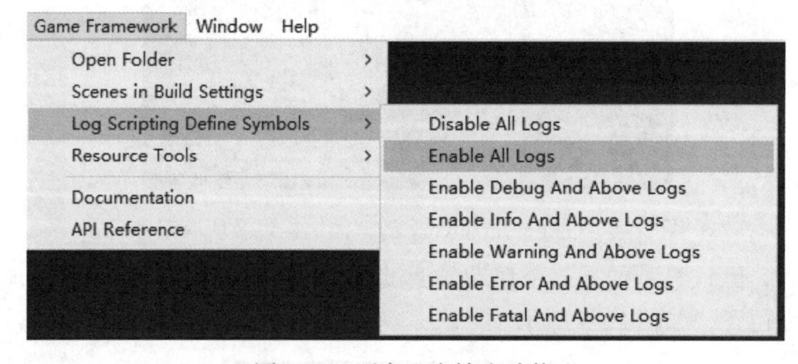

图 20-7　开启日志输出功能

注意：

GameFramework 为了兼顾发布后的性能，日志的开启是通过宏定义控制的，新工程中默认不包含任何日志宏定义，所以开始是没有日志输出的，需要根据需求开启不同级别的日志。而由于打印日志的开销非常大（尤其在内存方面），所以在正式发布游戏时，尽量选择 Disable All Logs（关闭所有日志）或 Enable Error And Above Logs（仅开启错误及以上级别日志）。

（2）在Project视图中，找到Assets/Example/目录下的ProcedureExample.cs脚本，双击打开脚本，编辑脚本，参考代码20-1。

代码 20-1　编辑 ProcedureExample.cs 脚本

```
using GameFramework;
using GameFramework.Procedure;
using UnityGameFramework.Runtime;
using ProcedureOwner = GameFramework.Fsm.IFsm<GameFramework.Procedure.
IProcedureManager>;

namespace GameFrameworkExample
{
    public class ProcedureExample : ProcedureBase
    {
        protected override void OnEnter(ProcedureOwner procedureOwner)
        {
            base.OnEnter(procedureOwner);
            string welcomeMessage = Utility.Text.Format("Hello Game Framework {0}.",
Version.GameFrameworkVersion);
            // 打印调试级别日志，用于记录调试类日志信息
            Log.Debug(welcomeMessage);
            // 打印信息级别日志，用于记录程序正常运行日志信息
            Log.Info(welcomeMessage);
            // 打印警告级别日志，建议在发生局部功能逻辑错误，但尚不会导致游戏崩溃或异常时使用
            Log.Warning(welcomeMessage);
            // 打印错误级别日志，建议在发生功能逻辑错误，但尚不会导致游戏崩溃或异常时使用
            Log.Error(welcomeMessage);
            // 打印严重错误级别日志，建议在发生严重错误，可能导致游戏崩溃或异常时使用
            //此时应尝试重启进程或重建游戏框架
            Log.Fatal(welcomeMessage);
        }
    }
}
```

（3）运行程序，控制台打印消息，如图 20-8 所示。可以看到控制台根据不同级别分别输出了一条日志。

（4）将日志信息记录到文件中，为日志添加一个新的日志辅助器（Helper），它派生自默认的日志辅助器 DefaultLogHelper。新建一个 FileLogHelper.cs 脚本，双击打开脚本，该脚本可以实现日志辅助器功能，编辑代码，参考代码 20-2。

图 20-8　控制台打印信息

代码 20-2　编辑 FileLogHelper.cs 脚本

```
using GameFramework;
using System;
using System.IO;
using System.Text;
using UnityEngine;
using UnityGameFramework.Runtime;

internal class FileLogHelper : DefaultLogHelper
{
    private readonly string CurrentLogPath = Utility.Path.GetRegularPath(Path.
Combine(Application.persistentDataPath, "current.log"));
    private readonly string PreviousLogPath = Utility.Path.GetRegularPath(Path.
Combine(Application.persistentDataPath, "previous.log"));

    public FileLogHelper()
    {
        Application.logMessageReceived += OnLogMessageReceived;
        if (File.Exists(PreviousLogPath))
        {
            File.Delete(PreviousLogPath);
        }

        if (File.Exists(CurrentLogPath))
        {
```

```
            File.Move(CurrentLogPath, PreviousLogPath);
        }
    }

    private void OnLogMessageReceived(string logMessage, string stackTrace, LogType
logType)
    {
        string log = Utility.Text.Format("[{0}][{1}] {2}{4}{3}{4}", DateTime.Now.
ToString ("yyyy-MM-dd HH:mm:ss.fff"), logType.ToString(), logMessage ?? "<Empty
Message>", stackTrace ?? "<Empty StackTrace>", Environment.NewLine);
       File.AppendAllText(CurrentLogPath, log, Encoding.UTF8);
    }
}
```

（5）将日志辅助器设置为使用状态，在 Hierarchy 视图中选择 GameFramework 对象，然后在 Inspector 视图中找到 Base 组件，单击 Global Helpers 分组下的 Log Helper，选择制作好的日志辅助器脚本，如图 20-9 所示。

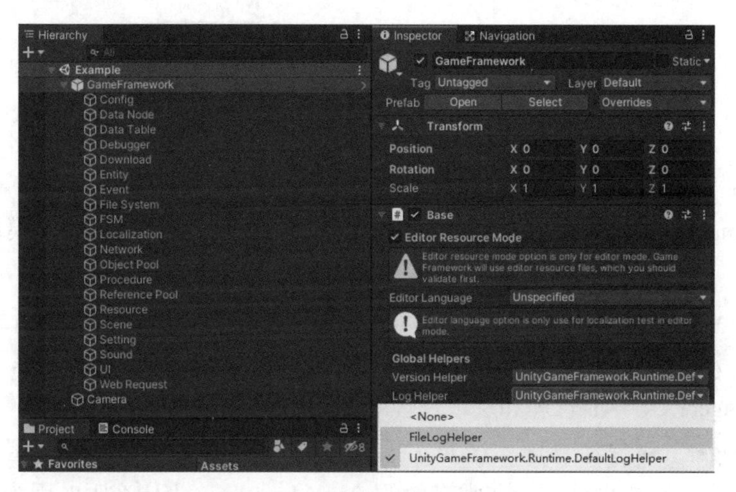

图 20-9 选择日志辅助器脚本

（6）运行程序后，所有输出到控制台的日志，都可以同时写入 Application.persistentDataPath 下的 current.log 文件中。

20.2 QFramework 框架

QFramework 是一套快速开发框架，可以满足任何类型的游戏及应用项目的开发需求。

QFramework 提供了 Manager Of Manager 架构以及 DVA（类 Redux/Flux）单向数据流的架构。它还内置了 UI Kit（UI 工作流管理套件）、Res Kit（资源工作流管理套件）、UniRx（异步编辑）等强大的模块，在细节上提升开发效率。

QFramework 提供了一套插件平台，即 PackageKit，平台上有丰富的拓展模块以及 UI 控件和 Shader 案例等，软件开发人员可以按需自行下载使用。

20.2.1 QFramework 框架简介

QFramework 框架使用了 Manager Of Manager（MOM）框架，框架方案如图 20-10 所示。

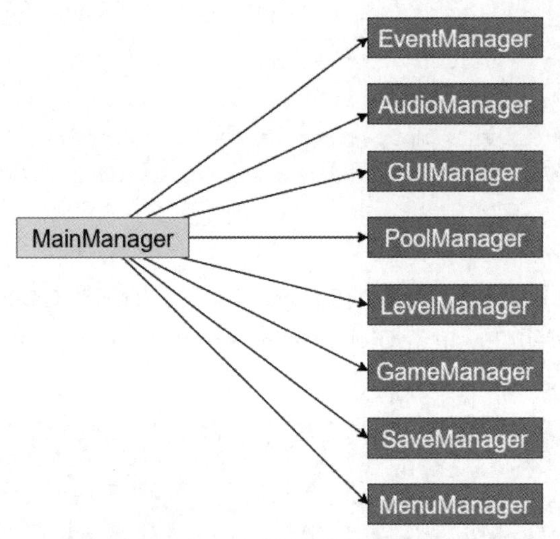

图 20-10　Manager Of Manager 框架方案

以上的 Manager 都有些什么样的功能呢？我们逐一分析。

- EventManager：管理所有 UI 到各个模块之间的消息，以及进行各个模块相互访问的消息传递。
- AudioManager：管理音频文件。在游戏场景中的任何地方播放这些音频文件时都只需访问一个 AudioManager.Instance，这样的类就叫作 AudioManager。
- GUIManager：UI 界面管理和层级管理等。
- PoolManager：对象池管理。这非常重要，如果现在要开发一个中型及以上的 Unity 游戏，那么一定要设计一个非常有效的 PoolManager，为什么呢？因为 C# 语言中，在 Create 或 Destroy GameObject 时，它是一个非常耗时的操作，有可能会卷入 GC 操作中，这样的操作就会更加地耽误时间。所以需要编写一个 Pool，去初始化下载至内存里面的资源，能够把它回收起来，然后在下次用到时，把它拿出来，这是一个非常有意义的操作，也是大家在做项目时必须有的操作。
- LevelManager：关卡管理，可以管理游戏中的不同关卡。
- GameManager：游戏管理，该模块与其他模块不同。如果该模块编写成功，则用户可以在项目中多次复用这些模块。换而言之，一旦用户编写出来一套很成熟的机制，那么在开发不同的项目时，只要换一个 GameManager，其他的东西原封不动即可。而 GameManager 用来管理游戏中各个 Game Play 的逻辑。

- SaveManager：保存管理。在编写游戏时，通常会遇到一些问题，如加载配置、保存游戏当前状态等，此时要用到该模块。
- MenuManager：菜单管理。该模块用于集中管理所有菜单上的动画或外观，该模块与所有的 GUI 事件是严格剥离开来的。

20.2.2　QFramework 导入

（1）将 QFramework 框架包导入项目中（插件包目录：资源包 / 第 20 章资源文件 /QFramework 框架包），QFramework 框架目前支持 Unity 3D 2017.x~2019.x 版本。插件的目录如图 20-11 所示。

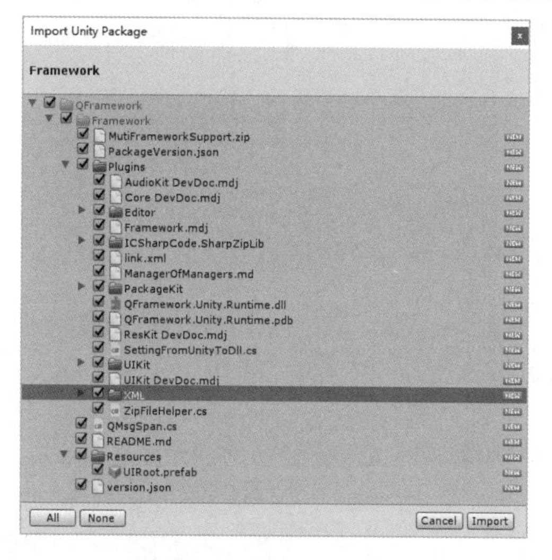

图 20-11　导入 QFramwork 框架

（2）QFramework 框架设置，按组合键 Ctrl+E，即可弹出 QFramework 可视化管理窗口，如图 20-12 所示。出现“QFramework 设置”窗口说明安装成功。

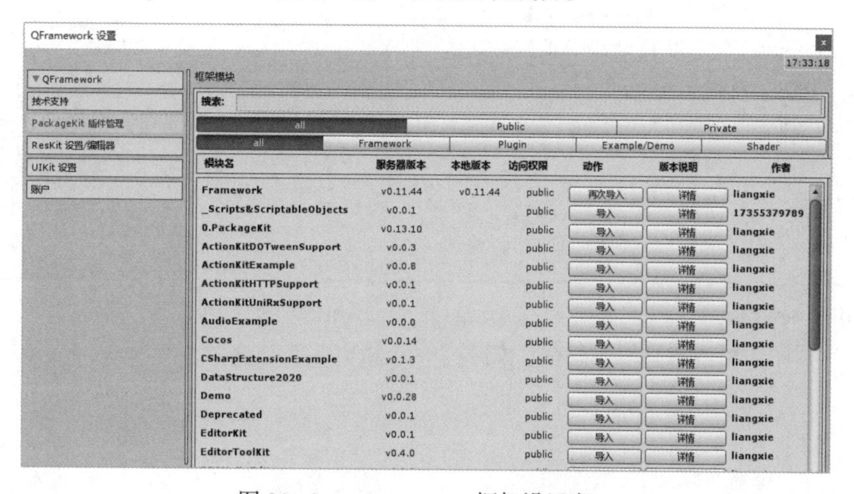

图 20-12　QFramework 框架设置窗口

20.2.3 QFramework 的 Hello World

接下来，使用 QFramework 在控制台中打印 Hello World 的日志。

（1）在 Project 视图中，新建一个 HelloQF.cs 脚本，双击打开脚本，编辑脚本，参考代码 20-3。

代码 20-3　编辑 HelloQF.cs 脚本

```
using UnityEngine;
using QFramework;

public class HelloQF : MonoBehaviour
{
    void Start()
    {
        //QFramework 实现第一种 Log 方式
        // 打印调试级别日志
        Log.I("Hello World");
        // 打印警告级别日志
        Log.E("Hello World");
        // 打印错误级别日志
        Log.W("Hello World");
        //QFramework 实现第二种 Log 方式
        "Hello World".LogInfo();
        "Hello World".LogWarning();
        "Hello World".LogError();
        //Unity 自带 Log 方式
        Debug.Log("Hello World");
        Debug.LogWarning("Hello World");
        Debug.LogError("Hello World");
    }
}
```

注意：

使用 QFramework 的 API，需要导入 using QFramework 命名空间。

（2）运行程序，可以看到以下结果，如图 20-13 所示。

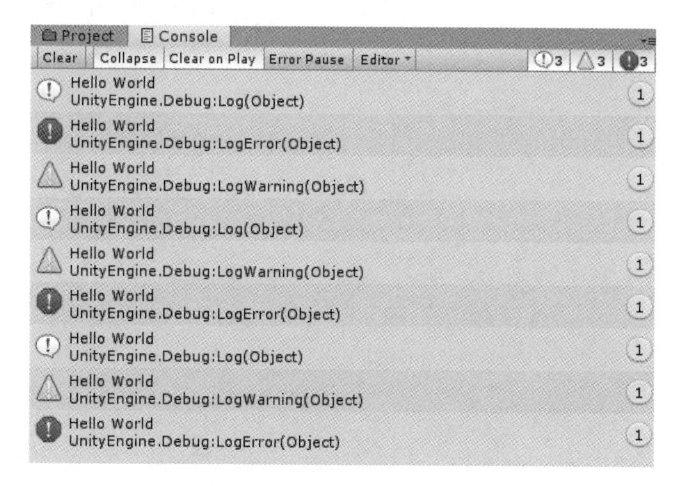

图 20-13　控制台打印消息

20.3　本章小结

架构和框架这些概念听起来很遥远，让很多初学者不明觉厉，会让初学者认为只有等自己技术厉害了才能去做架构或搭建架构，但其实架构和框架是非常接地气的，离软件开发人员并不遥远。

架构是一个约定，一个规则，一个大家都懂得遵守的知识。

本章挑选 GameFramework 和 QFramework 两个 Unity 3D 常用的开发框架进行讲解，创建项目时导入插件，免去配置环境的复杂操作，可以更快地使用框架和学习框架。

使用框架可以快速开发程序，并且在快速开发的同时兼顾安全性和拓展性，无框架开发经验的公司、独立开发者或 Unity 3D 初学者都可以很容易地使用框架和学习框架。插件的特点是学习、接入、重构、二次开发的成本低，文档内容丰富（使用方式、原理以及开发文档），插件丰富。

Unity 3D 项目实战篇

纸上得来终觉浅，绝知此事要躬行。

前 4 篇从 Unity 开发系统开始介绍，介绍了 Unity 开发的概念和流程，又学习了 C# 语言的使用方法与开发方法，还有 Unity 开发的进阶内容，如 UI 系统、数据读取、Socket 编程、AssetBundle 打包、常用插件以及框架的学习。本篇将前面几篇的知识进行综合应用，开始项目的实践与制作。

本篇内容全部是项目的实战开发，选取了比较典型、具有代表性的项目进行讲解。

第 21 章讲解了 2D 游戏 –《愤怒的小鸟》基于 Unity 的开发过程。《愤怒的小鸟》是由 Rovio 开发的一款休闲益智类游戏，于 2009 年 12 月首发于 iOS，如今《愤怒的小鸟》已经移植为安卓版、PC 单机版、Facebook 版、任天堂版、赛班版以及索尼版等多个版本。本章便以此游戏为模板，带领大家制作一款属于自己的《愤怒的小鸟》，体验游戏开发的乐趣。

第 22 章讲解了 3D 游戏——《跑酷小子》的开发过程，从资源的导入到资源的设置，从角色的动画设置到动画的状态切换，每一步都有详细的配图与说明。

第 23 章讲解了 AR 案例——《增强现实技术》的开发过程，介绍了什么是 AR，AR 的应用场景，如何使用 AR 开发程序，以及如何使用常用的 AR 插件去制作与开发 AR 程序，并且介绍了几个比较典型的 AR 案例，让读者可以学习并实践。

第 24 章讲解了 VR 案例——《飞机拆装模拟》的开发过程，介绍了什么是 VR，VR 的特点，VR 的应用领域，以及 VR 虚拟仿真案例《飞机拆装模拟》的开发制作方法，大多数步骤都配置了图片说明，代码也有详细注释，读者可以快速学习制作。

第 25 章讲解了元宇宙案例——《虚拟地球信息射线》的开发过程，介绍了元宇宙的概念，元宇宙的发展历史，元宇宙的应用前景，元宇宙的价值链，元宇宙与数字孪生的关系，以及元宇宙概念下数字孪生的虚拟仿真项目《虚拟地球信息射线》的开发制作。

第 21 章　2D 游戏——《愤怒的小鸟》

“愤怒的小鸟”在 2009 年 12 月发布，由于它十分吸引用户，很快成为有史以来最成功的移动游戏。

在本章中，我们将在 Unity 3D 中实现“愤怒的小鸟”的简单版。游戏中最复杂的部分是物理系统，但是借助于 Unity 3D 编辑器，我们就不用担心太多了。

21.1　场景搭建

因为《愤怒的小鸟》是一个 2D 游戏，所以需要在新建项目时选择 2D 模板，如图 21-1 所示。

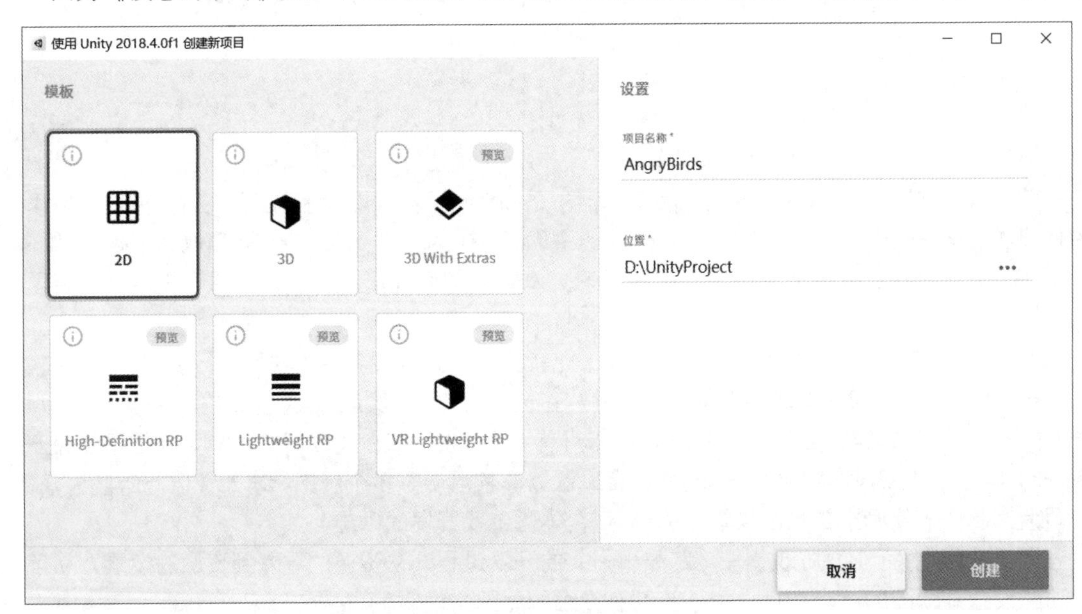

图 21-1　新建项目

然后将“资源包→第 21 章资源文件”文件夹中的 AngryBirds.unitypackage 导入项目。

在 Project 视图中，找到 Sprites 文件夹，该案例所要用到的资源都在这个文件夹内，如图 21-2 所示。

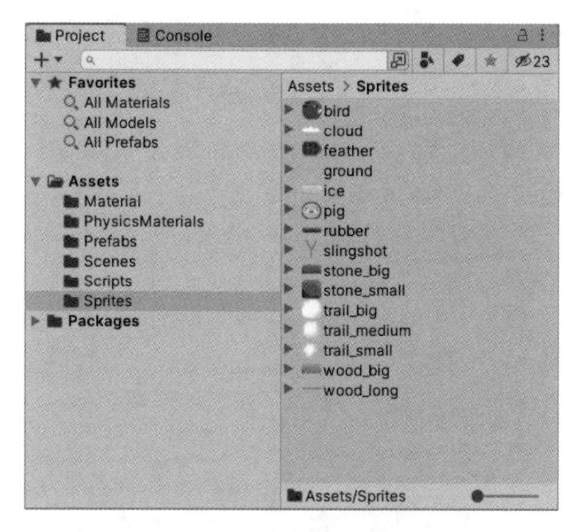

图 21-2　所有的资源

接下来我们开始设置摄像机属性。

提示：

摄像机是 Unity 3D 编辑器中很重要的概念，通过摄像机来查看场景中的任何东西，摄像机相当于游戏的眼睛，没有眼睛就无法看到东西。

21.1.1　摄像机设置

（1）在 Project 视图中找到 Scenes 文件夹，然后找到 level01.unity 场景文件，双击打开场景文件。

（2）选择 Main Camera 对象，设置 Background 背景颜色为友好的蓝色色调（红色 =187, 绿色 =238, 蓝色 =255，透明度 =10），如图 21-3 所示。

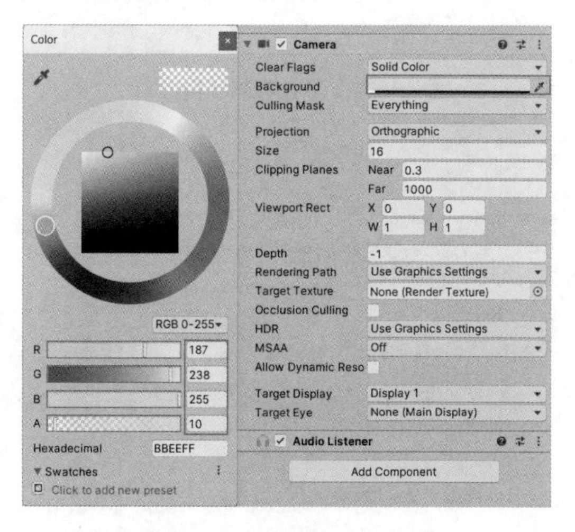

图 21-3　设置摄像机的背景

（3）调整摄像机的 Position（位置）为（0，13，–10），Size（大小）为 16，如图 21-4 所示。

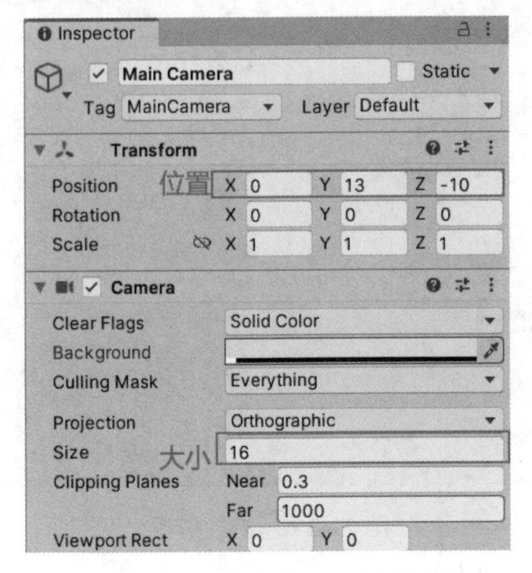

图 21-4　设置摄像机的属性

21.1.2　地面设置

（1）在 Project 视图中，找到 Sprites 文件夹内的 ground.png 文件，在 Inpsector 视图中，修改导入设置，将 Pixels Per Unit 设置为 16，然后单击 Apply 按钮，如图 21-5 所示。

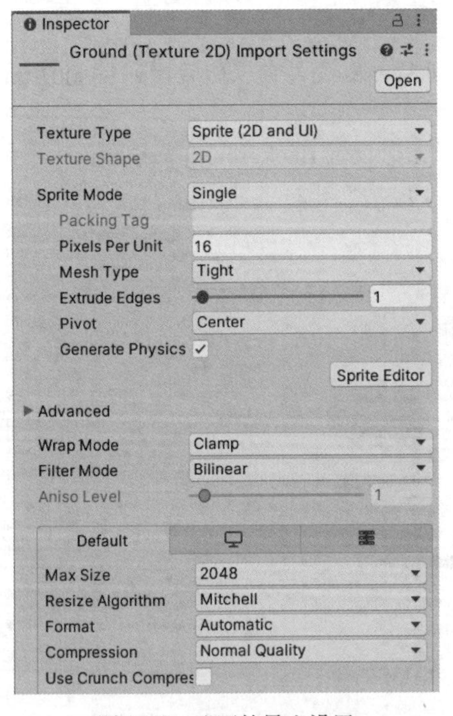

图 21-5　地面的导入设置

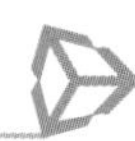

提示：

将 Pixels Per Unity 像素设置为 16，意味着 16*16 的像素是游戏世界中的一个单位，所有用到的图片都将使用这个值。之所以选择 16，是因为鸟的大小是 16*16。

（2）在 Project 视图中，找到 Sprites 文件夹内的 ground.png 文件，将其拖入场景中，如图 21-6 所示。

（3）在 Hierarchy 视图中选中 ground，然后在 Inspector 视图中修改它的 Position 为（0,-2,0），如图 21-7 所示。

图 21-6　将地面拖入场景

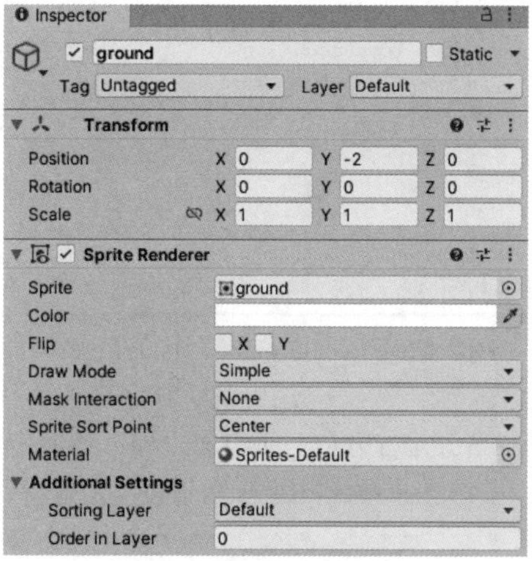

图 21-7　修改地面的坐标

（4）现在地面只是图像，不是物理世界的一部分，事物不会与其相撞，也不会站在其上，所以我们需要添加一个碰撞器，让其具有物体特性，这样物体就可以站在地面上。在 Inspector 视图中，选择 Add Component → Pyhsics 2D → Box Collider 2D 组件，然后修改 Size（x=64,y=4），如图 21-8 所示。

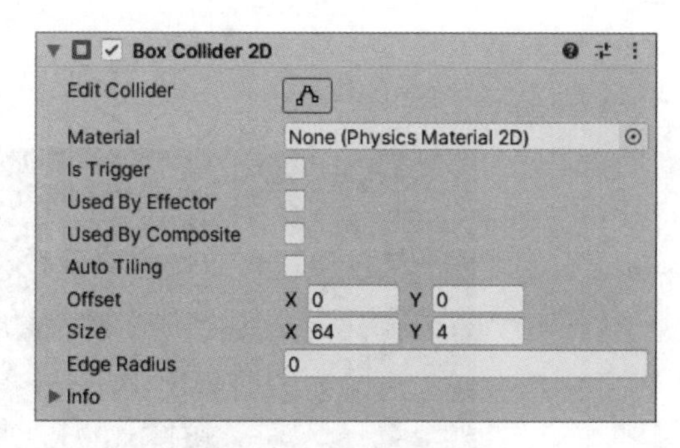

图 21-8　添加碰撞器

21.1.3　边界设置

（1）创建空对象，命名为 borders，然后设置 Position 坐标为（0,0,0），如图 21-9 所示。

（2）现在这个边界还无法发挥作用，因为它还不是物理世界的一部分，无法与其他物体发生碰撞，我们需要为它添加一个碰撞器。在 Inspector 视图中，选择 Add Component → Pyhsics 2D → Box Collider 2D 命令，如图 21-10 所示。

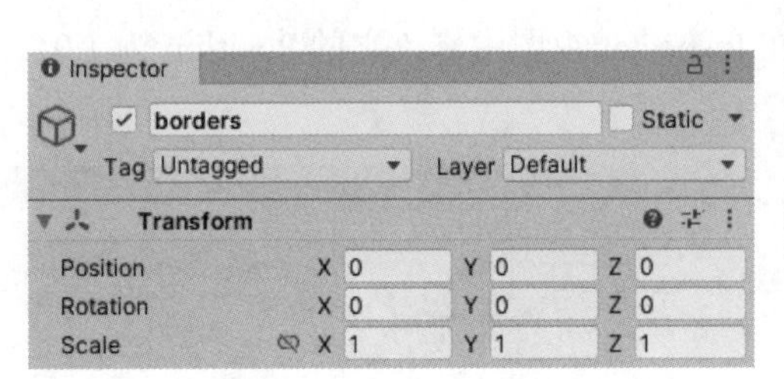

图 21-9　设置边界

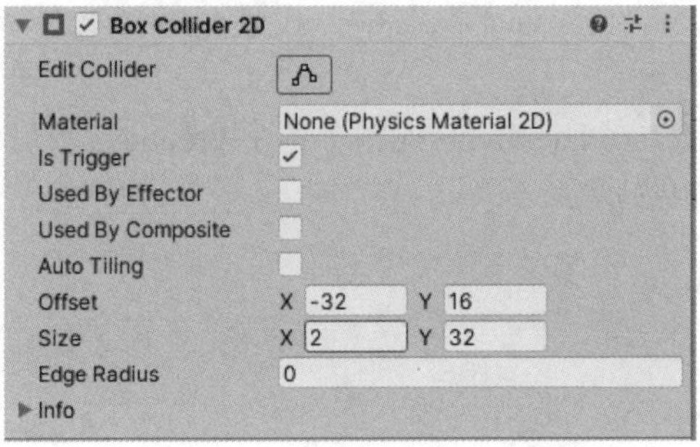

图 21-10　给边界添加碰撞器

提示：

Box Collider 2D 勾选了 Is Trigger 属性，因为边界不需要与任何物体碰撞，只需要接收到碰撞信息。

（3）为右边和上面添加边界，参照上一步，再添加 2 个碰撞器，设置属性如图 21-11 所示。

（4）在 Scenes 视图中，可以很清楚地看到边界的触发器是如何与我们的背景对齐的，如图 21-12 所示。

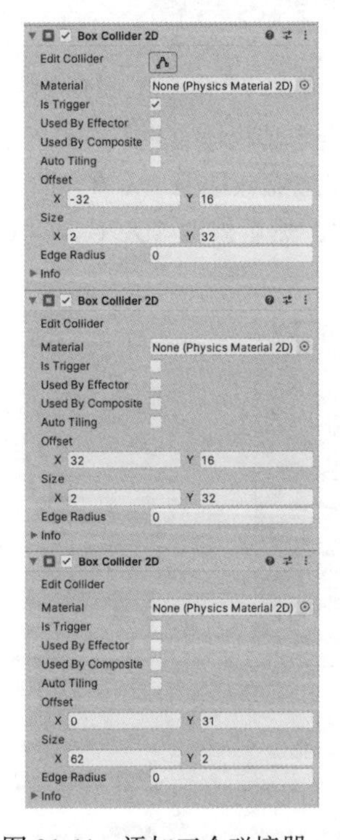

图 21-11　添加三个碰撞器

图 21-12　碰撞器的效果

（5）现在需要实现销毁任何进入边界的对象的功能，在 Hierarchy 视图中，单击 borders 对象，在 Inpsector 视图，选择 Add Component → New Script 命令，将脚本命名为 Borders，然后将脚本移动到 Scripts 文件夹内，双击打开脚本，修改脚本，参考代码 21-1。

代码 21-1　销毁进入边界的对象

```
using UnityEngine;
public class Borders : MonoBehaviour
{
    void OnTriggerEnter2D(Collider2D co)
    {
        //任何进入边界的对象都将被销毁
        Destroy(co.gameObject);
    }
}
```

（6）保存脚本后，我们的边界就完成了，如果有鸟飞出边界，就会被销毁。

21.1.4　云彩设置

（1）在 Project 视图中，找到 Sprites 文件夹内的 cloud.png 文件，在 Inpsector 视图中，修改导入设置，将 Pixels Per Unit 设置为 16，然后单击 Apply 按钮，如图 21-13 所示。

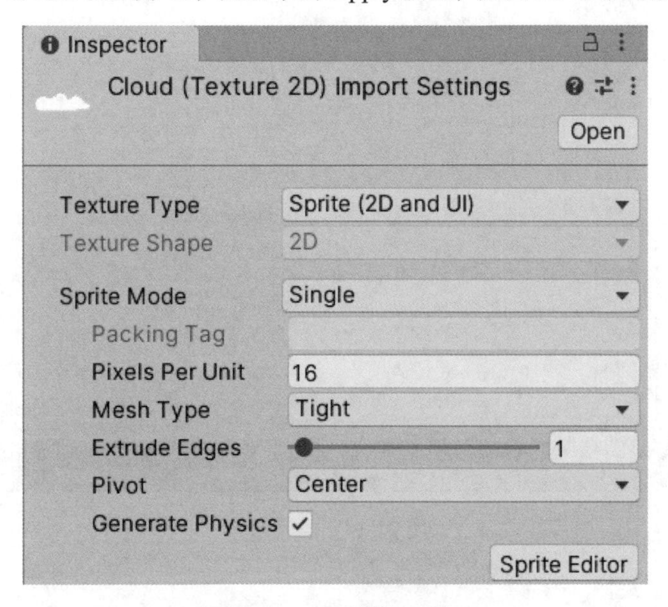

图 21-13　云彩的导入设置

（2）在 Project 视图中，找到 Sprites 文件夹内的 cloud.png 文件，将它从 Project 视图中，拖入 Scenes 视图，如图 21-14 所示。

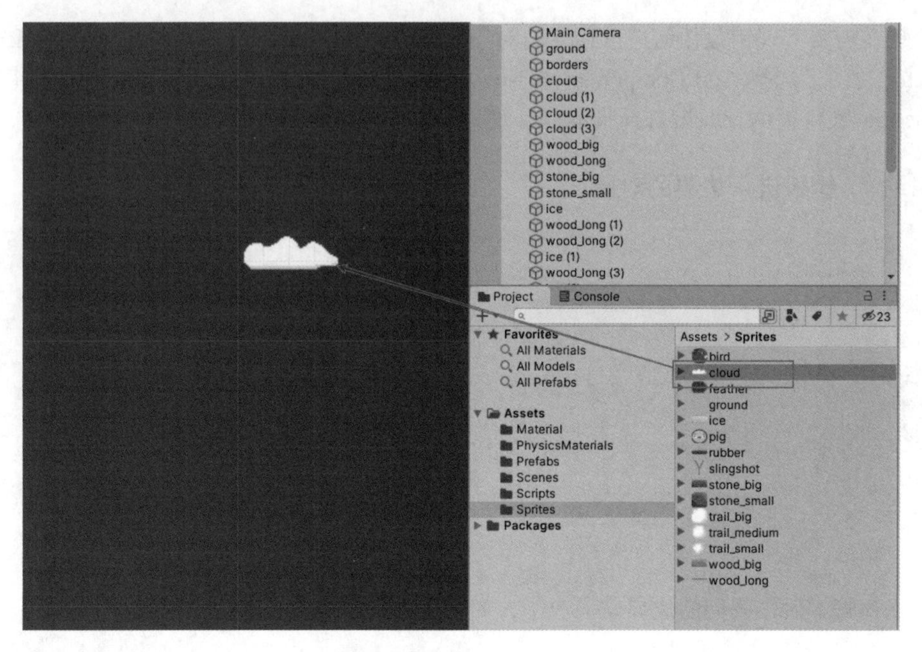

图 21-14　将云导入场景

（3）重复上一步，多复制几份云彩，将云彩摆放到合适的位置，如图 21-15 所示。

图 21-15　摆放云

（4）保存场景，此时云彩就设置好了。

21.1.5　击打物设置

（1）让我们添加一些击打物，如石头，冰和木材。首先设置木材，在 Project 视图中，找到

Sprites 文件夹内的 wood_big.png 文件，在 Inpsector 视图中，修改导入设置，将 Pixels Per Unit 设置为 16，然后单击 Apply 按钮，如图 21-16 所示。

（2）将其从 Project 视图拖入 Scenes 视图，放到场景中的任意地方，我们在后面会再次调整的。

（3）为木材添加碰撞器，选中 wood_big 对象，在 Inspector 视图中，选择 AddComponent → Physics 2D → Box Collider 2D 命令添加碰撞器，然后选择 Add Component → Physics 2D → Rigidbody 2D 命令，设置 Mass 属性为 4，这样就会让它更重一些，如图 21-17 所示。

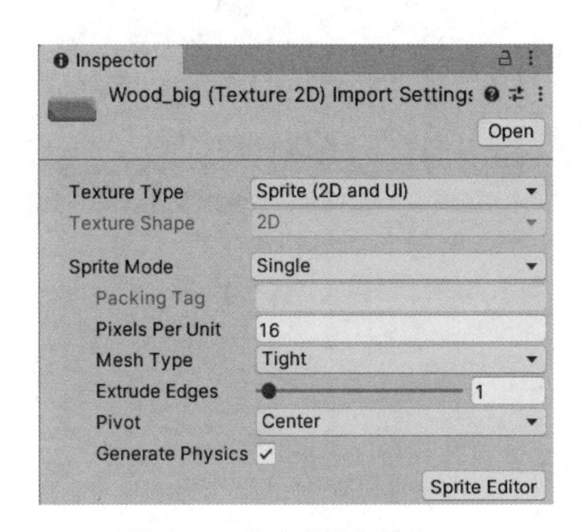

图 21-16　木头的导入设置

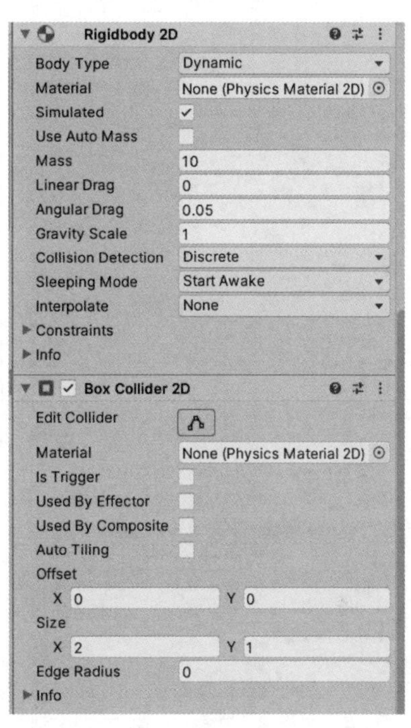

图 21-17　添加碰撞器和刚体

（4）在 Project 视图中找到 Sprites 文件夹内的 wood_long.png 文件，重复上面的步骤，选中 wood_long.png 文件，在 Inspector 视图中修改导入设置，将 Pixels Per Unit 设置为 16，然后将 wood_long.png 从 Project 视图拖入 Scenes 视图，然后添加碰撞器和刚体，如图 21-18 所示。

（5）调整 wood_big 对象和 wood_long 对象的位置。例如，将第一块木材旋转 90°，放到第二块木材上，如图 21-19 所示。

（6）为了在游戏中有不同的结构，我们还将添加两种不同类型的石头，操作流程和以前一样，找到 Project 视图中的 stone_big.png 和 stone_small.png 文件，修改导入设置，将 Pixels Per Unit 设置为 16，然后添加碰撞器和刚体，将刚体的 Mass 属性设置为 10，如图 21-20 所示。

（7）调整摆放石头的位置，可以将石头摆放成图 21-21 所示的样子，也可以根据自己的想法调整。

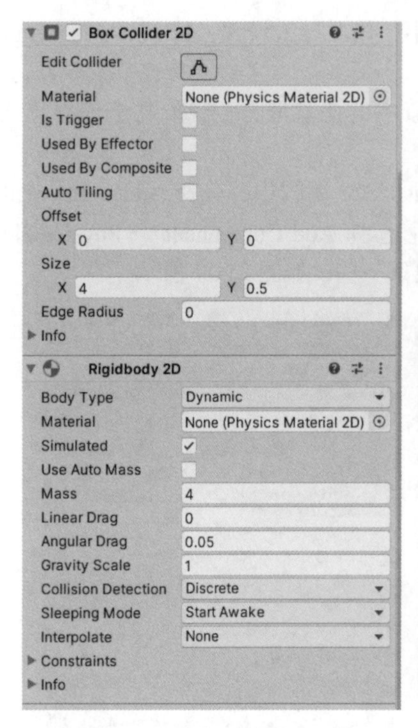

图 21-18　添加碰撞器和刚体

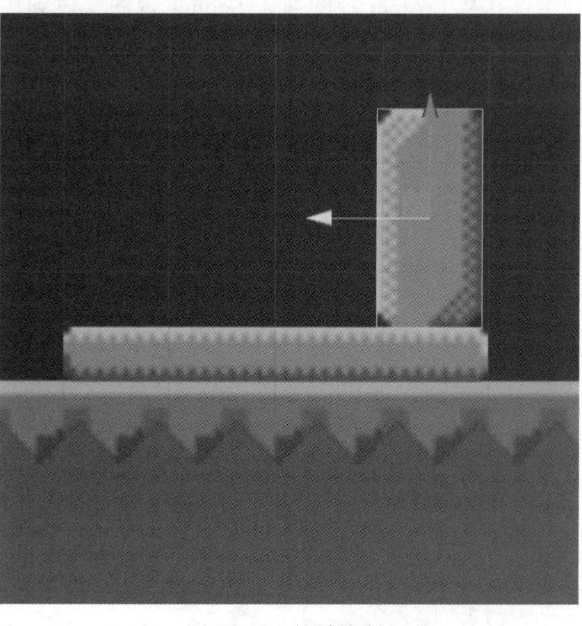

图 21-19　摆放木材

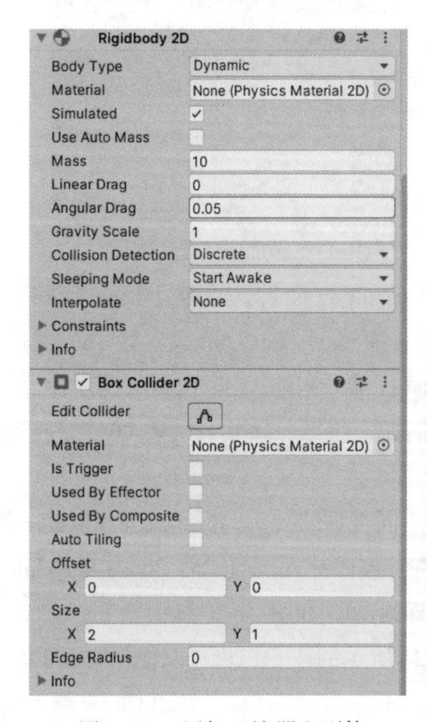

图 21-20　添加碰撞器和刚体

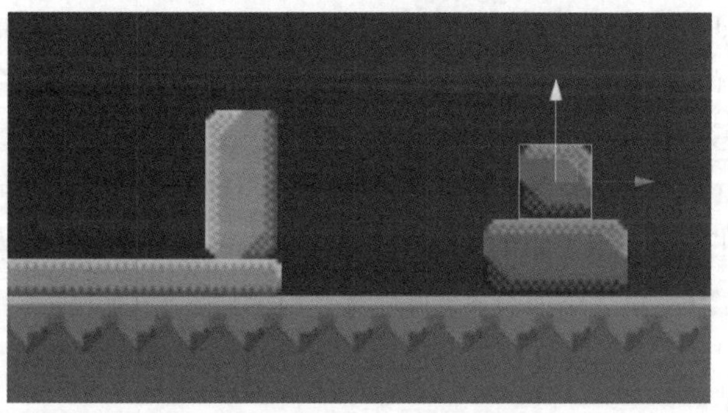

图 21-21　摆放石头

（8）为游戏再添加一个结构：冰，操作流程和前面一样，找到 Project 视图中的 ice，在导入设置中，将 Pixels Per Unit 设置为 16。不过这一步会更有趣：添加一个 Box Collider 2D（碰撞器）和 Rigidbody 2D（刚体），并且将刚体的 Mass 属性设置为 8，如图 21-22 所示。

（9）冰很滑，所以需要使用特殊的物理碰撞材料，此处使用 Physics Material 2D（2D 物理材料），在 Project（项目）视图中右击，选择 Create → Folder 命令，新建文件夹，将其命名为 PhysicsMaterials，打开 PhysicsMaterials 文件夹，然后选择 Create → 2D → Physics Materials 2D 命令，并命名为 IceMaterial，如图 21-23 所示。

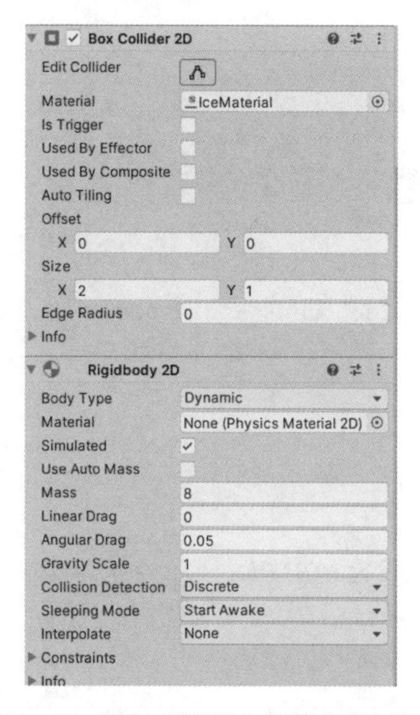

图 21-22　添加碰撞器和刚体并设置属性

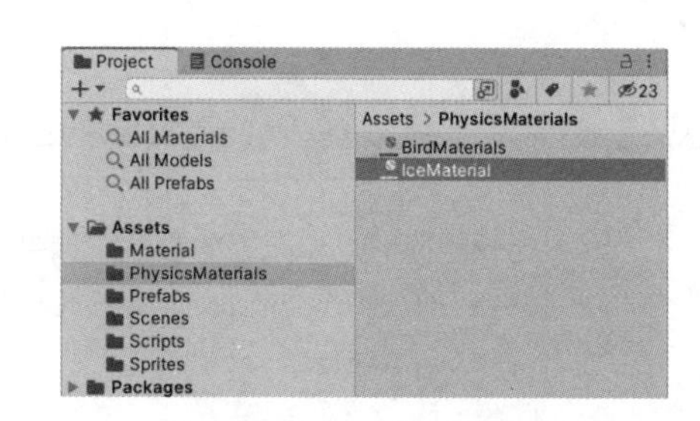

图 21-23　添加物理材料

（10）在 Project 视图中，选中 IceMaterial，在 Inspector 视图中设置参数，如图 21-24 所示。

（11）在 Hierarchy 视图中，选择 ice（冰）对象，然后在 Inspector 视图中，将 Project 视图中 PhysicsMaterials 文件夹内的 IceMaterial 拖入 Box Collider 2D 的 Material 卡槽中，如图 21-25 所示。

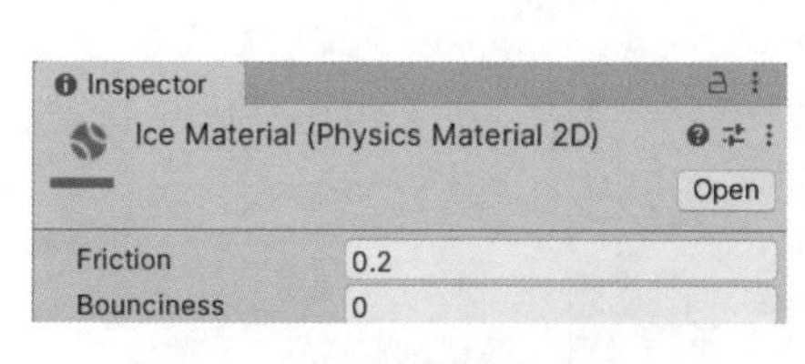

图 21-24　设置物理材料的属性

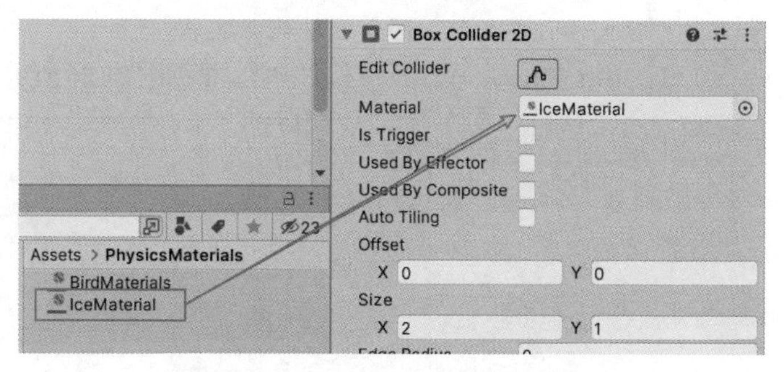

图 21-25　将物理材料拖入组件的卡槽

（12）冰如果有足够的力量撞击，那么冰层就会被摧毁，这个将使用脚本来实现，选中 ice 对象，在 Inspector 视图中，选择 Add Component → New Script 命令，将脚本命名为 BreakOnImpact，将脚本移动到 Scripts 文件夹，然后双击打开脚本，修改代码，参考代码 21-2。

代码 21-2　给冰添加可以被其他对象摧毁的组件

```
using UnityEngine;
public class BreakOnImpact : MonoBehaviour
{
    public float forceNeeded = 1000;

    float collisionForce(Collision2D coll)
    {
        // 碰撞的力 = speed * mass（速度 * 质量）
        float speed = coll.relativeVelocity.sqrMagnitude;
        if (coll.collider.GetComponent<Rigidbody2D>())
            return speed * coll.collider.GetComponent<Rigidbody2D>().mass;
        return speed;
    }

    void OnCollisionEnter2D(Collision2D coll)
    {
        //  比较碰撞的力和设置的参数。如果它比设置的参数大，那么冰就会破裂
        if (collisionForce(coll) >= forceNeeded)
            Destroy(gameObject);
    }
}
```

提示：

使用 OnCollisionEnter2D 函数获取一个碰撞的力，然后将速度和质量相乘获取一个碰撞值，如果这个值大于设置的值，那么冰层就会破裂。

（13）用设置好的木头、石头和冰物体，根据图 21-26 所示摆放，也可以根据自己的想法进行摆放。

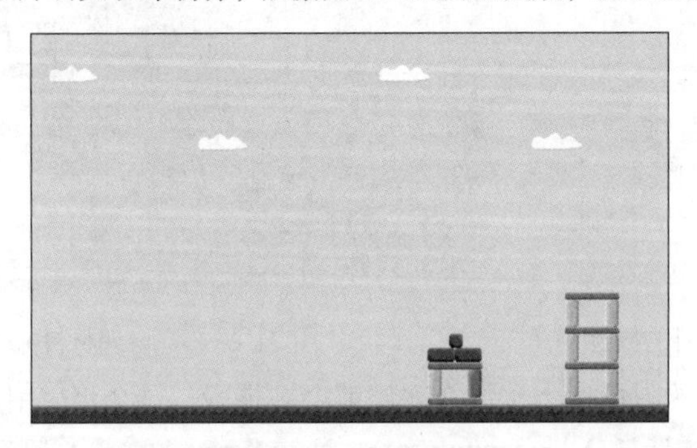

图 21-26　摆放的效果

21.2　弹弓设置

接下来将设置一个弹弓，弹弓用来生成并且发射鸟。

21.2.1　弹弓搭建

（1）在 Project 视图中，找到 Sprites 文件夹内的 slingshot.png 文件，在 Inpsector 视图中，修改导入设置，将 Pixels Per Unit 设置为 16，并且将 Pivot 设置为 Top，然后单击 Apply 按钮，如图 21-27 所示。

（2）稍后，将创建一个在弹弓的位置生成一只鸟的脚本，准确地说，是在弹弓的 Pivot 位置生成一只鸟。我们想要鸟在弹弓顶部生成而不是中间处生成，这就是为什么我们要在导入设置中将 Pivot 设置为 Top。图 21-28 显示了将 Pivot 设置为 Center 和 Top 的区别。

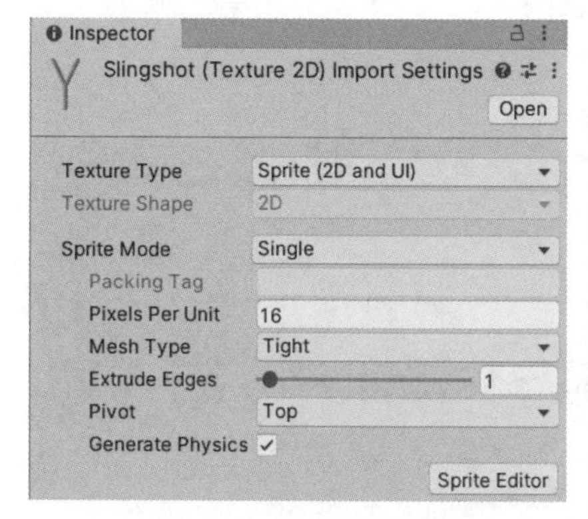

图 21-27　弹弓的导入设置

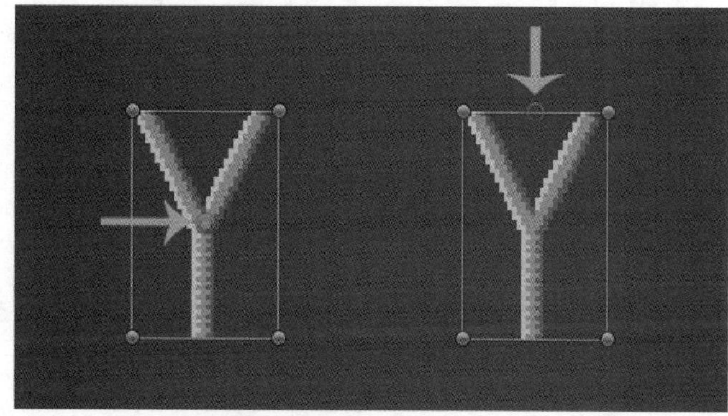

图 21-28　弹弓的中心点设置

（3）将 Project 视图中 Sprites 文件夹内的 slingshot.png 文件拖入 Scenes 视图中，将位置设置为（–22, 3,0），如图 21-29 所示。

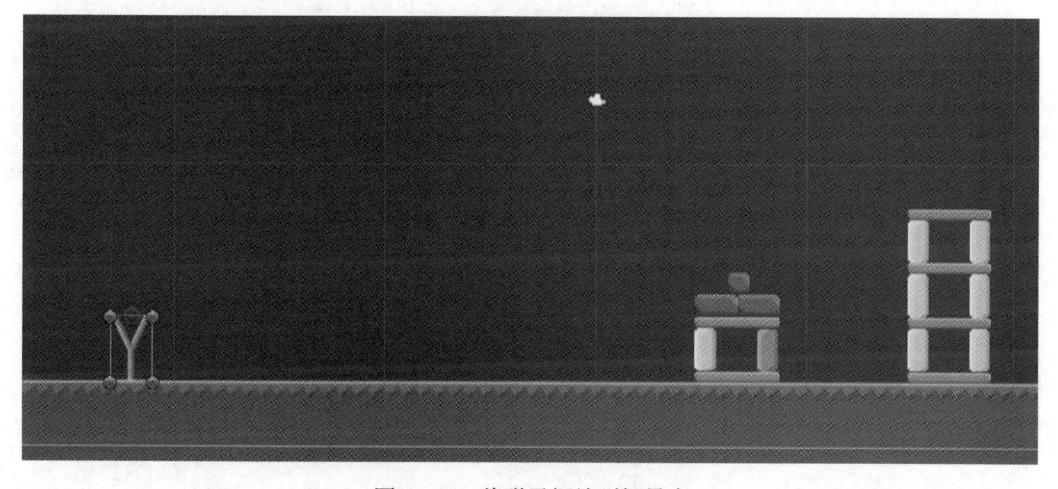

图 21-29　将弹弓摆放到场景中

21.2.2 生成鸟

（1）在 Hierarchy 视图中，选中 slingshot 对象，在 Inspector 视图中选择 Add Component → New Script 命令，并将脚本命名为 Spawn，双击打开这个脚本，编辑代码，参考代码 21-3。

代码 21-3 生成鸟脚本

```
using UnityEngine;
public class Spawn : MonoBehaviour
{
    // 鸟的预制体
    public GameObject birdPrefab;

    void FixedUpdate()
    {

    }
    void spawnNext()
    {
        // 生成一只鸟
        Instantiate(birdPrefab, transform.position, Quaternion.identity);
    }
}
```

（2）只有玩家单击了弹弓才开始生成鸟，所以需要给弹弓添加一个碰撞器。在 Hierarchy 视图中，选择 slingshot 对象，在 Inspector 视图中，选择 Add Component → Physics 2D → Circle Collider 2D 命令，将 Radius 设置为 1.8，然后勾选 Is Trigger 复选框，如图 21-30 所示。

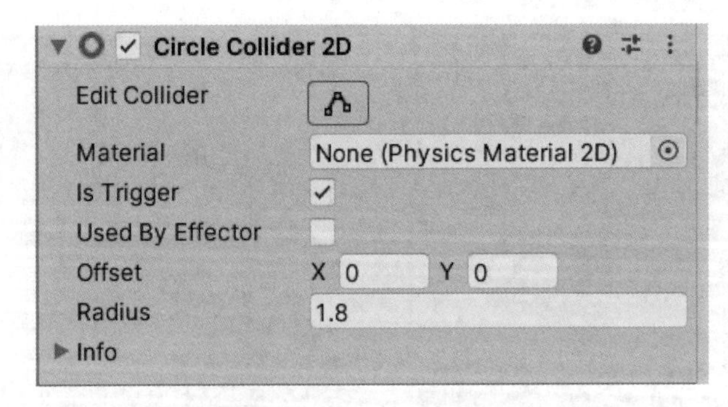

图 21-30 添加碰撞器

（3）再次修改 Spawn.cs 脚本，参考代码 21-4。

代码 21-4　修改生成鸟脚本

```
using UnityEngine;
public class Spawn : MonoBehaviour
{
    // 鸟的预制体
    public GameObject birdPrefab;
    // 鸟是否在触发区域
    bool occupied = false;

    void FixedUpdate()
    {
        // 鸟不在触发区域
        if (!occupied && !sceneMoving())
            spawnNext();
    }
    void spawnNext()
    {
        // 生成一只鸟
        Instantiate(birdPrefab, transform.position, Quaternion.identity);
        occupied = true;
    }

    void OnTriggerExit2D(Collider2D co)
    {
        // 鸟离开触发区域
        occupied = false;
    }

    bool sceneMoving()
    {
        // 找到所有的鸟的刚体，看看是否还有仍然移动的
        Rigidbody2D[] bodies = FindObjectsOfType(typeof(Rigidbody2D)) as
Rigidbody2D[];
        foreach (Rigidbody2D rb in bodies)
            if (rb.velocity.sqrMagnitude > 5)
                return true;
        return false;
    }
}
```

提示：

我们使用了 FindObjectsOfType 函数找到所有带刚体的物体，之后检查每个物体的 velocity，如果这个刚体的 sqrMagnitude 大于 5，说明这个刚体还在移动，那么返回 ture，否则返回 false。

（4）到此，就完成了在弹弓上生成鸟的脚本，但是游戏对象还没有制作完成，无法测试，我们将在后面测试这个脚本。

21.3 鸟设置

愤怒的小鸟怎么能没有鸟呢，下面我们就将设置鸟的物理特性，以及实现发射鸟的功能，还有制作鸟的落地效果、显示鸟的飞行轨迹。

21.3.1 设置鸟的物理特性

（1）在 Project（项目）视图中，找到 Sprites 文件夹中的 bird.png 文件，修改导入设置，将 Pixels Per Unit 设置为 16，然后单击 Apply 按钮。

（2）将 Project 视图 Sprites 文件夹中的 bird.png 文件拖入 Scenes 视图。

（3）在 Hierarchy 视图中，选中 bird 对象，在 Inspector 视图中，选择 Add Component → Physics 2D → Circle Collider 2D 命令，添加圆形碰撞器，如图 21-31 所示。

（4）现在鸟有了碰撞器，我们需要给鸟设置一些特殊的物理特性，这就需要用到 20.1.5 小节提到的物理材料。在 Project 视图中，进入 PhysicsMaterials 文件夹，右击，选择 Create → 2D → Physics Material 2D 命令，将其命名为 BirdMaterials，如图 21-32 所示。

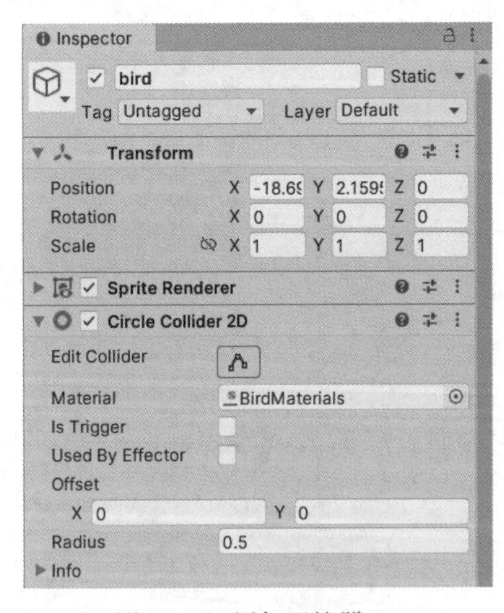

图 21-31 添加碰撞器

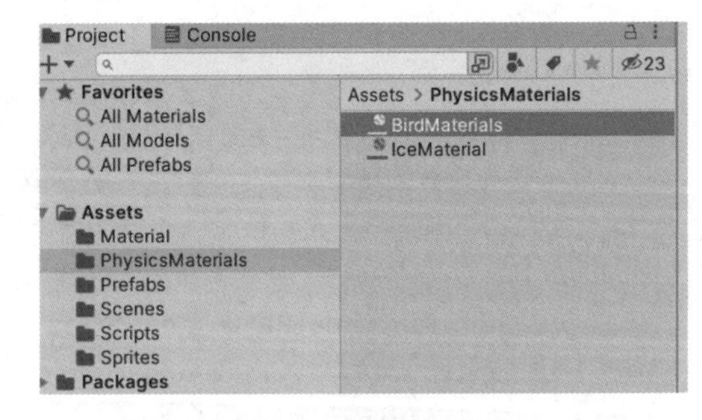

图 21-32 添加物理材料

（5）选中 BirdMaterials，在 Inspector 视图中，修改它的属性，如图 21-33 所示。

提示：

Bounciness 值越大，鸟反弹得就越厉害。

（6）在 Hierarchy 视图中，选择 bird 对象，然后将 BirdMaterials 从 Project 视图拖入 bird 对象的 Circle Collider 2D 组件的 Material 卡槽，如图 21-34 所示。

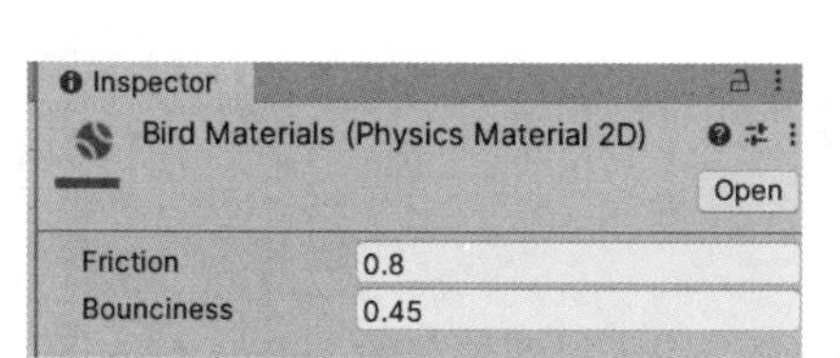

图 21-33　修改物理材料的属性

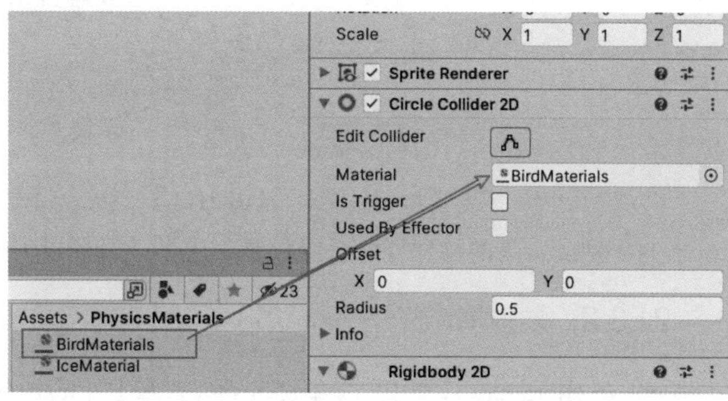

图 21-34　将物理材料拖入组件的卡槽

（7）实现鸟可以四处走动的功能。因为刚体用于设置物体的重力、速度和其他使物体运动的力，所以鸟需要添加一个刚体。在 Hierarchy 视图中选中 bird 对象，然后在 Inspector 视图中，选择 Add Component → Physics 2D → Rigidbody 2D 命令，设置参数，如图 21-35 所示。

提示：

Rigidbody 2D 组件的 Gravity Scale 属性越大，鸟就会飞的越快。

（8）运行程序，可以看到鸟掉下来之后又弹跳了起来。

（9）鸟的物理特性已经完成了，但是还有一个小的调整必须在这里进行。如果现在在弹弓上生成鸟，由于鸟自身有重力，它会立即坠落到地面。但我们希望开火后鸟才会受到重力的影响，所以我们在脚本中控制小鸟发射之后再将 Body Type 切换到 Dynamic，就可以让鸟在发射后受到重力的影响，如图 21-36 所示。

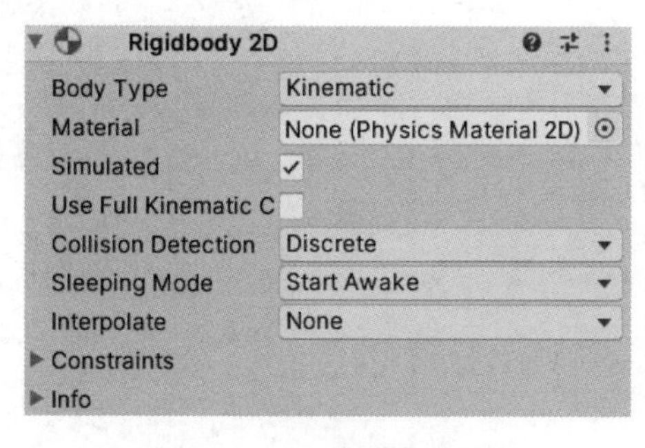

图 21-35　修改刚体的属性

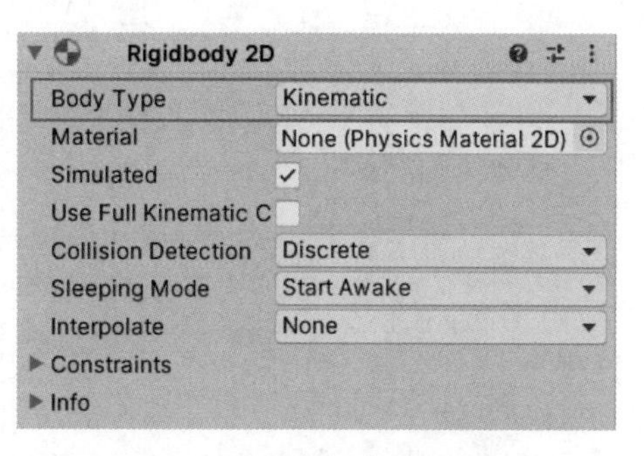

图 21-36　修改刚体的属性

（10）将 Hierarchy 视图中的 bird 对象，拖入 Project 视图的 Prefabs 文件夹内，做成一个预制体，然后在 Hierarchy 视图中将 bird 对象删除，如图 21-37 所示。

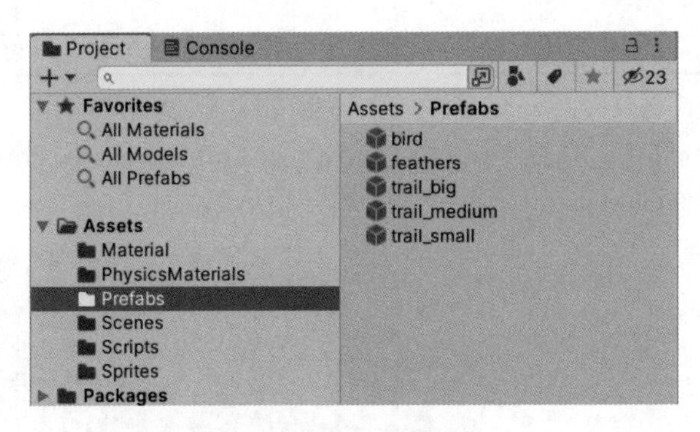

图 21-37　生成预制体

（11）到此，鸟的物理特性已经设置完成了，将场景中的 bird 对象删除，接下来发射鸟。

21.3.2　发射鸟

（1）在 Hierarchy 视图中，选择 slingshot 对象，在 Inspector 视图中，找到挂载的 Spawn（Script）组件，将 Project 视图中的 bird 预制体拖入 Spawn（Script）组件的 Bird Prefab 卡槽，如图 21-38 所示。

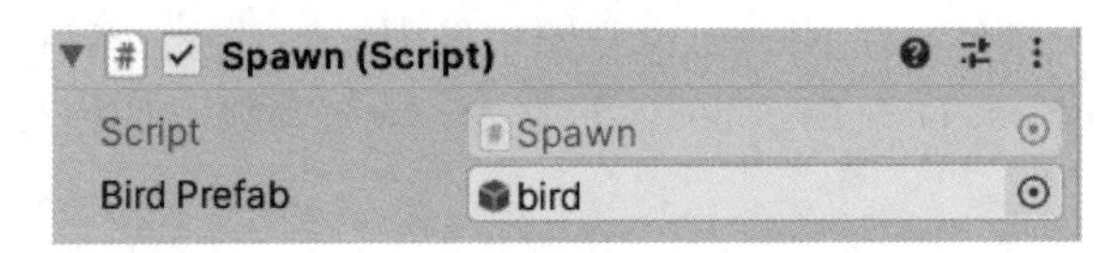

图 21-38　将预制体拖入组件的卡槽

（2）在 Project 视图中找到 Prefab 文件夹内的 bird 预制体，为其添加一个新脚本，命名为 PullAndRelease，这个脚本将实现拉动鸟并且发射鸟的功能，参考代码 21-5。

代码 21-5　拉动鸟发射鸟脚本

```
using UnityEngine;
public class PullAndRelease : MonoBehaviour
{
    // 鸟的默认位置
    Vector2 startPos;
    // 添加的力
    public float force = 1300;

    void Start()
    {
        startPos = transform.position;
    }
```

```
    //监听鼠标抬起事件
    void OnMouseUp()
    {
        // 禁用 isKinematic，这样刚体就会再次受到重力和速度的影响
        GetComponent<Rigidbody2D>().isKinematic = false;
        // 添加力
        Vector2 dir = startPos - (Vector2)transform.position;
        GetComponent<Rigidbody2D>().AddForce(dir * force);
        // 销毁当前组件脚本
        Destroy(this);
    }

    //监听鼠标拖动事件
    void OnMouseDrag()
    {
        //将鼠标点击处的坐标转换为世界空间的坐标位置
        Vector2 p = Camera.main.ScreenToWorldPoint(Input.mousePosition);
        //设置最大半径
        float radius = 1.8f;
        Vector2 dir = p - startPos;
        if (dir.sqrMagnitude > radius)
            dir = dir.normalized * radius;
        //设置位置
        transform.position = startPos + dir;
    }
}
```

（3）运行程序，选中鸟，拖动鼠标时鸟会跟着鼠标方向移动，松开鼠标鸟就会发射出去。

21.3.3　制作鸟的落地效果

让我们通过增加鸟的落地效果来使游戏看起来更加流畅，不那么生硬。实现效果是当鸟第一次落地时，它的周围出现羽毛。

将“资源包→第 21 章资源文件”文件夹内的粒子资源文件 Feather Particle Effect.unitypackage 导入项目。

在 Project 视图中，在 Prefabs 文件夹内找到 bird 预制体，选择添加新脚本，将新脚本命名为 CollisionSpawnOnce，实现在碰撞时生成羽毛粒子效果，参考代码 21-6。

代码 21-6　生成羽毛粒子效果

```
using UnityEngine;
public class CollisionSpawnOnce : MonoBehaviour
{
    // 需要生成的羽毛粒子效果
    public GameObject effect;

    void OnCollisionEnter2D(Collision2D coll)
    {
        // 生成粒子，然后删除脚本
        Instantiate(effect, transform.position, Quaternion.identity);
        Destroy(this);
    }
}
```

然后将 Project 视图中 Prefabs 文件夹内的 feathers 预制体，拖入鸟的 CollisionSpawnOnce 组件的 Effect 卡槽，如图 21-39 所示。

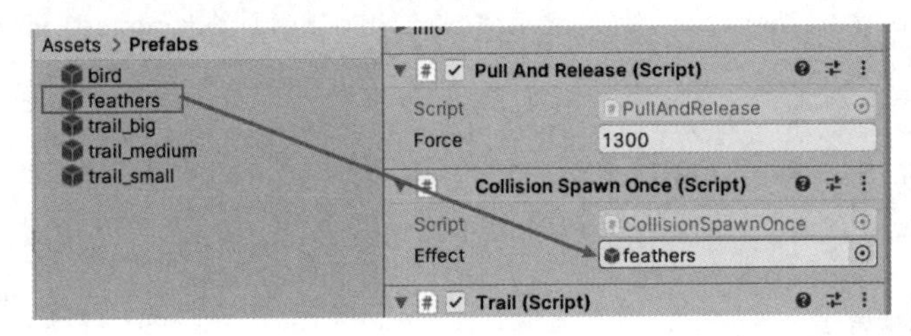

图 21-39　将羽毛的预制体拖入组件卡槽

运行程序，当鸟发射后落到地上，就可以看到它周围会出现羽毛。

21.3.4　显示鸟的飞行轨迹

我们给鸟的飞行过程添加一种效果，用于显示鸟的飞行轨迹，让它看起来更流畅，如图 21-40 所示。

图 21-40　生成的飞行轨迹

（1）在 Project 视图中找到 Sprites 文件夹内的 trail_small.png、trail_medium.png、trail_big.png 三张图片，修改导入设置，设置每一张图片的 Pixels Per Unit 为 16，如图 21-41 所示。

（2）只有鸟发射后才能生成轨迹，也就是要动态生成轨迹，而轨迹有大中小三种类型，所以需要大中小三个轨迹预制体。将三张图片拖入 Scenes 视图，然后拖回 Project 视图的 Prefabs 文件夹，做成三个预制体，再删除 Hierarchy 视图中的这三个对象，如图 21-42 所示。

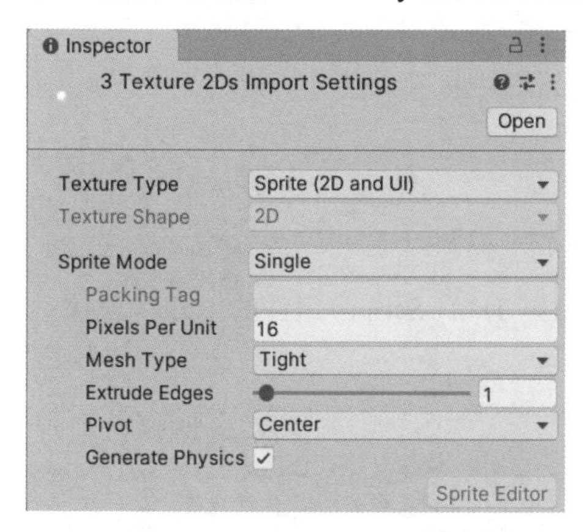

图 21-41　修改导入设置

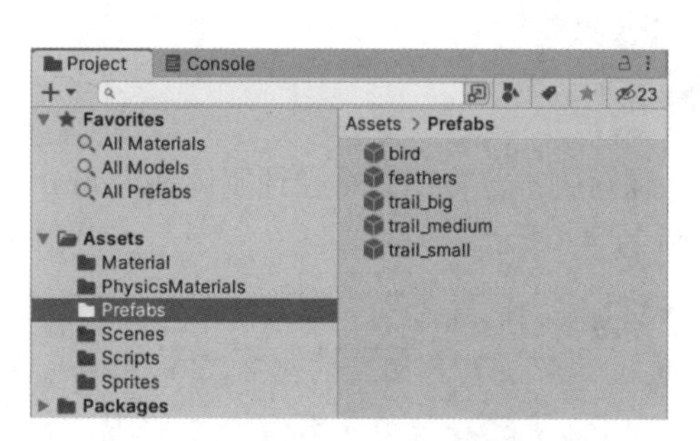

图 21-42　生成三个预制体

（3）现在需要一个脚本来生成轨迹中的多个对象。在 Project 视图中找到 Prefabs 文件夹中的 bird 对象，为其添加一个新脚本，命名为 Trail，参考代码 21-7。

代码 21-7　生成轨迹脚本

```
using UnityEngine;

public class Trail : MonoBehaviour
{
    //轨迹的预制体
    public GameObject[] trails;
    //使用一个 int 变量，用来记录当前生成的轨迹预制体数组的数组下标
    int next = 0;

    void Start()
    {
        //每 100 ms 生成一条新路径对象 0.1 s = 100 ms
        InvokeRepeating("spawnTrail", 0.1f, 0.1f);
    }

    void spawnTrail()
    {
```

```
            // 只有鸟的移动速度够快，才会刷出轨迹
            if (GetComponent<Rigidbody2D>().velocity.sqrMagnitude > 25)
            {
                // 实例化 trails 数组中 next 下标的对象
                Instantiate(trails[next], transform.position, Quaternion.identity);
                //next 变量值增加 1
                next = next + 1;
                //next 等于预制体数组最大值就从 0 开始
                if (next == trails.Length) next = 0;
            }
        }
    }
```

（4）保存脚本。将三条小径预制体拖入 bird 预制体 Trail（Script）组件的 Trails（轨迹对象）卡槽，如图 21-43 所示。

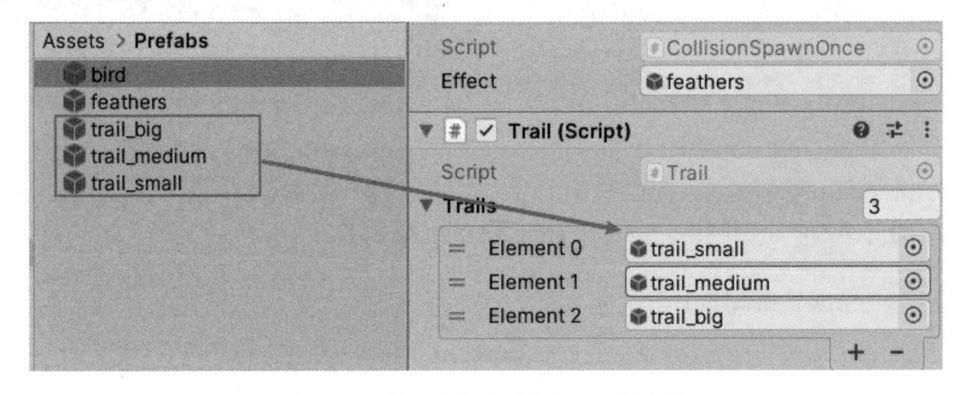

图 21-43　将三个轨迹对象拖入组件卡槽

（5）运行程序，就可以看到发射鸟之后生成的轨迹。

21.4　敌人设置

为鸟设置一些敌人，让鸟去消灭所有的敌人（此处敌人为绿猪），这样游戏就不会无聊了。

21.4.1　设置敌人的物理特性

（1）在 Project（项目）视图中，找到 Sprites 文件夹中的 pig.png 文件，修改导入设置，将 Pixels Per Unit 设置为 16，然后单击 Apply 按钮。

（2）将 Project 视图的 Sprites 文件夹中的 pig.png 拖入 Scenes 视图。

（3）在 Hierarchy 视图中，选中 bird 对象，在 Inspector 视图中，选择 Add Component → Physics 2D → Circle Collider 2D 命令，添加圆形碰撞器，修改参数；选择 Add Component → Physics 2D → Rigidbody 2D 命令，添加刚体，修改参数，如图 21-44 所示。

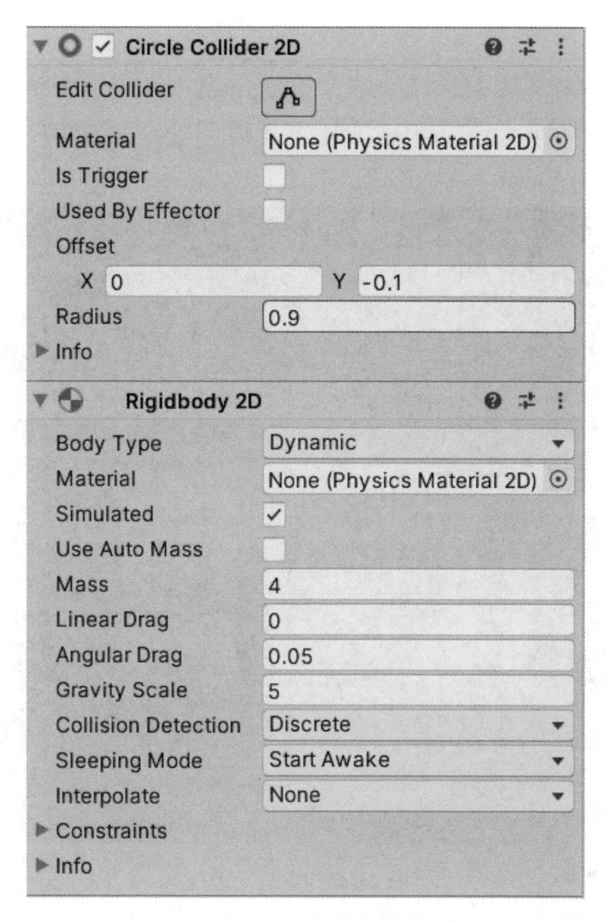

图 21-44　添加碰撞器和刚体

（4）敌人的物理特性已经设置完成了，下面将实现被撞击就消失的功能。

21.4.2　设置敌人的游戏逻辑

敌人的游戏逻辑是：如果有足够大的力量撞击敌人（绿猪），敌人就会死。前面已经有脚本实现了该功能，那就是 BreakOnImpact.cs。在 Hierarchy 视图中选中 pig 对象，然后在 Inspector 视图中选择添加组件，将 BreakOnImpact.cs 附加上去，在 Break On Impact（Seript）组件中设置 Force Needed 的值，如图 21-45 所示。

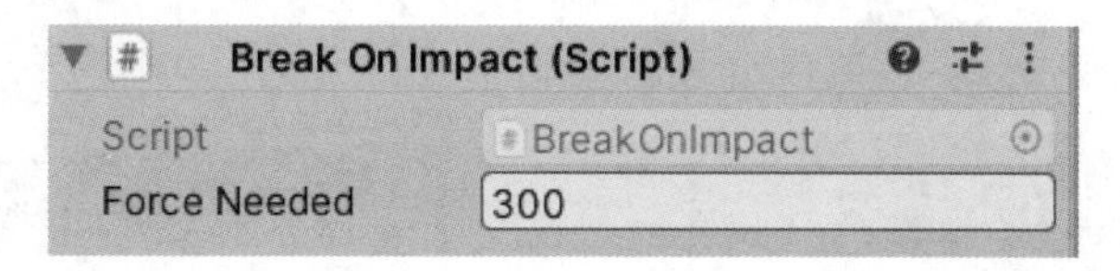

图 21-45　设置 Break On Impact 组件的属性值

提示：

之所以能够这样重用脚本，是因为游戏是基于 Unity 3D 的组件化开发的。

复制该对象，将它移动到一些结构体之间，参考图 21-46。读者也可以根据自己的思法进行摆放。

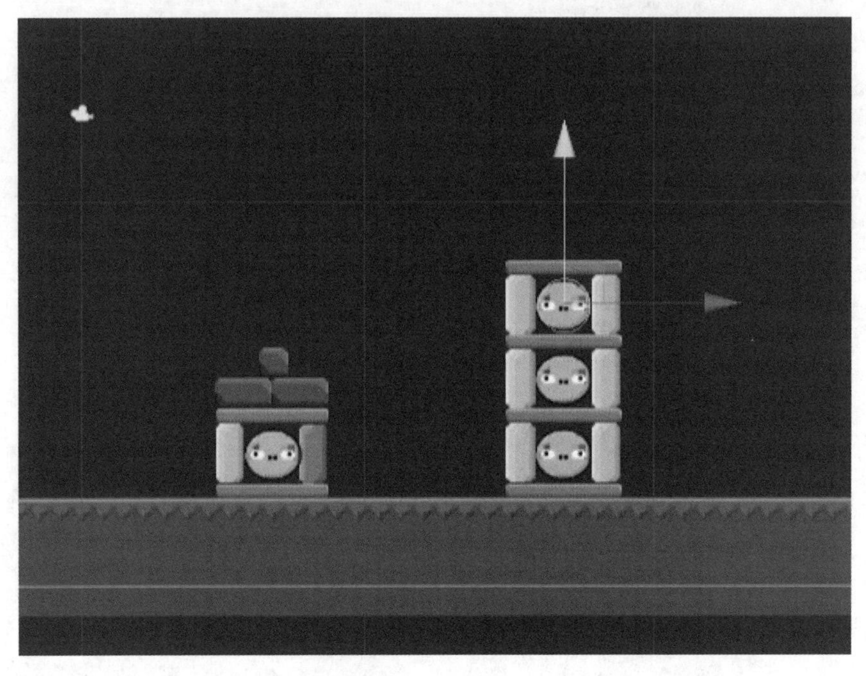

图 21-46　摆放敌人

运行程序，就可以试着发射鸟去消灭猪了。

21.5　弹弓橡胶设置

我们将为弹弓再添加橡胶，这样拖动鸟和释放鸟看起来就更好看了，如图 21-47 所示。

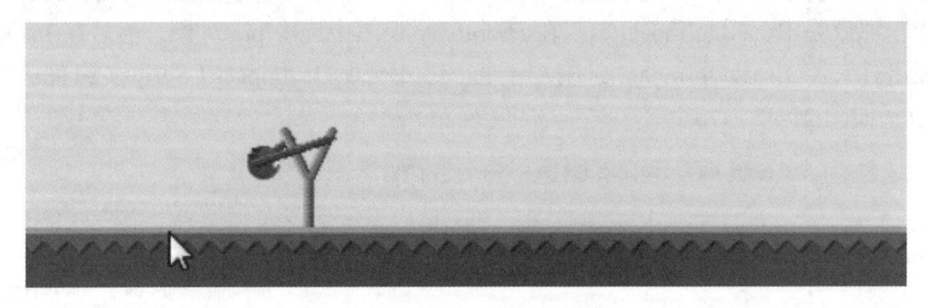

图 21-47　弹弓的拖动效果

21.5.1　摆放弹弓橡胶

（1）在 Project 视图中找到 Sprites 文件夹内的 rubber.png 文件，在导入设置中，将 Pixels Per Unity 设置为 16，然后单击 Apply 按钮，如图 21-48 所示。

提示：

这次我们将 Pivot 设置为 Right（右），这样会让旋转变得容易一些。

（2）将 rubber.png 文件拖入场景两次，分别摆放到弹弓的两侧，如图 21-49 所示。

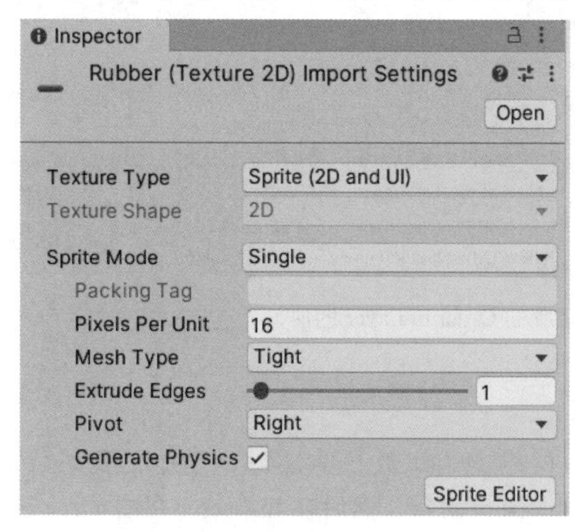

图 21-48　橡胶的导入设置

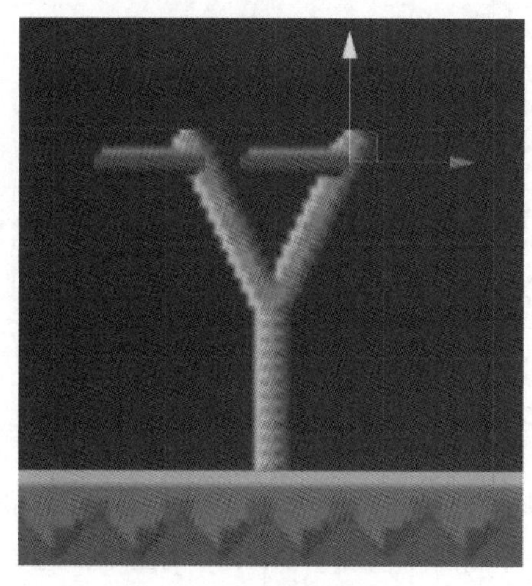

图 21-49　橡胶的摆放

（3）在 Hierarchy 视图中将这两个对象拖到 slingshot 对象下面，设置成 slingshot 的子对象，并且将其分别重命名为 rubberLeft 和 rubberRight，如图 21-50 所示。

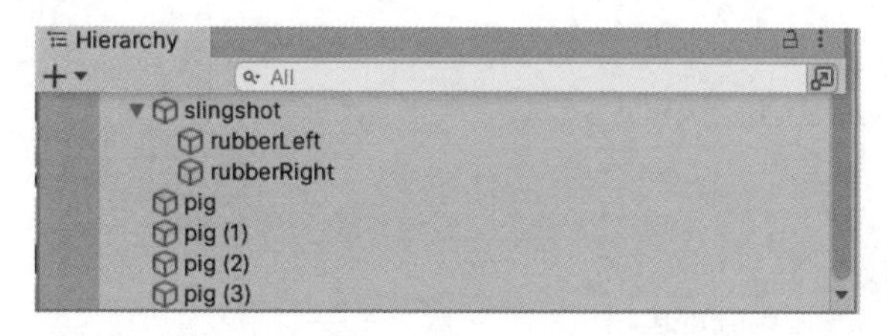

图 21-50　将左右橡胶设置为 slingshot 对象的子对象

提示：

将两个橡胶的父对象设置为弹弓（slingshot），这样每当移动弹弓时，橡胶也会跟着移动。

需要确保左边的橡胶在前面显示，右边的橡胶在后面显示，这样橡胶看起来有向外拉弹弓的效果。实现这个效果很简单，只需要改变两个橡胶的顺序层。

（4）在 Hierarchy 视图中，分别选中 rubberLeft 和 rubberRight，然后将 Sprite Renderer 组件 Order in Lyaer 的值分别设置为 –1 和 1，如图 21-51 所示。

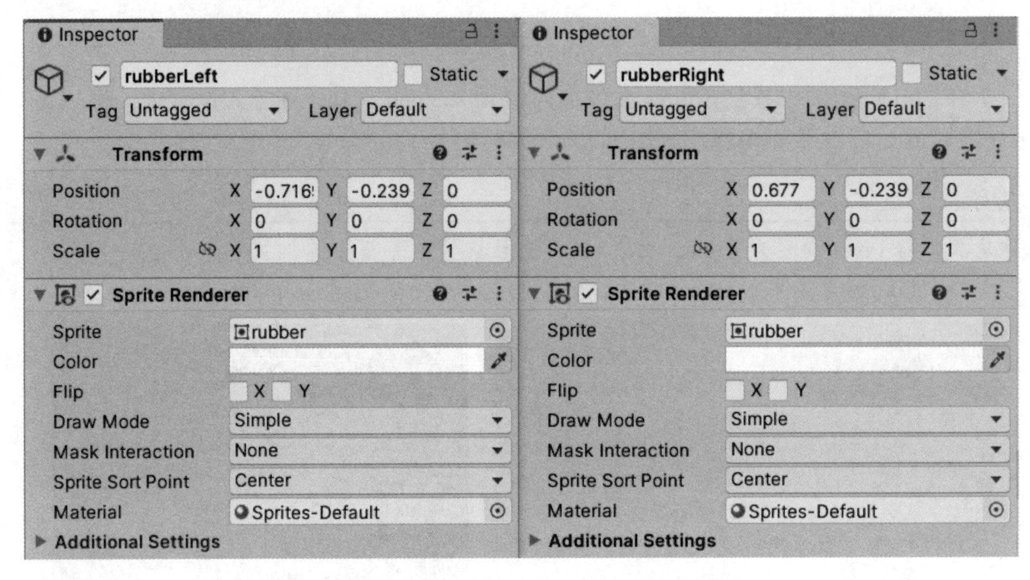

图 21-51 设置左右橡胶的 Order in Layer 的值

21.5.2 设置弹弓橡胶的游戏逻辑

弹弓橡胶的游戏逻辑是：向着手指的方向进行旋转和缩放。要实现这个逻辑，需要给弹弓再添加一个新脚本。在 Hierarchy 视图中，选中 slingshot 对象，然后在 Inspector 视图中，选择 Add Component → New Script 命令，将脚本命名为 Rubber，双击打开并修改脚本，参考代码 21-8。

代码 21-8 橡胶的拉动效果实现脚本

```
using UnityEngine;
public class Rubber : MonoBehaviour
{
    // 橡胶预制体
    public Transform leftRubber;
    public Transform rightRubber;

    // 调整橡胶的旋转和长度
    void adjustRubber(Transform bird, Transform rubber)
    {
        // 橡胶的旋转变化
        Vector2 dir = rubber.position - bird.position;
        float angle = Mathf.Atan2(dir.y, dir.x) * Mathf.Rad2Deg;
        rubber.rotation = Quaternion.AngleAxis(angle, Vector3.forward);
        // 橡胶的长度变化
        float dist = Vector3.Distance(bird.position, rubber.position);
```

```
        dist += bird.GetComponent<Collider2D>().bounds.extents.x;
        rubber.localScale = new Vector2(dist, 1);
    }

    //判断鸟是否还在弹弓上
    void OnTriggerStay2D(Collider2D coll)
    {
        // 弹弓的橡胶拉伸
        adjustRubber(coll.transform, leftRubber);
        adjustRubber(coll.transform, rightRubber);
    }

    //鸟离开时触发事件
    void OnTriggerExit2D(Collider2D coll)
    {
        // 将橡胶设置为默认值
        leftRubber.localScale = new Vector2(0, 1);
        rightRubber.localScale = new Vector2(0, 1);
    }
}
```

在 Hierarchy 视图中，选中 slingshot 对象，在 Inspector 视图中找到 Rubber 组件，将 Hierarchy 视图中的 rubberLeft 和 rubberRight 对象拖入 Rubber 组件的 LeftRubber 卡槽和 RightRubber 卡槽，如图 21-52 所示。

图 21-52　将对象拖入组件的卡槽

运行程序，就可以愉快地玩一局游戏了。

21.6　本章小结

本章介绍了如何使用 Unity 3D 编辑器制作一个简单版《愤怒的小鸟》游戏。

案例中使用了简单的形状和颜色来实现良好的视觉效果。

这个游戏最难的在于对象物理特性的实现，包括冰的滑动效果，鸟的弹跳效果，鸟的碰撞效果等，但是 Unity 3D 这些东西都简化了，通过使用组件就可以达到很好的效果。

然后，介绍了如何使用粒子，如鸟落地后，会出现漂亮的羽毛粒子效果，以及一条飞行轨迹，给鸟增加了很多效果，让游戏变得更加有趣。这就是为什么小游戏也要专注于每一个小细节，这样会使游戏更加吸引玩家。

这个案例还有很多可以添加和优化的功能，如添加背景音效，制作开始界面和结束界面，制作其他关卡，增加评分系统等，后面的功能需要读者根据想法自己动手，让游戏变得更加有趣。

第 22 章　3D 游戏——《跑酷小子》

神庙逃亡游戏的大火，让跑酷游戏如同雨后春笋一样冒出来，本案例就将实现一个 3D 游戏——《跑酷小子》。

22.1　前期准备

在项目开始前，需要新建项目，将模型资源导入，模型资源存放在“资源包→第 22 章资源文件”文件夹中。

22.1.1　新建项目

打开 Unity Hub 新建项目，选择 Unity 2021.2.7f1c1 版本，《跑酷小子》是一个 3D 游戏，所以在新建项目时选择 3D 模板，如图 22-1 所示。

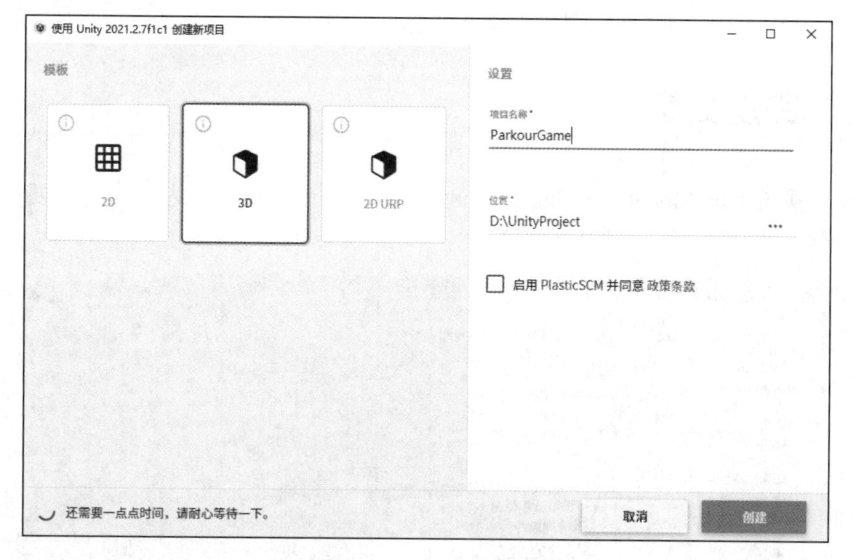

图 22-1　新建项目

22.1.2　导入资源

将需要的资源文件导入，资源路径：“资源包→第 22 章资源文件”，如图 22-2 所示。

ParkourDemoModel.unitypackage 是主角模型资源，RoadModel.unitypackage 是路段及障碍物模型资源，将这两个资源包依次导入。资源全部导入后的结构如图 22-3 所示。

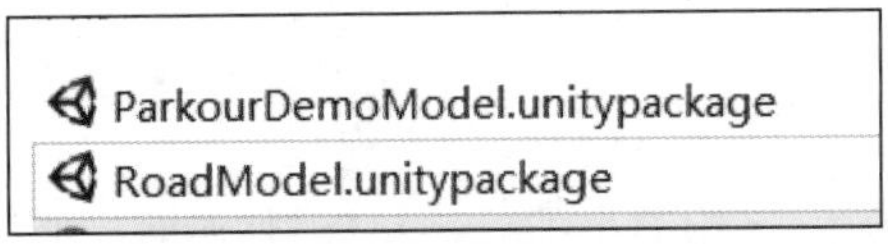

ParkourDemoModel.unitypackage
RoadModel.unitypackage

图 22-2　将需要的资源导入项目

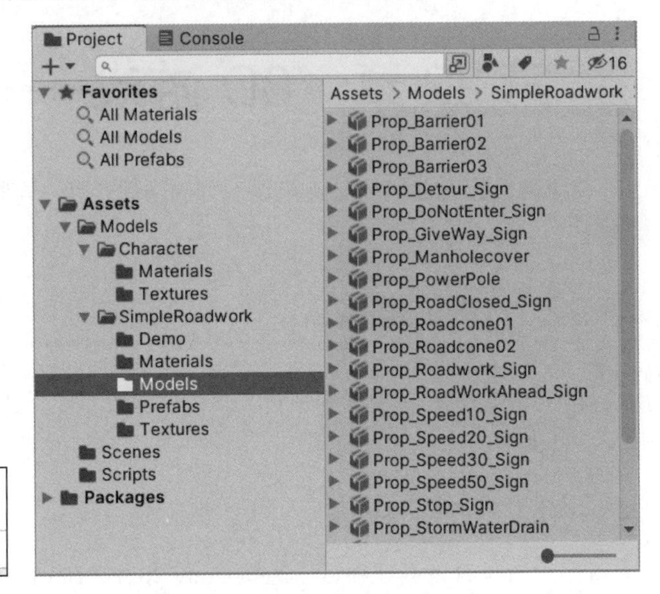

图 22-3　资源全部导入后的结构

资源导入的方法，不清楚或忘记的读者可以参考 3.4.1 小节。

22.2　路段设置

在 Project 视图中的 Models → SimpleRoadwoek → Prefabs 文件夹内，找到需要的各类模型，包括路面、路标、障碍物等，如图 22-4 所示。

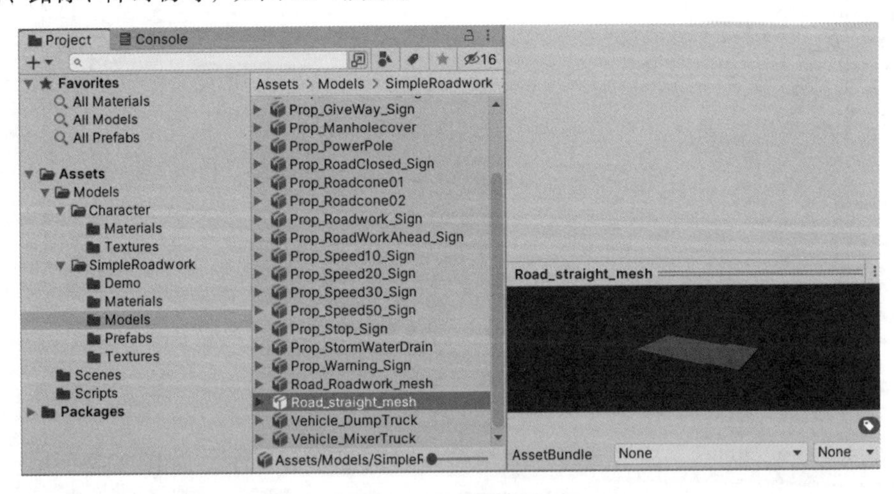

图 22-4　路段模型

22.2.1　路段摆放

（1）在 Project 视图中的 Models → SimpleRoadwoek → Prefabs 文件夹内找到 Road_straight_mesh 预制体，将其拖入 Scenes 视图中，重命名为 Road，坐标设置为（0,0,0），如图 22-5 所示。

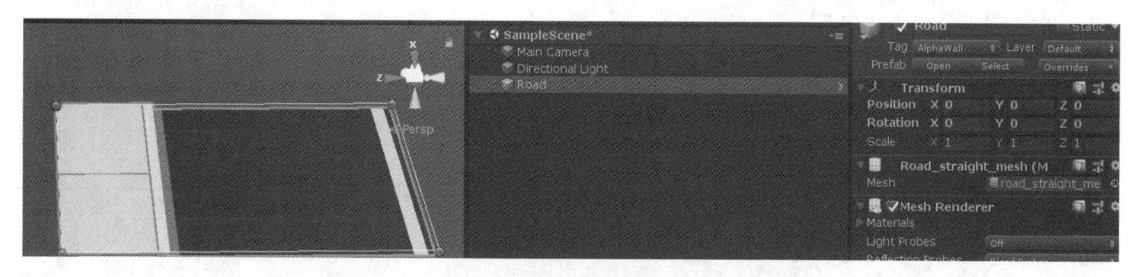

图 22-5　将路段模型导入

（2）在 Hierarchy 视图中，选中 Road 对象，使用快捷键 Ctrl+D，或右击，选择 Duplicate 命令，复制一个对象，旋转方向，调整坐标位置，摆放到 Road 对象的镜像位置，如图 22-6 所示。

图 22-6　镜像摆放路段

（3）选中 Road 和 Road（1），复制 10 次，依次摆放，摆放后的样子如图 22-7 所示。

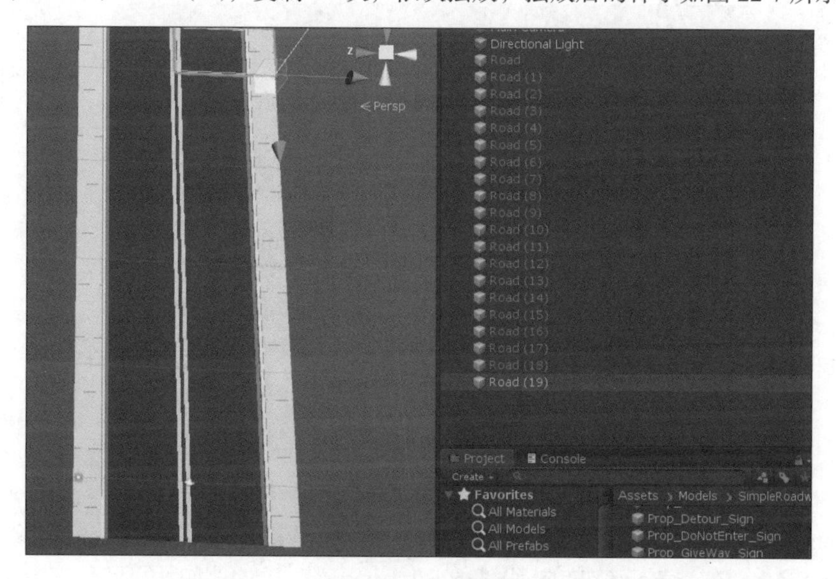

图 22-7　复制路段

提示：

由于每个路段的长度都为 5，所以复制出来的路段的坐标值也为 5 的整数倍，如（5,0,0）、（10,0,0）、（15,0,0）。

（4）在路段的路牙上面摆放一些装饰物及路标等，摆放的样子参考图 22-8 所示，也可以按照自己的想法进行摆放，模型在 Models → SimpleRoadwoek → Prefabs 文件夹。

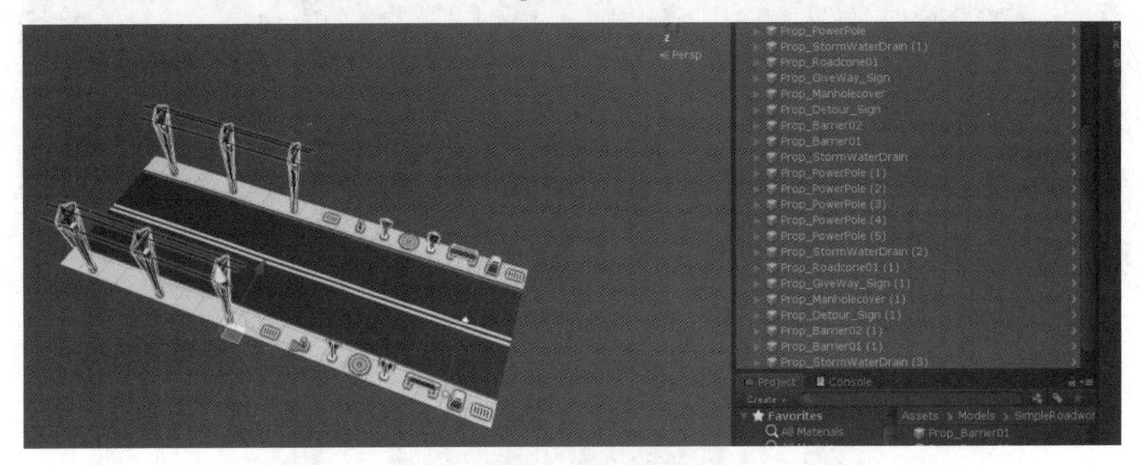

图 22-8　摆放路段

接着，做一面特殊的墙，用来检测玩家是否到达路段的中端。如果玩家到达路段中端，就切换路段，切换的逻辑会在后面实现，现在就来做一面墙吧。

（5）在 Hierarchy 视图中，选择 Create → 3D Object → Cube 命令，新建一个 Cube，将 Cube 摆放到路段的中端，调整旋转和缩放的值使得 Cube 正好挡住路段，如图 22-9 所示。

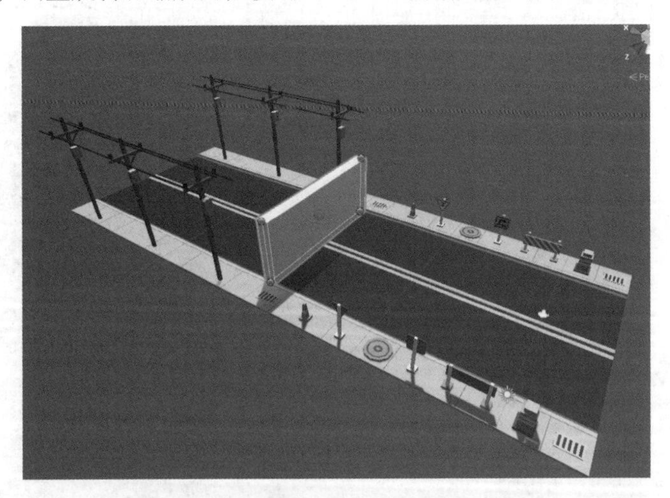

图 22-9　设置透明墙，用来检测玩家到达

勾选 Cube 对象上挂载的 Box Collider 的 Is Trigger 复选框，然后禁用 Cube 对象上的挂载的 Mesh Renderer 组件，勾选 Box Collider 组件的 IsTrigger 属性，如图 22-10 所示。

提示：

我们需要一堵透明的墙，只需要接收碰撞信息，Mesh Renderer 是模型对象的渲染组件，禁用这个组件，运行程序时就看不到这个对象了。但是这个对象还挂载了 Box Collider 组件，所以还是会接收碰撞信息。

将所有的路段的对象集合起来做成一个组，这样就容易对路段进行设置操作。

（6）在 Hierarchy 视图中，选择 Create → Create Empty 命令新建一个空对象，将空对象重命名为 Road_1，然后将坐标和旋转都做归零处理，如图 22-11 所示。

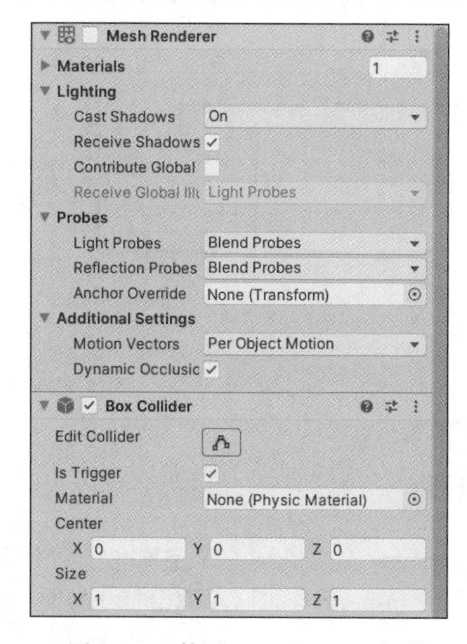

图 22-10　禁用 MeshRenderer 组件

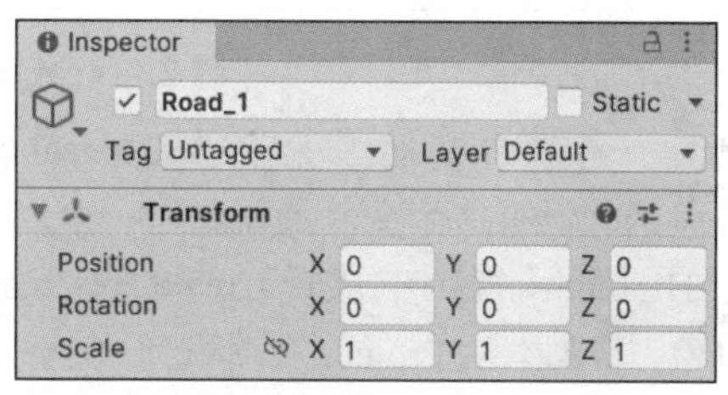

图 22-11　设置坐标和旋转

（7）在 Hierarchy 视图中，将所有的路段以及摆放的装饰物和透明的墙选中，然后拖到 Road_1 对象上，做成 Road_1 的子物体，如图 22-12 所示。

（8）在 Hierarchy 视图中，选中 Road_1 对象，然后复制两份，复制出来的路段分别重命名为 Road_2 和 Road_3，然后分别摆放到（50,0,0）和（100,0,0）的位置，路段摆放如图 22-13 所示。

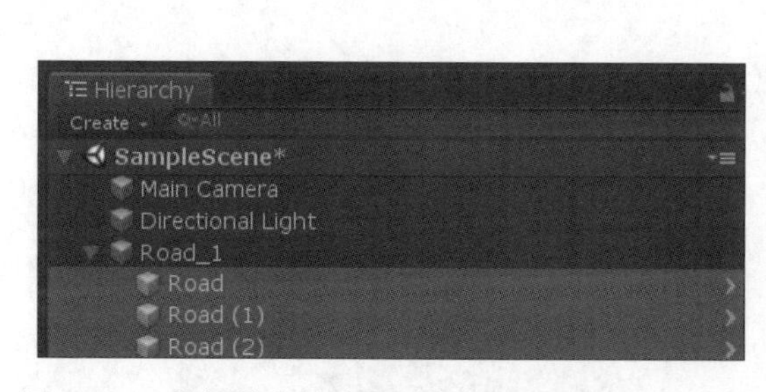

图 22-12　将场景中的路段对象设置为路段的子对象

图 22-13　三条路段的整体效果

提示：

因为路段的长度是 50，所以复制出来的第一条路段的 x 轴坐标值加上 50 就是正确的位置，也就是（50,0,0）。同理，将复制出来的第二条路段的坐标设置为（100,0,0）。

22.2.2 路段切换设置

下面就进行路段的切换，因为现在只有三条路，跑完就到尽头了，所以就需要进行路段切换，当主角跑到第二条路段中端的时候，将第一条路段移动到第三条路段的后面，图 22-14 演示了这个过程。

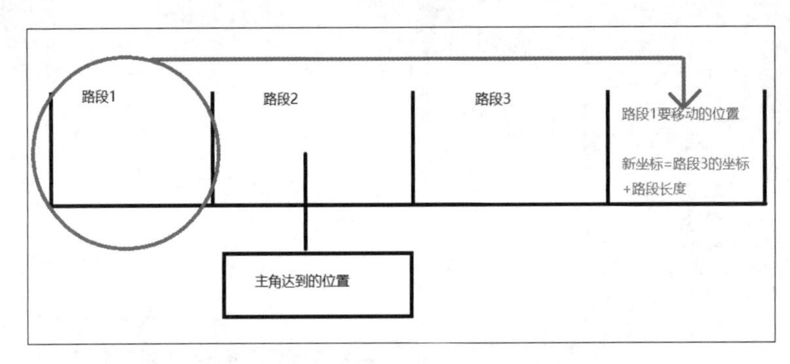

图 22-14 路段切换示意图

（1）新建一个脚本，将其命名为 Control_Scenes，然后将这个脚本移动到 Project 视图的 Scripts 文件夹内，没有这个文件夹就新建一个。

（2）在 Hierarchy 视图中选择 Create → Create Empty 命令新建一个空对象，命名为 Scripts，选中这个对象，将脚本从 Project 视图拖到这个对象的 Inspector 视图上，双击打开脚本，修改代码，参考代码 22-1。

代码 22-1 场景管理脚本，用来生成路段和切换路段

```
using UnityEngine;
public class Control_Scenes : MonoBehaviour
{
    //是否到达第一条段路
    bool m_ISFirst;
    //所有的路段对象
    public GameObject[] m_RoadArray;

    //根据传递的参数来决定切换哪条路段
    public void Change_Road(int index)
    {
        //到达第一条路段不切换
        if (m_ISFirst && index == 0)
```

```
        {
            m_ISFirst = false;
            return;
        }
        else
        {
            int lastIndex = index - 1;
            if (lastIndex < 0)
                lastIndex = 2;
            //切换上一条路段，也就是说到达第二条路段，将切换第一条路段
                m_RoadArray[lastIndex].transform.position = m_RoadArray[lastIndex].
transform.position - new Vector3(150, 0, 0);
        }
    }
}
```

提示：

三条路段的总长度是 150，所以每次切换目标对象的 x 轴坐标值要加上 150，就是正确的位置。

（3）将 Hierarchy 视图中的三个路段对象，拖到 Hierarchy 视图 Scripts 对象的 Control_Scenes 组件上，如图 22-15 所示。

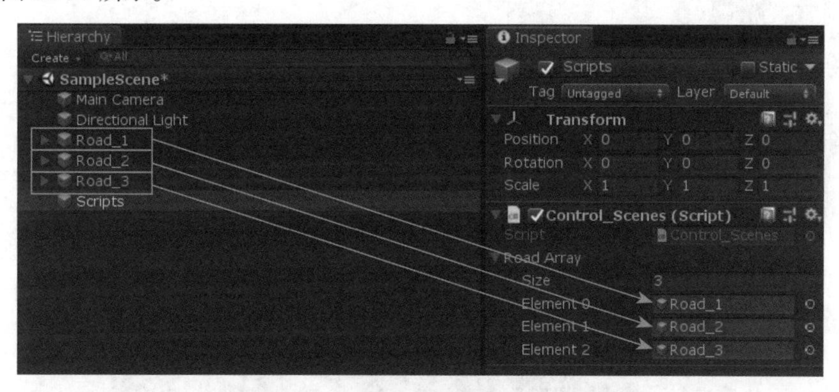

图 22-15　将对象拖入组件的卡槽中

到此，路段切换设置完毕。

22.3　障碍物设置

只有路段，没有障碍物怎么有挑战性呢，下面来添加障碍物。

22.3.1　障碍物摆放

（1）在 Project 视图中的 Models → SimpleRoadwoek → Prefabs 文件夹内找到 Vehicle_MixerTruck_

Cyan、Vehicle_MixerTruck_Red、Vehicle_MixerTruck_Yellow 预制体，将这三个预制体拖入 Scenes 视图，调整摆放位置，如图 22-16 所示。

（2）3 个障碍物的坐标分别是红车：（7.41, 0, –13.21），黄车：（24.2, 0, –5），蓝车：（36.9, 0, –14），坐标不必完全一致，也可以使用其他障碍物，但是摆放时要记得留出主角躲避的空间。三个障碍物不要超过第一条路段的长度，选中 Road1 对象，就可以看到路段 1 的长度。

（3）在 Hierarchy 视图新建一个空对象，重命名为 Obstacle1，将 Position、Rotation 属性都设置为 0，如图 22-17 所示。然后将三个障碍物拖到 Obstacle1 对象下面做成子物体。

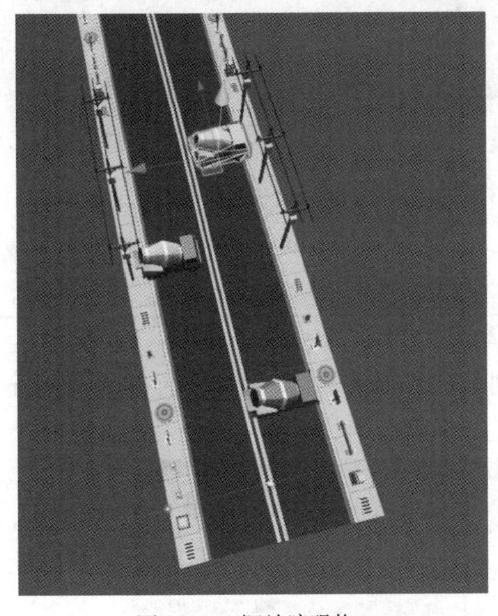

图 22-16　摆放障碍物

图 22-17　将 Position、Rotation 属性都设置为 0

（4）选中 Obstacle1 对象，复制两份，分别重命名为 Obstacle2 和 Obstacle3，然后分别移动到（50,0,0）和（100,0,0），调整位置后，如图 22-18 所示。

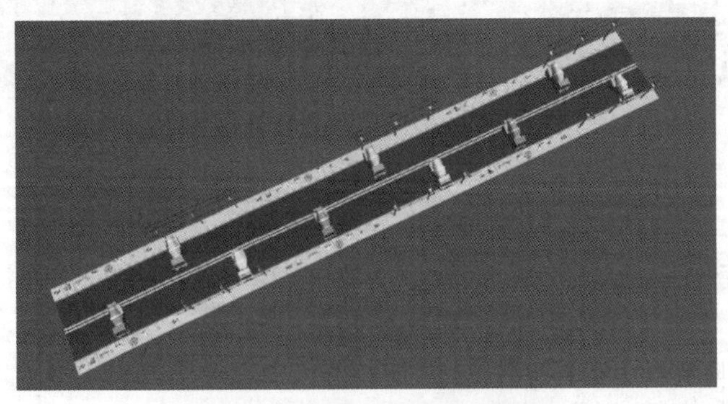

图 22-18　调整三条路段的障碍物

到此，障碍物已经摆放完成，读者也可以根据自己的想法修改摆放位置。

（5）因为障碍物要动态生成，所以现在需要隐藏所有的障碍物对象，选中 Obstacle1、

Obstacle2、Obstacle3 对象，在 Inspector 视图中，不勾选左上角的框，这样就可以在场景中隐藏对象，如图 22-19 所示。

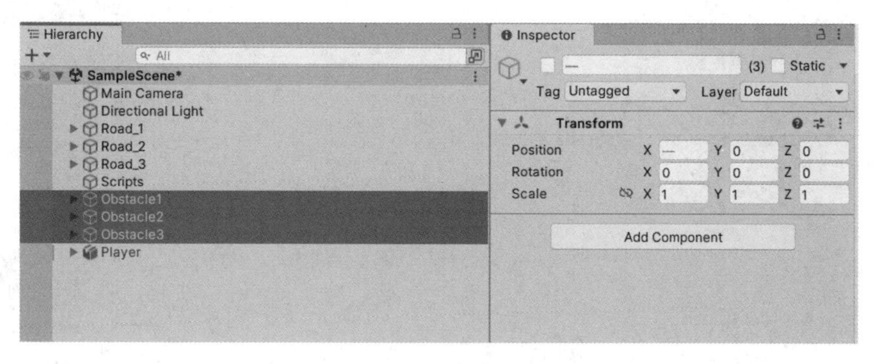

图 22-19　将障碍物隐藏

22.3.2　障碍物生成

接下来生成障碍物。

（1）继续修改 Control_Scenes.cs 脚本，双击打开脚本，修改代码，参考代码 22-2。

代码 22-2　修改脚本，生成障碍物

```
using UnityEngine;
public class Control_Scenes : MonoBehaviour
{
    // 是否到达第一条路段
    bool m_ISFirst;
    // 所有的路段对象
    public GameObject[] m_RoadArray;

    // 根据传递的参数来决定切换哪条路段
    public void Change_Road(int index)
    {
        // 到达第一条路段不切换
        if (m_ISFirst && index == 0)
        {
            m_ISFirst = false;
            return;
        }
        else
        {
```

```
                int lastIndex = index - 1;
                if (lastIndex < 0)
                    lastIndex = 2;
                //切换上一条路段，也就是说到达第二条路段，将切换第一条路段
                    m_RoadArray[lastIndex].transform.position = m_RoadArray[lastIndex].
transform.position - new Vector3(150, 0, 0);
            }
        }
    public void Spawn_Obstacle(int index)
    {
        //销毁原来的对象
            GameObject[] obsPast = GameObject.FindGameObjectsWithTag("Obstacle" +
index);
        for (int i = 0; i < obsPast.Length; i++)
        {
            Destroy(obsPast[i]);
        }
        //生成障碍物，每个m_ObstaclePosArray对象中都有三个坐标
        foreach (Transform item in m_ObstaclePosArray[index])
        {
              GameObject prefab = m_ObstacleArray[Random.Range(0, m_ObstacleArray.
Length)];
            Vector3 eulerAngle = new Vector3(0, Random.Range(0, 360), 0);
                GameObject obj = Instantiate(prefab, item.position, Quaternion.
Euler(eulerAngle));
            obj.tag = "Obstacle" + index;
        }
    }
}
```

（2）在 Hierarchy 视图中，选中 Scripts 对象，然后在 Inspector 视图中找到 Control_Scenes 对象，将 Project 视图中的 Models → SimpleRoadwoek → Prefabs 文件夹内的障碍物预制体拖入 ObstacleArray（障碍物预制体）卡槽，将 Hierarchy 视图中的 Obstacle1、Obstacle2、Obstacle3 对象拖入 ObstaclePosArray（障碍物位置点）卡槽，如图 22-20 所示。

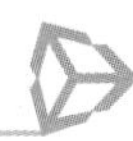

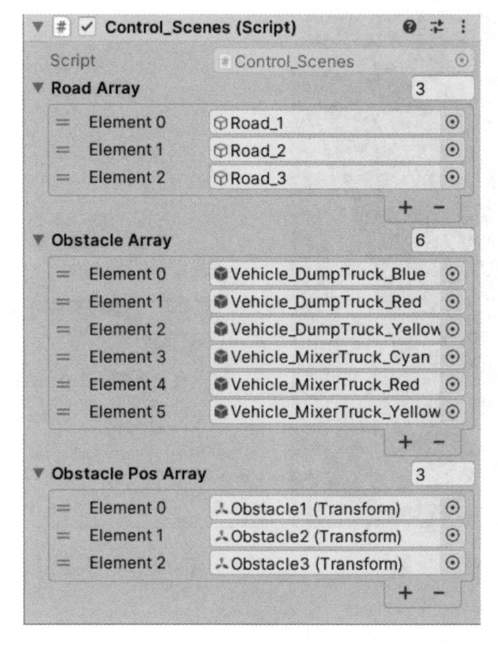

图 22-20 将对应的对象拖入组件的对应卡槽

（3）添加 Tag。还记得如何添加 Tag 吗，在 Hierarchy 视图中随便选中一个对象，在 Inspector 视图中单击 Tag 后面的下拉框，选择 Add Tag 命令，然后在 Tags&Layes 面板中，添加 Tag 即可。

（4）将 Obstacle0、Obstacle1、Obstacle2 这三个 Tag 添加进去，因为在生成障碍物时需要用到。

22.4 主角设置

接下来就是最重要的主角设置，在这一节将会介绍对主角模型的设置，动画切换，主角的移动和摄像机的跟随，以及主角死亡判定等。

22.4.1 主角模型处理

在 Project 视图中的 Models → Character 文件夹中找到 character 模型，将这个模型拖入 Scenes 视图，重命名为 Player，如图 22-21 所示。

可以看到原始模型比例有点大，这就需要我们进行调整。将该模型进行同比例缩小，在 Inspector 视图中，将 Scale 设置为 0.2，如图 22-22 所示。

图 22-21　将主角拖入场景

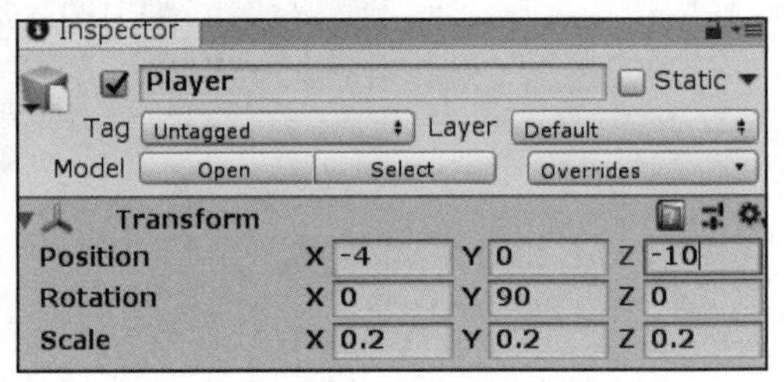

图 22-22　设置主角的旋转和位置

提示：

此处将主角向右旋转了 90°，也就是 Rotation=（0,90,0），这样主角就会面对着路段的正前方。

22.4.2　主角动画设置

接下来需要设置主角的动画状态机，控制主角跑、跳、下滑等动画的切换。

（1）在 Project 视图中，右击，选择 Create → Animator Control 命令，新建一个动画控制器，命名为 PlayerAnimatorControl，如图 22-23 所示。

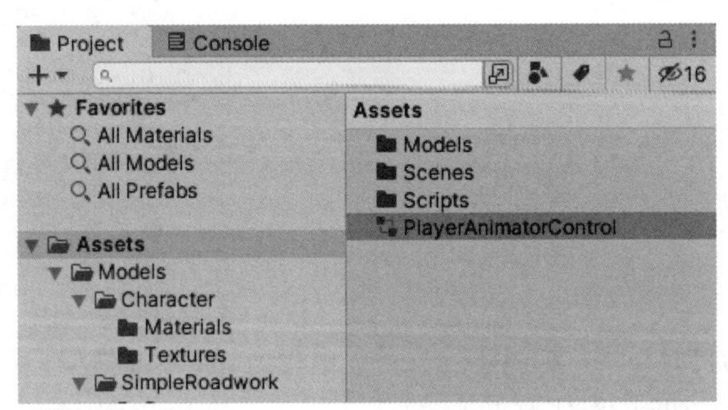

图 22-23　添加动画控制器

（2）双击 PlayerAnimatorControl 动画控制器，将要用到的 idle、jump、run、slide 动画片段拖入动画控制器面板，如图 22-24 所示。

提示：

要先将 run 动画片段拖入动画控制器中，这样就会默认播放 run 的动画。

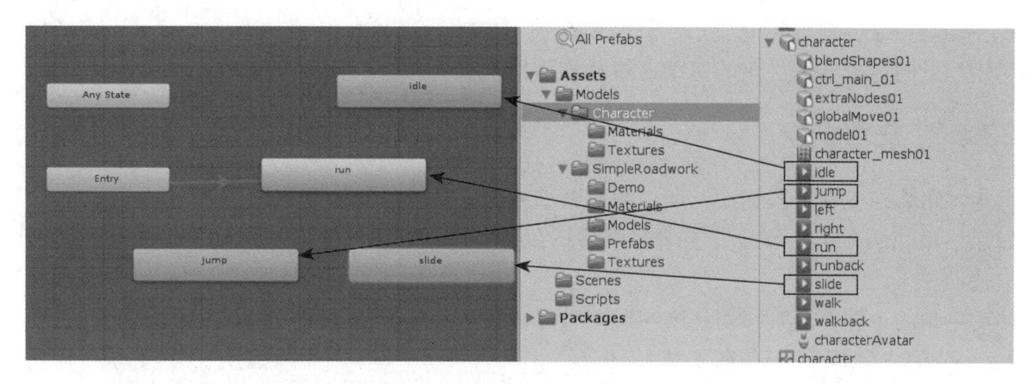

图 22-24　设置动画控制器的属性

（3）在动画控制器面板左上角找到 Parameters（参数设置），单击 Parameters 切换到参数设置面板，设置三个 bool 值，分别是 jump、slide、idle。

（4）右击 run 状态，选择 Make Transition 命令，然后将白色箭头拖到 jump 状态下；然后是相同的操作，分别拖到 slide 和 idle 状态下。

（5）分别右击 jump 和 slide 状态，将白色箭头拖到 run 状态下，总体如图 22-25 所示。

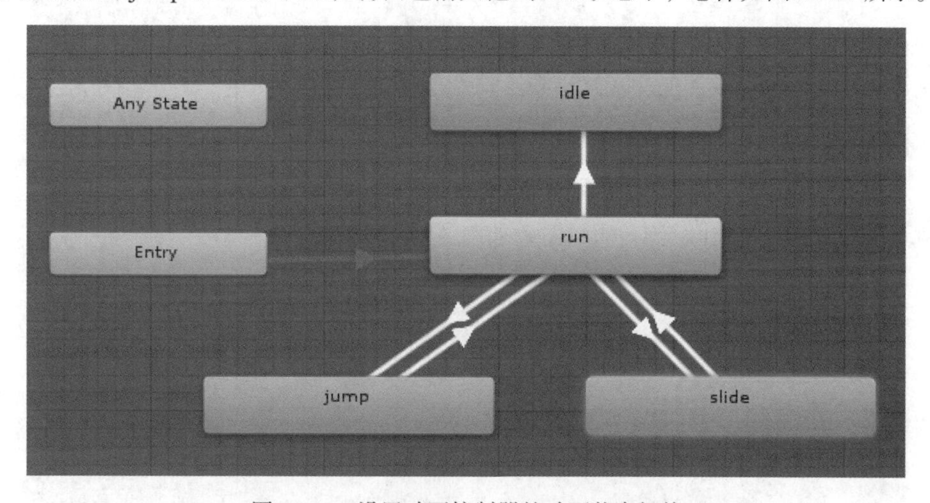

图 22-25　设置动画控制器的动画状态切换

（6）分别设定它们之间的切换条件，并且取消 Has Exit Time 属性复选框勾选：

- （jump=true）jump → run
- （jump=false）run → jump
- （slide=true）slider → run
- （slide=false）run → slider
- （idle=true）run → idle

（7）在 Project 视图中，选中 Player 对象，在 Inspector 视图中找到 Animator 组件，将这个设置好的动画控制器拖入 Animator 组件的 Controller 卡槽。

现在动画控制器就设置完成了，只需要在代码中控制这些 bool 值的切换，就可以完成控制动画的切换。下面就来实现主角的移动、跳跃和下滑吧。

22.4.3 主角移动

因为主角将在三条路段切换，所以我们改变主角 z 轴的坐标值就可以了。

如果主角在最左边，那么只能向右移动；在最右边，那么只能向左移动；在中间，就可以向向两边移动。

移动主角的 z 轴，让其移动到最左边，坐标值为（-4,0,-5），如图 22-26 所示。

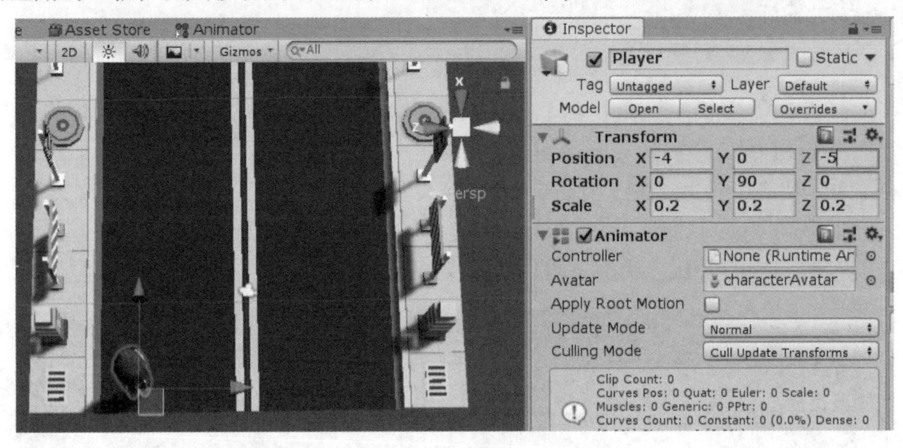

图 22-26 主角最左边位置坐标

移动主角到中间，坐标值为（-4,0,-10），如图 22-27 所示。

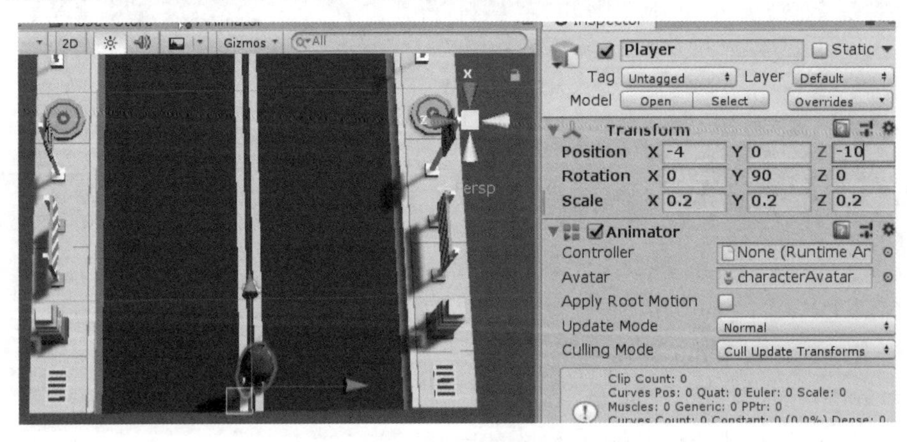

图 22-27 主角中间位置坐标

移动主角到最右边，坐标值为（-4,0,-15），如图 22-28 所示。

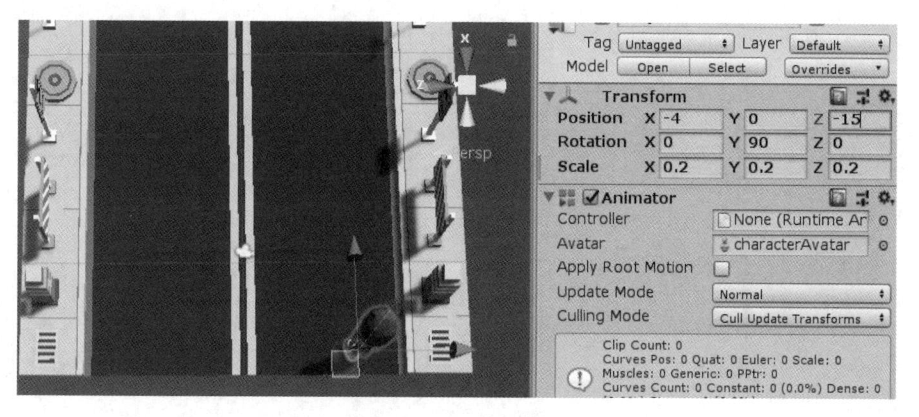

图 22-28　主角最右边位置坐标

在 Hierarchy 视图中选中 Player 对象，在 Inspector 视图中选择 Add Component → New Script 命令，将脚本命名为 Control_Player，双击，修改脚本，参考代码 22-3。

代码 22-3　添加主角控制脚本，用来控制主角的移动和动画播放

```
using UnityEngine;
public class Control_Player : MonoBehaviour
{
    //前进速度
    public float m_ForwardSpeeed = 7.0f;
    //动画组件
    private Animator m_Anim;
    //动画现在状态
    private AnimatorStateInfo m_CurrentBaseState;

    //动画状态参照
    static int m_jumpState = Animator.StringToHash("Base Layer.jump");
    static int m_slideState = Animator.StringToHash("Base Layer.slide");

    void Start()
    {
        //获得主角的Animator组件
        m_Anim = GetComponent<Animator>();
    }

    void Update()
    {
        //主角向前跑
        transform.position += Vector3.right * m_ForwardSpeeed * Time.deltaTime;
```

```
        //获得现在播放的动画状态
        m_CurrentBaseState = m_Anim.GetCurrentAnimatorStateInfo(0);
        if (Input.GetKeyDown(KeyCode.W))
        {
            m_Anim.SetBool("jump", true);                  //切换跳跃状态
        }
        else if (Input.GetKeyDown(KeyCode.S))
        {
            m_Anim.SetBool("slide", true);                 //切换下滑状态
        }
        else if (Input.GetKeyDown(KeyCode.A))
        {
            Change_PlayerZ(true);                          //控制主角向左移动
        }
        else if (Input.GetKeyDown(KeyCode.D))
        {
            Change_PlayerZ(false);                         //控制主角向右移动
        }
        if (m_CurrentBaseState.fullPathHash == m_jumpState)
        {
            m_Anim.SetBool("jump", false);                 //改变动画状态
        }
        else if (m_CurrentBaseState.fullPathHash == m_slideState)
        {
            m_Anim.SetBool("slide", false);                //改变动画状态
        }
    }

    public void Change_PlayerZ(bool IsAD)
    {
        if (IsAD)//当按下A键，也就是向左移动时
        {
            //主角在最左边
            if (transform.position.z == -5f)
                return;
            //主角在中间
            else if (transform.position.z == -10f)
            {
                transform.position = new Vector3(transform.position.x, transform.
position.y, -5f);
            }
```

```
                //主角在最右边
                else
                {
                    transform.position = new Vector3(transform.position.x, transform.
position.y, -10f);
                }
            }
            else//当按下 D 键，也就是向右移动时
            {
                //主角在最右边
                if (transform.position.z == -15f)
                    return;
                //主角在中间
                else if (transform.position.z == -10f)
                {
                    transform.position = new Vector3(transform.position.x, transform.
position.y, -15f);
                }
                //主角在最左边
                else
                {
                    transform.position = new Vector3(transform.position.x, transform.
position.y, -10f);
                }
            }
        }
    }
```

现在运行程序，尽管无法看到主角的移动，但是代码确实是有效的，这是怎么回事呢？这是因为还没有设置摄像机，摄像机就是游戏世界的眼睛，玩家要看到所有事物都要通过摄像机，下面来设置摄像机。

22.4.4　摄像机跟随

在 Hierarchy 视图中，选中 Main Camera 对象，在 Inspector 视图中，选择 Add Component → New Script 命令，将脚本命名为 Control_Camera，双击，修改脚本，参考代码 22-4。

代码 22-4　添加 Control_Camera 脚本，控制摄像机移动和跟随主角

```
using UnityEngine;
public class Control_Camera : MonoBehaviour
```

```
{
        //间隔距离
        public float m_DistanceAway = 5f;
        //间隔高度
        public float m_DistanceHeight = 10f;
        //平滑值
        public float smooth = 2f;
        //目标点
        private Vector3 m_TargetPosition;
        //参照点
        Transform m_Follow;

        void Start()
        {
            //获取玩家的位置
            m_Follow = GameObject.Find("Player").transform;
            //设置一个初始角度
            transform.rotation = Quaternion.Euler(new Vector3(28, 90, 0));
    }

    void LateUpdate()
    {
            //根据主角位置计算一个目标点
            m_TargetPosition = m_Follow.position + Vector3.up * m_DistanceHeight -
m_Follow.forward * m_DistanceAway;
            //将摄像机平滑地移动到目标点
            transform.position = Vector3.Lerp(transform.position, m_TargetPosition,
Time.deltaTime * smooth);
    }
}
```

现在运行程序，就可以看到摄像机跟随主角一起移动了。

22.4.5 主角死亡判定

现在主角会穿过障碍物，并不会与障碍物相撞至死亡。我们需要设置障碍物的属性，添加碰撞器，然后给主角也添加碰撞器和刚体，这样主角就可以接收碰撞信息，当玩家碰撞到障碍物时就提示死亡，重新开始。

在 Hierarchy 视图选择 Player 对象，添加刚体和碰撞器组件，如图 22-29 所示。

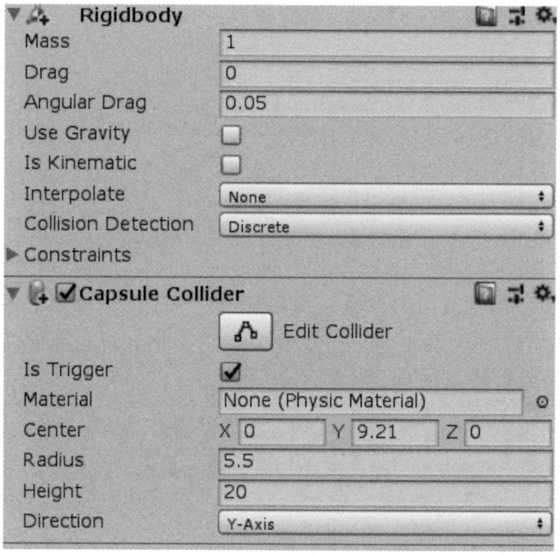

图 22-29　添加碰撞器和刚体

提示：

Rigidbody 组件的 Use Gravity 属性复选框不要勾选，Capsule Collider 的 Is Trigger 属性复选框需要勾选。调整 Capsule Collider 的大小，使其与主角贴合。

再次打开 Control_Player 脚本，修改脚本代码，参考代码 22-5。

代码 22-5　修改主角控制脚本，实现主角死亡的判定

```
using UnityEngine;
using UnityEngine.SceneManagement;
public class Control_Player : MonoBehaviour
{
    //前进速度
    public float m_ForwardSpeeed = 7.0f;
    //动画组件
    private Animator m_Anim;
    //动画现在状态
    private AnimatorStateInfo m_CurrentBaseState;

    //动画状态参照
    static int m_jumpState = Animator.StringToHash("Base Layer.jump");
    static int m_slideState = Animator.StringToHash("Base Layer.slide");

    void Start()
```

```
    {
        //获得主角身上的Animator组件
        m_Anim = GetComponent<Animator>();
    }

    void Update()
    {
        //主角向前跑
        transform.position += Vector3.right * m_ForwardSpeeed * Time.deltaTime;
        //获得现在播放的动画状态
        m_CurrentBaseState = m_Anim.GetCurrentAnimatorStateInfo(0);
        if (Input.GetKeyDown(KeyCode.W))
        {
            m_Anim.SetBool("jump", true);                   //切换跳跃状态
        }
        else if (Input.GetKeyDown(KeyCode.S))
        {
            m_Anim.SetBool("slide", true);                  //切换下滑状态
        }
        else if (Input.GetKeyDown(KeyCode.A))
        {
            Change_PlayerZ(true);                           //控制主角向左移动
        }
        else if (Input.GetKeyDown(KeyCode.D))
        {
            Change_PlayerZ(false);                          //控制主角向右移动
        }
        if (m_CurrentBaseState.fullPathHash == m_jumpState)
        {
            m_Anim.SetBool("jump", false);                  //改变动画状态
        }
        else if (m_CurrentBaseState.fullPathHash == m_slideState)
        {
            m_Anim.SetBool("slide", false);                 //改变动画状态
        }
        if (m_IsEnd && Input.GetKeyDown(KeyCode.F1))
        {
            //重新开始游戏
            SceneManager.LoadScene(0);
```

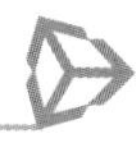

```
        }
    }

    public void Change_PlayerZ(bool IsAD)
    {
        if (IsAD)// 当按下 A 键，也就是向左移动时
        {
            // 主角在最左边
            if (transform.position.z == -5f)
                return;
            // 主角在中间
            else if (transform.position.z == -10f)
            {
                transform.position = new Vector3(transform.position.x, transform.
position.y, -5f);
            }
            // 主角在最右边
            else
            {
                transform.position = new Vector3(transform.position.x, transform.
position.y, -10f);
            }
        }
        else// 当按下 D 键，也就是向右移动时
        {
            // 主角在最右边
            if (transform.position.z == -15f)
                return;
            // 主角在中间
            else if (transform.position.z == -10f)
            {
                transform.position = new Vector3(transform.position.x, transform.position.y, -15f);
            }
            // 主角在最左边
            else
            {
                transform.position = new Vector3(transform.position.x, transform.
position.y, -10f);
            }
```

```
        }
    }

    //游戏结束
    bool m_IsEnd = false;
    void OnGUI()
    {
        if (m_IsEnd)
        {
            GUIStyle style = new GUIStyle();
            style.alignment = TextAnchor.MiddleCenter;
            style.fontSize = 40;
            style.normal.textColor = Color.red;
            GUI.Label(new Rect(Screen.width / 2 - 100, Screen.height / 2 - 50, 200,
100), "你输了~按下F1键重新开始游戏", style);
        }
    }
    void OnTriggerEnter(Collider other)
    {
        //主角如果碰撞到障碍物
         if (other.gameObject.name == "Vehicle_DumpTruck" || other.gameObject.name
== "Vehicle_MixerTruck")
        {
            m_IsEnd = true;
            m_ForwardSpeeed = 0;
            m_Anim.SetBool("idle", true);
        }
    }
}
```

到此，跑酷小游戏制作完成，快去愉快地体验吧。

22.5 本章小结

本章实现了用 Unity 3D 制作一个跑酷小游戏，本章尽量使用简单的操作与代码，以便更多的读者可以尽快上手，体验使用 Unity 3D 制作游戏的快乐。

本案例介绍了如何导入资源，如何设置资源（如设置模型的大小与旋转、设置 Tag、设置模型的动画控制器），以及如何使用代码控制组件等知识。

本章涉及了较多预制体的知识，如实例化预制体，将实例化出来的预制体进行设置，设置

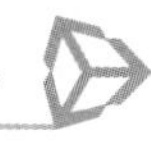

Tag，设置父物体，设置位置和旋转。预制体是 Unity 3D 编辑器比较重要的概念，它指将设置好的对象打包放在一起，并且不是一开始就在场景中，这样会节省资源。然后在需要时动态生成，大大提高了效率。

读者也可以多思考为何要设置这些参数，不设置参数会有什么效果，这样多实践、多记录，会学习得更快。

第 23 章　AR 案例——《增强现实技术》

本章我们将介绍什么是 AR，如何制作 AR 项目，以及 AR SDK 的导入和使用等。

23.1　AR 技术

首先来介绍一下什么是 AR。

23.1.1　AR 简介

AR（Augmented Reality，增强现实）体验的基本需求是如何在用户所处的真实世界空间与可视化建模的虚拟空间之间创建对应关系。当应用程序显示虚拟内容与实时摄像头图像，用户会感受到现实的增强,产生虚拟内容是真实世界的一部分的感觉。其将真实世界和虚拟世界的信息“无缝”集成，把原本在真实世界的一定时间、空间范围内很难体验到的实体信息（如看到的、听到的、闻到的、摸到的等），通过计算机科学技术等，模拟仿真后再叠加，将虚拟信息应用到真实世界，被人的感官感知，从而达到超越现实的感官体验，将真实的环境和虚拟的物体实时地叠加到了同一个画面或空间。

AR 技术，不仅展现了真实世界的信息，还将虚拟的信息同时显示出来，两种信息相互补充、叠加。在视觉化的增强现实中，用户利用头盔显示器，把真实世界与计算机图形合成在一起，使用户产生真实世界围绕着他的感觉。

AR 技术包含了多媒体、三维建模、实时视频显示及控制、多传感器融合、实时跟踪及注册、场景融合等新技术与新手段。AR 提供了一些在一般情况下人类感知不到的信息。

23.1.2　AR 特点

- 真实世界和虚拟世界的信息集成；
- 具有实时交互性；
- 是在三维尺度空间中增添定位虚拟物体。

23.1.3　AR 应用领域

教育领域：可以通过增强现实，突破场地、设备、环境等客观条件的限制，提供更直观和形象的教学场景。

军事领域：可以利用增强现实技术，进行方位的识别，实时获得所在地点的地理数据等重要军事数据。

古迹复原和数字化文化遗产保护：文化古迹的信息以增强现实的方式提供给参观者，用户不仅可以通过 HMD 看到古迹的文字解说，还能看到遗址上残缺部分的虚拟重构。

视频通话领域：使用增强现实和人脸跟踪技术，在通话或视频时在通话者的面部实时叠加一些虚拟物体，很大程度上提高了视频对话的趣味性。

影视领域：通过增强现实技术可以在影视中实时地将辅助信息叠加到画面中，使得观众可以得到更多的信息。

娱乐、游戏领域：增强现实游戏可以让不同地点的玩家，共同进入一个真实的场景。或使游戏场景与现实场景叠加以达到更多娱乐的目的。

旅游、展览领域：在浏览、参观时，通过增强现实技术使游客接收到途经建筑的相关资料、所观看展品的相关数据。

23.1.4　AR 工作原理

增强现实的基本理念是将图像、声音和其他感官增强功能实时添加到真实世界的环境中。听起来十分简单。而且，电视网络通过使用图像实现上述目的不是已经有数十年的历史了吗？的确是这样，但是电视网络显示的只是不能随着摄像机进行调整的静态图像。增强现实远比电视广播中涉及的任何技术都要先进，尽管增强现实早期是用于在电视播放的比赛和橄榄球比赛中，例如，为橄榄球比赛添加的第一条虚拟进攻路线，就是由 SportVision 公司创造的。这个版本的增强现实技术只能通过电视机看到虚拟的图像，而下一代增强现实技术将实现让所有观看者都可以看到的图像。

在各类大学和高新技术企业中，增强现实还处于研发的初级阶段。最终，可能在 2020 年之后的 10 年里，我们将看到第一批大量投放市场的增强现实系统。有研究者将其称为“21 世纪的随身听”。

增强现实要努力实现的不仅是将图像实时添加到真实的环境中，还要更改这些图像以适应用户的头部及眼睛的转动，以便图像始终在用户视角范围内。下面是使增强现实系统正常工作所需的 3 个组件。

- 头戴式显示器。
- 跟踪系统。
- 移动计算能力。

增强现实的开发人员的目标是将这 3 个组件集成到一个单元，放置在用带子绑定的设备中，该设备能以无线方式将信息转播到类似于普通眼镜的显示器上。

23.2　Easy AR 插件

接下来使用 AR 插件制作案例。

EasyAR 插件是免费、好用的全平台 AR 引擎。支持使用平面目标的 AR，支持 1000 个以上本地目标的流畅加载和识别，支持基于硬解码的视频（包括透明视频和流媒体）的播放，支持二维码识别，支持多目标同时跟踪。支持 PC 和移动设备等多个平台，EasyAR 不会显示水印，也没有识别次数限制。

在拿到 EasyAR package 或 EasyAR 样例后，读者需要一个 Key 才能使用。下面就来获取一个 Key。

23.2.1 Key 的获取

使用 EasyAR 之前需要使用邮箱注册。

（1）到官网（http://www.easyar.cn/view/open/app.html）进行账号注册，如图 23-1 所示（页面内容会根据官网的更新而改变，下载安装界面也可能会随着版本的更新而有所改变）。

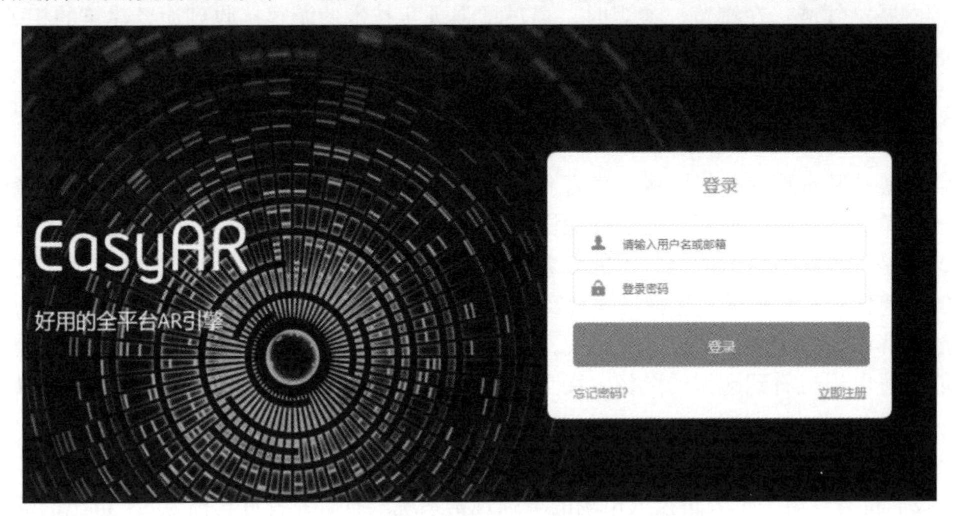

图 23-1　EasyAR 官网

提示：

如果邮箱已经在官网（www.sightp.com）注册，可以直接登录。

（2）注册完账号之后，登录 EasyAR 官网的开发中心（https://portal.easyar.cn/sdk/list），单击“我需要一个新的 Sense 许可证密钥”按钮，来为 AR APP 申请 Key，如图 23-2 所示。

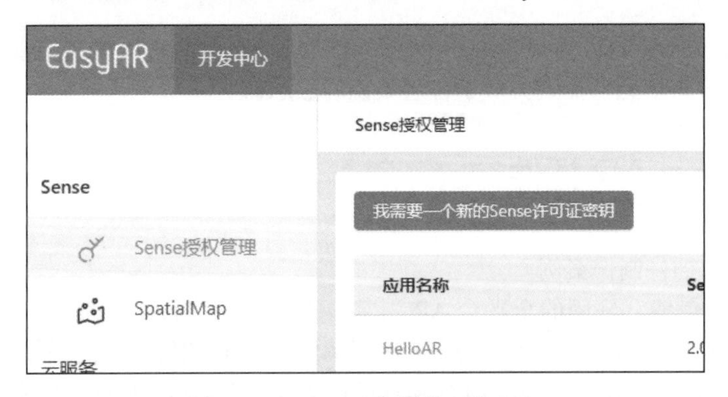

图 23-2　EasyAR 官网的开发中心

（3）在“订阅 Sense”窗口，选择 Basic 版本，这里选择“EasyAR Scenese 4.0 个人版”进行学习，个人版不可商用，有水印，如图 23-3 所示。

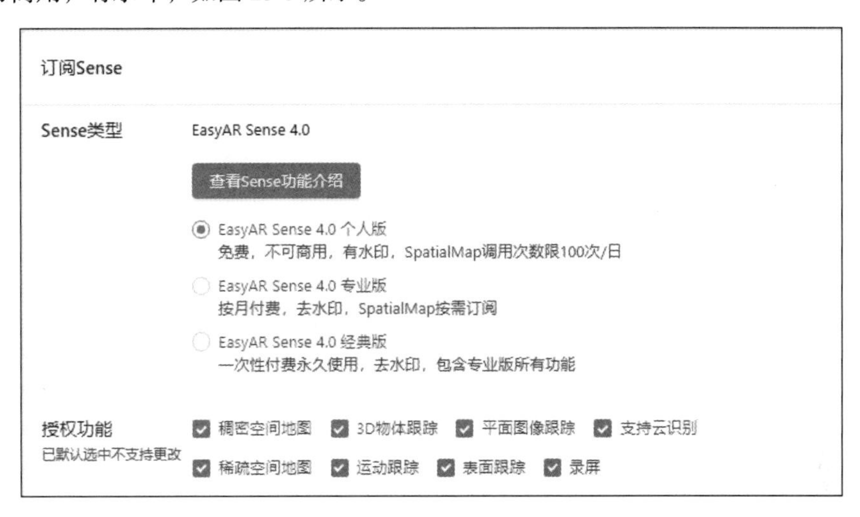

图 23-3　申请一个新的 Key

（4）填写应用详情。填写应用名称与打包移动平台时必填的 Package Name，然后单击“确认”按钮即可，如图 23-4 所示。

图 23-4　设置参数

（5）确定完后，就可以查看 Key，如图 23-5 所示。Key 稍后在项目中会用到。

图 23-5　申请的 Key

- 可以对应用名称进行修改。
- 可以对 Bundle Id 进行修改。
- Package Name 和 Bundle ID 主要在打包程序时用到。

（6）准备好 Key 后，需要导入 AR 的 SDK。

23.2.2　导入 AR 的 SDK

（1）到 EasyAR 官网（https://www.easyar.cn/view/download.html#download-nav2）下载“EasyARSenseUnityPlugin_4.4.0+2424.469da7da.zip”，如图 23-6 所示。下载文件解压后，如图 23-7 所示。

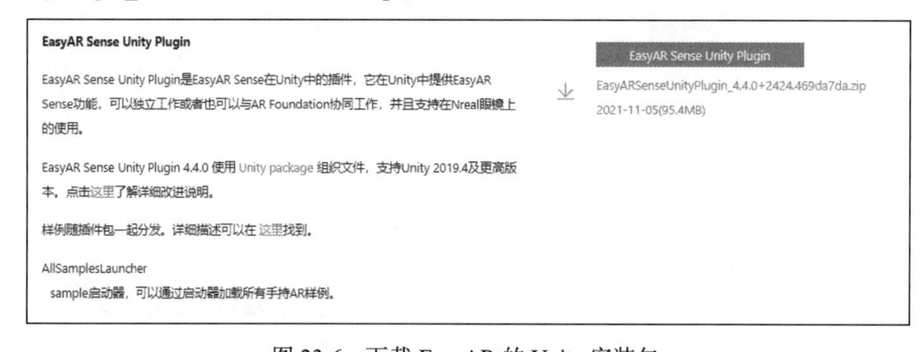

图 23-6　下载 EasyAR 的 Unity 安装包

名称	修改日期	类型	大小
com.easyar.sense-4.4.0+2424.469da7...	2021/11/5 12:12	TGZ 压缩文件	97,648 KB
readme.cn.txt	2021/11/5 12:10	文本文档	1 KB
readme.en.txt	2021/11/5 12:10	文本文档	1 KB

图 23-7　EasyAR 的插件包

（2）在 Unity 3D 编辑器中选择 Window → Package Manager 命令打开包管理器，如图 23-8 所示。

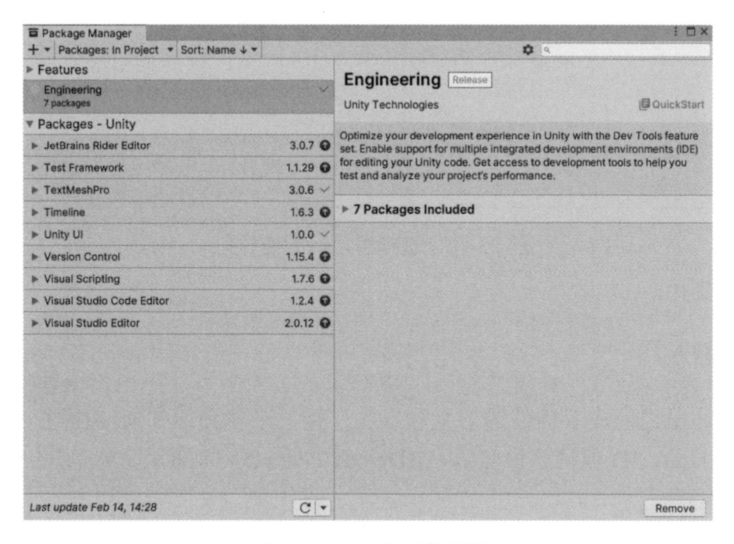

图 23-8　打开包管理器

（3）单击包管理器左上角的加号按钮，选择 Add package from tarball…命令，从本地导入插件包，如图 23-9 所示。

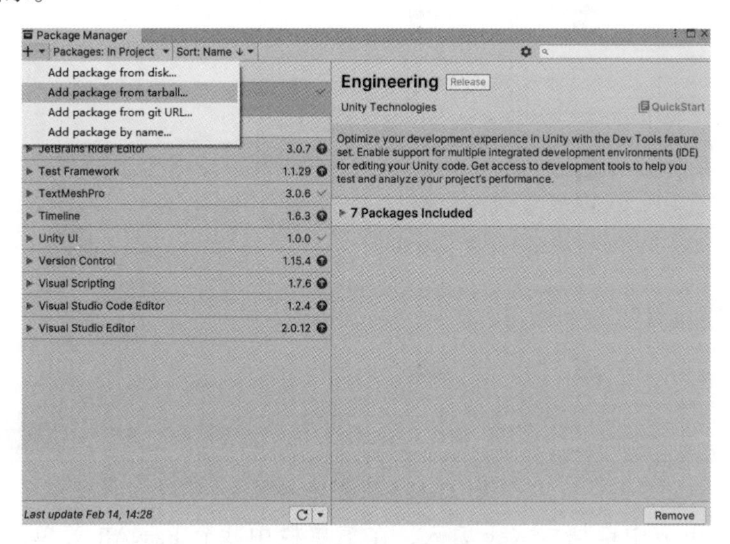

图 23-9　导入本地插件包

（4）在弹出的对话框中选择解压后的插件包，如图 23-10 所示。

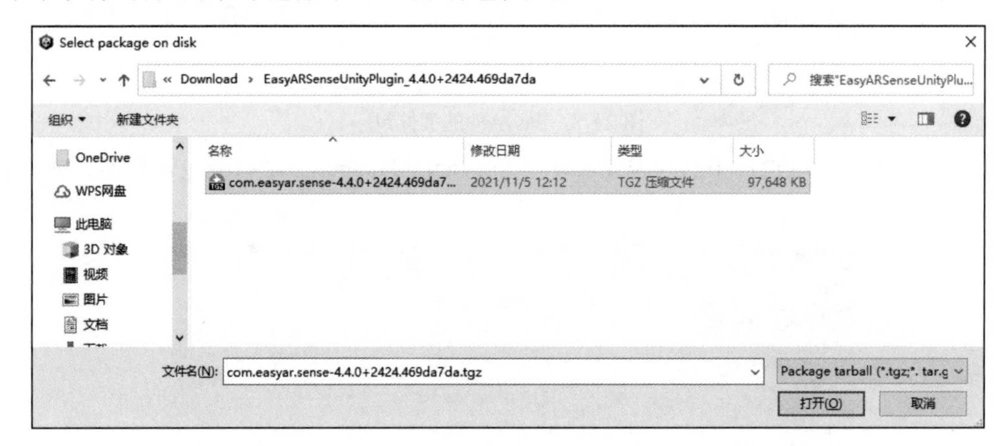

图 23-10　选择解压后的插件包

（5）导入完成即可。

23.2.3　快速入门

在 23.2.2 小节，已经完成了插件的下载和导入，接下来就介绍如何使用这个插件。

（1）新建一个 Unity 3D 项目，命名为 ARDemo，如图 23-11 所示。

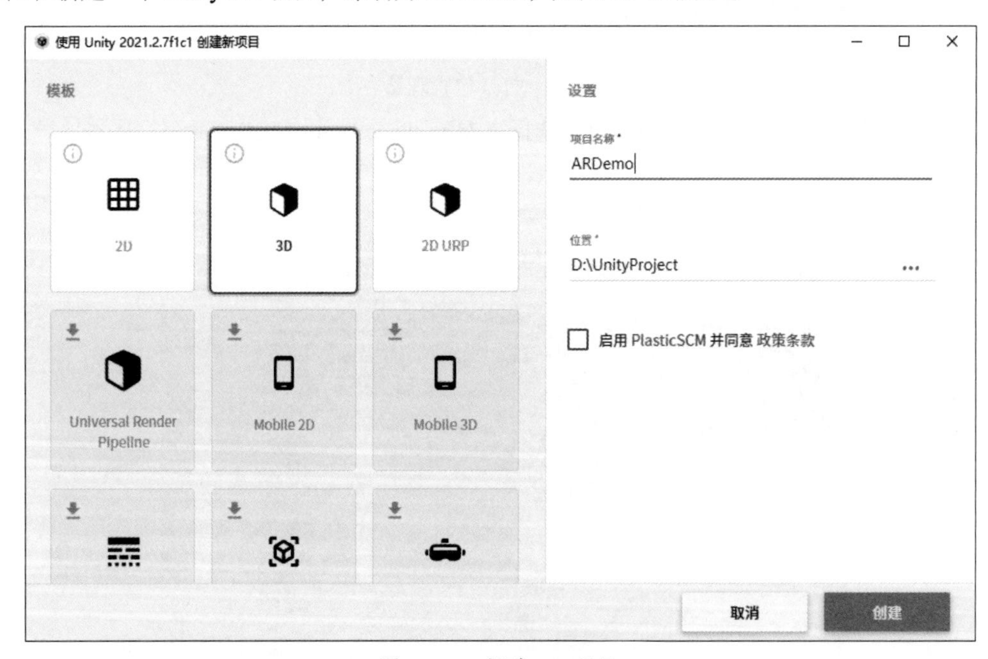

图 23-11　新建 3D 项目

（2）将 23.2.1 小节中申请的 Key 填入，在菜单栏中找到 EasyAR 菜单，选择 EasyAR → Sense → Configuration 命令，进行插件参数配置，如图 23-12 所示。

（3）在 Inspector 视图中，将申请的 Key 复制，填入 EasyAR SDK License Key 一栏，如图 23-13 所示。

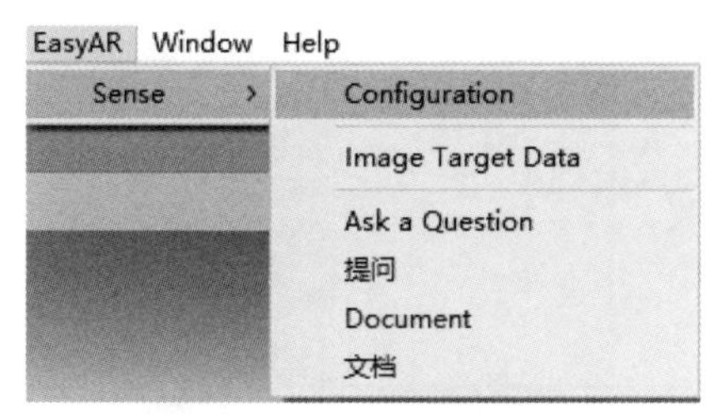

图 23-12　配置插件参数

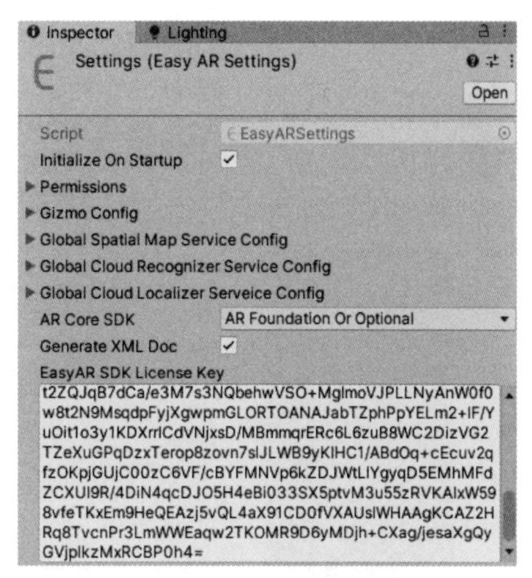

图 23-13　将申请的 Key 复制之后填入

（4）任意找一张图片当作识别图，将图片拖入 Project 视图的 StreamingAssets 文件夹，如果没有这个文件夹就新建，如图 23-14 所示。

（5）新建一个场景，设置 Main Camera 对象的 ClearFlags 属性为 Solid Color，Background 属性为纯黑色，如图 23-15 所示。

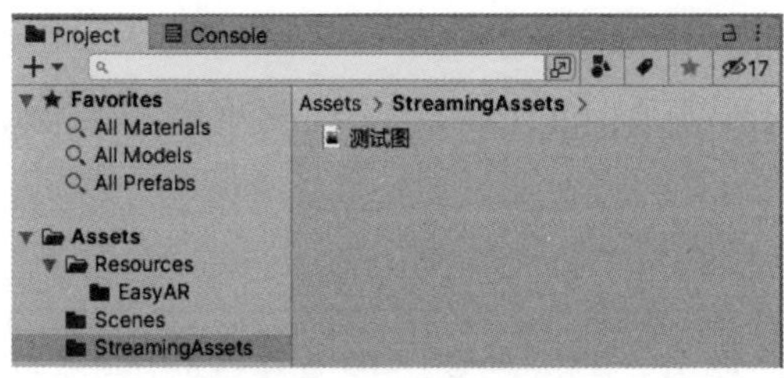

图 23-14　导入识别图

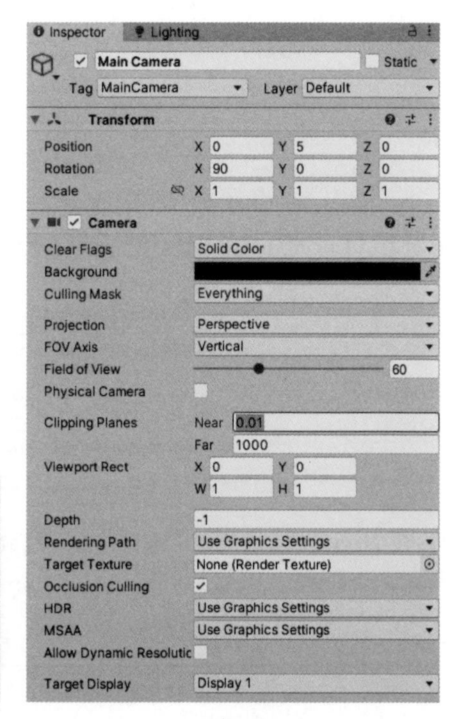

图 23-15　设置摄像机的属性

提示：

将 Camera 组件的 Clear Flags 属性设置为 Solid Color 是必须的，不然无法显示摄像头的画面。

（6）在 Hierarchy 视图中，单击加号按钮，选择 EasyAR Sense → Image Tracking → AR Session (Image Tracking Preset) 命令，添加 AR Session 对象；选择 EasyAR Sense → Image Tracking → Target：Image Target 命令，添加 Image Target 对象，如图 23-16 所示。

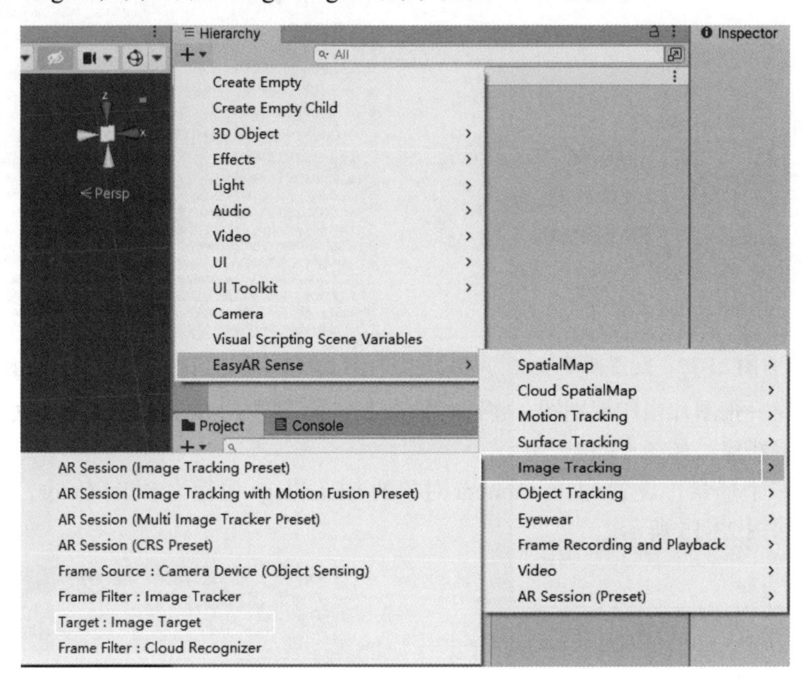

图 23-16　添加 AR Session 对象和 Image Target 对象

（7）在 Hierarchy 视图中选中 Image Target 对象，右击，选择 3D Object → Cube 命令，新建一个 Cube 对象，Position、Rotation 设置为（0,0,0），如图 23-17 所示。

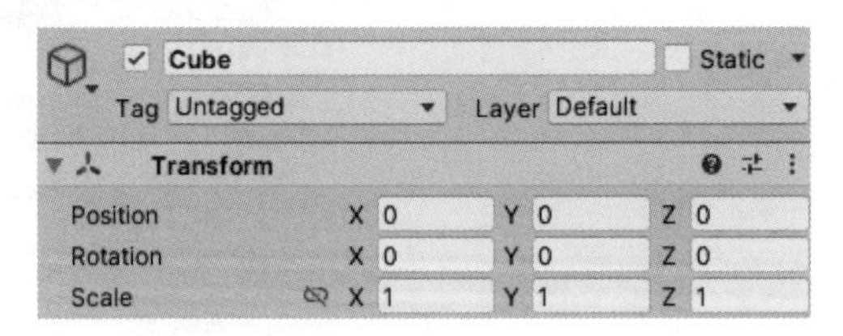

图 23-17　新建一个 Cube 对象

（8）在 Hierarchy 视图中选中 ImageTarget 对象，在 Inspector 视图中调整参数，如图 23-18 所示。

提示：

Image File Source 下拉菜单中的 Path 属性是指导入 StreamingAssets 文件夹中的图片的名称和后缀名，不用跟图中一样，以自己导入的图片的名称为准。

（9）现在需要调整 Hierarchy 视图中的 Main Camera 对象，使其正向照射到图片上。选中 Main Camera 对象，在 Scene 视图中调整好位置，使用 Ctrl+Shift+F 命令快速将选中的对象在窗口中对齐，如图 23-19 所示。

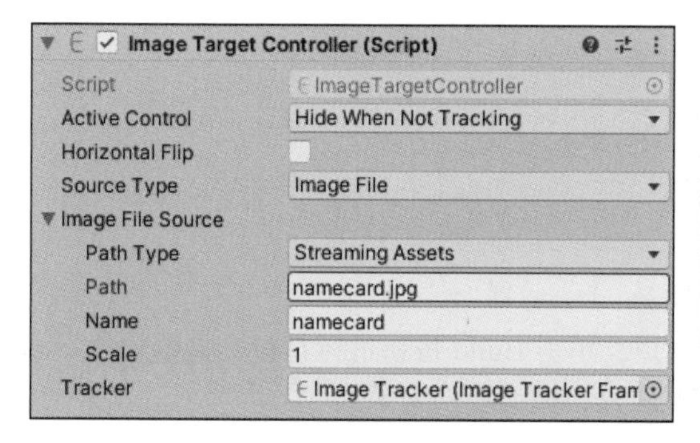

图 23-18　将 ImageTarget 导入场景，设置参数

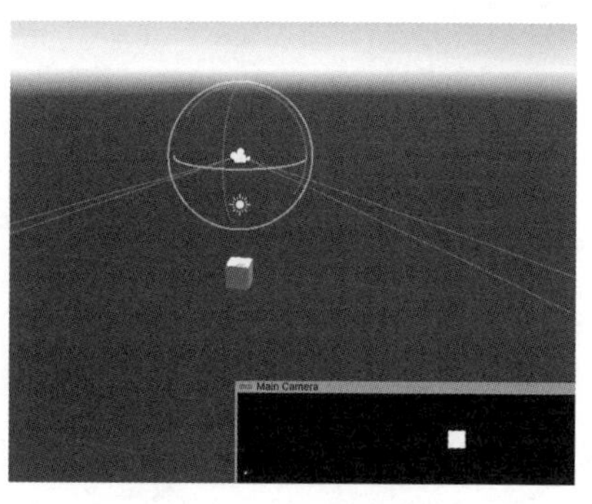

图 23-19　设置摄像机

（10）保存场景后，选择 File → Build Settings 命令，弹出 Build Settings（打包设置）窗口，单击 Add Open Scenes 按钮将当前场景添加进去，Platform 选择 Android，如图 23-20 所示。

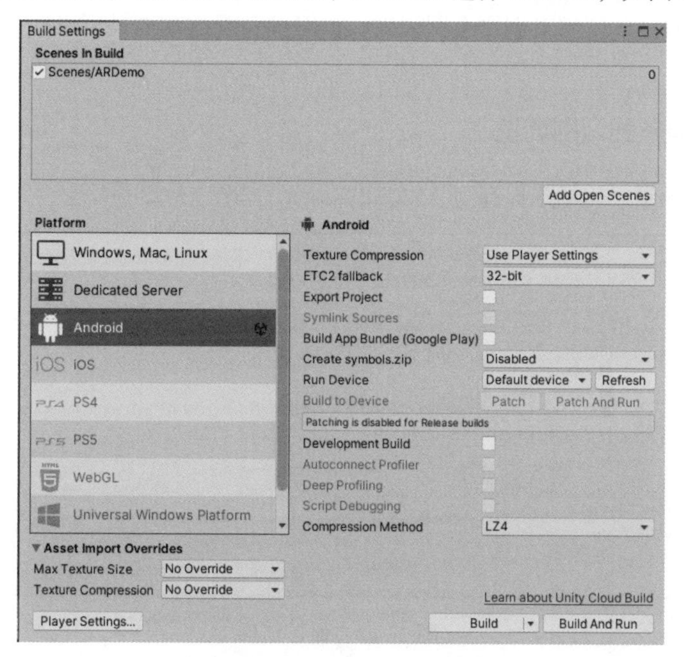

图 23-20　Build Setting 面板

提示：

当切换到 Android 平台时，提示 No Android moudule loaded，说明当前版本未安装安卓模块，需要单击 Open Download Page 按钮进行下载，然后安装。安装完成后还需要设置安卓环境和配置 SDK，本文不再赘述。

（11）单击 Build Settings（打包设置）窗口左下角的 Player Settings... 按钮，在 Inspector 视图中，打开 Other Setting 选项，将 Package Name 属性修改为申请 Key 时填写的字段，如图 23-21 所示。

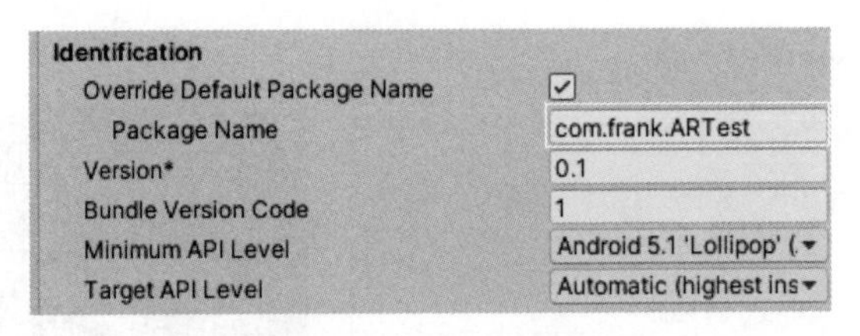

图 23-21　打包设置

（12）回到 Build Settings（打包设置）窗口，单击 Build 按钮进行打包，将生成的安卓包安装到手机上，运行，然后扫描导入 Unity 的那张图片，模型就出来了。

23.3　Easy AR 应用案例——多图识别

接下来介绍 EasyAR 应用案例之多图识别，该案例实现的功能是可以同时扫描多张图片，出现多个模型。

23.3.1　搭建多图识别场景

（1）新建一个场景，将场景保存为 ARMultiTarget，如图 23-22 所示。

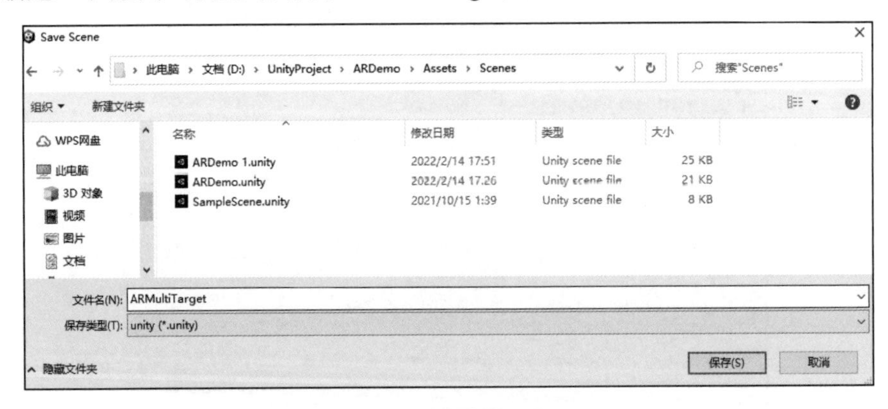

图 23-22　保存场景

（2）任意找两张识别图放入 StreamingAssets 文件夹，如图 23-23 所示。

（3）在 Hierarchy 视图中，单击加号按钮，选择 EasyAR Sense → Image Tracking → AR Session (Image Tracking Preset) 命令，添加 AR Session 对象；选择 EasyAR Sense → Image Tracking → Target：Image Target 命令，添加 Image Target 对象，如图 23-24 所示。

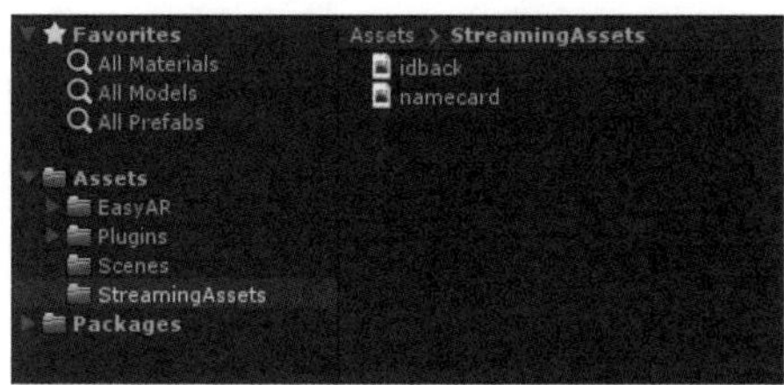

图 23-23　导入识别图

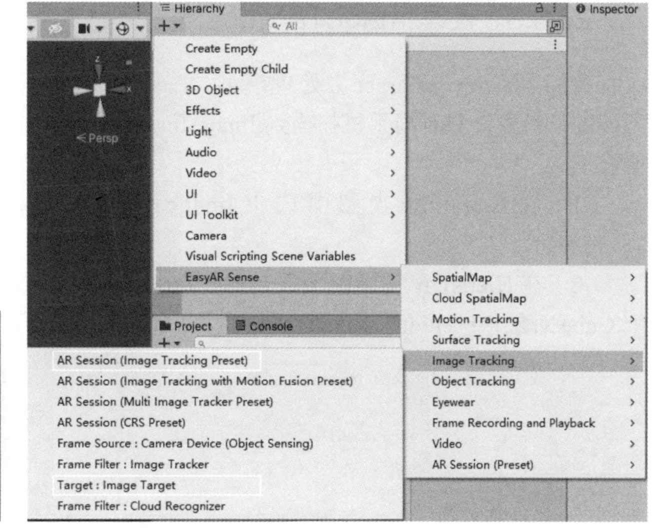

图 23-24　添加 AR Session 对象和 Image Target 对象

23.3.2　处理相机

设置 Main Camera 对象的 ClearFlags 属性为 Solid Color，Background 属性为纯黑色，如图 23-25 所示。

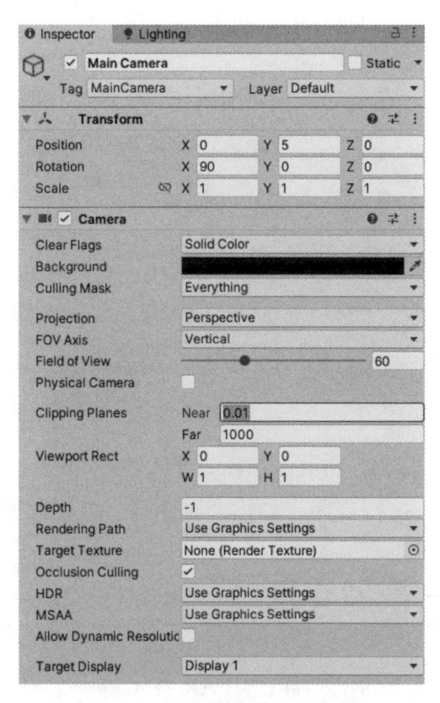

图 23-25　设置摄像机的属性

23.3.3 处理 ImageTarget

我们需要 ImageTarget 去处理模型，EasyAR 会识别到 ImageTarget 对象，并且隐藏这个对象下面的子对象，只有当手机扫描到 ImageTarget 对象指向的图片时，才会显示这个对象下面的子对象模型。

（1）在 Hierarchy 视图中选中 ImageTarget 对象，在 Inspector 视图中调整参数，如图 23-26 所示。

（2）在 Hierarchy 视图中选中 Image Target 对象，右击，选择 3D Object → Cube 命令，新建一个 Cube 对象，Position、Rotation 设置为（0,0,0），如图 23-27 所示。

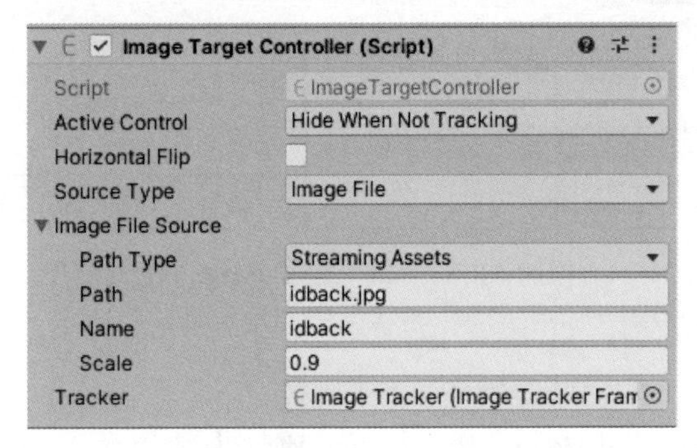

图 23-26　将 ImageTarget 导入场景，设置参数

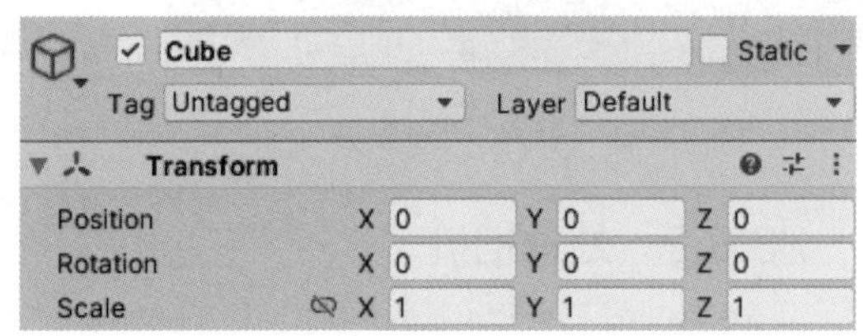

图 23-27　在 Image Target 对象下添加模型

（3）在 Hierarchy 视图中选中 ImageTarget 对象，选择 Ctrl+D 快捷键，复制一份，设置坐标为（-5,0,0）。

（4）选择 Image Target（1），在 Inspector 视图中调整参数，如图 23-28 所示。

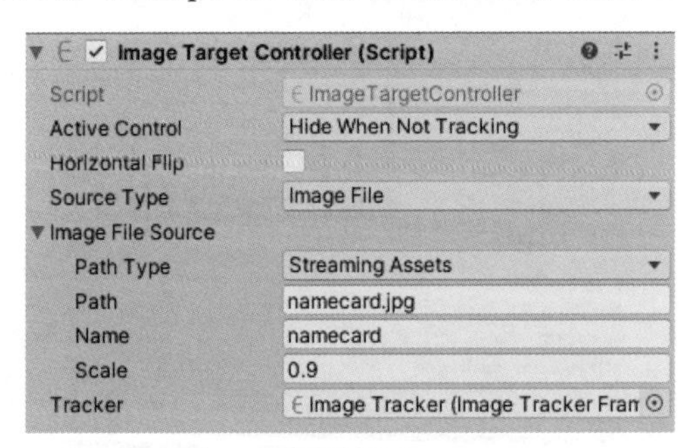

图 23-28　将 ImageTarget 导入场景，设置参数

（5）单击 Build 按钮打包，运行程序，扫描两张图片，就可以看到效果了。

23.4 AR 应用－模型交互

前面 3 节展现了 EasyAR 最基本的功能，用 AR 技术将一个模型呈现在我们面前，实在炫酷。扫描识别图后展现的模型，如果仅仅是静态的，体验效果也不是很好。本节根据市面上常见的

AR APP，给大家总结了几种常见的 AR 模型的交互方式。

本节在基础的案例上进行开发，但是前提是你已经掌握了如何基础性地搭建 Easy+Unity 的开发方式。如果还不是很熟练，建议多练习 24.2 节和 24.3 节的案例。

23.4.1　模型交互之改变颜色

实现功能：单击 Cube 对象（扫描识别图出来的模型），我们可以更换它的颜色。

（1）打开 23.3 节搭建的 ARMultiTarget 场景，删除不用的 Image Target (1) 对象，只留下 ImageTarget 对象，然后选中 ImageTarget 对象下面的 Cube 对象，选择 Add Component → New Script 命令，将脚本命名为 ChangeColor，双击，修改脚本，参考代码 23-1。

代码 23–1　颜色切换控制脚本实现

```
using UnityEngine;

public class ChangeColor : MonoBehaviour
{
    public Material blue;
    public Material red;
    private bool isClick = false;
    void OnMouseDown()
    {
        if (!isClick)
        {
            gameObject.GetComponent<MeshRenderer>().material = blue;
            isClick = true;
        }
        else
        {
            gameObject.GetComponent<MeshRenderer>().material = red;
            isClick = false;
        }
    }
}
```

（2）在 Project 视图中，选择 Create → Material 命令，新建一个材质球，命名为 blue，调整主通道的颜色为蓝色，如图 23-29 所示。

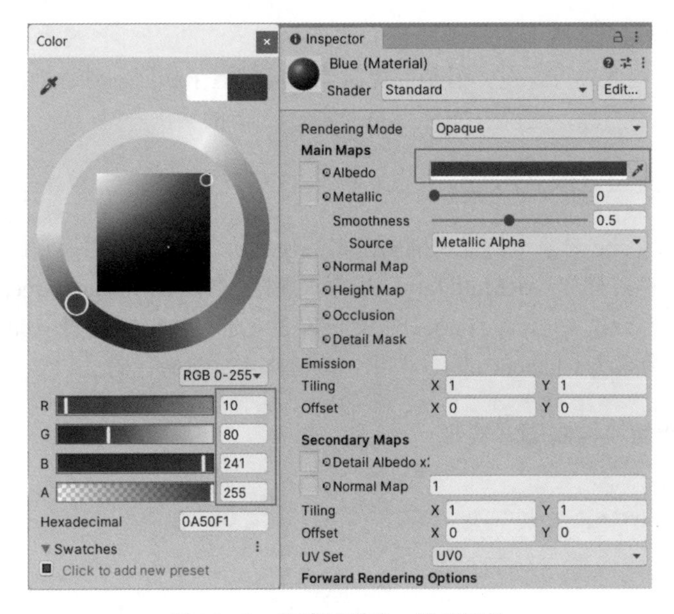

图 23-29　新建材质球，设置属性

（3）选择 Create → Material 命令，新建一个材质球，命名为 red，调整主通道的颜色为红色。

（4）将这两个材质球，拖入 Cube 对象的 ChangeColor 组件的 Blue 卡槽和 Red 卡槽，如图 23-30 所示。

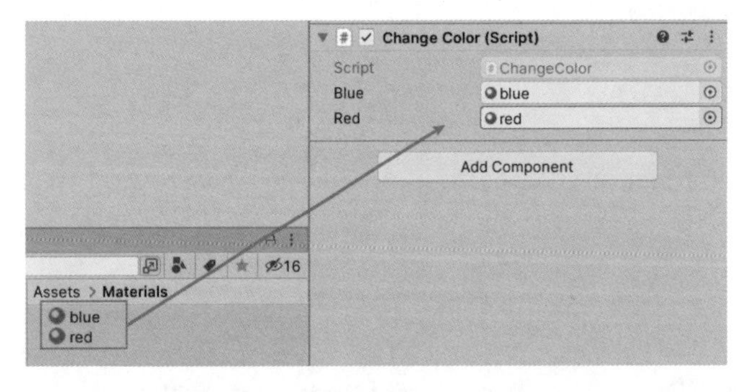

图 23-30　将材质球拖入组件的卡槽

（5）单击 Build 按钮打包，运行程序，扫描图片，出现模型后，单击模型就可以看到效果了。

23.4.2　模型交互的缩小和放大

实现功能：单击 Cube 对象，可以双指缩放它。

（1）打开 ARMultiTarget 场景，在 Hierarchy 视图中，选中 Cube 对象，然后单击 ChangeColor 组件右上角的齿轮图标，选择 Remove Component 命令，去掉当前组件。

（2）选择 Add Component → New Script 命令，将脚本命名为 Gesture，双击，修改脚本代码，参考代码 23-2。

代码 23-2　模型的缩放和放大脚本实现

```
using UnityEngine;

public class Gesture : MonoBehaviour
{
    private Touch oldTouch1;  //上次触摸点 1（手指 1）
    private Touch oldTouch2;  //上次触摸点 2（手指 2）
    void Update()
    {
        //如果没有触摸，则触摸点为 0
        if (Input.touchCount <= 0)
        {
            return;
        }
        //多点触摸，放大缩小
        Touch newTouch1 = Input.GetTouch(0);
        Touch newTouch2 = Input.GetTouch(1);
        //第 2 点刚开始接触屏幕，只记录，不处理
        if (newTouch2.phase == TouchPhase.Began)
        {
            oldTouch2 = newTouch2;
            oldTouch1 = newTouch1;
            return;
        }
        //计算老的两点间距离和新的两点间距离，变大要放大模型，变小要缩放模型
           float oldDistance = Vector2.Distance(oldTouch1.position, oldTouch2.
position);
           float newDistance = Vector2.Distance(newTouch1.position, newTouch2.
position);
        //两个距离之差，为正表示放大手势， 为负表示缩小手势
        float offset = newDistance - oldDistance;
        //放大因子， 一个像素按 0.01 倍来算（100 可调整）
        float scaleFactor = offset / 100f;
        Vector3 localScale = transform.localScale;
        Vector3 scale = new Vector3(localScale.x + scaleFactor,
            localScale.y + scaleFactor,
            localScale.z + scaleFactor);
        //在什么情况下进行缩放
```

```
        if (scale.x >= 0.05f && scale.y >= 0.05f && scale.z >= 0.05f)
        {
            transform.localScale = scale;
        }
        //记住最新的触摸点，下次使用
        oldTouch1 = newTouch1;
        oldTouch2 = newTouch2;
    }
}
```

（3）单击 Build 按钮打包，运行程序，扫描图片，出现模型后，单击模型就可以双指缩放和放大模型了。

23.4.3 模型交互的拖动

实现功能：单击 Cube 对象（扫描识别图出来的模型），我们可以用手指拖动它。

（1）打开 ARMultiTarget 场景，在 Hierarchy 视图中，选中 Cube 对象，然后单击 Gesture 组件右上角的齿轮图标，选择 Remove Component 命令，去掉当前组件。

（2）选择 Add Component → New Script 命令，将脚本命名为 Drag，双击，修改脚本代码，参考代码 23-3。

代码 23-3 模型的拖动效果实现

```
using System.Collections;
using UnityEngine;
public class Drag : MonoBehaviour
{
    private Vector3 _vec3TargetScreenSpace;      // 目标物体的屏幕空间坐标
    private Vector3 _vec3TargetWorldSpace;       // 目标物体的世界空间坐标
    private Transform _trans;                    // 目标物体的空间变换组件
    private Vector3 _vec3MouseScreenSpace;       // 鼠标的屏幕空间坐标
    private Vector3 _vec3Offset;                 // 偏移

    void Awake() { _trans = transform; }

    IEnumerator OnMouseDown()
    {
        // 把目标物体的世界空间坐标转换到它自身的屏幕空间坐标
        _vec3TargetScreenSpace = Camera.main.WorldToScreenPoint(_trans.position);
        // 存储鼠标的屏幕空间坐标（Z 值使用目标物体的屏幕空间坐标）
```

```
        _vec3MouseScreenSpace = new Vector3(Input.mousePosition.x, Input.
mousePosition.y, _vec3TargetScreenSpace.z);
        // 计算目标物体与鼠标物体在世界空间中的偏移量
        _vec3Offset = _trans.position - Camera.main.ScreenToWorldPoint(_
vec3MouseScreenSpace);
        // 鼠标左键按下
        while (Input.GetMouseButton(0))
        {
            // 存储鼠标的屏幕空间坐标（Z 值使用目标物体的屏幕空间坐标）
            _vec3MouseScreenSpace = new Vector3(Input.mousePosition.x, Input.
mousePosition.y, _vec3TargetScreenSpace.z);
            // 把鼠标的屏幕空间坐标转换到世界空间坐标（Z 值使用目标物体的屏幕空间坐标），
            // 加上偏移量，以此作为目标物体的世界空间坐标
            _vec3TargetWorldSpace = Camera.main.ScreenToWorldPoint(_
vec3MouseScreenSpace) + _vec3Offset;
            // 更新目标物体的世界空间坐标
            _trans.position = _vec3TargetWorldSpace;
            // 等待固定更新
            yield return new WaitForFixedUpdate();
        }
    }
}
```

（3）单击 Build 按钮打包，运行程序，扫描图片，出现模型后，单击模型就可以拖动它了。

23.5　本章小结

本章介绍了什么是 AR，AR 其实就是将真实世界信息和虚拟世界信息进行结合的技术，是把原本在真实世界的一定时间、空间范围内很难体验到的实体信息，通过计算机科学技术等手段，模拟仿真后再叠加，将虚拟的信息应用到真实世界，被人类感官感知，从而达到超越现实的感官体验。

AR 的应用领域很广，例如，在教育领域，提供更直观、更形象的教学场景；在军事领域，可以进行方位的识别，获得实时的地理位置等重要军事数据；在影视领域，实时地将辅助信息叠加到画面中，使观众可以得到更多的信息；在旅游、展览领域，通过增强现实将途经建筑或物体的相关资料进行展示。

最后本章使用 EasyAR 插件为大家介绍了 AR 的使用和开发流程，以 AR 的开发实例，如多图识别、AR 模型交互等让读者可以真正地学习如何着手开发属于自己的 AR 项目。

第 24 章　VR 案例——《飞机拆装模拟》

这章将介绍什么是 VR，VR 开发有哪些方向，如何制作 VR 项目，以及如何使用搭配插件等。

24.1　VR 技术

首先，介绍一下什么是 VR 技术。

24.1.1　VR 技术简介

VR（Virtual Reality，虚拟现实）早期译为“灵境技术”。虚拟现实是多媒体技术的终极应用形式，它是计算机软硬件技术、传感技术、人工智能及行为心理学等领域飞速发展的结果。

VR 主要依赖于三维实时图形显示、三维定位跟踪、触觉传感技术，其基本实现方式是通过计算机模拟虚拟环境使人产生环境沉浸感。

随着社会生产力和科学技术的不断发展，VR 技术取得了巨大进步，各行各业对 VR 技术的需求日益旺盛。

24.1.2　VR 特点

- 沉浸感，使用户处于三维空间中，利用视觉器官对虚拟世界产生适应性反馈；
- 交互式体验，用户通过动作、语言等能够与虚拟世界进行有效沟通；
- 动作追踪，利用动捕设备可以对用户在虚拟世界的动作等信息实现更新。

24.1.3　VR 应用领域

VR 的应用领域非常广泛，目前看还有不断扩展的趋势，典型的应用领域有以下 7 个。

视频游戏：玩家可以通过 VR 视频、VR 游戏沉浸式体验视频或游戏，获得更加真实的感受，以达到以下娱乐的目的。

VR 房地产：商家通过 VR 技术搭建 VR 样板房，让顾客沉浸式查看房屋装修、布局、家具摆放等情景，这也是应用比较广的领域。

VR 医疗：主要指通过构建虚拟的人体模型器官及手术场景等，提高虚拟场景的真实感，借助于虚拟外设，还可以使用户更逼真地学习医疗知识，以及治病救人。

VR 教育：将虚拟现实技术与教学相融合，以优质教育资源为核心，集终端、应用系统、平台、内容于一体，将抽象的概念具体化，为学习者打造高度仿真、交互、沉浸式的三维互动学习环境。

VR 零售：结合 VR 技术，解决线上体验不足的问题。VR 全景店铺可以虚拟购物体验，让用

户身临其境地体验店铺中的商品。

VR 工程：基于虚拟现实技术对工程进行模拟规划与控制，实现工程进度控制、施工计划制定、物资消耗、资金投入、人员调配等工作的综合管理。

VR 军事：通过 VR 虚拟现实技术模拟特定训练区域，配合 VR 跑步机等设备实现无限空间演练，模拟事故发生场景及事故应用处理。

介绍了这么多 VR 应用领域，接下来实际实现一个 VR 案例，了解 VR 开发。

24.2 场景搭建制作

这一节将实际运用之前学习到的 Unity3D 知识搭建飞机场景，并实现飞机的飞行功能。

24.2.1 新建项目

打开 Unity Hub，选择新建项目，选择 Unity 2021.2.7f1c1 版本，输入项目名称，选择项目保存位置，单击“创建”按钮即可，如图 24-1 所示。

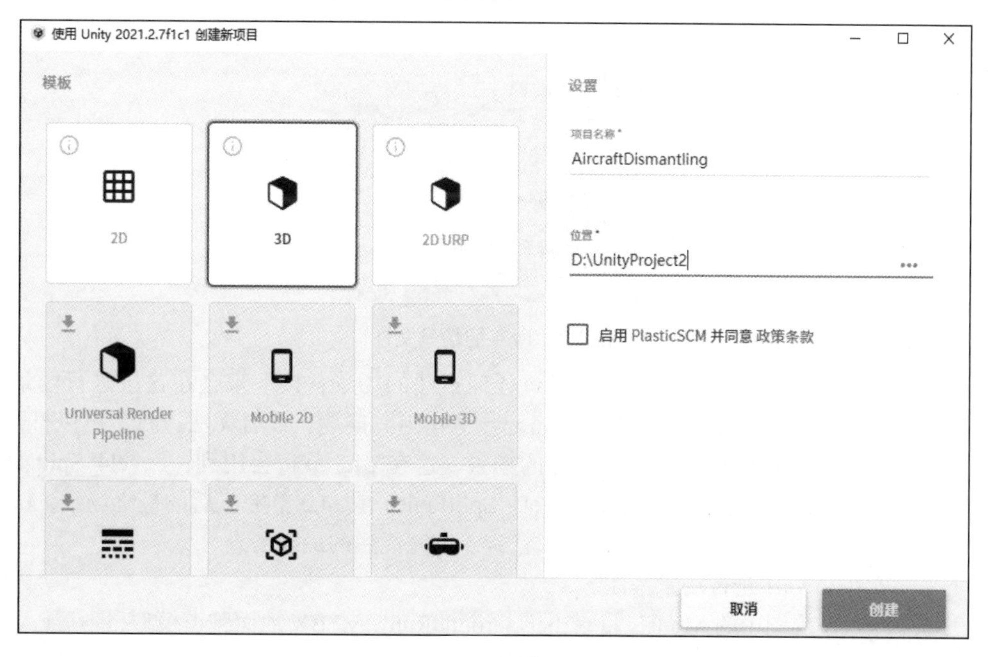

图 24-1 新建项目

等待 Unity3D 编辑器加载完成后，将资源包导入。

24.2.2 导入资源

将需要的资源文件导入，资源路径：“资源包→第 24 章资源文件”，如图 24-2 所示。Aircraft.unitypackage 包含所有的资源文件，DOTweenPro.unitypackage 是 DoTweeen 插件包，

Highlighting System.unitypackage 是高亮插件包。Aircraft.unitypackage 包含了所有的资源文件，导入这一个资源包即可，如图 24-3 所示。

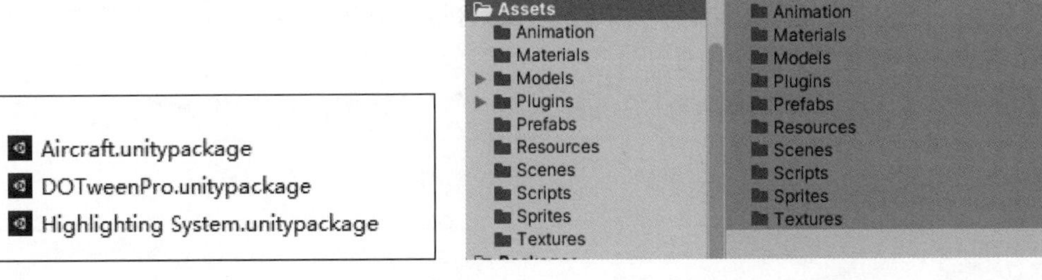

图 24-2　将需要的资源导入项目　　图 24-3　资源目录结构

资源导入的方法参见 3.4.1 小节。

24.2.3　搭建场景

找到 Project 视图中的 Scenes 目录下的 Level1.unity 场景文件，双击打开场景，如图 24-4 所示。

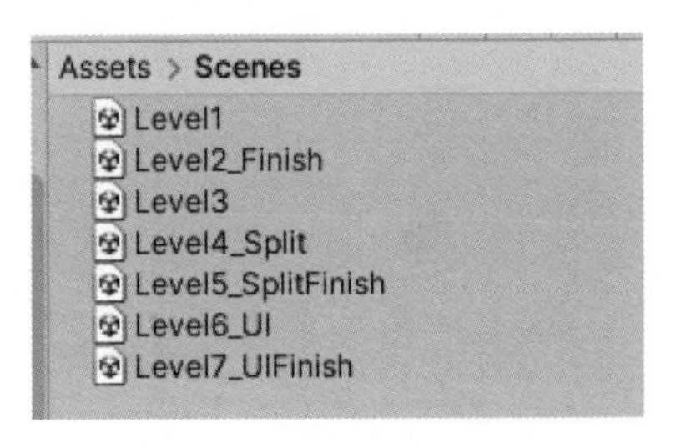

图 24-4　所有的场景文件

首先介绍预设的场景。Level1 是没有经过任何搭建的场景，接下来会在这里进行场景搭建；Level2_Finish 是搭建完成后的场景，如果在搭建场景中遇到问题，或者无法进行，可以打开这个场景继续进行开发；Level3 是进行零件拆分的场景，这在 24.3 节将会用到；Level4_Split 是将零件拆分完成后的场景，后面会详细介绍；Level5_SplitFinish 是 24.3 节完成后的最终场景；Level6_UI 是 24.4 节将用到的场景，Level7_UIFinish 是 24.4 节完成后的最终场景。

接下来，就在 Level1 进行场景搭建。

（1）找到 Project 视图中的 Models 目录下的 GroundRunway.FBX 地面跑道模型，将其拖入场景，如图 24-5 所示。

（2）找到 Project 视图中 Models 目录下的 AircraftFuselage.FBX 飞机机身模型，将其拖入场景，如图 24-6 所示。

看起来不怎么协调，但是没关系，接下来我们将对它进行美化。

（3）找到 Project 视图中 Models 目录下的 AircraftWingsJet.FBX 喷气式机翼模型，将其拖入场景，本章以喷气式机翼为例进行制作，如图 24-7 所示。

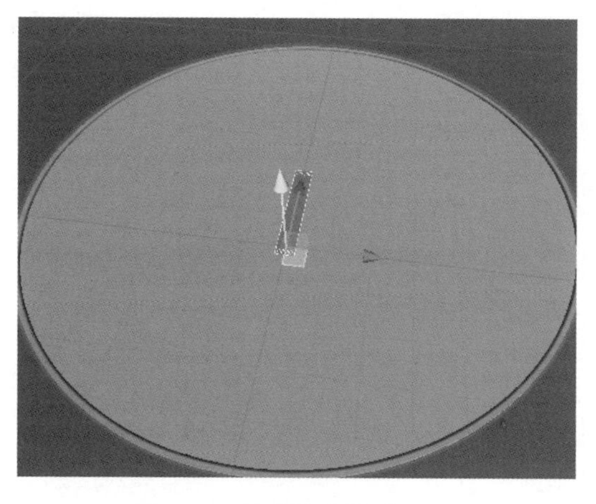

图 24-5　地面跑道模型

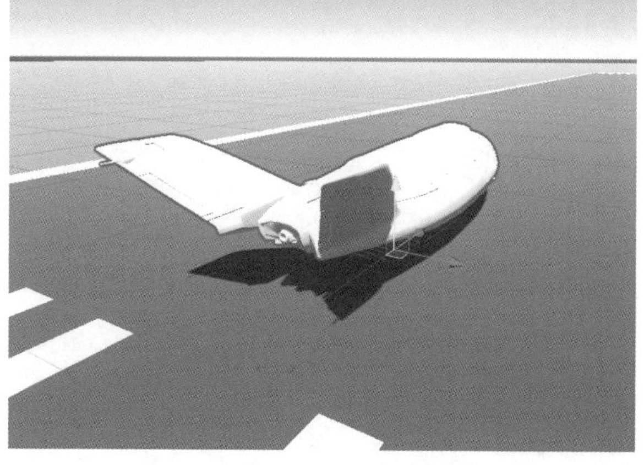

图 24-6　飞机模型

当前目录下还有一个 AircraftWingsPropeller.FBX 机翼模型，这是滑翔机的机翼，滑翔机机翼的制作步骤与喷气式机翼类似，感兴趣的读者可以使用滑翔机的机翼。

（4）调整摄像机，调整 Main Camera 的 Position 为（0,10,-23），Rotation 设置为（10,0,0），让摄像机从顶部进行俯视，如图 24-8 所示。

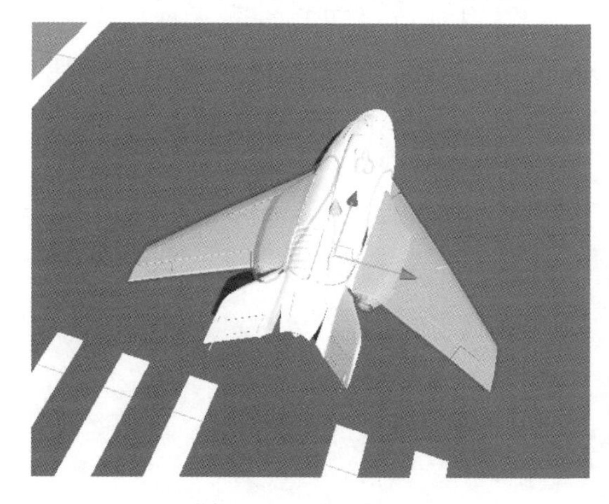

图 24-7　飞机模型

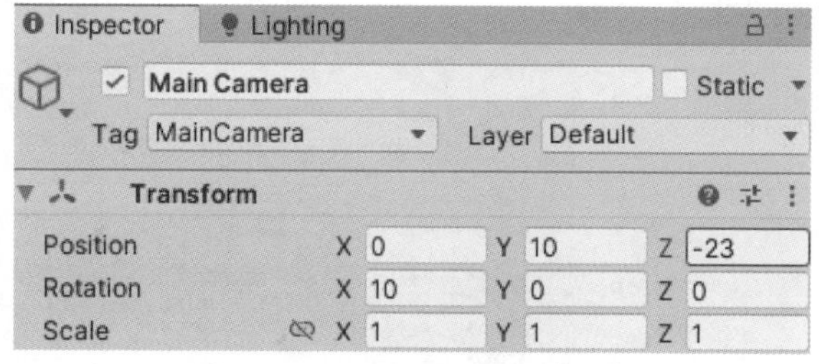

图 24-8　设置摄像机的属性

（5）调整灯光的参数，在 Hierarchy 视图中选择 Directional Light 对象，然后在 Inspector 视图中找到 Light 组件，将 Color 设置为 DBDBDB，如图 24-9 所示。

（6）打开灯光设置窗口，在菜单中选择 Window → Rendering → Lighting 命令，如图 24-10 所示。

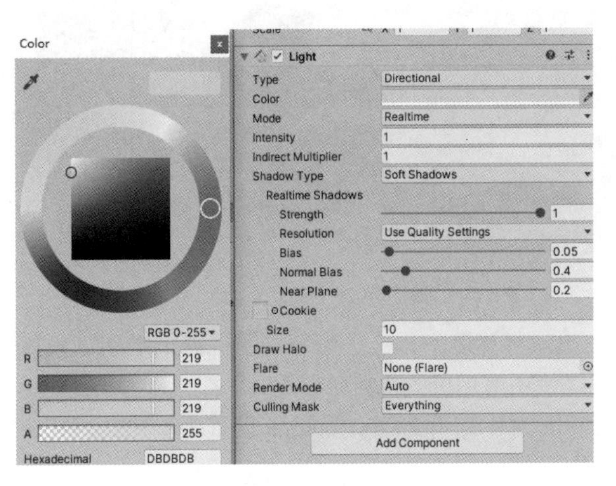

图 24-9　设置灯光的颜色

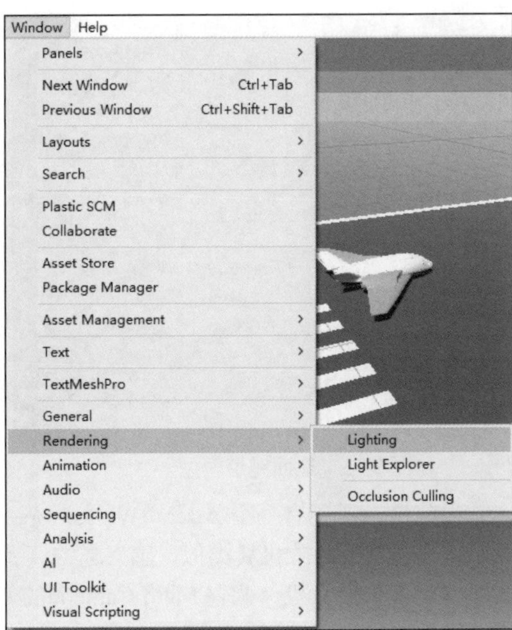

图 24-10　打开 Lighting 窗口

（7）设置天空球，在 Lighting 窗口，切换到 Environment 选项卡，找到 Skybox Material 属性，将天空球设置为 SkyboxProcedural，如图 24-11 所示。

（8）制作材质球，在 Project 视图中，右击，选择 Create → Material 命令，将其命名为 AircraftFuselageGrey，新建一个材质球，如图 24-12 所示。

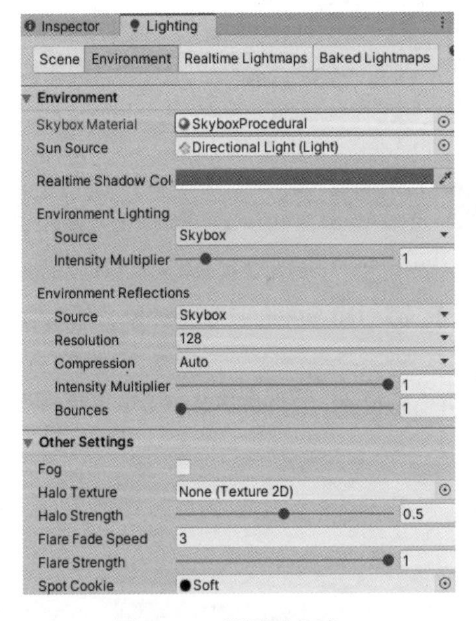

图 24-11　设置天空球

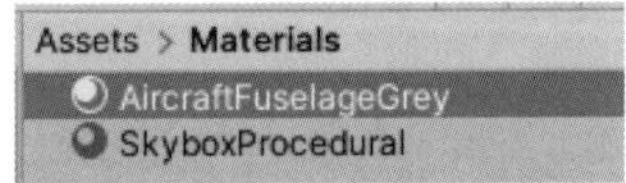

图 24-12　新建材质球

（9）调整材质球的参数，因为飞机表面是金属材质，所以将 Shader 设置为 Standard (Specular setup) 镜面设置，Albedo 设置为 7F7F7F，Specular 设置为 191919，Smoothness 设置为 0.4，Normal Map 法线贴图设置为将 AircraftFuselageNormals.png 拖入左侧法线贴图卡槽，右侧值设置为 1，Occlusion 遮挡贴图设置为将 AircraftFuselageOcclusion.png 拖入左侧法线贴图卡槽，右侧值设置 1，勾选 Emission，将 Global IIlumination 设置为 None，如图 24-13 所示。

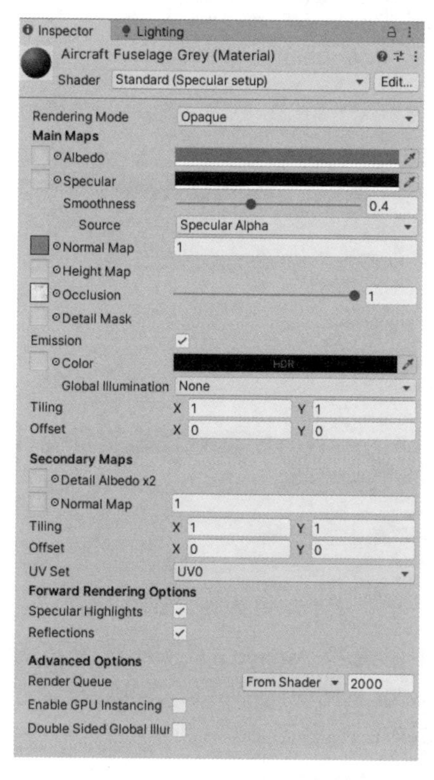

图 24-13　材质球属性设置

（10）在 Hierarchy 视图中，选择 AircraftFuselage 对象下面所有子对象，但不包含 AircraftFuselage 对象。在 Inspector 视图中，将 Mesh Renderer 组件的 Materials 属性修改为上一步制作好的材质球 AircraftFuselageGrey，如图 24-14 所示。

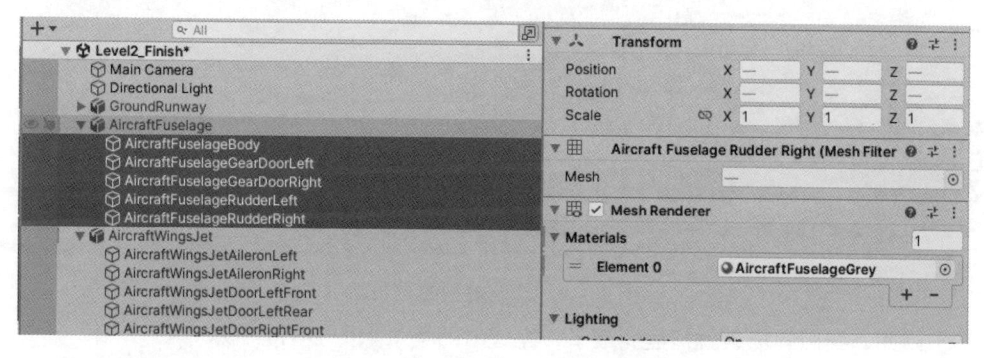

图 24-14　修改模型的材质球

（11）以同样的步骤，制作机翼的材质球 AircraftWingsJetGrey，将材质球的 Normal Map 法线贴图设置为将 AircraftFuselageNormals.png 拖入左侧法线贴图卡槽，右侧值设置 1，Occlusion 遮挡贴图设置为将 AircraftFuselag-eOcclusion.png 拖入左侧法线贴图卡槽，右侧值设置 1，其他跟材质球 AircraftFuselageGrey 的设置方法一致，如图 24-15 所示。

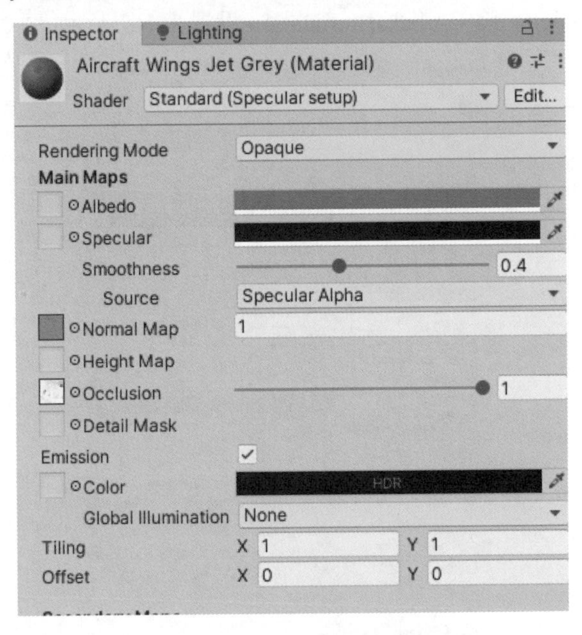

图 24-15　材质球属性设置

（12）在 Hierarchy 视图中，选择 AircraftWingsJet 对象下面的所有子对象，但不包含 AircraftWingsJet 对象。在 Inspector 视图中，将 Mesh Renderer 组件的 Materials 属性修改为上一步制作好的材质球 AircraftWingsJetGrey，如图 24-16 所示。

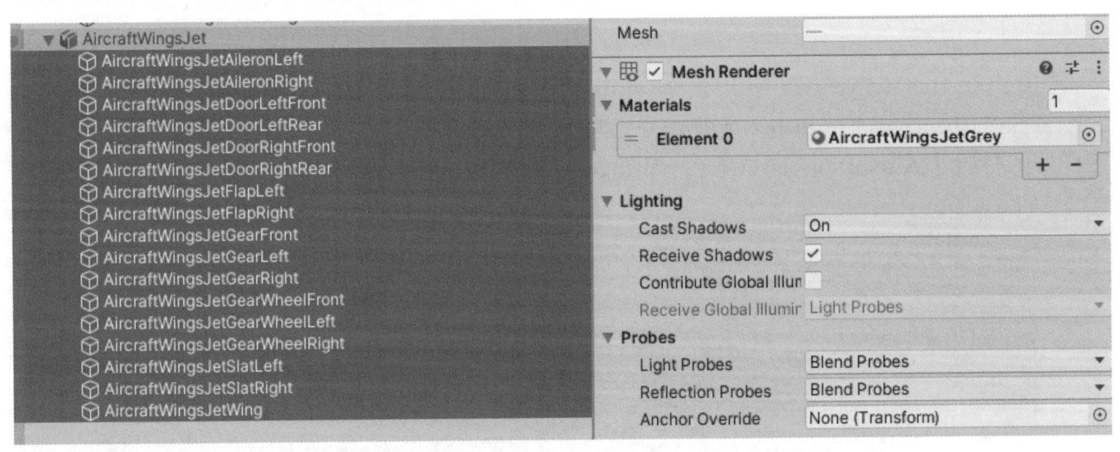

图 24-16　修改模型的材质球

（13）到此，我们的场景就搭建完成了，完成后的场景如图 24-17 所示。

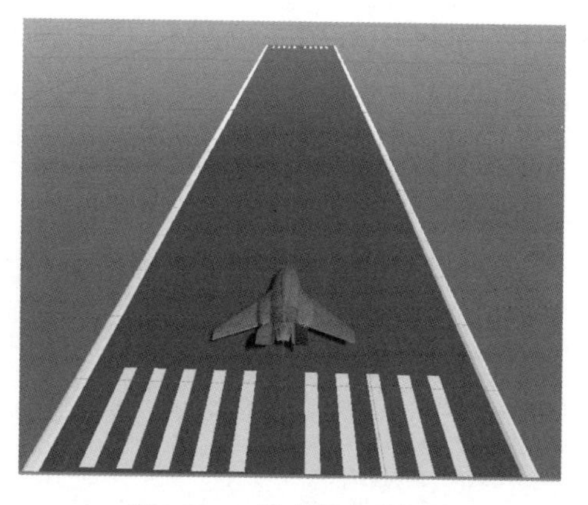

图 24-17　搭建完成的场景

24.2.4　制作火焰喷射特效

本小节介绍如何使用 Unity 3D 的粒子系统制作火焰喷射特效，通常粒子特效由专门的特效师进行制作，所以不想学习粒子特效制作的可以跳过本节，直接使用 Project 视图的 Prefabs 文件夹内的 Afterburner.prefab 文件即可。

接下来就介绍如何使用粒子系统制作特效。

（1）在 Hierarchy 视图中右击，选择 Effects → Particle System 命令，新建一个粒子系统对象，如图 24-18 所示。

（2）设置 Particle System 组件的属性，将 Duration（持续时间）设置为 1，Start Lifetime（启动时间）设置为 0.3，Start Speed（初始速度）设置为 32，Start Size（初始大小）设置为 1.2~1.4，Scaling Mode（缩放模式）设置为 Shape，Culling Mode（消散模式）设置为 Pause and Catch-up（暂停或追赶），如图 24-19 所示。

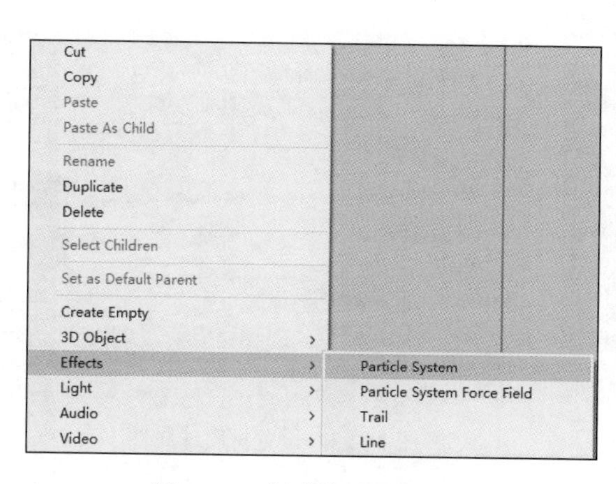

图 24-18　新建粒子系统

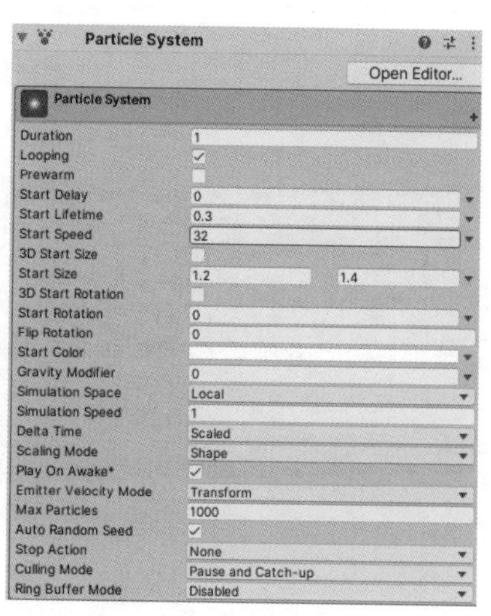

图 24-19　粒子系统设置

（3）勾选 Emission 复选框，设置 Rate over Time 为 80，如图 24-20 所示。

（4）取消勾选 Shape，勾选 Color over Lifetime 复选框，设置 Color 属性，如图 24-21 所示。

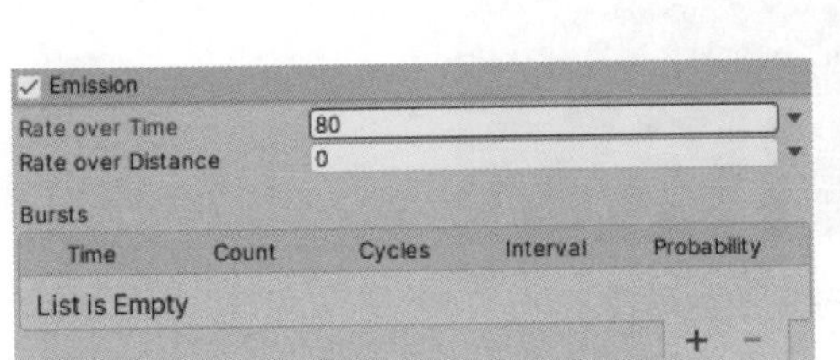

图 24-20　发射器设置

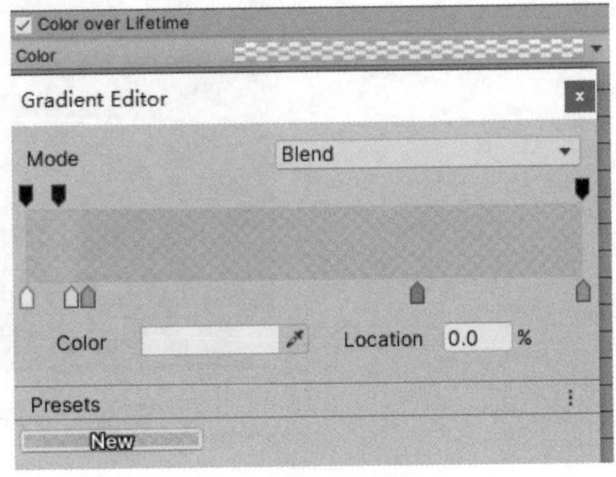

图 24-21　颜色消散设置

在弹出的 Gradient Editor 窗口，设置 Mode 为 Blend。然后设置颜色演变，在颜色板上方设置透明度，下方设置颜色，将左右透明度设置为 0，中间透明度设置为 30，然后根据图选择颜色即可。

（5）勾选 Size over Lifetime，将最下面的 Particle System Curves 设置窗口拉起来，就可以设置曲线，设置 Size 为图 24-22 的曲线。

（6）勾选 Renderer，因为设置 Renderer 渲染器，需要材质球，在 Project 视图的 Materials 文件夹下，右击，选择 Create → Materials 命令，将其命名为 ParticleAfterburner。接着设置材质球的参数，Shader 设置为 Legacy Shaders/Particles/Additive，Particle Texture 设置为 Default-Particle，Soft Particles Factor 设置为 1.266964，如图 24-23 所示。

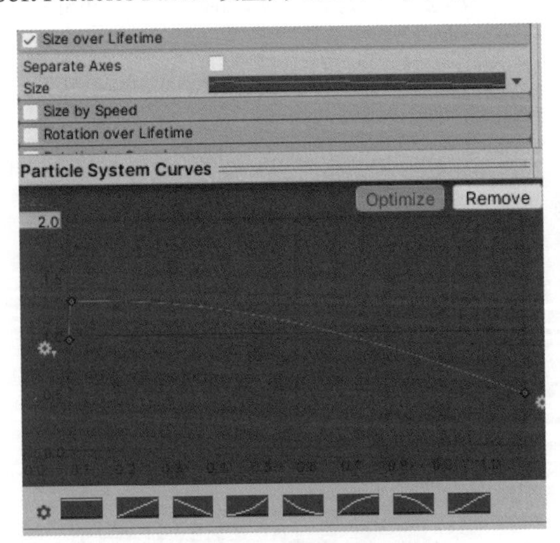

图 24-22　设置大小消散曲线

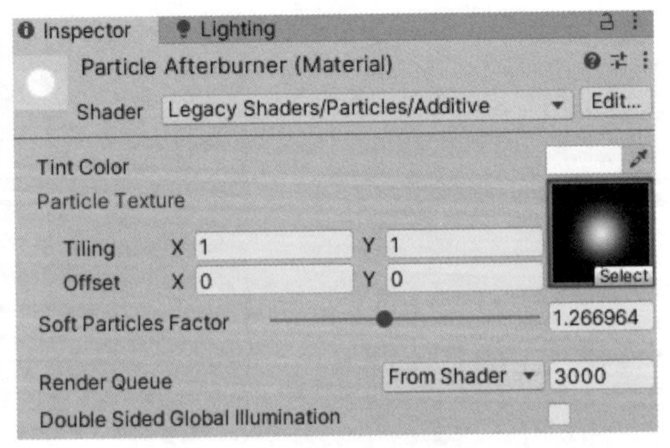

图 24-23　设置材质球属性

（7）继续设置 Renderer 渲染器的属性，设置 Material 为上一步制作的材质球，Sort Mode 排序模式设置为 Oldestin Front（旧的在前面），不勾选 Apply Active Color Space，Cast Shadows 设置为 On，不勾选 Receive Shadows，如图 24-24 所示。

（8）现在喷射的火焰还是朝天发射，接着调整 Particle System 对象，将其 Rotation 设置为（0,-180,0），此时火焰喷射的方向就朝着水平方向发射了，如图 24-25 所示。

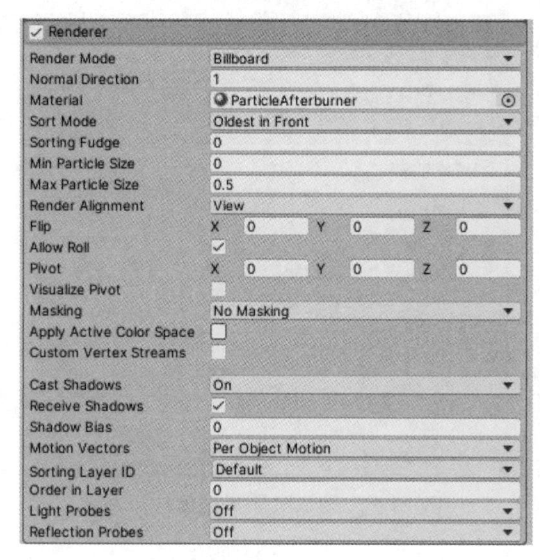

图 24-24　设置粒子系统的渲染器

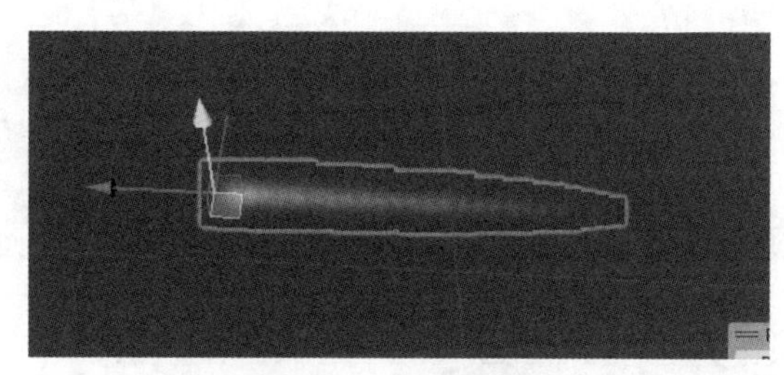

图 24-25　火焰喷射效果

（9）给喷射的火焰再添加一个光特效，将 Hierarchy 视图中的 Particle System 对象重命名为 AfterburnerLeft，选中 AfterburnerLeft 对象，右击，选择 Effects → Particle System 命令，给 AfterburnerLeft 对象创建一个子对象，子对象重命名为 Glow，如图 24-26 所示。

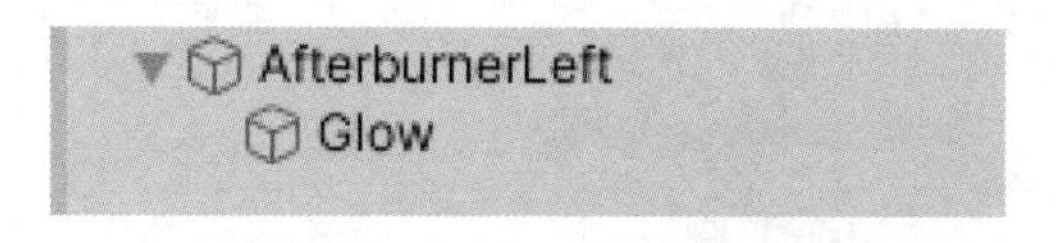

图 24-26　新建粒子的子对象

（10）与之前的操作相同，将发射器参数根据图 24-27 进行设置。

（11）Emission 参数、Size over Lifetime 参数、Color over Lifetime 参数设置如图 24-28 所示。

（12）Renderer 参数设置如图 24-29 所示。

（13）制作完成的火焰喷射特效如图 24-30 所示。

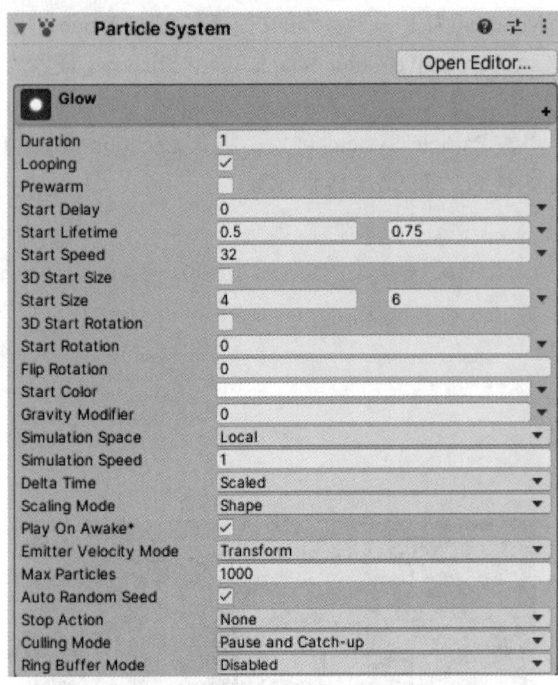

图 24-27　设置粒子系统属性

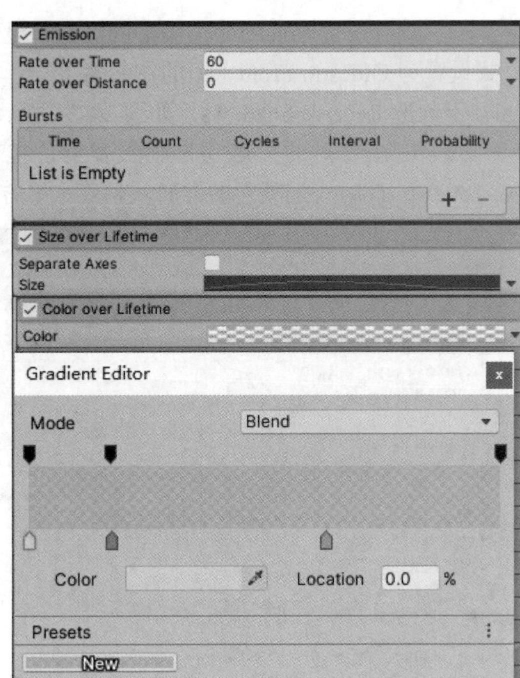

图 24-28　设置粒子系统属性的参数

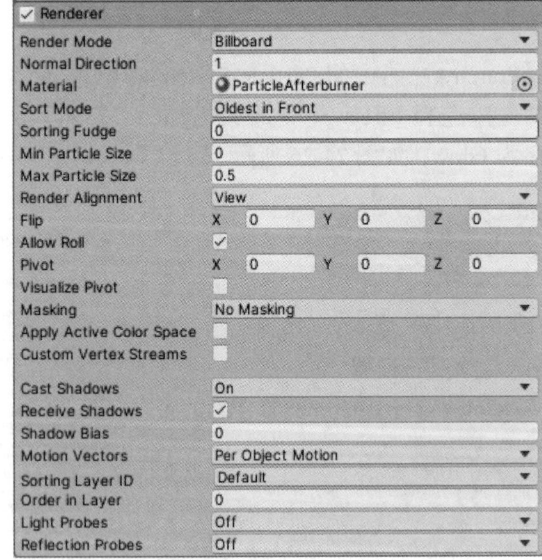

图 24-29　设置粒子系统的渲染器属性

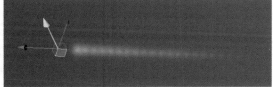

图 24-30　制作完成的火焰喷射特效

（14）将 AfterburnerLeft 对象调整到飞机的喷射器出口位置，推荐坐标位置（-3,2,-4），也可以根据情况进行调整，如图 24-31 所示。

（15）制作右边火焰喷射，在 Hierarchy 视图中选中 AfterburnerLeft 对象，使用快捷键 Ctrl+D，复制一份火焰喷射特效，重命名为 AfterburnerRight，将其位置调整到右边飞机的喷射器出口位置，如图 24-32 所示。

图 24-31　调整火焰喷射器的位置

图 24-32　左右两个火焰喷射器

（16）到此，粒子特效制作完成。

24.2.5　实现飞机飞行

本小节将实现飞机的飞行功能。

（1）整理一下对象，在 Hierarchy 视图中右击，选择 Create Empty 命令，新建一个空对象，将其命名为 Aircraft，将 Aircraft 对象的 Positon、Rotation 都设置为（0,0,0），如图 24-33 所示。

（2）将 AircraftFuselage、AircraftWingsJet、AfterburnerLeft、AfterburnerRight 对象都拖到 Aircraft 对象下面，成为 Aircraft 对象的子对象，如图 24-34 所示。

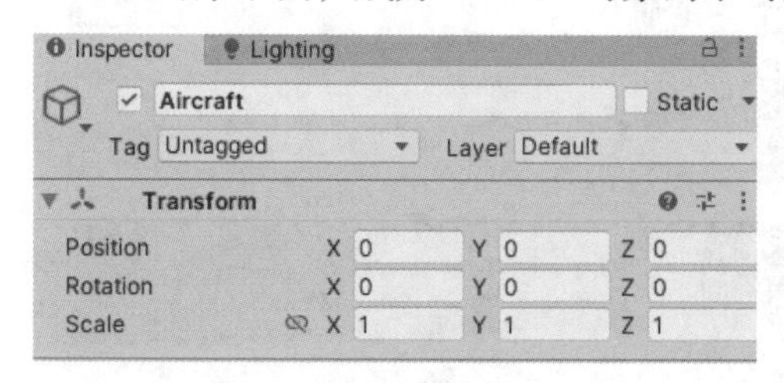

图 24-33　设置父对象的位置

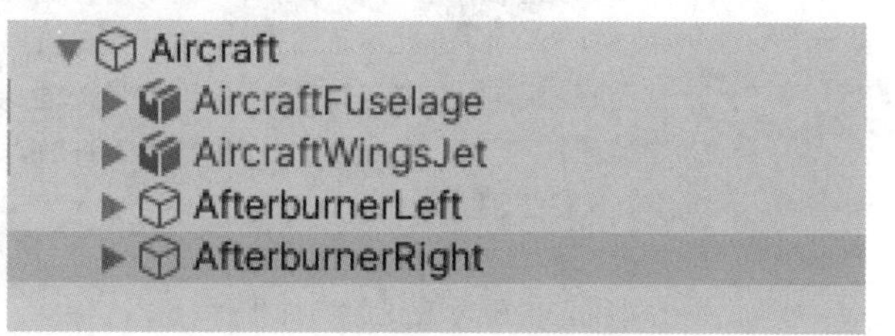

图 24-34　设置其他对象的节点

（3）在 Project 视图的 Scripts 文件夹下，右击，选择 Create → C# Script，将脚本命名为 AircraftMove，如图 24-35 所示。

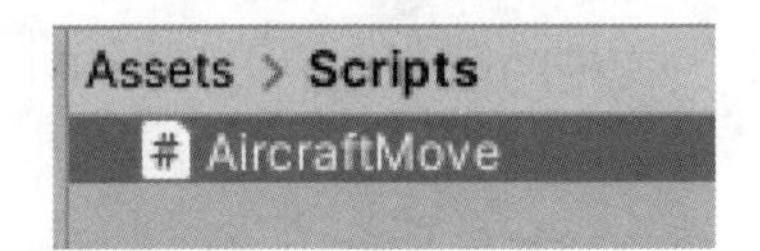

图 24-35　新建 AircraftMove 脚本

（4）双击，编辑脚本，参考代码 24-1。

代码 24-1　AircraftMove.cs

```
using UnityEngine;

public class AircraftMove : MonoBehaviour
{
    private float forwardSpeed = 50;            //前进的速度
    private float backwardSpeed = 25;           //后退的速度
    private float rotateSpeed = 2;              //旋转速度

    private GameObject MainCamera;
    private Vector3 TargetOffset;

    private void Start()
    {
        MainCamera = GameObject.Find("Main Camera");
        TargetOffset = MainCamera.transform.position - transform.position;
    }

    private void FixedUpdate()
    {
        //获取横轴（前后）的输入，也就是按键 W 和 S 的输入
        float h = Input.GetAxis("Horizontal");
        //获取纵轴（左右）的输入，也就是按键 A 和 D 的输入
        float v = Input.GetAxis("Vertical");
        //获取 Z 轴的输入
        Vector3 velocity = new Vector3(0, 0, v);
        //将世界坐标转化为本地坐标
        velocity = transform.TransformDirection(velocity);
        //判断是前进还是后退
        if (v > 0.1)
        {
            velocity *= forwardSpeed;
        }
```

```
        else
        {
            velocity *= backwardSpeed;
        }
        //前进或后退
        transform.localPosition += velocity * Time.fixedDeltaTime;
        //旋转机身
        if (v == 0)
        {
            transform.Rotate(0, h * rotateSpeed, 0);
        }
        //空格起飞
        if (Input.GetKey(KeyCode.Space) && v != 0)
        {
            float value = 0;
            transform.Rotate(Mathf.Clamp(value, -2, -1), 0, 0);
        }

        //主摄像机跟随
        MainCamera.transform.localPosition = transform.position + TargetOffset;
    }
}
```

（5）将脚本拖到 Aircraft 身上作为 Aircraft 组件，运行程序，使用键盘就可以控制飞机移动了，按住空格键前进，飞机就能抬头起飞了。

24.3　飞机拆装功能开发

24.2 节介绍了如何搭建飞机场景，制作了飞机喷射火焰，并且让飞机起飞了。

这一节就实现拆装功能，拆装功能在虚拟仿真项目开发中很常见，实现的方式也很多，本节就用点位移动的方式进行拆分功能的实现。

24.3.1　搭建飞机零件拆装场景

双击打开 Level3 场景，接下来就在上一节搭建完成的场景中完成拆装功能的实现。

（1）将 Hierarchy 视图中的 Aircraft 对象下的飞机机身和机翼，以及零部件的英文名全部改成中文名，中文名参考图 24-36。

（2）在 Hierarchy 视图选择 Aircraft，使用快捷键 Ctrl+D 复制一份，将 Aircraft 对象隐藏，将复制出来的 Aircraft（1）对象的子对象进行手动拆分，移动到合理的位置，如图 24-37 所示。

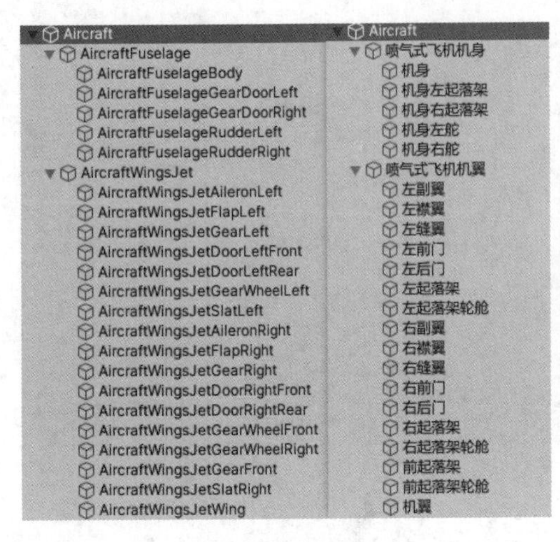

图 24-36　修改模型的名字

图 24-37　拆分模型

（3）现在已经拆分完成了，如果拆分遇到困难，无法进行下一步，则可以选择场景 Level4_Split，场景 Level4_Split 已经拆分完成，可以直接打开，进行下一步。

（4）设置 Main Camera，让摄像机投射下来，Position 设置为（0,25,0），Rotation 设置为（90,0,0），Projection 设置为 Orthographic，Size 设置为 10，如图 24-38 所示。

（5）在 Hierarchy 视图中删除 GroundRunway 对象，显示 Aircraft 对象，隐藏 Aircraft（1）对象，如图 24-39 所示。

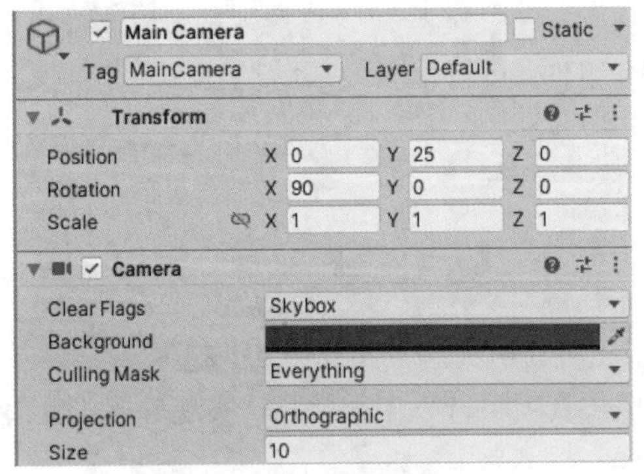

图 24-38　修改摄像机位置

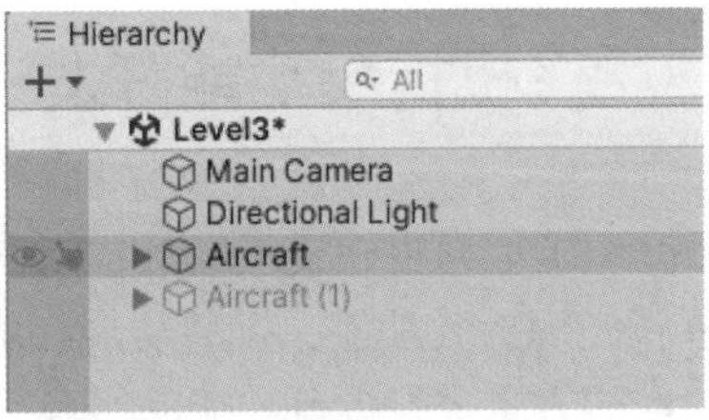

Hierarchy
All
Level3*
Main Camera
Directional Light
Aircraft
Aircraft (1)

图 24-39　隐藏拆分的模型

到此，飞机零件拆装场景的搭建就完成了，接下来进行飞机零件的拆分实现。

24.3.2 实现飞机零件拆分

（1）在 Project 视图的 Scripts 文件夹，右击，选择 Create → C# Script 命令新建一个脚本，命名为 AircraftSplits，双击，编辑脚本，参考代码 24-2。

代码 24-2　AircraftSplits.cs

```
using UnityEngine;

public class AircraftSplits : MonoBehaviour
{
    public GameObject[] Aircraft;          // 飞机零件对象
    private Vector3[] AircraftOld;         // 飞机零件的旧位置
    public GameObject[] AircraftNew;       // 飞机零件的新位置

    void Start()
    {
        // 设置旧位置
        AircraftOld = new Vector3[Aircraft.Length];
        for (int i = 0; i < Aircraft.Length; i++)
        {
            AircraftOld[i] = Aircraft[i].transform.position;
        }
    }

    private void Update()
    {
        if (Input.GetKeyDown(KeyCode.W))
        {
            // 拆分
            SplitObject();
        }
        if (Input.GetKeyDown(KeyCode.S))
        {
            // 合并
            MergeObject();
        }
    }

    private void SplitObject()
    {
        // 将当前飞机零件分别移动到对应的新位置
        for (int i = 0; i < Aircraft.Length; i++)
        {
```

```
            Aircraft[i].transform.position = AircraftNew[i].transform.position;
        }
    }

    private void MergeObject()
    {
        //将当前飞机零件分别移动到对应的旧位置
        for (int i = 0; i < Aircraft.Length; i++)
        {
            Aircraft[i].transform.position = AircraftOld[i];
        }
    }
}
```

（2）将 AircraftSplits 组件拖到 Aircraft 对象上，然后将 Aircraft 对象下面的子对象拖入 AircraftSplits 组件 Aircraft 数组，将 Aircraft（1）对象下面的子对象拖入 AircraftSplits 组件 AircraftNew 数组，如图 24-40 所示。

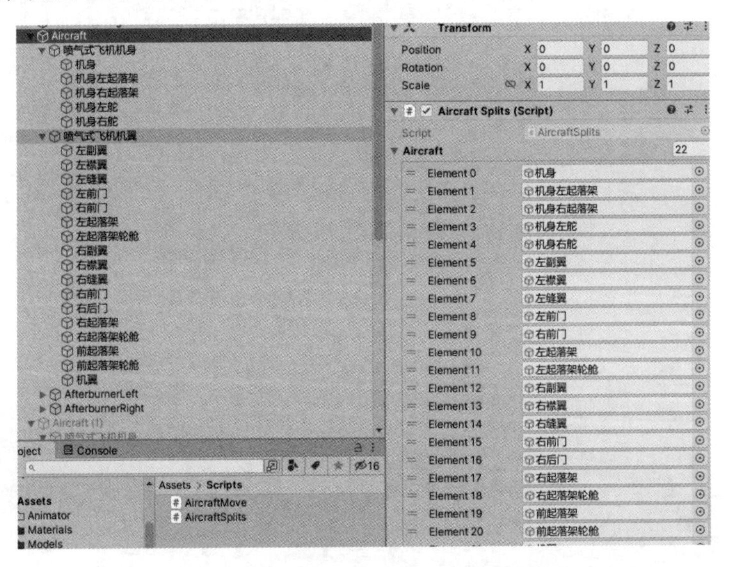

图 24-40　将拆分的模型拖入对应卡槽

提示：

这里有个小技巧，在 Hierarchy 视图中选中 Aircraft 对象，然后在 Inspector 视图中单击右上角的锁按钮，就可以锁定当前对象的 Inspector 视图，从而可以多选其他对象拖入对应数组。

（3）运行程序，按下 W 键、S 键，就可以拆分和合并模型了。

（4）此时的移动有点生硬，接下来修改代码，使用对象移动插件 DoTween 移动对象，参考代码 24-3。

代码 24-3　AircraftSplits.cs

```
using DG.Tweening;
using UnityEngine;

public class AircraftSplits : MonoBehaviour
{
    public GameObject[] Aircraft;        //飞机零件对象
    private Vector3[] AircraftOld;       //飞机零件的旧位置
    public GameObject[] AircraftNew;     //飞机零件的新位置

    void Start()
    {
        //设置旧位置
        AircraftOld = new Vector3[Aircraft.Length];
        for (int i = 0; i < Aircraft.Length; i++)
        {
            AircraftOld[i] = Aircraft[i].transform.position;
        }
    }

    private void Update()
    {
        if (Input.GetKeyDown(KeyCode.W))
        {
            //拆分
            SplitObject();
        }
        if (Input.GetKeyDown(KeyCode.S))
        {
            //合并
            MergeObject();
        }
    }


    private void SplitObject()
    {
```

```
        //将当前飞机零件分别移动到对应的新位置
        for (int i = 0; i < Aircraft.Length; i++)
        {
                Aircraft[i].transform.DOMove(AircraftNew[i].transform.
position,3,false);
        }
    }

    private void MergeObject()
    {
        //将当前飞机零件分别移动到对应的旧位置
        for (int i = 0; i < Aircraft.Length; i++)
        {
            Aircraft[i].transform.DOMove(AircraftOld[i], 3, false);
        }
    }
}
```

（5）运行程序，按下 W 键、S 键，就可以平滑地拆分和合并模型了。

24.3.3 飞机引擎控制

本小节实现对飞机引擎的启动和关闭，继续修改 AircraftSplits.cs 脚本，脚本参考代码 24-4。

代码 24-4 AircraftSplits.cs

```
using DG.Tweening;
using UnityEngine;

public class AircraftSplits : MonoBehaviour
{
    public GameObject[] Aircraft;          //飞机零件对象
    private Vector3[] AircraftOld;         //飞机零件的旧位置
    public GameObject[] AircraftNew;       //飞机零件的新位置

    public GameObject[] Afterburner;       //飞机喷射火焰
    private bool isFuel = false;           //开启和关闭状态

    void Start()
    {
```

```
        //设置旧位置
        AircraftOld = new Vector3[Aircraft.Length];
        for (int i = 0; i < Aircraft.Length; i++)
        {
            AircraftOld[i] = Aircraft[i].transform.position;
        }
    }

    private void Update()
    {
        if (Input.GetKeyDown(KeyCode.W))
        {
            //拆分
            SplitObject();
        }
        if (Input.GetKeyDown(KeyCode.S))
        {
            //合并
            MergeObject();
        }
        if (Input.GetKeyDown(KeyCode.Space))
        {
            //启动和关闭飞机喷射火焰
            FuelEvent();
        }
    }


    private void SplitObject()
    {
        //将当前飞机零件分别移动到对应的新位置
        for (int i = 0; i < Aircraft.Length; i++)
        {
                  Aircraft[i].transform.DOMove(AircraftNew[i].transform.
position,3,false);
        }
    }
```

```
    private void MergeObject()
    {
        //将当前飞机零件分别移动到对应的旧位置
        for (int i = 0; i < Aircraft.Length; i++)
        {
            Aircraft[i].transform.DOMove(AircraftOld[i], 3, false);
        }
    }

    private void FuelEvent()
    {
        if (isFuel)
        {
            Afterburner[0].gameObject.SetActive(true);
            Afterburner[1].gameObject.SetActive(true);
            isFuel = false;
        }
        else
        {
            Afterburner[0].gameObject.SetActive(false);
            Afterburner[1].gameObject.SetActive(false);
            isFuel = true;
        }
    }
}
```

将 Hierarchy 视图中的两个火焰喷射特效 AfterbumerLeft 和 AfterbumerRight 拖入 Aircraft Splits (Scrlpt) 组件的 Afterburner 数组卡槽中，如图 24-41 所示。

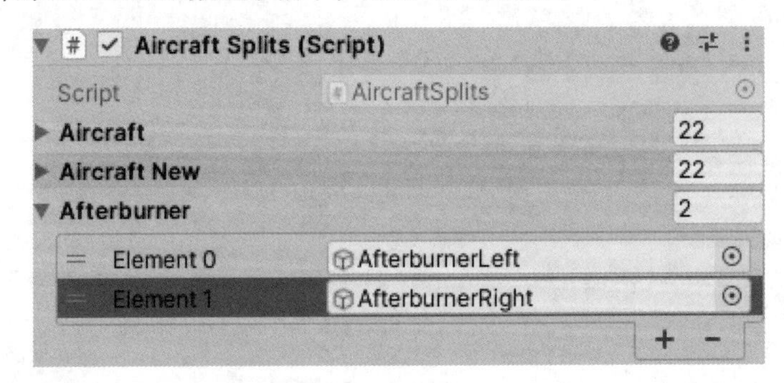

图 24-41　将火焰喷射特效拖入对应卡槽

运行程序，就可以按空格键控制火焰喷射的启动和关闭了。

如果遇到困难无法进行下一步，可以参考 Level5_SplitFinish 场景的实现。

24.4　飞机拆装后零件说明功能开发

本节实现飞机零件拆装后的零件说明功能。

24.4.1　制作 UI 及 UI 动画

（1）双击打开 Level6_UI 场景，接下来的步骤将在这个场景中完成。

（2）在 Hierarchy 视图中选择 UI → Panel 命令，新建一个 Panel，移除 Panel 对象的 Image 组件，如图 24-42 所示。

（3）选中 Panel 对象，右击，选择 UI → Image 命令，重复操作三次，新建三个 Image 子对象，分别重命名为 ImageAni1、ImageAni2、ImageAni3。选中 ImageAni3 对象，右击，选择 UI → Legecy → Text (Legacy) 命令，在 ImageAni3 下面新建一个 Text 对象，如图 24-43 所示。

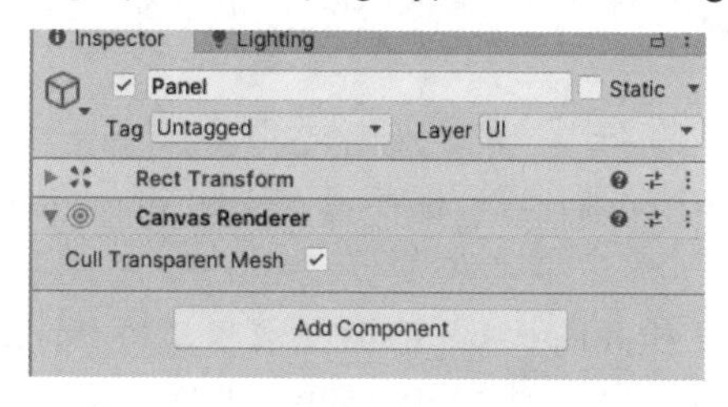

图 24-42　新建 Panel

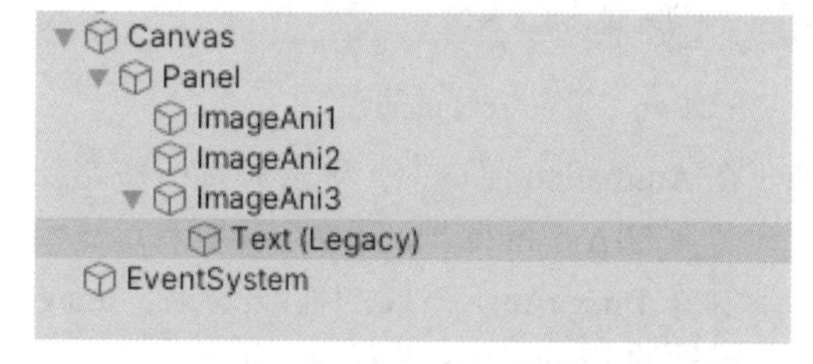

图 24-43　新建 Image 及 Text

（4）选中 ImageAni1 对象，设置 ImageAni1 对象的 Image 组件的 Source Image 值为“光晕 .png”；设置 ImageAni2 对象的 Image 组件的 Source Image 值为“线条 .png”；设置 ImageAni2 对象的 Image 组件的 Source Image 值为“线条 .png”，设置 ImageAni3 对象的 Image 组件的 Source Image 值为“边框 .png”，存放在 Project 视图的 Sprites 文件夹内，如图 24-44 所示。

（5）选中 ImageAni1、ImageAni2、ImageAni3 对象，单击 Image 组件的 Set Native Size 按钮，然后调整位置，如图 24-45 所示。

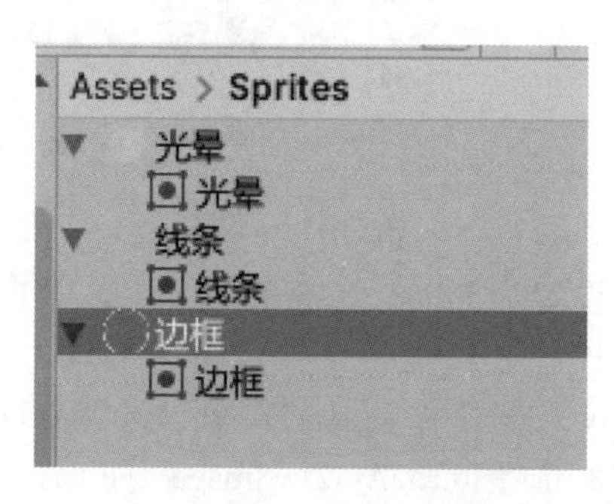

图 24-44　Sprites 资源

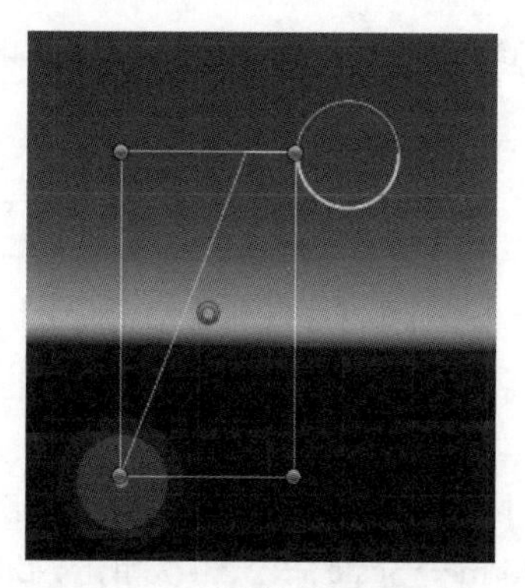

图 24-45　调整 3 个 Image 的大小和位置

（6）在 Hierarchy 视图中选中 Text (Legacy) 对象，调整 Text 组件的属性，将 Font Size 设置为 14，Alignment 设置为居中，Color 设置为 24F8F2，如图 24-46 所示。

（7）在 Hierarchy 视图选中 Panel 对象，选择 Window → Animation → Animation 命令，打开 Animation 动画编辑器面板，如图 24-47 所示。

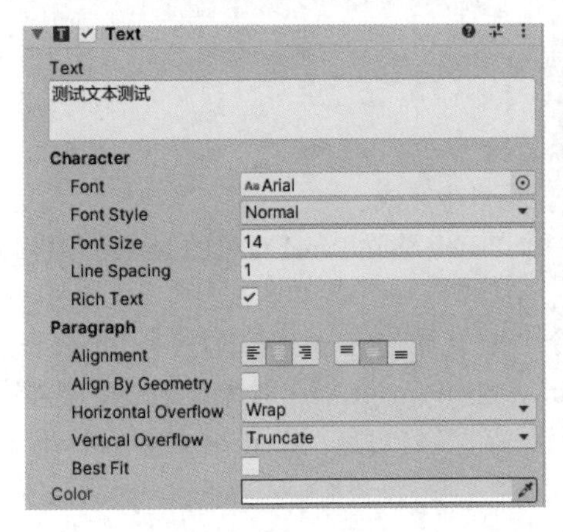

图 24-46　设置 Text 的属性

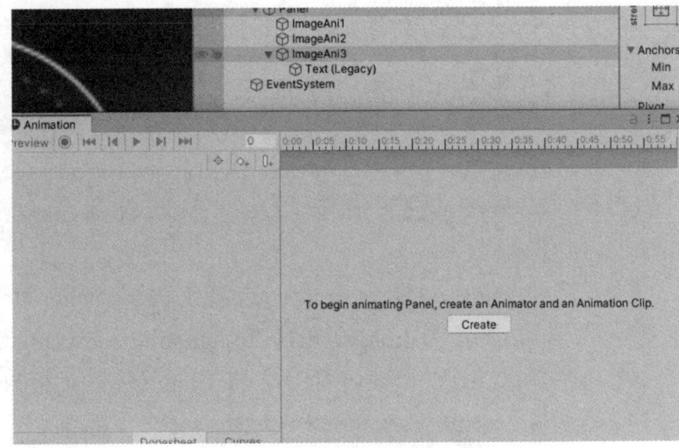

图 24-47　新建动画编辑器

（8）在 Animation 窗口中，单击 Create 按钮新建一个动画片段，保存到 Assets/Animation 文件夹中，命名为 UIAni.anim，如图 24-48 所示。

（9）制作 ImageAni1 缩放的波纹效果，ImageAni2 和 ImageAni3 的渐变效果，将 ImageAni2 的 Image 组件的 ImageType 设置为 Filled，FillMethod 设置为 Radial 180，如图 24-49 所示。

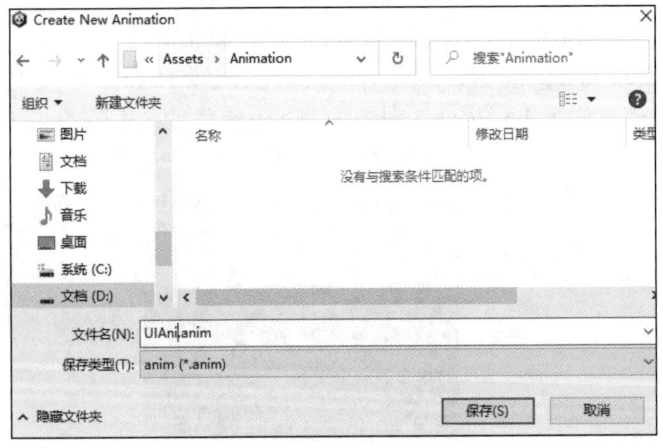

图 24-48　保存动画控制器

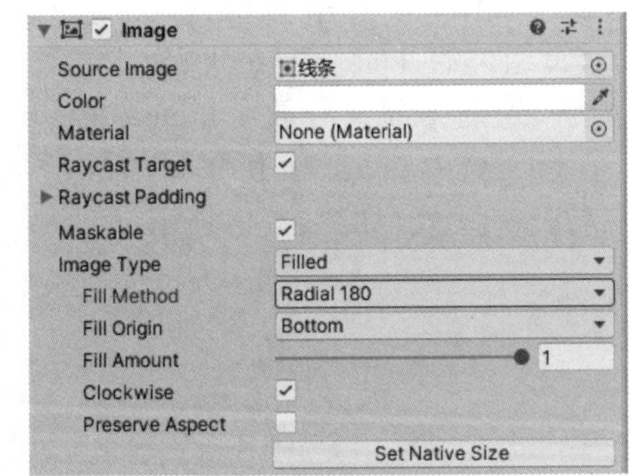

图 24-49　设置 Image1 的属性

（10）将 ImageAni3 的 Image 组件的 ImageType 设置为 Filled，FillMethod 设置为 Radial 360，如图 24-50 所示。

（11）回到 Animation 编辑器，单击 Add Property 按钮添加动画的对象，选择 ImageAni1 → Rect Transform → Scale 命令，再次单击 Add Property 按钮，选择 ImageAni2 → Image → Fill Amount 命令，选择 ImageAni3 → Text → Is Active 命令，如图 24-51 所示。

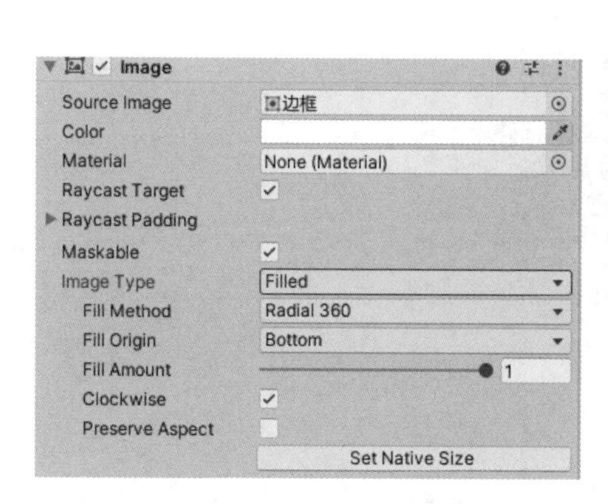

图 24-50　设置 Image2 的属性

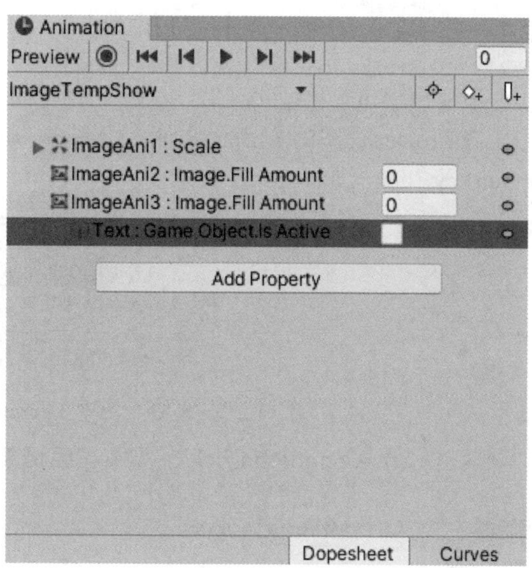

图 24-51　新建动画节点

（12）制作动画。动画以序列帧的形式从前往后播放，将序列帧连贯起来就是动画，为了更加有条理，将动画的序列帧制作成表格，见表 24-1。

表 24-1　动画的序列帧

序列帧	0	0.5	1	1.5	2
ImageAni1.Scale	1	0	1	0	1
ImageAni2.Amount	0	0	0.5	1	1
ImageAni3.Amount	0	0	0	0.5	1
Text.Active	FALSE	FALSE	FALSE	FALSE	TRUE

（13）根据表制作动画，如图 24-52 所示。

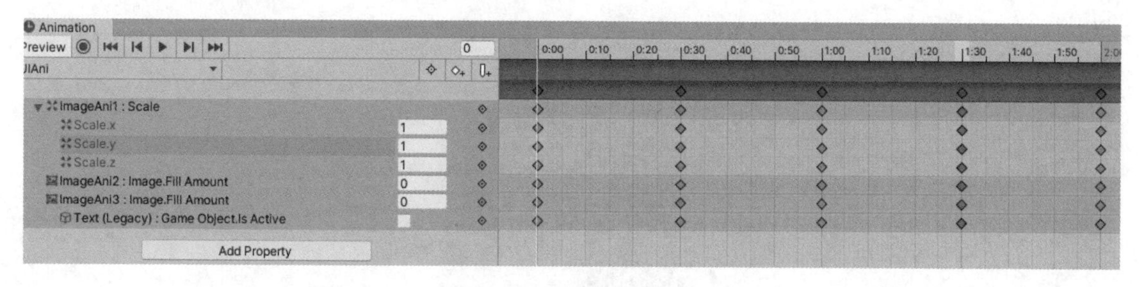

图 24-52　制作 UI 动画

（14）到此，我们的 UI 动画就制作完成了。建议读者多制作几遍，熟悉操作。

24.4.2 实现单击模型出现 UI 功能

本小节实现单击模型后出现 UI 文字说明的功能。

（1）在 Project 视图的 Scripts 文件夹中右击，选择 Create → C# Script 命令，新建脚本，命名为 AircraftRayClick，如图 24-53 所示。

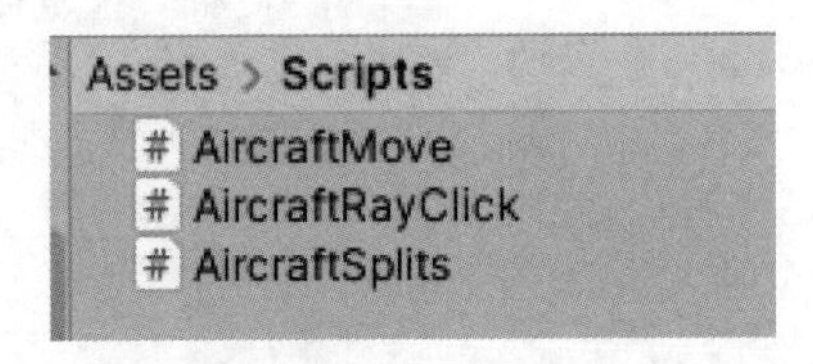

图 24-53　新建 AircraftRayClick.cs 脚本

（2）双击打开 AircraftRayClick.cs 脚本，编辑脚本，参考代码 24-5。

代码 24-5　AircraftRayClick.cs

```
using UnityEngine;
using UnityEngine.UI;

public class AircraftRayClick : MonoBehaviour
{
    public GameObject m_UI;
    private Text m_showText;
    public bool isClick = false;//是否可以点击 只有在拆分状态才可以点击

    void Start()
    {
        m_showText = m_UI.GetComponentInChildren<Text>();
    }

    void Update()
    {
        if (Input.GetMouseButton(0) && isClick)
        {
            //使用射线检测
            Ray ray = Camera.main.ScreenPointToRay(Input.mousePosition);
            RaycastHit hit;
            if (Physics.Raycast(ray, out hit))
            {
                if (hit.collider.tag == "Collider")
                {
                    m_UI.SetActive(false);
```

```
                m_UI.SetActive(true);// 先隐藏再显示才有动画效果
                m_UI.transform.position = Input.mousePosition;
                m_showText.text = hit.collider.name;
            }
        }
    }
    if (!isClick)// 不可单击就关闭 UI
    {
        m_UI.SetActive(false);
    }
  }
}
```

（3）判断拆分的状态，这个状态由 AircraftSplits.cs 脚本传递，所以双击打开 AircraftSplits.cs 脚本修改代码，参考代码 24-6。

代码 24-6　AircraftSplits.cs

```
using DG.Tweening;
using UnityEngine;
public class AircraftSplits : MonoBehaviour
{
    public GameObject[] Aircraft;         // 飞机零件对象
    private Vector3[] AircraftOld;        // 飞机零件的旧位置
    public GameObject[] AircraftNew;      // 飞机零件的新位置

    public GameObject[] Afterburner;      // 飞机喷射火焰
    private bool isFuel = false;          // 开启和关闭状态

    private AircraftRayClick RayClick;    // 单击出现 UI 的脚本

    void Start()
    {
        // 获取当前对象上的 AircraftRayClick 组件
        RayClick = GetComponent<AircraftRayClick>();
        // 设置旧位置
        AircraftOld = new Vector3[Aircraft.Length];
        for (int i = 0; i < Aircraft.Length; i++)
        {
            AircraftOld[i] = Aircraft[i].transform.position;
```

```
        }
    }

    private void Update()
    {
        if (Input.GetKeyDown(KeyCode.W))
        {
            //拆分
            SplitObject();
        }
        if (Input.GetKeyDown(KeyCode.S))
        {
            //合并
            MergeObject();
        }
        if (Input.GetKeyDown(KeyCode.Space))
        {
            //启动和关闭飞机喷射火焰
            FuelEvent();
        }
    }


    private void SplitObject()
    {
        //将当前飞机零件分别移动到对应的新位置
        for (int i = 0; i < Aircraft.Length; i++)
        {
          Aircraft[i].transform.DOMove(AircraftNew[i].transform.position,3,false);
        }
        //拆分状态可以点击模型，出现UI
        RayClick.isClick = true;
    }

    private void MergeObject()
    {
        //将当前飞机零件分别移动到对应的旧位置
        for (int i = 0; i < Aircraft.Length; i++)
        {
```

```
            Aircraft[i].transform.DOMove(AircraftOld[i], 3, false);
        }
        //合并状态，将状态传递给 AircraftRayClick 脚本
        RayClick.isClick = false;
    }

    private void FuelEvent()
    {
        if (isFuel)
        {
            Afterburner[0].gameObject.SetActive(true);
            Afterburner[1].gameObject.SetActive(true);
            isFuel = false;
        }
        else
        {
            Afterburner[0].gameObject.SetActive(false);
            Afterburner[1].gameObject.SetActive(false);
            isFuel = true;
        }
    }
}
```

（4）将 AircraftRayClick.cs 脚本拖给 Aircraft 对象，并且把有动画的 Panel 对象拖入 AircraftRayClick 脚本组件的 UI 卡槽，如图 24-54 所示。

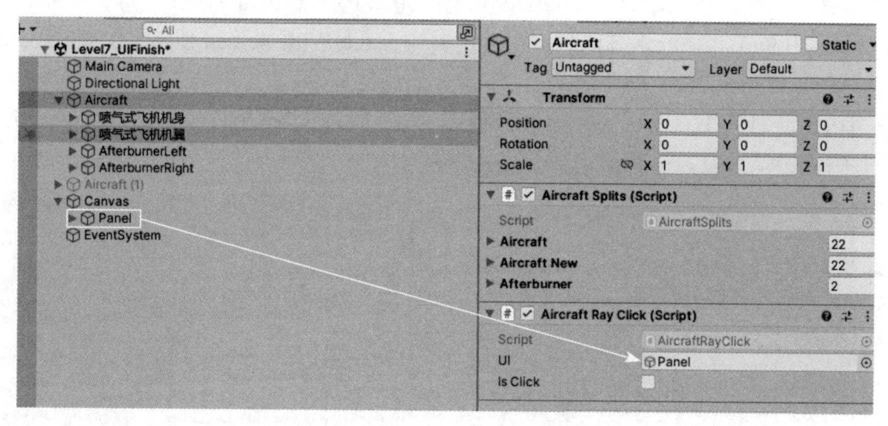

图 24-54　将 Panel 拖入对应卡槽

（5）设置可单击对象的 Tag 为 Collider。选中所有的飞机零件，修改 Tag 为 Colliders 如图 24-55 所示。

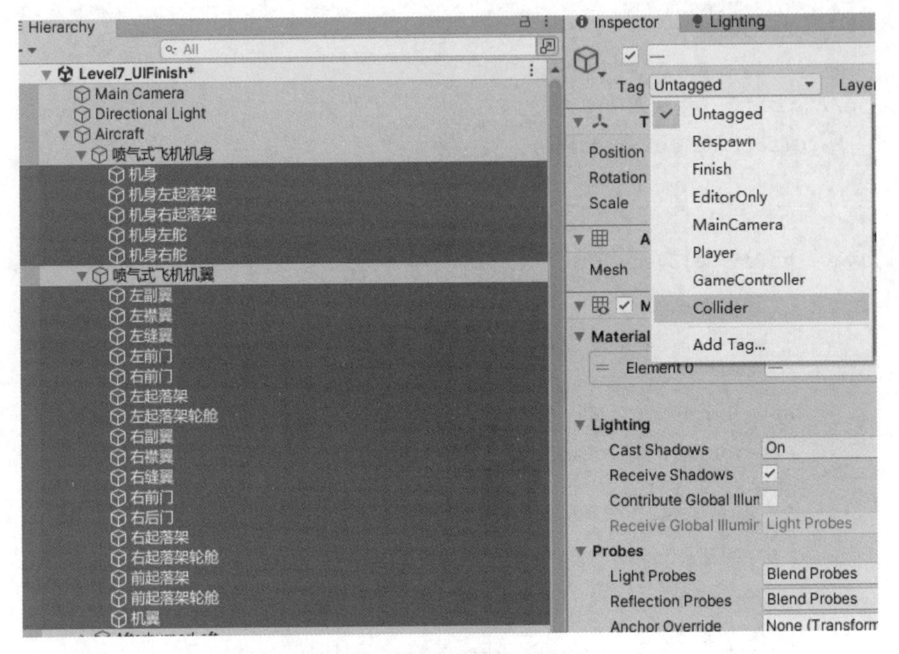

图 24-55　设置拆分模型的 Tag

提示：

Tag 中已经预设了一些 Tag 标签，而 Collider 是用户自定义的 Tag 标签，需要自行添加 Tag，添加步骤比较简单，这里不再赘述。

（6）脚本是用射线检测碰撞到的对象，需要对象身上挂载 Collider 碰撞器组件。如果没有，则需要自行添加 Collider 碰撞器组件。

（7）为了使 UI 匹配分辨率，在 Hierarchy 视图中，选中 Canvas 对象，修改 Canvas Scaler 组件的属性，设置 UI 的 UI Scale Mode（缩放模式）为 Scale With Screen Size，Reference Resolution 设置为 1920*1080，如图 24-56 所示。

（8）取消 UI 动画重复播放，在 Project 视图中的 Animation 文件夹内单击 UI Ani 对象，在 Inspector 视图中取消勾选 Loop Time，如图 24-57 所示。

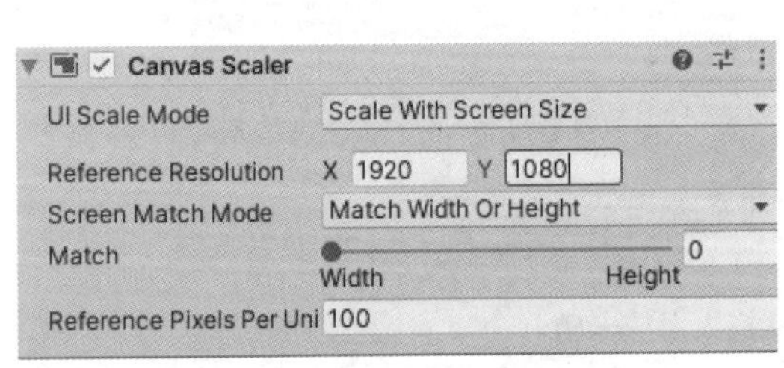

图 24-56　设置 UI 的自适应分辨率

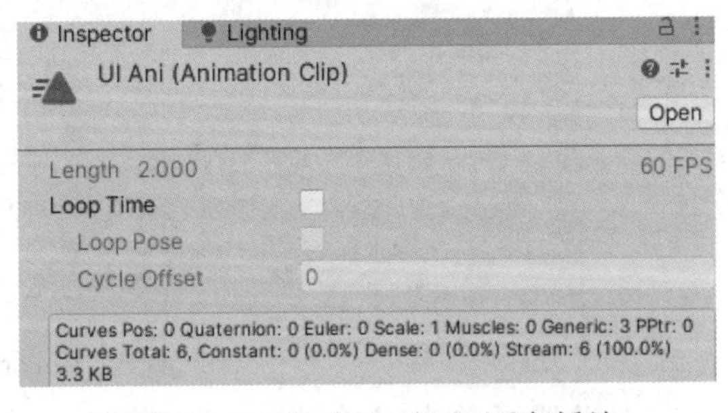

图 24-57　设置 UI 动画不重复播放

（9）运行程序，拆分模型，单击零件，就可以看到效果了。

24.4.3　实现零件高亮

本小节实现如何在单击模型时使模型高亮。实现过程中将用到高亮插件，但是别担心，后面会详细介绍该插件的使用方法。

因为插件在 24.2.2 小节已经导入完成了，所以可以直接使用插件。如果没有导入插件，可以在“资源包→第 24 章资源文件”目录中找到 Aircraft.unitypackage 导入。

（1）在 Hierarchy 视图中，找到 Main Camera，添加组件 Highlighting Renderer，设置 Iterations 值为 4，如图 24-58 所示。

这个插件主要通过摄像机来渲染高亮效果，所以需要给摄像机加上这个组件，将 Interations 设置为 4 会让效果更加明显。

（2）给所有要高亮的飞机零件添加 Highlighter 组件，如图 24-59 所示。

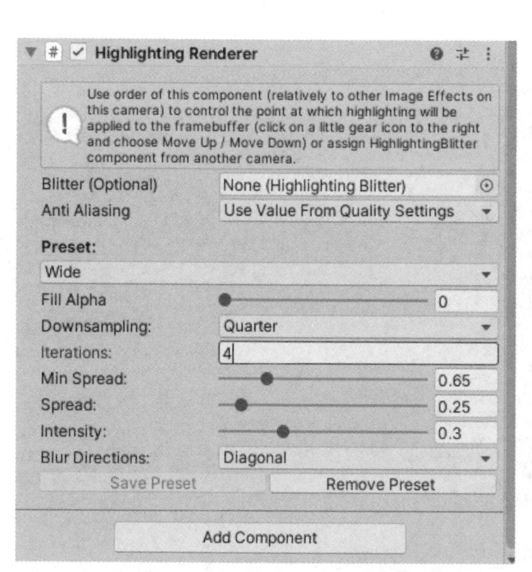

图 24-58　设置高亮插件的属性

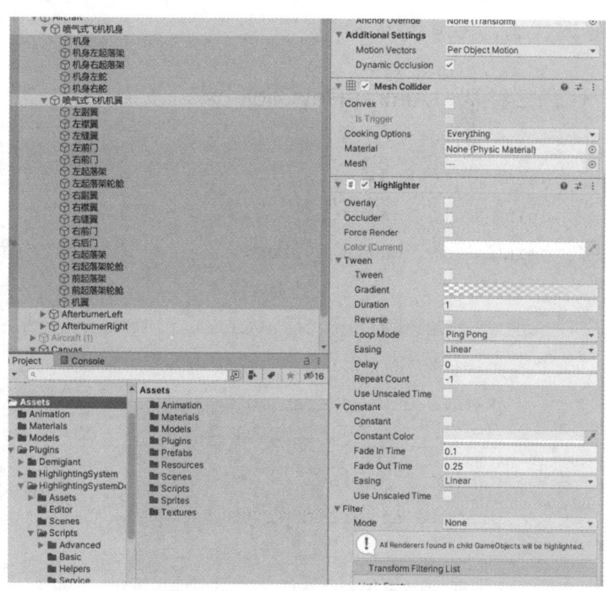

图 24-59　高亮组件的属性

Hightlighter 组件就是渲染对象高亮的组件，有两种高亮模式：

- Tween 动画模式。
  - ◆ Tween：是否启动 Tween 模式动画。
  - ◆ Gradient：渐变颜色设置。
  - ◆ Duration：持续时间。
  - ◆ Reverse：颜色反转。
  - ◆ Loop Mode：颜色渐变的循环模式，参数有循环一次或一直循环。
  - ◆ Easing：动画的线性变化。
  - ◆ Delay：延迟时间，延迟几秒后再高亮。

- ◆ Repeat Count：重复计数。
- ◆ Use Unscaled Time：使用任何范围的时间。
- Constant 恒亮模式。
  - ◆ Constant：是否启动恒亮高亮模式。
  - ◆ Constant Color：恒亮颜色设置。
  - ◆ Fade In Time：淡入时间。
  - ◆ Fade Out Time：淡出时间。
  - ◆ Easing：淡入淡出效果的线性变化。
  - ◆ Use Unscaled Time：使用任何范围的时间。

（3）设置模型高亮显示，在 Project 视图的 Scripts 文件夹内找到 AircraftRayClick.cs 脚本，双击，修改代码，参考代码 24-7。

代码 24-7 AircraftRayClick.cs

```
using UnityEngine;
using UnityEngine.UI;
using HighlightingSystem;                    //导入高亮插件命名空间

public class AircraftRayClick : MonoBehaviour
{
    public GameObject m_UI;
    private Text m_showText;
    public bool isClick = false;             //是否可以单击 只有在拆分状态才可以单击
    private AircraftSplits AirSpl;

    void Start()
    {
        //获取当前对象上的 AircraftSplits 组件
        AirSpl = GetComponent<AircraftSplits>();

        m_showText = m_UI.GetComponentInChildren<Text>();
    }

    void Update()
    {
        if (Input.GetMouseButton(0) && isClick)
        {
            //使用射线检测
```

```
            Ray ray = Camera.main.ScreenPointToRay(Input.mousePosition);
            RaycastHit hit;
            if (Physics.Raycast(ray, out hit))
            {
                if (hit.collider.tag == "Collider")
                {
                    //将其他状态恢复
                    StateRecovery();
                    m_UI.SetActive(true);
                    m_UI.transform.position = Input.mousePosition;
                    m_showText.text = hit.collider.name;
                    hit.collider.gameObject.GetComponent<Highlighter>().
ConstantOn(Color.cyan);
                }
            }
        }
        if (!isClick)//不可单击就关闭 UI
        {
            m_UI.SetActive(false);
        }
    }

    //将其他状态恢复
    void StateRecovery()
    {
        //先隐藏再显示才有动画效果
        m_UI.SetActive(false);
        //将其他模型的高亮取消
        for (int i = 0; i < AirSpl.Aircraft.Length; i++)
        {
            AirSpl.Aircraft[i].GetComponent<Highlighter>().ConstantOff();
        }
    }
}
```

（4）运行程序，拆分零件后，单击零件，就可以看到高亮效果了，如图 24-60 所示。

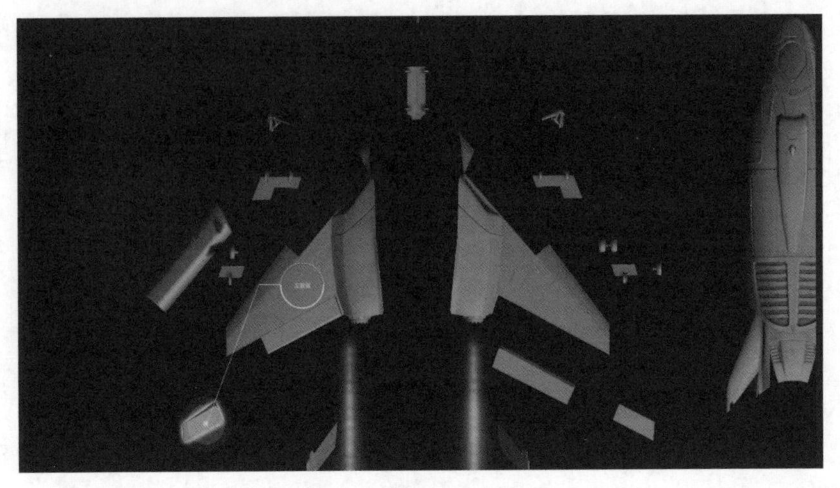

图 24-60　单击拆分模型

24.5　本章小结

本章介绍了什么是 VR。VR 是虚拟现实技术，它是通过计算机的三维实时图形显示、三维定位跟踪，让用户身临其境地体验虚拟环境带来的感受。

VR 的应用领域非常广泛：VR+ 视频、VR+ 游戏、VR+ 军事、VR+ 医疗、VR+ 房地产、VR+ 教育、VR+ 零售……随着社会生产力的发展和科学技术的进步，会有更多行业对 VR 技术的产生需求。

本章通过制作飞机拆装虚拟仿真项目为读者介绍了 VR 项目的使用和开发流程，在项目开发中将前面介绍的章节知识运用起来，如如何导入资源包，如何搭建场景等。

本章的代码都加入了很详细的注释，读者可以更加轻松地读懂代码。当然，代码只是一方面，还有对 Unity 3D 的 UI 动画的制作，也是值得反复练习的地方。

本章还介绍了粒子特效的制作方法，通常粒子特效会有专业的人进行制作，本章仅带领大家体验了一下，感兴趣的读者可以多了解这方面的知识。

在实际的开发中为了提高开发效率常常会使用很多插件，本章挑选了比较典型的 DOTween 对象动画类插件和 Highlighting System 高亮插件，并为读者介绍了插件的说明和使用方法 。

第25章 元宇宙案例——《虚拟地球信息射线》

这章将介绍什么是元宇宙，元宇宙的应用前景，以及涉及元宇宙概念的案例开发等。

25.1 元宇宙概述

本节将介绍什么是元宇宙，元宇宙的发展历史，元宇宙的应用前景，元宇宙的价值链及元宇宙与数字孪生等。

25.1.1 元宇宙简介

元宇宙（Metaverse）一词最初于美国作家尼尔·史蒂芬森在1992年编写的科幻小说《雪崩》出现，小说描绘了一个庞大的虚拟现实世界，小说中的人类可以使用VR设备在一个虚拟空间中与虚拟人一起生活。在这里，人们控制数字化身，相互竞争以提高自己的地位，在现在来看，依旧是超前的科幻世界。

元宇宙就像是一个加强版的VR游戏，但不仅是一个VR游戏，曾有人推测元宇宙或将成为互联网的未来，未来也会进化成元宇宙。

元宇宙比较认可的思想源头是美国数学家和计算机专家弗诺·文奇教授，其在1981年出版的小说《真名实姓》中，创造性地构思了一个能通过脑机接口进入并获得感官体验的虚拟世界。

元宇宙在电影中也有展示，想要更好地感受元宇宙，可以看2018年上映的电影《头号玩家》。该电影讲述了在2045年，玩家使用一套VR装备，一套传感器设备，进入虚拟的3D世界“绿洲”，有着全新的身份，真实的体验，将元宇宙的解读和想象搬到大银幕，但是《头号玩家》中的“绿洲”也不是真正意义上的元宇宙，只能说是“3D元宇宙”，那么什么才是元宇宙呢？

元宇宙本质上是对现实世界的虚拟化、数字化的过程，需要对经济系统、用户体验以及现实世界内容等进行大量改造，在基础设施、标准及协议的支撑下，由众多平台、设备、数据进行融合、进化而来。基于XR（扩展现实）技术提供沉浸式体验，基于数字孪生技术生成现实世界的镜像，基于区块链技术搭建经济体系，将虚拟世界与现实世界在经济系统、社交系统、身份系统上密切融合，并允许每个用户进行内容生成和世界编辑。

25.1.2 元宇宙的发展历史

1981年，美国数学家和计算机专家弗诺·文奇教授出版了小说《真名实姓》。该小说创造性地构思了一个能通过脑机接口进入并获得感官体验的虚拟世界，被认为是元宇宙的思想源头，尽管此时还没有提出元宇宙的概念。

1992 年,美国科幻小说作家尼尔·史蒂芬森科幻小说《雪崩》中提到了元宇宙和化身（Avatar）这两个概念。小说描述了人类通过类似 VR(虚拟现实)设备与虚拟人共同生活的一个未来虚拟空间。

2003 年，*Second Life* 发布了被称为第一个现象级的虚拟世界。它拥有更强的世界编辑功能及发达的虚拟经济系统，吸引了大量企业与教育机构。开发团队称它并不是一个游戏，因为人们不仅可以在其中游戏，还可以社交、购物、建造和经商。IBM 曾在 *Second Life* 中购买过地产，建立自己的销售中心，瑞典等国家在游戏中建立了大使馆，西班牙政党在游戏中进行辩论等。

2005 年，*Roblox* 罗布乐思上线，当时最高只有 50 人同时在线，2009 年获得第一笔融资，之后升级了游戏编辑器，开放商业化进程，引入虚拟货币 Robux，2012 年，*Roblox* 的月访问量超过了 700 万人。

2018 年，美国上映科幻冒险电影《头号玩家》，其中的虚拟世界“绿洲”也被称为元宇宙。

2020 年是人类社会到达虚拟化的临界点，疫情加速了新技术的发展，加速了非接触式文化的形成。

2020 年 4 月，美国歌手 Travis Scott 在 Epic Game 旗下的《堡垒之夜》中举办了一场线上虚拟演唱会，吸引了超过 1200 万名玩家参加。

2021 年是元宇宙元年。

2021 年初，*Soul* App 在行业内首次提出构建“社交元宇宙”。

2021 年 3 月，*Roblox* 罗布乐思正式在纽约证券交易所上市，上市首日市值突破 400 亿美元，成为元宇宙概念第一股，目前是世界最大多人在线创作游戏，月活跃玩家超 1 亿，腾讯在 2020 年 2 月参投 *Roblox* 1.5 亿美元 G 轮融资，并独家代理 *Roblox* 中国区产品发行。

2021 年 4 月 13 日，美国游戏公司 Epic Games 宣布获得 10 亿美元融资，并声称此次融资主要用于开发元宇宙业务。

2021 年 5 月，Facebook 表示将在 5 年内转型成一家元宇宙公司，并于 10 月 28 日将更名为“Meta”，源于元宇宙（Metaverse）。同月，微软首席执行官萨蒂亚·纳德拉表示公司正在努力打造一个“企业元宇宙”。

2021 年 8 月，字节跳动收购 VR 创业公司 Pico。同月，海尔公司发布制造行业的首个制造元宇宙平台，涵盖工业互联网、人工智能、增强现实、虚拟现实及区块链技术，实现智能制造物理和虚拟融合，融合“厂、家、店”跨场景体验，实现了消费者体验的提升。同月，英伟达公司宣布推出全球首个为元宇宙建立提供基础的模拟和协作平台。

2021 年 11 月 2 日，微软公司在 Ignite 大会上宣布，计划将旗下聊天和会议应用 Microsoft Teams 打造成元宇宙，把混合现实会议平台 Microsoft Mesh 融入 Micrsoft Teams 中，此外，Xbox 游戏平台将来也要加入元宇宙。

2021 年 11 月 9 日，英伟达公司在 2021 年 GPU 技术会议上，宣布了要将产品路线升级为“GPU+CPU+DPU”的“三芯”战略，同时，将其发布的全宇宙（Omniverse）平台定位为工程师的元宇宙。

2021 年 12 月 21 日，百度宣布国产元宇宙产品“希壤”正式开始定向内测。

2022 年 1 月 4 日，高通技术公司在 2022 年国际消费电子展上宣布与微软合作，拓展并加速 AR 在消费级和企业级市场的应用。高通技术公司与微软公司在多项计划中展开合作，共同推动

生态系统发展，开发定制 AR 芯片以打造新一代高能效、轻量化 AR 眼镜，提供更加丰富的沉浸式体验。

2022 年 2 月 14 日，香港海洋工院宣布，同 The Sandbox 合作布局元宇宙。

25.1.3　元宇宙应用前景

元宇宙的应用前景，主要在三个方面：

（一）再造虚拟世界，更接近现实世界

通过游戏和 XR 视频（或直播）感受“元宇宙”有以下三大代表。

“玩家创造类游戏”的代表 *Roblox*，利用 Roblox Studio 开发引擎，让玩家能够创造游戏，并获得收益。

“去中心化游戏”的代表 *Axie Infinity*，利用区块链技术，使游戏账号和资产的所有权完全属于玩家。

中国移动云游戏在中国移动 5G 的高速率、低时延等技术下，与比亚迪 DiLink、小度智能音箱、黑鲨手机等合作，把算力交给云端，让游戏实现“一品跨多端”，使游戏入口无处不在。

三者主要用到的技术分别有 AI、区块链、5G、XR、云端算力等，这些是构建元宇宙的基础设施。

而相比传统游戏和玩法，无处不在的入口、绝对所有权的身份、像现实世界一样独立创造和获益等，正是“绿洲”所描绘的场景。

（二）让现实世界变“虚”，不断消融现实与虚拟的边界

元宇宙中的资产、身份、虚拟偶像以及比特币在现实世界也具有真实的价值，比如比特币这种虚拟货币在虚拟世界自由流通，在现实世界又有真实价值，它是将虚拟世界变为现实的关键一环。

2021 年 6 月，中国移动咪咕虚拟偶像组合麟犀迎来了 6 月 3 日第三季出道，借助最新的仿生机器学习技术，以及表情库云数据，它已经能够在节目中与观众进行仿真互动，无论是脸部细节，还是肢体动作，都表现得相当自然。

虚拟偶像的不断出现，从某种程度上模糊了现实人和虚拟人的身份，至少在明星偶像上表现如此。现在一些年轻人已经开始弃实就虚了，即不追明星，追虚拟偶像。

（三）虚拟与现实交融，借助 5G+XR 等技术改造各行各业

世界最大的啤酒酿造企业百威英博公司，其所有的工厂都有对应的数字工厂（数字孪生体），其生产、销售、供应链、能源和安全信息等时刻在工厂和数字孪生体间流动交互。这被视为“元宇宙”的一个小雏形。

在 2021 年 9 月 14 日落幕的第四届“绽放杯”5G 应用征集大赛云 XR 专题赛中，涌现了 373 个 5G 云 XR 项目，其中 59 个项目获奖，涵盖 VR 游戏平台、数智文旅、智慧研学、智慧轨交、远程医疗、XR 手术示教等行业应用及娱乐消费的多个方面，为我们感受“元宇宙”提供了一个绝佳视角。

25.1.4　元宇宙价值链

回顾互联网的发展历史，会发现它从根本上改变了我们的生活、工作和娱乐。并且这种改变不是简单地建立在单一技术的突破上，而是建立在一系列的技术和模式创新之上。创新之多，改

变之广，所以无法用“互联网是信息的高速公路”这句话去概括它。

同样，我们并不能在元宇宙还处于萌芽状态时，就给它下一个“看似清晰”的定义。就个人而言，理解元宇宙价值链，有助于梳理元宇宙相关的业务，理解不同内容在元宇宙中的位置。元宇宙有七层价值链：基础设施、人机交互、去中心化、空间计算、创作者经济、发现和体验，如图 25-1 所示。

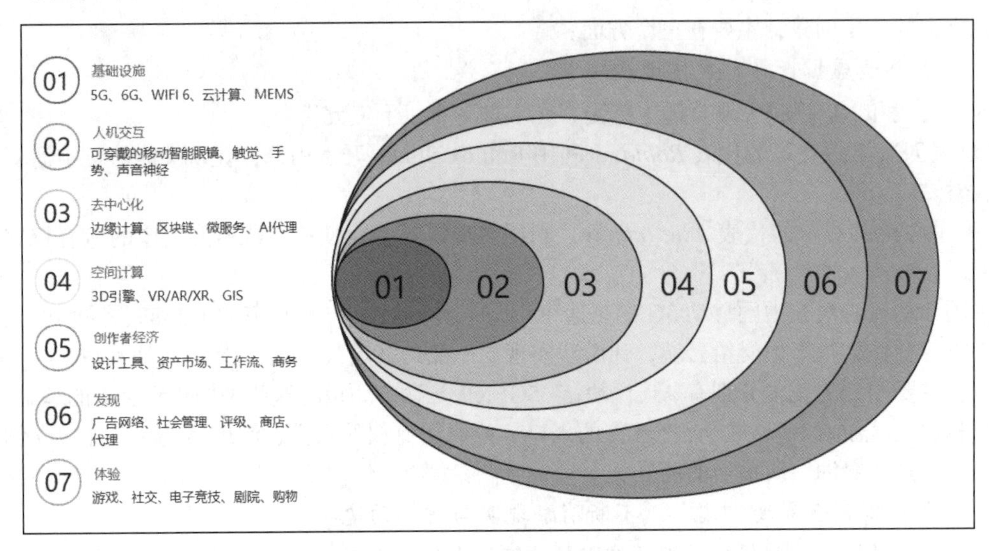

图 25-1　元宇宙的七层价值链

下面详细介绍元宇宙的七层价值链。

（一）基础设施

基础设施层包括我们启用的设备，它们将链接到网路。

5G 网络将极大地提高带宽，同时减少网络占用和延迟。6G 网络将把网络速度提高一个数量级。

下一代移动设备和可穿戴设备所需的无拘束功能、高性能和小型化特点，将需要性能越来越强大而体积更小的硬件：即降至 3 nm 及以上工艺的半导体；实现微小传感器的微机电系统（MEMS）；紧凑、持久的电池。

（二）人机交互

现在计算机设备的功能越来越强大。

智能手机也不再是简单地用于通话，增加了很多智能交互操作，比如：用语音控制手机放音乐、设置闹铃、给好友打电话等。

交互的丰富也势必会构成新的人机交互的模式，比如说用手势和手指的动作来进行交互。随着科技、传感器、嵌入式、AI 技术的进一步发展，交互方式也会从现在的人机交互升级为自然交互，比如说通过语音、面部表情、手势、移动身体、旋转头部等自然的方式，完成操作，这种操作模式显然更符合人性特点。计算机通过识别人类语言和行为将其转化为计算机的语言和行为，这也体现出交互模式向人的方式靠拢。

（三）去中心化

去中心化的最简单的例子是域名系统（DomainNameSystem，DNS），它将单个 IP 地址映射到名称上，这样可以使人们每次上网时不用再输入一大串数字。

区块链技术解决了金融资产集中控制和管理的问题，在去中心化金融（DeFi）中，我们已经看到了连接金融模块形成新应用程序的案例。随着 NFT 的出现，和针对游戏与元宇宙体验所需的微交易进行优化的区块链，我们将看到围绕去中心化市场和游戏资产应用的创新浪潮。

“边缘”计算将使云更接近我们的家庭，甚至可以应用于车辆，以便在低延迟的情况下支持强大的应用程序，而不是让设备负担所有的工作。计算能力将变得更像电网上的实用程序（与电力一样），而不那么像一个数据中心。

（四）空间计算

空间计算提出了混合的真实与虚拟计算，它模糊了物理世界和理想世界之间的界限。在可能的情况下，空间中的机器与机器中的空间应该是可以相互流通的。有时候这意味着将空间带到计算机里，有时候这意味着为物体注入计算能力。大部分情况下，它意味着设计突破传统屏幕和键盘界限的系统，而不会被滞留在那里，并融入界面或进行温和地模拟。

空间计算已经发展成为一大类技术，使我们能够进入并操纵 3D 空间，并以更多的信息和体验来增强现实世界。

将空间计算软件和支持的硬件分开，软件的关键方面主要包括以下方面：

- 显示几何体与动画的 3D 引擎（Unreal 和 Unity）。
- 测绘和理解内外部世界，即地理空间制图（地理空间映射和物体识别）。
- 语音与手势识别。
- 来自设备的数据集成和来自人类的生物识别技术（用于识别目的以及认证自己的健康应用）。
- 支持并发信息流和分析的下一代用户界面。

（五）创作者经济

元宇宙的体验变得越来越具有沉浸感、社交性和实时性，而且它们的创作者数量也在不断增长，创作者可以使用工具、模板和内容市场去制作人们喜欢体验的所有技术。

创作者可以在 Unity 和 Unreal 等游戏引擎中打造 3D 图形，而无需触及渲染的知识，使其可以在可视化界面创作。

（六）发现

发现层是将人们引入新体验的推动助力，元宇宙是一个庞大的生态系统，发现层也是最赚钱的生态系统之一，元宇宙在发现层方面有更大的提升。

内容或事件大多数是以营销形式被发现的，关心他们的人会自主传播这个信息，在元宇宙背景下，人们将变得更容易去交换、交易和分享内容，内容本身也成为了一种营销资产。在元宇宙情境下，交换、交易、分享内容将变得更容易而且更多元，这对所有创作者来说是增大曝光率的机会。

（七）体验

元宇宙可能并不是 2D 或 3D 形式，甚至都不一定是以图形的形式存在，它更多的是物理空间、距离和物体之间不可阻挡的非物质化。例如，在一款游戏里，你可以梦想成为摇滚明星、绝地武士、赛车手或任何能想象的角色。在物理空间举办的音乐会只能高价卖出前排的少数座位，但虚拟音乐会可以在每个人的周围产生一个个性化存在的平面，在这个平面上，你总能找到最好的座位。

过去，消费者只是内容的消费者；现在，他们既是内容的创造者，又是内容的“放大器”，内容还可以再次产生内容。

25.1.5 元宇宙与数字孪生

在 23.1.1 小节中介绍了元宇宙是基于数字孪生技术生成现实世界的镜像，那么什么是数字孪生，数字孪生和元宇宙又有什么关系呢?

（一）什么是数字孪生

数字孪生（Digital Twin）概念最早由 Michael Grieves 教授在 2002 年的一次演讲中提出，他认为通过物理设备的数据，可以在虚拟（信息）空间构建一个可以表征该物理设备的虚拟实体和子系统，并且这种联系不是单向和静态的，而是在整个产品的生命周期中都联系在一起。此后，数字孪生的概念逐步扩展到了模拟仿真、虚拟装配和 3D 打印等领域。数字孪生体系框架如图 23-2 所示。

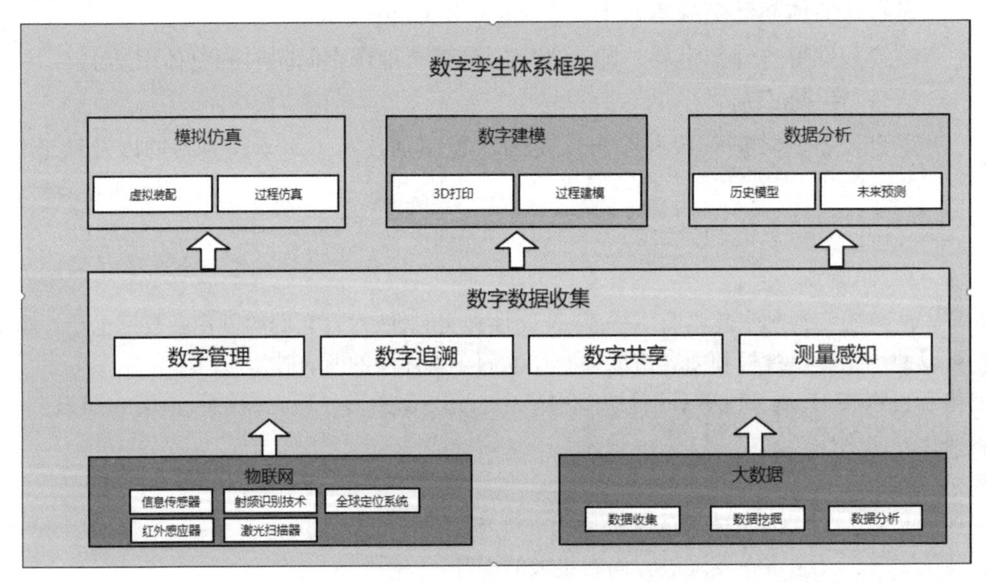

图 25-2　数字孪生体系架构

Michael Grieves 教程认为数字孪生概念包括以下 4 个特点：

（1）模型足够健壮，能为具体的业务目标与结果服务。

（2）与现实环境相关联，机身能实现实时监控与控制。

（3）与高级数据分析及 AI 技术相结合，创造新的业务机会。

（4）具备高交互性，能够评估可能会发生的情况。

总结一下，数字孪生就是用数字软件对某个物理进程进行模拟，并对其进行观察和数据分析，通过优化、改造进程，或发现问题，进而模拟预测，以选择最佳方案。

（二）数字孪生的应用领域

数字孪生概念最早应用于工控领域，后来应用于智慧城市、智慧社区、数字乡村、智慧园区、智慧交通、智慧医保、智慧旅游、数字工厂、智慧水利、智慧医疗、指挥物流等领域。

（三）数字孪生的发展层次

数字孪生作为物理世界数字映射的延伸，其基本原理是不变的，那就是用数字世界孪生投射物理世界，并对数据进行智能分析，自动化、智能化、智慧化地管理运行业务，同时对城市和行业治理、规划运行进行优化和改进。

并且，数字孪生技术的发展并非是静止的，而是动态的演变过程和具有层次性，数字孪生的发展层次由四个层次组成，如图 25-3 所示。

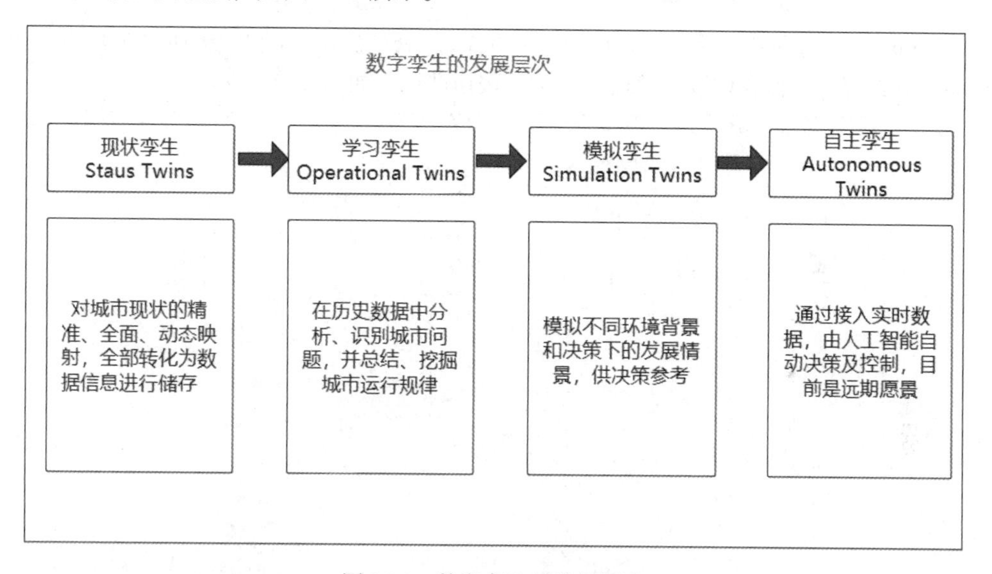

图 25-3　数字孪生的发展层次

（四）数字孪生与元宇宙的共同点

数字孪生与元宇宙都以数字技术为基础，再造高仿真的数字对象和事件，以进行可视化感知交互和运行，底层支撑技术可通用。

（五）数字孪生与元宇宙的不同

元宇宙可以以物理世界为数字框架，也可以完全塑造全新的理念数字世界，终极形态是基于数字世界实现的原生社会，其中每个居民拥有唯一、独立的数字身份和数字感知体，可共同在线社交并继续进行社会建设。

数字孪生则是以信息世界严格、精确映射物理世界和事件过程为框架和基础，无论是工业制造，还是城市管理，基于实时客观数据的动态进程，与人工智能结合的挖掘分析和深度学习，并进一步模拟情境和决策，以改进现实或更好地适应现实，最终实现自动控制或自主决策控制，终极形态是自主孪生。

数字孪生更加倾向于对现实社会的治理、对行业业务效率的改进和技术创新，而元宇宙更倾向于构建公共娱乐社交的理想数字社会。

接下来带读者体验一下元宇宙概念中的数字孪生之虚拟仿真案例的制作。

25.2 搭建虚拟地球场景

本节将介绍并实现元宇宙概念之虚拟地球信息射线案例开发，像前面的案例一样，这个案例也会尽可能详细地介绍案例的制作，每个步骤都会尽量配置图片说明，让读者可以清晰地看到每一步的效果。

25.2.1 新建项目

打开 Unity Hub 选择新建项目，选择 Unity 2021.2.7f1c1 版本，工程模板使用 3D，输入项目名称 EarthRay，选择项目保存位置，单击“创建”按钮即可，如图 25-4 所示。

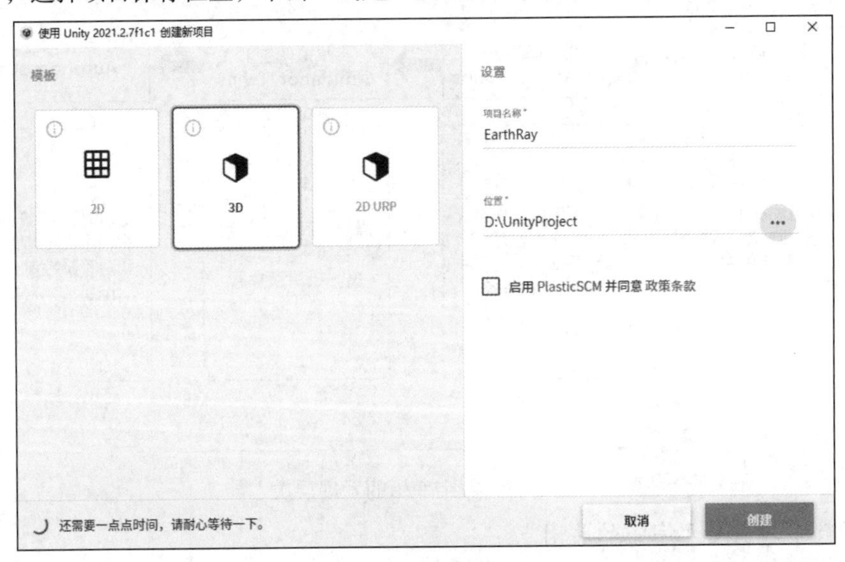

图 25-4　新建项目

等待 Unity3D 编辑器加载完成后，将资源包导入。

25.2.2 导入资源

将需要的资源文件导入，资源路径：“资源包→第 25 章资源文件”，如图 25-5 所示。

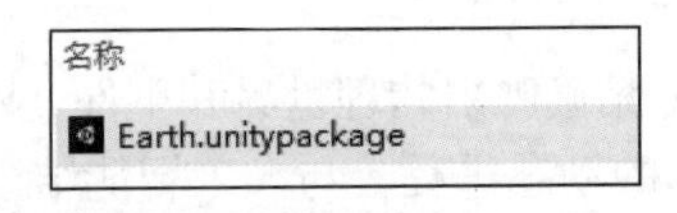

图 25-5　将资源文件导入项目

Earth.unitypackage 包含所有的资源文件，导入资源包即可，如图 25-6 所示。

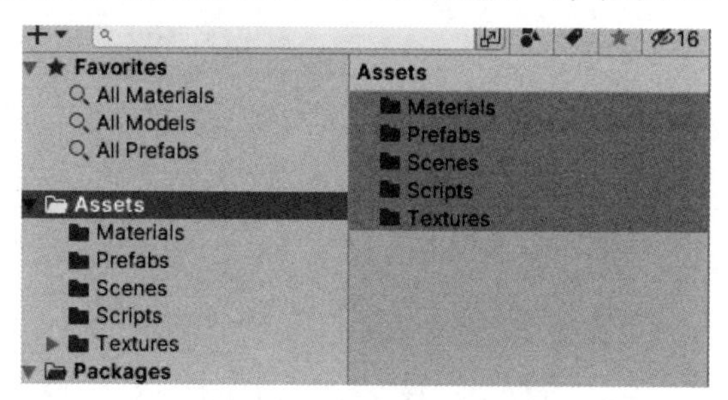

图 25-6　资源目录结构

资源导入的方法可参考 3.4.1 小节。

25.2.3　制作虚拟地球

（1）创建球体，在 Hierarchy 视图中右击，选择 3D Object → Sphere 命令，新建一个球体，如图 25-7 所示。

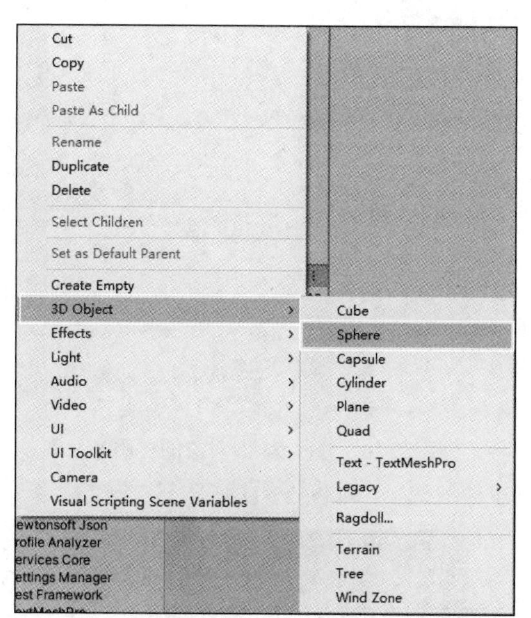

图 25-7　创建球体

（2）将新建的 Sphere 重命名为 Earth，将 Position 设置为（0,0,0），如图 25-8 所示。

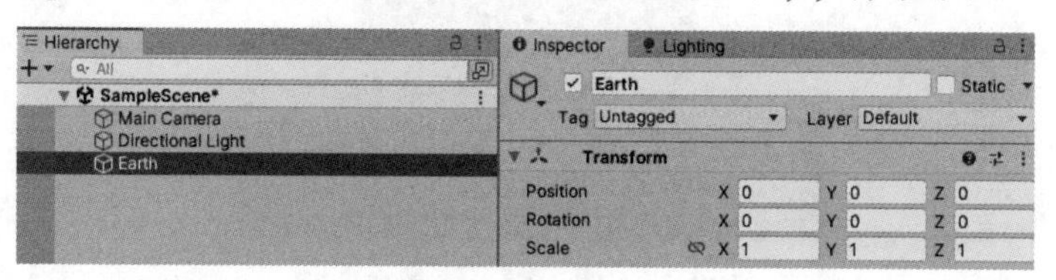

图 25-8　设置 Earth 对象的 Position 属性

（3）设置摄像机的 Position 属性为（0, 0, −1.5），这样地球就在屏幕正中间显示了，如图 25-9 所示。

图 25-9　设置摄像机的属性

现在地球还是一片白色，接下来修改材质球。

（4）在 Hierarchy 视图中选中 Earth 对象，在 Project 视图中找到 Materials 文件夹内的 Earth 文件，将其拖入 Earth 对象的 Mesh Renderer 组件的 Materials 属性卡槽，如图 25-10 所示。

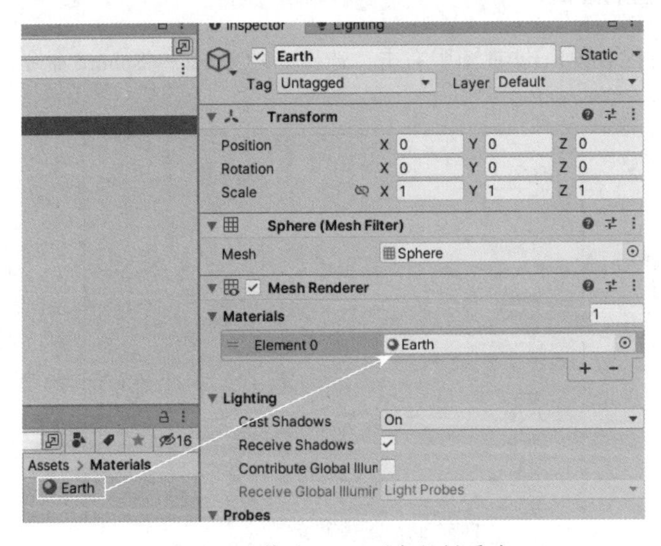

图 25-10　修改 Earth 对象的材质球

（5）此时 Earch 对象就更像地球了，如图 25-11 所示。

图 25-11　制作完成的虚拟地球

25.2.4　制作虚拟地球大气层

接下来需要给地球加上云层的效果。

（1）在 Hierarchy 视图中右击 Earth 对象，选择 3D Object → Sphere 命令，在 Earth 对象子节点下再新建一个球体，重命名为 Clouds，如图 25-12 所示。

（2）调整 Clouds 对象的 Scale 属性为（1.01,1.01,1.01），使其比 Earth 对象大一点，笼罩在 Earth 对象外围，如图 25-13 所示。

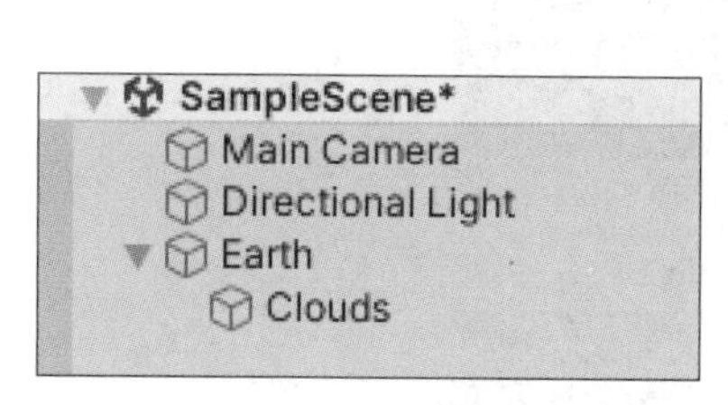

图 25-12　Earth 新建子节点

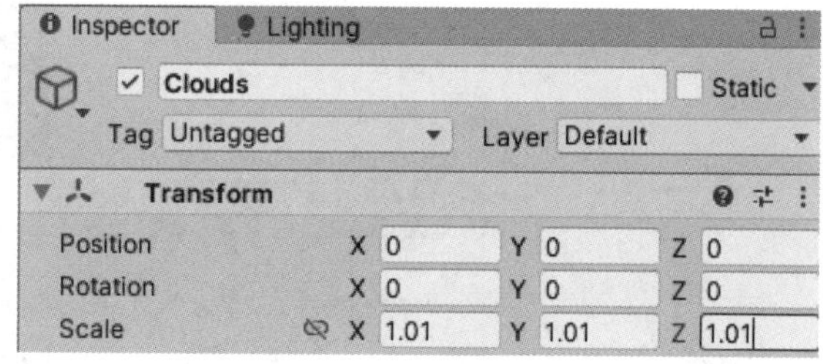

图 25-13　调整 Clouds 对象的 Scale 属性

（3）同样的方式，修改 Clouds 对象的材质球，在 Hierarchy 视图选中 Clouds 游戏对象，在 Project 视图中找到 Materials 文件夹内的 Clouds 材质球文件，将其拖入 Clouds 对象的 Mesh Renderer 组件的 Materials 属性卡槽，如图 25-14 所示。

（4）调整后的效果如图 25-15 所示。

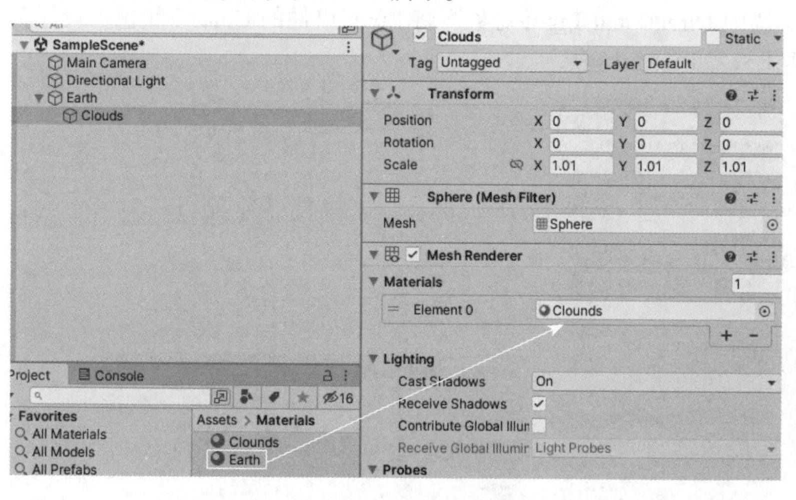

图 25-14　修改 Earth 对象的材质球

图 25-15　设置完成云层效果

25.2.5　天空盒设置

天空有些单调，将天空盒设置为太空的场景吧。

（1）选择 Window → Rendering → Lighting 命令，打开 Lighting 窗口，如图 25-16 所示。

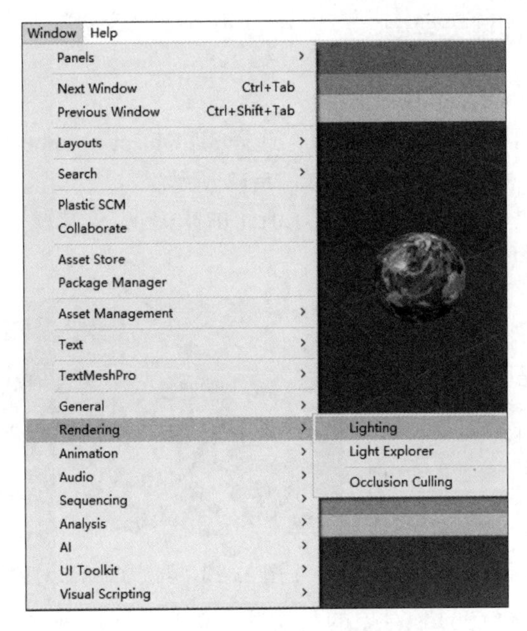

图 25-16 打开 Lighting 窗口

（2）设置材质球，在 Lighting 窗口，切换到 Environment 选项卡，找到 Skybox Material 属性，将 Project 视图中的 Materials 文件夹内的 Skybox 文件拖入 Skybox Material 属性卡槽，如图 25-17 所示。

（3）在 Hierarchy 视图中选中 Directional Light 对象，将 Light 组件的 Color（颜色）设置为纯白色，Intensity（强度）为 1.5，如图 25-18 所示。

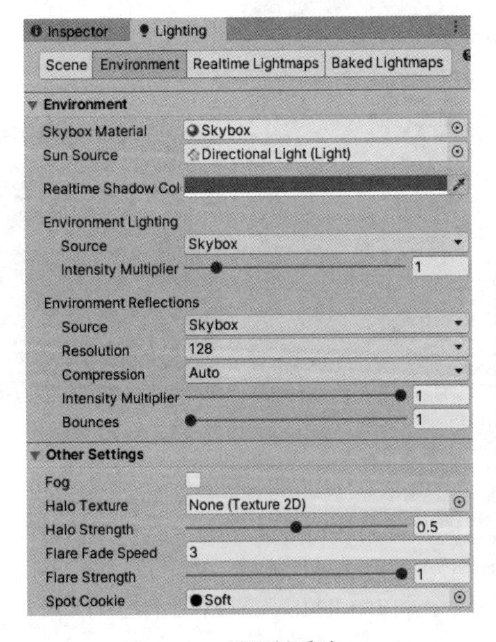

图 25-17 设置材质球

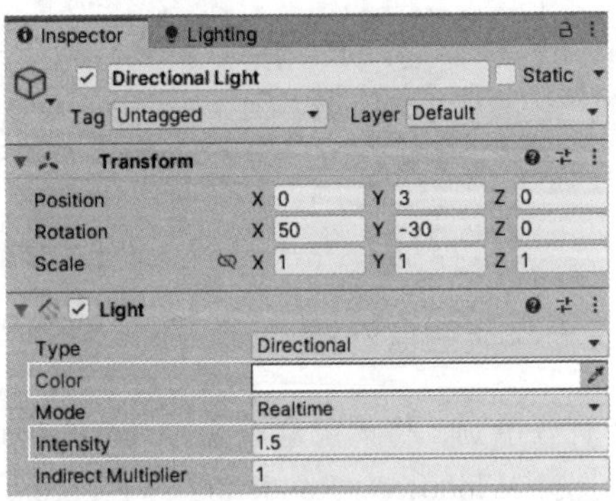

图 25-18 设置 Light 组件

（4）到此，虚拟地球场景搭建完成。

25.3　制作虚拟地球信息射线

本节将制作虚拟地球的信息射线。首先，需要通过一些设置将地球转起来。

25.3.1　地球自转

在 Project 视图中的 Scripts 文件夹内，右击，选择 Create → C# Script 命令，新建一个脚本，命名为 Earth，如图 25-19 所示。

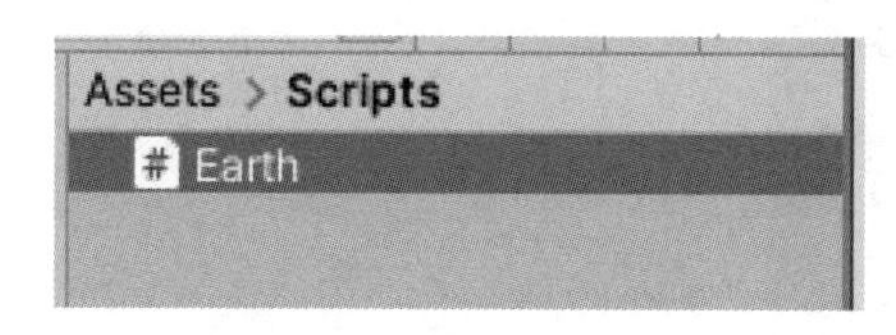

图 25-19　新建 Earth 脚本

双击打开 Earth.cs 脚本，修改脚本，参考代码 25-1。

代码 25–1　Earth.cs

```
using System.Collections;
using System.Collections.Generic;
using UnityEngine;

public class Earth : MonoBehaviour
{
    void Update()
    {
        // 地球自转
        transform.Rotate(Vector3.up * Time.deltaTime, Space.Self);
    }
}
```

将 Earth.cs 脚本拖到 Hierarchy 视图的 Earth 对象上，运行程序，就可以看到地球自转了。

25.3.2　制作虚拟地球信息射线

在实现虚拟地球信息射线前，需要先了解一下如何制作射线。

因为地球的球面是一个弧形，从地球上的一点向另一点发射信息射线是一个弧线，所以不能直接将两个点连接到一起，需要弧度平滑。

弧度平滑可以用贝塞尔曲线生成，贝塞尔曲线（Bezier curve），又称贝兹曲线或贝济埃曲线，由法国工程师皮埃尔·贝塞尔（Pierre Bézier）发表，当时主要用于汽车主体设计，现主要应用于二维图形应用程序中的数学曲线的制作。一般的矢量图形软件通过它来精确画出曲线，如PhotoShop中的钢笔工具，如图25-20所示。

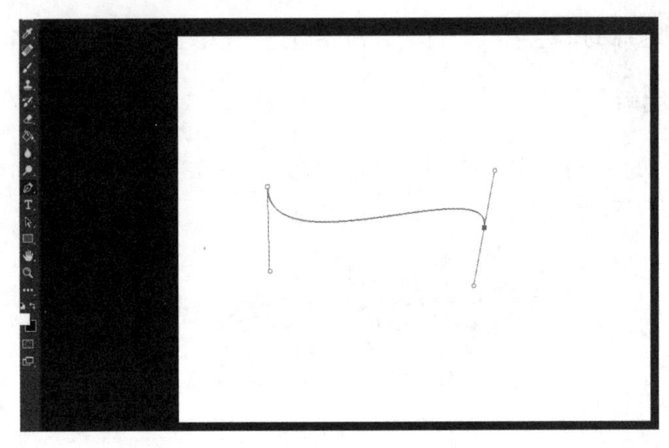

图 25-20　Photoshop 中的钢笔工具

贝塞尔曲线公式：$B(t) = P^1 + (P^2 - P^1)t = P^1(1-t) + P^2t, t \in [0,1]$，本案例将使用三阶贝塞尔曲线进行射线的制作，三阶贝塞尔曲线就是在二阶贝塞尔曲线的基础上再求一次一阶贝塞尔曲线得到的，三阶贝塞尔曲线公式：$B(t) = P^1(1-t)^3 + 3P^2t(1-t)^2 + 3P^3t^2(1-t) + P^4t^3$，$t \in [0,1]$，根据公式，就可以推导出算法的代码了，参考代码25-2。

代码 25-2　三阶贝塞尔算法

```
//控制点的Transform数组
Transform[] points;
//三阶贝塞尔曲线的算法
public Vector3 cubicBezier(float t)
{
    Vector3 a = points[0].position;
    Vector3 b = points[1].position;
    Vector3 c = points[2].position;
    Vector3 d = points[3].position;

    Vector3 aa = a + (b - a) * t;
    Vector3 bb = b + (c - b) * t;
    Vector3 cc = c + (d - c) * t;

    Vector3 aaa = aa + (bb - aa) * t;
    Vector3 bbb = bb + (cc - bb) * t;
```

```
    return aaa + (bbb - aaa) * t;
}
```

提示：

函数的参数 t 是 0~1 之间的插值，用于平滑曲线，三阶贝塞尔曲线是根据 4 个控制点生成的，根据 4 个控制点和一个插值生成一个曲线上的点，插值越多曲线越平滑。

将三阶贝塞尔曲线的代码进行优化，将 4 个控制点以参数的形式传递，参考代码 25-3。

代码 25–3　三阶贝塞尔曲线算法优化

```
/// <summary>
/// 三阶贝塞尔曲线
/// </summary>
/// <param name="pos1">控制点 1</param>
/// <param name="pos2">控制点 2</param>
/// <param name="pos3">控制点 3</param>
/// <param name="pos4">控制点 4</param>
/// <param name="t">插值 </param>
/// <returns></returns>
private Vector3 cubicBezier(Vector3 pos1, Vector3 pos2, Vector3 pos3, Vector3 pos4,
float t)
{
    Vector3 aa = pos1 + (pos2 - pos1) * t;
    Vector3 bb = pos2 + (pos3 - pos2) * t;
    Vector3 cc = pos3 + (pos4 - pos3) * t;
    return (aa + (bb - aa) * t) + ((bb + (cc - bb) * t) - (aa + (bb - aa) * t)) * t;
}
```

贝塞尔曲线的算法优化完成了，接下来就用 LineRenderer 来制作射线。

（1）在 Hierarchy 视图中右击 Earth 对象，选择 Effects→Line 命令新建一条线段，如图 25-21 所示。

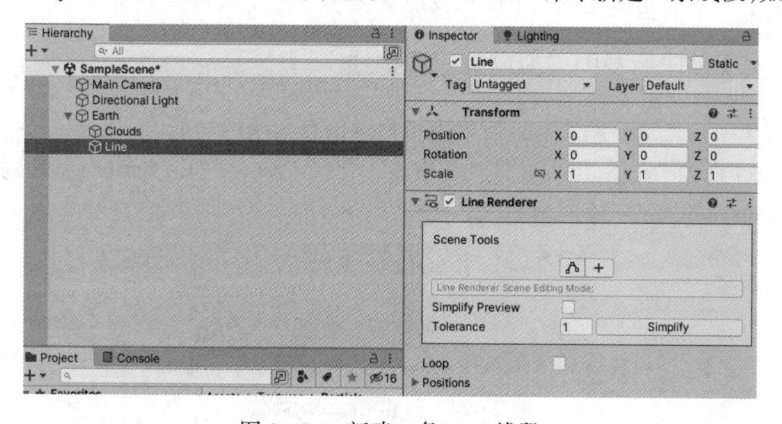

图 25-21　新建一条 Line 线段

（2）在 Hierarchy 视图中选中 Line 对象，将 LineRenderer 组件的 Width（宽度）调整为 0.1，如图 25-22 所示。

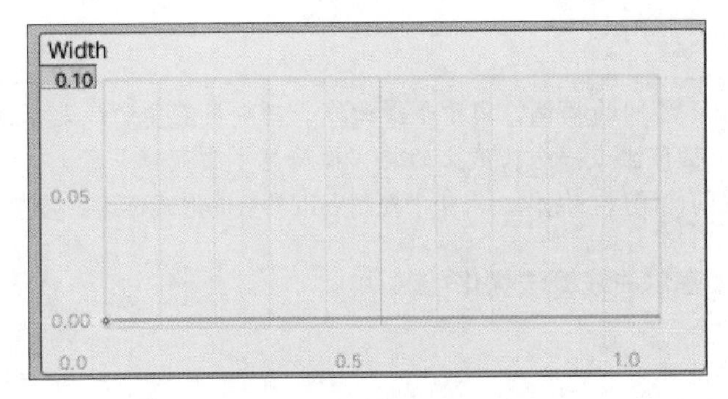

图 25-22　设置 Line 对象的线宽

（3）修改线段的材质球，在 Project 视图中找到 Materials 文件内的 Line 文件，将其拖入 LineRenderer 组件的 Materials 属性卡槽，如图 25-23 所示。

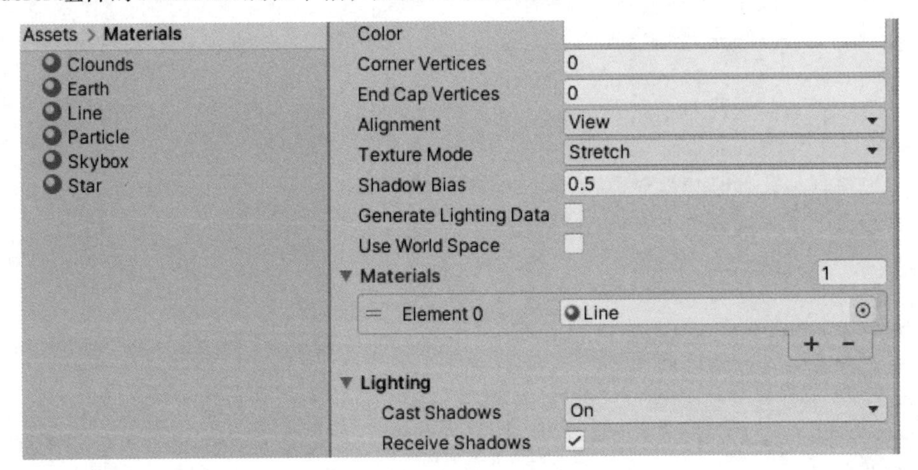

图 25-23　设置 Line 对象的材质球

（4）到此，信息射线制作完成，下面来发射它。

25.3.3　实现单击后发射虚拟地球信息射线

接下来实现当单击地球上两个点后发射虚拟地球信息射线的功能。

（1）在 Project 视图中的 Scripts 文件夹中右击，选择 Create → C# Script 命令，新建一个脚本，将其命名为 Line.cs，如图 25-24 所示。

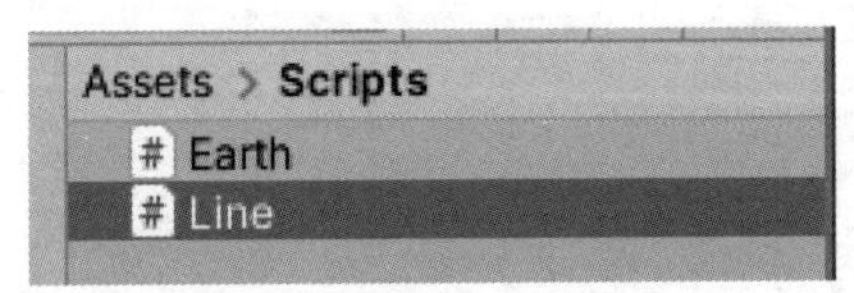

图 25-24　新建 Line.cs 脚本

（2）双击 Line.cs 脚本，修改脚本代码，参考代码 25-4。

代码 25-4 Line.cs

```
using System.Collections.Generic;
using UnityEngine;

public class Line : MonoBehaviour
{
    private LineRenderer lineRenderer;                              //lineRenderer 组件
    private List<Vector3> posList = new List<Vector3>();            // 存储点坐标
    public int MAX_FRAG_CNT = 100;                                  // 曲线最大点数

    void Start()
    {
        lineRenderer = GetComponent<LineRenderer>();
    }

    /// <summary>
    /// 绘制曲线
    /// </summary>
    /// <param name="pos1">控制点 1</param>
    /// <param name="pos2">控制点 2</param>
    /// <param name="pos3">控制点 3</param>
    /// <param name="pos4">控制点 4</param>
    public void DrawRay(Vector3 pos1, Vector3 pos2, Vector3 pos3, Vector3 pos4)
    {
        posList.Clear();
        for (int i = 0; i <= MAX_FRAG_CNT; ++i)
        {
            posList.Add(cubicBezier(pos1, pos2, pos3, pos4, (float)i / MAX_FRAG_CNT));
            lineRenderer.positionCount = posList.Count;
        }
        lineRenderer.SetPositions(posList.ToArray());
    }

    /// <summary>
    /// 三阶贝塞尔曲线
    /// </summary>
```

```
    /// <param name="pos1">控制点 1</param>
    /// <param name="pos2">控制点 2</param>
    /// <param name="pos3">控制点 3</param>
    /// <param name="pos4">控制点 4</param>
    /// <param name="t">插值 </param>
    /// <returns></returns>
    private Vector3 cubicBezier(Vector3 pos1, Vector3 pos2, Vector3 pos3, Vector3
pos4, float t)
    {
        Vector3 aa = pos1 + (pos2 - pos1) * t;
        Vector3 bb = pos2 + (pos3 - pos2) * t;
        Vector3 cc = pos3 + (pos4 - pos3) * t;
        return (aa + (bb - aa) * t) + ((bb + (cc - bb) * t) - (aa + (bb - aa) * t)) * t;
    }
}
```

（3）将 Line 脚本拖入 Hierarchy 视图的 Line 对象，使其成为 Line 对象的组件。

（4）找到 Project 视图中的 Earth.cs 脚本，双击，修改代码，参考代码 25-5。

代码 25-5　Earth.cs

```
using System.Collections;
using UnityEngine;

public class Earth : MonoBehaviour
{
    public Line line;                                   // 曲线
    private Vector3 pos1 = Vector3.zero;               // 单击第一个点
    private Vector3 pos2 = Vector3.zero;               // 单击第二个点
    private int mouseClicks = 0;                       // 记录单击次数

    private float invokeTime = 0;                      // 自动调用时间
    private float invokeDistance = 0;                  // 自动调用间隔


    void Update()
    {
        // 地球自转
        transform.Rotate(Vector3.up * Time.deltaTime, Space.Self);
        // 单击，发射虚拟地球信息射线
```

```
        RayClickLine();
    }

    /// <summary>
    /// 单击，发射虚拟地球信息射线
    /// </summary>
    private void RayClickLine()
    {
        if (Input.GetMouseButtonDown(0))
        {
            Ray ray = Camera.main.ScreenPointToRay(Input.mousePosition);
            RaycastHit hit;
            if (Physics.Raycast(ray, out hit))
            {
                mouseClicks++;
                if (mouseClicks == 1)
                {
                    // 第一个点的坐标
                    pos1 = hit.point;
                }
                if (mouseClicks == 2)
                {
                    // 第二个点的坐标
                    pos2 = hit.point;
                    // 计算其他点的坐标
                    Vector3[] pos;
                    pos = CountPoints(pos1, pos2);
                    Vector3 ctrlPoint1 = pos[0];
                    Vector3 ctrlPoint2 = pos[1];
                    // 画线
                    line.DrawRay(pos1, ctrlPoint1, ctrlPoint2, pos2);
                    // 状态恢复
                    pos1 = Vector3.zero;
                    pos2 = Vector3.zero;
                    mouseClicks = 0;
                }
            }
        }
```

```
    }
    // 计算其他点的坐标
    private Vector3[] CountPoints(Vector3 fromPos, Vector3 toPos)
    {
        // 中心点
        Vector3 center = (fromPos + toPos) / 2f;
        Vector3[] pos = new Vector3[2];
        // 控制点 1
        pos[0] = fromPos + (center - transform.position).normalized * (fromPos -
toPos).magnitude * 0.6f;
        // 控制点 2
        pos[1] = toPos + (center - transform.position).normalized * (fromPos -
toPos).magnitude * 0.6f;
        return pos;
    }
}
```

提示：

三阶贝塞尔曲线已经有起点和终点这两个点，所以可以先求出球表面两个点的连线的中点，然后从球心指向这个中点，得到一个方向向量，再分别从点 1 和点 2 朝这这个方向向量走一段距离，得到控制点 1 和控制点 2 的坐标。

（5）保存脚本，等待编译完成后，选中 Hierarchy 视图中的 Earth 对象，将 Hierarchy 视图中的 Line 对象拖入 Earth 对象的 Earth (Script) 组件的 Line 属性的卡槽，如图 25-25 所示。

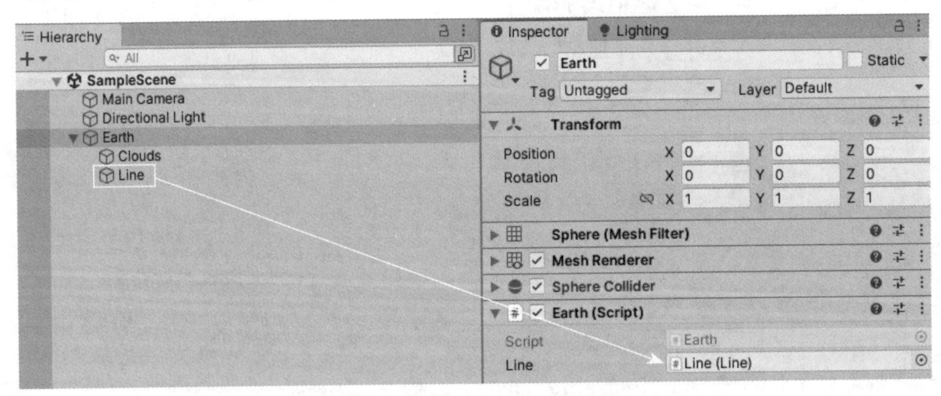

图 25-25　将 Line 对象拖入对应卡槽

（6）运行程序，单击地球上的两个点，就可以看到虚拟地球信息射线的发射效果。如图 25-26 所示。

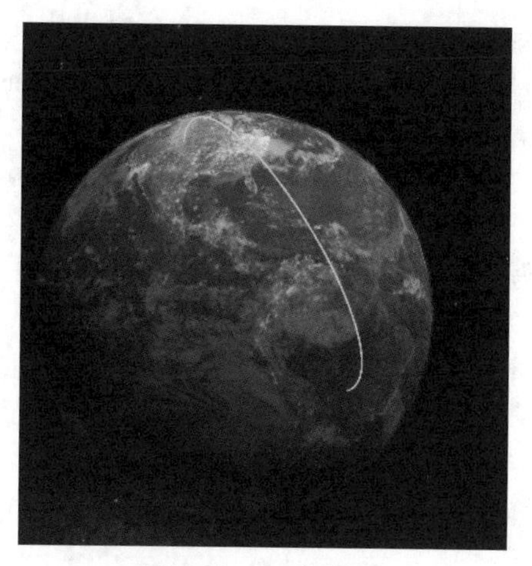

图 25-26　运行效果

25.3.4　实现自动发射虚拟地球信息射线

接下来实现自动发射虚拟地球信息射线的功能。

自动发射虚拟地球信息射线需要先在球的表面选取两个点，用代码实现时要涉及几何知识。已知球的球心坐标，要想在球的表面随机选取两个点，需要先在球心处随机生成两个方向向量，这两个方向向量从球心出发，分别经过一个半径长度，即可到达球的表面，方向向量与球的表面的相交处就是要选取的点，如图 25-27 所示。

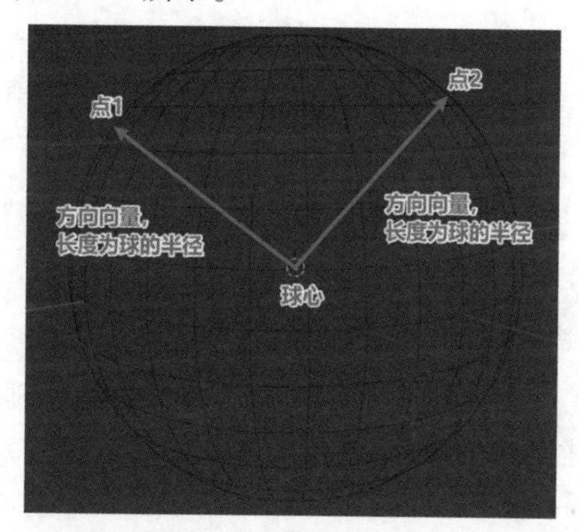

图 25-27　在球的表面选取两个点

将上面的思路写成代码，就可以自动随机选取球的表面的点，参考代码 25-6。

代码 25-6　随机选取一个球的表面的点

```
// 球心坐标
Vector3 centerPos = Vector3.zero;
// 球半径
float radius = 1;
```

```
// 随机一个单位向量作为方向向量
Vector3 randomDir = new Vector3(Random.Range(-1f, 1f),Random.Range(-1f, 1f),
Random.Range(-1f, 1f)).normalized;
// 球的表面的点
Vector pos = centerPos + randomDir * radius;
```

根据代码 25-6 来优化代码，先使代码能随机在球的表面生成 2 个点。然后，生成其余 2 个控制点，根据这 4 个点再生成贝塞尔曲线。

（1）继续修改 Earth.cs 脚本，参考代码 25-7。

代码 25–7　Earth.cs

```
using System.Collections;
using UnityEngine;

public class Earth : MonoBehaviour
{
    public Line line;                                   // 曲线
    private Vector3 pos1 = Vector3.zero;                // 单击第一个点
    private Vector3 pos2 = Vector3.zero;                // 单击第二个点
    private int mouseClicks = 0;                        // 记录单击次数

    private float invokeTime = 0;                       // 自动调用时间
    private float invokeDistance = 0;                   // 自动调用间隔


    void Update()
    {
        // 地球自转
        transform.Rotate(Vector3.up * Time.deltaTime, Space.Self);
        // 单击，发射虚拟地球信息射线
        RayClickLine();
        AutoFireLine();
    }

    /// <summary>
    /// 单击，发射虚拟地球信息射线
    /// </summary>
    private void RayClickLine()
    {
```

```
        if (Input.GetMouseButtonDown(0))
        {
            Ray ray = Camera.main.ScreenPointToRay(Input.mousePosition);
            RaycastHit hit;
            if (Physics.Raycast(ray, out hit))
            {
                mouseClicks++;
                if (mouseClicks == 1)
                {
                    // 第一个点坐标
                    pos1 = hit.point;
                }
                if (mouseClicks == 2)
                {
                    // 第二个点坐标
                    pos2 = hit.point;
                    // 计算其他点的坐标
                    Vector3[] pos;
                    pos = CountPoints(pos1, pos2);
                    Vector3 ctrlPoint1 = pos[0];
                    Vector3 ctrlPoint2 = pos[1];
                    // 画线
                    line.DrawRay(pos1, ctrlPoint1, ctrlPoint2, pos2);
                    // 状态恢复
                    pos1 = Vector3.zero;
                    pos2 = Vector3.zero;
                    mouseClicks = 0;
                }
            }
        }
    }

    /// <summary>
    /// 自动发射虚拟地球信息射线
    /// </summary>
    /// <returns></returns>
    void AutoFireLine()
    {
        //this.line.gameObject.SetActive(false);
        invokeTime += Time.deltaTime;
```

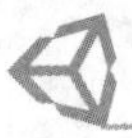


```
        if (invokeTime > invokeDistance)
        {
            // 循环生成曲线
            Line line = Instantiate(this.line);
            line.gameObject.SetActive(true);
            line.transform.SetParent(transform);
            // 在球的表面随机生成一个起点
            Vector3 fromPos = SpawnRandPos();
            // 在球的表面随机生成一个终点
            Vector3 toPos = SpawnRandPos();
            // 计算其他点的坐标
            Vector3[] pos;
            pos = CountPoints(fromPos, toPos);
            Vector3 ctrlPoint1 = pos[0];
            Vector3 ctrlPoint2 = pos[1];
            line.DrawRay(fromPos, ctrlPoint1, ctrlPoint2, toPos);
            // 随机生成一个自动销毁时间
            Destroy(line.gameObject, Random.Range(4, 7));
            // 状态恢复
            invokeTime = 0;
            invokeDistance = Random.Range(0.3f, 2f);
        }
    }

    // 计算其他点的坐标
    private Vector3[] CountPoints(Vector3 fromPos, Vector3 toPos)
    {
        // 中心点
        Vector3 center = (fromPos + toPos) / 2f;
        Vector3[] pos = new Vector3[2];
        // 控制点 1
        pos[0] = fromPos + (center - transform.position).normalized * (fromPos - 
toPos).magnitude * 0.6f;
        // 控制点 2
        pos[1] = toPos + (center - transform.position).normalized * (fromPos - 
toPos).magnitude * 0.6f;
        return pos;
    }

    //生成随机点
```

```
    private Vector3 SpawnRandPos()
    {
        // 半径
        float radius = transform.localScale.x / 2f;
        Vector3 Pos= transform.position + new Vector3(Random.Range(-1f, 1f), Random.Range(-
1f, 1f), Random.Range(-1f, 1f)).normalized * radius;
        return Pos;
    }
}
```

（2）运行程序，就可以看到效果了，如图 25-28 所示。

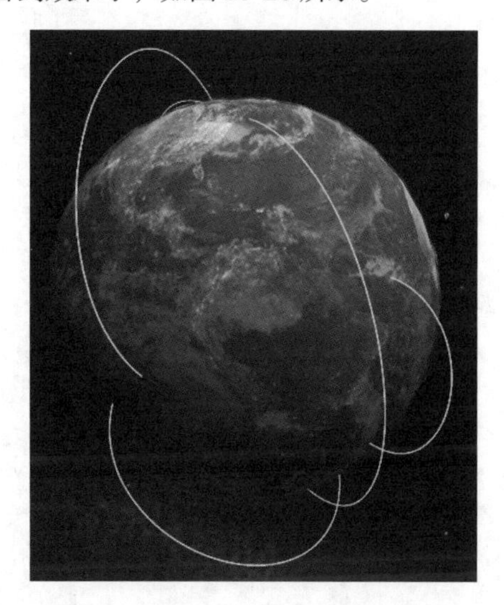

图 25-28　运行效果

（3）到此，就已经完成了单击发射虚拟地球信息射线和自动发射虚拟地球信息射线的功能，下一节，将使用粒子特效让射线显得更炫酷。

25.4　波纹粒子特效

本节将通过制作好的波纹粒子特效，实现射线的波纹效果。

25.4.1　波纹粒子特效

本小节将使用做好的粒子特效，对粒子特效制作感兴趣的可以参考 23.2.4 小节的制作，以及在当前项目下，Project 视图中 Prefabs 文件夹内的 particle 对象的粒子特效参数，本章不赘述粒子特效的制作过程。

找到 Project 视图中的 Prefabs 文件夹内的 particle 对象，将其拖到 Hierarchy 视图的 Line 对象下面两次，做成 Line 的子对象，分明重命名为 StartParticle 和 EndParticle，如图 25-29 所示。

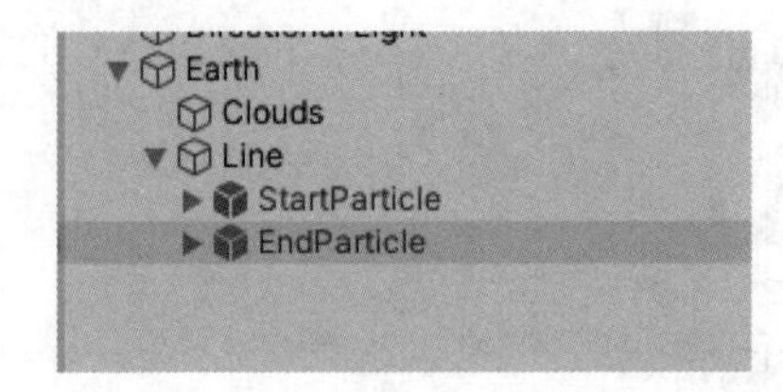

图 25-29　创建后的波纹粒子特效

25.4.2　代码控制特效

（1）打开 Line.cs 脚本，修改代码，参考代码 25-8。

代码 25-8　Line.cs

```
using System.Collections;
using System.Collections.Generic;
using UnityEngine;

public class Line : MonoBehaviour
{
    private LineRenderer lineRenderer;                    //lineRenderer 组件
    private List<Vector3> posList = new List<Vector3>();// 存储点坐标
    public int MAX_FRAG_CNT = 100;                        // 曲线最大点数

    void Awake()
    {
        lineRenderer = GetComponent<LineRenderer>();
    }

    public Transform startPoint;// 起点的波纹粒子
    public Transform endPoint;  // 终点的波纹粒子
    /// <summary>
    /// 绘制曲线
    /// </summary>
    /// <param name="earthPos"> 虚拟地球位置 </param>
    /// <param name="fromPos"> 起点坐标 </param>
    /// <param name="ctrlPoint1"> 控制点 1 坐标 </param>
    /// <param name="ctrlPoint2"> 控制点 2 坐标 </param>
    /// <param name="toPos"> 终点坐标 </param>
    /// <returns></returns>
     public IEnumerator DrawRay(Vector3 earthPos, Vector3 fromPos, Vector3
```

```
ctrlPoint1, Vector3 ctrlPoint2, Vector3 toPos)
    {
        // 起点的波纹粒子
        startPoint.gameObject.SetActive(true);
        startPoint.forward = fromPos - earthPos;
        startPoint.localPosition = fromPos + startPoint.forward * 0.01f;
        for (int i = 0; i <= MAX_FRAG_CNT; ++i)
        {
            posList.Clear();
            for (int j = 0; j <= i; ++j)
            {
                posList.Add(cubicBezier(fromPos, ctrlPoint1, ctrlPoint2, toPos,
(float)j / MAX_FRAG_CNT));
            }
            lineRenderer.positionCount = posList.Count;
            lineRenderer.SetPositions(posList.ToArray());
            yield return new WaitForSeconds(0.02f);
        }

        // 终点的波纹粒子
        endPoint.gameObject.SetActive(true);
        endPoint.forward = toPos - earthPos;
        endPoint.localPosition = toPos + endPoint.forward * 0.01f;
        yield return new WaitForSeconds(2);
        startPoint.gameObject.SetActive(false);
        for (int i = 0; i <= MAX_FRAG_CNT; ++i)
        {
            posList.Clear();
            for (int j = i; j <= MAX_FRAG_CNT; ++j)
            {
                posList.Add(cubicBezier(fromPos, ctrlPoint1, ctrlPoint2, toPos,
(float)j / MAX_FRAG_CNT));
            }
            lineRenderer.positionCount = posList.Count;
            lineRenderer.SetPositions(posList.ToArray());
            yield return new WaitForSeconds(0.001f);
        }
        Destroy(gameObject);
    }
```

```
    /// <summary>
    /// 三阶贝塞尔曲线
    /// </summary>
    /// <param name="pos1">控制点 1</param>
    /// <param name="pos2">控制点 2</param>
    /// <param name="pos3">控制点 3</param>
    /// <param name="pos4">控制点 4</param>
    /// <param name="t">插值 </param>
    /// <returns></returns>
     private Vector3 cubicBezier(Vector3 pos1, Vector3 pos2, Vector3 pos3, Vector3
pos4, float t)
    {
        Vector3 aa = pos1 + (pos2 - pos1) * t;
        Vector3 bb = pos2 + (pos3 - pos2) * t;
        Vector3 cc = pos3 + (pos4 - pos3) * t;
        return (aa + (bb - aa) * t) + ((bb + (cc - bb) * t) - (aa + (bb - aa) * t)) * t;
    }
}
```

（2）打开 Earth.cs 脚本，修改代码，参考代码 25-9。

代码 25-9　Earth.cs

```
using System.Collections;
using UnityEngine;

public class Earth : MonoBehaviour
{
    public Line line;                                   // 曲线
    private Vector3 pos1 = Vector3.zero;                // 单击第一个点
    private Vector3 pos2 = Vector3.zero;                // 单击第二个点
    private int mouseClicks = 0;                        // 记录单击次数

    private float invokeTime = 0;                       // 自动调用时间
    private float invokeDistance = 0;                   // 自动调用间隔

    private void Start()
    {
        line.gameObject.SetActive(false);
    }

    void Update()
```

```
    {
        // 地球自转
        transform.Rotate(Vector3.up * Time.deltaTime, Space.Self);
        // 单击，发射虚拟地球信息射线
        RayClickLine();
        // 自动发射虚拟地球信息射线
        AutoFireLine();
    }

    /// <summary>
    /// 单击，发射虚拟地球信息射线
    /// </summary>
    private void RayClickLine()
    {
        if (Input.GetMouseButtonDown(0))
        {
            Ray ray = Camera.main.ScreenPointToRay(Input.mousePosition);
            RaycastHit hit;
            if (Physics.Raycast(ray, out hit))
            {
                mouseClicks++;
                if (mouseClicks == 1)
                {
                    // 第一个点坐标
                    pos1 = hit.point;
                }
                if (mouseClicks == 2)
                {
                    // 第二个点坐标
                    pos2 = hit.point;
                    // 计算其他点的坐标
                    Vector3[] pos;
                    pos = CountPoints(pos1, pos2);
                    Vector3 ctrlPoint1 = pos[0];
                    Vector3 ctrlPoint2 = pos[1];
                    Line line = Instantiate(this.line);
                    line.gameObject.SetActive(true);
                    line.transform.SetParent(transform);
                    // 画线
                    StartCoroutine(line.DrawRay(transform.position,pos1, ctrlPoint1,
ctrlPoint2, pos2));
```

```
                    // 状态恢复
                    pos1 = Vector3.zero;
                    pos2 = Vector3.zero;
                    mouseClicks = 0;
                }
            }
        }
    }

    /// <summary>
    /// 自动发射虚拟地球信息射线
    /// </summary>
    /// <returns></returns>
    void AutoFireLine()
    {
        //this.line.gameObject.SetActive(false);
        invokeTime += Time.deltaTime;
        if (invokeTime > invokeDistance)
        {
            // 循环生成曲线
            Line line = Instantiate(this.line);
            line.gameObject.SetActive(true);
            line.transform.SetParent(transform);
            // 在球的表面随机生成一个起点
            Vector3 fromPos = SpawnRandPos();
            // 在球的表面随机生成一个终点
            Vector3 toPos = SpawnRandPos();
            // 计算其他点的坐标
            Vector3[] pos;
            pos = CountPoints(fromPos, toPos);
            Vector3 ctrlPoint1 = pos[0];
            Vector3 ctrlPoint2 = pos[1];
            StartCoroutine(line.DrawRay(transform.position,fromPos, ctrlPoint1,
ctrlPoint2, toPos));
            // 状态恢复
            invokeTime = 0;
            invokeDistance = Random.Range(0.3f, 2f);
        }
    }

    // 计算其他点的坐标
```

```
    private Vector3[] CountPoints(Vector3 fromPos, Vector3 toPos)
    {
        // 中心点
        Vector3 center = (fromPos + toPos) / 2f;
        Vector3[] pos = new Vector3[2];
        // 控制点 1
        pos[0] = fromPos + (center - transform.position).normalized * (fromPos -
toPos).magnitude * 0.6f;
        // 控制点 2
        pos[1] = toPos + (center - transform.position).normalized * (fromPos -
toPos).magnitude * 0.6f;
        return pos;
    }

    //生成随机点
    private Vector3 SpawnRandPos()
    {
        // 半径
        float radius = transform.localScale.x / 2f;
        Vector3 Pos= transform.position + new Vector3(Random.Range(-1f, 1f), Random.
Range(-1f, 1f), Random.Range(-1f, 1f)).normalized * radius;
        return Pos;
    }
}
```

（3）将 Hierarchy 视图中的 StartParticle 和 EndParticle 对象拖入 Line 对象下的 Line 脚本组件的对应属性卡槽，如图 25-30 所示。

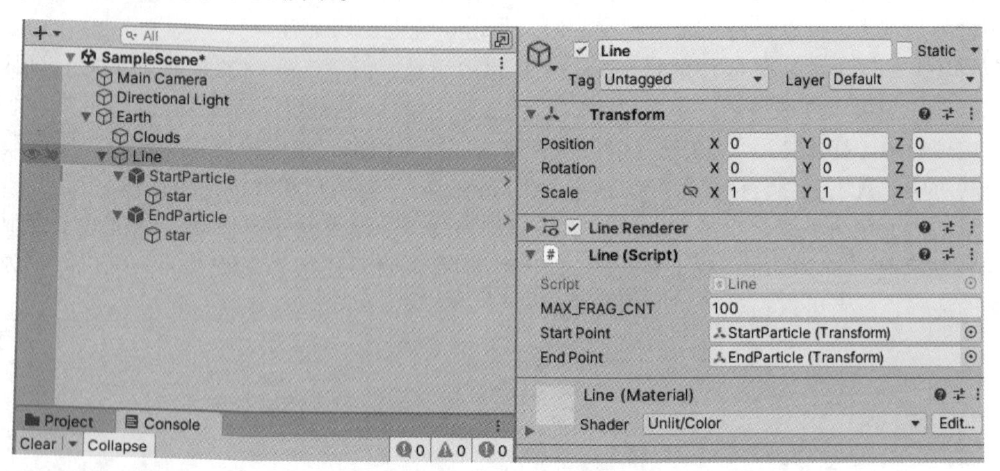

图 25-30 将对象拖入对应卡槽

（4）运行程序，就可以看到效果，效果如图 25-31 所示。

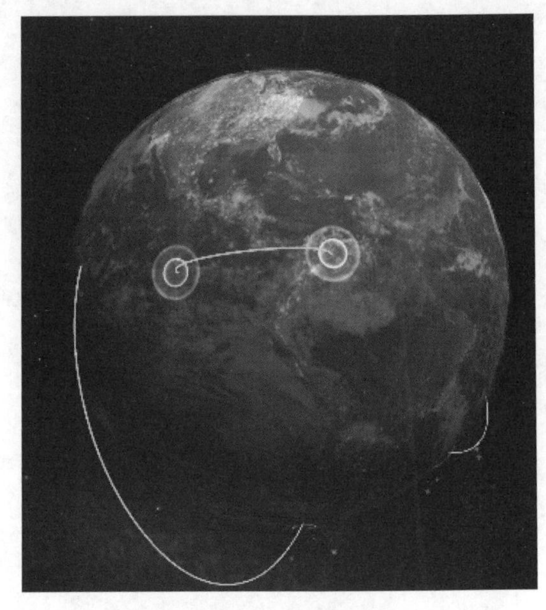

图 25-31　运行效果

25.5　本章小结

本章介绍了元宇宙的概念、发展历史、应用前景、价值链及元宇宙与数字孪生的关系等。

元宇宙（Metaverse）本质上是对现实世界的虚拟化、数字化的过程，基于 XR（扩展现实）技术提供沉浸式体验，基于数字孪生技术生成现实世界的镜像，基于区块链技术搭建经济体系，将虚拟世界与现实世界在经济系统、社交系统、身份系统上密切融合。

本章还介绍了元宇宙的应用前景，一是虚拟世界再造，游戏、视频、直播在元宇宙的概念再次升级，让用户可以创造游戏，感受元宇宙的魅力；二是让现实世界有更多虚拟的东西，如虚拟偶像、虚拟货币（如比特币），在现实世界也具有真实的价值；三是虚拟与现实交融，所有的工厂都将有其对应的数字工厂，让其生产、销售、供应链等时刻与工厂和数字孪生体系交互。

本章通过元宇宙概念之虚拟地球信息射线案例为读者介绍了元宇宙概念下数字孪生虚拟仿真案例的开发流程。本章的难点在于对代码的理解，但是读者不用担心，涉及的关键代码都标注了很详细的注释，读者可以相对轻松地理解代码。